1997年史志诚陪同陕西省委副书记蔡竹林（左六）在农村调查退耕还林还草和扶贫政策落实情况

1997年陕西省副省长范肖梅率团赴墨西哥、美国、以色列考察现代农业与农业科研教育事业发展情况（由左至右：史志诚、张光强、范肖梅、邓理、翻译人员）

1999年陪同中国工程院副院长沈国舫院士在延安市洛川县考察生态农业

2013年在兰州参加《草原百科全书》编撰工作时与中国工程院院士、中国草业学会副会长任继周院士合影

2013年7月与中国工程院李佩成院士讨论干旱半干旱地区生态环境、节水农业与发展粮食生产时合影

2016年8月31日史志诚陪同中国工程院副院长刘旭院士（左三）在延安考察生态农业与苹果产业时的合影（从左至右：中国工程院院士办公室主任高中琪、延安市副市长张宏、刘旭、史志诚、中国农业科学院农业经济与发展研究所副所长王济民研究员、西北农业大学副校长吴普特）

1997年9月陕西省委书记李建国（右二）和副省长张伟（左三）在合阳县视察地膜小麦机播现场以推动地膜小麦增产技术时合影

1998年9月20日史志诚在大荔县"省长试验田"向程安东省长汇报"省长米袋子工程执行情况"和麦田管理情况

1997年陪同中国工程院副院长、中国农学会名誉会长、中国农业专家咨询团主任卢良恕院士在延安考察小麦生产情况（左）以及卢良恕院士送给史志诚的题词（右）

1997年10月2日史志诚在南泥湾农场向来陕西视察的农业部副部长刘成果汇报春小麦生产管理情况

1998年7月农业部外事司司长刘从梦（左）和外交部国际合作司司长张业遂（右）在延安考察联合国粮农组织对陕西省粮食援助项目进展情况时合影

1998年6月史志诚在大荔县农垦农场视察库区大田小麦丰收景象

1998年5月6日经中国农学会七届二次常务委员会研究决定聘任史志诚为中国农业专家咨询团专家，会议期间与农业部副部长张宝文（左二）等合影

2002年陕西省委、省政府决策咨询委员会第一届农业专家组专家合影（前排左起李佩成、惠应南、史志诚、史鉴、刘华珍）

2005年史志诚主持陕西省委、省政府决策咨询委员会农业专家组会议

2007年陕西省委、省政府决策咨询委员会主任徐山林（左二）在西安国际港务区考察建设情况时合影

2008年陕西省委、省政府决策咨询委员会副主任田源在礼泉县调研企业与合作社加盟事项（左起县长孙矿玲、郭卫东、冉新权、田源、史志诚）

史志诚在陕西省人民代表大会常务委员会农业与农村工作委员会办公室（2003年）

2007年在陕西省人民代表大会常务委员会审议《陕西省实施〈中华人民共和国农民专业合作社法〉》（草案）（左起宁长珊、白智民、史志诚、王晓安）

2003年陪同陕西省人民代表大会常务委员会副主任高宜兴（左四）在陕西省畜牧兽医总站检查《动物防疫条例》执法情况时合影

2002年原农业部副部长、九三学社中央委员会副主席、中国草原学会理事长、第九届全国人大常委会委员、农业与农村委员会副主任委员洪绂曾（左二）在西北农林科技大学征求《草原法》修订意见期间合影

2010年10月25日 史志诚在第五届陕西省城市经济文化发展高峰论坛上发言

2017年12月17日 史志诚在《农民专业合作社法》实施十周年座谈会上发言

1996年5月27日与参加中国科学技术协会第五次全国代表大会的中国农学会名誉会长、农业部部长何康（中）以及中国畜牧兽医学会理事长陈耀春（左）合影

1997年7月31日史志诚向来陕西视察的原国家经济贸易委员会副主任、国家饲料工业协会第一届会长李瑞山（右三）汇报工作时合影（左起杨旭、史志诚、王双锡副省长、李瑞山、史子成、黄广文）

1997年4月11日史志诚陪同农业部部长刘江（左一）在泾阳县兴隆乡许庄村考察奶牛生产与乳品加工情况

1993年史志诚在西北农业大学向中共陕西省委副书记牟玲生汇报畜产经济研究进展

1997年史志诚和徐恩波教授（左一）在西北农业大学经济管理学院畜产经济研究室合影

1992年8月史志诚与泰国正大集团副总裁李绍庆签订"建设18万吨正大饲料厂"的合作协议（右一是陕西省副省长林季周）

1992年10月史志诚率团赴日本考察畜产业与畜产经济发展情况

1995年7月史志诚率陕西和新疆考察组赴美国加利福尼亚州绵羊业协会考察绵羊合作社经营管理经验（左三是绵羊合作社总经理帕克）

1996年史志诚与加拿大奶牛育种项目专家斯莱克（左一）在草滩农场合影

2017年1月15日陕西省老科学技术工作者协会农业分会召开第七次企社加盟座谈会，与部分农业企业和农民专业合作社的负责人合影

2008年史志诚在榆阳区补浪河乡浪河村第四小队回访劳动锻炼时阔别50年的住户兄长张世荣夫妇，了解改革开放以来的农村变化（左图是史志诚1958年劳动锻炼时的住屋；右图是现在的新居）

农村调查

1.史志诚在横山县农村与农民攀谈，体察农情、民情　2.史志诚在米脂县乡村了解农民负担情况　3.史志诚在定边县乡村向农民询问农村生产生活和民间风俗　4.史志诚在志丹县乡村向牧羊人了解牧草丰欠、养羊效益与防疫情况

1998年与旱地农业与作物抗旱生理学专家、工程院山仑院士（右）、西北农林科技大学小麦育种专家王辉教授（左）在小麦试验地观察良种选育

1998年与杨凌职业技术学院小麦育种专家赵瑜研究员（左二）、刘世林（左一）等农业专家在田间讨论小麦良种推广

史志诚在首届羊产品交易会上为"冠军羊"专业户颁奖（1988年）

史志诚向农民赠送和讲解他主编的《农事历书》（1996年）

应用农机具大面积播种地膜玉米技术（1998年，靖边）

观察地膜小麦返青生长情况（1997年4月，淳化）

观察地膜玉米试验田增产效果（1987年10月，靖边县王家庙村）

在延安田间考察苹果管理技术（1996年）

在榆林考察陕西北部水稻生产情况（1999年）

在渭南乡村了解棉花生产与防治病虫害情况（1999年）

　　在中国畜牧兽医学会2003年学术年会期间，历届理事长与老专家合影（尹德华，防控口蹄疫专家，左起第二人；陈凌风，八届理事长，左起第三人；陈耀春，九、十届理事长，左起第四人；吴常信，十一届理事长，左起第五人；史志诚，十一届副理事长，左起第六人；闫汉平，秘书长，后排右一）

　　2000年8月西藏自治区举行阿里地区草原毒草调查与防除报告会，史志诚代表专家组作报告（左起郭庆宏、史志诚、王建华、杨凡）

　　2000年8月史志诚率专家组在拉萨向西藏自治区汇报草原毒草调查与防除情况，期间与西藏自治区副主席加宝（右五）、西藏自治区农业厅厅长王承杰（右三）合影

　　史志诚与青海省畜牧厅厅长彭立鸣及草原工作站专家在青海省刚察县环湖区建立的有毒植物生态毒理系统观察点，调查狼毒（1）和醉马芨芨草（2）的危害度（2004年）

2004年在青海省祁连山有毒棘豆草地调查草地有毒植物危害度

2004年在青海省草原有毒植物防控观察点与草原站站长巩爱岐合影

1985年与汉中市历年参加牛栎树叶中毒防治工作的专家合影

1983年4月在汉中城固县与参加陕西省牛栎树叶中毒防控工作和《牛栎树叶中毒诊断与防治标准》鉴定会议的部分专家合影

2012年3月25日史志诚在农业部公益性行业（农业）科研专项——草原主要毒害草发生规律与防控技术研究启动会上发言（左起尉亚辉、史志诚、达能太、赵宝玉）

1989年史志诚与创建动物毒物学研究会的发起人——导师段得贤教授（右二）、谢占武研究员（左二）、洪子鹏研究员（右一）合影

1983年与参加《牛栎树叶中毒诊断与防治标准》鉴定会议的专家在汉中合影（从左至右为南京农业大学陈振旅教授、史志诚、西北农业大学段得贤教授、北京农业大学王洪章教授、洪子鹏研究员、安徽农业大学倪有煌教授、解放军兽医大学刘应义教授）

史志诚与志同道合的夫人洪子鹏在青桐轩书房（2002年）

2001年导师段得贤教授九十寿辰时，史志诚与夫人洪子鹏探望段得贤教授并祝他身体健康

1997年史志诚（中）和王建华教授（前排左二）与毒理学博士研究生陈进军（前排右二）、马保华（后排左二）、李引乾（后排右一）、巩忠福（后排左一）在陕西省农业厅合影

1996年10月与中国科学院院士、中国毒理学会理事长吴德昌和副理事长宋书元讨论成立毒理学史专业委员会的建议

2000年与中国畜牧兽医学会秘书长严汉平（左二）参观全国中毒控制中心，全国中毒控制中心主任孙承业副研究员（右二）介绍通过网站面向社会宣传防治中毒病知识

史志诚在西北大学生态毒理研究所"毒物与人类"网站工作室（2002年）

2002年参加在西安召开的加入WTO与防制有害生物入侵研讨会期间，中国毒理学会理事长叶常青和香山会议办公室主任赵生才研究员应邀来西北大学生态毒理研究所座谈时合影（左起史志诚、赵生才、朱裕孝副校长、叶常青、郭鹏江、王亚洲）

2005年10月在沈阳召开的第五届中国毒理学会代表大会期间的合影（左起周平坤秘书长、史志诚副理事长、庄志雄理事长、彭双清副秘书长）

1991年9月在新加坡参加国际毒素学会第十届国际会议期间与国际毒素学会秘书长迪克·梅比斯（D.Mebs）合影

1994年史志诚与来西安访问的与国际毒理学联盟克拉森（Klassen）主席交谈中国有毒植物研究情况（后排右是第四军医大学教授王文学，左是西北农林科技大学教授王建华

1998年史志诚向来华访问的美国国家研究会（NRC）毒理委员会主席罗格·麦克来兰（Rogre Mcclellan）赠送《中国重要有毒植物》专著

1997年访问美国农业部有毒植物研究实验室时与詹姆斯（L.F.James）主任合影

2003年在哈尔滨参加第十届国际东亚科学史会议期间与英国李约瑟研究所古克礼（Christohper Cullen）所长合影

2006年中国毒理学会毒理学史专业委员会合影（前排左起第二人王建华、卜风贤、中国毒理学会理事长庄志雄、史志诚、徐新云、康兴军）

2007年第三届中国古代毒理学史研讨会在西安召开

2008年陕西省毒理学会第二届理事会部分理事合影（前排左起郭宝科、王建华、史志诚、海春旭、尉亚辉、马丽霞）

2008年12月10日应西安理工大学周孝德书记邀请在"古都大讲坛"作突发公共安全事件及其处置的讲演（第41讲）

2012年10月10日与《世界毒物全史》（百卷本）编著委员会第五次编委会参会专家合影（前排左起孙祖越、张天宝、史志诚、韩驰、王建华、徐新云、达能太；后排左起周莉、张全喜）

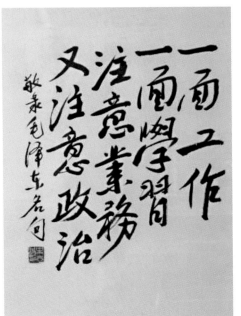

敬录毛主席1951年给中共中央办公厅工作人员题写的"一面工作，一面学习，注意业务，又注意政治"

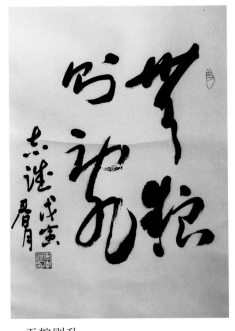

无粮则乱

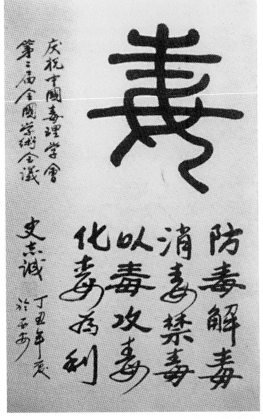

以工哺农

为庆祝中国毒理学会第二届全国学术会议题写的八个"毒"字

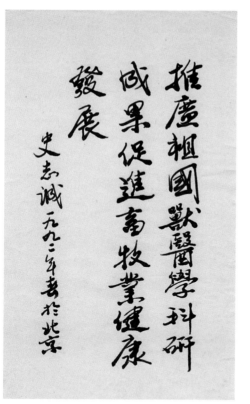

1992年3月为《陕西省中兽医经验汇编》题写

1991年为陕西省安康农业学校题写

2010年为《陕西农业科技交流》杂志题写

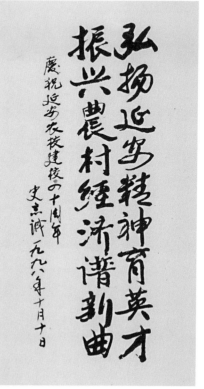

1998年为延安农业学校建校四十周年题写

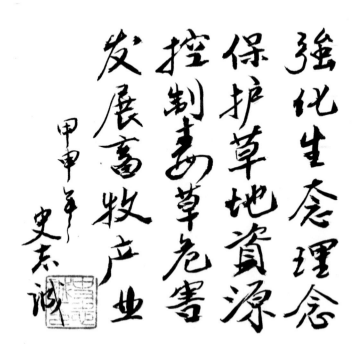

防控毒草危害 发展畜牧产业 利用毒草资源 创建美好家园

右祝中毒病防治所成立十周年

史志诚

2015年为内蒙古自治区阿拉善盟家畜中毒病防治研究所成立十周年题写

强化生态理念 保护草地资源 控制毒草危害 发展畜牧产业

甲申年 史志诚

2016年为农业部"十二五"公益性行业（农业）专项"草原主要毒害草发生规律与防控技术研究"课题组题写

农业思维与实践

——史志诚文选

THOUGHT AND PRACTICE OF AGRICULTURE

——Collection of Shi Zhicheng's Theses

《农业思维与实践——史志诚文选》编委会 编

中国农业出版社
农村读物出版社
北 京

《农业思维与实践——史志诚文选》
编　委　会

出 版 说 明

　　欣逢史志诚同志从事农业农村工作和研究农业、畜牧业、产业经济、农业法规与毒理科学六十周年之际，我们与史志诚同志曾经的同事及其指导的产业经济硕士研究生、动物毒物学博士研究生组成编委会，特从史志诚同志先后撰写的 200 余篇论文中，精选出其中公开发表的学术论文和学术报告 80 余篇、照片 90 余幅，编辑为《农业思维与实践——史志诚文选》，以此记述史志诚同志从事农事春秋六十年的所思所为。这部文选展示了史志诚同志长期从事农业农村工作和科学研究工作取得的成果，代表了他六十年来在自然科学和社会科学两个领域取得的主要业绩与做出的贡献。

　　本书按史志诚同志从事研究工作的重点和各个阶段所取得的重要科研成果，编排为八个部分。

　　第一部分："三农"问题与现代农业；

　　第二部分：粮食与食品安全；

　　第三部分：生态环境与特色农业；

　　第四部分：畜产经济与农业产业化经营；

　　第五部分：草原毒草灾害防治；

　　第六部分：动物毒物学与毒理科学；

　　第七部分：毒物科学史研究；

　　第八部分：农业与环境立法。

　　本书收集的文章，以中文为主，间有 3 篇英文文章。除公开发表的文章外，还包括数篇比较重要的科研总结和建议。论文中均删去摘要（英文摘要）与参考文献，有的论文中的图表也有删节。文选中除实验研究论文、技术标准保持原有格式外，其他文章均体例统一；有关的计量单位、名词术语、数字用法，均统一换算和改动。书后附有多篇比较重要的工作评论和书评。

　　此外，在"附录 4　史志诚论文总题录"中，列出 200 余篇论文题目和发表刊物与时间，以便从另一个侧面了解史志诚同志的学术思想、科学研究成果及其工作历程。

　　中国工程院院士、原西北农业大学副校长，现任西北农林科技大学兼职教授和长安大学教授、博士生导师、国际干旱半干旱地区水资源与环境研究培训中心（中德合作）主任李佩成院士担任《农业思维与实践——史志诚文选》编委会主任，审定了该书内容。在此特表感谢！

　　中国工程院副院长、中国农学会副会长、中国工程院院士刘旭和中国工程院院士李佩成分别为《农业思维与实践——史志诚文选》作序，在该书出版之际，谨向他们表示诚挚的敬意和衷心的感谢！

　　《农业思维与实践——史志诚文选》编委会在编辑审定和申请出版过程中，得到西北大学生命科学学院、陕西省普通高等学校优势学科建设项目和广东省海洋经济发展项目（GDOE 2019A52）的经费资助，特此致谢！

《农业思维与实践——史志诚文选》对潜心研究农学、产业经济学、畜牧兽医学、毒理学、生态学、食品安全和毒物与毒理科学史的科技工作者、教学人员、研究生、领导干部有一定的参考价值。

由于水平所限，编辑过程中难免有不足之处，恳请读者予以指正。

《农业思维与实践——史志诚文选》编委会

2018 年 12 月 29 日

序　　一

思维是人类特有的一种精神活动，是从社会实践中产生，在表象、概念的基础上进行分析、综合判断、推理等认知活动的过程。

史志诚同志从事农业科学研究与管理工作六十年，曾担任陕西省农业厅厅长、陕西省人大常委会委员和陕西省委、省政府决策咨询委员会农业专家组组长等职务，为陕西省乃至全国的农业和农村经济的发展做出了重要贡献，既是一位在自然科学和社会科学两个领域都有建树的专家学者，又是一位务实肯干、敢于担当的农业行政事业的管理者。

他致力于促进陕西省粮食增产增收，组织的"小麦地膜覆盖栽培技术推广"项目获得农业部农牧渔业丰收奖一等奖；推动了陕西省农业产业化经营理论创新与人才培养工作，为发展和提升陕西省农牧业生产规模和产业化经营水平，援助陕北、陕南贫困地区的脱贫致富付出了努力；实施了农区和牧区的毒草灾害防控措施，大大减轻了毒害草对畜牧业的危害及对草原生态环境的破坏；在毒物与毒理科学史研究上也取得重要成果，主编了500万字的《世界毒物全史》（百卷本），总结了人类探索食品安全、生物安全与生态安全的历史经验教训，填补了毒物与毒理科学史研究的一个空白，荣获"陕西省2016年十种最佳图书"，被中国毒理学会授予优秀著作奖。他的工作业绩得到国内外同行业专家的肯定和称赞，中国毒理学会授予他"学会贡献奖"；中国畜牧兽医学会先后授予他"新中国60年畜牧兽医科技贡献奖（杰出人物）"和终身贡献奖。2016年他被陕西省委老干部工作局评为"三秦最美夕阳红先进个人"。能够取得这些不菲成绩，是因为他具有强烈的"三农"情结和苦干实干的精神，也是因为他崇尚科学，刻苦学习，不断充实自己的理论知识，并以理论指导实践，更是因为他踏实工作、不骄不躁的工作作风。

这部《农业思维与实践——史志诚文选》是他从事农业、畜牧业和毒理科学研究六十年来取得丰硕成果的集中体现，希望该书的出版能有助于让更多的人了解他的农业思维与实践，了解他践行"一切为了人民吃饱、吃好、吃得安全"的实际行动，并从一个侧面了解我国农业科学研究，特别是陕西省农业和农村经济发展的历程，希望能够激励更多的有志之士投身到未来创新型国家建设、实施乡村振兴战略和健康中国战略的实践中去，为实现我国粮食安全、生态文明建设、农业农村现代化、全面建成小康社会不懈奋斗，为实现中华民族伟大复兴的中国梦做出更大贡献。

中国工程院院士
中国工程院副院长　　刘旭

2018 年 4 月 3 日

序 二

听闻要出版《农业思维与实践——史志诚文选》，我感到十分高兴。因为志诚是一个不忘初心、德才兼备的人，始终把"为了人民吃饱、吃好、吃得安全"作为自己从事各项工作的努力方向和奋斗目标。在读该书的样稿时，我看到 2017 年在陕西省委老干部工作局编著的《三秦夕阳正红》中介绍了志诚退休后"让毒理研究和应用造福于民"的事迹，深受感动。当志诚提出让我为《农业思维与实践——史志诚文选》作序时，我欣然命笔，为之作序，谈谈几点认识。

在青年时期，志诚在农村参加劳动锻炼时，便自学农业知识，接触农业实践，并立下了他的人生奋斗目标：为农村服务，尽自己的一分力量，让人民吃饱、吃好、吃得安全。1978 年，他以同等学历考取了西北农林科技大学段得贤教授的动物毒物学硕士研究生。

从该书中，能够明显地看出他在工作中的拼搏精神和实干精神。他在担任陕西省农业厅厅长期间，虽然官大了、事多了，但仍能不忘初心，认真贯彻执行党的各项方针政策，在陕西省委、省政府的领导下，十分注重把先进技术应用到农牧业生产之中。1996 年，他按照陕西省委、省政府"米袋子"工程责任制的要求，将发展粮食生产作为陕西省农业厅工作的第一要务，接连三年组织陕北、陕南和渭北的农业科技人员大力推广地膜小麦、地膜玉米等旱作增产技术，取得了显著成效。1998 年，陕西省粮食总产量从 1995 年的 91.3 亿 kg 增至 130.3 亿 kg，创历史新高，获得农业部农牧渔业丰收奖一等奖。

志诚在陕西省农业厅行政工作岗位上根据工作的需要和社会主义市场经济新时代的要求，边干边学。除了学好农学、畜牧兽医学以及与"三农"相关的法律法规之外，还自学产业经济学和国内外农业管理与畜牧经济理论，并发表了有关农业产业化经营与畜产经济方面的调查研究论文，使自己成为农业专家型的行政领导，进而指导自己在工作中推陈出新，有所创意。

说到这，不得不说说志诚同志的"官风"。他为官清廉，不摆架子、不装腔作势，总是以一个普通劳动者形象出现在群众中，为改善农村群众的生产生活条件尽力。

志诚同志还十分重视推广农业科技，推动科技进步。他在分管畜牧兽医工作期间，十分重视畜种改良与疫病防治工作。他先后组织基层畜牧兽医工作者，主持"陕西省瘦肉型猪综合配套技术推广""陕西新增百万只改良羊综合技术推广""陕北发展改良羊专项技术集团承包""陕北羊子综合开发技术承包""陕西消灭牲畜5号病综合防治技术推广"和"陕西消灭牛肺疫综合防治技术"等项目，分别获得农业部农牧渔业丰收奖一等奖和二等奖，陕西省人民政府农业技术成果推广一等奖（两项）和二等奖（四项）。

读了《农业思维与实践——史志诚文选》以后，我深受感动的还有一点：他直到退休，依然不忘初心，满怀激情地担任西北大学特聘教授，潜心钻研毒理科学史。毒理学研究在中国是较为薄弱的，志诚同志先后推动并创建了中国畜牧兽医学会动物毒物学研究会、中国毒理学会毒理学史专业委员会和陕西省毒理学会，组织其中60多位专家，历经20余年潜心研究毒理科学史。2016年，他主编的500万字的"十三五"国家重点图书《世界毒物全史》（百卷本）出版，全书共10册，分述了毒物与人类文明史、毒物的两重性及其辩证关系，毒理科学发展史、毒物管理的法律法规和毒物利用史。他与全国同行专家的合作精神和组织才能，得到国内外同业专家的高度称赞。2017年4月，陕西省全民阅读活动组委会将《世界毒物全史》（百卷本）评为"陕西省2016年十种最佳图书"之一；2017年10月，中国毒理学会授予这套书优秀著作奖。我认为这是一个重大成果，是值得我们效仿和学习的。

《农业思维与实践——史志诚文选》是从志诚同志撰写的200多篇论文中精选出80余篇论文编辑而成，介绍了他六十年的工作经历，以及在"三农"问题与现代农业、粮食与食品安全、生态环境与特色农业、畜产经济与农业产业化经营、草原毒草灾害防治、动物毒物学与毒理科学、毒物科学史研究和农业与环境立法八个方面的所思所为。广大读者可以从书中获得启示和教益。最后，祝愿志诚同志身体健康，再创辉煌，为人类健康，为人民吃饱、吃好、吃得安全继续做出新的贡献。

中国工程院院士　李佩成

2018 年 7 月 3 日

农业思维与实践

——史志诚农事春秋六十年记述

（1958—2018）

一、从事"三农"工作六十年历程

从 1958 年到 2018 年，史志诚同志从事农业农村工作整整 60 年。这 60 年，大体分为四个阶段，前 25 年他在陕西省畜牧兽医总站从事兽疫防治、毒物检验和中毒病防治工作。1978 年，考取了西北农学院毒理学硕士研究生；1983—2000 年，先后在陕西省畜牧局和陕西省农业厅从事农牧产业与农业行政管理工作；2001—2007 年，在陕西省人大常委会从事农业和农村问题的立法与监督工作；2002—2018 年，在西北大学创办生态毒理研究所，从事生态毒理学教学、草原毒害草防控、食品安全和毒理科学史研究工作，探寻人类与植物、动物、矿物以及环境污染物之间的生态关联及其毒性效应。

史志诚同志 1941 年 12 月 29 日出生于陕西省榆林市榆阳区。1958 年 7 月毕业于陕西省榆林农业学校兽医专业，1958 年 3—11 月在农村劳动锻炼后于同年 12 月被分配到陕西省农林厅工作。1959 年在农业部、商业部举办的畜禽检疫师资训练班学习，期间，在农业部兽医生物药品监察所实习。1978 年在西北农业学院攻读研究生，获得农学硕士学位。先后任陕西省农林厅农林牧工作大队蹲点工作组副组长、陕西省畜牧厅畜牧兽医总站副科长、陕西省农牧厅畜牧局副局长、陕西省农业广播学校校长、陕西省饲料工业办公室主任、陕西省农业厅副厅长、陕西省农业厅厅长。

史志诚同志于 1983 年被评为高级兽医师，2001 年被评为研究员。曾被聘为农业部科学技术委员会委员、中国农学会农业专家咨询团专家、西北农林科技大学兼职副教授和教授以及硕士生和博士生导师、西北大学兼职教授、西北大学生态毒理研究所所长。曾先后担任陕西省农学会会长、陕西省畜牧兽医学会理事长、陕西省毒理学会理事长、中国畜牧兽医学会第八届和第九届副理事长（1992—2001），中国农学会第八届副会长（1997—2002）、中国毒理学会第四届副理事长（2005—2008），2008 年改任中国毒理学会荣誉理事长。1989 年被国际毒素学会（IST）吸收为会员。现任中国毒理学会顾问、陕西省毒理学会顾问、陕西省经济学会顾问、陕西省农学会顾问、陕西省老科学技术工作者协会顾问和西北大学生态毒理研究所所长。

1991 年 9 月至 1992 年 7 月，史志诚同志在中共中央党校培训部中青年干部培训班学习。1996 年当选为陕西省委纪律检查委员会委员（1996—2000）。2001 年卸任陕西省农业厅厅长职务之后，作为人大代表当选为陕西省人大常委会委员、农业与农村工作委员会副主任，并被聘为陕西省委、省政府决策咨询委员会委员兼农业专家组组长。2007年退休之后，当选为陕西省老科学技术工作者协会副会长，被聘为陕西省经济学会顾问、陕西省环境保护局咨询委员会宏观组委员及陕西省政府反恐办和应急办专家组成员。他本着"发挥优势，量力而为、回报社会、务求实效"的原则，积极参与课题研究和咨询工作，努力服务"三农"，回报社会。

1958年至今，在整整60年生涯里，史志诚同志一直围绕"一切为了人民吃饱、吃好、吃得安全"，创新思维，身体力行，践行自己的诺言。

史志诚同志在自然科学和社会科学两个领域的成就斐然，是一位在自然科学和社会科学两个领域都有建树的专家学者。他不仅是农业和畜牧业经济宏观领域的管理者，而且是在畜牧兽医学、毒理学领域成果颇丰的专家。1997年6月，中国工程院副院长、中国农学会名誉会长、中国农业专家咨询团主任卢良恕院士在延安考察期间，为史志诚同志题写的"宏观研究与微观研究相结合，社会科学与自然科学相结合，为祖国繁荣昌盛创造性地工作"，就是对他最好的赞誉。

二、夙愿得偿，献身农业

史志诚同志的夙愿是在他所处的时代和社会实践中逐步认识、综合判断产生的。1958—1960年，中专毕业生参加工作之前必须先在农村劳动锻炼一年。1958年3—11月，他被分配到榆林县巴拉素区补浪河公社补浪河第二生产队参加农村劳动锻炼，入住农户，与农民同吃、同住、同劳动。在"瓜菜代为主食"的年代，他三天才能吃上一顿小米饭，只有24个节气到来之时，才能改善一次伙食。他到公社协助文书抄写刻印文件的时候，经常看到贫困农民饿着肚子拿着米口袋到公社办公室要救济粮，心里十分难过。1960年4月，他被派到黑龙江省安达市红色草原牧场为陕西省购买的奶牛进行检疫。他住在萨尔图镇（当时的大庆油田指挥部）的"干打垒"招待所，看着汗流浃背的石油工人和自己一样天天吃"大碴子"（大颗的玉米），饥饱不匀，他真切地感到发展粮食的重要性。1960年8月，他在陕西省畜牧厅新建的小球藻温室生产供应藻种的同时为职工生产、供应代食品。1962年困难时期，不仅农村社员达不到温饱水平，城镇职工也由于少粮、少油、缺菜，时有出现浮肿的情况。他们只能劳逸结合，上午工作，下午休息。1966年6月，他去留坝县闸口石公社下乡调查，大山深处的贫困农户仍然处于饥饱不匀的状态。这些往事常常呈现在他的脑海，他经常提醒自己，作为陕西省农业厅的工作人员和领导干部，无论如何，不能让"吃不饱"的情况再发生。

1986—1987年，史志诚同志担任陕西省农业厅副厅长的期间，带领30位年轻干部在陕北靖边县扶贫蹲点一年。当他在白于山区的贫困乡镇了解民情、走访农户时，靖边县委书记介绍史志诚同志是厅长，村干部只知道"县长""专员"的官衔，从未听说过"厅长"的官衔，以为是参加"三干会"时县招待所餐厅的史厅长（当时靖边县招待所餐厅确实有一位姓史的餐厅厅长，她叫史月娥）。史志诚同志连忙说："是的！"老百姓的一句"真言"，寓意着他的职责。于是，他常常以"餐厅厅长"的职责要求自己，用"一切为了人民吃饱、吃好、吃得安全"作为一个奋斗目标激励和鞭策着自己，这也成为他工作的动力。

改革开放以来，人们对动物性食品的需求逐步增加，往往出现供不应求的状况。但随之而来的饲料安全、食品安全问题，成为人们关注的热点。于是他把粮食安全、防治畜禽疫病、确保农产品和畜产品的食用安全记在心上，抓在手上，落实在工作上。

三、推广农牧科技，铸就"三农"情怀

（一）防治畜禽疑难病症、确保畜产品食用安全

1959 年 5 月，陕西省农业厅派史志诚同志赴北京中央商业干部学校（今中国商学院）参加农业部、商业部举办的全国畜禽检疫师资训练班，并派其在农业部兽医生物药品监察所实习半年，使他基本掌握了国家确定的重大畜禽传染病、寄生虫病、人畜共患病以及疑难病的鉴别诊断技术和防控技术。

1960 年 8 月，他被调到陕西省畜牧厅新技术办公室工作，在新建的小球藻温室为全省生产供应藻种，同时为职工生产供应代食品。这一年，他干什么，就学什么。他自学英语，翻译中央和陕西省委代食品办公室发来的英文材料，创新小球藻的培养技术，提高了产量并制备出藻种干粉。1961 年 4 月，他参编了中共陕西省委代食品办公室主编的《小球藻的培养和使用方法》，该书于同年 8 月出版，内部发行，这是他有生以来第一次参编的小册子。

1962—1978 年，他在陕西省畜牧兽医总站和陕西省兽疫防治站工作，从事畜禽防疫检疫、家畜疑难病诊断、毒物分析和中毒病防治。他组织参与动物疑难病诊断工作，先后成功确诊了陕西秦巴山区的牛采食栎树叶中毒、富平县牛骨软病、大荔农垦农场奶牛泰氏焦虫病、陇县关山牧场马匹采食狗舌草中毒导致的肝硬化、澄城县健康马类家畜口服土霉素中毒和耀县马霉草中毒，与西安市公安局联合侦破长安县一起牛磷化锌投毒案。1970 年 11 月，陕西志丹和吴起两县发生羊注射炭疽疫苗后，出现不良反应，他配合农业部兽医生物药品监察所的专家奔赴现场，查清原因，及时处置。他在保障畜牧业的健康发展、减少农村集体经济的损失和防止肉食品中毒等方面努力工作，受到了基层干部和群众的好评。

（二）防控人畜共患疫病，做出显著成绩

在人畜共患疫病防治方面，史志诚同志先后参与布鲁氏菌病、马传染性贫血病以及口蹄疫等人畜共患病的防治工作。

1965 年陕西省卫生厅与农业厅决定联合组建由省、市、县 30 多名专家参加的"布鲁氏菌病防治工作队"进驻府谷县协助防治。这一年，史志诚同志作为工作队的成员，以府谷县的新民、黄甫、麻镇为基点，负责人与畜布鲁氏菌病的检验、诊断和工作队办公室秘书与后勤工作。他在给乡村羊群采血化验、了解患病农户的过程中，体察到布鲁氏菌病使青年丧失劳动力、年轻妇女不能生育的痛苦，对他们产生了同情感，从而更加积极开展布鲁氏菌病的防治，让更多的农民患者较快地摆脱疫病的折磨。

1971—1978 年，外源性马传染性贫血病入侵陕西，史志诚同志及其同事及时赶赴引进外来马匹的县、乡、镇，现场进行"热（体温）、铁（吞铁细胞）、血（血沉）"的检查，对阳性病马采取隔离管制等措施。与此同时，他制作简易诊断箱，各地推广采用，较快地控制了疫情。1971 年 4 月 17 日，他在全国防制马传染性贫血病会议上汇报了陕西省的防

治经验。1991年，史志诚同志被评为全国马传染性贫血病防治工作先进个人，受到农业部的表彰。

1983—1993年，在陕西省防治口蹄疫指挥部总指挥长徐山林的领导下，他作为副总指挥兼指挥部办公室主任，坚持"早、快、严、小"的防控策略，积极组织农业、商业、铁路、公路等相关部门的力量，分工负责，主动设防，严防口蹄疫的传入，保持陕西十年无疫。1989年，他获得国务院全国牲畜口蹄疫防治总指挥部和农业部的奖励，被授予防治牲畜口蹄疫先进领导工作者称号。1991年，陕西省消灭牲畜口蹄疫综合防治技术获得陕西省人民政府科技成果二等奖、国家科学技术委员会星火四等奖。

此外，他参与的陕西消灭牛肺疫综合防治技术获1995年陕西省人民政府科技成果二等奖。

（三）推广改良家畜新品种，努力提高动物性食品的数量和质量

在家畜品种改良和畜牧技术推广方面，史志诚同志为陕西省畜牧经济发展做出了贡献，获得多项奖励。1992年，他赴美国绵羊合作社考察绵羊生产组织情况，之后，从国外引进萨福克肉羊新品种，成为陕北推广的主要品种之一。他参加的瘦肉型猪综合配套技术推广，获得1990年农业部丰收计划一等奖。他主持的陕北百万只改良羊综合技术研究与推广，获农业部1992年丰收计划二等奖、陕西省政府1995年农业科技推广一等奖。他主持的陕北羊子综合开发技术承包，获得陕西省1998年省政府农业科技推广二等奖。此外，1995年获全国地方良种黄牛育种委员会的表彰，被授予黄牛良种保护先进工作者称号。

史志诚同志出色的工作，引起全国畜牧兽医同行的关注。1992年他当选为中国畜牧兽医学会副理事长。2009年，中国畜牧兽医学会授予他"新中国60年杰出人物"证书。2016年，在绍兴召开的中国畜牧兽医学会成立80周年大会上，中国畜牧兽医学会授予他终身贡献奖。

（四）积极推广多项农业与环境保护关键技术，获得部省多项奖励

史志诚同志分管农业环保工作期间，组织陕西区域农业环境问题及其对策的研究，推行生态农业工程建设，促进农村经济发展，农业部于1991年授予他全国农业环境保护荣誉证书。他在担任陕西省农业厅厅长期间，主持的生态农业建设试验示范和吨粮田示范建设获得陕西省人民政府1998年农业技术成果推广三等奖。小麦地膜覆盖栽培技术推广项目，获得2003年农业部丰收计划一等奖。2008年以来他先后承担的陕西省环境与健康影响状况、陕西省主要农产品与土壤残留状态和陕西省主要农产品与土壤POPs残留状况等三项调查研究，均获得陕西省环境保护厅科学技术二等奖。

此外，他于1996年倡导并由陕西省农业杂志社组织编印的《农事历书》以及后来编印的《茶叶历书》《苹果历书》《蔬菜历书》等成为一个个技术推广的品牌，深受基层农技人员和农户的喜爱。

实践工作使他深深体会到，兽医既是保障畜牧业健康发展的医生，又是确保人类食品安全的卫士。长期实践工作的锻炼不仅丰富了他管理农牧工作的基本技能，而且更多的是了解"三农"、熟悉"三农"，加深了对"三农"的感情。

四、关注粮食安全，推广增产技术

实现粮食增产是农业部门的第一要务。1987年，时任陕西省农业厅副厅长的史志诚同志在靖边县蹲点的那一年，正是旱情非常严重的一年，为了促进粮食增产，他组织蹲点工作队的农技干部首次试验推广地膜玉米增产技术，探寻粮食增产的新路子。到了秋收的季节，地处海拔1 300m、年降水量350mm的新农村乡王家庙村旱地地膜玉米，平均亩[*]产219kg，亩增产186.5kg，而大田亩产仅32.5kg。地处滩水地的海子滩村，地膜玉米平均亩产821.5kg，亩增产372.5kg。地膜玉米增产技术显示出明显的优势。原来持有怀疑态度的村干部看到玉米增产的效果，立刻变成地膜玉米增产技术的宣讲员。王家庙村百亩地膜玉米增产田，成为大旱之年的粮食增产的样板田。时任主管农业的陕西省委副书记牟玲生和副省长徐山林，专程到靖边县视察玉米增产的样板田，肯定了地膜玉米增产技术的有效性，为后来在全陕西省旱地推广地膜玉米增产技术提供了经验。那一年陕西省农业厅扶贫蹲点工作队还推广了沙打旺牧草青贮技术，举办了定边县畜产经济发展战略研讨会，进行了绵羊荞麦光过敏毒性试验等多项工作，被陕西省委、省政府评为先进工作队。

1996年2月，史志诚同志担任陕西省农业厅厅长，陕西省省长程安东问他："当了厅长首先干什么？"他坚定地回答："第一要务是抓粮食生产，实现'米袋子工程'的目标。"省长高兴地说："你回答正确！"然而，如何增产粮食？史志诚同志首先想到的是"科技兴粮"。于是他在以往试验的基础上开始大面积推广新的粮食增产技术。

1996年9月20日，正值秋播时节，程安东省长提出"陕西粮食生产的潜力在陕北黄土高原和渭北旱塬"并"希望农业厅研究论证"。于是，史志诚同志在继续推广地膜玉米增产技术的同时，立即组织在陕北渭北18个县试种地膜小麦1 195亩。1997年夏收测产平均亩增产73.5kg，增幅43.8%，开创了小麦增产的新路子。1997年，合阳县10万亩旱地地膜小麦喜获丰收，每亩增产50多kg。典型的带动作用，使1997年陕西省全省地膜小麦播种面积达26万亩，地膜玉米播种面积达393.6万亩。

为了科学规划粮食生产，1997年5月30日，史志诚同志请示陕西省政府同意后，特邀中国工程院副院长卢良恕院士等粮食问题专家来陕西对渭北、陕北黄土高原的粮食生产情况进行为期10天的考察。卢良恕院士考察后撰写的《陕西省陕北、渭北粮食生产与农业持续发展的报告》，发表在1997年《中国工程院院士通讯》第5期。1997年7月14日，农业部科学技术委员会的专家来陕西继续对渭北、陕北黄土高原的粮食生产情况又进行了为期10天的考察。两次考察，不仅促成陕西黄土高原农业（粮食）开发研讨会的召开，使陕西省粮食增产专项建立在科学论证的基础上，并有了规划，而且引起国务院领导的重视，成为后来中央对黄土高原生态环境治理与退耕还林等重大决策的依据之一。

更令他欣慰的是，陕西省委书记李建国于1998年3月27日到合阳县观看地膜小麦，指示渭北、陕北要大面积推广旱地地膜小麦栽培技术，全省适宜地区要积极推广地膜玉米栽培技术。1998年8月13日，陕西省委、省政府联合发出《关于在全省大力推广地膜小麦的通知》，在《陕西日报》上全文发表，决定在渭北、陕北推广种植地膜小麦200万亩，

---

[*] 亩为非法定计量单位，1亩≈667m²。——编者注

并配发题为《粮食生产上新台阶的重大举措》的文章。这一年全省地膜小麦的推广面积达到 258.7 万亩。

期间，农业部也十分关心陕西省的粮食增产和农业发展，刘江部长、刘成果副部长先后来陕西检查指导。两位部长的关切，极大地鼓舞着陕西省农业战线的广大职工、基层干部和农民朋友发展粮食生产的信心和决心！

1996—1998 年，史志诚同志根据陕西省农耕地处于中国西部干旱半干旱地区的环境特殊性，在陕西省委、省政府正确领导和大力支持下，动员全厅和相关地县农业部门的力量，致力于推广地膜小麦和地膜玉米为主要内容的综合抗旱创新增产技术和相应措施。经过三年的努力，1998 年陕西省全省粮食总产量由 1995 年的 91 亿 kg，大幅度增长，达 130.3 亿 kg，人均 372.2kg，创造了陕西粮食总产量的历史新高，获得农业部的重奖。

1999 年 5 月，史志诚再次邀请中国工程院副院长沈国舫院士来陕西考察，沈国舫院士提出《黄土高原生态环境建设与农业可持续发展》的报告，报送国务院。1999 年 8 月 6 日，朱镕基总理来陕西视察，在延安作出退耕还林还草的重大决策。自此一个大规模的全国性的退耕还林还草全面展开。陕西省连续 8 年得到国家大力支持，退耕还林还草取得重大进展，不仅稳定了粮食生产，而且使生态环境有了很大改观。

五、应用产业经济原理，破解产销脱节弊端

（一）创立畜产经济新理论，培养产业经济人才

1985—1995 年，史志诚同志任陕西省农业厅副厅长期间主管陕西省的畜牧业生产。此时，正值我国计划经济向市场经济转型的关键时期。如何正确引导传统农业向现代农业转变，如何破解部门分隔、产销脱节的弊病？急需农业产业化经营理论指导。然而，当时的西北农业大学没有设立"农业产业经济学"这门学科，也没有这方面的教材。因此，在请教无门的情况下，只有"干中学、学中干、边学边干"，他根据社会主义市场经济发展和农业产业化经营的需要，从零开始苦苦探索。一是 1986—1987 年在靖边县蹲点期间，组织 10 多名蹲点干部深入陕北 12 个县开展畜牧业的产、供、销的历史与现状调查，首次提出"畜产经济"命题，编写出版了《陕北畜产经济》（三秦出版社，1987）一书。二是在中央党校学习期间，利用业余时间，学习中国人民大学关于产业经济学的著作，编著《畜产经济概论》（农业出版社，1992），该书是我国第一部以畜产业为研究对象的经济学专著，是一项富有创造性、开拓性的著作，标志着我国畜产经济学的建立，为畜产经济的深入研究开创了一个良好的开端。三是在几年实践的基础上，联合陕西省商业厅等部门的专家研讨陕西省畜产经济的历史与现状，编著了《陕西畜产经济》（三秦出版社，1994）。四是与西北农业大学经济管理学院徐恩波教授合作，编著《畜产市场运行与发展》（陕西人民出版社，1994），初步形成了畜产经济的理论体系。

1991 年，在畜产经济理论引导下，由陕西省科学技术协会牵头，陕西省畜牧兽医学会主办，联合陕西省农学会、陕西省食品工业协会、陕西省饲料工业协会、陕西省纺织工业协会、陕西省轻工协会、陕西省皮革协会等单位于 1991 年 1 月 15—17 日召开了陕西省畜产经济发展战略研讨会，50 个单位 80 多名代表参加了会议。与会者为陕西省畜产经济的未来发展献计献策。与此同时，新华社记者还报道了陕西省陇县、千阳县将畜牧局更名

为畜产局，实现了奶畜生产与乳品加工业管理的一体化。

1993年，西北农业大学经济管理学院聘任史志诚同志为兼职副教授，成立畜产经济研究室，并与徐恩波教授联合招收并培养畜产经济与贸易硕士研究生5名。1993年，史志诚同志当选为中国社会科学院中国畜牧经济研究会常务理事。从此，由实践上升到理论，指导畜牧产业经济的发展，为推动陕西省乃至全国畜牧业的产业化经营提供理论依据。

尽管在畜产经济改革创新的路上有一些"杂音"，但为了促进传统畜牧业向市场经济、产业管理的方向前行，史志诚同志仍然坚持不懈、义无反顾地埋头工作。他的这种精神感动了许多人。特别是1992年他编著的《畜产经济概论》出版之际，陕西省委副书记牟玲生、农业部原畜牧总局局长李易方、农业部畜牧兽医司司长陈耀春为之作序。1994年他主编的《陕西畜产经济》出版之际，农业部副部长陈耀邦为之作序；陕西省副省长徐山林题写书名；农业部原畜牧总局局长李易方题词"强化市场经济机制，促进资源优化配置"。陕西省委副书记支益民题词"发展畜产经济，致富三秦人民"；陕西省副省长王双锡题词"面向两个市场，繁荣畜产经济"；时任陕西省人民代表大会常务委员会副主任牟玲生题词"以市场为导向，探索发展畜产经济的新路子"；陕西省政府顾问林季周题词"调整畜产结构，发展农村经济"。

此外，农业部原畜牧总局局长李易方于1994年2月24日为《畜产市场运行与发展》专著作序中写道："史志诚同志本以畜牧兽医见长，但长期从事畜牧行政领导工作，他对畜牧经济与企业管理问题饶有兴趣，常利用工作之余，潜心钻研，结合工作实际中的体察及时总结，故在畜牧技术与畜产经济两方面都卓有贡献，特别是他的新著《畜产经济概论》提出了许多新的创见，给人留下深刻的印象。"

农业部和陕西省委、省政府领导的支持不仅打消了一些同志的顾虑，也鼓励着史志诚同志将研究畜产经济扩展到研究农业产业经济学新领域。

（二）规范"农业产业化经营"概念

1996年，史志诚同志担任陕西省农业厅厅长前后，我国兴起的农业产业化经营是一种经营方式的变革，对调整农村经济结构、转变农产品经营方式和提高农民收入都起到明显的作用。然而，许多地方报刊的文章中有"农业产业化"的提法，很不规范。针对这个问题，史志诚同志于1997年11月7日撰写了《农业产业化经营若干经济理论分析》一文，并约见中央人民广播电台记者黄立新。史志诚同志认为，"农业产业化"的提法应当规范为"农业产业化经营"，防止将"产业化"与"现代化"相提并论，更要防止以"产业化"替代"现代化"的倾向。我们的目标是农业现代化，农业产业化经营是实现农业现代化的经营管理和产业组织形式，两者不可混淆。他的研究论文《农业产业化经营若干经济理论分析》分别发表于农业部《农村经济文稿》（1997年第8期）、中国农学会会刊《中国农学通报》（1997第5期）和陕西省委政策研究室主办的《调研与决策》杂志（1997年第11期），引起了有关部门的重视。

1998年4月15日中共中央政策研究室和国务院研究室主办的《学习研究参考》总编室给史志诚同志来信，告知《学习研究参考》1998年第4期从《调研与决策》杂志1997年第11期上摘编了他的主要观点，标题是《农业产业化经营的几个理论问题》。截至目前，他关于农业产业经济的一些观点仍然有一定的指导意义。

（三）按照农业产供销一体化思路，积极招商引资

史志诚同志在陕西省农业厅任副厅长主管外经外事期间，曾根据农业部的安排，先后派出 10 多名干部赴日本考察学习农业协同组合（农业合作社）的组织管理与运行经验。他曾出访美国、加拿大、泰国、日本、荷兰、丹麦、匈牙利、澳大利亚、新西兰等国家学习考察。先后引进联合国世界粮食计划署（WFP）粮食援助项目、世界银行贷款农业支持服务项目、瑞士布朗饲料加工项目、泰国正大集团饲料企业、中国—加拿大奶牛综合育种项目、荷兰蛋鸡项目、萨福克肉羊新品种引进项目以及日本农业援助项目，为发展和提升陕西省农牧业生产规模以及现代管理水平，援助陕南贫困地区的农业发展发挥了重要作用。他引进泰国正大集团"从土地到餐桌"的经营理念，不仅在当时得到认可，而且在今天的产业扶贫工作中也得到效仿。

1998 年，他发表了《小苹果，大产业》的调查报告，建议并促成陕西省政府成立陕西省果业局。此外，他在关于陕西省农垦转产处置问题的调查报告中，建议陕西省政府采取果断措施，化解了某些历史遗留问题，实现了农垦转产企业和农垦职工的长久安定。

六、创立单宁生物活化理论，防治牛栎树叶中毒

自 1958 年贵州省报道牛采食栎树叶中毒以来，陕西省、河南省、四川省、湖北省、吉林省等 14 个省份 100 个县（旗）相继报道类似事件，损失十分惨重，每年经济损失 1 亿多元人民币。

1962 年 4 月，陕西省蓝田县的贫困山区耕牛发病 740 头，死亡 208 头。1962 年 5 月 22 日，在陕西省兽疫防治站工作的史志诚同志和地、县调查组的同志赴蓝田县辋川公社进行调查。调查表明，当地发病的耕牛呈现地方性慢性胃肠病的病症，其特点是病程长、体温正常或偏低、胃肠道功能失调及大面积浮肿。发病的原因与缺草、春季牧草返青和放牧管理有关。由于发病期已过，未能进行放牧地的调查。

为进一步查明原因，史志诚同志查阅了有关资料。资料表明，1958 年陕西省商县夜村区和黑龙口区在清明节前后发生大批耕牛死亡，有人曾提出与采食青杠树叶（一种栎属植物）有关；1962 年蓝田县辋川公社发生的牛病与 1958 年贵州省发生牛采食栎树中毒的情况相似。为此，他开始学习栎属植物的相关知识，关注国内外的相关报道，为以后的调查奠定基础。

1963 年 4—5 月，史志诚同志和陕西省畜牧兽医研究所的专家赴安康地区调查牛病，此时，他被分配到旬阳县蜀河镇观音堂生产队蹲点调查牛的水肿病。他通过临床观察、林间放牧地栎属植物种类与牛采食情况的调查和主要栎属植物树叶单宁的定性检验结果，提出了牛水肿病是由于采食栎属有毒植物（青杠树）的嫩叶引起的中毒。但由于有的专家误认为是传染性的巴氏杆菌病，他的诊断结论被否定。农民的损失，他看着心痛，因此他暗下决心要继续调查，取得更多的科学证据，阐明中毒的原因。从此，史志诚同志就与毒物和中毒这两个名词结下了不解之缘。

由于过去专家"误诊"为传染病，结果防疫 3 年后不仅无效，反而使安康市 1967 年大范围发生牛水肿病，病情难以得到控制。

1967年5月，西北农学院的专家在平利县调查牛水肿病期间，将青杠树嫩叶喂牛进行中毒试验取得成功，证明史志诚同志1963年的诊断是正确的。于是史志诚同志于1967年7月编印《家畜栎属植物中毒的防治》宣传画册印发山区，为预防中毒起到了一定的作用。

为了查明牛采食青杠树嫩叶中毒的原因，1968年4月，他与陕西省林业厅调查设计院的专家，徒步到长安县曾经发生牛采食青杠树嫩叶中毒的喂子坪生产队，调查栎属植物的生态学与分类学。通过流行病学、栎属植物的水平分布与垂直分布和耕牛采食数量的调查，揭开了牛采食青杠树嫩叶中毒的原因。原来青杠树是高大的乔木，山里放牧的耕牛不可能采食它的叶子。然而，由于在大力发展食用菌木耳的浪潮中，一些农户砍伐大量青杠树用作生产木耳的耳棒。第二年清明节前后被砍伐的青杠树基部萌发出大量嫩叶，放牧的耕牛如果每天采食单宁含量为5%～10%的幼嫩青杠树叶，占到日粮的一半以上的话，连续7天后即会发生中毒。

1970—1973年，史志诚同志随着工作单位战备疏散到杨凌，住在陕西省农业科学院北家属院的一孔窑洞，一年后，好心的同志帮他搬到一间平房。期间，尽管面临"文化大革命"时期的多重非议和冲击，农场劳动、夜间值班和农村蹲点成为他生活的常态，然而，稳定、单调和清闲的生活给了他冷静思考和学习的机遇。他借打扫卫生的机会在陕西省农业科学院空无一人的图书馆查阅国内外有关资料；他借夜间值班的机会整理《家畜常见中毒病的检验》文稿；他在泾阳县农村蹲点的过程中思量着未来研究牛青杠树叶中毒的方方面面。

1978年史志诚同志的研究工作迎来新机遇。1978年3—4月，史志诚同志在略阳县鱼洞子公社上营生产队建立试验基地，并与略阳县畜牧兽医站、汉中农业学校的教师合作成立牛青杠树叶中毒早期诊断研究小组，通过三种青杠树嫩叶的耕牛人工发病试验，确定了牛青杠树叶中毒早期诊断的指标。他撰写的论文《牛青杠树叶中毒早期诊断》获得陕西省革命委员会农业局1978年科学技术研究阶段成果三等奖。而确认中毒的机理如何，采用什么技术治疗中毒的病牛，成为他后来几十年努力完成的目标。

人们常说"机遇是给予那些有准备的人"。1978年，只有中专学历的史志诚同志凭着四门课程考试平均73分的成绩单和一份获得阶段性研究成果奖的论文，报考了西北农学院段得贤教授的硕士研究生。富有远见卓识的段得贤教授录取了这位在实践中自行研究、艰苦创业并取得初步成果的特殊研究生。

1978—1981年，史志诚同志在段得贤教授的指导下攻读硕士研究生时，才有机会从中外文献中了解到，科学家从1662年发现橡子、栎树叶中毒，探索栎叶单宁毒性机理已经走过300多年的路程。他从历史研究中汲取了营养，得到了诸多新的启迪，他的研究生论文《牛栎树叶中毒发病机理研究》，通过十项实验证实了高分子栎叶单宁经胃肠道生物降解产生多种低分子有毒酚类化合物引起中毒的假设，建立了单宁生物活化理论。在国际上首次阐明了栎单宁的毒理机制，破解了300多年单宁毒性不解之谜，为防治牛栎树叶中毒提供了理论依据，填补了生化毒理学的一项空白，获得1982年农业部技术改进二等奖。鉴于这项研究在毒物学领域中的贡献和国际影响，他的研究生论文于1992年刊登在美国犹他州召开的第三届国际有毒植物研讨会论文集中，1989年，他被国际毒素学会（IST）吸收为会员。

1983年4月，为了防止误诊，帮助兽医界的同行准确诊断牛栎树叶中毒病，他先后在陕西省汉中地区城固县五堵乡、西乡县沙河坎乡兽医站设立研究基点，邀请西北农学院、解放军兽医大学的教授，北京军区、南京军区兽医研究单位的研究员，以及省地县畜牧兽医站等 15 家单位 45 位专家和技术人员进行"会战"，进一步深入研究早期诊断技术、开展中西药物治疗试验，试用腹腔透析疗法抢救重症病牛。之后，又经过几年的试验研究，于 1991 年制定了陕西省地方标准《牛栎树叶中毒诊断标准与防治原则》（DB61/T-16—91），成为我国第一个动物疫病的诊断与防治标准。从 1992 年开始，他指导陕西省畜牧兽医总站主持在陕西、甘肃、辽宁、河南和其他一些发病省份推广应用《牛栎树叶中毒诊断标准与防治原则》，经过近 10 年的不懈努力，至 2000 年在陕南地区和全国范围内近百个县有效控制了该病的发生，取得了明显的预防和治疗效果，减少经济损失 4 亿多元，仅陕西、甘肃、辽宁、河南 4 个省份的发病地区统计累计防治牛 176.13 万头，减少经济损失 1.5 亿元，获陕西省人民政府 2002 年农业技术推广成果三等奖。2002 年 8 月 9 日，在兰州召开全国牛栎树叶中毒诊断与防治经验交流会，进一步总结交流各地推广《牛栎树叶中毒诊断标准与防治原则》的工作经验。

2003—2012 年，他在西北大学生态毒理研究所继续研究世界主要国家栎属植物中毒的发生特点、流行规律与防治经验；从植物单宁细胞学、生物进化、生态关联与毒性效应等方面，加深对栎单宁生态毒理系统的形成与消亡的认识，进而研究栎单宁的应用与安全评价以及栎属植物的应用与脱毒技术。

2013 年 7 月 15 日第九届有毒植物国际研讨会在我国内蒙古自治区呼和浩特市召开，参会人员有 40 余位来自美国、澳大利亚、新西兰、巴西、南非等国相关专家和 150 余位国内专家学者。史志诚同志发表的《中国栎树叶中毒研究 50 年》论文引起与会专家的热议。大会学术委员会主席、美国农业部有毒植物研究实验室主任帕特尔授予史志诚终身成就奖。

为了总结 50 年的研究成果，史志诚和尉亚辉教授、李引乾教授合著了《栎属植物毒理学》，于 2017 年由中国农业科学技术出版社出版。

七、心系西部草原，防控毒草灾害

（一）主持农业部"八五"科研项目：中国草地毒草及其危害调查

1992—1995 年，史志诚主持农业部"八五"畜牧业重点科研项目"中国草地重要有毒植物资料的收集整理与研究"。经过调查研究，基本摸清了我国草地重要有毒植物的种类、地理分布及其特点与危害。调查表明：我国约有 3 亿亩退化草地，因有毒植物连片生长蔓延引起大批动物中毒死亡，造成重大经济损失。当务之急是尽快控制"三大毒草灾害"的威胁。一是分布在云南、贵州及四川南部的紫茎泽兰，该草入侵之处使原有的植被受到"侵扰""排挤"，牧场破坏，马牛死绝，到了难以根治的程度。二是分布在甘肃、青海、内蒙古、新疆和西藏阿里地区的醉马芨芨草、多种有毒棘豆和黄芪属有毒植物，困扰着当地畜牧业的发展，造成巨大经济损失。三是地处我国东西部接合部的农牧交错地区松栎混交林带的林间草地，发生牛栎树叶中毒。

调查工作结束后，成立了以农业部畜牧兽医司副司长李仲昌为主任委员的编著委员会和由史志诚担任主编的编委会，出版了《中国草地重要有毒植物》专著（中国农业出版社，

1997），比较详细地叙述了 15 科 19 属 50 多种重要有毒植物的生物学、生态学、毒理学、防除与利用等方面的科技成果，为防除我国西部有毒植物的危害与利用有毒植物提供了科学依据。

令史志诚同志特别欣慰的是，在调查和编撰《中国草地重要有毒植物》专著的过程中，得到了国家部委和专家的关注和指导。全国政协副主席马文瑞于 1995 年为图书题词："化害为利，发展畜牧。"农业部副部长、中国草业协会会长肖鹏于 1993 年为图书题词："建设无毒草业，发展畜牧经济。"农业部副部长、九三学社中央委员会副主席洪绂曾于 1993 年为图书题词："保护草地，化毒为利。"中国工程院副院长、中国工程院院士卢良恕于 1997 年为图书题词："贯彻预防为主方针，积极防治畜禽中毒病，为人类健康和畜牧业发展服务。"国家部委和专家的关心和支持，更加坚定了史志诚同志防控西部草原毒草灾害的信心和决心。

（二）完成支藏任务：组织调查防控西藏阿里地区"醉马草中毒"灾害

1996 年，根据陕西省委组织部的指示，将防治西藏阿里地区"醉马草中毒"作为陕西省农业厅的一项支藏任务。当年，作为陕西省农业厅厅长的史志诚同志立即与西藏自治区农业厅王成杰厅长取得联系，并成功地组织西北农林科技大学、中国科学院青海高原生物研究所和陕西省畜牧局、陕西省畜牧兽医总站的专家组成调查防治组，深入海拔 4 600m 的西藏阿里地区进行了 5 年多的调查研究。

经调查，西藏自治区阿里地区东三县家畜醉马草中毒是影响当地畜牧业发展的主要疾病之一。据不完全统计，措勤县 1978—1995 年中毒死亡家畜 25 万多头（匹、只），造成 2 259 万元人民币的经济损失。经过现场牧草调查、采样分析、动物试验研究，查明所谓醉马草中毒实际上是放牧家畜采食有毒植物冰川棘豆（*Oxytropis glacialis*）引起的中毒。调查防治组根据试验研究的结果，提出控制中毒的具体措施，取得明显效果。

2000 年 8 月，史志诚同志与调查防治组的专家前往拉萨，召开阿里草原毒草调查与防除报告会，一方面代表陕西省农业厅向西藏自治区副主席加保汇报项目进展情况，另一方面向阿里基层干部和技术人员讲授防治技术。得到了西藏自治区政府的高度评价。

2007 年，调查防治组完成的中国疯草——冰川棘豆生态毒理及毒物生物降解技术研究获得陕西省政府科技成果二等奖。

（三）建立毒草灾害观察点，编发《预警通报》

2004 年，基于农业部畜牧兽医总站和中国草学会草地保护专业委员会，确定西北大学生态毒理研究所为全国草地毒杂草防治组组长单位。因此，西北大学生态毒理研究所与青海省草原站、陕西秦岭植物园和榆林治沙研究所达成合作协议，在刚察县环湖区、周至田峪河流域的秦岭植物园筹建处和榆林沙漠植物园建立三个有毒植物生态毒理系统观察点。史志诚同志作为中国草学会草地保护专业委员会毒草组组长，每年都要组织有关专家赴观察点进行考察，并对发生毒草灾害的地区进行调查研究，将最新的毒草灾害发生地情况与特点、各地采取的措施与建议，及时编发《预警通报》，报送农业部畜牧兽医司、中国草学会等有关部门和相关的专家进行广泛交流。

2002—2007 年，史志诚同志承担农业部全国畜牧总站草原鼠虫病和毒害草监测预警系统课题。拟定《草原毒草灾害评估技术》《草原毒草调查技术规范》《草原毒草灾害防治标准》《毒草灾害报告制度》《家畜棘豆中毒诊断标准与防治原则》《家畜黄芪中毒诊断标准与防治原则》和《牛栎树叶中毒诊断标准与防治原则》，为贯彻实施《中华人民共和国草原法》，建立全国草原毒草监测制度，开展草原毒草灾害风险评估和提高毒草灾害防控效果起到一定的指导作用。

（四）参与农业部"十二五"公益性行业（农业）科研专项——草原主要毒害草发生规律与防控技术研究项目

2008年，时任中国毒理学会副理事长、西北大学生态毒理研究所所长的史志诚同志在《预警通报》上发表了《西部草原毒草灾害造成100亿元经济损失》一文，新华社陕西分社记者刘书云对其进行采访后，以《我国西部草原毒草灾害严重》为题发表在2008年5月29日《国内动态清样》（第1920期）。文章指出，我国西部草原毒草灾害严重，造成严重的经济损失，影响当地畜牧业的发展和农牧民的收入。文章中还提出要依法加强草地行政管理、将防控毒草灾害纳入国家草原建设总体规划和推广生态治理毒草灾害技术三条综合治理措施。史志诚同志的建议引起中央和受灾地区的重视。中共中央政治局领导的批示，引起农业部、畜牧司领导重视并批示有关处、站研究防控。

2009—2011年，史志诚同志和尉亚辉教授等专家开始制定防控规划，组织研究团队，做好前期准备工作，并积极申报国家防控项目。

2011年，农业部和科技部将《草原主要毒害草发生规律与防控技术研究》列入"十二五"国家公益性行业科研专项。此时，在卢良恕、任继周院士的推荐和中国草原学会植保专业委员会的推动下，西北大学生态毒理研究所于2012年申请国家公益性行业（农业）科研专项"草原主要毒害草发生规律与防控技术研究"项目获得成功，专项资金1 400万元人民币。此时，史志诚同志已70岁高龄，他主动提出该项目由西北大学生态毒理研究所副所长尉亚辉主持，特聘卢良恕、任继周院士为项目顾问，他自己仅作为项目组成员并兼任项目的特别顾问和行业咨询专家。

2012年3月，西北大学承担的国家公益性行业（农业）科研专项"草原主要毒害草发生规律与防控技术研究"项目正式启动，尉亚辉组织西北农林科技大学、新疆农业大学、青海大学、西藏农牧科学院、内蒙古阿拉善动物中毒病研究所和北京农林科学院草业中心的专家，形成来自汉族、蒙古族、藏族和维吾尔族的30多位多学科、多民族专家团队，共同深入西部五省、区的牧区草原开展研究和防控工作。

该项目经过五年的艰苦努力于2017年圆满完成研究目标和各项任务，并通过项目验收。课题组在提出防控西部草原毒草灾害的防治技术措施与管理方式的同时，在发病地区大力推广生态工程法、畜种限制法、促进植被演替法、改变草群结构法、药剂解毒法，大大减轻了毒害草对畜牧业的危害以及对草原生态环境的破坏，取得了重大经济效益和生态效益，获得中国草学会2018年草业科技成果一等奖。

八、创建毒理科学联合体，搭建学术交流服务平台

（一）创建三个毒理学社团组织

毒理科学研究具有多部门、多学科、比较分散的特点，为适应毒理学分支学科不断细化拓展，促进毒物与毒理科学史的文理交叉融合的创新发展，史志诚同志先后创建了中国畜牧兽医学会动物毒物学分会（1991）、中国毒理学会毒理学史专业委员会（1995）和陕

西省毒理学会（2004）三个毒理学社团组织，形成了一个有 200 多位多学科、多部门、多民族专家参与的毒理科学联合体。他先后以陕西省畜牧兽医总站和西北大学生态毒理研究所为学术平台，团结国内外毒理学家和学者，为完善动物毒物学理论体系，防控中国草原毒害草灾害，保障畜牧业的健康发展，探索人类与有毒植物、动物和环境污染物的生态关联度及其相互关系中的毒性效应，总结人类识毒、防毒、控毒的历史经验，为确保食品安全、治理环境污染、维护生态平衡和促进社会经济的健康发展献计献策。三个毒理学社团组织的创建和毒理科学联合体的形成，为推进我国新时代毒理科学研究的进一步发展奠定了基础，获得了国家部委领导和著名科学家的肯定和点赞。

（二）完善动物毒物学理论体系

1991—2006 年，动物毒物学分会在史志诚同志担任理事长的 15 年间，在中国畜牧兽医学会的领导下，坚持正确的政治方向，坚持为经济建设服务，团结全国会员先后召开家畜中毒病与动物毒物学研讨会 7 次，与相关学科和学会联合召开学术研讨会 6 次，印发《动物毒物学》杂志 20 卷 40 期，成为中国畜牧兽医界一支新生的毒理学科技团队，于 2003 年被评为中国畜牧兽医学会的先进学会之一。

在动物毒物学理论体系建设方面，史志诚同志先后主编或参编了《家畜常见中毒病的检验》（农业出版社，1982）、《植物毒素学》（天则出版社，1990）、《英汉毒物学词汇》（西北大学出版社，1995）、《饲料饼粕脱毒原理与工艺》（中国计量出版社，1996）和《动物毒物学》（中国农业出版社，2001）。还参与王建元教授翻译的英国克拉克所著《兽医毒物学》（陕西科学技术出版社，1984）一书的出版工作。其中，《植物毒素学》获得 1993 年国际哲数像评鉴委员会优秀著作奖，填补了动物毒物学研究领域的许多理论空白。

此外，史志诚同志协助他的导师段得贤教授培养家畜中毒硕士研究生，并与王建华教授联合培养毒理学博士研究生 4 名。

（三）组建毒理学史专业委员会

由中国毒理学会副理事长宋书元和北京农业大学朱蓓蕾教授推荐，史志诚同志于1993 年 12 月 9 日参加了中国毒理学会第一届理事会工作会议。会议期间，史志诚同志向中国毒理学会理事长吴德昌院士提出组织力量研究毒理科学史的建议，立即得到赞同。吴德昌院士讲述了关于大毒理的观点，指出："对于毒理学工作者来说，学科毒理与行业毒理固然重要，但地球大毒理可能更为重要，一些局部的问题，溯其源可能是因为我们的地球在全局上不安全，才导致局部的不安全。"吴德昌院士同意史志诚同志以中国毒理学会毒理学史专业委员会筹备组组长的名义，于 1994 年 12 月 10—12 日主持召开全国首届毒理学史与毒性灾害研讨会。会后，在出版论文集《毒性灾害》（陕西科学技术出版社，1996）时，吴德昌院士题词"加强毒性灾害研究，为社会主义经济建设服务"。中国 21 世纪议程管理中心主任刘培哲题词"发展毒性灾害研究，促进中国的可持续发展"。国家环境保护部原部长、全国人大常委会环境保护委员会主任曲格平题词"大力开展毒物学研究，促进两个文明建设"。1995 年 4 月 4 日经中国科学技术协会批准，1995 年 10 月 31 日经国家民政部［1995］民办字第 140 号社团登记注册后，毒理学史专业委员会正式成立。

随着动物毒物学和毒理科学史研究的逐步展开，农业部部长刘江于 1997 年题词"开展动物毒物学研究，保护畜牧经济的发展"。陕西省委副书记张保庆于 1997 年题词"开展毒理研究,服务四化建设"。沈国舫院士于1999年为毒理学史专业委员会题词"深入研究毒物史,变害为利为人民"。农业部副部长、民建中央副主席路明于1999年题词"毒理研究探真谛,造福人类做贡献"。中国农学会会长、九三学社中央委员会副主席洪绂曾于2002年题词"探究毒理学史的瑰宝,拓展现代毒理科学新领域"。中国畜牧兽医学会常务副理事长兼秘书长阎汉平于2006年题词"克毒为先,造福人类"。各位领导和专家的题词,为后来的研究工作指明了方向和目标。

(四)创新生态毒理研究所办所模式,形成"三位一体"的构架

1999年,史志诚同志被聘为西北大学兼职教授。2000年8月,西北大学决定组建生命科学学院。为了适应西部大开发和学科发展的需要,决定内设包括生态毒理研究所在内的6个研究所(中心)。2000年12月26日,在西北大学生命科学学院成立之时,史志诚同志应邀作题名为《21世纪的崭新学科——生态毒理学》的学术报告。2001年,生命科学学院又邀请他给研究生作了《20世纪全球重大毒性灾害及其历史教训》的学术报告。2002年,在西北大学建校100周年的隆重日子里,学校于3月25日发出文件,正式批准成立西北大学生态毒理研究所,聘任史志诚同志为研究所所长(兼职),尉亚辉、王亚洲任副所长。

史志诚同志坚持创新办所的模式,借鉴美籍华人、著名教育家、美国科学院院士、中国科学院外籍院士陈省身院士开办科研所的理念建立和运行研究所。该研究所有三个特点:一是在学校提供办公室、任命研究所领导班子的基础上,不要工资报酬,不要人员编制,自主开展工作,所内一切行政事务由所长和管理员两人分担;二是把科技与管理紧密结合起来,申请国家部委和省级相关部门的自然科学与社会科学两个方向的课题,精选和组织能够完成课题任务的中青年专家,发挥团队精神,按期完成研究课题;三是研究所作为中国毒理学会毒理学史专业委员会和陕西省毒理学会两个学会的挂靠单位,有中国科学技术协会、中国毒理学会和陕西省科学技术协会的大力支持,既具有独立法人资格,又拥有200多名全国的同行专家队伍,成为开展学术交流的可靠平台和联合攻关的人才基础。

建所16年来,研究所逐步形成了"三位一体"的框架,即生态毒理学教学与研究中心、中国草地毒害草防控中心和世界毒物史与毒理科学史研究中心。坚持教学、科研、学术交流三结合,发扬团队精神,以解决实际问题为重点,推动毒理科学的创新发展。

在教学、培训和科普方面,史志诚同志主编《生态毒理学概论》(高等教育出版社,2005),作为硕士研究生的选修课教材,先后为生命科学学院的18名(其中地质系1名)生态学研究生授课。此外,还邀请美国、英国和新西兰等国外籍专家来研究所做专题报告。史志诚同志作为陕西省应急专家和反恐怖专家组的成员,为应急管理培训班讲授"化学毒性灾害及其救援"等专题课程,编著《突发毒性事件处置:历史经验与教训》(北京大学出版社,2017)作为应急、反恐怖专业人员的培训教材。史志诚同志还编写了《生活中的有毒物》(上海教育出版社,2002)、《关注食品安全,保障健康生活》等科普书籍资料,在每年"科技之春"活动中,参与制作科普宣传版面和多媒体课件,开展科普宣传工作。他于2008年6月27日在陕西省委"三秦大讲堂"第33次报告会上,作了《从地震次生灾害到毒性化学灾害的防控》的报告。此外,还先后在"古都大讲堂""气象大讲堂""食药局大讲堂"、西安交通大学全国干部培训中心和大、中小学校、机关以及社区,宣讲《食品安全法》和食品安全知识，受到了学校师生、村民和社区居民的欢迎和好评。

在科研方面，史志诚于2002—2007年先后承担多项中央部委和省级的科研项目，诸如国家科技部"毒物数据库及中毒伤害谱"的子课题"重大中毒事件数据库"、农业部全国畜牧兽医总站项目"草原鼠虫病害监测预警系统（毒草部分）项目"、陕西省科学技术委员会"食品安全与立法"课题、陕西省教育厅"栎丹宁生态毒理系统研究"、陕西省环境保护厅"陕西省主要农产品与土壤POPs残留状况调查研究"等。2010年，陕西省环境保护厅与西北大学决定在研究所共建"POPs重点实验室"，2015年完成了《陕西省农产品POPs研究报告（2005—2015）》。16年来研究所先后发表论文30余篇，尉亚辉教授取得两项专利，多篇论文获奖。其中史志诚同志发表的论文《中国草地生态环境与毒草灾害》，获得四川省社会科学优秀论文一等奖（2003）、《关于加强食品药品安全立法工作的建议》获得中国科学技术学会2003年学术年会农林水优秀论文奖、《中国西部草地重要有毒植物研究的进展》获得中国草学会优秀论文二等奖（2004）、陕西省主要农产品与土壤POPs残留状况调查研究获得陕西省环境保护厅科学技术二等奖（2009）。

在学术交流方面，研究所与毒理学史专业委员会、陕西省毒理学会等单位联合主（承）办全国性、区域性高端前沿学术会议。同时，围绕学科发展前沿和经济社会发展重大技术需求，开展小型化、高端化、精准化专题学术交流活动，促进学科发展、推动人才成长、助力协同创新。如加入WTO与防止有害生物入侵研讨会（2002）、中国古代毒物学史研讨会（2003、2005、2007）、全国第二届毒理学史与突发中毒事件处置研讨会（2004）、林则徐在陕西（2005）、全国草地毒草防除与预警技术研讨会（2005）、全国毒草灾害防控技术研讨会（2007）、陕西省环境与健康论坛（2008）、全国第三届毒理学史暨重金属污染治理研讨会（2010）、核安全与核事故应急处置研讨会（2011）、全国第四届毒理学史与毒物管理研讨会（2012）、雾霾：毒理科学研究新方向（2014、2015）、转基因食品安全与风险评估研讨会（2015）、全国第五届毒理学史暨《世界毒物全史》首发座谈会（2016）、毒物文化与博物馆创新座谈会（2017）等全国性和专业性的学术研讨会及学术交流活动。

研究所成立以来，美国毒理学家、美籍华人杜祖健教授应邀来所进行学术交流，英国李约瑟研究所古克礼和梅建军所长应邀来所座谈交流。中国毒理学会叶常青、庄志雄和周平坤等三任理事长先后来所视察并给予指导。中国科学院香山会议办公室赵生才研究员曾在西安召开的加入WTO与防止有害生物入侵研讨会的总结会上赞扬史志诚同志。他说："像史先生既在行政部门干，又在人民代表大会常务委员会有职务；既有领导层经历，又有科学研究能力；既有现任职务，又有科研基地，真是充实、少见。非常敬佩！史先生所发挥的作用远比原来一个部门的作用要多得多！"

史志诚担任所长的16年，不计得失，是无私奉献的16年。

九、履行人大代表职责，参与农业立法事项

不忘初心，承前启后是自然规律，也是历史的必然。2000年7月，史志诚同志卸任陕西省农业厅厅长职务之后，担任巡视员的职务。期间，他组织编写《陕西农业五十年》，该书总结了1949—1999年陕西省农业发展的历史史实和主要成就，于2001年由陕西人民出版社出版，送给农业厅新班子的成员和关注陕西农业的同志们参考。在《陕西农业五十

年》出版之际，陕西省委书记李建国题词"总结历史经验，加强调查研究，为农业增产、农民增收、农村稳定而奋斗"。陕西省省长程安东题词"科技兴农，惠泽三秦"。陕西省副省长贾治邦题词"五十载科教兴农结硕果，跨世纪推进产业铸辉煌"。原陕西省常务副省长、陕西省决策咨询委员会主任徐山林题词"实践反复证明农业兴百业兴"。陕西省副省长王寿森为该书作序。陕西省委书记、省长的题词精准地揭示了农业工作的基本任务和基本经验，让人们铭记历史，嘉惠未来。

2001—2006 年，史志诚同志当选为第九届、第十届陕西省人大常委会委员，农业和农村工作委员会任副主任 6 年，从事农业和农村问题的立法与监督工作。先后参与《食品卫生法》《草原法》的执法检查，《农民专业合作社法》《陕西省种子管理条例》《陕西省动物防疫条例》《陕西省人工影响天气条例》《陕西省苹果标准化生产基地管理条例》的调查起草工作。

（一）主持"食品安全与立法"课题研究

世纪之交，食物中毒大案屡屡发生，食品安全问题成为社会关注的热点之一。2001年 7 月 11 日，陕西省人民代表大会常务委员会副主任刘枢机在《法律法规滞后使打假缺乏威慑力》一文中批示，要求农业与农村工作委员会注意了解和研究食品安全问题，一旦需要审议有关食品安全方面的问题，就会处于主动地位。后来，这个想法得到陕西省科技厅和农业厅的支持，列入陕西省科学技术研究发展计划项目，成立了以史志诚副主任为组长的"食品安全与立法"课题组，积极开展工作。课题组在调研的基础上，分赴广东省、福建省考察，对广东省连续发生的瘦肉精事件进行了解；在华南农业大学畜牧兽医学院、农业部兽医药品残留研究中心座谈了解市场肉类抽样检验情况；还参加了陕西省人大组织的《食品卫生法》执法调查和执法检查；参加了对陕西省政府实施《食品卫生法》情况的审议。

2002 年 12 月，课题组写出《食品安全与立法研究报告》，提出制定一部新的《食品安全法》条件是成熟的，并提出关于建立我国食品安全法律框架的构想和加强食品安全与立法工作的建议。该报告印发供陕西省人民代表大会常务委员会负责同志参考，并报送陕西省科技厅有关专家继续研究。

（二）提出毒草灾害的命题，为修改《草原法》提供科学依据

1994 年，在全国首届毒物史研讨会上史志诚同志首次提出毒草灾害的命题。他认为毒草灾害（Disaster of poisonous plants）是指天然草原、林间草地和农区草地上大面积连片生长的有毒植物引起动物大批中毒和死亡，而且长期难以控制，造成生态环境恶化，经济损失惨重，政治影响极大，酿成灾害的重大有毒植物中毒事件。

当时，尽管我国草原现实存在的毒草灾害不同程度地影响着西部草原的生态安全、生物安全和食物安全。但西部省份的草原与畜牧兽医主管部门都十分关注《中华人民共和国草原法》，为了保障草原不受鼠害、病害的威胁，中央和地方财政部门每年都安排专项经费予以支持，唯毒草灾害的防控没有专项经费。西部一些省（区）、地（市）、县（旗）草原工作站和畜牧兽医站反映，财政部门由于没有相关的法律法规依据和相关政策的规定，财政无法给予专项拨款。因此，寄希望于修订《中华人民共和国草原法》时，将防控草原"毒草灾害"与"防除草原鼠害、病虫害"三项任务同时列为地方政府的管理职责，改变

防除草原毒害草和防控毒草灾害的工作步履艰难的状况。

1997 年 1 月，史志诚同志当选中国农学会第七届副会长，他向刚当选的中国农学会会长洪绂曾汇报了上述情况，希望有机会向全国人民代表大会常务委员会提出建议，将毒草灾害的防控列入相关法律法规。洪绂曾会长是九三学社副主委、农业部原副部长和中国草学会理事长，对上述情况也十分了解，因此对史志诚同志的建议很赞同，与其达成共识。

1998 年洪绂曾当选为第九届全国人民代表大会常务委员会委员、农业与农村委员会副主任委员。2001 年，史志诚当选为陕西省第九届人民代表大会常务委员会委员、农业与农村工作委员会副主任委员。2002 年，第九届全国人民代表大会常务委员会将 1985 年 6 月 18 日通过发布的《中华人民共和国草原法》列入当年法律修改计划。全国人民代表大会常务委员会经过深入调查、专家论证和征求各省、市、自治区人民代表大会常务委员会、农业与农村工作委员会的意见后，于 2002 年 12 月 28 日第九届全国人民代表大会常务委员会第三十一次会议修订《中华人民共和国草原法》，在第五十四条规定"县级以上地方人民政府应当做好草原鼠害、病虫害和毒害草防治的组织管理工作。县级以上地方人民政府草原行政主管部门应当采取措施，加强草原鼠害、病虫害和毒害草监测预警、调查以及防治工作，组织研究和推广综合防治的办法"。从此，我国各地草原和畜牧兽医主管部门有了防除毒害草的法律依据，财政部门给予高度重视并安排专项经费，草原毒害草的监测预警和调查防控工作开展得有声有色。

《中华人民共和国草原法》（修订稿）自 2003 年 3 月 1 日实施以来，史志诚同志于 2005 年 8 月参与《陕西省实施〈中华人民共和国草原法〉办法（草拟稿）》的立法调研工作，先后赴青海、甘肃和西藏调研，为完善和实施《中华人民共和国草原法》作出新的努力。

（三）起草《农民专业合作社法》调查报告

2005 年 4 月，全国人民代表大会常务委员会农业和农村工作委员会邀请陕西、浙江和黑龙江省人民代表大会常务委员会农业和农村工作委员会分别起草一份关于《农村合作经济组织法》的草案。

陕西省人民代表大会农工委确定由史志诚同志与陕西省农业厅、供销社的专家组成起草小组，按照全国人民代表大会农工委的要求，深入县乡调查。史志诚同志在农业厅工作期间，曾经负责农业科技协会试点、处置农民负担过重的问题以及农垦企业改制工作，虽然取得了一些经验，但也遇到一些难点。因此，就三个有争议的难点在城固县进行重点调查。一是能否给农民合作经济组织发放营业执照；二是能否将农民合作经济组织定性为新型市场主体，一个免税的企业；三是可否限定农民合作经济组织为专业性经济组织。

2005 年 7 月，全国人民代表大会农工委在北戴河召开《农民合作经济组织法》审定会。史志诚同志带着调查报告在北戴河审定会上发言，建议将《农民合作经济组织法》定名为《农民专业合作社法》；建议给予农民与城市居民一样的待遇，让农民专业合作社在国家工商行政管理部门登记，发给营业执照，给予法人资格，使之成为我国新型的市场主体——企业。史志诚同志的一些观点在与会者当中产生共鸣，得到许多专家和人大代表的支持和赞赏。

全国人民代表大会法律委员会副主任委员李重庵在 2006 年 8 月 22 日召开的第十届全国人民代表大会常务委员会第二十三次会议上，作了关于《中华人民共和国农民专业合作经济组织法（草案）》修改情况的汇报。提出对《中华人民共和国农民专业合作经济组织法（草案）》主要问题的修改建议，其中 2 条建议为：一是经同农业与农村委员会和中央农村工作领导小组办公室、国务院法制办公室、农业部研究认为，为了使本法所调整的农民专业合作经济组织与其他类型的农民专业合作经济组织相区别，做到名副其实，法律委员会建议将本法的名称修改为"农民专业合作社法"；二是经同农业与农村委员会研究认为，农民专业合作社作为一类市场主体，同公司、个人独资企业、合伙企业一样，在法律中也不宜规定"行政主管部门"。建议将第十一条修改为"县级以上各级人民政府应当组织农业行政主管部门和其他有关部门及有关组织，依照本法规定，依据各自职责，对农民专业合作社的建设和发展给予指导、扶持和服务"。这些修改建议被予以采纳。

2006 年 10 月 31 日，全国人民代表大会常务委员会第二十四次会议通过《中华人民共和国农民专业合作社法》并于 2007 年 7 月 1 日正式实施。同一天，国家主席胡锦涛发布第五十七号主席令。法律规定：农民专业合作社是在农村家庭承包经营基础上，同类农产品的生产经营者或者同类农业生产经营服务的提供者、利用者，自愿联合、民主管理的互助性经济组织。农民专业合作社在工商行政管理部门登记，同时登记免费，农产品销售免税。

2009 年 11 月，史志诚同志在陕西省决策咨询委员会主持完成的《指导陕西省农民专业合作社积极健康地向前发展》的咨询报告，获得 2009 年陕西省决策咨询委员会优秀建议二等奖，为进一步扶持农民专业合作社的发展起到了一定的促进作用。

（四）起草《陕西省实施〈中华人民共和国农民专业合作社法〉办法》的审议报告

2006 年 12 月，陕西省人民代表大会常务委员会副主任崔林涛提出，2007 年陕西省人民代表大会常务委员会要在全国率先出台地方性法规《陕西省实施〈中华人民共和国农民专业合作社法〉办法》。鉴于史志诚同志于 2007 年 2 月任期已到，因此，陕西省人民代表大会特聘他为陕西省人民代表大会常务委员会顾问一年，负责调查和起草这项地方性法规的工作。

陕西省人民代表大会常务委员会于 2007 年 9 月 27 日举办法制讲座，史志诚同志就"学习贯彻《农民专业合作社法》的几个问题"向常委们作了讲演，进一步提高了常委们对该法的认识，有效地促进了地方性法规的审议进度。

陕西省第十届人民代表大会常务委员会于 2007 年 11 月 24 日召开第三十四次会议审议通过了《陕西省实施〈中华人民共和国农民专业合作社法〉办法》，自 2008 年 1 月 1 日起实施，成为全国第一部省级人民代表大会实施《中华人民共和国农民专业合作社法》的地方性法规。该法规的创意在于第三十二条做出新的规定，即"从事家庭生产经营的传统手工业、服务业等产业的农民，可以参照本办法规定，依法设立相应的农民专业合作社"。从此，农村中一些从事农民画、皮影、雕刻和泥塑的艺人也依法设立了农民专业合作社，找到了脱贫致富之路。

陕西省人民代表大会常务委员会的创意得到法律界专家的肯定。2017 年 12 月 27 日第十二届全国人民代表大会常务委员会修订通过的《中华人民共和国农民专业合作社法》

在第三条新增加了第三款，规定"农民专业合作社以其成员为主要服务对象，开展农村民间工艺及制品、休闲农业和乡村旅游资源的开发经营等多种业务"。

（五）主编陕西省人大常委会农工委的工作资料汇编

在陕西省人民代表大会工作期间，勤于笔耕的史志诚同志先后主编了《第九届陕西省人民代表大会常务委员会农业与农村工作委员会工作资料汇编》（1999—2003）和《第十届陕西省人民代表大会常务委员会农业与农村工作委员会工作资料汇编》（2003—2008），分送给人民代表大会常务委员会成员、农业与农村工作委员会的新成员和关注陕西人民代表大会立法工作的同志们。

十、参与咨询服务，提供科学政策建议

根据中国科学技术协会章程第十二条"开展科学论证、咨询服务，提出政策建议，促进科学技术成果的转化"的规定，2000—2018 年，史志诚同志在这卸任厅长职务之后的18 年间，作为农业部科技委委员、中国农学会农业专家咨询团成员和几个国家级和省级科技学会会员、陕西省委和省政府决策咨询委员会委员、陕西省老科学技术工作者协会的副会长及顾问，把咨询建议作为发挥自己余热的一个重点。

（一）防止外来有害生物入侵，提出重要科学建议

2001 年 9 月 11 日，中国科学技术协会在长春举办 2001 年年会，史志诚同志作为中国农学会副会长、农业部科技委员会委员在会上发表了《外来有毒有害植物的危害及其历史教训》论文，文章指出在过去几十年中，有毒有害植物已经通过各种途径侵入我国，造成了极大的危害。如紫茎泽兰 20 世纪 40 年代从东南亚传入我国后，逐步扩散到整个西南地区，仅在云南省危害面积就达到 2 500 万 hm^2，严重威胁农牧业生产。在西部，醉马芨芨草、毒麦、有毒棘豆等已造成大批家畜死亡。一些有毒有害植物随进口农作物传入我国，其中豚草已在东北、华北、华东和华中蔓延，引起人的过敏性鼻炎和支气管哮喘等疾病。因此，随着我国加入世界贸易组织（WTO）后农产品进口以及人员和货物往来的增加，来自国外的有毒有害植物威胁的可能性将大为增加，我国应加强对有害生物风险分析（PRA）的研究，为防止有害植物的侵入提供科学依据。

会后，新华通讯社记者张宁、王永康采访史志诚同志并以《专家建议加强对有害植物的研究和防治》为题，将论文转发在 2001 年 11 月 18 日《内部参考清样》。2001 年 11 月19 日，时任国务院副总理的温家宝批示农业部部长杜青林和副部长韩长赋，杜青林部长又批示中国作物协会具体落实。12 月 23 日，中国作物协会理事长路明在中国农业科学院作物科学研究所召开座谈会，听取了史志诚和有关专家的汇报，形成了《关于迅速采取措施预防和控制我国外来有害植物的建议》，并确定在西安召开一次专门会议研究具体防控措施。

温家宝副总理批示，促成中国毒理学会、农业部农业技术推广服务中心和陕西省科学技术协会联合于 2002 年 11 月 19 日在西安召开了加入世界贸易组织与防止有毒有害生物入侵研讨会，来自全国的 48 位专家深入讨论了我国加入世界贸易组织之后防制有害生物入侵的严峻形势和紧迫任务，提出了"加快立法，强化管理；加强科学研究和宣传教育；动员各方面力量参与防治等防制生物入侵"的对策建议，尽力把有害生物阻止于国门

之外。

（二）围绕陕西省农村经济发展提出三项建议

2001—2013 年的 12 年间，史志诚同志被聘为陕西省委、省政府决策咨询委员会委员，并兼任农业专家组组长。期间，他与 10 多位专家一起，先后撰写咨询建议 30 多件，在不同领域开展咨询服务，提出政策建议，为促进陕西省农村经济的发展和科技成果的转化发挥了一定作用。

1. 为实现陕西省粮食产需基本平衡提出建议　2003 年，国务院根据全国各省（自治区、直辖市）粮食供需的实际情况，将全国各省划分为三种不同类型的省份。第一类是产大于需的粮食主产省，定为粮食调出省；第二类是需大于产的粮食主销省，定为粮食供应省；第三类是产需基本平衡省，定为粮食自给省。陕西省被划为第三类，属粮食"产需基本平衡省"。史志诚同志和农业专家组咨询委员，围绕如何实现陕西省粮食产需基本平衡这一重大目标，进行了专题调研，分析了近年来粮食总产量下滑、粮食需求不断增大的态势和耕地减少、水资源短缺等制约粮食增产的因素，以及粮食流通与储备环节存在的问题，提出实现陕西省"粮食产需基本平衡"的十条建议。建议内容如下。

（1）制定陕西省粮食产业的中长期发展规划，规定粮食产业的发展目标，把稳定粮食播种面积，增加农民种粮收入，提高粮食作物单产和品质作为今后粮食生产的主攻方向和工作重点。

（2）严格执行耕地保护和基本农田政策。拿出 1/3 的耕地占用税用于开发新的耕地。

（3）加强农田水利设施建设，提高抗灾能力，提高土地的产出率。

（4）加强对粮食主产区的扶持，通过粮食的产业化经营增产增效。

（5）恢复对有效增产实用技术的扶持。

（6）加快推进粮食主产区的产业化经营，形成粮食生产、食品加工、产品销售企业集群和产业链条。

（7）发展一批具有规模经营的粮食生产企业（专业合作社）和种粮大户。

（8）加强粮食批发市场建设，推进粮食产区和销区建立更为紧密的购销关系。

（9）落实种粮补贴、良种补贴、购买大型农机具补贴等各项扶持政策，粮食加工和流通企业实行最低税率，降低粮食主产县高扬程灌区的灌溉水价，实行粮食绿色通道政策，适当减免过桥、过路费。

（10）建立粮食宏观调控预报预警机制，及时启动粮食安全应急预案，维护粮食有效供给和社会稳定。这项建议获得 2004 年陕西省决策咨询委员会优秀建议一等奖。

2. 提出《建立陕西省"以工促农、以城带乡"长效机制的十点建议》　为了贯彻落实 2005 年中央 1 号文件精神，史志诚同志和农业专家组的咨询委员提出"工业反哺农业、城市支持农村"，就是要从经济上扶持"三农"，从公益事业上服务"三农"，从政策和科技上为"三农"问题的根本解决提供良好的环境和条件，逐步实现工业和农业、城市和农村协调发展，这将是一个长期的目标和任务。当前，我们必须搞好三个结合（即实行政府资金支持与提升农村内功相结合，完善政策与深化改革相结合，制定规划与扎实工作相结合），对"三农"的支持要实现"四个扩展"（即从单纯依靠财政支持扩展到依靠金融、法律、城市企事业的支持，从单一农业部门的支持扩展到依靠机关、学校、科研单位、街道社区等全社会的支持，从支持农业生产扩展到支持农产品的加工、储运、销售，从传统的支持"三农"形式扩展到科技成果转化和推行农业产业化经营形式的支持）。为此建议如下。

（1）努力营造"工业反哺农业"的良好氛围，开创"城市支持农村"的新局面。

（2）扩展"三下乡"的内容和方式，开展"一帮一"活动，惠及更多农户。

（3）稳定增加财政对农业的投入，建立"工业反哺农业"的长效机制。

（4）积极推进农村金融改革和创新，多渠道聚集支农的信贷和社会资金。

（5）要把粮食安全、农民教育、劳务输出、农村卫生、特色产业和贫困落后地区的补贴作为重点。

（6）深化改革，建立健全支持"三农"的长效机制。

（7）走新型工业化道路必须更多地吸纳农村人口。

（8）从组织上切实保护农民和农民工的合法权益。

（9）农村内部也要不断强化内功，搞好"工业反哺"。

（10）充分发挥农村基层党组织和村委会的作用，确保政策落实。这项建议被评为2005年优秀咨询建议一等奖。

3. 提出《指导陕西省农民专业合作社积极健康发展》的咨询报告 党的十七届三中全会决定指出，农民专业合作社是引领农民参与国内外市场竞争的现代农业经营组织，要予以扶持，加快发展。据此，史志诚同志和农业专家组的咨询委员对陕西省农民专业合作社发展的状况进行了一次系统调查，作出了《指导陕西省农民专业合作社积极健康向前发展》的报告。这份报告在充分肯定成绩的基础上，指出了陕西省农民专业合作社"发展慢、数量少、规模小、层次低"的问题，并提出了加强组织领导、抓好示范建设、推动科技入社、鼓励人才加盟、落实帮扶政策、组建农村金融机构、发展农产品行业协会七条推进措施。陕西省委书记赵乐际和省长袁纯清等领导同志分别作出重要批示，指出"决咨委的建议值得重视，这是我省农业产业化发展中的重大问题"。要求"在明年（即2010年）的'三农'工作中，应把扶持专业合作社加快发展作为重要内容"并"加快发展步伐，重点加以推进。"根据领导指示，陕西省农业厅制定了扶持发展方案和有关政策措施，并逐步实施。这项咨询报告被评为2009年优秀咨询建议二等奖。

（三）围绕环境与健康安全工作提出制定环境与健康行动计划建议

2008年史志诚同志作为陕西省环境保护厅咨询委员主持拟定了《陕西省环境与健康行动计划（2008—2015）》（建议稿），针对陕西省局部地区大范围的水污染、城市的空气污染、地方性中毒病、农药残留、人畜共患疾病的传播、有毒工业废料的任意倾倒等问题，提出实施环境与健康"十大民生工程"和十项具体的对策建议。

"十大民生工程"包括关中渭河治理工程、陕南汉江防藻工程、工业区废弃物处置工程、水源地饮水安全工程、城市污水处理工程、人畜共患病防治工程、地方病防治工程、街头放心早餐工程、职业病防治工程和农业面源污染防治工程。

十项对策建议包括开展环境与健康影响现状调查与风险评估、建立健全环境与健康法律法规标准体系、组建陕西省环境与健康监测网络、加强环境与健康科学研究与技术推广、加强环境与健康突发事件应急处置能力建设、建立环境与健康信息资源共享与服务系统、加强环境与健康宣传和交流、加大环境卫生与健康的监督管理、建立环境与健康工作协调机制和成立陕西省环境与健康专家咨询委员会。

鉴于《陕西省环境与健康行动计划（2008—2015）》（建议稿）指导思想明确，总体目标切合实际，适合陕西省实际情况，所拟工作重点及行动计划目标明确，内容比较具体，具有可操作性，被评为 2008 年陕西省环境保护科技成果二等奖。

（四）为兽医体制改革和兽医教育制度改革提出两项建议

1. 提出改革我国兽医管理体制的建议 1993 年，史志诚同志和著名兽医专家尹德华、吴兆麟等根据兽医的社会性、法律性和国际性特点向农业部提出了国家建立兽医局的建议。史志诚同志认为，在市场经济条件下，畜牧业的发展面临市场和疫病两大风险，养殖业"赚不赚靠防疫，赚多赚少看管理"。畜禽防疫是国家行为，必须建立新的国家兽医管理体制。2002 年，史志诚同志作为农业部科技委委员，在农业部科技委会议上发表《加快西部农业发展的十点建议》中又一次提出将兽医诊疗和畜禽防疫分开的建议。2004 年 7 月，我国推行新的兽医管理体制，农业部成立了兽医局。2009 年 10 月 28 日，中国兽医协会成立，成为全国性、行业性、非营利性的社会组织，从此将官方兽医与执业兽医分开管理，实现了兽医管理与国际接轨的目标。

2. 提出为国家培养合格的兽医官的建议 2005 年根据国家对兽医官的需求，史志诚同志写信给西北农林科技大学校长孙武学，建议西北农林科技大学将畜牧与兽医教育分开，改变学制，成立兽医学院，为国家培养合格的兽医官。这一建议立即得到著名兽医学家王建辰教授等一批专家的支持。西北农林科技大学采纳了这项建议，于 2006 年 3 月 10 日校长办公会决定将兽医专业从畜牧兽医学院分割出来，成立动物医学院，2007 年 10 正式挂牌，改 4 年学制为 5 年。

（五）撰写《关于阿富汗毒草中毒问题的咨询报告》

2009 年 3 月 18 日，农业部全国畜牧总站苏红田给史志诚同志打电话，并发来传真件，请就传真件涉及的阿富汗毒草中毒问题提出咨询意见。

传真件是阿富汗伊斯兰共和国驻北京大使馆发给中华人民共和国农业部的信函。信函是阿富汗农业部的官方信函，其内容是：多年以前，在赫拉特省古尔兰镇，有一种疾病在牧场中流行。这种疾病是由野生天芥菜（当地称其为"查马克"）引起的，当人们饮用了吃了"查马克"草的奶牛和绵羊的乳制品，就会生病或死亡。截至目前，已有 267 人病危，44 人死亡，与此同时，大量的奶牛和绵羊也相继死亡。因为中国在农业保护方面有充足的知识和经验。希望中国的专家能找出原因和提出控制方法，我们将会非常感激。

2009 年 11 月 30 日，史志诚同志作为中国农学会农业专家咨询团的成员和农业部科学技术委员会委员，应农业部畜牧总站的委托，查阅了有关资料，撰写了《关于阿富汗毒草中毒问题的咨询报告》。该咨询报告介绍了 1956 年澳大利亚发生天芥菜中毒的情况、中毒的原因以及美国驻军和阿富汗卫生部已经采取的预防措施。根据澳大利亚、美国的防控经验，联合国世界粮食计划署、国际安全援助部队以及阿富汗驻军的禁令，史志诚同志提出五条建议：①爆发地区居民停止食用被天芥菜毒草污染的面粉；②改善当地以往粗放的小麦的种植、收割、脱粒和收储技术，严防天芥菜毒草及其种子混入；③杀除牧场和农田的天芥菜属毒草；④发病地区需紧急申请国际组织的粮食援助；⑤加强检疫，防止天芥菜属毒草的入侵。建议发出后得到阿富汗驻北京使馆的认可。

（六）提出以"企社加盟"模式引领"三产融合"的建议

2014—2018年，史志诚同志作为陕西省经济学会和陕西省老科学技术工作者协会顾问，带领一些专家深入一些农业企业和农民专业合作社，听取他们面临的买难、卖难的困惑，宣讲《公司法》与《农民专业合作社法》。在调查、总结一些县乡农业企业与合作社依法加盟，解决产销脱节和收购贷款难的经验的同时，先后召开九次"企社加盟"座谈会。在多年的调查与试点的基础上，他于2017年4月在报刊上发表文章《以"企社加盟"模式引领"三产融合"》，得到许多农业企业、农民专业合作社和乡村负责人的赞赏，并成为促进城乡经济发展和乡村农业产业扶贫的模式之一。

十一、探究毒物科学史，力保"四大"安全

1991年11月，史志诚同志在新加坡参加第十届国际毒素大会期间，发现诸多毒理学研究成果都是从历史研究中发现问题而得益。于是，他意识到进一步研究毒物历史的必要性，并开始构思毒物与毒理科学史的研究框架。

1995年，中国毒理学会报请中国科学技术协会批准成立毒理学史专业委员会，史志诚同志当选为首届主任委员。中国毒理学会理事长吴德昌院士题词"加强毒性灾害研究，为社会主义经济建设服务"，对毒理学史专业委员会寄予厚望！

为了研究毒物与毒理科学史，他搜集和购买了2 000余册相关书籍，整理了积累和剪贴的10 000多份资料，并在西北大学生态毒理研究所建立了毒理学史研究室，开展毒物与毒理科学史的研究。与此同时，组织专家团队坚持25年，完成《世界毒物全史》的编纂工作。

（一）为颂扬禁毒先驱，编写《林则徐在陕西》专著

为了颂扬中国和国际公认的禁毒先驱林则徐，史志诚和张永亮根据中国毒理学会的工作计划，怀着十分敬仰林则徐的心情和对禁毒史研究工作的一份热情，于2002—2005年，先后到虎门林则徐销烟池旧址、鸦片战争博物馆、福州林则徐纪念馆、新疆伊犁林则徐纪念馆和吐鲁番林公井参观。之后，又分别到陕西省华山、蒲城林则徐纪念馆筹备处、西安碑林博物馆和咸阳市兴平县马嵬驿等地考察，沿着林则徐曾经走过的路，去深刻认识林则徐这位在世界禁毒史上功劳卓著的伟人。

在上述调研的基础上，史志诚和张永亮编写了《林则徐在陕西》，于2008年由陕西旅游出版社出版。全书15万字，附有林则徐在陕西留下的16幅墨迹和有关照片，详细介绍了林则徐生平和三次来陕的情况：1827年5月至1847年5月在陕西期间先后向朝廷禀报陕情的82件奏折、98封书信、9篇文录、19首诗词以及在陕西所作的日记。

（二）为借鉴历史经验，编写《陕甘宁边区禁毒史料》

2005年5月9日，陕西省委宣传部、省禁毒委等十个部门发出《关于开展禁毒人民战争的倡议书》，要求贯彻我国禁毒方针政策。进入21世纪，在毒品犯罪频繁发生、禁毒工作十分严峻的新形势下，许多专家学者重视研究陕甘宁边区禁毒法律、禁毒政策和禁毒工作，汲取历史经验，被当今的禁毒工作所借鉴。

2005年6月，陕西省档案馆公开一批《禁毒档案》展示百年禁毒路，史志诚和陕西

省档案馆的副馆长甄生枝等同志从中得到启发，即利用陕西省档案馆的优势，把馆藏的有关陕甘宁边区禁毒的"死档案"挖掘出来，变成"活档案"，让更多的专家学者来研究。历史充分证明，在中国共产党的正确领导下，陕甘宁边区政府坚持不懈地开展了卓有成效的禁烟禁毒斗争，遏止了毒品的蔓延，保卫了边区人民的身心健康，维护了边区政府的声誉。陕甘宁边区政府禁烟禁毒的实践，在中国禁毒史上占有重要的地位，为中华人民共和国成立初期彻底根绝烟毒，提供了成熟的政策、法规基础和有益的斗争经验。

因此，为了宣传陕甘宁边区禁毒法律、禁毒政策和禁毒工作，进一步完善和丰富党史研究，在时任陕西省人民代表大会常务委员会副主任高宜新的领导下组成编委会，由史志诚同志负责主编《陕甘宁边区禁毒史料》，于 2008 年由陕西人民出版社出版。

通过编写出版《陕甘宁边区禁毒史料》专著，有效地配合禁毒宣传活动，发扬延安精神，为更加有效地开展禁毒工作作出新的贡献！

（三）编纂《毒物简史》和《世界毒物全史》（百卷本）

美国"9·11"事件之后，世界突发性中毒事件和毒性灾害频繁发生，引起各国政府部门的严重关切。我国各级政府成立应急办公室，积极应对。2001 年 10 月 17 日，中国毒理学会在南京召开的第三次全国学术会议上，大会组委会特意安排史志诚同志在大会第一天首位发言，他以"20 世纪全球重大毒性灾害及其历史教训"为题的演讲，引起学术界的普遍关注。

为了加强国内和国际毒理科学史的学术交流，史志诚同志于 2002 年创办《毒理学史研究文集》，至今编印了 17 集。他先后主持召开三届全国毒物学史研讨会、五届中国古代毒物学史研讨会、举办"毒物与人类""关注食品安全，保障健康生活""环境污染与毒性灾害""有毒危险生物灾害"等科普展，先后参加在北京召开的中国 21 世纪控烟策略研讨会（2000）、在上海召开的第十届东亚科技史会议（2002）、在桂林召开的第五届发展中国家毒理学会议（2003）、在广州召开的中国生物学史暨农学史研讨会（2003）、在哈尔滨召开的第十届国际中国科技史会议（2004）和在杨凌召开的第三届中国灾害史学术会议（2006），对毒理科学史进行广泛的学术交流。

2005 年，中国毒理学会在沈阳召开第四次全国学术会议暨第四届代表大会上，史志诚同志当选为中国毒理学会副理事长，这是中国毒理学会对其的高度重视和鼓励，进而促进了编纂世界毒物史的工作进度。

2012 年，科学出版社出版了史志诚同志编著的《毒物简史》，该书共 12 章 80 节，120 万字 400 幅图片，得到科学史、医学、毒理学、历史学、生物学和生态学等各界同仁的关注。英国李约瑟研究所所长古克礼专程来访并为该书撰写专文推荐。其后，在诸多同仁的鼓励和支持下，他组织了一个由 59 位专家参与的团队，主编《世界毒物全史》（百卷本）。这部历史专著共 10 册 100 卷，500 万字 2 000 余幅图片，分述了毒物与人类文明史、毒物史、毒性大案、毒性灾害史、毒理科学史、毒理学分支学科史、毒物利用史、毒物管理史、毒物文化史和毒物史名人传记。

《世界毒物全史》（百卷本）于 2016 年 8 月在西北大学出版社出版之后，又一次引起学术界的热议。专家们认为，毒物的历史是记述毒物的专门史，客观系统地叙述了3 000 年来人类同毒物斗争的历史。将毒物史和毒理科学发展史作为世界文明史的重要组成部分展现在读者面前，以史为鉴，对确保食品安全、生态安全、生物安全和国家安全"四大安全"具有重要的现实意义和历史意义。

英国剑桥大学李约瑟研究所所长古克礼指出，《世界毒物全史》是"中国学者首次在这个领域所做的系统考察""蕴含巨大科学潜力"。

美国毒理科学院院士付立杰发表书评，认为《世界毒物全史》"是毒物史与毒理科学史的当代巨著"。

中国工程院常务副院长刘旭院士称这部《世界毒物全史》巨著丰富了人们对毒物及毒理科学的认知，是一部带人们领略毒物世界的百科全书。

中国工程院任继周院士来信指出，《世界毒物全史》是史志诚同志"多年坚持着毒物学领域所取得的世界级巨大成就，发扬了中国人的志气"。

中国毒理学会历届理事长叶常青、庄志雄和周平坤指出，《世界毒物全史》的出版，"是中国毒理学界的一件盛事""是我国毒理学发展史上的重大创举""是一部兼有百科和专著双重属性的力著"。

从1991年开始构思到2016年，毒物与毒理科学史的研究整整25个年头。为了表彰史志诚同志在毒物历史研究领域取得的成就，中国毒理学会于2013年授予他"学会贡献奖"，2017年10月，中国毒理学会在济南召开的第八次全国毒理学大会上又授予他主编的《世界毒物全史》优秀著作奖。这是中国毒理学会成立25年来首次颁发的，也是唯一授予优秀著作奖的一部著作。

2017年4月，《世界毒物全史》荣获陕西省2016年十种最佳图书，由陕西省全民阅读活动组委会办公室颁发荣誉证书。

2018年6月，《世界毒物全史》被陕西省科技厅推荐为2018年陕西省优秀科普作品。2018年12月18日，《世界毒物全史》入选《中国出版传媒商报：改革开放40年特刊》发布的40年中国最具影响力的400本科学科普书书单。

科学史作为我国新的学科生长点，在清华大学、北京科技大学兴起。科学史是科学与人文交叉会通的高端新型前沿学科，也是渗透文理、贯通古今、融汇中西的典型桥梁学科。毒物史与毒理科学史是科学史的一个分支学科，我们相信史志诚同志编纂的《毒物简史》和《世界毒物全史》必将起到相同的作用。希望有更多的科学家继续投身于毒物史与毒理科学史的研究，启示人们重新认识毒物的两重性，既看到毒物的危害，同时又要重视研究和开发利用毒物的途径和技术，建立一个无毒害的未来，让世界上和平的人民健康和谐地生活。

十二、勤奋有恒，做一位合格的社会职责担当者

（一）为三个国家级学会副职而建立的著名人物档案

陕西省档案馆社会教育编研处副处长张宝玉在接待前来观看著名人物档案微型展览和人物档案全宗的来客时，有人问道："陕西省农业厅厅长史志诚的档案你们这里有吗？"她回答："有！他仅仅作为厅长的职务是不够名人标准的。史志诚同志是作为中国农学会副会长、中国畜牧兽医学会和中国毒理学会副理事长三个国家级学会副职而建立著名人物档案的。"

张宝玉和她的同事通过征集、整理档案发现，史志诚同志不仅是农业和畜牧业经济方面的管理者，还是一位在社会科学和自然科学两个领域都有建树的学者、专家。他能够进入名人档案库，享此殊荣在全国都是罕见的，少有的。

2006 年，史志诚同志接受陕西省档案馆张宝玉的采访时，简要介绍了在农业部门工作近 50 年的经历，并告诉她"民以食为天，食以安为先"。"我们农业部门提高粮食产量是为了让人民群众吃得饱；发展畜牧业提供更多的肉、奶、蛋等动物性食品，是为了让人民群众吃得有营养，吃得好；我从事毒理学研究是为了预防毒物的危害，让农产品避免污染、畜牧业健康发展和人民群众吃得安全。这些都是关系国计民生的大事。农业部门的同志们都是围绕上述三个主题开展工作的"。于是，张宝玉撰写了《一切为了人民吃饱、吃好、吃得安全》——记中国农学会副会长、中国畜牧兽医学会副理事长、中国毒理学会副理事长和陕西省农业厅厅长史志诚同志》的一篇报道。之后，许多人知道了"为了人民吃饱、吃好、吃得安全"是史志诚同志和陕西省农业厅干部以及全省农业战线职工的天职和奋斗目标。

（二）一位不唯官运、更为事业的值得敬重的学者

中国工程院院士、中国草业学会副会长和兰州大学草地农业科技学院名誉院长任继周教授在简评史志诚同志的专著《毒物简史》的《担忧食品安全的历史》一文中记述："志诚同志，1978 年从师段得贤教授，成为首届毒理学硕士研究生，1985—2000 年，他先后担任陕西省农业厅副厅长、常务副厅长和厅长，长期从事农业、畜牧兽医、草业方面工作，1989 年他当选为中国草业学会常务理事，从此我们接触交流的机会有所增加。2000 年 11 月 28 日，我们相见在香山科学会议第 153 次学术讨论会上，会议主要讨论西部大开发中的林草植被建设问题。我作为会议执行主席之一，听了他题为《坚持产业均衡发展原则，积极推进林草植被建设》的专题发言。回顾了我国西部地区由于受干旱影响，加上人口对农业需求（特别是粮食）的压力，致使对林草植被建设的重视程度不够，投入不足，存在管理疏漏、林牧脱节、草畜失衡、食物结构简单及区域经济发展滞后等状况。他认为，西部地区陆地第一产业包括第一性生产和第二性生产。第一性生产是农业、林业和草业，第二性生产是草畜业，两者之间通过农牧结合、林牧结合和草畜结合形成三个具有生态效益、经济效益和社会效益的产业链。按照产业均衡发展原则，应当将农、林、草放在同等地位，科学规划农业和林草植被建设。在林草植被建设与水资源的关系方面，他提出以年降水量 400mm 为界进行划分，做到宜林则林，宜草则草。他从事行政管理工作对基层情况了解之深，给我留下深刻印象。2012 年，西北大学尉亚辉教授到北京申请国家公益性行业（农业）科研专项'草原主要毒害草发生规律与防控技术研究'项目时，按照规定要求有两位院士推荐。他们请我推荐。鉴于我对他们多年的了解，我表示赞同，并极力为之推荐。2013 年 7 月，我特意请南志标研究员邀请史志诚同志参加《草原百科全书》的编撰工作，他欣然接受。7 月 24 日我们在兰州相见，真是同行同业心心相印啊！志诚对我的尊敬和好学，使我更多地了解他，他确是一位不唯官运、更为事业的值得敬重的学者。"

（三）一位合格的社会职责担当者

刻苦钻研，积极向上，发挥正能量是史志诚同志退休之后，发挥余热的重要特点。原陕西省委副秘书长刘万兴在陕西日报 2013 年 5 月 5 日的一篇署名文章里称赞史志诚同志是"一位合格的社会职责担当者"。他指出："1985 年，我在省委工作期间就结识了史志诚同志。那个时候我们多次配合、共同处理了不少工作上的问题，也从此结为好友。志诚同志作为学有专长的领导干部，他敬业爱岗，严谨精细。结合行政管理的需求和实践，以管理者与专业技术人员的双重思维方式和视野视角，采取自然科学与社会科学相结合的研究方法，管理与科研双管齐下，观察问题，分析问题，交叉钻研，综合梳理。一方面做好行政管理工作，需要他不断扩充和丰富专业技术知识，发现科学研究课题并予以钻研；另一方面，专业技术的实践应用又需要他在管理上推动和加强，科学地处理和解决实际工作中遇到的各类难题。这样日复一日，年复一年，他既在管理上积累了丰富的经验，摸索出了不少规律性的管理模式，又在专业技术上得到了不少理论创新和学术研究成果，成为一位熟悉行政管理和有较大影响力的著名专家，切切实实地尽到了公职人员和学者所共同担负的历史责任。"

在学术界，许多专家赞誉史志诚同志在西北大学生态毒理研究所担任了十六年的无薪所长，不辞辛劳，在教学、科研方面取得了优异成绩。特别是他主编的《世界毒物全史》得到国内外历史学家的高度评价，中国毒理学会副理事长、上海计划生育科学研究所研究员、复旦大学博士生导师孙祖越在和周莉著的《药物生殖与发育毒理学发展史》前言中称赞史志诚同志是一位毒物历史学家。

2017 年，史志诚同志被推荐为三秦最美夕阳红先进个人，陕西省委老干部工作局编的《三秦夕阳正红——陕西省离退休干部正能量事迹丛书》中，以《让毒理研究和应用造福于民》为题，记述了陕西省农业厅退休干部史志诚同志的退休生活和他积极研究和普及防毒、解毒与食品安全知识，宣传毒物管理与禁毒的法律法规的工作业绩。

从事农业与农村工作 60 年的史志诚同志还常常想着回报社会。1992—2018 年先后向北京图书馆、陕西省图书馆、西北农林科技大学图书馆、西北大学图书馆、榆林学院图书馆和榆林农业学校图书馆等单位捐赠 2 322 册他编著的专著和书籍。

2018 年 10 月，中共陕西省委老干部工作局主管的《金秋》杂志第 19 期，史志诚同志被评为金秋骄子封面人物，并以《风雨六十年，挥之不去的农业情结》为题，介绍他60 年坚守农业农村工作的事迹和他对改革开放 40 年"三农"历史性巨变的评述。

史志诚同志独有的农业思维和实践以及他的主要事迹还入编《1992 年中国人物年鉴》《东方之子》《当代世界名人传》（中国卷）和英国剑桥《世界名人录》等辞书。

我们希望史志诚同志在有生之年，保重身体，继续发挥余热，为实现他的夙愿，继续关注"三农"问题，为实施乡村振兴战略、创建小康社会做出新的贡献，继续传播食品安全、生物安全、生态安全和国家安全的科学知识与相关的历史文化，造福于国家和人民！

《农业思维与实践——史志诚文选》编委会

2018 年 12 月 29 日

目　　录

附录

第一部分

"三农"问题与现代农业

"三农"对应关系的若干函数表达

近两年来，在贯彻落实中共十五届三中全会《关于农业和农村经济工作若干问题的决定》过程中，理论界和学术界十分重视我国农业和农村经济进入一个新的历史阶段所面临的新情况和新问题，农业、农村和农民（即"三农"）问题摆在十分突出的位置，不仅要研究"三农"之间的内在联系，而且要研究"三农"对应关系，即农业与工业、农村与城市、农民与市民的对应关系。目的在于从"三农"内在联系和对应关系这些深层次相互依存、相互促进的理论探索中进一步寻求从宏观、中观和微观经济领域解决调整农业与农村经济生产结构，开拓农村市场，增加农民收入的新思路和新途径。

值得注意的是，上述研究由过去理论概念的研究转向开始注重一些量化指标的研究，有的从函数关系上来分析"三农"对应关系所处的经济环境，判断经济发展所处的某个阶段，研究调整"三农"对应关系所必需的条件和政策。现将这些研究成果整理如下，以供深入研究参考。

一、"三农"对应关系中的函数表达

（一）城市与农村的人口比

在总人口中，城市人口与农村人口之比反映一个国家或地区经济发达程度，是城市化程度的重要标志。城市化是指一个国家在工业化过程中，人口、产业（或资本）不断从农村向城市聚集，城市数量越来越多、城市越来越大、城市人口越来越多的过程。在市场经济和城乡产业协调发展的情况下，人口和产业流动基本是统一的，农村人口的城市化和农村产业城市化同步进行。这是经济社会发展的一般规律。

张培刚在《发展经济学与中国经济发展》一书中指出，世界各国的经济发展史表明，工业化必然导致城市化，两者之间有很明显的相关性，如1991年工业化水平高的美国城市化水平为75%，日本为77%，英国为89%，法国为74%，而工业化水平较低的菲律宾为42.5%，印度尼西亚为30.5%，巴基斯坦为32%，中国为26.4%。

世界经济的发达程度和一二三产业布局状况都与劳动力和消费人口有关。在发达国家城市人口达60%～78%，发展中国家30%～40%，贫困地区则在20%以下。

城市与农村差距拉大，则工农差别越大，经济出现分割化，逐渐形成不相称的"二元经济"（Dual Economy）。在"二元经济"条件下，农业发展受到阻碍，反过来又阻碍了工业化进程。在这方面，历史经验值得注意：

第一种模式：大城市＋农村，如墨西哥，1/2人口集中在首都，结果在首都出现大批贫民窟。

第二种模式：大城市＋中小城镇＋农村，如欧洲模式。

（二）人口与土地相关度

1. 人地比率（人均耕地占有量） 表示人地关系的状况，通常作为比较的指标，这种比较既可以找出差距，又可以认清"三农"关系及调整方向，但必须建立在合理的基础上并注意可比性。

常见的比较是人均耕地的比较。以中国与发达国家或世界人均耕地进行比较是有益的，一是能从中发现中国人地比率在国际上的位置，二是能在一定程度上说明中国土地资源状况。

2. 人地相关度 一般以 50 年、100 年，即半个世纪到一个世纪的变化来看相关状况，相关度好的是人口增长与耕地调整呈平行状态。人口增长，农业人口相应向第二、第三产业适当转移，则人口与耕地占有量也呈平行状态。如果转移缓慢，则人均耕地占有量下降，这又与城市化、农业工业化程度相关。

（三）产业结构模式

产业结构模式是指一二三产业结构的变动趋势，即总产值中几个主要部门即农业、工业和服务业所占比例的变化以及它们拥有的劳动力和其他生产要素份额的变化。

产业结构模式的变化，有三种表现形式。①从农业转向非农产业，通常被称为工业化，转移农民，才能富裕农民；②工业自身尤其是制造业内部的结构变动；③服务业部门的结构转变。

产业结构模式变化的结果有三种。①经济增长，农业产值比重下降；②工业发展，吸收更多的劳动力尤其是农村劳动力；③商业发展，消费水平与消费质量提高；④产业结构调整，产生多种效应。前三点是标志整个社会经济的进步与发展，后一点有正面的，也有负面的（如环境污染与公害）。

（四）恩格尔系数

恩格尔系数（又称恩格尔定律）是西方统计学中关于家庭消费结构与家庭收入相关性的一种理论，用家庭各类费用在总收入中所占的比重来说明家庭生活水平的高低。其内容是：随着家庭收入的增加，饮食费用在收入中所占的比重越来越小；用于文化、娱乐、卫生、劳务等的费用所占比重越来越大；用于衣着、住宅、燃料及照明等的费用所占比重则无大的变化。这一理论由德国统计学家恩格尔首先提出，故以此命名。恩格尔系数中饮食费用占家庭收入的比重在 20% 以下者为最富裕家庭，30% 左右者为小康家庭，50% 以上者为勉强生活的家庭。

从恩格尔系数可以看出"三农"对应关系中各种函数关系的运行质量和互相影响、互相制约的实际效果。

（五）市民与农民人均收入比

市民收入与农民收入的比例关系，在一定程度上反映社会经济发展水平和城乡生活的均衡性和稳定性。列宁曾指出，国家工作人员的工资应是社会劳动者的平均收入。发达国家公务员的平均工资与农场主的收入大体相当。如果我们将发展中国家和发达国家城市与农村人口比按照恩格尔系数加以换算则不难看出这一关系的内在联系（表 1-1）。

表 1-1　市民与农民人均收入比例举

收入比	恩格尔系数	城乡人口比	市民收入	农民收入
4:1	40%	3:7	4 000 元（支出 1 600 元×3＝4 800 元）	1 000 元（与市民交换商品收入 4 800 元，占总收入的 60% 以上，人均 690 元）

（续）

收入比	恩格尔系数	城乡人口比	市民收入	农民收入
2∶1	30%	4∶6	4 000 元（支出 1 200 元×4＝4 800 元）	2 000 元（与市民交换商品收入 4 800 元，占总收入的 30%以上，人均 800 元）
1∶1	10%	9∶1	20 万元（支出 2 万元×9＝18 万元）	20 万元（与市民交换商品收入 18 万元，占总收入的 90%）

现代宏观经济学原理认为，居民收入对国民经济影响的核心是总需求与国民生产总值（GNP）的相互关系。当总需求大于 GNP 形成的总供给时，将出现有效供给不足以拉动经济增长；当总需求小于 GNP，将出现有效需求不足以使经济出现衰退。居民收入增长对经济增长的作用是通过生活消费增加带动总需求增长和增加储蓄，进而直接或间接地实现提高国民经济中的资本供给能力。

农民收入状况除了直接影响农民对农业生产的投入水平和通过储蓄影响信贷资本的扩张外，其增长还对国民经济产生以下重要影响。

——影响农民对农村非农产业的投资力度和农村非农产业的发展，进而影响 GNP 的增长。据统计资料分析表明，在全国 30 个省（自治区、直辖市）中，1993 年农民人均收入高的省份，1994 年农村人均投资也多，1995 年人均乡镇企业增加值就高。目前，农村非农产业增加值每增加 1 个百分点，将使 GNP 增长 0.25 个百分点以上。

——农民收入水平决定农民生活消费水平和市场需求，并最终影响到国内经济增长。现阶段，我国经济正在逐步由供给约束转到需求约束，农民收入状况对国民经济增长的影响也越来越大。从农民生活消费对 GNP 的直接贡献（用农民生活消费总额占 GNP 的比重表示）来看，1980—1995 年，我国农民生活消费为国民经济增长提供了 15%以上的最终需求；从农民生活消费对国民经济各部门的直接贡献来看，在农民最终消费中拥有较大份额的前 10 个部门是农业、食品制造业、商业、化学工业、纺织业、文教卫生科研事业、旅客运输业、公用事业、电子和通信设备，农民消费需求的 87.3%贡献给了这 10 个部门。农民生活消费每支出 1 元，国民经济就产出 2.04 元。进一步的计算表明，农民收入每增长 1%，国民经济总产出就增长 0.338 个百分点。若农民收入增长 5%，增加的收入中用于消费的部分将使国民经济总产出增长 1.69 个百分点。

（六）工业与农业产值增长比

农业与工业是国民经济中两个最基本的物质生产部门。农业与工业的协调发展包括两大产业间资源配置结构、产品实物量和价值量的协调。

资源配置结构的协调，意味着各种生产要素在两大产业之间配置恰当；产品实物量的协调，意味着工农业产品在供求总量和结构上保持均衡；价值量的协调，意味着两大产业在价值上保持恰当的比例关系。其中，资源配置结构的协调，是工农业协调发展的基础，它的合理与否，直接决定着工农业的产品实物量和价值量是否协调。资源配置结构既包括资源的存量结构，也包括资源的增量结构。工农业协调发展的实质就在于通过合理地在工农业之间配置资源，使得两大产业在产品供求总量和结构上能够相互适应。因而，保证工农业协调发展的关键就在于构建一种有效的资源配置机制。

工农业协调发展是一个相对、动态的概念。在一定条件下形成的工农业之间产品供求总量和结构的均衡关系，随着市场需求的变化和科学技术的进步，可能会变得不适应，需要对其进行调整。任何国家在其工业化过程中，随着工业化的阶段性跃升，工农业之间在价值量上的比例关系，都要经历一个变动过程，不存在一个适用于一切发展阶段的衡量工农业在价值量上是否协调的标准。在经济发展过程中，出现工农业发展的不协调是难以避免的，工农业的协调发展是通过不断地矫正两者之间经常出现的不协调而实现的。问题的关键在于，如何才能实现工农业之间经常的或持续的协调发展，把工农业之间的不协调减少到最低程度？

（七）农产品的产销比

产销比反映农产品的供求规律。农民作为农产品的生产者，市民作为其消费者，两者之间有一个生产量与消费量的供应均衡关系。

美国学者斯蒂格利茨在其著的《经济学》中指出：

"均衡是指这样一种状态，在这种状态下不存在变动的力量（原因）。没有人具有改变均衡状态的动机——就供给和需求而论，没有动机来改变价格和数量。"

"在均衡价格上，消费者正好得到他们想在那个价格上购买的物品数量，而生产者也正好卖掉了他们愿意在那个价格上出售的物品数量。因此，不论是生产者还是消费者都不再有改变价格或数量的动机。在任何其他价格上，购买者或售卖者都存在着改变价格的动机。"

"在'超额供给'存在的情况下，农产品价格下降，消费者购买增加，一直到市场实现价格和数量的均衡。"

"在'超额需求'存在的情况下，农产品价格上升，供给者（生产者）也获得扩大生产的动力，市场将再次趋向均衡点。"

"在竞争的市场经济中，实际价格总是有成为均衡价格的趋势，在这个价格上需求等于供给，这就是我们要说的'供求规律'。"

由此可见，在市场运行中注意统计和了解产销比，也是判断"三农"对应关系的重要方面。

二、不同类型国家（地区）量化指标

不同类型国家（地区）各函数表达的量化参照系数见表 1-2。

表 1-2　不同类型国家（地区）农工商均衡态的若干指标比较

对应关系	发达国家	发展中国家	贫困地区
城市与农村的人口比	<9:1 或 8:2	4:6	8:2 或 19:3
人口与土地相关度 ①人均耕地占有量 ②人口/耕地（100 年递增）	100hm²（人口-耕地图）平行	0.1hm²（人口-耕地图）锐角<25°	0.01hm²（人口-耕地图）钝角>25°

（续）

对应关系	发达国家	发展中国家	贫困地区
产业结构模式	60 / 30 / 10	30 / 40 / 30	10 / 15 / 75
恩格尔系数	<20%	30%～40%	50%～60%
市民与农民人均纯收入比（X）	1：1	2：1	—
工业与农业产值增长比	工业化后期阶段的发达国家 1：(1.5～2)	工业化中期阶段 1：2.5	工业化初期阶段 1：3
产销比 = 生产量/消费量	高水平过剩	供求基本平衡低水平过剩	短缺

三、讨论

关于函数关系。经济学研究离不开数字，但在农业经济研究中，能够确立函数关系的例子不多。所谓函数即指两个变量 x 和 y，对于某一范围内 x 的每一个值，y 都有一个或几个值与它相对应，y 就是 x 的函数。这种函数关系，在数学上称之为因变量。一般用 $y = f(x)$ 来表示。本文仅就若干与"三农"有关的函数表达做了一些粗浅的分析，希望有更多的专家研究探讨。

（本文是 1999 年 11 月 4 日史志诚在陕西省委党校地厅级干部培训班上的讲稿）

加快西部农业发展的十点建议

党中央、国务院确定的西部大开发战略，是 21 世纪我国总体发展战略的重要组成部分，是一项世纪性工程。实施西部大开发战略，涉及基础设施建设、生态环境建设、结构调整、产业发展和科技教育等若干重要经济领域的重大问题。实施西部大开发战略，必须切实加强农业的基础地位，加快农业和农村经济发展。西部农业生态环境脆弱，基础设施条件差，产业升级缓慢，加上贫困地区和贫困人口较多，地方财政困难，因此，加快西部农业和农村经济发展，既需要西部地区进一步解放思想、扩大开放，创造经济发展的良好环境，增强经济发展的活力，又有赖于国家给予大力支持，与东部地区大力合作，有赖于制定一个科学的西部农业发展规划，出台新的产业政策，确定国家重点扶持的项目是属于发展战略考虑的重大农业项目。现就如何加快西部农业发展问题提出以下几点建议。

一、制定我国西部农业发展战略与发展规划

（1）我国西部大开发中的农业发展，不能走一百年前美国西部大开发的路子，绝不能

以破坏生态环境为代价换取西部农业乃至整个经济高速发展。

（2）西部大开发与东部开发的路子有所不同，要以农业发展为基础。

（3）面对我国农业进入新阶段和即将加入 WTO 的新形势，需要给"西部农业"一个新概念、新定位。在结构调整上，需要突出两点，一是人均粮食占有量必须达到 400kg 以上，做到粮食基本自给；二是大力发展区域特色农业产业。在开发思路上，要突出产业经济观，在保护土地资源、开展生态环境建设的同时，明确提出农产业、畜产业、果产业、林产业、草产业、药产业和沙产业等。在开发的阶段布局上，要突出强调西部大开发的基础设施建设必须与西部农业发展紧密结合起来。

二、切实搞好生态农业典型示范，推进西部地区生态环境建设

（1）避免群众治理穷山恶水的积极性上来了，由于缺少典型示范，科学引导，结果事倍功半，甚至造成新的水土流失的情况。

（2）防止只注重短期经济效益而忽视生态效益、社会效益，或只有生态效益，而很少经济效益的倾向。西部地区 25°以上的坡耕地有 6 600 万亩（陕西 1 700 万亩），实施"退耕还林（草）、封山绿化、个体承包、以粮代赈"方面的经验仍然是初步的。因此，建议国家加强对西部生态农业示范县工作的科学研究和科学指导，建立不同生态类型、不同地区的生态农业模式，通过试验示范，逐步引导，稳步推进。

三、大力扶持西部农业优势产业和特色产业

农业部为西部确定的七大特色农产品生产基地建设是符合实际的，但基地开发的效果如何，则取决于七大特色产品的产业化经营水平。在告别短缺，农产品相对供大于求的当今市场，产品质量优劣、产品市场需求、市场营销策略和产业组织程度等各环节都将成为盈亏成败的关键。因此，建议国家在扶持生产基地的同时，还应加快种苗繁育体系、产地批发市场、产品质量监督、优质示范园和信息网络的建设，缺一不可。此外，利用西部风能、太阳能等优势资源，是解决农村能源最经济最便民的途径，兴办这类产业，也应列为西部特色产业。

四、建立西部国家级粮食区域调节基地，以应不测

建议国家选择若干粮食增产潜力大、效益高的区域，建设区域性的粮食调节基地，国家一旦急需，则可就近供给，为主动之策。粮食调节基地重点推广旱作农业技术（比如地膜覆盖与秸秆覆盖技术，旱地亩产可达 400~500kg），以高科技精准农业技术＋劳动密集生产，大幅度降低生产成本，提高单位面积产量和粮食产品质量，同时与国家粮食储备企业挂钩，实行产购直销。

五、在西部率先启动实施沃土工程

在已划定的基本农田，按不同土壤类型，建立沃土工程综合示范区，提高西部农耕地等级，稳定增加当地的粮食综合生产能力，为退耕还林还草、间作套种增效和建设秀美山川创造坚实的基础和更广大的空间。

六、建设现代农业产业化示范园区

国家已经在杨凌建设了农业高新技术示范区，这是西部尤其是西北干旱半干旱地区农业发展的科技动力源。依托杨凌示范区，陕西省在关中地区围绕优质产品的规模经营科技开发，建立了若干个农业科技示范园，加快科技产业化步伐。重点扶持一批具有市场龙头带动作用的大型农业企业，进行科技化和产业化经营。建议国家尽快建立农业产业信息咨询中心和农产品残留检测中心，制定《农业生产者协会组织法》或《农业专业协会组织法》，以推进农业产业化经营的深入发展。

七、进一步理顺西部农业科技推广的管理体制，确定新任务、新机制

针对目前相当一批乡镇"四站"（农业、畜牧、农经、农机）"三定"（定性、定编、定员）不到位、技术难更新、服务欠配套和农民不满意的现状，建议国家修改《农技推广法》，进一步理顺基层农技推广管理体制，明确国家拿钱办站，事业站为全民事业性质。赋予乡镇农业技术指导站农产品产销市场信息的搜集和传送、新技术的引进试验示范及协调和仲裁农产品产销双方纠纷等职能。重新制定用人标准和用人体制。将农产品及农业生产资料的生产经营、畜禽疾病诊疗等经营性业务从技术指导站剥离出去，交给企业、农业专业协会和民办经营，以形成一个符合市场经济的农技服务体系。

八、建立西部农业信息网

西部地域广大，交通通信落后，信息闭塞，是农业发展滞后、农民和基层干部思想守旧的一个重要原因。21世纪将是网络经济时代，一方面农业发展要适应WTO的规则；另一方面农业产业自身要在激烈的市场竞争中升级，因此，不了解信息，自绝于网络之外，就不可能迎接21世纪的冲击和挑战，不可能深刻理解新经济、新思路和新科技教育发展水平。目前在社会各行业中，农业行业从政务到科技推广，信息化的水平很低，再不努力将无法步入新时代。因此，建议把建立"从农业部到乡镇技术指导站、从农业企业到批发市场"设施完备、功能齐全的西部农业信息网，作为西部农业和农村经济发展的战略性措施之一，组织实施。

九、在西部农村实施农业素质教育工程

西部大开发给农村干部和农民提出了更高的要求。要立足于培养适应市场经济的基层干部和新型农民，调整教育结构，由单一的技术教育向技术、经营、法制的综合素质教育转变。首先要统编新的绿色证书、广播电视教育和农业干部教材；其次要多渠道、分层次对农村职业教育、成人教育和基层干部教育制定新的农业教育计划，提出新的要求；再次要列出专项农业教育培训经费，扶持绿色证书教育、广播电视教育和农业干部教育。

十、研究制定适应WTO与西部开发的产业政策

要从长远发展考虑，尽快研究制定加快西部农业发展的产业政策，重点是农产品税收政策、进出口政策、土地流转政策、吸引内外资投向农业开发的优惠政策及融资政策。政

府可以指定扶贫、国际援助及专项基金用于效益较好的西部农业产业化经营的项目，确定一定比例的农业高科技证券上市指标，放宽对新品种引进示范教育数量的限制，提高水果、蔬菜等加工出口退税比率等。总之，要千方百计地增加对西部地区农业开发的资金投入，这是西部农业大发展的关键所在。

（本文是 2001 年 2 月 12 日史志诚在农业部科学技术委员会上的发言，发表于《农业科技管理》，2001 年第 20 卷第 3 期，第 14-16 页）

把劳务输出作为陕西省一大产业来抓

劳务输出是一项投资少、见效快、加快转移农村劳动力、增加农民收入和推进城乡统筹发展的新兴产业。把劳务输出作为陕西省一大产业来抓是农民收入新的增长点，是推动农村经济跨越式发展的战略性政策选择。

一、陕西省劳务输出的现状、问题与原因

据陕西省劳务交流指导中心统计，陕西省 2 812 万农业人口中，农业劳动适龄人口 1 942万人，农村富余劳动力达 700 万人。2002 年陕西省劳务输出 185 万人，劳务收入 56 亿元，这与四川、河南、湖南、安徽等省份比差距很大。湖南省每年在外务工人员达 548.39 万人，1999 年经湖南省邮局寄回的劳务收入达 159.22 亿元，比陕西省高出 2 倍。陕西省劳务输出收入少，在农民收入中占的比重很小，这也是农民收入增长缓慢的重要原因。2001 年陕西省农民人均纯收入 1 443.86 元，其中，工资性收入 445.97 元，占 30.9%。而浙江省农民人均纯收入 4 200 元，其中，工资性收入 2 000.51 元，占 47.6%，两省农民工资收入相差 1 554.54 元。2002 年上半年，全国农民人均工资性收入 379.40 元，陕西省 242.80 元，相差 126.60 元。由此可见，陕西省农民收入依然以来自传统农业为主，工资性收入所占比例很小。产生以上问题的主要原因有 4 个方面。

1. 认识不到位 相当一部分农村干部还没有认识到农村劳动力资源的开发将是 21 世纪初我国最具发展潜力的重要产业之一；还没有认识到加快农村劳动力转移、增加农民收入是推进城乡统筹发展、实现小康目标的必然要求；还没有认识到农民有组织地走向资源比较富裕的就业市场，依靠自己的技能，是实现致富的重要途径之一；还没有把劳务输出作为一大产业来抓，总体上缺乏规划、工作上没有计划，一般号召多、具体指导少，处于自发无序状态。

2. 组织不落实 陕西省贫困地区劳务输出的组织、领导、管理职责不够明确，缺乏系统而完善的信息采集、技能培训、跟踪服务和返乡创业等优惠政策、地方法规和实施办法，缺乏鼓励农民外出打工的激励机制，现行的管理办法不够透明，很难规范操作。全国 10 多个省份有农村劳动力资源开发研究会，而陕西省尚未成立，劳务输出的政策研究处于空白状态。劳务输出的组织协调处于低水平，中介组织发挥的作用不明显，而是以个体传帮带为主。

3. "三低"制约 一是农村劳动力文化素质偏低。根据劳动部门统计，2001年陕西省乡村转移劳动力中，文盲11.51万人，占乡村转移劳动力的2.7%；小学文化程度的劳动力为73.42万人，占乡村转移劳动力的17.4%；初中文化程度的劳动力为256.05万人，占乡村转移劳动力的60.5%；高中以上的劳动力为82.14万人，占乡村转移劳动力的19.4%。二是劳动力技能低。2001年陕西省乡村转移的劳动力中经过专业培训的仅占22.1%，多数出外打工的农民只能干手工操作为主、技能低下的普工、杂工活。三是负责劳务输出的干部和中介组织负责人的管理水平低。2001年陕西省乡村转移劳动力中，由政府组织的仅占3%，97%的外出农民是自发的、无序的，目的性差，不时发生上当受骗问题。

4. 培训缺资金 陕西省目前还没有专门用于劳务输出的培训经费。扶贫开发安排农民技能培训和就业服务的经费很少，直接影响了陕西省劳务产业的快速发展。现代企业用人条件，对文化程度、技术能力和个人形象要求越来越高，需求呈批量化趋势。因此，就业必须培训，培训才能就业。如果培训经费不落实，将严重影响着农村的劳务输出。

二、推进陕西省劳务产业发展的对策与建议

（一）树立劳务是一个产业的新观念

教育各级干部特别是县、乡两级干部，充分认识劳务输出对农民增收、经济增长的重要作用。坚持把劳务输出作为一大产业来抓。认真研究劳务产业的发生、发展、效益以及在国民经济中的地位和作用；研究劳务产业的培训、管理、政策和法令；研究与劳务产业相关的部门职责，做到领导、组织、管理三落实，政策、投资、人员三到位。

（二）明确劳务输出主管部门职责

劳务输出主管部门应是劳动与社会保障部门，建议在主管部门内设立农村劳务输出管理局，各市、县（区）劳动与社会保障部门也要有专人负责，输出人员比较多的市要设立驻外服务机构，建议调整加强"农村劳动力开发领导小组"。劳务输出主管部门的职责是：①制定长期规划和年度劳务输出与培训计划；②筹集必要的经费；③组织执法检查；④规范劳动力就业市场；⑤协调解决其他有关问题。

（三）制定扶持劳务输出的产业政策

1. 建立优先培训政策 坚持推行"先培训，后上岗"制度。培训工作要根据劳务市场的需求、就业定单、地区差别和不同行业，体现多层次、多形式的特点。可以采取学历教育与非学历教育并举，以短期技能培训为主，学历证书和职业资格证书并重，以资格证书培训为主的原则。要推行国家劳动预备制度和职业资格证书制度的实施。在贫困地区招生要取消年龄、户籍和地域等方面的限制，简化招生入学手续，实行注册入学制度，并允许他们分阶段完成学业。在收费上，既要考虑教育或培训的成本，也要考虑打工人员的实际承受能力，按照国家和地方有关文件规定收取学费。

2. 制定劳务输出的组织政策 包括有组织外出的制度、规范中介组织和劳动力市场、简化审核手续、取消各种乱收费和明确基层行政组织责任等。

3. 制定信息发布政策 陕西省政府政务信息网站和陕西省劳动与社会保障厅开辟陕西劳务产业信息网页，向市、县、乡、村提供最新的劳务市场、劳务政策、劳务法规、劳务就业岗位、劳务法律咨询和各地动态，及时发布劳务需求信息，加强输出地和输入地的

供需衔接，引导农民工有序流动。

4. 制定对劳务产业的财力支持政策　目前，每输出一名农村劳动力，需要支出 500 元（县内）～1 700 元（广东），包括办证费、培训费、交通费和食宿费等。为此要建立财政投入、企业资助、社会捐赠和个人负担相结合的多元化经费投入机制。建议省级和地方财政部门将劳务产业经费列入同级年度财政预算。同时，建议农业银行、农村信用社和涉农金融机构从管理、培训、资金投入及输出服务等各个方面给予贷款支持。

（四）积极推行劳务输出双层培训计划

一是培训有一定文化基础或外出打工经验的农村劳动力，学习从事二、三产业的技术，提高他们的技能；二是培训县乡两级负责劳务输出的干部和中介组织负责人，学习各地劳务输出的新经验，市场经济机制和保障机制，提高他们的政策、法律水平。达到在两个层面上迅速提高陕西省劳务输出能力和管理能力的目的。培训计划暂定为五年，五年共培训外出劳动力 5 万名（包括贫困地区每年培训 2 万名），干部和中介组织的负责人 1 000 名。即每年培训农村劳动力 1 万名（包括贫困地区每年培训 4 000 名），培训负责劳务输出的干部 100 名，中介组织负责人 100 名。平均每个村有 5 名经过正规培训的劳务输出的带头人，每县有 10 名负责劳务输出的领路人。培训的任务和经费可分别下达到各部门完成。把贫困地区的培训任务可以下达给扶贫办，从国家扶贫资金、省配套资金中解决一部分；由 77 个联县扶贫的组长单位负责落实一部分；对干部和中介组织负责人的培训经费，采取收费与补助相结合的办法解决；此外，要发挥民间、民办机构的作用。培训内容、目标可参照《陕西省贫困地区劳务输出专业技能培训实施意见》加以落实。农业部门的培训任务，可以下达到农业中等专业学校，根据劳务输出协调指导中心发布的教育培训需求情况，提出承办相关培训项目方案。经评审、批准后，开展培训。

（五）规范中介组织和劳动力市场

推广"华阴模式"订单培训、定向就业的经验。华阴市坚持把劳务输出作为增加农民收入、促进城乡经济发展的一件大事来抓。一是与用工单位建立用工关系，通过实地考察、签订《责任合同书》，确保务工人员"人人有活干，人人有收入"，彻底消除他们外出打工难的顾虑；二是优先为务工人员的家庭安排小额扶贫贷款，解决他们的生活费、劳务费；三是简化外出打工人员办事程序；四是贫困村成立志愿者服务队，妥善解决外出务工人员的家庭困难。有的村出现一帮一、一带一、一推一的"自发连带"输出方式，形成"一户打工，带动一村；外出一人，致富一家"的拉动城乡社会经济的产业链条。据统计，2002 年培训贫困村劳动力 600 人次，组织出外打工 2 532 人，发放扶贫小额信贷扶持资金 5.4 万元，挣回 400 多万元，人均 1 500 元。

（六）加强劳务产业的研究和咨询服务工作

建议成立"陕西省劳动力资源开发促进会"。促进会以"三转一增"（促进农村劳动力向沿海转移、向城镇转移、向非农产业转移，增加农民收入）为中心开展工作。其职能是：①在党和政府政策方针指导下，开展调查研究，探索城乡统筹就业的新机制，寻求农村富余劳动力转移的新路子，反映农村劳动力资源开发进程中的新问题，为陕西省委、省政府提出参考意见；②指导和帮助民间机构开展技能培训和职业介绍。以市场需求为导向，提高培训的针对性和职业介绍的成功率，促进劳务输出由体力型向技能型转变。对劳务输出人员中涌现出的创业之星，进行总结、评比和表彰，并参加与全国组织的评选活动；③构筑就业信息平台，与省内外就业服务机构、国家和兄弟省的研究会建立联系，形成互联互通、资源共享和灵敏便捷的劳动力市场供求信息网络；④建立与中国农村劳动力资源开发促进会的业务联系，加强省际的工作交流。促进会的性质可定为自收自支的事业单位，下设职业介绍中心和技能培训中心，依托民间机构开展业务。

（七）鼓励社会团体广泛参与和支持劳务产业

建议陕西省政府制定鼓励国内外社会团体广泛参与支持本省劳务输出产业发展的政策。共青团、妇联、工会、扶贫基金会、各种协会、宗教团体和慈善机构等社团组织，有广泛的代表性和联系性，有些组织还有较强的经济实力。各级政府要充分调动他们的积极性，为因经济困难而无法外出打工的特困户提供经济帮助。

（八）加强政府执法与公正司法，创造良好的法制环境

建议陕西省政府对以前出台的劳务输出政策、法规及各项管理制度进行一次清理，凡限制或阻碍农村劳务输出的应当予以取缔。建议近期对全省劳动力市场和中介组织进行一次执法检查，对非法建立的和不规范的劳动力市场要分别予以取缔和限期整改。对违反《劳动法》及其相关法律法规的要严肃查处。人民法院和司法部门对劳务输出过程中出现的法律纠纷案件，特别是侵害农民工合法权益的案件，要从快查处，要依法保护劳务产业的顺利发展。

本文是陕西省决策咨询委员会农业组 2003 年调研课题之一。课题主持人：史志诚；成员：曹钢、孙志明、许浚和曹玉过。发表于《陕西日报》，2003 年 11 月 26 日。

对"三农"问题的再学习再认识

"三农"问题是社会各界普遍关注的问题之一。我在陕西省人大农业和农村工作委员会工作两年多来，对"三农"问题有了一个再学习和再认识的机会。现就"三农"的几个方面谈一些看法和意见。

一、全面建设小康社会应当高度重视"三农"问题

改革开放以来，陕西省主要农产品供求由长期短缺到总量基本平衡、丰年有余，农业为实现人民生活由温饱达到基本小康做出了贡献。现在，我们贯彻落实党的十六大精神，全面建设小康社会，更要高度重视"三农"问题。"农业、农村和农民问题是关系改革开放和现代化建设全局的重大问题。没有农村的稳定就没有全国的稳定，没有农民的小康就没有全国人民的小康，没有农业的现代化就没有整个国民经济的现代化"这个道理可以说已经家喻户晓。

2002 年，陕西省农村一二三产业在调整中发展。粮食综合生产能力保持在 100 亿 kg 以上，水果总产量 515 万 t，蔬菜总产量 666 万 t，肉、奶、禽蛋产量全面增长，农产品市场供给充足；农民负担由 109 元减为 66 元；农民人均收入增加到 1 596 元。实践反复证

明"农业兴、百业兴"。只要占全国 64％的农村人口和占全省 70％的农村人口稳定了，全面建设小康社会的各项工作都会顺利进行。

当前世界关注伊拉克战争出现的大批难民，他们最需要的首先是粮食和食品。在 SARS 瘟疫突发流行的地方，出现个别抢购的不是电脑和空调，而是粮、油、盐。我国农业的发展已经进入一个新阶段，农产品的有效供给和可靠的粮食储备，足以应对任何不测和灾难。毛泽东主席说："农业是国民经济的基础。"邓小平同志说："重视发展农业，不管天下发生什么事，只要人民吃饱肚子，一切就好办了。""农业上如果有一个曲折，三五年转不过来。"江泽民同志说："粮食是安定天下的产业。"因此，不论是遇到困难的时候，还是形势大好的时候，都不可忽视"三农"问题。

二、"三农"问题的关键在于增加农民收入

农民收入增长缓慢，既是农产品供大于求的反映，也是国民经济发展长期积累的一些深层次矛盾的集中表现。2001 年陕西省农民人均收入 1 490 元，与全国农民人均收入 2 366 元相比少 876 元，第一次低于甘肃（1 508 元），仅高于贵州（1 411 元）和西藏（1 404 元），居全国第 29 位。更为严峻的是陕西省 95 个县区有 1/3 的村是贫困村，1/3 的农村人口是贫困人口，人均收入在 865 元以下。增加农民收入对人均承包耕地仅有 1.4 亩的陕西农民来说，是一个难解的题！因此，我们对农业和农村工作面临的形势要有清醒的认识，对困难要有足够的认识，必须树立长期奋斗的思想。

当我们冷静地、认真地分析陕西省农民收入构成的时候，发现差距有两个方面。一是农业和农村产业结构调整乏力。我们拥有的可出口特色农产品批量不足，质量不高；全省农业产业化经营龙头企业仅有 957 户，年销售收入在 1 亿元以上的仅 31 户，省农业银行贷款支持的 77 户中，排在全国同类企业前十名的只有三户。龙头企业数量不多、规模不大，带动力和竞争力不强，吸纳农村剩余劳动力的能力有限。二是外出打工人数少，打工收入偏低。陕西省每年外出打工 260 万人，收入 45 亿元，人均 1 600 元。这与全国（9 800万人，人均收入 5 278 元）以及四川（打工 1 300 万人，人均收入 3 200 元）相比，差距太大。1999 年，我去 1959 年曾经蹲点的彬县新民乡屯庄村调查。40 年来，人口翻了一番，人均耕地减了一半，但人均收入由原来的 20 元左右增加为 1 400 元。2001 年我再去调查，由于苹果价格下浮，人均收入降为 980 元，村干部认为，按目前水平从土地上很难再增加千元收入，于是村里组织 600 名劳工去广东打工，现金收入很快增长。

由上可见，增加农民收入，不仅有赖于农村质量和效益的提高，还有赖于农村剩余劳动力的大量转移。我们需要两手抓。一方面加大农业和农村经济结构调整的步伐，壮大龙头企业，推进农村费税改革，免征农业特产税，探索对农业和农民实行补贴的有效办法，加大国家对农业特别是粮食主产区的扶持力度，通过立法支持和保护农业。另一方面把农村劳务输出作为一个大产业来抓，而不是作为一般工作去安排。省、市、县要建立劳务输出产业开发中心，采取订单培训、订单就业等办法，统一管理劳务输出工作。要大力发展农村非农产业，把引导乡镇企业合理集聚、发展农村服务业、完善农村市场体系与小城镇建设结合起来，增加就地就业岗位。要加强对外出农民务工的引导和管理，改善农民进城务工的环境，清理不合理限制，取消对农民工的乱收费，解决好企业拖欠工资、劳动环境

差、职业病和工伤事故频发等突出问题，维护农民工合法权益。要整合中专农校、广播电视学校、职业中学、农业技术推广和技工学校等教育资源，掀起培训农民技工的热潮。陕西省2 700万农民中有劳动力1 367万人，剩余劳动力370万人，如果每年有300万～500万人出外打工，农民收入中来自工资性收入从目前的10％提高到30％～50％，那么，如期实现农民增收目标就大有希望。

三、关于农村的基本政策与承包地的流转

人多地少、农村人口比重大是我国的基本国情。稳定党的农村基本政策，核心是稳定和完善土地承包关系。土地是农民的基本生产资料，是农民的命根子。中央再三强调稳定土地承包关系，是有深远考虑的。在土地问题上，务必保持清醒的头脑。

2001年年底中共中央下发了《关于做好农户承包地使用权流转工作的通知》，对土地流转作出了明确规定。之后，全国人大常委会颁布了《农村土地承包法》，把党的农村土地政策上升为法律，使农民对承包地的使用权有了法律保障。但是，目前不少征地项目不给农民合理的补偿，没有妥善解决农民的生计，个别地方造成农民既失地、又失业；有的地方乱占滥征耕地，随意圈地，征地规模过大；有的地方村委员代替集体经济组织强行收回农户承包地搞转包，"暗箱操作"，没有尊重农民意愿，侵害农户利益；农民时有上访，影响了农村的安定。

值得指出的是，尽管陕西省农户承包地使用权流转的总体态势是稳妥的、有序的，但流转速度很慢。据统计，2000年全省农户承包地流转面积28.58万亩，占农户承包地4 872.77万亩的0.59％。土地流转的农户有63 920户，占总农户数的0.94％。而广东省土地流转面积406万亩，占承包地的7％，其中，珠江三角洲地区308万亩，占本区域耕地面积的28.95％。福建省2001年农户承包地流转面积111.2万亩，占承包地的7.1％。据测算，2003—2008年，陕西省在"依法、自愿、有偿"的原则下，将有200万亩承包地向2万个龙头企业流转（每个企业100亩左右），将会增加60多万个就业岗位，增加年收入18亿元。

四、农业立法和政府农业管理体制的改革

目前我国涉及农业（不含农业对外贸易、农业利用外资）方面的法律和行政法规有100多件，农业部制定的规章及其他规范性文件400多件，陕西省出台的地方性农业法规、办法100多件，在规范和保护农业生产经营方面起到依法治农的作用。但是这些法律法规还只是一个初步的框架，有关农业投入、农业保险、农业行业组织、农产品贸易与农业利用外资等方面的立法还是空白或者比较薄弱。因此，农业立法要不断反映市场经济发展的要求，营造一个公平竞争的法律环境，在改进管理方式、减少行政管理审批事项，在立法和执法中建立听证制度、保障当事人合法权益等方面，我们还有大量的工作要做。

多年来，每当审议立法议案的执法主体时，在"委托"和"不予委托"条款上总是争论较多。争论的深层次问题涉及政府农业管理体制的改革。

政府农业管理体制的改革已势在必行。无论从建立市场经济体制的观点来看，还是从

执法主体的确认上看，现行的政府农业主管部门必须解决好裁判员和运动员不分的问题，实行"政社分开"。即政府把工作重点放在农业执法、农业政策制定、农业"绿箱政策"的执行和公共服务上来，而将大量的管理农业生产经营的职能分离出来，依法转给农业产业组织，如农业合作经济组织、农业行业协会和农村集体经济组织等。在国外，如美国的农业合作社、日本的农业协同组合和法国在农业与食品加工部指导下的农业委员会，都有相应的法律保护。因此，我国是否进行或什么时候进行农业管理体制的改革，将决定农业的未来走向。如果进行改革，政府将根据法律法规，依法行政，在农业企业与消费者之间扮演裁判员的角色。政府既是农业商贸企业的促进者，又是广大消费者的保护者，政府要做的事情就是调整两者之间的平衡点。

五、陕西省农业发展的新机遇和新亮点

加入 WTO 对陕西省农业既有挑战，又有新的机遇。渭北是优质小麦和优质苹果生产区、"一线两带"中几百个农业项目构成的星火产业开发带；已经成为农业产业化龙头企业的聚集经济区、关中玉米带上的奶牛肉牛带和鸵鸟生产基地、陕南中药材基地、陕北小杂粮创汇基地和肉羊基地，都预示着陕西农业特色产业的美好未来。

就奶业来说，陕西省有 25 万头奶牛，年产 86 万 t 鲜奶，有 20 多个大企业，居全国第五位。目前面临的问题有 2 个。①来自低原料牛奶和低生产成本国家的竞争。据悉，我国每千克牛奶生产成本为 0.23 美元，而美国为 0.29 美元，欧洲共同体为 0.3 美元，澳大利亚为 0.21 美元，新西兰为 0.1 美元。因此，我国从澳大利亚、新西兰两国进口增加较快。②我国基本是牛奶净进口国。我国奶品关税将在 2004 年降为 10%～15%，使国外奶制品以较低的价格进入中国市场，进口可能增长 42%～65%，出口无明显变化，这样会使奶业增长速度放慢。2005 年全国牛奶总产量约为 1 120 万～1 130 万 t，比加入 WTO 前减产 1.46%～2.43%，国内乳品工业产值可能下降 2.62%～3.83%。因此，总体上对陕西省影响不大。针对以上情况，陕西省奶业只要重新定位，及早发展自己的液态奶源基地，扩大市场占有率，增加奶品出口，奶业将是农村经济增长的一个新亮点。

六、"三农"对应关系与解决"三农"问题的新思路

近些年来，理论界有人提出："讨论'三农'问题要跳出'三农'论'三农'，解决'三农'问题要从'三农'以外寻求办法。"我认为这些说法不无道理，这是"三农"的对应关系所决定的。所谓"三农"对应关系，是指农业与工业、农村与城市、农民与市民，三个具有明显的相关性、制约性和均衡性的对应关系，构成了整个城乡社会经济的矛盾统一体。"三农"的兴衰受对应关系的影响，反之，城市和工业的发展，市民的生活水平的提高，又受"三农"的牵制和约束。因此，解决好"三农"问题，从复杂的"三农"对应关系中寻求办法是有效的。

党的十六大提出的城乡社会统筹发展的新思路，是解决"三农"问题的一把金钥匙。我相信，在党中央和陕西省委的正确领导下，只要我们着眼于区域经济的跨越式发展，加快农村经济与城市经济的对接与互动，强化城乡经济的关联度，促进农、工、商的均衡发

展,全面建设小康社会的宏伟目标就一定能够实现。

总之,认识"三农"的目的在于解决"三农"问题,建议人大常委会的相关委员会更多地关注和研究"三农"问题,把农业立法和监督执法工作做得更好一些。

本文是 2003 年 5 月 25 日史志诚在陕西省人民代表大会农业和农村工作委员会座谈会上的发言。

建立陕西省"以工促农、以城带乡"长效机制的十点建议

中央和陕西省委在"十一五"规划建议中都明确提出,要"建立以工促农、以城带乡的长效机制",推进城乡统筹发展。为此,我们带着如何建立这种长效机制的问题,分赴榆林、延安、宝鸡、汉中和安康五市进行了深入调研,现将有关情况和具体建议报告如下。

近几年来,陕西省经济建设的速度和工业化的进程明显加快,综合经济实力有了增强。陕西省委、省政府在贯彻中央 1 号文件中,采取多种实际措施,有力支持了农村经济的发展。

(1)推进农村税费改革。2005 年,全省取消农业税,共减负 8.4 亿元。

(2)实施农业补贴。2004 年陕西省财政共补贴 2.14 亿元,2005 年又补贴 2.34 亿元,有效地调动了广大农民种粮积极性,扭转了粮食生产连续 5 年徘徊不前的局面。

(3)鼓励财政收入好的市县采取更多措施支持农业。延安市 2004 年用于农业的各项投入达 5.98 亿元,占市财政总支出的 13.6%。宝鸡市 2004 年新增农村社会事业发展专项资金 740 万元,占新增可支配财力的 62%。

在推进"以城带乡"中,陕西省还开展了几项富有实效的工作。

(1)实施"双万工程"。七年中组织 3 万多名省、市、县、乡四级党政机关干部到 2 万多个行政村蹲点,担任村党支部书记、副书记、村指导员等职务,有力地加强了农村基层组织建设,改变了一批软弱涣散的村级班子的面貌,促进了生产的发展。据不完全统计,下派干部所驻的村,农民收入年均增长 15.1%,比全省年均增长幅度高出一倍多。

(2)开展科技、文化、卫生"三下乡"。2004 年全省共送图书下乡 1 360 万册,送戏下乡 1.3 万场,送电影下乡 2 万场,建设村级文体活动室 2 934 个,培训农村文化骨干 3.5 万名;举办科技大集 4 200 场,办科技培训班 3 350 次,培训农民 160 万人次;送器械药品价值 580 万元,举办医务人员培训班 3 000 班次,培训医务人员 25 万名,派出医疗服务队 6 200 个,诊治 850 多万人次病人。

(3)推进扶贫开发。按照上下联动、各方携手和齐抓共管的要求,中央赴陕定点扶贫的部委共有 19 个,进驻全省 33 个国定贫困县开展扶贫。省级机关、企事业的 746 个单位,已在 77 个贫困县开展了"两联一包"的扶贫工作。40 名现职省级领导人也每人联系一个贫困县,包扶一个贫困村。社会各界也积极开展了多种形式的送温暖、献爱心活动。

陕西省在"以工促农、以城带乡"方面虽然取得了一些进展，但"重城轻乡"的总体格局并没有根本改变。城乡面貌依然存在巨大反差。主要表现在以下五个方面。

（1）财政资金安排重城轻乡。1999—2003年省、市、县三级财政将土地出让金的77.35％用于城市基础设施建设，只有22.14％用于农村土地开发。

（2）农村资金流出仍在继续。据有关方面统计，2004年全省农村信用社、农业银行和邮政储蓄从农村吸储资金余额713.28亿元，而各类金融机构对农村的贷款余额只有620.28亿元（包括农业、乡镇企业贷款、粮棉油收购贷款和小额贷款），一年中农村资金净流出93亿元。

（3）"剪刀差"依然存在。工业品价格上涨，农产品价格不高。据陕西省农业厅调查，2005年化肥平均涨幅在20％以上，农用塑料平均涨幅30％左右，农资涨价使农民从粮食补贴中获得的实惠已被抵消。

（4）农村各项社会事业滞后。农村教育、医疗保障没有完全建立起来，农民负担很重。农村道路建设、人畜饮水、电力供应等公共设施落后，欠账太多。

（5）城乡之间的体制障碍依然存在。户籍制度、就业制度、教育制度、社保制度都存在"重城轻乡"的倾向。

由于城乡利益关系还没有根本调整过来，陕西省"三农"问题形势依然严峻，突出的问题是农民收入水平低下，贫富差距扩大。陕西省农民人均纯收入1978年排在全国第19位，属中等水平，90年代中后期以来却一直排在全国倒数2～3位。陕西省农民收入与全国平均收入的差距还在继续扩大，这个问题应当引起足够重视。

针对上述问题，我们对建立陕西省"以工促农、以城带乡"的机制提出以下十点建议。

1. 拓宽支农渠道，实施"四个扩展" 一是要从单纯依靠财政支持向依靠金融支持、社会资金支持扩展。二是要从单一依靠农业部门的支持向依靠机关团体、科研院校、街道社区等全社会支持扩展。三是要从单纯支持农业生产向支持农产品加工、储运和销售扩展。四是要从传统的钱物支持向技术的、信息的、法律的各种形式的支持扩展。

2. 增加财政投入，提高支农的"两个比重" 建议陕西省委、省政府将原来确定的"各级财政当年新增财力的20％用于农业和5％用于扶贫攻坚"的规定，修改为"各级财政当年新增财力的25％用于农业和10％用于扶贫攻坚"。新出台的支农资金项目必须在财政预算中建立"专户"，实行"专项下达、专户管理"。省级科技部门用于农业科研的投入比重（不含国家科技部门的支持），在"十一五"期间每年应递增一个百分点以上。

3. 财政支持"三农"资金，应集中投向三个重点 一是保证粮食安全。二是支持农村基础设施建设。三是支持农村义务教育。要支持粮食基地和优势农产品基地建设；支持农业技术推广和农民培训；省市新增固定资产投资应把农田水利基本建设、人畜饮水工程建设以及乡村公路等基础设施建设作为重点。

4. 坚持扶贫攻坚，加快农村脱贫致富 一是继续实施以整村推进为主体，以产业化扶贫和专业技能培训为两翼的"一体两翼"战略，增强贫困地区人口自我发展能力。二是尊重农民的主体地位，进一步实施参与式扶贫，最大限度调动受扶对象的积极性。扶贫项目的确定、扶贫资金的拨付、生产资料供应的选择等，都要充分听取受扶对象的意见。三是结合社会主义新农村建设，加大扶贫移民搬迁力度，改善农民的生产和生活条件。

5. 改革农村土地征用制度，补偿资金全部返还农民 征收、征用农村土地，无论是用于经营性或公益性建设，都要按照同质同价的原则，向农民支付大体相当的补偿，政府不能低价征用、高价批售、拿走大部分好处。政府只能按照规定提取补偿调节金。必须完善征地程序，保证在征用农民土地过程中，土地权利人有充分的知情权和参与权。农民现有耕地被征用达一半以上的，补偿金要满足农民转业的基本要求，并为农民缴纳一定年限的养老和医疗保险金。对完全丧失土地的农民，要实施最低生活保障制度。

6. 推进农村金融体制创新，多渠道聚集社会支农资金 建议金融主管部门，在延安、榆林农村建立民间金融机构试点，探索利用民间金融资金支持农业的新路子。金融主管机构要规定在县及县以下机构、网点新增存款的大头应投放农村，支持农业和农村经济发展。县（含县级市、区）和县以下的邮政储蓄应将90%以上的资金回流到县信用联社，用于支持"三农"。同时，积极鼓励商业性保险机构开展农业保险业务。开展龙头企业和专业合作组织为农户承贷承还、提供贷款担保的试点。

7. 改革户籍管理制度，实行居民农民同等待遇 逐步改变城乡二元结构，形成"以城带乡"的长效机制。陕西省政府有关部门对户籍改革已有初步规划，根据新形势的要求，建议加大改革力度，加快改革进程。尽快实行全省统一的户籍管理制度，允许农村居民在县和县级市的范围内自由迁徙。尽快建立城乡统一的劳动力市场，坚决取消城乡分割的就业歧视政策，做好城乡劳动力就业的促进工作。西安市和其他县（区、市）的经济适用房和廉租房应对农民工开放，凡有稳定职业和固定住所的农民工，要允许全家落户。对打工时间较长的技术工人，要优先解决住房问题。农村居民在城镇落户后，在子女就学、公共卫生、社会保障等方面应享受与当地居民同等的待遇，履行相应的义务。健全社会保障制度，解决农民进入城镇后的基本保险。

8. 坚持"三下乡"活动，提高农村文化科技知识 要拓展参与下乡的部门，扩大下乡的受益面，创新下乡的活动内容和活动方式，包括在村一级逐步建立信息终端，经常为农民提供各种信息。坚持发挥各方面积极性，引导社会力量共同参与，除政府部门组织的下乡活动外，各民主党派以及科学技术协会、工会、共青团、妇联等社会团体，还可以在城市招募志愿者，组织他们下乡，支援"三农"。

9. 继续实施"双万工程"，加快建设社会主义新农村 要以第三批先进性教育活动为契机，继续实施"双万工程"，组织干部蹲点包村，把社会主义新农村建设各项要求落到实处。积极推进农村经济建设、政治建设、文化建设、社会建设和党的建设。一是包村干部要帮助农村基层建设好领导班子，增强基层党组织的凝聚力、战斗力和创造力。二是帮助农村基层制订和完善新农村建设规划，并带领广大农民群众积极投身社会主义新农村建设。三是要从关注民生、发展经济入手，帮助解决群众最关心的热点、难点问题。四是新农村建设要从实际出发，量力而行，逐步推开。不能强迫命令，搞形式主义，不能加重农民负担。

10. 提倡全社会支农，开展"一帮一"对口支援 在自愿的基础上，组织城市机关、学校、企业、事业单位与农村（包括乡镇企业）建立"一帮一"的支援活动，按照支援单位的不同特点，采用多种形式支援"三农"。鼓励和支持尚未就业的大学生自愿到贫困县义务支教。支教期间，以财政扶贫资金发给适当的生活补助费。

本文是2006年2月8日完成的陕西省决策咨询委员会课题研究报告之一。课题主持人：史志诚；成员：史俊通、李佩成（院士、特邀委员）、惠应南、刘华珍、曹玉过、刘炳武、杨永善、罗久序、党双忍、翟学斌、李强庆、王运林、孟全仑和王益辉。本课题获得2006年陕西省决策咨询委员会优秀建议一等奖。刊载于《决策咨询年刊》，2006年，第56-58页。

陕西省急需建立猪肉产需平衡的预警机制

猪肉供应是一件关系市场稳定和国计民生的大事，这在最近一个时期物价上涨中表现得十分突出。为了保持生猪生产的稳定，陕西省急需建立猪肉的产需平衡预警机制，最近，陕西省决策咨询委员会就这一问题进行了专题调研，现将有关情况和建议报告如下。

一、陕西省猪肉产需存在周期性波动

根据我们对有关资料的分析，可以看到这样一个规律：陕西省猪肉的产需平衡，每五至六年就发生一次波动。每次波动的特点是，先发生供大于求，市场生猪价格下降，生猪存栏减少，紧接着一年后出现市场供应不足，猪肉价格上涨。陕西省这一轮的波动是从2005年开始的，这一年生猪存栏达1 161万头，出现供大于求，市场生猪价格持续下滑，2006年全省养猪头数跌入低谷，存栏减少到804万头，接着出现供应紧张，导致2007年猪肉价格大涨，并带动整个食品行业的价格上涨，给宏观经济的正常运行带来了巨大压力。

造成这一轮养猪下降、肉价上涨的原因有以下几点。

1. 市场因素 随着粮食涨价，2006年以来主要饲料原料的价格持续攀升。玉米、豆粕、育肥猪饲料价格比上年同期分别上涨20％、3.4％、18％，仅此一项，一头生猪从购进到出栏比上年增加成本36元，再加上运输成本和劳务支出增加，养猪赚钱减少，直接影响了农民养猪的积极性，成为这次猪肉价格大幅上涨的根本原因。

2. 生产因素 陕西省生猪以散养为主，占到出栏总数的2/3。由于散养抵抗价格风险和疫病风险的能力弱，在饲料价格大幅上涨之后，便纷纷退出，造成生猪生产大起大落。

3. 疫病因素 2006—2007年，我国南方一些地区高致病性蓝耳病疫情严重，蔓延至陕西省，不少地方冬春季节发生瘟疫，生猪死亡增加，造成很大威胁。

4. 劳力因素 随着大批农民进城务工，一部分农户无人养猪。同时，大批农民工进城，又扩大了城镇猪肉消费，使产需矛盾更加突显。

5. 管理因素 多头管理，政出多门，部门之间缺少会商协调，很少研究生猪产需平衡问题。特别是取消生猪风险基金和猪肉储备之后,没有调控手段,面对猪肉价格上涨束手无策,十分被动。

二、陕西省急需建立猪肉产需平衡预警机制

理由如下。

1. 猪肉的特殊重要性 猪肉是仅次于粮食的人们生活必需品。中国的养猪总量占到世界的 1/2。陕西省城乡居民食用猪肉占肉类总量的 70% 以上。市场上猪肉的多少、价格的高低,直接影响到百姓生活和社会稳定。因此,建立生猪产需平衡预警机制是十分必要的。

2. 资源消耗的有限性 研究结果显示,一头母猪的资源消耗量是 6 个人资源消耗量的总和,一头育肥猪的资源消耗量是 4 个人资源消耗量的总和。为了合理利用资源,减少不必要的浪费,也需要建立养猪产需平衡的预警机制。

3. 生猪生产的周期性 由于疫病风险、市场风险、自然灾害风险和饲料风险的存在,生猪生产波动具有一定的周期性。每当这种周期到来,都会使生猪的生产与销售产生很大波动,对农民的养猪积极性和市场供应造成很大冲击。为有效减少风险,维护养猪户利益,保障市场肉食供应,需要加强预测预警。

三、陕西省今后十年猪肉产需平衡的预警方案

我们对生猪的存栏、出栏、猪肉总产、能繁母猪比重、玉米价格、饲料价格、仔猪价格、毛猪收购价格和猪肉销售价格等多项指标,反复测算,多方论证,提出陕西省今后十年生猪的三种预警方案及调控对策如下。

1. 绿色区域:市场猪肉供求基本平衡方案

主要指标:全省生猪存栏 1 000 万~1 200 万头(按国家统计数字,下同),生猪出栏 1 200 万~1 400 万头,猪肉总产量 80 万~90 万 t,能繁母猪占生猪存栏总数 8%~9%,仔猪价格 15~17 元/kg,猪肉市场销售价格 20~22 元/kg。这种情况,说明陕西省猪肉供求基本平衡,处于良好状态。

为确保这一方案顺利实施,应采取以下保障措施。①实行生猪扩繁场和生猪标准化规模养殖场(小区、重点户)补助政策,稳定生猪出栏总量,稳定市场猪肉销售价格;②实施良种冷冻精液细管补贴政策,提高二、三元杂交质量,着力提高出栏率和猪肉品质;③实行生猪保险和保险补贴政策,提高生猪生产抵抗风险能力;④加强防疫检疫工作,降低疫病风险。

2. 红色区域:市场猪肉价格上涨预警方案

预警指标:全省生猪存栏下降至 1 000 万头以下,生猪出栏下降至 1 200 万头以下,猪肉总产量低于 80 万 t 以下,能繁母猪占生猪存栏低于 7%,仔猪价格 25~30 元/kg 以上,猪肉市场销售价格超过 24 元/kg。

发生这种情况,说明供应能力不足,应立即实施以下调控对策。①启动能繁母猪补贴政策,连续实行 21 个月;②启用猪肉储备,加大市场投放量,平抑猪肉市场价格,重点保证重大节日大中城市市场供应;③工商部门免收生猪屠宰费和猪肉销售市场管理费。

3. 蓝色区域:市场猪肉价格下跌预警方案

预警指标:全省生猪存栏达到 1 300 万头以上,生猪出栏达到 1 600 万头以上,猪肉

总产超过 100 万 t 以上，能繁母猪占生猪存栏高于 9％，仔猪价格低于 10～15 元/kg，猪肉市场销售价格低于 14～16 元/kg。

发生这种情况，说明产大于销，猪肉过剩，应立即启动以下调控对策。①实行对猪肉制品加工企业的财政补贴政策，提高加工能力，积极促进外销；②增加猪肉储备，组织收购和外销；③适当压缩母猪数量，加快良种母猪换代；④引导养猪场（小区、重点户）合理调整存栏结构，重点提高生猪养殖水平和猪肉质量。

四、实施猪肉产需平衡预警方案的宏观保障措施

1. 建立猪肉产销市场信息综合监测制度　　建议陕西省农业厅、商务厅按照农业部和商务部构建中国生猪预警系统的部署，尽快建立省级生猪市场综合监测网，加强对预警系统需要掌握的疫病、盈利周期、猪价、供求、生产等有关信息、数据的及时监测和分析，以便及时发出预警信号，作出正确决策。

2. 建立肉类批发市场管理体制　　建议陕西省政府首先建立由国家控股的西安肉类批发市场，负责猪肉的产需平衡。主要任务是：①按照市场规划聚集一定范围的商品猪肉；②采取竞买竞卖为基础的拍卖方式，形成合理价格；③向批发商、中间商和零售商推销猪肉产品；④提供和传递猪肉商品价格信息；⑤由卫生和兽医卫生监督部门集中进行卫生检疫，保证肉品质量；⑥负责猪肉储备和储备肉的周转、投放，有效调控市场。

3. 建立猪肉冷冻储备制度　　按照大中城市猪肉储备不低于当地居民 7 天的消费量计算，全省需要储备 2 万 t 冷冻猪肉。为此，建议整合利用内外贸和加工企业的冷库资源，依托企业市场运作，建立猪肉冷冻储备，用于保障应急供应和节日市场供应，调控和平抑价格，使老百姓的生活质量不因肉价上涨而受影响，使绝大多数养殖户不因肉价下降而出现严重亏损。

4. 建立生猪产业发展风险基金制度主要内容包括：①落实能繁母猪补贴资金，增加对二元基础母猪的补贴，保护和提高能繁母猪的生产能力；②把生猪保险纳入农业政策性保险，落实到场到户；③建立生猪产业发展风险基金，强化财政资金扶持力度；④继续对生猪调出县（养猪场）给予适当奖励，奖励资金专项用于改善生猪生产条件；⑤充分利用国家鼓励规模养猪的投资补助政策，积极发展养猪生产合作社、养殖小区，重点发展一批年出栏 500 头以上的标准化规模化养殖场，逐步使散养所占比例从 70％下降到 40％、适度规模养殖比例由 30％上升到 60％。

5. 加强疫病防控体系建设主要内容包括：①以养猪场（小区）、大户、大村为重点，强化动物疫情监控，强力推行畜禽免疫标识和养殖档案制度；②加强对县、乡畜牧部门销售防疫疫苗和对养殖场（户）服务收费等方面的指导和管理；③实行防疫划片承包、责任到人，严防生猪蓝耳病等疫病的发生和蔓延；④基层畜牧兽医站防疫所需仪器设备投资由省、市、县三级财政按 4∶3∶3 比例逐年解决，力争三年内配齐。

6. 建立猪肉产需平衡会商制度　　建议陕西省政府建立由分管省长负责召集的猪肉产需平衡会商制度，依据农业和商务部门掌握的省级生猪生产监测预警预报，适时召开猪肉产需平衡会商会议，听取有关部门汇报，分析产销形势，研究确定猪肉产需平衡预警级别，决定启动应急方案和相关政策，协调猪肉产销环节，正确引导生产、消费和经营，稳

定市场供应。

本文是 2008 年 8 月 20 日完成的陕西省决策咨询委员会课题研究报告之一。课题主持人：史志诚；成员：郑双成、罗久序、李佩成、强文祥、薛引娥和刘炳武。这项研究课题获得 2008 年陕西省决策咨询委员会优秀建议三等奖。刊载于《决策咨询年刊》，2008 年，第 87 - 90 页。

农村改革开放三十年成就与展望

1978 年召开的中国共产党十一届三中全会，吹响了中国改革开放的号角。改革开放 30 年来，陕西和全国一样，改革从农村到城市，从集体土地由农户分散承包经营到社会主义新农村建设，农业和农村经济得到了持续、快速和全面的发展，取得了举世瞩目的成就。

一、十个 1 号文件四个重大突破

改革开放以来，中央发布了关于"三农"问题的十个 1 号文件。

中共中央在 1982—1986 年连续 5 年发布以农业、农村和农民为主题的中央 1 号文件，对农村改革和农业发展作出具体部署。时隔 18 年，中共中央总书记胡锦涛于 2003 年 12 月 30 日签署《中共中央 国务院关于促进农民增加收入若干政策的意见》。中央 1 号文件再次回归农业。2005 年 1 月 30 日，《中共中央 国务院关于进一步加强农村工作提高农业综合生产能力若干政策的意见》，即第七个 1 号文件公布。2006 年 2 月 21 日，新华社受权全文公布了以"建设社会主义新农村"为主题的 2006 年中央 1 号文件。2007 年 1 月 29 日，《中共中央 国务院关于积极发展现代农业扎实推进社会主义新农村建设的若干意见》下发。2008 年 1 月 30 日，《中共中央 国务院关于切实加强农业基础建设进一步促进农业发展农民增收的若干意见》下发。至 2008 年，中央在 21 世纪已连续出台了 5 个指导"三农"工作的中央 1 号文件。从中央 1 号文件中可以看出中央在农村改革和发展方面的政策轨迹，可以说在 4 个方面取得重大突破。

（1）突破高度集中的人民公社体制，实行了以家庭联产承包为基础、统分结合的双层经营体制，这是一个伟大的创举。是在中国共产党的领导下中国农民的伟大创造，是马克思主义农业合作化理论在我国实践中的新发展。

（2）突破"以粮为纲"的单一结构，发展多种经营和乡镇企业，全面活跃了农村经济。特别是取消统购统销制度，面向市场，搞活了农产品流通，引入市场机制，推进农村经济的繁荣。

（3）突破单一集体经济的所有制结构，形成了以集体经济为主体、多种经济组织共同发展的新格局。

（4）突破千年的"皇粮国税"，取消农业税和农业特产税。这不仅减轻了农民的负担，而且是具有伟大历史意义的重大转折。2000 年开始实施农村税费改革，取消农村"三提五统"，2004 年起开始逐步取消农业税的改革，2006 年农业税（含牧业税、农业特产税）在全国范围内取消，结束了中国 2 600 年的农业税收的历史，为促进"三农"问题的解决发挥了积极作用。取消农业税前，农民每年税收负担 500 亿元。2006 年取消农业税后，农民负担比 1999 年减轻约 1 000 亿元（每年），人均减负 120 元。

二、改革开放 30 年农村发生四个巨大变化

（一）主要农产品产量得到了大幅度增加

陕西省 2007 年与 1978 年相比，粮食产量由 835 万 t 增加到 1 194 万 t，增长 43%，粮食生产的稳定发展，为全省经济社会发展奠定了坚实的基础；肉类总产量由 14.2 万 t 增加到 96.3 万 t，增长 5.7 倍；奶类产量由 4.55 万 t 增加到 180.3 万 t，增长 38.6 倍；禽蛋产量由 2.37 万 t 增加到 53.7 万 t，增长 21.7 倍；水果总产量由 33 万 t 增加到 1 125 万 t，增长 33 倍；蔬菜总产量达到 1 022 万 t，是 1978 年的 2.44 倍。主要农产品产量的大幅度增加，有效解决了长期存在的农产品供应短缺问题，实现了市场供需基本平衡。

（二）农业生产技术条件得到提高

改革开放以来，从中央到地方都十分重视农业基础设施建设，通过大规模的农业商品基地建设、农业综合开发、大江大河治理等措施，大大改善了农业生产条件。目前，全国共建成水库 8.4 万座，总库容 4 800 亿 m^3。1997 年全国有效灌溉面积 5 123.9 万 hm^2，占全部耕地的 54%，其中 3 000 万 hm^2 成为旱涝保收的高产稳产田。全国节水灌溉面积已达 1 300 万 hm^2。

我国农业机械化水平不断提高，1997 年农业机械化总动力达 42 015.6 万 kW，农田大中型拖拉机达 68.91 万台，小型拖拉机达 1 048.48 万台，化肥施用量达 3 980.7 万 t，农村用电量达 1 980.1 亿 kW·h，全国耕种、播种、收获三个主要农业生产环节的机械化水平分别达到 60.6%、23.4% 和 14%，农机服务市场化、社会化进程明显加快。1997 年农业科技进步贡献率达到 40%。

（三）农村经济结构发生重大变化

过去"以粮为纲"的单一结构已被一二三产业全面发展的局面所取代。1997 年农村第一产业的产值比重为 24.4%，比 1973 年下降近 44.2 个百分点；第二、第三产业的比重达到 62.9% 和 12.7%，分别比 1978 年上升了 36.8 个和 7.4 个百分点。在第一产业中，农业的比重也不断下降，1997 年只占 56%，而畜牧业、渔业的比重上升到 31.5% 和 9.1%。产业布局也发生了明显变化，沿海及广大东部地区加工业发展迅速，西部地区的林果业等原料型农业取得稳步发展。与此同时，农村就业结构也逐步优化，1997 年农村 70.4% 的劳动力从事第一产业，比 1990 年下降了 9 个百分点；从事第二、第三产业的劳动力达 18.1% 和 11.5%，分别比 1990 年提高了 4 个百分点和 5 个百分点。农村内部结构也在趋于优化。

（四）农民生活由温饱向小康迈进

农民收入增加了。全国：1978 年农村居民人均收入 133.6 元；1994 年农村居民人均收入突破千元大关（1 221 元）；1996 年农村居民人均收入增长了 9%；2005 年农村居民人均收入突破 3 000 元，为 1978 年的 26.8 倍。陕西省：1978 年农村居民人均收入 134

元;1998 年农村居民人均收入 1 406 元(全国第 27 位);2005 年农村居民人均收入 2 080 元;2007 年农村居民人均收入达到 2 564 元,较 1978 年增加 2 430 元,增长了 18.2 倍。农民收入不断增加,农村面貌发生了实质性变化。在吃的方面,出现了在吃饱基础上吃好的趋势,表现为副食品份额上升、细粮消费比重提高到 83.3%、营养丰富的食物消费成倍增长 3 个变化。在穿的方面,消费趋于高档,人均购买成衣增长 65.8%。在住的方面,农村人均居住支出增长了 18.4 倍,户均住房面积由 8.1m² 增加到 22.5m²,砖木结构和钢筋混凝土结构的新房明显增多。农民购买耐用消费品数量成倍增加,质量趋于高档化。陕西农民人均纯收入和人均生活费支出成倍增长,反映消费结构和消费水平的恩格尔系数由 59% 下降到 39%,进入小康区间。

全国农村贫困人口从 1978 年的 2.5 亿下降到 2000 年的 2 148 万。

三、农村改革对我国社会经济发展的四个突出贡献

(一)为国家粮食安全做出贡献

1949—2006 年,中国人口增长了 1.4 倍多(从 1949 年的 5.4 亿增加到 2006 年的 13 亿)但农业的生产增长速度超过了人口增长,使食物的可获得性得到很大改善。1949 年粮食总产量 1 亿多 t,1978 年 4.9 亿 t,增产近 4 亿 t,年均增产 800 多万 t,1952 年人均粮食 288kg,1978 年为 319kg,1998 年达 400kg。粮食每亩单产量:1949 年 68.6kg,1998 年 300kg,增长了 3.4 倍。创造了用占世界 1/10 的耕地养活了占世界 1/5 人口的奇迹。20 世纪 90 年代中期,中国已成为粮食的净出口国。

陕西作为粮食供需平衡的省份,2004 年我们提出粮食安全的三项指标,即粮食播种面积在 5 100 万亩以上,年粮食总产量 110 亿 kg 以上,人均粮食占有量 300kg 以上。陕西省发展改革委员会对 2005—2007 年的结论是"粮食安全基本上是有保障的"。三年来陕西省粮食播种面积基本稳定在 5 100 万亩以上,粮食平均总产量 116.1 亿 kg,人均占有量 308kg。粮食自给率为 88.45%,粮食储备率 24.7%。

(二)农产品极大丰富

改革开放以来,我国农业生产年均发展速度达 6.7%,最快年份 1984 年达 12.3%,远远超出同期世界农业的平均发展水平。农产品大为丰富。1978 年以来,我国粮食生产稳步增长,总产量相继登上了 3.5 亿 t、4 亿 t、4.5 亿 t 3 个台阶,尤其是近 3 年来我国粮食连获丰收,1996 年还突破了 5 亿 t 大关,1997 年粮食总产量为 4.941 8 亿 t,仅次于大丰收的上年,成为历史上第二个高产年,从而改善了我国较长时期以来粮食供给不足的状况。

1997 年,棉花单产量创历史最高水平,总产量达到 460 万 t,比上年增产约 40 万 t,增长 9.5%;油菜籽产量达 958 万 t,增产 38 万 t,增长 4.1%;花生产量达 965 万 t;糖料生产继续回升,总产量达 9 386 万 t,比上年增加 1 026 万 t,增长 12.3%。

由于农业连年丰收,加上国家采取了增加进口和储备等宏观调控措施,主要农产品供求基本平衡,粮食供求关系明显改善。

(1)在总量平衡上,国家粮食储备达到历史最高水平,1997 年产量稳定在较高水平上,因而粮食供求总量平衡没有问题。

(2)在地区平衡上,1997 年东南沿海和西南地区缺粮省份粮食自给率有所提高,地

区平衡有所改善。

（3）在结构平衡上，作为主要口粮的小麦、稻谷从根本上改变了前几年供求平衡状况，玉米库存储备充足。棉花供应较为宽松。食用油虽有一定缺口，但仍可基本平衡。食糖储备充裕，供应有余。

（三）农业经济发展为推动国民经济高速增长和世界农业增长作出了重要贡献

农业经济的发展不仅改变了我国农业和农村经济长期处于国民经济短线的状态，还从供给和需求两个方面推动了整个国民经济的快速增长。1978—1988 年，国民收入年递增 9.22%，其中农村经济增长的贡献为 5.87 个百分点，所占份额为 63.7%。1996 年农业经济增长对国民经济 GDP 的贡献率为 10.7%。农业的发展还有利于治理通货膨胀并实现国家的宏观调控目标。1995 年起农业连续 3 年的丰收，使物价涨幅很快从 1994 年的 21.7%下降到 1995 年的 14.8%、1996 年的 6.1%和 1997 年的 0.8%。我国农业快速发展也促进了世界农业的发展。20 世纪 90 年代以来，在世界农产品增长中，我国占 1/3。1991 年以来，在世界粮食增产总量中，我国占 32%；在世界肉类增产总量中，我国占 80%以上（《社会主义建设理论与实践》）。

（四）农民为城镇化工业化作出贡献

全国：1952 年农村人口占 87.5%，1981 年农村人口占 79.84%，2000 年农村人口占 63.8%，2006 年农村人口占 56.1%。

四、农业和农村的发展面临四个新的挑战

（一）农业资源匮乏约束未来农业的发展

1. 耕地　全国耕地面积 15 亿亩，人均 1.2 亩，为世界平均水平的 1/3。陕西耕地面积 5 400 万亩，人均 1.4 亩。

2. 水资源　全国水资源总量 2.8 万亿 m^3，人均占总量 2 700m^3，只有全世界人均水平的 1/4。陕西水资源总量 445 亿 m^3，人均 1 280m^3，相当于世界的均值的 1/8、全国均值的 1/2，目前年缺水 23 亿 m^3。地表水、地下水开发利用率高，面临严重缺水。

（二）农民收入增长缓慢，城乡差距扩大

据报道，1997—2002 年的 6 年，我国农民收入增长未超过 5%，2005 年，全国城镇居民可支配收入突破万元大关（10 493 元），而农村人均收入 3 587 元，收入比 3.27：1。如果考虑到农民收入中 40%是实物折算，加上生产性开支需扣除、城市人口的隐形福利和补贴等因素，专家估计收入比为 6：1。陕西省 2007 年城镇居民可支配收入 10 763 元，列全国第 26 位，西部第 8 位，比全国人均收入 13 786 元低 3 023 元。农村人均纯收入 2 645 元，列全国第 28 位，西部第 9 位，比全国人均收入 4 140 元低 1 495 元。

（三）农民收入结构中，农民难以从农业中获益，制约了农民收入的增长

全国 1995—2000 年农民家庭收入占收入比重从 71.4%下降为 53.8%，而工资性收入占收入比重由 22.4%增加到 38.3%，一方面表明农民收入的多元化，另一方面反映了农业危机。

（四）政府公共财政取向限制农业自我发展能力

2005 年国家财政用于农业的支出达 2 450.31 亿元，是 1978 年的 16 倍，但农业支出

占财政支出的比重仅为 7.22%，比 1978 年的比重 13.43%还低。

五、展望未来农业现代化需要继续进行四项改革

30 年的改革虽然取得了辉煌成就，但是，我们距离农业现代化还很远。今后仍然面临改革，而且改革的复杂性和难度更大，需要勇气和智慧。

（一）今后改革的动力依然在农村

没有农村的小康，就没有全国的小康。针对 90%文盲在农村，50%文盲在西部的现实，要在全国农村实行免费义务教育。2008 年中央财政安排义务教育经费 2 235 亿元，比 2007 年增加 395 亿元。2006—2010 年中央财政将安排 100 亿元实施农村初中学校的改造。今后农村工作的重点和目标是培养有文化、懂技术、会经营的新型农民。

（二）集体林权制度改革是第三次"土地革命"

在集体耕地承包的基础上，继续推进陕西省集体林地和集体草地的承包，是进一步解放整个农村生产力的又一次重大改革，必将为社会主义新农村建设做出新的更大贡献。集体林权制度改革是解决当前林木产权不明晰，经营机制不灵活，利益分配不合理，林木不变现，流转、流通不畅，造林、育林、护林积极性不高等问题的重要途径，也是巩固退耕还林成果的根本措施。

（三）农业政策的核心目标应当是食品的供应安全

新农村建设中难点，依然是如何保证农产品供给数量上的安全，同时实现农民收入的显著增长。保护和发扬农民的生产积极性、开发农业新技术和促进农民的充分就业是新农村建设的重要任务。

（四）农民专业合作社的不断壮大和发展

农民专业合作社是我国农村改革开放、发展社会主义市场经济过程中涌现出来的新生事物，是广大农民在家庭承包经营基础上，对农村经营体制的创新，是新阶段党和政府指导农业和农村工作的重要抓手，为国家直接扶持农民找到了全新的载体，提供了崭新的渠道。农民专业合作社一方面能解决农民难以从农业中获益，农民收入增长受制约的问题；另一方面，也能解决农业企业与农户互动利益机制薄弱的问题。进一步完善宣传和实施农民专业合作社法对农村经济的发展具有历史意义和现实意义。

本文是 2009 年 9 月 25 日史志诚在陕西省老年科技教育者协会召开的国庆六十年成就座谈会上的发言。

新农村建设需要把握"四个结合"

2008 年和 2009 年的 8 月，我两次到榆林、神木、靖边调查现代农业和农民专业合作社的发展情况，收获很大。最近，看到榆林市决咨委"三农"组送来的《榆林市新农村建设存在的突出问题及建议》一文，感到在榆林市委、市政府的领导下，近几年来榆林市在新农村建设方面做了大量的工作，取得了一定的成绩，树立了一批搞得好的典型。

《榆林市新农村建设存在的突出问题及建议》中提到的突出问题是普遍存在的，几点建议也是有针对性的，借此机会就在榆林两次调查的体会谈一些建议，仅供参考。

一、新农村建设与城乡统筹发展相结合

（一）新农村建设与城乡统筹发展相结合

要坚持统筹城乡发展，用城镇化理念统领新农村建设。新农村建设不能就农村论农村，必须城乡统筹，统筹规划，规划先行。"生产发展、生活宽裕、乡风文明、村容整洁、管理民主"的20字新农村建设方针，是全面建设农村小康社会的奋斗目标，其内容涵盖了发展新产业、建设新村镇、构筑新设施、培育新农民、树立新风尚等新农村建设的各个方面。发展新产业，就是要打牢物质基础，千方百计增加农民收入，促进农民持续增收；建设新村镇，就是要改善农村人居环境，使农村的发展实现科学合理规划，缩小城乡差别；构筑新设施，就是要改善农村的生产、生活基础设施，包括清洁安全饮水、道路交通、电力、信息网络、医疗卫生体系及农业基础设施建设等；培育新农民，就是要加强基础教育和职业培训，推进农村科技体系建设等，造就"有文化、懂技术、会经营、守法纪、讲文明"的新型农民；树立新风尚，就是要加强和完善农村民主法制建设，创造和谐的发展环境，形成社会主义新风尚。近几年来，新农村建设和城镇化的实践告诉我们，推进新农村建设必须突显城镇化的重要地位，加快城镇化步伐必须实现新农村建设的总体要求，使之相互促进，统筹协调，有机结合，科学发展、协调发展和可持续发展。

新农村建设与城乡统筹发展的最终目标之一是缩小城乡居民收入差别。成都双流示范区城乡人均收入比达到2：1（2008年，全国城市15 781元，农民4 761元，3.31：1；陕西城市12 463元，农民3 100元，4.02：1；国际警戒线为3.9：1）。

（二）新农村建设规划要坚持因地制宜、突出重点和集中连片的原则

新农村建设不能搞平均主义，要把建设的重点放在具有较大发展潜力、对城乡经济社会一体化发展可以起到骨干支撑作用的大村大镇的发展上。可以优先考虑在"城中村"改造区；人口在5万人以上、城市化水平在50％以上的大镇；人口在3 000人以上、农民人均收入稳定在5 000元以上的大村；农业主导产业明显发展前景看好的村镇；整体搬迁的贫困村；工业园区周边征地较多的地区，进行新农村建设规划。

（三）新农村建设与城乡统筹发展需注意"六个对接"

1. 规划对接 包括城镇规划、产业规划和小集镇、中心村规划。

2. 产业对接 产业是新农村和城镇化发展的源泉和动力，拓展产业是调整农村结构，建设新农村的基本要求，也是城镇化的基本条件。新农村建设和城镇化都离不开产业的拓展、产业的调整、产业的提升、产业的延伸、产业的支撑和产业的对接。离开城乡产业结合的基础，无论新农村建设还是城镇化都无从谈起。

3. 基础设施建设对接 城乡水源、道路、电网、绿化等基础设施建设以及垃圾、污水处理，都必须有统一的规划和对接。

4. 政策对接 政策导向、政策牵引的作用十分重要。要注重土地集约经营、开发利用政策的一致性；城乡公共设施建设资金投入政策的一致性；城、镇、村管理方式、综合

服务配套政策的一致性;农民居民户籍管理同等待遇的一致性;外引内转的优惠同等政策的一致性。

5. 环境治理与社会事业建设对接 坚持把加强农村环境建设、社会事业建设贯穿于新农村建设之中。积极引导工业向规划区集中,走集约、集群发展道路。以工业化作为城乡发展的基本推动力量,带动城镇和二三产业发展,创造转移农村富余劳动力的条件;农民居住向新型社区和城镇集中,聚集人气和创造商机,农村富余劳动力向二三产业转移,为土地规模经营创造条件;农业用地向适度规模经营集中,进一步转变农业生产方式,推动现代农业发展

6. 党政工作部署对接 实行统一领导、统一组织、统一协调、统一推进。切实改变两个班子各搞各的状况。从组织机构、领导力量、措施途径上搞好结合,统筹各方,形成强大的工作合力,推动新农村建设。

二、新农村建设与完善农村基本经营制度相结合

(一)新农村建设必须有一个好的体制机制基础,就是进一步完善农村基本经营制度

我国在完善农村基本经营制度方面做过三次重大的调整。第一次是土地改革,使耕者有其田。第二次是家庭联产承包责任制,使耕者有其权。它激发了广大农民的生产积极性,使生产力大大提高,这是党在农村政策的基石。第三次是发展农民专业合作社,使耕者有其利,是对生产关系的重大调整。农民专业合作社是引领农民参与国内外市场竞争的现代农业经营组织,是在市场经济条件下农村规模经营主体,也是发展现代农业的组织基础。我国60%多的人口在农村,70%的农民收入在农民人均收入水平以下。面对这么一个庞大的低收入群体,要真正解决他们生产生活的问题,根本之计是帮助他们联合起来,在政府的扶持下发展农民专业合作社,自我服务、自我救助和自我发展,实现全面小康,建设和谐社会,促进经济的可持续发展。

(二)农民专业合作社作为新的农村基本经营制度开始崛起

农民专业合作社的崛起有效地完善了农村双层经营体制,使农村经济形成多元化新格局,极大地活跃了农村市场,调动了农民生产的积极性。特别令人鼓舞的是,农村中除了集体经济组织、农民专业协会(在民政主管部门登记的社团组织法人)、专业大户外,又出现了一批在工商主管部门登记的合作社法人,他们在农村市场和社会经济发展中显示明显的法律地位,在农产品交易活动中处于主动地位。据陕西省工商局2009年6月底统计,全省在工商主管部门登记的农民专业合作社4 918户。各市(区)发展排序是:渭南1 655户、西安736户、宝鸡488户、延安460户、榆林374户、铜川308户、咸阳300户、商洛244户、安康177户、杨凌92户、汉中84户。我们在调查的360个农民专业合作社中,有企业、事业单位参加的占1/4;理事长中现任村党支部书记或村委会主任的占1/3;有出外打工经历的占3/4;合作社有计算机并能够上网的占1/4。尽管如此,与其他省份相比,从数量、规模和专业上看,陕西省农民专业合作社发展还是比较慢,在一定意义上影响了农业产业化经营的进程。为此,建议在粮食、果业、蔬菜、畜牧业基地,"一村一品"和农业专业化生产搞得好的地方,加快发展农民专业合作社,形成"龙头企业+农民专业合作社""一村一品、一品一社、一社一业"新的产供销

一体化的新经营格局。

（三）建立农民专业合作社可使农民收入增加20%

农民专业合作社推动了农业生产结构的调整和农业产业体系的形成。四妹子小杂粮、巨鹰红枣、万丰泉蔬菜等一批具有品牌的农产品进入北京、广东、上海、山东等省份的超市和日本、韩国，增强了农民进入国内国际农产品市场的信心。陕西省和其他省份发展农民专业合作社的经验表明，建立农民专业合作社可使农民收入增加20%～25%。在靖边县调查了三个农民专业合作社，入社农户年收入普遍比非入社农户高出20%以上。

三、新农村建设与农村产权制度改革相结合

（一）农村改革的核心仍然是土地问题，关键是确权发证

十七届三中全会通过的决议指出："搞好农村土地确权、登记、颁证工作。完善土地承包经营权权能，依法保障农民对承包土地的占有、使用、收益等权利。"深入学习和宣传党的十七届三中全会决定，正确理解土地承包经营权流转政策，加强土地经营权流转问题的研究，在集体耕地承包的基础上，继续推进集体林地和集体草地的承包，这是进一步解放整个农村生产力的又一次重大改革，必将为新农村建设作出新的更大贡献。

确权发证，就是要把土地、林地、草地、房屋这些本本发到村民手里。能否让农民手中"五证（即《农村土地承包经营权证》《集体土地使用权证》《草地承包经营权证》《房屋所有权证》和《林权证》）齐全"？这正是新农村建设中绝对不能回避的一个重要问题。相信各级党政干部在贯彻《农村土地承包法》《草原法》《物权法》和林权制度改革政策的过程中有智慧、有能力为农民办好这件事。

集体林权制度改革是解决当前林木产权不明晰，经营机制不灵活，利益分配不合理，林木不变现，流转、流通不畅，造林、育林、护林积极性不高等问题的重要途径，也是巩固退耕还林成果的根本措施。

（二）激活农村土地、劳动力和资金要素市场

新农村建设单靠政府投入不够，而且远远不够。城市化的成本高得惊人。根据计算：平均一个人的城市化成本在10万～15万。因此，新农村建设需要寻找新的市场动力。农民有没有资产，有没有承担这个成本的条件？成都示范区的经验表明，确权发证可以让农村、农民进入市场。农村市场化的两个引擎，一个是成立现代农业发展投资公司；一个是成立小城镇投资公司，用政府的有限的启动资金撬动金融及社会各方面的资金投向现代农业和农村基础设施。农业投资公司把过去政府对农业的投入方式做了一个市场化的变革。政府每年直接给每个公司注资，公司将这笔钱拿到农发行去贷款，然后以参股、贴息、补助等各种方式投入农业，使政府支农资金达到10倍以上的放大。陕西省能否仿行，需要试点。

（三）进行产权交易需要做好准备工作

如果成都示范区的经验试点成功，就可以成立农村产权交易所，进行产权交易。开展农村集体土地和房屋确权登记、推动土地承包经营流转、推动农村建设用地使用权流转和开展农村房屋产权使用权流转。当前要做好两方面的准备工作。一是土地的确权发证工

作。即完善承包耕地的使用权证、发放承包集体林地的使用权证和承包集体草地的使用权证;二是建立土地经营权流转的中介组织和仲裁机构。

四、新农村建设与发展现代农业相结合

(一)榆林市具备发展现代农业的基础,可以先走一步

新农村建设的第一要务是发展生产,满足全社会对粮食和各种农产品的需求。在农村人口逐年减少的新形势下,生产粮食和各种农产品必须摆脱传统的生产方式,而要采取现代生产方式,努力发展现代农业。要根据当地的实际情况拓展主导产业、提升主导产业、延伸产业链条并与市场对接。改革开放以来,榆林市农业农村发生了历史性变化,农业综合生产能力显著提高,农业科技取得了重大进步,农业和农村经济结构不断优化,农业在 GDP 中的比重下降,工业化程度显著提高,农民收入不断增加,财政具备"以工业哺农"的能力。特别是榆林市的北六县发展现代农业有望走在全省的前头,靖边、神木县已经跃入全国百强县,为发展现代农业奠定了坚实的基础,可以先行一步。

(二)因地制宜选择发展现代农业的适当模式

国际上由于地区不同、经济发展水平不同、制度不同,模式也各异,但是总有一般性的规律。目前有三种模式:一是北美模式,一般人均土地 $1hm^2$（15 亩）,农村劳动力占总人口 3% 以内,所以有大片农场,属于以机械替代劳动,规模化生产;二是欧洲模式,人均耕地面积 $0.5hm^2$（7~8 亩）,是生物技术和机械技术并用;三是亚洲模式,包括日本、韩国等。根据榆林市的实际情况可以考虑采取以下模式。

1. 实行规模化企业经营 像靖边县高海则马铃薯基地那样,将耕地出租给大的企业,进行现代化生产。

2. 建立"农户＋农民专业合作社＋龙头企业"的产业化经营模式 通过合作社,把农户和龙头企业联结起来,实行产加销一体化经营,形成利益共同体。这种模式与"公司＋农户"是有区别的。该模式双方结成利益共同体,农民生产的产品不仅得到可靠的销路,而且可以得到加工销售的利润,比较符合中国的国情,是很值得倡导的形式。"公司＋农户"也有作用,但与农户还没有结成利益共同体。相信在农民专业合作社基础上形成的产业化经营,将会成为我国农村重要的乃至主要的经营体制。

3. 发展家庭农场 目前农村土地流转率只有 5% 左右,在土地流转率达 50% 以上,形成相当规模的情况下,发展家庭农场是可取的。

(三)发展现代农业需要做好规划和策划

(1)考虑结合区位优势,发挥区域比较优势,形成支柱产业,做大做强才有竞争优势,形成有特色的现代农业产业集群。

(2)围绕特色产业通过科技创新,提高农产品科技含量,通过加工、包装提高农产品附加值。

(3)建立政府财政支持现代农业建设的长效机制。

(4)探索农村金融支持现代农业的新方式。

(5)改善主采区生态环境,实现标准化生产,品牌化经营,完善产业链上的食品

质量安全管理。

(6) 建立农产品物流市场体系，开展农产品期货交易，普遍推行"农超对接"。

(7) 制定促进现代农业发展的产业政策和相关法规。

(8) 提高农民科技文化素质，创新农民专业合作社职业教育和继续教育制度。

本文是史志诚同志作为榆林市决策咨询特邀顾问于 2008 年和 2009 年两次到榆林、神木、靖边县调查现代农业和农民专业合作社的发展情况之后，撰写的一篇建议，并于 2009 年 9 月 18 日发给榆林市委、市政府决策咨询委员会办公室。

促进现代农业产业发展方式转变的八点建议

2010 年中央 1 号文件对未来农村改革和发展指明了方向。2010 年又是制定《"十二五"规划》的关键年。2020 年将是《关中—天水经济区规划》（以下简称《规划》）实现宏伟目标的时间点。根据《规划》的要求，未来 10 年，咸阳市农村改革发展和现代农业发展走向如何？现代农业产业发展方式如何转变？将会遇到哪些问题？如何解决这些问题？《规划》为咸阳市现代农业发展带来哪些机遇？这些都需要有一个前瞻性的考虑和预测。为此提出以下建议，仅供参考。

一、率先完成农村集体土地的确权发证，为新农村建设和现代农业发展奠定稳定的政策基础

农村改革的核心仍然是土地问题，关键是确权发证。十七届三中全会通过的《中共中央关于推进农村改革发展若干重大问题的决定》指出："搞好农村土地确权、登记、颁证工作。完善土地承包经营权权能，依法保障农民对承包土地的占有、使用、收益等权利。"2010 年中央 1 号文件要求三年完成农村集体土地的确权发证，做到承包地块、面积、合同、证书"四到户"。确权发证，就是要把集体耕地、林地、草地的承包证和宅基地的所有权证这些证发到村民手里，让农民手中"四证齐全"，即《农村土地承包经营权证》《林权证》《草地承包经营权证》和《房屋所有权证》。确权发证是新农村建设中绝对不能回避的一个重要问题，也是新农村建设和现代农业发展的基础性工作。相信各级党政干部在贯彻《农村土地承包法》《草原法》《物权法》和林权制度改革政策的过程中有智慧、有能力为农民办好这件事。

二、大力扶持农民专业合作社，为转变经济发展方式和发展现代农业奠定组织基础

农民专业合作社是市场经济的经营主体之一。陕西省全省农民专业合作社正处在起步发展阶段。据陕西省工商局统计，2009 年 6 月底全省已有登记注册的农民专业合作社 5 472 个（其中咸阳市 300 个），入社成员 55 163 户，出资总额 29.6 亿元。农民专业合作社作为新的市场经营主体正在各地崛起，一批新的专业合作社法人开始成长。当前存在的

主要问题是发展慢、数量少、规模小和层次低。距离"一村一社"的发展目标差距很大。入社农户仅占全省农户总数的 0.78%(全国为 3%),平均每个合作社只有 10 户农民(全国为 158 户)。不少农民专业合作社管理制度不健全,操作运行不规范,生产经营能力差,与入社农户联系不紧密。产生这些问题的主要原因如下。

(1)相当一些地方的党政领导和涉农部门对农民专业合作社的法律地位、基本性质和主要功能认识不清,有的甚至把它混同于 20 世纪 50—60 年代的农业合作化,持怀疑观望态度,未能按照中央要求以积极态度予以扶持和推动。

(2)按照法律规定,农民专业合作社应由县级以上农业行政主管部门负责指导、扶持和服务,但农业行政主管部门缺乏协调手段,领导小组未建立有效的会商制度,没有发挥有效的推进作用。

(3)缺少能人领办和参与管理。按照法律规定非农民成员依法加入的比例要占到20%,陕西省仅占 2.2%。

(4)发展资金短缺。由于自筹股金少,自有资产又无法评估抵押,很难得到金融部门的信贷支持,合作社普遍存在资金困难,这严重制约着合作经营活动的开展和发展壮大。

因此建议鼓励人才加盟,为专业合作社注入活力。具体措施如下。

(1)鼓励企业、事业单位和社团组织依法加入农民专业合作社。

(2)鼓励退休干部、科技人员、农艺师、经济师、工程师、会计师等非农民成员依法加入农民专业合作社。

(3)鼓励乡镇农技推广站、畜牧兽医站、经营管理站的技术人员应聘到农民专业合作社工作。

(4)鼓励大学生村官担任、兼任合作社理事长助理。既可以使大学生在为合作社工作中锻炼才干、增加农业农村工作经验、与广大农民密切联系,又可以解决合作社的人才问题。有利于使大学生村官在农村扎下根,真正成为新农村建设和农民致富的带头人。

(5)鼓励大中专毕业生到农民专业合作社工作,由县级人力资源和社会保障部门为其保管人事档案、办理集体户口和代缴社会保险等,其工作年限可连续计算工龄。

(6)派科技服务组入驻农民专业合作社,帮助合作社建基地、办实体和创品牌。财政、金融、科技等部门扶持农业发展的项目和资金,应优先向品牌合作社倾斜,扶持品牌合作社在城市、城镇建立连锁店。对具有一定规模的出口型品牌合作社,应赋予进出口经营权。

三、现代农业产业规划需要转变经济发展方式

应深刻理解 2010 年中央 1 号文件和中央经济工作会议强调转变经济发展方式的重大意义。转变现代农业产业发展方式,要汲取过去的经验教训。

(1)在县域经济发展规划中,缺乏第一产农业生产、第二产农产品加工业与第三产农产品流通业的统一性。要么有第一产农业生产发展规划,缺乏第二产农产品加工业规划,农民以出售原料为主,不能加工增值,县财政也不能获得税收;要么招商引资多个同一农产品加工企业,造成加工能力超过生产能力,原料与加工能力的矛盾突出,企业之间争原料,效益低下,不能完成税收任务,结果事倍功半。

（2）在产业组织方面单一的"公司＋农户"形式，造成法人地位不均等，利益分配的不均等，很难形成利益共同体。

（3）在流通环节上由于缺乏农产品批发市场，未能形成联络省内外、国内外产品市场，信息不灵，往往出现买难、卖难现象交互发生。

因此，根据以上原因，建议如下。

（1）在县域经济发展规划中，一定要考虑第一产农业生产、第二产农产品加工业与第三产农产品流通业的协调发展。

（2）农业产业规划要涉及从田间到餐桌全环节，组成一体化农业产业，形成一个产业链条，使农业产业成为产前—产中—产后密切相关联的产业。产业集团要以现代科技、现代装备、现代管理技术和现代经营理念为支撑，通过市场机制，把产供销、贸工农相结合，形成由现代知识型农民和现代企业家共同经营的一体化多功能的产业。

（3）现代农业产业建设应该是以合作制为基础的高度组织化产业。由传统的经验性农业生产转向既懂科学，又擅于管理和经营的现代农业生产。

（4）农业是生产、生活、生态三生农业，在大都市的近郊区，能发展观光休闲体验农业。

（5）全面推进农业产业化经营，加强农产品流通体系建设，完善和升级改造农产品批发、交易市场。

（6）完善农产品质量安全标准体系。加强农业投入品监管，全面完善农产品质量安全检测体系和监督检查制度，建立农产品产地标识管理和可追溯制度。

（7）开辟农产品加工园区，与有污染的工业园区分开，防止污染事件的发生，同时也能保障农产品质量安全。

四、整合农业科技力量，实施《都市农业科技创新工程》

按照《规划》要求，2020年将建成西安（咸阳）国际大都市，人口达到1 000万。在城市消费人口逐步增长、耕地不断减少的新形势下，为确保优质农产品对国际大都市的供给，必须依靠农业科技创新来提高农产品产量及保障其质量。目前，富平农业特色产业科技园区已列入陕西省"13115"科技创新工程重点科技产业园区计划，获陕西省资助资金200万元。为此建议，整合农业科技力量，实施《都市农业科技创新工程》，全面提升科技对现代农业发展的核心引领和支撑能力，实现农业优质高效。

实施《都市农业科技创新工程》的重点是良种培育，应加快农业生物育种创新和推广应用体系建设。尽快实施转基因生物新品种培育科技重大专项，抓紧开发具有重要应用价值和自主知识产权的功能基因和生物新品种，在科学评估、依法管理基础上，推进转基因新品种产业化。与此同时，逐步建立起粮食优质高产、农业资源高效利用、农产品加工、食品安全生产、农业减灾防灾和农村综合科技服务体系。

在咸阳市农业科学研究所的基础上，面向未来都市型现代农业发展，组建咸阳市现代农业研究中心。联合西安、杨凌的农业科技力量，开展科技合作，发展产学研联盟，把解决都市型现代农业和新农村建设中关键技术问题作为主要任务，为西安（咸阳）国际大都市现代化农业提供技术支撑。研究中心要建设一支高水平、自主创新能力强的科研队伍，办成集农化科研、科技开发、农技推广与培训一体的公益型综合性农业研究机构。在科学管理、开展国内外合作研究和国际交流方面，走在全国大都市的前列。

五、在陕西省率先成立咸阳市兽医协会

2009年10月28日，中国兽医协会在北京成立。时任国务院副总理回良玉专门发了贺信，时任农业部副部长高鸿宾到会并做重要讲话，指出兽医体制改革的方向是执法与服务的分离。政府管理官方兽医，协会管理执业兽医。监督和重大动物疫病的扑灭属于政府行为；技术服务与推广工作、临床诊疗服务等则应在政府的统一管理下交由专门的行业组织管理，从而形成官方兽医和执业兽医两支队伍。

咸阳市、县两级约有10多个兽医院，乡镇和大村约有100多个兽医门诊部和宠物医院，从业兽医约200多人。他们在防控口蹄疫、狂犬病、禽流感等重大疫病方面，在保护畜牧业健康发展、确保食品安全、维护公共卫生和社会稳定等方面作出了不可磨灭的贡献。但是，兽医执业也不够规范，绝大多数从业兽医没有通过国家考试，没有兽医执业资格，诊断治疗水平参差不齐；缺乏必要的兽医执业人员的继续教育制度，特别是由于缺乏行业组织，大学和中专兽医专业毕业生得不到及时安置，影响农村基层兽医和城市宠物医院医疗水平的提高。

按照国务院《关于推进兽医管理体制改革的若干意见》（国发〔2005〕15号）、陕西省政府办公厅《关于加快推进行业协会商会改革和发展的实施意见》（陕政办发〔2009〕12号），建议实行政会分开，执法与服务分离，可在陕西省率先成立咸阳市兽医协会。

市兽医协会是行业性、非营利性的社会组织，担负着政府部门和兽医工作者之间的桥梁和纽带作用，将承担执业兽医的行业管理、服务、协调、维权、自律和指导等职能。市兽医协会应经市政府农业和畜牧主管部门批准，负责对全市兽医行业的发展动态和趋势进行调查研究；研究制定兽医执业规范，建立兽医考核体系，审查、认证兽医执业资格；监督检查兽医执业情况；参与制定行业法规、标准、修订和宣传贯彻工作；组织制定动物卫生福利、兽医用品用具、动物保险、动物标识等行业技术标准，规范和推动动物卫生服务与福利工作；表彰奖励在工作中做出突出贡献的兽医以及优秀的协会工作人员。

财政部门按照陕西省政府办公厅《关于加快推进行业协会商会改革和发展的实施意见》（陕政办发〔2009〕12号）建立政府购买行业协会服务机制，对行业协会受政府委托开展的业务活动或提供的服务，支付相应费用，所需资金纳入财政预算管理。并对购买服务资金使用效果定期进行检查和评价。

六、改革中等职业教育

2010年中央1号文件强调"大力发展中等职业教育，继续推进农村中等职业教育免费进程"。陕西省中等农业学校大多数已经转并到高级职业技术学校，原有农学、林学、园艺等专业的招生都已经停止，致使小学毕业回乡和初中毕业没有上高中和高职的农民子弟，失去得到职业教育的机会。加之文化水平较低的农民专业合作社的社员也有学习的愿

望。因此，建议将咸阳市农业中专学校更名为"农工商职业技术学校"，开设农业、工业和商业方面的中、短期的专修班和培训班，为提高农村教育水平作出新的贡献。

七、新农村建设规划需要把握"四个结合"

在新农村建设方面，咸阳市已经做了大量工作，取得卓有成效的成果。但在建设新农村的规划和实施中还应当注意解决好"四个结合"。

（一）新农村建设与城乡统筹发展相结合

要坚持统筹城乡发展，用城镇化理念统领新农村建设。新农村建设不能就农村论农村，必须城乡统筹，统筹规划，规划先行。新农村建设与城乡统筹发展的最终目标之一是缩小城乡居民收入差别。新农村建设不能搞平均主义，要把建设的重点放在具有较大发展潜力、对城乡经济社会一体化发展可以起到骨干支撑作用的大村大镇的发展上。可以优先考虑在"城中村"改造区，人口在 5 万人以上、城市化水平在 50% 以上的大镇，人口在 3 000 人以上、农民人均收入稳定在 5 000 元以上的大村，农业主导产业发展明显前景看好的村镇，整体搬迁贫困村及工业园区周边征地较多的地区，进行新农村建设规划。

（二）新农村建设与完善农村基本经营制度相结合

我国在完善农村基本经营制度方面做过三次重大的调整。第一次是土地改革，使耕者有其田。第二次是家庭联产承包责任制，使耕者有其权，它激发了广大农民的生产积极性，生产力大大提高，是党在农村政策的基石。第三次是发展农民专业合作社，使耕者有其利，是对生产关系的重大调整。农民专业合作社是引领农民参与国内外市场竞争的现代农业经营组织，是在市场经济条件下农村规模经营主体，也是发展现代农业的组织基础。各地的经验表明建立农民专业合作社可使农民收入增加 20%。

（三）新农村建设与农村产权制度改革相结合

新农村建设单靠政府投入不够，而且远远不够。成都示范区的经验表明，确权发证可以让农村、农民进入市场，同时，应成立农村产权交易所，建立土地经营权流转的中介组织和仲裁机构，为土地流转和产权交易做好准备。

（四）新农村建设与发展现代农业相结合

具备发展现代农业基础县乡要建立"农户＋农民专业合作社＋龙头企业"的产业化经营模式。通过合作社，把农户和龙头企业联结起来，实行产加销一体化经营，形成利益共同体。同时，发展家庭农场。目前农村土地流转率只有 5% 左右，当土地流转率达 50% 以上，形成相当规模的情况时，发展家庭农场是可取的。

八、适时召开城乡统筹示范论坛

《关中—天水经济区发展规划》中确定建设九个城乡统筹示范区，其中陕西省城乡统筹示范区八个，涉及咸阳市的有三个（即杨凌—武功—扶风、彬县—长武—旬邑、礼泉—乾县城乡统筹重点示范区）。目前城乡统筹示范区都在等待规划，如何先行一步，正是我们首先关注的问题之一。在西安（咸阳）一体化两个新区建设已经启动的新形势下，城乡统筹示范区的建设已经刻不容缓。为此建议，咸阳市主动发起，适时召开城乡统筹示范论坛，召集省内外专家学者百余人，云集咸阳，纵论城乡统筹示范议题，一方面为城乡统筹示范区规划做理论准备，另一方面，借此机会提升咸阳市的知名度。

本文是史志诚同志作为咸阳市决策咨询特邀顾问撰写的一篇建议，于 2010 年 10 月发给咸阳市委、市政府决策咨询委员会办公室。

推进农村产业扶贫开发工作的几点建议

我国扶贫工作经历了从救济式扶贫到开发式扶贫，扶贫方式从直接救济贫困人口，到项目扶贫，再到产业扶贫的不断完善的过程。

从各地帮扶举措来看，有产业扶贫、就业扶贫和易地扶贫搬迁等多种脱贫行动。综观扶贫工作中的各种举措，以农村产业扶贫效果为优，不仅推动了农村的农业产业化经营，有利于激发贫困人口的内生动力和提高贫困人口的获得感，而且逐步形成了稳定脱贫的长效机制，为农村奔小康奠定了基础。

目前，扶贫开发工作取得很大的成绩，但路子也很艰难，同时也遇到一些新的问题。然而，值得指出的是，农村产业扶贫是一个渐进的过程，受诸多因素的制约，只有因势利导才能够实现农村产业扶贫的顺利开展并取得实效。为此，就推进农村产业扶贫开发工作，以"企社加盟"引领扶贫开发，并建立长效机制，提出一些建议，以供从事扶贫工作的同行参考。

一、提高对《中国农村扶贫开发纲要》的认识

为进一步加快贫困地区的发展，促进共同富裕，实现到 2020 年全面建成小康社会奋斗目标，中共中央、国务院印发《中国农村扶贫开发纲要（2011—2020）》（以下简称《纲要》）。《纲要》指出，扶贫开发是一项长期历史任务。对扶贫开发的工作制定了政府主导、分级负责，突出重点、分类指导，部门协作、合力推进，自力更生、艰苦奋斗，社会帮扶、共同致富，统筹兼顾、科学发展和改革创新、扩大开放七项原则，要求适应社会主义市场经济要求，创新扶贫工作机制，积极探索开放式扶贫新途径。

因此，必须认识到，要推动我国贫困地区的经济社会发展，必须就地扶贫，不能单一地只搞大规模的移民搬迁，而是因地制宜采取多种扶贫方式。《纲要》中扶贫标准确定为年收入低于 2 300 元，所以各地不必要随意提高标准，不应当以提高标准为目的向国家要更多的扶贫资金，要与国家标准一致，不能让基层干部、群众在扶贫标准上感到很乱。贫困人口、贫困村的数量要调查清楚，对无劳动能力的农民解决社会保障问题，把有劳动能力的农民组织起来自行扶贫。各级干部必须学习农业产业化经营的理念，组织有带动能力的农民专业合作社，与农产品加工、销售的企业依法加盟，走出一条兴产业、增收入和富农村的长效脱贫致富的新路子。

二、着力解决扶贫开发工作中的突出问题

从 2011 年开展产业扶贫示范工程以来，有关部门和科研院校对产业扶贫的深入研究

显得薄弱，有的地方对农村贫困人口的形成及其类别调查分析不够，对培育农村市场主体重视不够，对农业产业化经营扶贫机制的认识比较模糊，扶持龙头企业和农民专业合作社的力度不够，尚缺乏科学规划和技术指导。

当前，农村产业扶贫方面存在的突出问题有以下几个。

（一）过分依赖政府主导批项目拨款，忽视了社会主义市场主体的创建

在一些乡村，对农村市场经济的主体就是龙头企业和农民专业合作社这一点，许多人尚不够明确。特别是一部分扶贫干部没有学习《农民专业合作社法》，不知道农民专业合作社是在地方工商管理部门登记的企业，更不知道农民专业合作社不要求注册资金、登记免费和产品销售免税。许多贫困乡村既无农业企业，也没有组建农民专业合作社，项目的实施和扶贫经费使用效果很差。

（二）对已经创建的市场主体的企业和合作社缺乏因地制宜的指导和引导

一些地方的规划、计划只是强调建立合作社，而没有扎扎实实地将产业发展起来，生产与销售不畅。多数合作社规模小，盈利能力差，造成合作社对扶贫工作有心无力。合作社在提升带动扶贫能力过程中，遇到了资金短缺的瓶颈，仅依靠扶贫专项资金难以满足需求。

（三）侧重于政府主管部门负责制，忽视了各部门之间的协调

多数地方形成主管农业、林业、畜牧业和果业的部门派员下乡扶贫，而相关的发展和改革委员会、财政、教育、科技、卫生等相关部门很少介入的不够协调的被动局面。

（四）信息获取有障碍

农业产业市场信息宏观的多、微观的少；对市场进行前瞻性预测、综合分析的少；盲目生产多，订单生产少。贫困户往往缺乏获取信息的工具和能力。

（五）技术服务不到位

贫困农民缺技术，大多只能从事低水平、小规模的小农经济。基层农技服务和经营管理培训不够到位，技术指导的力度和经营管理知识的普及与实际需要都有较大差距。

三、对推进扶贫开发工作的几点建议

（一）深刻认识农村产业扶贫的重大意义

产业扶贫是以市场为导向，以经济效益为中心，以产业发展为杠杆的扶贫开发过程，是促进贫困地区发展、增加贫困农户收入的有效途径，是扶贫开发的重点和主要任务。产业扶贫就是在贫困地区创建市场主体，培育主导产业，建立农产品基地，并通过订单农业等多种手段带动贫困农民调整结构、增加收入的一种农业产业化经营方式。由此可见，产业扶贫是一种内生发展机制，不仅能够促进贫困地区的发展，而且能够阻断贫困发生的动因。与此同时，产业扶贫还能发挥扶贫龙头企业带动贫困农民调整结构、容纳贫困地区劳动力就业及增加贫困农户收入的作用，有利于解决贫困地区财政困难。

扶贫工作的实践表明，发展一个产业、带动一方经济、富裕一方百姓。没有产业带动，就难以彻底脱贫；缺乏产业支撑，更难以持续脱贫。

（二）着力培育农村社会主义市场主体

扶贫开发工作需要通过组建农村市场主体来实现总体带动。农村市场主体包括农业企业、农民专业合作社和相关的个体工商户。农民专业合作社是《农民专业合作社法》于2007年7月1日正式实施后出现的新型农村市场主体。近期扶贫工作的实践表明,农民专业合作社是带动贫困户脱贫的主要载体。为此,建议省、市、区县组织一个"千人扶贫工程",即拿出一个亿的资金,组织一千人(包括扶贫办人员、村干部、党政干部、退休干部、村党支部书记、村委会主任等),每人带10万元资金,到一千个贫困村协助创办农民专业合作社。贫困村应当全部组建合作社,吸纳贫困户加入合作社发展产业,通过产业增收带动贫困户脱贫。吸纳建档立卡的贫困户入社,达到每个有劳动能力并适宜在当地发展的农村贫困户加入1个合作社的目标。扶贫工作的主管部门应有一个指挥机构,让这一千人去贫困村协办、领办和督办,也可以办农业、办工业和办商业,合作社在其中的关键作用在于组织、流通和经营。以人为本,贫富一齐带动,实现整村脱贫。

对已经注册的农民专业合作社要加强规范建设,从健全完善内部治理结构、民主管理、财务制度和利益分配入手,建立健全理事会、监事会和社员大会"三会"议事制度、财务管理制度、财务公开制度、社务公开制度和利益分配制度,促进其规范健康发展。

(三)以"企社加盟"引领扶贫开发,通过产业开发进行总体带动

农村产业开发和产业链的形成关键在于"企社加盟",要以龙头企业带动,实行依法加盟。合作社的董事长必须是农民,企业家可以聘任为合作社的总经理。这种模式有三种类型。一是由农民专业合作社自办加工、办企业、办超市等自生形式的产销一体化的企社加盟;二是城市中的企业、超市与农村的农民专业合作社依法加盟的拓展型企社加盟;三是混合型企社加盟,也就是以上两种的综合。

此外,还必须加强商会、行业协会的发展,把政府的经营管理权逐步交给商会和行业协会,实行经营管理权的政府退出机制,政府负责对其监管和审批。

(四)加强农业科技创新和经营管理知识与农业法律法规的培训

农业科技创新的关键是要有特色,要经过深入细致的调查研究、论证,使其形成一个项目、一种产业,并能够大范围带动贫困人口脱贫致富。经营管理培训的重点在于降低管理成本、拉长产业链、增加科技含量和强化生产经营能力。一些县乡组织的"一村一品"产业扶贫特色种养业技术服务组的技术服务人员,深入贫困村、贫困户上门指导,从品种选择、防疫治病、施肥喷药及整枝打杈等方面提供"保姆式"服务的经验值得推广。在农业法律法规的培训方面,建议扶贫干部和相关的工作者,应当首先组织农户学习《农民专业合作社法》,按照既定程序组织申报。董事长和社员一定要明确合作社是在当地工商部门注册的市场主体之一,与公司、企业一样,是能够经营合作社生产产品的企业。与公司、企业不同的是"一无三免",即无须注册资本、注册登记免费、产品销售免税和免年检,这是法律赋予农民的优惠政策。此外,在信息服务方面,要帮助龙头企业、合作社和贫困村建好网络平台,培训网络人员,用新的销售理念和销售模式解决贫困村特色产品销售难的问题。

(五)动员企业和社会各界参与扶贫

大力倡导企业的社会责任,鼓励企业采取多种方式,推进乡村集体经济发展和农民增收。加强规划引导,鼓励社会组织和个人通过多种方式参与扶贫开发。积极倡导扶贫志愿

者行动，构建扶贫志愿者服务网络。鼓励工会、共青团、妇联、科学技术协会、侨联等群众组织、社团组织以及海外华人华侨参与扶贫。

本文是史志诚在《西部大开发》杂志社 2012 年 3 月 16 日召开的"扶贫之路高层论坛"上的发言。记者整理的报道稿标题为："企社加盟"应引领扶贫开发，并指出这个发言提出的建议具有就地性、长效性、低成本性和可操作性等符合实际的特点。刊载于《西部大开发》杂志，2012 年第 3 期，第 90 - 91 页。

"三农"问题与新型城镇化的未来

2013 年 3 月 17 日李克强总理在就任时召开的新闻发布会上强调，新型城镇化必须和农业现代化相辅相成，保住耕地红线，保障粮食安全，保护农民利益，来满足中国城镇化进程中对粮食快速增长的需求。2013 年 4 月 9 日陈锡文在财经网长安论坛上解读李克强总理的讲话时指出，耕地、粮食和农民这"三保"，是我们进一步推进城镇化进程中必须遵循的重大原则。城镇化与"三农"问题是城镇化生死攸关的问题。如果处理得好，就会事半功倍。反之，处理不好，甚至会延缓全面小康社会的建设和现代化进程。由此可见，"三农"问题关系新型城镇化的未来，更是我国城镇化当前面临的一个重大现实问题。

一、十二年城镇化的实践与探索：两个不可否定

2000 年 6 月 13 日，中共中央、国务院发布了《关于促进小城镇健康发展的若干意见》，是新时期政府引导小城镇发展的标志性文件。经过十二年的实践与探索，我国城镇人口从 1978 年的 1.72 亿人增加到 2011 年的 6.9 亿人，城镇化率从 17.92% 提升到 51.27%，虽然从表面上看，中国城镇化建设已经达到世界平均水平，然而，在城镇化的进程中潜藏了诸多矛盾，导致农民土地权利弱化。一些市县政府过度依赖土地出让收入及与土地相关的融资，城市面积迅速扩张和城市土地使用效率低下以及与此相关的耕地占用和流失、土地法律框架不完整等问题日益凸显。于是，党的十八大报告提出了新型城镇化的概念，对未来城镇化发展方向释放出了转型的新信号，这表明我国城镇化进程正处于新的时期、新的转折和新的关键时刻。

回顾十二年城镇化，取得的成效是巨大的，不可否定。十二年城镇化过程中出现的种种矛盾和问题，也同样不可否定。下一步推进新型城镇化，面临的任务就更加艰巨。我们有了经验，也有了教训，要一手继续推进城镇化，另一手把没有解决好的事认认真真解决好。我们应当科学对待，肯定成绩，重新修正规划，制定新的政策和策略，推进新型城镇化与新农村建设协调发展。

二、城镇化进程中诸多矛盾的核心是土地问题

从城镇化向新型城镇化的转变进程中，土地仍然是核心问题。土地问题的解决，归根

结底是集体土地的确权发证。明晰土地产权是深化农村产权制度改革和推进城乡一体化的基础。高陵县制定出台《高陵县农村产权制度改革实施方案》，按照"归属清晰、权责明确、保护严格、流转顺畅"的原则，还权于民、还利于民，赋予物权、赋予财产权、赋予市场经济主体地位；明晰农村集体土地所有权、土地承包经营权、集体建设用地使用权、农村房屋所有权四项权利，与此同时，搭建县镇产权流转交易平台，实现农村产权资本化。高陵县的实践表明，农村产权制度改革大幅度提高了农民的收入，有效地推动了城乡发展一体化的步伐，促进了城乡共同繁荣。

（一）集体土地的确权发证有利于土地权益问题的解决

国家、企业征地或租赁土地，首先颁发集体土地所有权证，先颁证，后征（租）地，依法办事。村民委员会有了土地所有权证，可以租赁 30～50 年，之后又回到村民委员会，进行下一轮租赁。今后，即使村民委员会发展成为社区，所有权仍然不变。农户有了承包土地的使用权和宅基地的财产权，可以租赁 5 年、8 年、30～50 年，之后又回到农户，进行下一轮租赁，使用权始终不变，可以继承。这样既有效地防止集体资产的流失，又保障了集体经济的发展壮大。

（二）集体土地的确权发证有利于土地政策的落实

集体和农户有了土地的法律证据，就可以严格执行征（租）地程序，规范征（租）地行为，有效地落实集体所有土地征收补偿政策，防止在城镇发展过程中损害农民利益。

（三）集体土地的确权发证有利于促进城乡均衡发展

江苏省华西村、高陵县何村、西安市和平村发挥集体经济的力量，按照城市总体规划，自主建设新农村、新村镇的实践，已经充分证明这是完全可行的。高陵县农村产权制度改革配套工作的开展，为破解"三农"难题注入了新的生机与活力。全县农民人均纯收入从 2008 年的 4 708 元提高到 2012 年的 10 673 元，增长近 1.3 倍。

（四）集体土地的确权发证可以吸引一部分返乡农民工就地就业创业

2012 年国家统计局陕西调查总队调查，过半返乡农民工想本地就业。2012 年，全省农民工 662.9 万人，其中，外出农民工占 67.1%，本地农民工占 32.9%。对于今后的就业打算，52% 的返乡农民工打算在本地就业，兼顾耕种，照顾父母，感受温馨家庭生活。农村劳动力减少、留守儿童和老年人无人照顾的问题就可以得到缓解。

（五）集体土地的确权发证可以使"农民带地进城"成为可能

国外的历史经验值得借鉴。如巴西、巴基斯坦、南非等国的城镇化，致使失去土地的农民进入城镇后苦苦挣扎，进而形成了庞大的城镇贫民区。相比之下，日本、韩国的城镇化，使一些拥有土地的农民逐步变成城镇的一部分，由于拥有土地或利用土地在市场转让过程中获得收益，因此农民由农村到城市的过渡中显得轻松和具有选择的机会。

（六）集体土地的确权发证有利于加快城镇化和现代农业的发展

集体土地的确权发证避免了工商企业征地、租赁土地时的种种纠葛，防止了土地流转过程中滋生的腐败。集体土地的确权发证可以加快土地向专业大户、家庭农场和农民专业合作社流转，使推广现代农业技术成为可能。政府在推进城镇化和现代农业的发展方面，就会消除许多障碍，使之更加顺利，更加富有成效。

三、当前新型城镇化亟待解决的几个问题

（一）优先解决已经进城农民的就业、居住、社保和子女入学问题

根据 2012 年公布的数据，我国城镇的总人口是 71 182 万，占全国总人口 52.6%。在这 7 亿多人里，大约 1/3 的人没有城镇户口。按公安部户籍统计，我国真实的城镇化率是 35.2%。据陕西省统计局介绍，2012 年陕西省城镇化率达到 50.02%。2012 年年底办理进城落户农民 286 万人。所以，当前优先解决的问题是如何安排好已经进城农民的就业问题、进城农民工的居住问题、社会保障和随迁子女的入学问题，清理历史欠账，轻装前进。

（二）加快集体土地的确权发证，为推进新型城镇化打好基础

2013 年中央 1 号文件要求"用 5 年时间基本完成农村土地承包经营权确权登记颁证工作，妥善解决农户承包地块面积不准、四至不清等问题"。2013 年 4 月 27 日，陕西省委、省政府《关于加快推进城乡发展一体化促进城乡共同繁荣的若干意见》中明确指出"力争 3 年完成农村土地承包经营权确权登记颁证工作"，同时，提出"推广高陵县农村产权制度改革的经验"。农村产权制度改革，做到了"地有其主、人有其权"，有效保障农民财产权利，是加快推进城乡一体化发展的重要举措。这一政策早实施、快实施，可以早得益、早推动农村的城镇化和农村的农业现代化。当前的重要工作是进一步明确国土管理部门发放集体土地所有权证、农业部门发放集体土地承包经营权证的责任、工作进度和落实工作经费。

（三）调整和修编城镇化的规划，优先发展城镇和小城市而非大城市

按照陕西省委、省政府的要求，树立统筹城乡的规划理念，城镇和农村同步规划，科学编制城乡一体化总体规划和产业发展、基础设施、公共服务等专业规划，形成全面覆盖、相互衔接的城乡规划新体系。用城乡规划一体化带动城乡资源配置和产业发展、城乡基础设施和生态环境建设、城乡劳动就业和社会保障、城乡公共服务和城乡社会管理一体化。把工作的重点放在小城镇、大村镇，先联乡建镇，后撤乡并镇。工商企业资本主要从事农产品加工和市场销售，农民专业合作社主要从事农产品生产供应，优势互补，有条件的可以实行"企社加盟"，创建新型农业经营体制。新型城镇化的未来将以商品为纽带，使大城市、小城镇、农村合作经济组织链接起来；使农产品的生产者、经营者和城市的消费者三者的利益关联起来；使产业布局、劳动力的就业和三次产业结构的调整更加合理、更加协调；使城乡经济社会更加繁荣、更加和谐，人民的生活更加美好幸福。

（四）进一步完善关于土地产权的法律法规，做到有法可依

（1）农民土地确认所有权的司法登记，颁发土地所有权文件。

（2）我们的法律规定土地承包经营权、农民的宅基地使用权不能用于抵押。但现在农民希望能抵押，很多银行业者也希望抵押，怎么办？

（3）家庭农场、农民专业合作社联合社和农村社区的法律界定。

（4）户籍及其相关法律法规的制定与完善。按照"积极稳妥，量力而行，适当放宽，公平互利"的原则，因地制宜地逐步放宽城镇户籍限制。

（5）修改土地征用法规，向农民提供所拥有农田的更长期使用权，坚持任何迁徙均可

以获得城镇户口和全额补偿等。

（6）规定农地和建设用地的不同补偿标准。

（7）建立健全土地流转交易市场、土地流转监管、纠纷调处和权益维护机制，推行规范文本，规范流转行为，明确非法圈地、改变土地用途和土地撂荒等浪费耕地的行为处罚规定。

本文发表在《铜川经济社会研究》，2013年（总101期）第3期，第10-12页；榆林市决策咨询委员会《信息交流》，2013年（总113期）第8期，第2-4页。

创新强农是陕西省"十三五"农业发展的关键

"十三五"时期是陕西省2020年全面建成小康社会最后冲刺的五年，也是全面深化农村改革和创新发展农业产业化经营取得决定性成果的五年。因此，编制和实施陕西省"十三五"规划，必须贯彻党的十八大和十八届二中、三中全会精神，充分认识陕西省发展新的阶段性特征和面临的挑战，坚持发展第一要务，突出改革创新，着力在推动科学发展、转变发展方式、破解深层次矛盾上奋发有为、取得更大进展，促进陕西省经济保持中高速发展，实现提质增效升级的目标。

与此同时，在编制和实施陕西省农业"十三五"发展规划的过程中，必须清醒地认识到陕西省农业仍然是一个弱势产业，这一问题需要在"十三五"期间找出一些新的办法来解决。要立足省情、把握关键，紧扣国计民生、着眼发展需要、顺应人民期盼，认真研究农业的经济发展和结构调整的重大问题，将陕西省农业农村经济区域发展规划、农业的行业发展规划、重大工程和重大项目列入"十三五"规划之中，协调实施，为实现陕西省农业现代化而努力拼搏。

做好"十三五"农业规划的编制和实施工作，还要坚持改革创新的精神，把中央关于新时期"三农"发展的新理念、新论断、新举措作为农业农村经济发展规划编制的基本遵循，统领全局、贯穿始终。要树立新视野，关注新问题，研究解决问题的新办法，推动出台一批新政策、启动实施一批新项目、谋划提出一批新工程。因此，创新强农将是编制和实施陕西省农业"十三五"规划的关键所在。

一、实现陕西"粮食生产平衡省"目标上创新

中央1号文件把"不断增强粮食生产能力"作为第一条，凸显了确保粮食安全、守住"谷物基本自给、口粮绝对安全"底线的重要性。全国政协委员、西北农林科技大学研究生院院长霍学喜指出，从粮食生产和消费角度看，我国31个省（直辖市、自治区）被划分为粮食主产省、粮食主销省和粮食生产平衡省三种类型。目前，联合国粮食及农业组织对粮食安全评价指标为年人均粮食达400kg以上，粮食的自给率要达到95％以上。陕西列为粮食生产平衡省，目前每年的人均粮食产量在300kg左右，粮食自给率已经跌破了80％，全省缺口20亿kg左右。因此，粮食安全问题在陕西省尤为突出。

尽管陕西省粮食生产"十一连丰",但随着工业化、城镇化进程加快以及农业开放度提高,陕西省粮食安全面临新挑战。2020年在全面建成小康社会各项目标中,陕西实现粮食生产平衡省目标需要有创新的思路、创新的措施。

2012年,陕西省决策咨询委员会的专家建议在陕北推广300万亩全覆盖地膜玉米技术,建设"陕北粮仓"以增加10亿kg的年粮食生产量,再加上关中、陕南的粮食基地的提升,不仅可以实现陕西粮食自求平衡的目标,而且能为国家粮食安全做出贡献。陕西省委、省政府领导对专家的建议十分重视并有明确的批示,并决定于2013年省财政列出专项资金,实施陕北、渭北500万亩旱地玉米高产提升工程,一方面填平缺口,另一方面可以调剂余缺。因此尚需加倍努力实施,不断巩固提高,为陕西省粮食安全作出贡献。

二、构建新型农业产业化经营体系上创新

近十年来,陕西省在农村经济体制改革和农业技术推广方面做了大量卓有成效的工作。但从总体上看,农产品的市场经济体制尚不完善,新型的农村经营主体尚未形成,真正意义上的农产品的产供销专业化、一体化机制处于初创阶段。农村以分散的个体农户为主的传统农业生产方式还没有根本转变;城市大多数农产品加工销售企业仍然以"公司+农户"的购销关系维系农产品的经营,"买难卖难"时有发生。

为适应新常态,必须进一步加快农村市场主体的发育和发展,大力发展一批家庭农场、粮食大户、农民专业合作社和具有产业特征和产业特色的大型农业企业。在加快农业产业链条的形成、构建新型农业产业化经营体系上,要打破计划经济时期形成的部门分割、产销脱节的旧格局,高度认识依法创新并推行"企社加盟"的现实意义,为逐步形成农业产业集群奠定基础。

近几年的初步实践表明,"企社加盟"就是以产业为依托、市场为导向、品牌为纽带、产权联合为手段,引导同类农民专业合作社之间、农民专业合作社与农业龙头企业之间进行多种方式的联合与合作。农民专业合作社和农业龙头企业都是依法在工商部门登记的企业法人组织,因此,"企社加盟"实质是企业与企业、法人与法人的联合。企业和合作社都是独立的法人,享有法人财产权。其合法权益受法律保护,不受侵犯。

"企社加盟"是农产品"种养加""产加销"一体化的一种新型农业产业化经营组织形式,可分为三种类型,即"扩展型""自生型"和"综合型"。

(一)"扩展型"农产品产加销一体化的经营模式

是以企业为主体,扩展到一个或多个农民专业合作社以及其他生产、加工和流通领域,实现产加销一体化经营。

(二)"自生型"农产品产加销一体化的经营模式

是以农民专业合作社为主体,逐步从生产扩展到加工、流通领域,成立合作社的加工厂、专卖店或销售公司,专营合作社自己生产加工的产品。

(三)"综合型"的农产品产加销一体化的经营模式

是既有"扩展型",又有"自生型"的经营模式,形成具有特色和实力的农业产业的企业集团。

依照《公司法》和《农民专业合作社法》推行"企社加盟"的好处很多。

（1）有利于解决当前农产品生产经营中企业贷款难和农民增收难这两个大难题。企业与合作社加盟，企业可以节省收购所需的部分贷款；农民专业合作社借助企业经营的优势将自己生产的农产品稳定销售出去，使社员增加20％以上的收入，实现优势互补。

（2）有利于减少中间流通环节的费用，促进农产品市场价格的基本稳定，兼顾了生产者、经营者和消费者三者的利益。

（3）有利于农民专业合作社吸收和借鉴企业经营管理的经验，进一步自我规范和发展。

（4）有利于农产品行业协会（商会）的发育和成长。当"企社加盟"的同类企业和农民专业合作社达到相当数量时，就会为行业协会（商会）的诞生奠定基础，进而形成农业产业集群，走向国际国内市场。

（5）有利于农产品管理体制的改革，为建立"产供销"一体化经营的市场经济新体制创造条件。

（6）有利于建立农产品的可追溯制度和农产品质量安全的监督管理，确保消费者的食品安全。

（7）有利于城乡统筹、新农村建设和缩小城乡差别，促进社会和谐。

因此，推进"企社加盟"具有重要的现实意义。

三、推进陕西优质特色农产品出口战略上创新

陕西省的特色农产品和中药材在国际市场具有相当的竞争力。"一带一路"和西安港务区的建设为陕西省的苹果、猕猴桃、小杂粮、魔芋、茶叶等特色优质农产品的出口创汇带来新机遇。特别是2015年以来千阳苹果、洛川苹果多次选为"国礼"送给外国政要，并因果形端庄、色泽鲜艳、口感纯正和香甜清脆而受到外国元首的称赞。此后，外交部礼宾司为了配合国事活动，体现友好，增进友谊，将继续选用陕西苹果赠送给来访的外国领导人。由此可见，开启"一带一路"通道，在推动陕西省特色农产品出口的同时繁荣农村经济，惠及产区农户，显得至关重要。

推进陕西优质特色农产品出口战略需要在完善市场机制上创新。应建立和完善特色农产品"走出去"的政策支持体系，加强组织和监管；突出重点领域，主攻周边国家，发挥企业主体作用；建立多元稳定可靠的出口渠道，充分利用双边协定和多边协定，把握好农产品出口规模和节奏；了解"走出去"对象国的市场信息，为建立多元稳定可靠的出口渠道夯实基础；积极参与国际农产品市场交易，争取掌握出口产品价格的国际话语权。

与此同时，实施出口农产品产区农产品质量安全提升战略。

（1）围绕出口产品的研发，在重大创新领域组建一批国家实验室，探索"教、科、企三结合"研发机制。

（2）加快形成一批具有国际竞争力的创新型领军企业。

（3）加强政府对出口农产品质量安全的监管。

（4）建设出口农产品标准化生产示范区、无公害农产品示范基地、养殖小区、示范农场和出口产品及原料基地，发挥其示范带动作用。

（5）加强合作社董事长和职业农民的教育培训，提高农业管理者和农产品生产者素质。

（6）加快出口农产品质量安全追溯体系建设。建立全程可追溯、互联共享的农产品质量和食品安全信息平台，加快农产品质量安全溯源技术的应用，实行优质农产品标签制，确保农产品出口的安全与经济收益。

四、在中小城镇和小农镇建设与农村人居环境改善上创新

近十年来的城镇化取得了举世瞩目的成果，但由于城乡要素加速流动，有的地方出现农业副业化、农户兼业化、劳动力弱质化和农村空心化的倾向，如何在城镇化深入发展背景下加快新农村建设，是一个值得认真对待的新问题。

在新常态下，工业化、城镇化和信息化快速发展，为改造传统农业提供了现代的生产要素、管理手段和技术支撑。同时，大量人口向城镇转移，也为农业适度规模经营腾出了空间、创造了条件。农民到中小城镇落户，就可以通过就业提高收入。土地流转给留在农村的农民去耕种，人均耕地面积就会增加，从而通过规模化经营，提高劳动生产率。应以家庭农场、农民专业合作社、企业＋合作社的方式，提高留在农村的农民收入。

城镇化的基础层级是小乡镇、小城镇，然后才是中、小城市和大城市。习近平总书记强调，全面建成小康社会，不能丢了农村这一头。近几年，具有关中民俗特色的袁家村和马嵬驿的农业产业与旅游产业的发展为小农镇、小乡镇的发展提供了新鲜经验。被称为"丝绸之路第一驿"的马嵬驿，曾经是一片荒无人烟、人迹罕至的黄土沟壑，如今依托杨贵妃墓、黄山宫为背景建起来，以"古驿站文化"为主题，巧妙地将农耕文化和民俗文化体验融合为一体，在游玩的同时可以学习、传承民俗文化，深受游客喜爱，天天热火朝天、人气鼎盛。2015年春节假期游人达140万人次。为此，陕西省应在"十三五"期间将城乡统筹建设的重心向小农镇和中小城镇建设倾斜，形成互相促进、惠及城乡居民和更加协调发展的城乡经济新格局，最终实现由城乡分割向城乡一体转变。

五、加快农村集体土地确权登记发证的进度上创新

2014年7月21日，陕西省政府官方网站发布《全省农村土地承包经营权确权登记颁证工作方案》，对全省实行家庭承包经营的农用耕地进行确权登记颁证工作，提出2015年年底前全面完成任务，鼓励各地提前实施。确权登记工作经费由省、市、县财政分级承担，不得向农户收取任何费用。但是，最近了解，2015年年底前全面完成任务确有难度。为此，必须加快农村集体土地确权登记发证的进度。

加快农村集体土地确权登记发证，可以进一步确立家庭承包经营为基础、统分结合的双层经营体制，农户成为独立的生产经营主体，市场机制才能在农业发展中发挥积极作用。农村集体土地确权登记发证是对农村集体土地所有权和集体土地使用权等土地权利的确权登记发证，是维护农民权益、促进农村社会和谐稳定的现实需要，是落实最严格的耕地保护制度和节约用地制度、提高土地管理和利用水平的客观需要，是夯实农业农村发展基础、促进城乡统筹发展的迫切需要，是促进农村经济社会稳定发展、实现城乡统筹的动力源泉，陕西省务必加快速度，尽快完成。

加快集体土地确权登记工作需要创新思路。一是政府高度重视，二是加大宣传力度，三是加强质量管控，四是优化工作程序。富平县新的工作流程值得借鉴，具体内容如下。

（1）发布总登记通告，进行地籍调查，调查结果全面公告；宅基地使用人提交书面申请、工作人员收集权属资料，开展权属审核，审核结果公告；局检查组初检、注册登记、核发证书，确保登记的每宗宅基地合法有效。

（2）精细地籍调查。要求查清每一宗宅基地的位置、权属、界线、面积和用途等基本情况，为土地登记提供准确的依据。

（3）宗地统一编码。富平县作为全省首批宗地统一编码试点县，按照《宗地代码编制规则（试行）》标准，明确了编码规则、代码结构和编码方法等，严格按照全国宗地统一编码规划进行地籍编码。

（4）及时调处纠纷。各地可根据当地实际情况创新工作思路和工作方法，加快集体土地确权登记工作的进度。

六、在破解部门分割、产销脱节的体制机制上创新

在计划经济体制下，农业生产和畜牧生产由农业部门负责；粮食收购和农产品与畜产品经销由商业部门负责。这样农业作为一个完整的产业，实行两个部门的管理体制，结果造成部门分割、产销脱节的被动局面。

市场经济体制下应始终使用一个完整的词组"农业产业"，即农工商一体化经营体制。例如，美国农业部设立农业产业局，日本农林水产省设立有畜产局。其特点是，产销由一个部门管理，有利于兼顾生产者、经营者和消费者三者的利益关系。

2015年7月25日，中国政府网报道了李克强总理关于用工业的方式发展现代农业的消息。报道指出，2015年7月22日，在国务院常务会议上，李克强总理讲起一段往事。10多年前他去加拿大考察现代农业，特别注意到对方介绍情况时不是简单地说"农业"（Agriculture），而是始终用一个完整的词组"农业产业"（Agriculture Industry，直译为"农业工业"）。"我当时听得很奇怪，怎么又是农业又是工业？"总理说，"他们带我看了一圈后我明白了，从选种、种植、收割、仓储，到加工、营销，完全是用工业的方式发展农业，打通了农业全产业链的各个环节，最终的产品销往全世界！"李克强总理指出，纵观发达国家农业现代化的发展路径，普遍都是用工业的方式发展农业。农业不向产业化经营方向发展，农业现代化就失去了支撑；反过来说，也只有根本转变农业的发展方式，农民增收增效才有保障。他强调，要鼓励发展规模种养业、农产品加工业和农村服务业，推进生产、加工、物流、营销等一体化发展，延伸价值链。

李克强总理的讲话引起全国理论界和农业、商业部门的高度关注，预示着我国未来现代农业改革与发展将进入一个新阶段。因此，陕西省想在"十三五"时期破解现行的部门分割、产销脱节的体制机制，需要一股改革的勇气和创新的精神。

总之，编制"十三五"规划，其目标是以创新推进陕西省现代农业的发展。实现农业现代化意味着实现农业的机械化、科技化、产业化和信息化生产。与此同时，在"十三五"规划中，农业的发展应该与移动互联网、高新农业技术和规模化生产相结合。建立高

效、生态、有机农业及其实施标准，有助于从根本上解决食品安全问题，也有利于农村的发展和农民收入的持续增长。

本文是史志诚在"十三五"规划与陕西省农村发展论坛上的发言，刊载于《2015年陕西省城市经济文化研究会年会会刊》，2015年12月20日。

新时代乡村振兴战略与农业地产经济刍议

新时代的乡村振兴离不开农村土地的依法审批、科学规划和合理利用。既要改变乡村落后面貌，又要符合经济规律；既要农村繁荣兴旺，又要农民生活幸福安康。因此，研究乡村振兴战略与农业地产经济具有极其重要的现实意义。

一、乡村振兴战略：新时代做好"三农"工作的总抓手

从改革阶段理论来看，如果说过去的20多年是城镇化取得显著成效的阶段，那么2018年中国财经界和地域经济发展的主流趋势是从城市发展跳转到乡村振兴，今后的30年将在继续完善和提高城镇化水平的同时，进入到一个全新的发展阶段，即实施乡村振兴战略的阶段，实现城乡共同发展，富裕全民，强盛中华！

党的十九大提出实施乡村振兴战略，是以习近平同志为核心的党中央着眼党和国家事业全局、顺应亿万农民对美好生活的向往，是对"三农"工作作出的重大决策部署，是决胜全面建成小康社会、全面建设社会主义现代化国家的重大历史任务，是新时代做好"三农"工作的总抓手。

按照党的十九大提出的决胜全面建成小康社会，实施乡村振兴战略的目标任务是，到2020年，乡村振兴取得重要进展，制度框架和政策体系基本形成；2020年贫困地区和贫困群众同全国一道进入全面小康社会，为实施乡村振兴战略打好基础。到2035年，乡村振兴取得决定性进展，农业农村现代化基本实现；到2050年，乡村全面振兴，实现农业强、农村美和农民富的目标。

实施乡村振兴的最终目标，就是要不断提高农民在产业发展中的参与度、增加受益面，彻底解决农村产业和农民就业问题，确保当地群众长期稳定增收、安居乐业。

二、农业地产：从市场培育期走向成熟期的新行业

（一）农业地产：一种新型经济业态

所谓农业地产，是实施乡村振兴过程中农业产业升级的一个必然阶段，是结合"三农"问题，以农业产业为依托，以新型城镇化为导向，融合文化产业和旅游产业，结合养生养老、旅游度假、科普教育、农业体验、观光休闲和商务会议等功能，用第一产联动第二产、第三产，达到三产联动和三产融合的综合效应，是一种新型经济业态。

由此可见，农业地产并非是借农业之名圈地盖房卖楼，而是农业"地＋产"，是在不断探寻农业与地产相结合的一种模式。

（二）农业地产与农村土地政策

1. 新时代农业地产的法律依据与政策取向

《宪法》第十条规定"城市的土地属于国家所有。农村和城市郊区的土地，除由法律规定属于国家所有的以外，属于集体所有；宅基地和自留地、自留山，也属于集体所有。国家为了公共利益的需要，依照法律规定对土地实行征收或者征用并给予补偿。任何组织或者个人不得侵占、买卖或者以其他形式非法转让土地。土地的使用权可以依照法律的规定转让"。

值得指出的是，国家最新土地政策明确农村土地分为承包地和集体建设用地。承包地是农村集体所有的农业用地，即农田，所有权属于集体，承包权属于农户，这种承包关系稳定且长期不变，经营权可以是农户的，也可以抵押担保给他人，也就是土地流转。因此，农民承包土地具有使用权、收益权和流转权。集体建设用地分为经营性建设用地和公益性建设用地。经营性建设用地，主要用于乡村企业建设等。公益性建设用地，包括集体公共服务配套建设，比如广场、幼儿园，还有宅基地。

根据最新土地政策，允许农村经营性建设用地直接入市，包括出让、租赁和入股等形式。但在土地用途方面有很多管制。例如，经营性建设用地与国有土地同地、同价。在土地收益增值的分配机制中，土地收益一定要反补农民。农村宅基地一户一宅。

2. 新时代农业地产开发的新动向

2018年8月，农业农村部部长韩长赋指出，"农业地产"将会在未来的5～10年内，出现以租赁农村土地，或建立有机农业生产基地为主要业务的新兴产业。这个产业将在"土地流转""城镇化建设"和"农民进城"等一系列的宏观政策和鼓励措施下快速形成。

（1）大量流转出来的农村土地，将在地方政府的干预和规划下，有偿租赁给相关财团、机构，并通过收取大规模流转出来的土地租金获得长期、稳定的地方财政收入。

（2）租赁土地的财团、机构，在租赁的土地上经营高附加值的经济作物，从事农产品供应链控制或现代农业规模化生产，从而获取利润。

（3）从事土地租赁中介业务的"土地买办"获得相应的劳务费用。

（4）广大农民将通过出让土地使用权而获得数额相当的一次性现金补偿，此后再通过出卖剩余劳动力成为"职业农民"。

三、实施乡村振兴战略与农业地产开发的可行类型

（一）农业服务模式

1. 针对种植者搭建的服务体系　围绕着种植者，包括专业的种植大户、种植公司以及普通农户，建立一套线上线下立体服务体系。种植者只需注册成为会员，农业企业根据种植者要求提供个性化种植方案、农资代购、农事提醒、农技指导等全面服务。种植者只需要按指导去干农活，种地变得简单省心。

2. 成熟开放的线下服务体系　将打造成熟的线下服务体系开放给农村创业者，协助农村创业者在家门口轻松创业，共同服务于种植者。原来需要由专业农技人员从事的服务工作，在农业服务模式中，普通农户即可胜任，大幅地提高了运营效率、降低了经营成本。

（二）田园综合体模式

田园综合体是集现代农业、休闲旅游和田园社区为一体的特色小镇和乡村综合发展模式，是在城乡一体化融合发展格局下，顺应农村供给侧结构性改革、新型城镇化升级发展，结合农村产权制度改革，实现农业现代化、新型城镇化和社会经济全面发展的一种可持续模式。它以专业合作社为载体，以农民充分参与受益为核心，通过整合和综合开发乡村资源促进一二三产业深度融合、优化乡村产业结构、延深产业链及拓宽乡村多样化服务功能，从而实现有产业及载体（农业园区、特色小镇、田园社区、观光农业等）的升级换代。

田园综合体的主要模式如下。

1. 优势特色农业产业园区模式　该模式是以当地优势特色农业产业和优势农产品为基础，以农业产业链为核心，以一二三产业纵向衍生和产业横向扩张为基础，涉及农产品生产、贮存、加工及营销等环境，依据各环境的优势产业形成特色产业园，从而带动产业和乡村发展的模式。

2. 文化创意带动一二三产业融合发展模式　该模式是以农业产业链和一二三产业融合为基础，结合当地的传统文化、乡风民宿和区域特色，在促进一二三产业融合的同时，强调乡村文化与文明创新，农业一二三产业与区域文化、旅游结合的田园综合体发展模式。

3. 都市近郊型现代农业观光园模式　该模式是以城郊田园风光和自然生态环境为基础，将城郊乡村打造成旅游休闲、农事体验场所的田园模式。它给城市人在繁忙生活中提供一个休憩、放松身心的休闲与放松场所，为城市居民提供体验乡村自然风光、感受农耕文明的机会。

4. 农业创意和农事体验型模式　该模式结合当地农业自然风光和农业生态资源，以当地特色农业产业或乡风文化为基础，挖掘优势农业产业和特色农产品，开发精品民宿、创意工坊和民艺体验等特色文化产品，充分利用"一村一品"发展机会，深化创意特色，形成融乡风乡俗和农事体验于一体的创意型田园综合体。

（三）以产业为支撑的新型农业社区型

新型农业社区是通过统一规划和调整产业布局，将乡村城镇化建设和农业现代化同步发展，在已有村镇基础上进行社区化开发，完善基础设施，在农村营造一种新的社会生活形态，实现就地城镇化的模式。其特点如下。

（1）塑造一种具有社区意义的新型村庄，通过一些小型乡村居民点的联合与相互协作，形成一个具有集群意义的居住统一体。

（2）适度的社区规模，同时维持一个可管理的尺度，以便能够获得一定的规模效应，为社区居民提供包括居住、教育、医疗和娱乐等在内的各种公共基础设施和公共服务体系。

（3）以农业为主要产业，构建可持续的农业及相关产业链，将生产、加工和运输一体化，引入商业、休闲和旅游等其他可持续农业社区形态。

（4）强调尊重原有地域文化，在规划设计中充分挖掘当地历史文化资源，重视原居住模式的传承与发展，鼓励社区成员参与社区规划和建设，增强社区成员的归属感和认同度。

（5）在规划建设中，可通过开发农村特色餐饮、特色住宿、农耕文化体验产品和乡村主题度假社区等农业休闲体验产品，将企业资本、城市居民和城市消费引入乡村，形成农村新的居住模式、服务管理模式和产业格局。

（四）农民专业合作社联合社类型

新修订的《农民专业合作社法》第五十六条规定，三个以上的农民专业合作社在自愿的基础上，可以出资设立农民专业合作社联合社。第六十四条和第六十五条规定，国家支持发展农业和农村经济的建设项目，可以委托和安排有条件的农民专业合作社实施。中央和地方财政应当分别安排资金，支持农民专业合作社开展信息、培训、农产品标准与认证、农业生产基础设施建设、市场营销和技术推广等服务。

联合社可以开展横向联合和纵向一体化联合。横向联合是生产和经营相同或相似农产品的合作社之间的联合。纵向一体化联合是处于不同产业链上下游环节经营主体与合作社进行联合，例如农业加工企业与营销企业的纵向联合，从而增强控制力和影响力。随着传统农业向现代农业的转变，纵向一体化联合将成为合作社联合社的新型发展模式。

（五）以特色主题塑造的风情小镇型

这个类型是现代农业园区＋宜居风情小镇的开发模式。以传统乡村基底为依托，以农业、生态、休闲和旅游产业为基础，以改善农村生产生活环境为前提，将小镇的开发建设与传统农业向休闲农业、精致农业和科技农业等主题农业方向发展相融合，引导居民参与产业发展，不仅形成居民权益的多元化，同时还能体现社区文化的丰富性，打造一个融入农业产业发展与旅游休闲度假的田园生活社区。其特点如下。

（1）宜业，有明确的优势产业。

（2）宜文，丰厚的人文底蕴。

（3）宜居，基础设施、服务配套、山水田园、美丽村落。

（4）宜游，景色优美，把风情和文化融入"山、水、村"中，体现不一样的特色。

（六）庄园经济型

庄园经济是20世纪中期首先在一些发达国家出现的一种农业发展模式，它既是农村经济发展到一定阶段出现的新生事物，也是农业经营体制的重大创新，曾成功改变了美国、荷兰、澳大利亚等国的农业经济状况。随着我国对农业发展的大力支持和人们投资意识的增强，全国各地先后涌现出具有庄园经济特点的大型农业开发经营实体。

庄园创造良好社会效益和生态效益，不仅开辟了农业现代化的新途径，而且有力地激发了农村经济全面发展的内在潜能，它的兴起无疑是由传统低效农业向现代高效农业转变的一个有效途径。依托农业产业为基础形成的庄园集群，所有产品依托某一农业主题，如香草庄园、酒庄集群和度假山庄等。

四、实施乡村振兴与农业地产开发必须坚持的几个原则

（一）坚持以农为本，农业、农村优先发展和农民的主体地位

要以保护耕地为前提，巩固和完善农村基本经营制度，保持土地承包关系稳定并长久不变，第二轮土地承包到期后再延长30年。要提升农业综合生产能力，突出农业特色，

发展现代农业，促进产业融合，提高农业综合效益和现代化水平。要按照产业兴旺、生态宜居、乡风文明、治理有效、生活富裕的总要求，保持农村田园风光，留住乡愁，保护好青山绿水，实现生态可持续。要确保农民参与和受益，着力构建企业、合作社和农民利益的联结机制，带动农民持续稳定增收，让农业成为有奔头的产业，让农民成为有吸引力的职业，让农村成为安居乐业的美丽家园。

（二）坚持一二三产业协同发展，明确重点产业和基本功能区

农业、文化旅游、地产是三个重点产业。农业产业功能区是生产性主要功能部分，生活居住区是城镇化的主要功能部分，文化景观区是吸引人流、提升土地价值的关键，休闲聚集区是休闲化的主要部分，综合服务区是城镇化发展的支撑功能部分。因此，要完善生产体系、产业体系、经营体系、生态体系、服务体系和运行体系等支撑体系的建设。

（三）要充分发挥农村集体经济组织的主体作用

发挥农村集体经济组织在实施乡村振兴和农业地产开发中的主体作用，就必须通过农村集体经济组织、农民专业合作社等渠道让农民参与各种类型的建设进程，提高区域内公共服务的质量和水平，逐步实现农村社区化管理。要把探索发展集体经济作为产业发展的重要途径，积极盘活农村集体资产，发展多种形式的股份合作，增强和壮大集体经济发展活力和实力，真正让农民分享集体经济发展和农村改革成果。

（四）培育新型市场经营主体的引领作用

按照政府引导、企业参与和市场化运作的要求，积极培育乡村企业、合作社、家庭农村和新集体经济组织等市场经营主体。创新"企业 + 农民专业合作社 + 农户（贫困户）"的建设模式、管理方式和服务手段，强化合作社在农民生产中的作用，提高合作社和合作社联合社的运营质量，全面调动多元化主体共同推动乡村建设的积极性。

农民专业合作社是推进产业扶贫的重要载体之一。在贫困地区，尤其要重视组建农民专业合作社，探索"企社加盟"扶贫新模式，增添产业扶贫新动力，建立贫困人口稳定增收的长效机制，切实提高贫困人口获得感，确保到 2020 年贫困地区和贫困群众同全国一道进入全面小康社会，为实施乡村振兴战略打好基础。

（五）科学编制项目发展规划和年度实施方案，严格项目管理，加强资金监管和考核评价

建设项目要根据中省有关部门的通知进行申报。省级农业专项包括省级现代农业产业园创建项目、"一村一品"及休闲农业发展项目主导优势产业（种植业）发展项目和主导优势产业（畜牧业）发展等项目，可按照陕西省农业厅、陕西省财政厅《关于印发 2018年省级农业专项资金项目申报指南的通知》（陕农业计财〔2017〕132 号）进行申报。实施乡村振兴和农业地产的项目建设，必须有先后之分，即先要做好产业规划和总体规划，把农业元素的挖掘、农业文化的提炼和农业向旅游的转化先做好，然后再来开发地产。

（六）坚决制止农业地产开发过程出现违法违规问题

（1）开发模式和开发时序错误，即地产开发先行，在配套和农业产业没有一定基础的条件下就先发展地产，不仅很难吸引人们来此，对土地本身价值的体现也极为不利。

（2）核心吸引力不足，即创意农业发展带动作用不足，没有形成准确的主题定位，与

旅游地产品有一定的同质性,无法形成人气聚集,造成地产空置。

(3)防止出现"圈地"现象。"圈地"是指项目开发不立足于"三农"和产业建设,而是借农村城镇化之机,大兴土木,圈地盖房。

(4)选择农业地产开发模式不准确,对于市场投资和可持续经营缺乏吸引力。如开发模式与村民、村庄的沟通存在问题,在实际操作中,未能将农村建设、农民居住就业、农业现代化与农业地产开发融合发展,缺乏有效的农业地产发展模式。

五、经济管理与经济学家的机遇与历史使命

加强乡村振兴战略与农业地产经济的研究是新时代为经济学家带来的新机遇,也是新时代赋予经济学家的历史使命。

基于未来农村农业的发展不能停留在过去的传统模式上,必须要用金融、互联网、大数据和大健康等新理念、新工具去创新适应新时代的发展模式。因此,对于研究宏观经济的专家,需要在规划乡村振兴的各个类型方面发挥才干;对于研究中观(产业)经济的专家,需要深入研究"三产融合"的体制机制;对于研究微观经济的专家,需要深入到乡村帮助创新企业、合作社和家庭农场等新型的市场主体,建立符合市场经济的经营管理制度、运营方式和财务管理制度。

经济学界要组织编著适应当前实际需要的产业经济学和相关的经济管理书刊。相关的经济管理部门不仅要培训企业管理人员、合作社法人和职业农民,而且要培训县乡两级负责乡村振兴、农业地产和扶贫开发工作的基层干部,为培养造就一支懂农业、爱农村、爱农民的"三农"工作队伍做出贡献。以乡村产业发展、农业产业扶贫的培训为例,要全方位地普及农业科学技术、农业产业化经营理念和涉农法律法规知识,要使受培对象成为一名既懂技术,又懂经济管理和相关法律法规的人才,纠正以往只讲技术、不讲经营管理和相关法律法规的单一培训倾向及只念文件、听讲话、毫无实际内容、学员反映毫无获得感的形式主义培训倾向。

总之,城市群的发展不可忽视乡村振兴,乡村振兴要与农业地产开发结合起来,从发展现代农业产业集群起步,进而因地制宜地引进田园综合体等不同类型的建设理念,为乡村振兴增色添彩,加快城乡融合发展。实现"产业兴旺、生态宜居、社会和谐、生活富裕",才是真正意义上乡村振兴的未来,才是城乡共同富裕的未来。

本文于 2018 年 11 月 3 日在陕西省社科界第十二届(2018)学术年汇分场"新时代·乡村振兴·追赶超越"理论研讨会暨 2018 年陕西省经济学学会年会上发表,获得优秀论文荣誉奖。刊载于《会议文集》第 25 - 32 页,2018 年 11 月。

改革开放四十年"三农"巨变及其重要启示

2018 年 12 月是中国改革开放四十周年。四十年前的 1978 年 12 月,党的十一届三中全会作出把党和国家工作中心转移到经济建设上来的伟大决策,实行对内改革、对外开放

的政策，从此开启了改革开放历史新时期，也由此开始了建设中国特色社会主义的新征程。四十年的不断探索和努力奋斗，给我国带来历史性巨变，经济高速增长，社会主义民主政治展现出旺盛的生命力，中国特色社会主义文化建设繁荣发展，人民生活不断改善，和谐社会建设成效显著，国际影响力日益提升。

农村作为改革开放的发源地，这四十年同样发生了翻天覆地的历史性巨大变化。回顾改革开放四十年农业、农村和农民的变化以及在农村改革中积累和创造的极为丰富的改革开放经验和许多重要启示，不仅有着重大的历史意义，而且对我们在进入新时代如何继续推进农村改革、开展产业扶贫和实现乡村振兴的新目标，具有重要的现实意义。

一、改革开放四十年的"三农"巨大变化

改革开放以来，中国的巨大变化是从乡村开始的，乡村在这个过程中发生了翻天覆地的具有历史意义的巨大变化，这种变化是世界绝无仅有的，也是前无古人的，没有哪一个国家像我们这样，8亿农民在改革开放大潮中完全改变了他的生产生活方式。

（一）改革开放，解放了生产力

广大农村全面推行家庭联产承包之后，有效地调动了农村广大农民的生产积极性。随着生产力的解放，农业科技作为第一生产力，发挥了更大的生产潜力。广大农业科技人员深入农村第一线指导农业生产，使农业生产水平迅速提高。

改革开放的四十年，我国粮食总产量持续增长，广大农民丰衣足食，城市居民告别了凭"粮票"购买口粮的历史。以陕西省粮食生产为例，1949年粮食产量仅为31.1亿kg，人均201.35kg。1962年困难时期为40亿kg，人均199.2kg。1977年为77.65亿kg，人均282.2kg。改革开放之后的第六年，即1984年为102.5亿kg，人均345.15kg。特别是1998年粮食总产达到130.3亿kg，人均达到372.2kg，创造了历史新高。

（二）改革开放，国家决定免收农业"两税"

2001年，国家决定免收农业税和农林特产税并开始试点。据统计，2001—2004年，全国共减免农业税234亿元，免征除烟叶外的农业特产税68亿元，核定农业税灾歉减免160亿元，2005年全国进一步减轻农民负担220亿元。2005年12月29日，第十届全国人民代表大会常务委员会第十九次会议高票通过决定，自2006年1月1日起废止《农业税条例》，取消除烟叶以外的农业特产税、全部免征牧业税。2006年全面取消农业税后，与农村税费改革前的1999年相比，我国农民每年减负总额超过1000亿元，人均减负120元左右。广大农民无不兴高采烈，他们说：延续了2600多年的"皇粮国税"免收了。这是一件历史性的大事，不仅从根本上减轻了农民的负担，而且表明我国实行工业反哺农业、城市支持农村取得了重要突破。同时，也为我国加入WTO创造了必备的条件。

（三）改革开放，进一步确立了农村社会主义市场经济主体

2007年7月1日《农民专业合作社法》正式实施。至此，农民专业合作社与内资企业、私营企业、外商投资企业和个体工商户一样，成为我国社会主义市场经济五大经营主体之一。从此农民可以与市民一样，在工商管理部门免费申请成立自己的农民专业合作社，经营销售自己生产的农产品，并享受免税政策。根据统计，2017年陕西省农民专业合作社达到5.5万家，认定家庭农场突破1万家，各级农业产业化经营组织5362个，各

类农业社会化服务组织达到2.3万个。农民专业合作社的发展进一步与农业企业依法加盟,逐步形成以"企社加盟"引领"三产融合"的新态势,有效地推动了精准扶贫、城乡统筹和农村现代农业的发展,为未来消除城乡差别,共同富裕创造了条件。

(四)改革开放,集体土地进一步得到法律的保护

我国《宪法》的第十条,明确规定"农村和城市郊区的土地,除由法律规定属于国家所有的以外,属于集体所有;宅基地和自留地、自留山,也属于集体所有"以及"任何组织或者个人不得侵占、买卖或者以其他形式非法转让土地"。党的十八大以来,农村集体土地的"确权颁证"工作逐步展开,当农民再一次获得农村土地承包经营权证之后,将永远不变,成为新时代农村和农民长治久安的定心丸。

二、继续推进农村改革实现乡村振兴新目标

四十年的实践证明,改革开放是发展中国特色社会主义、实现中华民族伟大复兴的必由之路。改革开放四十年"三农"巨变的历史经验给予我们的重要启示是农村的发展必须继续实行改革开放的政策。进入新时代,农村改革开放再出发,在未来30年沿着乡村振兴之路阔步前行。

(一)继续巩固和提升农村改革开放成果

维护《宪法》尊严,坚持和完善农村土地的集体所有权,完成集体土地承包经营权的"确权颁证"工作。当前,要兴办农村企业和农民专业合作社,重视培育和发展农村市场经营主体的引领作用。要按照政府引导、企业参与和市场化运作的要求,创新"企业+农民专业合作社+农户(贫困户)"的建设模式、管理方式和服务手段,强化合作社在农民生产中的作用,提高合作社和合作社联社的运营质量。实践表明,农民专业合作社是建立农村产业长效扶贫机制和推进农村产业发展的重要载体之一。

(二)制定新的农村改革开放的可行政策,解决农村存在的发展不平衡不充分问题

当前,农村发展不平衡不充分问题比较突出,主要表现如下。

(1)农产品阶段性供过于求和供给不足并存,农业供给质量亟待提高。

(2)农民适应生产力发展和市场竞争的能力不足,新型职业农民队伍建设滞后。

(3)农村基础设施和民生领域欠账较多,农村环境和生态问题比较突出,乡村发展整体水平亟待提升。

(4)国家支农体系相对薄弱,农村金融改革仍需探索,城乡之间要素合理流动机制亟待健全。

(5)农村基层党建存在薄弱环节,乡村治理体系和治理能力亟待强化。

因此,要制定新的农村改革开放的可行政策,破除体制机制弊端,使市场在资源配置中起决定性作用,更好发挥政府的职能作用,推动城乡要素合理流动、平等交换,推动新型工业化、信息化、城镇化和农业现代化同步发展,加快形成工农互促、城乡互补、全面融合和共同繁荣的新型工农城乡关系,逐步形成城乡融合发展的新局面。

(三)坚定把粮食生产作为未来农业农村工作的第一要务

民以食为天,食以安为先。提高粮食产量是为了让人民群众吃饱;发展畜牧业提供更多的肉、奶、蛋等动物性食品,是为了让人民群众吃好。现在人们最关心的就是如何普及

食品安全知识，加强饲料、农作物和食品的质量监督管理，让农产品避免污染，让人民吃得安全。人民吃饱、吃好和吃得安全，是关系国计民生的大事，是我们永远都要努力的目标和方向，更是农业农村主管部门的天职。

2018年9月25日，习近平总书记在黑龙江省七星农场北大荒精准农业农机中心考察时指出："中国人要把饭碗端在自己手里，而且要装自己的粮食。"据专家研究，小康生活需要人均粮食达到400kg的水平。以陕西省为例，1998年粮食总产130.3亿kg，人均372kg。然而，近几年，陕西省粮食总产量仅稳定的120亿kg左右。因此，要达到粮食自给，人均粮食达到小康生活的水平，尚需加倍努力。

（四）新时代实施乡村振兴战略必须坚持的基本原则

党的十九大提出的决胜全面建成小康社会，今后的30年将是在继续完善和提高城镇化水平的同时，进入到一个全新的实施乡村振兴战略的阶段。到2020年，贫困地区和贫困群众同全国一道进入全面小康社会；乡村振兴取得重要进展，制度框架和政策体系基本形成。到2035年，乡村振兴取得决定性进展，农业农村现代化基本实现。到2050年，乡村全面振兴，实现农业强、农村美、农民富的目标。

实施乡村振兴战略，必须坚持以下几个基本原则。

1. 坚持乡村的全面振兴　要统筹谋划农村的经济建设、政治建设、文化建设、社会建设、生态文明建设和党的建设，注重协同性、关联性，整体部署，协调推进。要坚持人与自然和谐共生。牢固树立和践行绿水青山就是金山银山的理念，落实节约优先、保护优先和自然恢复为主的方针，统筹山水林田湖草系统治理，严守生态保护红线，以绿色发展引领乡村振兴。

2. 坚持以农为本和农民的主体地位　要以保护耕地为前提，提升农业综合生产能力，突出农业特色，发展现代农业，促进产业融合，提高农业综合效益和现代化水平。要保持农村田园风光，留住乡愁，保护好青山绿水，实现生态可持续。要确保农民参与和受益，着力构建企业、合作社和农民利益联结机制，带动农民持续稳定增收，让农民充分共享改革发展成果，共同富裕。

要充分发挥农村集体经济组织和农民在乡村建设治理中的主体作用，调动农民的积极性、主动性和创造性，把维护农民群众根本利益、促进农民共同富裕作为出发点和落脚点，确保农民持续增收，不断提升农民的获得感、幸福感和安全感。

3. 坚持一二三产业协同发展，推动农村现代农业的发展　在农业生产领域，农林牧三者互相依存，缺一不可，必须协同发展。在农业产业经营方面，要建立农产品的生产、加工和销售一体化经营的运行机制。乡村振兴的规划要发挥企业家和经济学家的才华。未来的30年将是企业家和经济学家大展宏图、显示才华的新时代。研究宏观经济的专家，既要研究乡村产业的规划与创新，又要研发传统产业的转型与发展。研究中观（产业）经济的专家，将为"三产融合"设计新模式与新机制。研究微观经济的专家，将深入到小城镇、农民专业合作社、联合社和家庭农场等新型的市场主体，研究创新经营方式和管理模式。

4. 坚持因地制宜，循序渐进　要依托现有农村资源，注重规划先行，统筹运用好农业综合开发、美丽乡村、特色小镇和田园综合体等建设成果，从各地实际出发，遵循客观规律，循序渐进，挖掘历史文化特色优势，体现区域差异性，提倡形态多元性，建设模式多样性，优化功能定位，探索一条特色鲜明、宜居宜业、惠及各方的乡村建设和发展之路。

5. 进一步加强农村基层党组织建设、强化制度保障 实施乡村振兴战略，是各级党委在新时代条件下带领人民进行的新的伟大革命。因此，要进一步加强农村基层党组织建设，进一步健全党的农村工作领导机制，完善以党组织为核心的乡村治理体系。领导干部要勇于创新，敢于担当，发扬追赶超的改革精神，自觉维护党中央权威和集中统一领导，自觉在思想上、政治上、行动上同党中央保持高度一致，为实现"产业兴旺、生态宜居、社会和谐、生活富裕"的乡村振兴作出贡献。

本文是史志诚在陕西省城市经济文化研究会"纪念改革开放40周年研讨会暨2018年陕西省城市经济文化研究会"年会上的发言，2018年12月15日。

第二部分

粮食与食品安全

推广农业创新技术的初步实践

——从地膜小麦的推广想到建立农业科技创新体系

干旱是制约陕西乃至整个黄土高原地区农业特别是粮食生产的主要因素。广大劳动群众在长期的生产实践中不断探索，总结出了防旱避旱、抗旱保墒等一系列措施，走出了一条发展旱作节水农业之路。特别是从 1996 年开始，陕西省试种地膜小麦 1 195 亩取得成功之后，到 1998 年就推广到 258.9 万亩。据初步测产，每亩增产 80～90kg，全省可增产小麦 2 亿 kg，推广面积之大，速度之快，增幅之高，效益之好，在陕西省农业技术推广史上前所未有，为旱地粮食再上新台阶开辟了一条新途径。回顾陕西省推广小麦地膜覆盖技术的初步实践，不仅对农业创新技术有了新的认识，而且引发人们对农业创新技术在实施"科教兴农"战略中的主导地位进行深层次的思考和探索。

一、对小麦地膜覆盖技术的再认识

陕西是中国农业的发祥地，旱作农业历史悠久。早在汉代就采用了"代田法"和"区田法"等旱作技术。陕西省渭北旱农区的劳动群众在生产实践中，总结推广了"提早深翻早蓄墒，合口过伏保底墒，冬春巧管防跑墒，雨后耙耱少耗墒，播前整地保口墒"等传统旱作农业技术。20 世纪 80 年代以来，李立科等旱作农业专家提出"氮磷配合一炮轰""以磷促根，以肥调水"以及川地大垄沟、山地水平沟等"两法种田"技术，旱地小麦从年平均 1mm 降水量只生产 0.25kg 提高到 0.5kg。随后又提出了"小麦高留茬，少耕翻，全程覆盖"技术，使自然降水的保蓄率由传统的 25％～30％，提高到 50％～65％，每亩多蓄水 40～60m³，小麦生产由年平均 1mm 降水量生产 0.5kg 提高到 0.8～1kg。使旱作节水农业跨越到一个新水平。

1996 年，在农业部领导的关怀支持下，陕西省在 18 个县多点示范种植地膜小麦 1 195 亩，平均亩增产 73.8kg，增幅 43.8％。小麦地膜覆盖技术的试种成功，打破了旱作技术推广工作徘徊不前的局面。1997 年全省推广面积达到 26.02 万亩，平均亩增产 91.5kg，增幅 44.8％。合阳县从 1996 年的 5.2 亩示范田起步，1997 年推广种植 10.8 万亩，平均亩增产 98.8kg，增幅 45.1％。地膜小麦大幅度增产，为开发渭北旱原，发展旱作农业，挖掘陕西省夏粮增产潜力展示了广阔的前景，引起了陕西省委、省政府领导的高度重视。陕西省委书记李建国同志在 1997—1999 年两个小麦生产年度先后六次深入合阳县进行调查研究，并和干部群众一起观察小麦长势、反复对比、现场收获，验证了地膜小麦的增产效果，指出大力推广地膜小麦是陕西省粮食再上新台阶的一项重大举措，要在渭北陕北旱原地区大力推广，由陕西省委、省政府发专门通知，安排这项技术的推广工作。

1998 年秋播前，陕西省委、省政府于 8 月 13 日联合发出了《关于在全省大力推广地膜小麦的通知》，在《陕西日报》上全文刊登，并配发题为《粮食生产上新台阶的重大举措》的社论，有力地推动了这一技术的大面积推广。全省种植地膜小麦由 1997 年的 26.02 万亩，一举发展到了 248.9 万亩，超过计划 200 万亩的 24.5%，是 1997 年的 9.4 倍。合阳县由 1997 年的 10 万亩扩大到 31.5 万亩，占到该县小麦播种面积的 62.9%，成为全国推广面积最大的县。为什么小麦地膜覆盖技术能够迅速得到如此大面积推广？

（一）小麦地膜覆盖技术是工业技术成果与生物技术、信息技术有机结合的一项综合性创新技术

小麦地膜覆盖技术不是单一的覆膜技术，而是在运用农业机械、化肥、地膜等工业技术成果的基础上，把含有生物技术的抗旱品种和含有高新技术的种子包衣与多项旱作节水农业技术巧妙结合的一项创新技术。实现了现代技术与传统技术的结合，工业技术与农艺技术的结合，各项抗旱技术与农业信息指导的综合配套。一次机播带动了地膜覆盖、垄沟种植、良种包衣、配方施肥、精量半精量播种等多项旱作节水技术，起到保墒、增温的作用。与过去单一抗旱技术的推广相比，提高了综合抗旱能力。在大旱之年发挥了明显的抗旱优势，出现了小旱不显旱，大旱变小旱的奇迹。据测定，小麦生育期地膜小麦在 100cm 以内土壤含水量较露地小麦增加 0.8～3.9 个百分点，相当每亩多保水 40～60m³。从播种到越冬期，地膜小麦耕层土壤温度比露地日均高 2.245℃，累计增加积温 190～210℃，使小麦生产发育提前，有效分蘖增加，平均亩穗数增加约 1 万穗，穗粒数增加 5.3 粒，千粒重增加 3g 左右。小麦地膜覆盖栽培作为一项非工程技术，投资少，见效快，节水抗旱，增产效果显著，而且容易操作，群众在短期内可以掌握，能够以家庭为单位组织实施，具有大范围推广应用的价值。

（二）小麦地膜覆盖技术实现了农业科技转化与部门产业革新的有效结合，是干旱地区粮食开发的一项主导技术

主导技术是在一定时期内能够打破原有技术体系的平衡，从而引起其他部门的技术革新、技术革命直至产业革命的连锁反应的技术。有关专家指出，小麦地膜覆盖技术正是如此，其推广涉及许多产业部门。农业机械部门要研制新型覆膜配套机具；化学工业部门要生产与之相适应的新型薄膜和肥料；农业部门要打破陈规开展各项新的技术服务，推进种子工程；扶贫部门要以此为契机，增加投入，尽快实现温饱目标；银行等金融机构看准这项技术的增产效益，确定为重点投资项目；干旱地区政府看准这一创新技术异常活跃，更是以行政推动促进农业增产和农民增收。因此，在旱农区推广地膜小麦成为政府迅速决策、部门联合行动、农科教示范培训、农民群众自觉应用的一项旱作农业主导技术，从而带动了农业机械、农技推广和农村工作。一些农民群众反映说，政府抓地膜小麦是为农民办了一件好事、实事。从战略意义上来说，这项主导技术，将为建设陕北渭北新粮仓提供一项新的技术保障。

（三）小麦地膜覆盖技术大幅度的增产能力使旱地小麦生产力发生了质的飞跃，是小麦生产跨上新台阶的希望所在

科学技术是第一生产力。用传统的耕、犁、耙、耱措施，只能保住天然降水的25%～30%，而地膜覆盖保墒可把天然降水的保蓄率提高到 55%～65%。过去的旱作农业技术一般增产 20%～30%，而地膜小麦增产幅度达 40%～50%。根据陕西的推广经验，一般亩增产 100kg 小麦,亩增收 100 元。除此之外,干旱半干旱地区种植地膜小麦,可以推迟小麦播期 10 天左右,变一年一熟为一年两熟或二年三熟,提高旱地复种指数,为种植业结构的调整创造了条件。实行地膜覆盖,为陕西省渭北地区耕作制度改革提供了可能。地膜小麦达到了少种高产、稀植高产,不仅为旱地粮食生产的集约经营创造了条件,为农村多种经营腾出发展空间,而且将为提高小麦品质,大面积生产专用小麦,推动农业产业化经营,增加渭北、陕北地区农民收入作出新的贡献。

二、总结推广小麦地膜覆盖技术的新经验

新中国成立半个世纪以来,在农业领域推广了许多适用增产技术,包括列入丰收计划的小麦规范化栽培技术,规模一般几十万亩到百万余亩,旱地亩产量 200kg,水地亩产量 400kg,很难有超常规的突破,从来没有像地膜小麦推广速度如此之快,面积如此之大,出乎人们预料。这究竟是为什么?回顾三年来从千亩示范到两百多万亩推广面积的初步实践,有许多新经验值得总结。这些新的经验主要如下。

(一)小麦创新技术的推广转化为政府决策

干旱突出的陕西一遇大旱要么夏粮大减产,要么秋粮大起大落。"九五"开局,按照"粮食上台阶,玉米挑重担"的思路,陕西省政府连续三年推广玉米"三项技术",使粮食"八五"期间徘徊在 103 亿 kg,一下子提高到"九五"前三年的 118.8 亿 kg,其中两年秋粮总产量突破 75 亿 kg 大关。1996 年,夏粮遇旱大减产,仅 43.39 亿 kg,掉进历史谷底,靠什么旱作技术稳定和提高夏粮总产量?1996 年 9 月在大荔视察农业的程安东省长,把注意力放在陕北渭北这块黄土地上,之后王寿森副省长提出"稳定陕南,提高关中,开发渭北、陕北"的粮食发展战略思路。1997 年 10 月,刚刚到任的李建国书记,来到渭北合阳县视察工作。发现该县推广的 10.8 万亩地膜小麦长势良好,当听到合阳县农业局局长王稼林介绍每亩可增加 100kg 时说:"别说亩增产 100kg,就是 50kg 也干。"1998 年 3 月 27 日,李建国书记第二次来合阳,听到陕西省农业厅汇报渭北有 800 万亩适宜推广区,全省 1998 年计划扩大推广 60 万亩时问道:"为什么不再扩大一点?一年搞 200 万亩,到 2000 年搞 600 万亩,仅此一项就可增产 6 亿 kg 粮食。"通过深入调查研究,将推广地膜小麦列入 1998 年陕西省委、省政府工作要点,进入决策。两年的示范推广,进而转化为政府决策,变为小麦旱作地区各地市、县区的政府行为。各级党委、政府高度重视,进行思想动员,制定政策,开展技术培训。陕西省秋播会议期间,咸阳市委、市政府就召开专题会议,部署工作,市长与各县长签订合同,明确任务,责任到人,并制定了奖罚措施。

(二)培训农民,把推广小麦地膜覆盖技术变成农民的自觉行动

技术推广工作实质上是对农民的技术教育。合阳县 1997 年推广 10 万亩的一条重要经验是采用新的培训方式,乡镇干部率几千农民去山西实地考察。这与过去派几个领导考察,抓一批基层技术干部的学习培训方法不同,效果也截然不同。1998 年为完成 200 万亩推广任务,陕西省农业厅组织专家研究制定了技术规范,编印了《地膜小麦高产技术》培训教材 1 万册,印发了面向农民的图文并茂的《地膜小麦高产指南》宣传材料 4 万份。与陕西省科学技术委员会举办了两期地膜小麦师资培训班,受训干部 400 多人次,各地积

极采取多种形式开展培训宣传，先后有 56 个县，5 000 多农民和技术干部赴合阳观摩学习，仅洛川县就有 1 600 多农民下关中、学合阳。使种植农户至少受训一次，有一张技术"明白纸"。

科学技术只有让农民群众掌握，才能变成现实的生产力。一次"创新技术"的推广带来了一次观念更新，以往老陕西那种"醒得早，起得迟，出门难"的等靠保守观念不见了，农民群众在事实面前折服了，对地膜小麦很快热起来，推广面积迅速扩大。

（三）部门配合，形成合力

一项创新技术，主导技术，涉及多产业、多部门的配合。各部门以推广地膜技术为契机，掀起了各行各业齐抓农业的热潮。陕西省财政拿出 200 万元，全省地县财政投入 1 560万元，用于机具补助和技术培训工作；银行落实贷款 7 580 万元支援推广；陕西省扶贫办公室将地膜小麦列入"温饱工程"项目，对贫困县的贫困户每亩补助 8 元，再提供扶贫贷款 30 元；农业部门全力以赴抓组织协调和宣传培训工作，陕西省农业、农机部门的负责同志跨出行业界限，出马当"红娘"，主动架起了农机、农膜生产厂家与银行之间的桥梁，协调资金 800 多万元，解决了企业的燃眉之急；农机化工部门积极研制生产适合陕西省实际的机具和地膜，保证及时供应，提供优质服务。

三、推广农业创新技术必须建立农业科技创新体系

党的十五届三中全会《中共中央关于农业和农村工作若干重大问题的决定》指出："推进农业科技革命，要在广泛运用农业机械、化肥和农膜等工业技术成果的基础上，依靠生物工程、信息技术等高新技术，使我国农业科技和生产力实现质的飞跃，逐步建立起农业科技创新体系。"推广小麦地膜覆盖技术这一农业创新技术的实践告诉我们，在农业和农村经济发展的新阶段，要实现农业增产、农民增收，务必推广更多的农业创新技术，而推广农业创新技术，必须建立农业科技创新体系，只有这样才能使我国传统农业追赶上世界现代农业的步伐。

陕西省地膜小麦推广取得了一定成绩，但推广的任务还很重，1998 年要推广 400 万亩，1999 年要达到 600 万亩。就地膜小麦这一创新技术而言，也还需要不断完善，如播种模式、播期播量、机具改进和地力配肥等需要进一步改进，白色污染的问题需要尽快攻关研究，加以解决。地膜小麦推广仍须政府支持，离不开强有力的政府引导和推动。纵观我国农业不同时期在种子、化肥、灌溉和创新技术几次大的农业技术革命的历程，之所以取得成功，都是和政府的引导推动、大力支持密切相关的。要积极推广先进地、县的经验，实行责任制，明确任务，制定措施，做到良田、良种、良法相配套，面积、指标、措施三落实，行政、技术、物资三到位，使推广工作再上新水平。

面向 21 世纪，陕西特色农业的发展，呼唤更多的农业创新技术。我们有责任在认真总结地膜小麦、玉米"三项技术"推广经验的同时，坚持农业科技体制和农业技术服务体系的改革，坚持基础理论研究与应用技术研究相结合，高新技术与常规技术的应用相结合，农用机械、农用工业与农艺措施的应用相结合，农技推广与信息服务相结合。在农作物生产、畜牧业、果业、蔬菜及区域农业的特色产业开发上，推广农民欢迎、操作简便、效益明显的创新技术。在继续抓好种子工程、优果工程、沃土工程、农机节本增效技术的

实施和广泛应用的同时，还要引进和研制新的秸秆覆盖技术、节水灌溉技术、地膜降解技术、薯类脱毒技术、果品的无病毒苗木技术、无土栽培技术以及生物技术，为农业增产、农民增收和农村的繁荣，为陕西省人民依靠更少的耕地而过上更加富裕的生活而努力奋斗！

本文刊登于《中国党政企干部优秀论文选》，1998 年，第 103-106 页；陕西省人民政府《陕西政报》，1999 年，第 14 期（决策者论坛），第 28-30 页。

陕西省玉米小麦地膜覆盖栽培技术的应用与推广

地膜覆盖栽培技术是随着现代化学工业的发展而发展起来的。日本是世界上研究应用地膜覆盖最早的国家之一，从 20 世纪 50 年代初就开始在蔬菜、花生和烟草等作物上应用。美国、苏联、意大利和以色列等国也相继将地膜应用于棉花、烟草和蔬菜等作物。国外在地膜覆盖研究和应用方面，虽然比我国起步早，但多集中于经济效益较高的蔬菜、瓜果和花卉等经济作物上，在粮食作物上应用较少。

我国从 1978 年引进日本地膜覆盖栽培技术，首先应用于蔬菜、瓜果、棉花和花生等经济作物。1986 年开始在粮食作物（主要是玉米）上较大面积应用，1994 年全国地膜玉米已扩大到 110 万 hm^2。1996 年，地膜覆盖技术应用到小麦生产上。

陕西省 1986 年开始推广地膜玉米栽培技术，1997 年达到 26.24 万 hm^2（含拱膜育苗移栽 13.9 万 hm^2）。地膜小麦从 1996 年开始试种 $80hm^2$，1997 年地膜冬小麦播种面积达 1.73 万 hm^2。为此，总结地膜覆盖技术的推广工作具有重要的现实意义。

一、玉米地膜覆盖栽培技术增产效果显著

（一）开辟玉米高产新途径

玉米是陕西省的主要粮食作物之一，其中春玉米占玉米总面积的 40%。由于"旱（干旱）、薄（地力瘠薄）、粗（耕作粗放）、稀（密度稀）、少（投入少、积温少）、短（无霜期短）"等不利因素的制约，春玉米产量长期低而不稳，平均单产不足 3 000kg/hm^2。为提高春玉米产量，各地做了不少努力，总结出不少技术措施，但增产潜力有限。

陕西省从 1986 年开始引进玉米地膜覆盖栽培技术，并在陕南秦巴山区高寒地带试种，增产效果明显，解决了低温冷害问题，使玉米杂交种得以正常成熟，平均每公顷增产 2 250kg，增幅 61%，为解决山区群众温饱问题找到了出路。

1987 年，陕西省农业厅驻靖边县工作队，在该县黄土高原海拔 1 300m 以上，年降水量只有 350mm，无霜期 115d 的山坡旱地上种植的地膜玉米，平均单产 3 292.5kg/hm^2，每公顷增产 2 800.5kg，增产近 7 倍；在滩水地上种植的地膜玉米，平均单产 12 322.5kg/hm^2，比大田每公顷增产 5 587.5kg，增产 83%，而且出现了单产高达 17 730kg/hm^2 的一季吨粮田块，开创了陕北黄土高原旱作农业高产新途径，为粮食产量跨上新台阶找到了出路。

（二）增产增收，推动了粮食生产的发展

地膜玉米的试种成功，给陕北、渭北及陕南山区粮食生产的发展带来了希望。各地积极采取措施，迅速推广。推广面积由 1988 年 1.14 万 hm² 增加到 1997 年的 12.33 万 hm²，10 年累计推广面积达 53.5 万 hm²，平均单产量 6 577.5kg/hm²，每公顷增产 2 679kg，增产率 68.7%。总产量粮食 352 万 t，总增产粮食 143 万 t，扣除新增成本，每公顷增加纯收入 2 880 元，总增纯收入 15.4 亿元。不少地方还出现了地膜玉米一季吨粮田。1993 年旬邑县新民乡 0.367hm² 地膜玉米示范田，平均单产量达 20 010kg/hm²，创历史最高纪录。1995 年榆林市小纪汗万亩丰产样板田，平均单产量达到 17 488.5kg/hm²。

自 1988 年开始大面积推广包括地膜覆盖在内的综合配套技术以后，陕西省玉米生产迅速发展。玉米单产量由 1988 年的 3 075kg/hm²，增加到 1993 年的 4 247.3kg/hm²（表 2-1），平均增长 234kg/hm²，总产量由 1988 年的 289 万 t 增加到 1993 年的 425 万 t，平均年递增 27.2 万 t。到 1996 年，全省实现了玉米面积、单产、总产三突破，创造了历史最高水平。全省种植玉米 111.8 万 hm²，超计划 5.13 万 hm²，是历史上面积最大的一年，比上年实收面积多 21.53 万 hm²。玉米单产量 4 260kg/hm²，总产量 476 万 t，比历史最高产的 1993 年单产量提高 13.5kg/hm²，总产量增加 51 万 t，分别增长 1.8% 和 1.2%，玉米总产量占全省粮食总产量的比例由 1993 年的 35% 上升到了 38.8%。

表 2-1　1988—1996 年陕西省粮食及玉米单产量变化情况

单位：kg/hm²

年份	1988	1989	1990	1991	1992	1993	1994	1995	1996
粮食	2 415	2 550	2 595	2 565	2 542.5	3 000.7	2 301.7	2 399.2	2 865
玉米	3 075	3 180	3 255	3 435	3 462	4 247.3	2 651.2	3 127.5	4 260

（三）实施"温饱工程"，脱贫效果显著

陕北、陕南是陕西省的贫困地区，也是地膜玉米的适宜推广区。从 1991 年开始，陕西省按照全国部署，把地膜玉米（包括拱膜育苗移栽技术）作为科技扶贫，解决贫困地区群众温饱的重大措施，有计划、有组织地采取技术、资金、地膜、化肥和良种等综合输入，配套服务的办法，大力推广，极大地推动了粮食生产和贫困地区经济的发展。1991 年地膜玉米发展到 5.4 万 hm²，较 1990 年增加 2.3 万 hm²，拱膜育苗移栽 4.82 万 hm²，比 1990 年增加 2 万 hm²。1991—1996 年全省累计推广地膜玉米 35.5 万 hm²，平均单产量 7 209.6 kg/hm²，单产量增加 3 017.7kg/hm²；拱膜育苗移栽玉米 47 万 hm²，平均单产量 3 656.8 kg/hm²，单产量增加 1 482kg/hm²。两项技术累计计推广 82.56 万 hm²，增产粮食 176.9 万 t，净增产值 19.1 亿元。该技术的推广共解决了 137.6 万户、698 万人次的温饱问题，使贫困地区人均粮食年增加 95kg，增收 75.2 元。特别是 1994—1995 年连续大旱，全省 50 个贫困县坚持种地膜玉米 15.33 万 hm²（包括拱膜育苗移栽），取得了单产量 5 160kg/hm²，总产量 79.12 万 t 的好收成，为相当多的贫困户争得了救命粮。

1997 年全省地膜玉米 26.24 万 hm²（含拱膜育苗移栽），其中贫困地区 20.27 万 hm²，贫困户人均达到 0.067hm²，按单产量增加 2 250kg 计算，301 万贫困人口，人均增粮 150kg。玉米地膜覆盖栽培既增粮、又增值，还能防止返贫，是解决脱贫问题的重要措施。

二、地膜覆盖栽培为旱地小麦高产开辟了新途径

小麦地膜覆盖栽培是甘肃省农业科学院李守谦研究员与山西省闻喜县农民技术员王仪春多年的科研成果，近年来在北方冬麦区迅速示范推广，增产增收效果显著。

（一）增产幅度大，经济效益高

1997年全国推广面积已达21万hm^2，一般单产量增加1 500kg/hm^2，增产幅度近30%，净增纯收益1 500元/hm^2左右。

陕西省从1996年秋开始引进试验，在渭北、陕北的18个县试种地膜小麦80hm^2，平均单产量3 634.5kg/hm^2，单产量增加1 107kg/hm^2，增幅43.8%。其中15个县的近40hm^2地膜冬小麦，平均单产量5 664kg/hm^2，单产量增加1 512kg/hm^2，增幅36.4%。榆林地区3个县在露地春小麦几乎干旱绝收的情况下，40hm^2地膜小麦平均单产1 693.5kg/hm^2，比对照增产718.5kg/hm^2，增幅73.7%。地膜小麦在关中灌区也有很好的增产效果。据临潼县试验，平均单产量5 887.5kg/hm^2，比对照增加1 573.5kg/hm^2。1997年秋播全省示范推广的1.73万hm^2，平均单产量增加1 372.5kg/hm^2，增幅达44.8%左右，增收900～1 500元/hm^2。

（二）适应性广，可推广区域大

地膜小麦特别适宜于高寒冷凉地区及不能保灌的干旱灌区和半干旱的雨养农业区推广。陕北、渭北和关中灌区旱地及没有保灌条件的水浇地，小麦面积80万hm^2，占全省小麦播种面积的50%，从光热资源、降水量、土壤等基本条件看，都是适宜推广区。如果在渭北推广13.3万hm^2，每公顷新增小麦1 125kg，则可新增15万t，推广40万hm^2，则可新增45万t，是建立陕北渭北新粮仓的一项战略性措施。

（三）推广地膜栽培技术，实现科技扶贫

陕西省贫困人口主要集中在干旱少雨地区，多年来，这些地区推广地膜玉米已取得显著成效，如果加上地膜小麦的推广，可以改善食品结构，满足人民生活需要。地膜小麦既能增产，还能增收，每公顷增加纯收入750～1 500元。在丰产年份，将地膜小麦与玉米等作物套种，实现一次覆膜，两季增产，对解决贫困地区群众温饱问题具有十分重要的意义。

三、地膜覆盖栽培的增产机理

（一）改善了作物生长发育环境

1. 保墒抗旱　由于地膜阻隔了土壤中有限水分的无效蒸发，提高了水分的利用率和抗旱能力，小旱不显旱，大旱变小旱。一般耕层含水量比露地高2%～3%。

2. 提高地温　地膜栽培可使耕层土壤温度提高2～3℃。在玉米生育期内，可增加有效积温300～400℃；小麦播种至越冬增温190.8℃，返青至抽穗增温54.6℃，累计增温245.4℃。

3. 改善土壤理化性状　由于土壤温湿度的提高，有利于土壤微生物的繁殖与活动，加快化学反应速度，促进肥料的分解利用和改善土壤结构。据测定，盖膜的耕层土壤铵态氮含量比露地多87.5%，P_2O_5含量多33%，K_2O含量多9.1%。土壤容重降低0.107 g/cm^3，

孔隙度增加 6.8%。

(二) 改变了作物生育进程

在低温干旱、无霜期短的春玉米区，地膜玉米可早播种 10d 左右，出苗率提高 5%～10%，抽雄期提早 15～18d，处在 7 月上旬全年降水高峰，使玉米避开"卡脖旱"，玉米全生育期缩短 18～25d，躲过后期低温、阴雨、光照不足而造成的低温逼熟。使杂交玉米的适宜种植区域的海拔高度提高 300m 以上，北移 200 km 以上。

地膜小麦一般出苗期提早 3～5d，分蘖早 8d，冬前分蘖数增加 2 个以上，有利于提高大蘖成熟率，穗数增加。返青提早 15d，抽穗提早 4d，相对延长了穗分化期和灌浆期，有利于形成大穗大粒。一般穗粒数增加 6 粒，千粒重增加 2～3g。这是地膜小麦增产的关键所在。

(三) 带动多项技术的综合应用，发挥整体增产效应

地膜玉米将选用优良杂交种、适期早播、配方施肥、合理密植等各项增产措施综合配套，提高了总体效益，有效地克服了春玉米生产上的"旱、薄、粗、稀、少、短"等问题，使春玉米产量大幅度提高。

地膜小麦机械操作，从播种开始就带动了具有抗旱性能的大垄沟技术，抗旱良种的统一供种、精量半精量机械播种、种子包衣和配方平衡施肥等多项技术的综合应用，使各项技术的整体增产作用得到充分发挥。

(四) 提高复种指数

在地膜玉米、地膜小麦行间套种其他作物，实现一次覆膜，两料增产。地膜小麦可推迟播种 15d 左右，为回茬地扩种小麦提供了条件。

四、加速推广地膜覆盖技术的主要措施

(一) 统一思想，提高认识

完成陕西省政府提出的"米袋子"工程建设任务，需要把陕西省粮食综合生产能力在 1 200 万 t 基础上再提高 250 万 t 以上。全省还有 50 个贫困县，301 万贫困人口温饱问题有待解决，这些县多分布于低温冷害和干旱严重的陕南秦巴山区和陕北高原，适合推广地膜玉米与地膜小麦。如果全省每年推广地膜玉米 20 万 hm²、拱膜育苗移栽 13.33 万 hm² 和地膜小麦 13.33 万 hm²，单产量分别按 7 500kg/hm²，3 750kg/hm² 和 4 500kg/hm² 计算，就可生产粮食 260 万 t，单产量增加分别按 3 000kg/hm²，1 500kg/hm² 和 1 500kg/hm² 计算，年增加粮食 100 万 t。尤其是在光照充足、土层深厚和土地面积大的陕北、渭北，推广地膜玉米、地膜小麦，可使该区粮食生产有一个突破性的增长，为全省粮食发展及整个西北地区的粮食区域平衡做出更大贡献。因此，高度重视，大力推广这项增温保墒的高产技术，提高粮食产量，并为畜牧业的发展提供充足的饲料资源，对粮食增产、脱贫致富有重大意义。

(二) 加强领导，行政推动

把地膜覆盖技术推广列入陕西省政府"米袋子"工程和扶贫攻坚计划，逐级落实任务。要突出技术培训、物资供应和农机配套服务。特别是小麦的地膜覆盖，必须以机具保面积，狠抓机械作业服务。要定期检查评比，奖优罚劣，与政绩、利益挂钩。

(三) 优惠政策，利益驱动

实行地膜价格补贴；购置农机具，给予贷款贴息；视财力状况给予适当补贴；推行科

技承包，提高奖励标准。

（四）多点示范，典型带动

根据全省不同区域地形和技术的规范要求，进行多点示范，树立高产典型，以辐射带动推广工作，促进技术的大面积推广，为农业生产作出更大的贡献。

（五）不断试验研究，深化技术革新

进一步完善播种机具技术指标，减轻苗穴错位现象；积极探索地膜小麦高产的最适品种、播期、密度等农艺指标；将地膜栽培与冬麦北移相结合，探索高产新途径。

本文发表于《西北农业大学学报》，1998 年，第 26 卷第 6 期，第 75-79 页；面向 21 世纪的科技进步与社会经济发展（上册）；1999 年 10 月 18 日。

关于实现陕西省"粮食产需基本平衡"的十条建议

国务院根据全国各省（自治区、直辖市）粮食供需的实际情况，将全国划分为三种不同类型省。第一种是产大于需的粮食主产省，定为粮食调出省；第二种是需大于产的粮食主销省，定为粮食供应省；第三种是产需基本平衡省，定为粮食自给省。陕西省被划为第三类，属粮食"产需基本平衡省"。这个"定位"符合陕西省实际。今后，在粮食问题上，陕西省的长期任务，就是要保持粮食产需的基本平衡，实现粮食自给。围绕如何实现这一重大目标，进行了专题调研，现将有关情况和建议报告如下。

一、实现陕西省粮食产需基本平衡的任务是艰巨的

（一）粮食需求不断增大

据统计，陕西省 1998—2003 年的 6 年中，只有 1998 年一年粮食产大于需，其余 5 年均为需大于产，平均每年缺口 95.3 万 t，产需差为 8.2%。在正常年景下，全省小麦缺口 70 多万 t，稻谷缺口近 70 万 t，玉米富余近 60 万 t。余缺相抵，总缺口量约为 80 万 t。长期以来，陕西省粮食生产低而不稳，单产量最高的 1998 年为 215.5kg，比全国低 84.5kg。总产量也不稳，最高年与最低年总产量波动幅度达 26%。由于人口的刚性增长，生活水平不断提高，今后对粮食的需求量还将不断增大。陕西省人均粮食产需差，1998 年为人均富余 50.6kg，2003 年已变为人均短缺 62.5kg。根据第五次人口普查，到 2010 年，全省人口将达到 3 808 万人，人均需要粮食 338kg，2025 年，人口达到峰值 4 066 万人，人均需要粮食 354kg，缺口将继续扩大。

（二）三大制约限制粮食增产

1. 耕地减少　1978 年陕西省人均耕地 2.08 亩，2003 年减为 1.10 亩，减少近一半，今后肯定还要减少。

2. 水资源短缺　陕西省十年九旱，增产必须增加灌溉面积。但随着工业化、城市化的发展，工农业之间、城乡之间争水的矛盾会日趋突出，形势更加严峻。

3. 资金短缺　财政给予粮食生产的资金支持与实际需求差距非常大。信贷资金和农

户自有资金投入又非常有限。这三大制约，是限制粮食生产突破的主要障碍。

（三）各级领导干部对农业普遍重视不够

由于农产品供给相对充裕，许多领导干部盲目乐观，甚至认为农业问题已经解决了，工作重点转向抓工业，放松了抓粮食生产，过去一些行之有效的粮食增产措施也不提了。这个问题如不解决，要实现陕西省粮食供需基本平衡的要求将是很困难的。

二、确保陕西省粮食产需基本平衡的三个主要条件

（一）在生产方面，粮食年总产量必须稳定在 1 000 万 t 以上

这是解决粮食产需基本平衡的基本保证。根据测算，今后几年内，全省每年的粮食基本需求量约为 950 万～1 050 万 t。也就是说，年总产量无论如何不能低于 1 000 万 t。要保证这个底数，全省粮食播种面积必须稳定在 5 000 万亩以上、粮食亩产必须稳定在 210kg 以上。只有这样，才能使全省粮食的产需差不超过 10%。

（二）在流通方面，必须搞活粮食市场

据有关资料计算，陕西省粮食纯贸易量每年约为 500 万 t，其中农民出售约 400 万 t，外省流入约 100 万 t。在纯贸易量中，销在农村的（含口粮、种子、饲料）约 200 万 t，销在城镇的（含口粮、工业和饮食业用粮）约 300 万 t。也就是说，如果每年不能争取到从外省购入 100 万 t，陕西省城乡的粮食供应就会出现问题。因此，一定要密切注意全省和全国粮情变化，努力把粮食市场搞活，适时合理"吞吐"，确保省内外粮食流通顺畅。

（三）在储备方面，要推行多元化的粮食储备制度

省级粮食储备应稳定在 70 万 t 以上，加上市级政府和部分县的储备，全省政府储备要达到 100 万 t，占年贸易总量的 20% 左右。同时还要积极提倡农民和用粮企业参与储备，以确保大灾之年粮食不出大问题。

三、确保陕西省粮食产需平衡的十条措施

（一）制定陕西省粮食产业的中长期发展规划

进一步明确新时期陕西省粮食产业发展的指导思想、中长期目标和区域布局，特别是对粮食主产区要提出明确要求，规定粮食产业的发展目标。要把稳定粮食播种面积、增加农民种粮收入、提高单产量和提高品质作为今后粮食生产的主攻方向和工作重点。

（二）严格执行耕地保护政策

要确保 5 000 万亩以上的粮食播种面积。坚决查处借"开发"之名随意圈地的行为，将基本农田保护区落实到村组和地块。为了有效制止农村乱批乱占宅基地现象，建议暂时冻结宅基地（占用耕地）的审批，特殊需要的要报市人民政府批准。今后农村建房，主要应在现有宅基地的基础上立体发展。要坚持"征一建一"的原则，凡占用农田的，都要兴建同等质量数量的基本农田。建议拿出 1/3 的耕地占用税用于开发新的耕地。

（三）大力加强农田水利设施建设

加快东庄水库等若干重大灌溉水源工程项目建设。及时修复损毁的水利设施。扶持陕南地区的石砍梯田、陂塘、陕北淤地坝、集雨窖等小型水利和基本农田的建设，提高抗灾能力，提高土地的产出率。

（四）加强对粮食主产区的扶持

建议以现有 32 个粮食直补县为基础，适当调整和增加，建立 50 个粮食主产县。增加的县是耀州、宜君、彬县、永寿、陇县、麟游、靖边、定边、横山、榆阳、宝塔、宜川、西乡、汉阴、旬阳、洛南、商州、山阳等。粮食主产区建设，要通过粮食的产业化经营增产增效。

（五）恢复对有效增产实用技术的扶持

过去利用扶贫资金、陕建资金扶持的地膜覆盖栽培、玉米育苗移栽等技术，每亩增产达 50～150kg，效果十分显著。此项政策应予以恢复并增加面积。建议各级财政在每年新增财力中拿出一部分资金，扶持良种推广、精细栽培、植物保护、土壤肥料和农技培训等。

（六）加快推进粮食主产区的产业化经营

建设关中 800 万亩优质小麦标准化生产基地，陕北 200 万亩名优杂粮绿色食品基地，陕北、关中、陕南 400 万亩优质薯类产业带。在优质强筋小麦生产基地发展方便面、面包和饼干等食品加工业。在玉米带上大力发展奶牛，推进奶产业的快速发展。在陕北发展以小杂粮为主的粮食加工出口基地。形成粮食生产、食品加工、产品销售企业集群和产业链条。

（七）发展一批具有规模经营的粮食生产企业和种粮大户

选择一部分有基础、有潜力的粮食大县和国有农场，为"三高田""吨粮田"装备大型农机，实行规模经营，提高粮食商品率。在粮食主产县和陕北长城沿线的河道沿岸及下湿滩地区，发展一批户均 100 亩以上的种粮大户，并将种粮大户的户主培养成为农技员，形成一批带动粮食生产的龙头企业和粮食大户。

（八）加强粮食批发市场建设

形成以省级粮食批发市场为中心，西安、宝鸡、渭南、汉中、榆林 5 个区域性专业批发市场为支撑，县级粮食市场为补充的粮食市场体系，推进粮食产区和销区建立更为紧密的购销关系。

（九）落实对粮食生产的各项扶持政策

各级财政都要建立专户管理制度，把中央决定的种粮补贴、良种补贴、购买大型农机具补贴、免征农业特产税和降低农业税政策落实到位；对粮食主产县的种粮大户，提前免除农业税，粮食加工和流通企业实行最低税率；采用省、市财政补贴的办法，降低粮食主产县高扬程灌区的灌溉水价；实行粮食"绿色通道"政策，对救灾粮、种子粮等运输车辆适当减免过桥、过路费。

（十）建立粮食宏观调控预报预警机制

设置粮食安全警戒线，凡粮食播种面积下降到 5 000 万亩/年以下（夏粮 2 000 万亩，早秋 1 300 万亩，晚秋 1 700 万亩）；人均自产粮食占有量下降到 300kg 以下；省市政府掌控的粮食储备库存量下降到 50 万 t 以下时，要立即报告政府，及时启动粮食安全应急预案，维护粮食有效供给和社会稳定。

本文是 2004 年 11 月 2 日完成的陕西省决策咨询委员会咨询课题。课题主持人：史志诚；成员：史俊通、李佩成、惠应南、刘华珍、曹玉过、刘炳武、杨永善、罗久序、党双忍、翟学斌、李强庆、王运林、孟令仓、王益辉。本课题获得 2004 年陕西省决策咨询委员会优秀建议一等奖。刊载于《决策咨询年刊》，2004 年，第 83 - 85 页。

开发建设"陕北旱地粮仓"已刻不容缓

陕西是全国 11 个粮食产销平衡省份之一,承担着国家新增 500 亿 kg 粮食生产能力规划中新增 25 亿 kg 粮食的增产任务。然而,近八年来,陕西省粮食总产量一直徘徊在 100 亿~115 亿 kg,2011 年达到 119.5 亿 kg。这与 1998 年粮食总产量 130.3 亿 kg 相比,低 10 亿 kg,与全国粮食亩产量和人均占有粮食平均水平比较还有较大差距。2011 年全国粮食亩产量达到 344kg,而陕西省只有 254kg,相差 90kg;全国人均占有粮食 426kg,而陕西省只有 320kg,相差 105 多 kg。如果人均占有粮食达到 400kg 安全警戒线,按 3 740 万常住人口计算,则在 2011 年粮食产量的基础上,还需增产粮食 30 多亿 kg。由此可见,实现粮食基本自给,供需平衡是今后陕西粮食安全的一项重大任务。

一、陕西省粮食生产需采取"灌溉区与旱作区并重"战略

近十年来,随着国际国内粮食产需状况发生了重大变化,直接和间接影响陕西省粮食供应。2011 年全国粮食总产 5 712 亿 kg,进口粮食 580 亿 kg,超过粮食产量的 10%。2010 年以来陕西省粮食生产也从过去的"三缺一余,余缺调剂"(小麦、大米、大豆短缺,玉米有余)变为目前的净进口省。这标志陕西省主要粮食品种进入"四缺"时期,失去品种调剂的主动权。2011 年玉米产量 55 亿 kg,缺口 10 多亿 kg。因此,要解决玉米缺口和粮食供需平衡问题,就必须调整玉米主产区的发展思路,采取"灌溉区与旱作区并重"战略,开发"陕北旱地粮仓"将成为未来陕西粮食生产发展的必然趋势和面临一次新的战略选择。其主要原因如下。

(一)粮食播种面积减少,粮食生产形势严峻

陕西省粮食播种面积由 2005 年的 5 043 万亩下降为 2011 年的 4 739 万亩。2012 年小麦播种面积 1 691 万亩,较 2011 年减少 0.8%。从保证粮食安全的战略高度看,随着人口的不断增长、耕地和水资源的减少以及人们生活水平提高对粮食增长的需求,粮食生产形势将十分严峻。陕西省现有人口 3 735 多万,要达到目前全国人均占有粮食 400kg 的标准,共需要 150 多亿 kg 粮食,缺口达 30 多亿 kg,按 85% 的自给率算,至少也需要 177.5 亿 kg,若按 2010 年全省生产粮食 116.5 亿 kg 的能力,缺口仍达 10 亿 kg。

(二)陕西省主要粮食品种进入"四缺"时期,玉米产量将决定未来粮食形势

2004 年,国家从宏观上将各省(自治区、直辖市)分为粮食主产省、粮食主销省和产需基本平衡省三种类型,将陕西省确定为粮食产需"自求平衡"的省份。当时,陕西省粮食供应状况是"三缺一余"。2010 年以来,玉米开始购进。2011 年玉米产量 55 亿 kg,缺口 10 多亿 kg。玉米除了食用之外,主要作为动物的饲料,配合饲料中 80% 是玉米。随着肉奶禽蛋的需求不断增加,玉米的地位和价格也将提高,过去玉米价格是小麦的 1/2,现在已经高于小麦。因此,从品种结构看玉米产量将决定未来粮食形势,绝不可忽视。

（三）单一依靠关中灌区实现粮食增产难度增大

重视水地和水浇地的生产能力建设，对稳定和提高陕西省粮食产量非常必要，功不可没。但随着工业化、城镇化的快速推进和水资源的过度开发利用，全省灌溉面积不仅减少7％，而且关中灌区面积的扩大和单产水平的提升已接近极限，要新增 10 多亿 kg 粮食，主要依靠关中灌区显然是不可能的，需要发挥陕北旱地粮食增产潜力。

（四）陕北旱地粮食增产潜力远远没有发挥出来

多年来，陕西省把粮食生产的重点主要放在关中水地和水浇地上，而忽视了挖掘旱地尤其是陕北粮食生产的潜力。根据中国工程院卢良恕、沈国舫院士和陕西省内专家1997—1999 年的调查，认为渭北和陕北干旱地区具有很大的增产潜力。甘肃陇东地区与陕北地区具有类似的生态条件。陇东地区年降水量仅 302mm，全膜玉米和马铃薯从 2006年的 12 万亩，扩大到 2011 年的 1 071 万亩，其中全膜玉米 878 万亩，亩产 610kg，以占粮食总面积 25％的全膜玉米和马铃薯生产了占粮食总产量 56％的产量，增加效益 25.3 亿元。陕西省财政每年拨专项经费 2 亿多元，2012 年专项经费达到 3 亿元，市县财政配套达到 3.2 亿元，中央财政支持 1.2 亿元。全省粮食总产由 2004 年的 80 亿 kg 提高到 2011年的 101.5 亿 kg，7 年净增粮食 21.5 亿 kg，人均粮食由 2004 年的 307.5kg 提高到 2011年的 396.5kg。如果到"十二五"末，陕北旱地新增 5 亿～7.5 亿 kg 粮食，保证陕西省粮食总产量超过 130 亿 kg，实现和"甘肃陇东粮仓"连成一片，建成国家西部新粮仓的目标将对全国和陕西省的粮食安全产生重大影响。

二、陕北干旱地区具备发展"旱地粮仓"得天独厚的条件

（一）区位政策环境优越

2009 年，国家发展改革委员会曾以旱作节水农业示范县的名义给予子洲县一次性建设资金扶持。榆林市成立扶持南部地区办公室，增加资金投入。2012 年，国家批准实施的《陕甘宁革命老区振兴规划》中，把发展现代旱作农业作为该区域战略定位之一。《全国主体功能区规划》和陕甘宁经济区规划要求陕北干旱地区推行节水灌溉和雨水集蓄利用，发展旱作节水农业。《陕西省国民经济和社会发展第十二个五年规划纲要》提出，"挖掘陕北粮食生产潜力，建设陕西第二粮仓"。陕西省省级财政每年给榆林市扶持 1 亿元发展现代农业。农业部将延安市确定为现代农业示范区，也将给予新的扶持。此外，子洲县省级现代旱作农业示范园也提供了可借鉴的成功经验。因此，政策环境优越是陕北干旱地区发展粮食生产的重要条件。

（二）土地资源丰富

延安、榆林两市常用耕地面积 1 210 多万亩，人均 2.2 亩，高出全省平均近一倍。其中旱地面积占到 87％以上，地广人稀，土地平坦，特别适宜机械化作业和集约化经营。

（三）气候优势明显

陕北光照资源属全国高值区，延安年平均日照时数为 2 300～2 700h，榆林为 2 600～2 900h，远远高于全省 2 100h 平均数，且雨热同季，昼夜温差大，非常适宜农作物生长；近十年平均降水量榆林为 417mm，延安为 510mm。一般年份，依靠天然降水，采取旱作节水技术，就能基本满足粮食作物生长的需要，加上新品种新技术的推广应用，每毫米降

水量生产的粮食由目前 0.5kg 左右可以提高到 2kg。特别有利于玉米、大豆和马铃薯等粮食作物的增产。

（四）技术条件成熟

陕北农业技术力量雄厚，在科研、开发、示范和推广领域都有比较成熟的经验，粮食生产方面取得了多项科技成果，高产创建成效显著，如榆林市连续四年 5 类作物累计创造 39 项全国高产纪录；以地膜覆盖为核心技术和以优良品种、配方施肥、病虫害统防为主要内容的其他旱作技术集成组装、综合配套，为发展陕北旱作区粮食生产提供了有力的技术支持。

（五）经济基础较好

陕北能源化工基地的崛起为公共财政和民间资本积极投入粮食生产夯实了基础。如榆林市 2010 年财政总收入达到 400 多亿元，其中地方财政收入达到 200 多亿元，完全具备了工业反哺农业的经济基础。特别是今年陕北能源化工基地煤炭库存攀升，价格深跌，煤炭市场疲软，陕北"后能源时代"正在来临，一些民营企业家和民间资金正在转向农业和农村的开发与建设，是一个难得的好机遇。

三、开发建设"陕北旱地粮仓"已刻不容缓

（一）将开发建设"陕北旱地粮仓"纳入国家、省级重大项目和省长"米袋子"工程

开发建设"陕北旱地粮仓"要有专门的班子负责，科学规划，有序实施。

（1）在工程项目实施区，凡涉及粮食生产方面的资金，如农业四项补贴资金、农业综合开发资金、扶贫资金及其他专项资金等应统一协调，捆绑使用，以提高其使用效果。

（2）改变资金投放方式。部分粮食直补资金可由原来直接投放给每个农户转向投放给粮食专业合作社，既可保证专款专用，又便于检查监督。

（3）出台新的扶持"陕北旱地粮仓"建设的特殊政策，增加粮食生产补贴范围和标准、提高主要粮食最低收购价标准、设立财政粮食保险补贴专项给予支持。

（4）作为国家"生态功能区"，这一地区同时作为非转基因粮食作物保护区，提高市场竞争力。

（5）坚持农牧结合，把粮食生产、畜牧业和退耕还林紧密结合起来，形成农、林、牧三者同步发展的新格局。

（6）组建"陕北旱地农业发展研究所"，把科技与管理两种生产力紧密结合起来，既解决当地粮食生产中遇到的科技难点，又将现代农业发展的管理技术推而广之。省科技主管部门在陕北旱地粮食品种、地膜回收、适用农机具以及粮食加工产品、加工工艺和质量保证等方面的技术研发和推广上给予专项支持。

（二）建设高标准基本农田，提高耕地质量和粮食产出水平

结合退耕还林（草）规划，提出方案如下。

（1）搞好土地整理和复（新）垦开发，挖掘利用耕地后备资源，修田造地，确保耕地占补平衡，确保农田面积不下滑。

（2）在黄土高原丘陵沟壑区以坡地改梯田为突破口，大力新修宽幅梯田。同时加大淤地坝建设力度，扩大粮食种植面积，提高单位面积产量，增加粮食总产量。

（3）在长城沿线风沙区以防沙治沙为突破口，减缓沙蚀速度。大规模改造中低产田，建设旱涝保收高标准农田；实施配方施肥，提高粮田质量和产出率；积极发展玉米和马铃薯为主的高产作物，为国家提供更多的商品粮。

（三）推广以地膜覆盖为核心的现代旱作农业新技术，提高天然降水有效利用率

实践证明，解决干旱半干旱地区粮食增产最有效、最直接的途径就是开展地膜覆盖，既可聚集天然降水，变无效降水为有效降水，又可抑制土壤水分蒸腾，提高单位降水粮食生产水平。借鉴甘肃省的经验，实施"全膜双垄沟播玉米"新技术，亩产一般可达 600kg 以上，最高亩产可达 800～900kg。若陕北两市玉米种植全部采用这项技术，仅此一项即可增产 10 亿 kg 以上粮食。因此，各级农业、财政、科技等部门应协作配合，集中人力、物力、财力，坚持数年，重点扶持地膜覆盖技术的推广工作，并充分发挥现有示范园区的引导带动作用，逐步扩大规模，力争到"十二五"末，使这项技术的普及面达到 50％以上，到 2020 年达到 100％。

（四）扶持建设"陕北旱地粮仓"的生产经营主体

大力发展粮食加工销售企业和农村粮食专业合作社，形成"企社加盟"模式，走产加销一体化路子，实现粮食转化增值，提升种粮比较效益，促进地方抓粮和农民种粮积极性不断提高。各级财政、农业、农机和粮食主管部门，用于专业合作社建设的专项资金要向陕北粮食企业和专业合作社倾斜。

（五）充分发挥农业机械在粮食生产中的装备支撑作用，提高土地产出率和农业综合生产能力

在陕北，依靠地、水、肥等资源要素投入增产受到约束增强的情况下，发展农业机械化是挖掘粮食增产潜力的现实选择。随着现代农业的深入发展和农村强壮劳动力的刚性转移，机械化水平的高低，已成为农民决定种植意愿进而影响到粮食等大宗农产品有效供给的重要因素。因此，各级政府应加强对农业机械化工作的领导，充分发挥国家对农机具购置补贴的政策效应，增加农机具数量，推广旱作粮食生产机械化技术，尤其是在节水灌溉、精量播种、地膜覆盖、高效植保、化肥深施和保护性耕作等方面的先进技术，使农业机械化在建设陕北旱地粮仓、保障陕西省粮食安全中发挥更大作用。

本文是史志诚与李强庆、惠立峰合作，刊载于中国工程院《我国干旱半干旱地区农业现状与发展前景》，高等教育出版社，2013 年，第 49-54 页。

在陕北建立 300 万亩旱地玉米高产基地
是解决陕西省粮食缺口的战略之举

2001 年国务院将陕西确定为"粮食产需基本平衡"省，当时陕西省粮食产需是大体平衡的。但近十年来，这种平衡局面不断被打破。据陕西省粮食局统计，2011 年陕西省粮食总产量 119.45 亿 kg，粮食总消费量 140.4 亿 kg，产需缺口达 21 亿 kg。除消费量上升外，主要原因是全省粮食总产量一直徘徊在 115 亿 kg 左右，始终没有大的增长，更未达到 1998 年 130 亿 kg 的历史最高水平。为了确保陕西省粮食安全和有效供给，我们2012 年组织一批专家，就如何有效解决陕西省粮食缺口这一课题进行了深入调查研究，结论是除继续提高关中粮食单产和稳定陕南粮食总产外，应重点在陕北建设 300 万亩旱地地膜覆盖玉米高产基地，这是填补陕西省粮食缺口的最有效办法。现将我们的调查情况和有关建议报告如下。

一、陕西省粮食缺口不断扩大，需要高度重视

据 1998—2003 年的五年统计，陕西省每年粮食产需缺口为 9.5 亿 kg。而到 2011 年这种缺口扩大为 21 亿 kg，翻了一番还多。在粮食需求增长中，玉米的增长居三大粮食（小麦、水稻、玉米）之首。玉米为"五谷之王"，具有食品、饲料及工业原料兼用的广泛用途。据陕西省农业厅 2011 年的统计，全省消费玉米 82 亿 kg，当年产量只有 55 亿 kg，缺口 27 亿 kg。解决玉米的缺口，是解决陕西省粮食缺口的关键所在。

二、在陕北建立 300 万亩旱地玉米高产基地，是解决陕西省粮食缺口的战略措施

（一）旱地玉米地膜覆盖技术显示出巨大的增产潜力

2007 年，陕西省农业厅在榆林、延安两市专项推广旱地地膜覆盖玉米技术，获得连年显著增产，产量增加一倍以上。2012 年，榆林市的定边、靖边两县更创下旱地 10万亩地膜覆盖玉米平均亩产量 782.7kg、万亩单产量 900.7kg 和千亩单产量 954.9kg 的全国最高纪录。大面积的推广实践证明，在陕北旱地推广地膜覆盖玉米新技术，可以使玉米平均亩产量由 350kg 提升到 700kg 以上。玉米地膜覆盖技术也是一项"集成技术"，包含采用耐旱玉米新品种、集雨保墒节水技术、测土配方施肥技术、保护性耕作的机械作业技术和绿色防控为主的病虫害防治技术。采用这些技术只需依靠自然的降水量就能达到高产，无须大量投资引水灌溉。因此，在陕北建立 300 万亩的旱地玉米地膜覆盖高产基地，每年就可以新增 13 亿 kg 玉米产量，是有效解决陕西省粮食缺口的战略举措。

（二）陕北是理想的旱作玉米地膜覆盖推广地区

陕北地区耕地广阔、土层深厚、光热充分，是旱作农业的理想之地。但现在推行玉米地膜覆盖技术的仅有 24 万亩，另有 200 多万亩玉米仍实行露天种植，产量只有 350多 kg。2001 年国家已把发展现代旱作农业作为陕北地区的战略定位之一，要求按照高产、优质、高效、生态和安全的战略思路，构建集农业新品种培育、新技术引进和产业化经营为一体的农业综合示范区。明确提出在延安、榆林建立旱作玉米产业带。陕西省"十二五"规划也提出"挖掘陕北粮食生产潜力，建设陕西第二粮仓"。农业部已将延安列为全国现代农业示范区重点给予扶持。陕西省政府已将榆林沿榆靖高速公路两边和子洲县列为省级现代农业示范区重点给予支持。这些都为陕北建立旱作玉米地膜覆盖基地提供了重要的保障。

（三）建立陕北旱作玉米高产基地经济效益十分可观

按目前玉米市场价每千克 2.36 元计算，陕西省每年若购进 13 亿 kg 玉米，需支出 30

亿元。如果扶持陕北建立 300 万亩旱地玉米地膜覆盖技术基地，每亩只需补给农民 200 元（用于购买种子和地膜，支付机械作业费），政府增加支出 6 亿元。以每亩至少增产 300kg 玉米算，每亩即可增加收入 700 多元，减去新增的 200 元的成本后，农民可净增收入 500 元，总计净增收入 15 亿元，加上每亩生产的 1 000kg 以上的玉米秸秆用于养殖业，效益更为可观。

（四）陕北工业的崛起为以工补农提供了有效的经济支援

最近十几年来陕北能源化工基地的崛起，使地方政府的财政收入大幅增加，民间资本也迅速聚集，这些都为支持农业提供了强大的保障能力。2001 年仅延安市吴起县，财政就拿出 1 100 万元用于玉米地膜覆盖技术的推广。一些民营企业家看到现代农业的良好效益后，也将资本投向农业。一批规模化经营的粮食生产合作社和家庭农场大量涌现。吴起县双湾涧农业合作社，已统一经营 3 500 多亩耕地，实行机械化耕作和规模化经营，大大提高了粮食生产的商品率。定边县郝滩镇庙峁子村一户农民 2012 年一家就种了 110 亩地膜覆盖玉米，年纯收入达 16 万元。

三、对建立陕北 300 万亩旱地玉米高产基地的几点建议

（一）建议陕西省政府制定建立陕北 300 万亩玉米高产基地规划

从 2012 年起，用五年时间，将陕北旱地玉米地膜覆盖技术的推广面积由目前的 24 万亩扩大到 300 万亩（其中榆林市 150 万亩左右，延安市 150 万亩左右），县乡政府要将规划面积落实到村、组、户。

（二）由陕西省农业厅主持在陕北两市开展高产玉米专项技术培训

组织各级科研、教学和技术推广部门通力合作，对基地乡村的种植户进行玉米地膜覆盖技术专项培训。培育科技示范户，建立集中连片示范点，带动地膜覆盖技术的快速普及和推广。

（三）对种植玉米的农民实施专项资金补贴

建议陕西省财政从 2013 年开始，对陕北玉米高产基地每亩每年补贴 200 元，专项资金用于地膜、良种和农机的补贴。专项资金要严格按照种植面积下达，专款专用。并将地膜覆盖技术与选用良种、配方施肥、耕作保护和病虫害防控结合起来。

（四）大力扶持新型生产经营主体

在 300 万亩玉米高产基地建设中，要积极发展农场式经营和大户型经营，组建万亩以上规模的专业合作社和 100 亩以上种植大户。同时积极鼓励民间企业加盟，组建现代化的玉米加工和销售企业，延伸玉米产业链条，实现玉米的加工、转化和增值。

本文是 2012 年 12 月 6 日完成的陕西省决策咨询委员会研究课题之一，课题组组长：史志诚；课题组成员：山仑（院士、特邀委员）、李佩成（院士、特邀委员）、罗久序、惠立峰、张宝通、强文祥、李强庆和李思训。该项咨询建议评为陕西省决策咨询委员会 2012 年优秀咨询课题二等奖。刊载于《决策咨询年刊》，2012 年，第 147－149 页。

关于实现陕西省粮食产销平衡的再思考

粮食是安天下的战略产业，也是经济发展和社会稳定最为重要的物质基础。粮食安全与能源安全、金融安全并称为全球三大经济安全，为各国政府和国际社会所高度重视。

新中国成立以来，党中央和国务院一直把粮食放在"基础的基础"和"重中之重"的地位常抓不懈，千方百计地解决了人民吃饭问题，取得了举世公认的成就，用占世界不到9%的耕地养活了近1/5的人口，为世界粮食安全作出了巨大贡献。特别是近十年来，在工业化和城镇化进程加快、耕地面积逐年减少和气候环境复杂多变的情况下，实现了粮食产量"十连丰"，2013年首次突破6 000亿kg大关，达到了粮食供求基本平衡，保证了人民食物消费和经济社会发展对粮食的基本需求。但目前这种局面仅仅是一种紧平衡，并不代表粮食安全高枕无忧，总量的不足和品种结构上的矛盾仍十分突出，三大谷物和大豆年进口量达8 000万t左右。且随着我国人口的增长，工业化、城镇化的深入推进和人民生活水平的不断提升，粮食需求刚性增长的趋势不可逆转，粮食供求的紧平衡状态还将持续，确保国家粮食安全的任务将会越来越艰巨。

一、陕西省粮食安全形势不容乐观

虽然陕西省和全国一样，也取得了粮食生产"十连丰"，但无论是从总产量还是单产量，无论是人均占有粮食水平还是粮食自给能力，都远远低于全国平均水平。从近十年的粮食总产量看，一直在100亿~125亿kg徘徊，其中100亿~110亿kg两年，110亿~115亿kg两年，115亿~120亿kg四年，120亿~125亿kg两年，即使取得124.5亿kg最高产量的2012年，也比历史上丰收的1998年130亿kg相差5.5亿kg；亩产量只有265kg，比全国平均水平低88kg，与亩产量最高的吉林省相差218kg，排在全国倒数第5位。2012年，全国人均占有粮食435.4kg，自给率（不含大豆）达到97%左右，而同期陕西省人均占有粮食332kg，自给率为83%，仅排在全国第20位。据陕西省粮食局调查统计，陕西省粮食年消费量已由2004年的115.5亿kg增加到2012年的144.5亿kg，从2006年开始成为粮食净调入省份。"十一五"期间年均净调入粮食20多亿kg，这两年增加到25多亿kg，目前陕西省30%的小麦、50%的大米、70%的食用油要靠省外调入或进口调剂解决，没有实现国家对陕西粮食生产定位"产销平衡区"的基本要求。

二、陕西省粮食生产徘徊不前的主要因素

1. 从客观上讲，主要存在四个方面的约束

（1）种植面积减少，农田质量下降。调查显示，近几年陕西省工业化、城镇化建设用地每年占用40万~45万亩的耕地，加上农业内部产业结构调整后，水果、蔬菜等经济作物面积迅猛增加，粮食种植面积逐年减少，到2012年，播种面积比改革开放前的1978年净减少近2 000万亩。而且无论是各类建设用地，还是蔬菜等附加值高的经济作物用地的

分布，几乎都与优质耕地分布是重合的，尤其是建设用地通过"占补平衡"补充的耕地，在质量上往往两亩、甚至三亩四亩都抵不上原来的一亩，粮食生产受土地的约束越来越严重。

（2）种粮比较效益低、生产成本高，直接影响农民种粮的积极性。近年来，尽管国家在粮食收购价和对种粮农民的各种补贴等方面有所增加，但仍抵不住包括化肥、农药、柴油和机具等农用物资的涨价速度，抵不住用水、用电、用机、用工的涨价速度，粮食价格涨幅低于生产成本增幅的趋势很难扭转，粮食生产受各种涨价因素的约束越来越严重。

（3）陕西省旱地面积和中低产田面积比重较大，均占耕地面积 2/3 以上，大部分地方没有从根本上摆脱靠天吃饭的被动局面，粮食生产受水资源约束越来越严重。

（4）各种灾害频繁发生，防灾减灾机制没有形成、能力不强，尤其是全球气候变暖，极端天气和自然灾害经常出现，粮食生产受气候环境约束越来越严重。

2. 造成这种状况的原因主要有 4 个

（1）一些地方政府对保障粮食安全的战略性、长期性、艰巨性及经济意义和政治意义认识不足，全局观念不强，认为只要其他方面经济抓上去，有钱在哪都能买到粮食，抓农种粮的积极性不高，表现在许多强农惠农尤其是对粮食生产的配套政策跟不上，投入不足，措施不力，特别对产粮大县的扶持力度不够。

（2）生产经营规模小，土地流转速度慢，新型经营体制没有建立起来，撂荒地、兼业化、粗放经营的现象比较普遍。

（3）基础设施薄弱，装备水平偏低。主要表现在水利设施老化、有效灌溉面积比重小、节水灌溉设施不足和水资源利用率不高；粮食生产过程一些关键环节如土壤深松、玉米机收、水稻工厂化育秧和机械插秧水平较低，粮食烘干设备几乎空白，每年因不能及时收获和烘干而霉变损失的粮食占 3% 以上。

（4）科技对农业的贡献率仅 50% 左右，新技术推广普及速度和新型职业农民的培养步伐有待加快。

三、陕西省粮食增产的优势和潜力

尽管当前粮食生产面临着一些不利因素，但从长远看，未来陕西省粮食增产仍有明显优势和巨大潜力。

1. 在优势方面　随着党中央、国务院对粮食安全提出"谷物基本自给，口粮绝对安全"的新要求后，陕西省委、省政府更加重视粮食产业发展，加之陕西省 GDP 成功闯过 1 万亿元大关，工业增加值、财政收入增幅近几年一直走在全国前列，因此，粮食生产的政策扶持和投入力度将随着陕西省经济实力的增强而不断强化和加大。同时，陕西省还有全国独一无二的杨凌农业高新技术示范区的科技和人才优势可以优先为我所用。

2. 在潜力方面

（1）陕西省粮食单产水平与全国有显著差距，小麦、玉米和水稻单产的提升空间很大。以 2012 年为例，若赶上全国单产量平均水平，陕西省即可增产粮食 41 亿 kg，不但能满足本省需求，还可支援粮食主销区。

（2）据陕西省国土资源厅调查统计，陕西省未利用土地中还有 130 万亩左右可开发作为耕地使用。

（3）坡耕地和中低产田改造潜力较大。通过坡地改梯田、小梯田改大梯田、治沟造地、淤地坝建设和高标准农田建设等措施，进一步挖掘土地潜力，增加粮食产量。

（4）陕西省农业科技资源和人才资源大有潜力可挖。通过农业技术集成创新、品种研发、充分调动农业科技人员积极性等措施，提高科技对农业的贡献率，弥补陕西的粮食缺口。

（5）开展土地流转、创新经营体制、扩大规模化和机械化生产等方面也有较大增产潜力。

四、实现陕西省粮食产销平衡的战略对策

保障国家粮食安全是永恒的主题，任何时候都不能放松。近期召开的中央经济工作会议和农村工作会议，再一次把保障粮食安全放在首要任务，确立了"以我为主、立足国内、确保产能、适度进口、科技支撑"的国家粮食安全战略，强调要进一步明确粮食安全的工作重点，合理配置资源，集中力量首先把最基本最重要的保住，确保谷物基本自给，口粮绝对安全。陕西省作为农业大省，更要和中央保持一致，抓住机遇，认真组织实施国家粮食安全战略；结合省情，全力以赴抓好粮食产业；发挥优势，千方百计提高粮食综合生产能力；挖掘潜力，努力实现陕西省粮食产销平衡。

（一）思想认识要到位

国家基于地理、资源、人口和环境等各方面的基础条件，确定陕西省为粮食产销平衡区，而一旦失去这个平衡，大量调进粮食，势必会加大粮食主产区的生产压力和主销区的供应压力，甚至会出现与主销区争粮的混乱局面，进而会扰乱国家在粮食供给方面的统一部署，也难免会增加国家粮食进口的压力。因此，我们要树立全国一盘棋的思想，站在全局的高度看待发展粮食产业，彻底革除依靠别人、依赖调进的旧思想、旧观念，增强保障粮食安全的危机感、使命感和责任感，提高各级党委和政府重农抓粮的自觉性，调动广大农民群众务农种粮的积极性，切实落实粮食省长负责制下的市、县长责任制，扎实实施《陕西省新增 25 亿 kg 粮食生产能力规划》，到 2020 年，力争达到 140 亿 kg，力争突破 150 亿 kg 的总产目标。

（二）区域布局要调整

根据陕西省目前的资源调查分析，无论是从土地面积、自然气候上，还是在生产条件、经济实力上，陕北都具备关中和陕南无法比拟的粮食生产潜力，陕北曾创下 20 多项全国粮食高产纪录。因此，陕西省今后一个时期粮食生产应该确立"稳定关中、提高陕南、开发陕北"的工作方针，在保证全省粮食播种总面积不再下滑和继续抓好 16 个国家产粮大县、23 个省级产粮大县的同时，重点开发陕北，使其发挥"陕西第二粮仓"的作用。

（三）重点品种要突破

增产希望在玉米。随着粮食需求的变化，口粮粮逐年减少，以玉米为主要原料的工业用粮、饲料用粮比重越来越大，陕西省玉米消费由调出省变为调入省。这就要求我们在种植结构上作出重大调整，正好陕西省从南到北三大区域都具备得天独厚的玉米生产条件，

增产潜力远大于小麦和水稻。因此，今后陕西省应在稳定小麦、水稻面积和产量的基础上，重点扩大玉米种植面积、主攻玉米单产量。要借鉴甘肃经验，全面推广以全膜双垄沟播为核心的旱地玉米高产技术，通过提高单产量促总产量，通过提高玉米总产量促粮食总量平衡。

（四）关键技术要提高

粮食要增产，技术是关键。陕西省包括天然降水和灌溉水的利用率、种子研发生产推广、土壤处理、植物病虫害防治和农业机械化水平等在内的科技对农业的贡献率还比较低。因此，必须加快农业科技创新，增加科技投入，强化科技对粮食增产的支撑保障，在粮食种业、农田水利、配方施肥、病虫害防治和农机化等粮食生产关键技术上实现新的突破，并加快推进科技成果转化应用。同时，继续深入开展粮食高产创建活动，集成推广高产高效技术模式，打造一批粮食高产高效示范区，为全省粮食增产提供经验。

（五）经营体制要创新

构建新型农业经营体系既是农村改革的重要任务，更是解决"谁来种地""怎么种好地"问题的应对之策。因此，要在坚持家庭经营在农业中的基础地位的前提下，重点扶持发展专业大户、家庭农场、农民合作社、农业企业、"企社加盟"和社会化服务组织等多种农业生产经营主体，鼓励农民通过多种形式流转承包土地，发展规模化生产、产业化经营，提高种粮整体效益。

（六）政策扶持要加强

为确保陕西省粮食安全，必须依靠政策扶持。要在完善国家对农业各项补贴制度的基础上，结合陕西省实际，重点开展对粮食价格形成机制和粮食主产区利益补偿机制的研究和试点；完善粮食最低保护价收购制度，建立最低粮食保护价与粮食生产成本逐年提高而同年提价的定价机制，探索大宗粮食目标价格补贴制度；开展按提供商品粮总量实行特殊奖励政策的试点，增加种粮农民的经济收入，确保种粮农民和种粮大户的积极性不受伤害，确保粮食产业持续发展，确保陕西省粮食安全战略目标的实现。

本文为史志诚与王旭、惠立峰合作，刊载于陕西省经济学会《农业产业经济研究文集》第二集，第16-20页，2014年4月。

城乡饮食文化的安全与风险

一、城乡饮食文化及其特征

中国饮食文化涉及食源的开发与利用、食具的运用与创新、食品的生产与消费、餐饮的服务与接待、餐饮业与食品业的经营与管理以及饮食与国泰民安、饮食与文学艺术、饮食与人生境界的关系等，深厚广博。

从外延看，中国饮食文化可以从时代与技法、地域与经济、民族与宗教、食品与食具、消费与层次、民俗与功能等多种角度进行分类，展示出不同的文化品位，体现出不同的使用价值，异彩纷呈。俗话说就是填饱肚子，就是一个"吃"字。形式比较原始，只解决人的最基本的生理需要。

世界上有许多个民族，每个民族都有其独有的特点，一个民族的特质，往往能够形成一种独特的饮食文化。

从饮食方式看，我们中国人一向热情好客，大家围在一起吃一顿"大锅饭"似乎更能增进彼此的感情，在席间，好客的主人则会一再地给客人撵菜，热情之状溢于言表。而西方人和我们有大大的不同，他们是把自己喜欢吃的食物放在一个小盘里，并不常习惯于给对方撵菜，周到的服务才是他们显示好客的方式。

从食物的营养看，中国的饮食显得比较健康合理，是高纤维素、低脂肪糖的食品。而西方的饮食往往是高脂肪、高热量，但这并不说明他们不注意饮食健康。在保持食物天然营养方面，西方的烹调手法的确胜人一筹。西方人喜欢吃生菜，如蔬菜、水果、色拉；牛排也是西方人所喜爱的食物之一，在中国人看来要把牛肉煮得熟透才可吃，而在西方人看来，不完全熟透的牛排，才能尽显其美味和丰富的营养。他们注意的是尽量保持食物的原汁和天然营养，这一点是值得我们借鉴的。

从文化形成看，历史往往就能造就一种饮食文化。中国有着 2 000 多年的悠久历史，创造了无数的灿烂文明，使中国的饮食更加博大精深，技术的高超，菜式的多样，造型的精致，令人惊叹。而西方的一些国家曾为其他国家的殖民地，并且汇集着各国的移民，因此，这些国家深受各国饮食文化的影响，博采众长，并结合自己的饮食习惯，从而使西方的饮食文化成为一种综合性的饮食文化。

二、当前饮食文化面临的风险

当前，中外饮食文化的突出问题是食品安全与面对新的食品风险。

我国食品安全问题的成因主要有五个因素。一是食品的短缺；二是消费的胁迫；三是科技的不安全性；四是少数人道德缺失；五是管理体制与法律体系的不完备。

其中食品的短缺的核心是粮食安全问题。

粮食安全问题日益成为政府进行宏观决策所必须考虑的重要因素之一。大豆、豆粕、豆油、菜籽油和棕榈油等品种，已经成为我国商品期货市场的重要品种。粮食安全至少有三条要求：充足的粮源、发达的流通和合理的价格。农产品期货市场具有发现价格的功能，有利于直接或间接地加快推进农业结构的战略性调整，提高国内农产品的竞争力，促进农民增收，帮助粮油企业实现套期保值、规避价格风险，推动深化粮棉流通体制改革，逐步建立统一开放、竞争有序的粮棉市场，保障国家粮食安全。

三、确保城乡百姓口粮的绝对安全

党的十八大确定成立国家安全委员会，将国土安全、反恐怖与社会安全和粮食安全等纳入其中，足见粮食安全的战略性与重要性。

2013 年，习近平总书记在天津、湖北和山东考察时多次指出"一个国家只有立足粮食基本自给，才能掌握粮食安全主动权，进而才能掌握经济社会发展这个大局""我们自己的饭碗主要装自己生产的粮食""粮食安全要靠自己"。保障粮食安全对中国来说是永恒的课题，任何时候都不能放松。历史经验告诉我们，一旦发生大饥荒，有钱也没用。解决 13 亿人吃饭问题，要坚持立足国内。

2013 年中央经济工作会议，把粮食安全放在第一大任务，史无前例地提出切实保障国家粮食安全。会议指出，必须实施"以我为主、立足国内、确保产能、适度进口、科技支撑"的国家粮食安全战略。要依靠自己保口粮，集中国内资源保重点，做到谷物基本自给、口粮绝对安全。由此可见，保障粮食安全成为当前和未来的头等大事。确保口粮的绝对安全则从源头上保障了食品原料的安全，保障了家畜饲料和动物性食品的安全。

目前，全国粮食的缺口约 10%，需要进口；陕西省的粮食缺口 21 亿 kg，占 20%。在这种特殊的历史时期，陕西省要顺应时势，为陕西省粮食产销自求平衡和国家的粮食安全作出积极贡献。这不仅是陕西省产业结构调整的需要，而且将是一件利国、利省、利民的具有重大战略意义和现实意义的举措。

为此，建议如下。

（1）在国家安全委员会下设立"粮食安全咨询专家组"，真实反映陕西省粮食产需现状，提出确保"自求平衡"的对策建议。

（2）陕西省实施《粮食安全工程》，按照实现小康人均需要 400kg 的目标，到 2020 年，粮食总产量达到 140 亿 kg；在陕北地区推广 300 万亩全覆盖地膜玉米，新增 10 亿 kg 玉米，在其他地区实施水稻等谷物的《增产增效工程》，新增 10 亿 kg 谷物。

（3）发展一批粮食家庭农场、粮食专业合作社及粮食生产企业集团。

（4）将粮食谷物的制种基地和粮食生产基地划定为非转基因作物种植区，禁止引进转基因小麦、水稻和玉米品种及其技术。

（5）加大省市县财政对粮食和粮食生产机械的直接补贴。

（6）开展粮食生产保险担保事业。

（7）组建专业负责耕地重金属污染、面源污染和农膜回收的企业集团，实行免税支持政策。

（8）将粮食安全纳入各级政府考核指标。

本文是 2013 年 12 月 21 日史志诚在陕西省城市经济文化研究会上做的学术报告，发表在陕西省经济学会《农业产业经济研究文集》第二集，第 1-2 页，2014 年 4 月。

饲料的安全评价及其对策

在我国，随着畜牧业商品生产的发展和饲料工业的兴起，配合饲料、饲料添加剂以及新的饲料研究成果不断在生产中推广应用。但是，在生产实践中由于饲料利用不当，搭配不合理，用量超过规定标准，质量低劣或受污染，误用或在饲料中掺入有害种子，储藏、加工不当，霉败变质等，常引起某些意外事故，造成一定经济损失。此外，对生产肉、乳、蛋的畜禽不合理地应用了医疗或非医疗性的兽药、农药等，也会发生不安全问题。

因此，如何在饲料生产、加工、使用、储藏和运输中预先测试、监督？如何采取有效措施预先进行评判、审核？确保饲料的安全，避免发生意外事故，是广大养畜农民、各级行政管理部门、饲料生产者和技术推广工作者共同关心的问题之一。在一些先进国家，随着生产和现代科学技术的发展，安全评价作为一门独立学科已得到迅速发展。安全评价不再局限于药物、职业性化学物质、农药、污染物和其他认为是对人和一种动物或多种动物有毒的东西，而是已经扩展到食品添加剂、饲料添加剂以及那些以往认为是正常的一些物质，特别是关于食品、饲草、饲料中正常的或基本上不可避免的一部分。如棉籽中的棉酚、谷物和饲料中的某些抗营养物质、致癌物质以及某些有毒化合物等。近二十年中出版的《食品中天然存在的毒素》（1966，1973）和《植物性食品饲料中有毒成分》（1969，1980）两本专著中列举了许多例子，充分说明了进行饲料安全评价的重要性和必要性。

一、国内外发生的某些饲料不安全问题

（一）鱼粉引起的 GE 事件

1978 年，日本许多鸡场屡次发生一种以鸡胃糜烂和溃疡为主要特征的疫病（简称 GE），发病地区相当广。据发病区鸟取县调查，是由于饲料中配合了一种鱼粉所致。现场调查和重复试验结果一致。经提取物试验证明，致毒物质是鱼粉中含有过量的游离组氨酸及组胺，在生产鱼粉的加热干燥过程中，蛋白质生成的有毒物质。据报道，秘鲁鱼粉在日粮中达 7%～10%时会引起 GE。

（二）肉用仔鸡饲喂咸鱼粉引起食盐中毒事件

1982 年 5 月，辽宁省金县七顶山公社朱家大队饲养星布洛肉用仔鸡 1 400 只，在 26 日龄前饲料配方为：玉米粉 48g、小麦麸 20g、豆饼 12g、高粱粉 10g、草糠 5g、鱼粉 5g，此外每千克饲料尚有 4.5g 贝壳粉及适量的复合维生素添加剂。仔鸡生长发育良好。但在饲养过程中，由于豆饼供应不上，改用下述饲料配方：玉米粉 50g、小麦麸 20g、高粱粉 15g、鱼粉 10g、草糠 5g。在饲料变换之后 4～5 天，鸡群开始出现病鸡，并有死亡。第 9 天，鸡群全部发病，死亡 320 只，其余病鸡在停喂鱼粉，加喂豆饼后的第 5 天，逐渐恢复。经诊断为咸鱼粉引起的食盐中毒。咸鱼粉中氯化钠含量（银量法）高达 20.84%，每只鸡日进食盐为 2.08g。肝氯化钠含量平均为 1.18%，高出正常鸡肝氯化钠含量（0.45%）的 1.6 倍。

（三）多溴联苯混入牲畜饲料发生严重污染事件

多溴联苯是一种阻火剂，常用于生产耐火的硬质塑料。1973 年夏，美国一工厂把 10～20 袋 50 磅*重的多溴联苯放在装有饲料添加剂——氧化镁的货车上，该货车准备开往一个大型饲料加工厂。装多溴联苯的口袋本应标记是红色的，但临时因预先印就的红色标记的口袋不够用，改用油印黑色标记。而氧化镁口袋标记也是黑色的，造成两者混错的客观条件。加之两种药的化学外观相似，货到饲料加工厂后，这批多溴联苯被当作氧化镁添加剂混入饲料。然后广泛出售和分配到密歇根州各农场，直到畜禽吃了含多溴联苯的饲

---

* 磅为非法定计量单位，1 磅＝0.459 24kg。

料病死还不知道是什么原因。到 1973 年 9 月最后一周，一个农场牛奶产量开始下降，10 月中旬，产量下降 40%，同时牛食欲大减，体重下降，蹄肿大，眼睛发炎，鼻子流涕等症状。分析病牛血液样品，剖检牛尸，都不能作出正确的诊断。最后用色谱和质谱对饲料做分析，查明饲料试样中有多溴联苯。数周之后，在那个饲料厂发现了装过多溴联苯的口袋，才弄清了农场奶牛中毒的原因。据不完全统计，这一事件至少损失约 3 万头牛、6 000 头猪、1 500 只羊、150 万只鸡。此外，至少有 800 多 t 饲料、1.8 万磅奶酪、2 600 多磅奶油、3.4 万磅干奶制品和 500 万只鸡蛋报废。

（四）石油蛋白饲料引起的问题

日本每年使用的饲料约 2 300 万 t，其中 80% 配合饲料添加各种添加剂和单细胞蛋白（SCP）。石油蛋白中使用的是念珠酵母菌。东京大学岩田在所谓无毒的念珠酵母菌中发现高分子毒素——念珠菌毒素，可在人体内因抗生素减少了其他菌种造成菌群失调情况下，引起念珠菌症。永井指出 SCP 中的核酸可引起痛风，故不宜用作家畜饲料。

（五）饲料添加剂喹乙醇超标混合引起鸡群死亡事件

1983 年 7 月，河北省某县养鸡场采用保定黄磷厂生产的喹乙醇片防治鸡病，每只鸡（体重 0.9～1.25kg）第一日按 100mg/kg 投药，第 3～5 日按 50mg/kg 投药，共用 5 日，至第 10 日死亡 2 000 余只，占投药鸡数的 62.9%，使鸡场招致严重损失。事件发生后，中国兽医监察所试验，家禽若每日剂量大于 70mg/kg，即可发生中毒死亡，若以每日 50mg/kg 的剂量一次口服，连服 5 日，第 6 日鸡即发生中毒和死亡。

（六）机械化养鸡场发生的 SM$_2$ 事件

1981 年 1 月上旬，北京某机械化养鸡场共养 7 万只鸡，其中有两栋约 11 000 只 130 日龄的育成鸡转群到产蛋鸡舍时，为预防转群时发生疫病，以 0.5% 的剂量给鸡群投食磺胺二甲基嘧啶（SM$_2$），连续给药，在第 11 天时，鸡群开始发病，最初几天误诊为禽霍乱，7 天内死亡 1 207 只。到第 8 天会诊为磺胺药物中毒，并立即停止喂给磺胺和抗生素药物，鸡群死亡逐渐减少，以后恢复正常。这一事件表明，鸡使用 SM$_2$ 应限制在 5 天以内，对体质较弱即将开产的小母鸡用量更应慎重。

（七）SMP 事件

1982 年 5 月，河北省承德农校牧场，为预防禽霍乱在 6 周龄的雏鸡群饲料中按每只每天 0.04g 加入磺胺甲氧嗪（SMP），14 天后雏鸡陆续中毒死亡，发病率为 2%，死亡率达 80%，中毒雏鸡表现精神沉郁、贫血、黄疸、体温下降、呼吸次数减少等。

（八）发霉饲料引起的畜禽中毒与霉菌毒素在肉、蛋中的残留

1960 年，英国 10 万只火鸡因饲喂花生饼引起黄曲霉毒素中毒死亡事件，曾成为震惊世界的新闻。1962 年、1964 年和 1965 年，美国威斯康星发生奶牛大批死亡事件，调查结果认为当地用 65% 已发霉的玉米喂牛，在饲料中检出 2mg/kg 的 T-2 毒素。1972—1973 年，日本西部 24 县 180 万头奶牛中有 2.8 万头发生流产、畸形，调查表明与饲料中含玉米赤霉烯酮和 T-2 毒素有关。1953—1956 年，我国河北省滦县、香河、定县、武清等地区单蹄兽发生霉玉米中毒。20 世纪 70 年代，广西曾发生猪饲喂霉玉米引起的黄膘病，造成很大损失。饲料中的霉菌毒素是否通过食用肉、蛋、奶侵害人体健康？据研究，饲料中所含的黄曲霉毒素可向肉鸡的肉或脏器转移，用含 20～1 500μg/kg 黄曲霉毒素 B$_1$ 的饲料

喂肉鸡 8 周，对肉（大腿、胸肌）、脏器（肝）测定，结果表明黄曲霉毒素转入肝、肉中并随饲料中含量的增加而增加，肝多于肉，肝中检出所投喂的 0.3%，肉 0.1%。

（九）农药引起的畜禽中毒与农药残毒对肉、蛋、奶食品的影响

第二次世界大战以来，随着有机磷和有机氯等农药的大批生产，农药中毒的发生率在畜禽中毒事件中占重要地位。1960—1962 年，日本已查明中毒原因的 2 313 例死亡畜禽中，有 437 例是农药中毒。奶牛因残留农药污染的饲料而受害。牛肉中丙体六六六达 0.033mg/kg，鸡肉中 DDT 达 0.076mg/kg。据苏联的报道，因有机氯农药中毒而扑杀的牛体内残留 DDT 为：血中 0.03mg/mL、心 0.8mg/kg、肾 1mg/kg、肌肉 0.6mg/kg、肝 0.4mg/kg。

（十）饲料添加剂中抗生素造成人变态反应的增加

1967 年，日本饲料添加剂抗生素制剂的生产量达 3 100t，由于畜禽在屠宰前或它们的产品（奶、蛋）在上市前未能按规定停止用药，结果通过食物链，致人渐渐吸收抗生素引起急、慢性中毒（耐药菌群失调症）及变态反应率增高。据调查牛奶是主要原因。因此，从 48h 前注射青霉素的牛身上取得的奶应稀释 107 倍。我国人民对青霉素过敏反应率确有增加，但这方面的流行病学调查资料甚少。

二、应对饲料安全评价问题的基本对策

（一）提高认识、组织力量、调查研究

目前，国际上对医用及兽用药品（包括生物药品）、农药、食品和饲料添加剂以及各种工业用化学药品，在推广应用之前均需经过严格检验其安全性与毒性，证明其安全有效后，才能投入生产，并用于临床、农业、畜牧业、食品工业和轻工业。安全评价不仅使现代毒理学的重要分支学科得到迅速发展，而且把新的毒理学研究成果渗透到安全评价的各个领域，并通过生产中各环节的安全评价直接为生产服务，为人类健康服务。

近年来，美国在兽用药品生产应用方面，饲料添加剂占 46%，药品占 43%，疫苗等生物制品占 11%。日本添加剂抗生素的生产亦占优势。因此，各种类型的生产工厂为了适应安全评价的需要，保证产品的信誉，提高产品的市场竞争力，普遍建立自己的监察机构或研究室。政府用于安全评价的开支比用于毒理学其他方面的开支总和还要多。许多国家成立了毒物控制中心，对药物、农药和饲料添加剂开展安全评价和预先检测。

在我国，《药典》《兽药规范》和农药标准以及一系列政策性规定，基本上保证了医用药品和兽用药品、农药等生产、管理和使用方面的安全性，相应的监察机构初步建立。但饲料，特别是饲料添加剂的预先检测以及生产、使用中的监察工作还缺乏一个法规和相应的监察体系，缺乏一支经专门训练的检验技术队伍。往往是某种饲料或添加剂在应用后发生了意外事故才组织调查，或者是发生大的事件，经过流行病学调查和较长时间的实验研究，付出大量的人力、物力、财力，才认识到事件发生的原因。安全评价的基础研究更是处于被动和落后的状态。为此，必须适应当前饲料工业的发展和农村农牧业商品生产迅速发展的新形势，提高对安全评价工作的认识，积极组织分散在有关学科、有关部门的专业技术人员，针对生产中存在的亟待解决的问题，进行科研协作和攻关，不断积累经验。

（二）颁布饲料法规，建立法定检验机构

饲料法规是以法律形式确保饲料和饲料添加剂的饲用品质（有效性）和饲用安全（安全性）。饲料的安全检验和饲料的品质检验同样重要，一并列入饲料法规之中。各国的饲料法规中规定：禁止使用某些危及人类安全的饲料，禁止使用某些有毒、有害物质超过规定限度的饲料，禁止把某些饲料的使用超出规定的期限，从而保障畜禽免遭毒害，保障人类食用这些畜禽产品（肉、奶、蛋、脂肪等）的安全。

日本的饲料法《关于确保饲料安全和改善饲料品质的法律》于1953年颁布，后经多次修订，于1977年1月在日本全国全面施行。饲料法的执行机构分两类。第一类是国家级肥料、饲料检查所，专门负责饲料安全性检查；第二类是都道、府县级的检察机关，负责重点检查饲料品质和营养成分。两类相互合作。

日本的《饲料安全法》于1950年公布，1976年7月24日施行。规定：从事饲料及饲料添加剂的制造者、进口商、贩卖者，负有按规定向农林水产大臣呈报的义务，并服从有资格的管理饲料制造人员的管理；管理饲料制造人员必须是兽医师、药剂师或专修完药学、兽医学、畜产学、水产学、农业化学的人员以及农林水产大臣批准的具有同等学力（从事饲料及饲料添加剂）制造管理工作三年以上，在农林水产大臣指定的讲习班修完以上课程的人员；检察机关有权检查饲料是否合乎规定及各种添加剂的成分、规格、制造方法等。

美国的饲料法律包括在《联邦食品、药物和化妆品法令》内，关于食品和药物的法律实施管理机构是美国食品和药物管理局（FDA），管理500多个兽药制造厂和13 000多个生产含药饲料工厂。FDA由专员办公室、食品司、药物司、兽医司、辐射健康司、生物学司、医疗设备和诊断制品司、国家毒素研究中心等单位组成，拥有6 300名工作人员。FDA设有的实验室对饲料和动物性食品的安全进行监测。

南斯拉夫共有400个生产配合饲料的企业，1979年生产量为350万t。配合饲料企业将原料和配合饲料样品送到当地兽医实验室进行分析，根据检验结果采取必要措施。国家技术标准规定了原料和配合饲料中有害的金属物质、霉菌毒素、微生物的最大允许量。

联邦德国和毗邻的八个国家组成的欧洲经济共同体，1973年提出饲料中黄曲霉毒素B_1含量的允许量的建议，联邦德国接受了这个建议并对66种配合饲料、淀粉、基础饲料、矿物质饲料、添加剂等所含黄曲霉素B_1的允许量作出了具体规定。建立了十处检察机关，每处5～6人，付诸执行。

泰国于1953年在农业合作部正式建立畜牧发展厅，把注册管理动物饲料质量作为该厅七大任务之一。该厅对口设立七个从事具体工作的实验室。泰国有名的卜峰集团有专门的饲料分析化验室，下属大厂和小厂都设立化验室对进厂原料和出厂产品进行质量检测和安全评价。

我国《食品卫生法》和《食品卫生标准》，对原粮、食油、动物食品已有了许多具体规定。根据有关资料表明，我国正在拟定饲料法规，筹建全国饲料监察中心。有关方面的专家已建议成立全国兽医毒理研究中心，积极推动饲料安全评价工作尽快开展起来。

（三）培养安全评价人才，建立健全管理制度

安全评价是一门综合性学科，涉及饲料生产、畜禽营养、生物化学、分析化学、药理学、毒理学、病理学等许多学科，有必要选择热爱此项工作、基础理论比较好、有实际工作经验的技术人员加以专门培训，使每一个饲料工厂至少有一名安全检测人员。必须建立健全各项管理制度：饲料工厂设立检测室，要严格把住产品质量关，进厂原料和出厂产品都要进行质量检测，决不允许掺杂掺假，以次充好；饲料工厂生产的饲料添加剂，必须经上级行政管理部门审查检验，履行批准程序后方可投入生产；逐步实行饲料（添加剂、预混饲料、配合饲料、浓缩饲料）的标准化，商标化；拟定生产、加工、销售、储藏、运输等各个环节饲料安全监测条例和规则，统一检验方法、检验标准；广泛宣传饲料安全评价的目的和意义，提高生产者、监督人员和使用者的认识和识别能力，从各方面杜绝不安全事件的发生。

本文发表于《畜牧兽医杂志》，1986 年，第 1 期，第 49 - 53 页。

饲料安全与动物性食品安全密切相关

一、饲料产品是人类的间接食品

饲料是动物的食物，而动物产品是人类动物性食品及其加工原料，食品工业的产品最终也是人类的食物。所以，饲料是人类的间接食品，与人民生活水平和身体健康息息相关。然而，饲料无疑是众多病原菌、病毒及毒素的重要传播途径，如沙门氏菌、大肠杆菌、黄曲霉毒素等。农药、兽药、各种添加剂、激素、放射性元素等环境污染物中，有一部分物质通过饲料和饲养过程，不仅危害畜禽生产，而且其在畜产品中的残留物又对人体有害。以饲料添加剂为例，有的添加剂虽有利于促进畜禽生长或减少畜禽疾病，但在畜禽体内的残留物对人体有害。有的添加剂能引起微生物产生耐药性或引起人产生过敏而带来公共卫生问题。此外，环境中的有毒有害物质通过食物链进入畜禽体内被富集，再通过畜禽产品的形式进入人体。由此可见，人类往往是终端生物富集者，有毒有害物质在人体内的蓄积浓度达到一定程度时就会危害人体健康。饲料安全问题不仅仅是经济问题，更是一个严肃的政治问题。饲料不安全，会造成严重的中毒事件，如果被有毒物质污染的饲料出口还会引发农产品贸易争端，严重的饲料安全事件甚至还会造成信任危机，引发社会问题。

目前，我国食用的动物性食品中用饲料喂养出来的已占相当大的部分，在绝大多数人的饮食结构中，动物性食品占有一定份额且呈现逐步增加的趋势。因此，饲料安全与动物性食品安全密切相关，饲料的安全状况影响着人们的生活，严格控制和减少有毒有害物质对畜禽饲料的污染，是确保动物性食品的安全的重要环节。

二、饲料污染引发的重大毒性灾害

20 世纪 70 年代以来，由饲料污染引发的动物性食品安全问题以致造成多起毒性灾

害，不仅给畜牧业的发展带来了灾难性的危害，而且给一些国家造成重大的经济损失，甚至引发了社会动荡。

（一）日本米糠油多氯联苯污染事件

1968 年 3 月，日本北九州、中国、四国等地有几十万只鸡吃了有毒饲料死亡。经检验，发现鸡饲料中含有毒物，确定是饲料中毒。因当时没有弄清毒物的来源，也就没有对此事件进行追究。当地称之为火鸡事件。然而，事件并没有就此完结，1968 年 6—10 月，福冈县先后有 4 个家庭的 13 人患有原因不明的皮肤病。由于原因不明，有的医治无效而死。事件发生后，日本卫生部门成立了专门机构——特别研究班。研究人员通过尸体解剖，在死者五脏和皮下脂肪中发现了一种脂溶性化合物多氯联苯。多氯联苯通过食物链而富集于动物体内。多氯联苯被人畜食用后，多积蓄在肝脏等多脂肪的组织中，损害皮肤和肝脏，引起中毒。

专家经过追踪调查，发现日本九州大牟田市一家粮食加工公司食用油工厂，在生产米糠油时，为了降低成本追求利润，在脱臭过程中使用多氯联苯液体作载热体。因生产管理不善，操作失误，使多氯联苯混进米糠油中，造成食物油污染。于是，随着这种有毒的米糠油销售各地，造成 13 000 多人受害，死亡 30 余人。生产米糠油的副产品——黑油作为家禽饲料售出，造成几十万只家禽的死亡。事件曾使整个日本西部陷入恐慌之中。历史上称之为米糠油事件，亦称多氯联苯污染事件。

（二）疯牛病曾横扫欧美和日本

1979 年，撒切尔夫人领导的英国政府取消了对农业经营的严格管制，使得农民可以不遵守加工家畜饲料的法规。

1986 年 11 月，英国发现首例疯牛病，当时病羊患一种叫瘙痒病的怪病，即海绵状脑病。其原因是英国人在处理病羊时，将其骨骼磨成骨粉，添加在牛的配合饲料中，由于滥用同源动物性饲料，给当地食用牛肉的居民埋下了安全隐患，同时，也在全球进口添加有病牛骨粉饲料的国家中出现疯牛病，造成疯牛病泛滥。

一直到 1988 年 7 月英国才禁止用病牛的尸体制作饲料。1989 年，英国政府又禁止用牛脑、脊髓以及扁桃体、胸腺、脾、肠制作人类食物。然而 1986—1995 年，英国约有 15 万头牛患了疯牛病。

2003 年加拿大和美国各发现一例疯牛病就造成了巨大损失。加拿大造成直接经济损失 40 多亿加元，美国损失达 60 亿美元。英国、德国、法国等欧盟国家和日本因疯牛病造成的损失更为惨重，甚至还引发了社会动荡。

疯牛病是人类破坏自然生态食物链，滥用同源动物性饲料的恶果。世界卫生组织1996 年 3 月 28 日在日内瓦发表关于欧洲流行疯牛病的背景材料时曾一针见血地指出："当人类为了利润而违背自然规律，让天生食草的牛吃动物骨粉时，就难免受到自然规律的惩罚。"疯牛病引起了世界范围的公众恐慌，也为世界敲响了饲料安全的警钟。目前，许多国家已经全面禁止在动物饲料中使用动物加工副产品制成的肉骨粉。

（三）瘦肉精事件震惊中外

1995 年，西班牙发生了因食入含有盐酸克伦特罗（瘦肉精）的猪肉和猪肝而引起的中毒事件，使 43 人集体中毒。

2001 年 11 月广东省河源市发生一起严重的因食用含有盐酸克伦特罗的猪肉及其制品而导致的群众集体中毒事件，造成 484 人中毒。据统计，1998 年以来，我国内地相继发生 17 起瘦肉精中毒事件，中毒人数达 1 431 人，死亡 1 人。

盐酸克伦特罗，是一种兴奋剂，国外于 1970 年就研究其在畜牧生产上的应用，国内称为瘦肉精，可以促进动物多长瘦肉，少长膘，具有诱人的经济效益。但使用瘦肉精会在动物体内（主要是内脏）产生药物残留，人食用了带有药物残留的畜禽内脏，就可能危害人的健康。

我国农业部于 1997 年 3 月明令禁止盐酸克伦特罗（瘦肉精）在畜牧生产上的应用。

（四）比利时二噁英污染事件致首相下台

1999 年 2 月，比利时一些养鸡场突然出现异常，遂向保险公司提出保险赔偿，经农业部专家组展开调查，在鸡脂肪及鸡蛋中发现有二噁英，且超过常规的 800～1 000 倍，证明饲料受二噁英污染。调查发现荷兰的三家饲料原料供应商提供了含二噁英的脂肪给比利时的某饲料厂。该饲料厂 1999 年 1 月 15 日以来误把原料供应商提供的含二噁英的脂肪混掺到饲料中，出售给 1 500 家养殖场。

1999 年 5 月 27 日，比利时电视台率先披露事件真相，引起轩然大波。事件致使比利时的畜牧业和涉及畜产品的食品加工业倾刻完全瘫痪，世界各国都宣布停止销售从比利时进口的畜产品。比利时的媒体将这次事件称之为鸡门事件。

比利时发生的二噁英污染鸡肉、蛋和奶事件，造成直接经济损失 25 亿欧元，欧盟的畜产品贸易损失高达数十亿美元。事件发生后，先是比利时卫生部长和农业部长被迫辞职，后是荷兰农业部长也在同样的压力下宣布辞职，最后比利时以吕克·德阿纳为首的四党联合政府在全国大选中惨败，首相率政府成员集体辞职。

（五）法国污水饲料事件

1999 年 8 月 15 日，法国有 4 家大型肉食品生产商使用污水处理厂和化粪池的沉淀物来饲养家禽曝光，欧盟感到十分震惊，因为欧盟早在 1991 年就已禁止在家禽饲料中使用污染沉淀物。

化粪池的污秽物含有对人体有害的重金属、能抵抗抗生素的细菌以及二噁英等化学物质，人类食用这些受污染的肉制品后健康可能会受影响，尤其是脑部的神经系统的机能可能会受损。这一污水饲料事件在欧洲国家引发大范围的恐慌和忧虑。

（六）欧洲毒鸡蛋事件

2017 年 8 月 3 日，德国农业部从进口来自比利时和荷兰的数百万枚鸡蛋中检测出了氟虫腈残留。这些毒鸡蛋已波及德国 16 个联邦州中的黑森州、巴伐利亚州、不来梅州等 12 个州。据报道，荷兰每年出产多达 110 亿只鸡蛋，逾半出口其他国家，其中以德国为主。受事件影响，德国、荷兰及比利时 3 日宣布全面从店铺及仓库回收数百万只鸡蛋，荷兰当局暂时查封当地 180 个农场，并展开刑事调查。

调查发现，致使这些鸡蛋含有氟虫腈的原因是荷兰巴讷费尔德一种名为鸡之友（Chickfriend）的饲料。荷兰农业与园艺业组织证实，至少有 7 家家禽公司从 2017 年 1 月开始使用鸡之友的鸡饲料，而氟虫腈正是来源于这些饲料。荷兰食品检验机构于 2017 年 7 月 23 日下令查封了 7 家公司，其中 4 家还必须收回售出的蛋品。截至 2017 年 8 月欧洲至少有 17 个国家发现毒鸡蛋的踪迹。此外，毒鸡蛋也通过荷兰流入韩国和中国香港。

氟虫腈是一种用于杀死跳蚤、壁虱等昆虫的杀虫剂，德国禁止在动物制品加工和食品运输过程中使用这一物质。

世界卫生组织指出，大量进食高浓度氟虫腈一段时间，会损害肝脏、甲状腺和肾脏。德国联邦风险评估机构称，目前鸡蛋中检测出的氟虫腈含量较低，对成年人不构成威胁，但可能危害儿童身体健康。

三、造成饲料污染的主要原因

造成饲料污染的原因是多方面的，从国内外由饲料污染引发的重大毒性灾害的经验教训中，不难看出造成饲料污染的主要原因如下。

（一）饲料原料本身含有的有毒有害物质

饲料（原料）在生产、储存、加工和运输过程中，如果不能严格按照卫生标准进行生产和管理，很可能造成霉变和污染。常见的污染物有砷、汞、铅、镉、亚硝酸盐等无机毒物，棉酚、有毒生物碱、生氰糖苷、异硫氰酸盐、麦角毒素等有机毒物，滴滴涕和六六六等有机氯农药，对硫磷和马拉硫磷等有机磷农药，黄曲霉毒素等生物毒素，3，4-苯并芘和多氯联苯等环境毒物，沙门氏杆菌、大肠杆菌和炭疽杆菌等微生物及其他有害物质。

据报道，在配合饲料统检中，有毒有害物质如重金属铅、砷、铬及致癌的黄曲霉毒素等卫生指标不合格的占有一定比例。饲料卫生指标不合格，导致饲料产品质量低劣，既给养殖业带来了严重的经济损失，又直接威胁人民的身体健康。特别是影响我国饲料和养殖产品的出口创汇，致使养殖业遭受沉重打击。

（二）饲料添加剂和药物的不合理使用，造成严重的安全问题

1. 在饲料中非法使用违禁药物 据农业部 1999 年对 9 个省份违禁药物使用情况进行的一次饲料抽检，添加违禁药物的比例达到 21%。而 2000 年饲料和饮水样品检测违禁药品的检出率为 6.5%。添加违禁药物的品种主要是盐酸克伦特罗。盐酸克伦特罗作为一种生长类激素，能促进动物提高瘦肉率，减少脂肪的沉积，但是，它对人的身体健康产生的危害也是巨大的，如肌肉震颤、心悸、神经过敏、头痛等。此外，添加类甲状腺素（如碘化酪蛋白）、类雌激素（如玉米赤霉醇）及镇静药物的添加也较为普遍，这些违禁药物的使用对养殖动物的安全生产和人的身体健康造成很大的威胁。此外，药物添加剂本身具有较强的毒性作用。如氯霉素损伤肝脏和造血系统，导致再生障碍性贫血和血小板减少，磺胺类药也损害肾功能和造血系统。

2. 在饲料产品中滥用饲料添加剂 随着动物营养研究的深入，一些稀有元素和重金属开始应用于动物饲料，以其调节动物的生长。然而，该类物质的安全剂量和中毒剂量十分接近，极易造成动物中毒。同时，由于人们对营养认识的片面性，以及部分饲料企业为迎合消费者，在配方中超量添加铜（即仔猪的高铜饲料）和使用砷制剂等，对土壤和水源造成污染。此外，滥用饲料添加剂会造成养殖产品中药物和重金属残留严重超标，以间接途径危害人的身体健康，消费者难以防范，潜在的威胁更大。

3. 不能按规定执行停药期的规定 畜禽在屠宰前或出售前停药不仅针对兽药也适用于药物添加剂，但相当一部分养殖场（户）使用含药物添加剂的饲料很少按规定落实停药

期，通常规定的4～7天停药期形同虚设。有的饲料厂不生产可供屠宰前用的不含药物添加剂的产品，养殖场、屠宰场也没有养几天再宰杀的习惯。一旦上市前停药，死亡率增加，经济损失很大，故一般没有执行停药期的规定。更为突出的是，多数球虫药和一些饲料添加剂规定产蛋期禁用，如盐霉素、莫能霉素等，但某些鸡场不遵守规定，造成药物在蛋中残留。

（三）饲料管理的法律法规不够健全，检测、监控体系不够完备

饲料和饲料添加剂的安全，虽有相关的《饲料卫生标准》和《兽药管理条例》等法律法规，但往往由于执法不力，缺乏统一权威的违禁药品检测方法、标准和规范的国家标准或行业标准，加之管理制度不健全，造成漏洞，引发中毒事件乃至毒性灾害的发生。

四、提高我国饲料安全水平至关重要

动物性食品来源于养殖业，养殖业的饲料来源于饲料工业，于是就形成了饲料行业—养殖业—食品行业，这样一个成因复杂而多变的安全卫生质量管理系统。要保证动物性食品安全必先从源头——饲料安全抓起。饲料作为生产动物性食品的主要投入品和安全监管的源头，已成为动物性食品安全的前提和关键。因而，要想吃上绿色肉、蛋、奶、鱼，首先必须有符合要求的安全饲料，否则食用动物性绿色食品就无法保障。

当前，我国正在着力构建社会主义和谐社会，保障食品安全，维护人民身体健康已经成为一项十分紧迫的任务。饲料产品作为生产动物性食品的源头，必须引起全社会的高度关注；饲料工业作为连接种植业和养殖业的中轴产业，应该得到各级政府的高度重视。

为确保饲料安全，进而为绿色食品的发展打下一个良好的基础，应该努力做好以下几项工作。

（一）严防饲料污染，确保饲料卫生安全

1. 防止生物性污染 与饲料安全有关的饲料细菌包括致病菌和相对致病菌。致病菌可直接进入消化道，引起消化道感染而发生中毒性疾病，称为感染型饲料中毒，如沙门氏菌中毒等；相对致病菌是某些细菌在饲料中繁殖并产生细菌毒素，引起畜禽中毒，称为细菌毒素型饲料中毒，如肉毒梭菌毒素和葡萄球菌毒素等所引起的细菌外毒素中毒。饲料中常见的产毒霉菌有曲霉菌属、镰刀菌属和青霉属的某些菌种，由于各地的气候、饲料种类以及贮运加工方法不同，霉菌及霉菌毒素对饲料的污染具有某些地区特点。为此，必须采取相应的措施加以防范。

2. 防止非生物性污染 各种化学物质如有害重金属、某些无机和有机化合物污染饲料后，都能严重影响饲料的安全与卫生。非生物性污染主要来自工业的废水、废气和废渣，农药、化肥，兽药及饲料添加剂的不适当应用。为此，必须针对污染的发生原因和途径进行防除，确保饲料的卫生质量和安全。

（二）推行诚信经营制度

在建立诚信制度的基础上，引导饲料生产、经营企业和养殖户开展诚信制度建设。支持消费者对饲料企业安全信用进行社会监督。各级饲料管理部门要结合日常监管、市场准入、质量检测、案件查处、举报受理情况等建立饲料安全信用管理数据库，并确立饲料企

业安全信用等级，对饲料生产、经营企业实行分类管理。对长期守法诚信企业要给予宣传、支持和表彰，建立长效保护和激励机制，如在延长许可、例行监测等方面给予便利。对违反饲料安全管理制度、制假、售假等失信企业，实行重点监控，采取信用提示、警示、公示和取消从业资格等方式限期召回产品及其他行政处罚方式进行惩戒；对严重失信的企业，要终身取消其从业资格；构成犯罪的，依法追究刑事责任。

（三）制定国家饲料卫生标准

用法规形式限定饲料中有毒有害物质的最高允许量，如果饲料中任一种物质超过法定的最高允许量时，则不允许上市销售。因此，适时修订完善饲料安全卫生标准，加快制定颁布禁止在饲料和动物饮用水中使用的药物检测方法标准，以及动物性饲料检测方法标准，为饲料兽药监督和检验检疫工作提供技术支持，使之适应我国饲料工业和畜牧业发展的需要。

（四）健全饲料监管机构和完善饲料检测体系

各级政府要根据 1999 年国务院第 266 号令发布实施的《饲料和饲料添加剂管理条例》等有关法律法规，科学合理设置饲料管理机构，核定管理人员编制，实现政府职责与管理机构和编制的法定化，建立权责明确、行为规范、监督有效、保障有力的饲料行政监管体制，以适应法治政府建设和饲料安全监管的需要。

在建成国家级饲料质检中心，部级和省级饲料监察所的同时，进一步完善省级、市级和地、县（区）级饲料质检站。形成以国家级饲料监督检验中心为龙头、部级中心和省级饲料监察所为骨干、地市县级质检站为基础的饲料检测体系。

与此同时，应积极开展饲料与饲料添加剂安全评估。对可利用饲料资源中有毒有害物质的毒性、作用机理及其防除措施进行研究，对新开发的饲料原料做好安全性毒理学评价工作，研究和解决新饲料添加剂在使用中可能带来的毒性问题及其他有关安全卫生问题。

（五）加强饲料立法与执法检查

为了确保饲料安全，应用法律手段严格规范违禁药品、抗生素、激素等生产、销售、使用各个环节。与此同时，严厉打击那些有法不依、执法不严、违法不纠的严重违法行为，确实保障动物性食品的安全。

1988 年 1 月，国务院颁布施行的《兽药管理条例》规定兽药、饲料添加剂、农药等化学物质不仅需要检验其有效性和安全性，而且必须在取得食品动物组织中药物残留方面的有关资料后，方可考虑是否批准生产。

1999 年 5 月 18 日，国务院颁布的《饲料和饲料添加剂管理条例》对饲料和饲料添加剂的管理原则、管理范围、管理手段和执法主体，都做了明确的规定。

为防止在饲料生产、经营、使用和动物饮用水中超范围、超剂量使用兽药和饲料添加剂，杜绝滥用违禁药品的行为，农业部、卫生部、国家药品监督管理局联合发布公告，公布了《禁止在饲料和动物饮用水中使用的药物品种目录》（农业部公告第 176 号），目录收载了 5 类 40 种禁止在饲料和动物饮用水中使用的药物品种。

为保证动物性产品质量安全，维护人民身体健康，根据《兽药管理条例》的有关规定，2001 年 4 月农业部发布了《食品动物禁用的兽药及其他化合物清单》（农业部第 193

号公告，以下简称《禁用清单》），禁止氯霉素等 29 种兽药用于食品动物，限制 8 种兽药作为动物促生长剂使用，并废止了禁用兽药质量标准，注销了禁用兽药产品批准文号，对兽药生产、经营、使用单位的库存禁用兽药一律做销毁处理，从养殖生产用药环节对动物产品质量安全实施监控。

此外，为了加强饲料添加剂的管理，农业部于 2001 年 7 月发布了《饲料药物添加剂使用规范》，规定 57 种饲料药物添加剂的适用动物、用法与用量、停药期及注意事项等。农业部还制定了《允许使用的饲料添加剂品种目录》，其中饲料级氨基酸 7 种，饲料级维生素 26 种，饲料级矿物质、微量元素 43 种，饲料级酶制剂 12 类，饲料级微生物添加剂 12 种，饲料级非蛋白氮 9 种，抗氧化剂 4 种，防腐剂、电解质平衡剂 25 种，着色剂、香料 6 种（类），黏结剂、抗结块剂和稳定剂 13 种（类），其他 10 种。对饲料企业使用饲料添加剂行为进行规范。2014 年，农业部公布的《饲料质量安全管理规范》分总则、原料采购与管理、生产过程控制、产品质量控制、产品储存与运输、产品投诉与召回、卫生和记录管理和附则，共 8 章 44 条，自 2015 年 7 月 1 日起施行。

为此，必须依法实施饲料安全的有效监管。一是加大饲料执法力度，对饲料质量安全进行严格监督管理，禁止在动物饲料中使用动物加工副产品制成的肉骨粉；二是加强养殖环节和饲料厂的监管，严厉查处违法违规企业，发现一起，查处一起；三是强化兽药残留监控，畜产品上市前，要按照国家有关法规和标准，严格实行检验检疫，并推行产地质量追溯制度。

此外，在总结现有饲料管理制度的基础上，尽快组织制定国家新《饲料安全法》，进一步完善我国饲料生产、加工、运输和销售使用过程监督管理的法律法规体系。

总之，动物性食品的安全关系到广大人民群众身体健康和生活质量，务必从养殖业的源头——饲料产品的质量控制入手，从各方面着手提高饲料产品的安全性，防止有毒有害物质通过食物链的富集，进而污染动物性食品。饲料的安全是确保动物性食品的安全的重要一环。

本文是 2017 年 5 月 18 日史志诚在陕西省测绘地质所由陕西省老年科学技术工作者协会组织的"食品安全科普讲座"的讲稿。刊载于《毒理学史研究文集》第 16 集，2017 年，第 35 - 40 页。

第三部分

生态环境与特色农业

陕西省区域农业环境问题及其对策

一、陕西省三大区域农业环境的主要问题及其特点

陕西省农业生态环境条件差异很大，按照自然特点、农业区划和行政区划，可分为陕北、关中、陕南三大区域来讨论。

（一）陕北地区

1. 黄土高原丘陵沟壑地区水土流失严重 陕北黄土高原丘陵沟壑地区降水量少，季风大，森林覆盖率过去只有 2.2%，近几年发展到 20% 左右。总土地面积占全省总面积31.4%，沟壑密度 3~7km/km²，侵蚀模数 1 万~3 万 t/km²。20 世纪 70 年代以来，经过水土保持、植树造林，输入黄河流域泥沙量由原来的 8.3 亿 t 减为 6.21 亿 t，但仍然是全国水土流失的严重地区。水土流失使沟谷不断延伸，原面被蚕食，土层变薄，肥力减退。水土流失还淤积库渠，影响灌溉，抬高河床，阻塞航运，破坏生态平衡，加剧自然灾害，是这一地区长期贫困的重要原因。

2. 长城沿线沙滩地区天然草场"三化"严重 长城沿线沙滩地区，沙丘广布，植被稀少，气候干旱多风，降水量少，风蚀和流沙堆积作用明显。长期以来掠夺式放牧习惯和超载放牧使草场载畜量降低，加之向天然草场投入太少，生产水平不断降低，特别是一些地区过去滥垦草场，倒山种地，使草场面积大量减少，"三化"（沙化、碱化、退化）严重，产草量越来越低。1979 年榆林县补浪河乡调查，草地面积与 1957 年比减少 15 万亩，每亩产草量高的达 125kg，低的只有 25kg。优质牧草逐渐衰退灭迹，劣质牧草和毒草不断增多，草场的经济价值大大降低，严重影响了农牧业生产的发展。

（二）关中地区

1. 大工业带来的农业环境污染问题 关中地区主要河流不同程度都受到工业"三废"的污染，不少河段酚、汞、砷、六价铬等有害物质含量超过了国家标准。秦岭电厂排放的二氧化硫和烟尘等有害物质，使附近鹿圈村 110 亩小麦严重受害，很多树木和牲畜病死，集体经济损失 5.8 万多元。韩城市苏东乡留芳村，由于受黄河电厂"三废"的污染，2 万多株树木已有 1 万多株死亡，20 多亩庄稼颗粒无收。特别是近几年由于大气受到二氧化硫等有害气体的污染，关中地区出现酸雨危害。1983 年 5、6 月酸雨出现的频率西安市为56%、铜川市为 50%。1955 年华山气象站和华县环保站观测，酸雨的频率也是相当高的，最高的 pH 达 4.2~4.3，成为农业生产上的一个潜在威胁。

2. 乡镇企业带来的污染问题 关中地区是陕西省乡镇企业发展比较快的地区，乡镇企业门类齐全，多数企业设备简陋，环保设备差，能源资源损耗大，分散在农村，对农业环境影响较大。户县 7 643 个乡镇企业中，污染严重的企业 71 个，大王镇一个地方就有电镀厂 12 家。大王东电镀厂废水中六价铬含量及秦渡颜料厂废水中锡含量都远远超过国家规定的排放标准。澄城县尧头镇由于缺乏全面规划，小煤窑遍地开花，已使不少农田和地层遭到破坏。

3. 城市郊区污灌区的污染比较严重 据 1983 年监测，这一地区排放的 3.88 亿 t 工业废水中含有害物质 1 300.89t，其中，汞 1.92t，镉 0.55t，六价铬 42.83t，砷 7.51t，铅 12.59t，酸 253.44t，氰化物 65.51t，石油类 882.61t，因此用污水灌溉后对农业环境影响很大。据西北农业大学李香兰观测，污灌 15 年的农田含汞量为 2.63mg/kg，污灌 12 年的为 1.54mg/kg，污灌 7 年的为 0.54mg/kg，没有污灌地区的汞含量为 0.097mg/kg。

（三）陕南地区

1. 植被破坏，抗灾能力减弱 秦巴山区的汉中地区 1950—1979 年造林 440 万亩，同一时期毁林 550 万亩，比造林面积多 110 万亩。商洛地区新中国成立初有森林 641 万亩，1976 年清查结果几乎减少了一半。镇巴县新中国成立初有林地 300 多万亩，森林覆盖率 60%，现仅有森林 115 万亩，覆盖率降至 22.7%。由于森林破坏，使陕南地区自然灾害加剧，1954—1980 年 27 年中，水稻用水关键时期，15 天以上的中等干旱年份达 8 年，平均 3.5 年一次；40 天以上的干旱年份 3 年，平均 9 年一次。1949—1986 年，平均 7 年出现一次较大的洪涝灾害，局部性的水灾几乎年年都有。

2. 农业环境污染日趋扩大 汉中地区 186 个县以上企业，1984 年排放工业废水 4 200 万 t，其中，汞、镉、铬、砷、铝、氰化物等有毒物质 21.7t，排放二氧化硫 3.4 万 t，废渣 98 万 t。由于工业"三废"的污染，略阳、勉县、汉中等地农业环境污染事故不断发生。1981 年汉中制药厂等 9 个工厂排放的工业废水，未经处理，灌入农田，使石马、七里两个乡五个村 2 166 亩水稻严重受害，减产稻谷 34 万 kg。略阳电厂、磷肥厂每年都因二氧化硫等有害气体，向周围生产队赔款 10 多万元。

二、不同区域农业环境的整治及其对策

（一）明确地区农业环境的主要问题，坚持因地制宜、分类指导

陕西省东西宽 200～500km，南北长 800 多 km，以秦岭为界，北部属于黄河流域，南部属于长江流域，陕北属于中温带半干旱气候区，关中是暖温带半干旱半湿润气候区，陕南是暖温带北亚热带湿润半湿润气候区。工业集中在关中和汉中等农业商品粮生产区，农业环境问题差异大。因此必须首先明确各地区的主要问题，坚持因地制宜、分类指导的原则，有计划有步骤地开展全面整治工作。

陕北地区应该把水土流失和生态失调作为农业环境问题的重点；关中地区应以加强对大的工矿企业和乡镇企业"三废"污染的监测和治理作为农业环境问题的重点；陕南地区应以防止植被破坏，保护自然资源，治理工业"三废"污染为重点。具体到一个县市，也应抓住农业环境中的主要问题。如米脂县应在水土保持、综合治理和发展生态农业方面继续总结经验；户县应把控制电镀、化工、造纸等行业对农业环境的污染作为主要工作。

（二）依靠法律、政策、技术和管理，改善地区农业环境条件

针对陕西省当前农业环境污染形势，必须依靠法律和政策，依靠科学技术和管理，改善农业环境条件。国家颁布了《环境保护法》，使我们有法可依、有章可循，但是有关农业环境保护方面的法规、条例、细则、标准，还有乡镇企业的环境管理条例、细则及生态农业标准等，都需要有具体的要求和法规。

依靠政策调动大家对农业环境整治的积极性，使农业环境保护工作由人治走向法治。农业环境整治是一个很复杂、技术性很强的工作，不同的地区要采用相应的科学技术，为此，各地要建立自己的试验基点，摸索经验。如陕南、陕北要建立生态农业的基点，关中要在大企业比较集中地区建立不同类型、不同目标的试验示范基点，通过样板，推动全省农业环保工作。

（三）积极开展区域农业环境影响的综合评价

长期以来，对重大新建的工业项目的环境影响评价，多采取单项效应的评价，缺乏总体和区域综合评价的观点，特别是缺乏农业生态的观点，很少考虑附近新建项目和其他项目综合因素长期对农业环境的影响作用。今后对重大项目的环境影响评价，应当进行区域环境影响控制的综合评价。因为区域农业环境污染问题是由各种工厂、矿山、农业生产和城镇生活排放的"三废"所构成，采用综合评价，就能提出符合区域农业环境自净能力的区域性各种污染物质的排放标准和编制治理的规划，为区域农业生产的发展提供基础参数和科学依据。

（四）加强科技协作和科研攻关，"七五"期间解决一些实际问题

陕西省农业环境保护科学研究工作，应紧密结合生产实际，争取在"七五"期间解决一些实际问题：①农业环境污染状况及背景值的调查研究；②农业环境标准及影响评价的研究等；③合理利用污水灌溉，建立污水灌区农业生态良性循环的研究；④有机磷、有机氯、菊酯类农药的残留以及对农业生态环境影响的研究；⑤农业环境监测技术和方法的研究。此外，与有关部门配合，开展生态毒理方面的研究。

（五）建立健全农业环境监测管理体系，培养农业环境保护科技人才

省、地、县都要根据国务院和农牧渔业部的有关文件精神，尽快成立农业环境保护管理和监测机构。建站条件尚不成熟的地方，要指定单位，固定专人负责农业环保工作。由于很多同志和一些农业技术干部对农业环境保护问题了解地不多，因此加强农业环保知识的宣传和培训是搞好农业环境保护工作的当务之急。要采取多种方式，广泛宣传农业环境保护工作的重要性和有关知识。从各方面加快农业环境保护科技人才的培养，为提高农业环境保护工作水平打下良好基础。

总之，根据陕西省陕北、关中及陕南三大区域农业环境的主要问题及其特点，应坚持因地制宜、分类指导的原则，建议陕北地区应把水土保持和恢复生态平衡作为农业环境整治的重点；关中地区以加强对工矿企业及乡镇企业三废污染的防治作为重点；陕南应以防止植被破坏、保护自然资源及治理工业污染为重点。

本文与周振立、王堪甲、姚撑民、赵怀仁等合作，发表于《农业环境保护》，1987年，第6卷第3期，第1-3页；《农业环境科学学报》，1987年，第3期，第25-27页。

陕西的旱作农业沿革与发展思路

陕西省是典型的北方旱作农业省份。我国典型的黄土高原区 30 万 km²，仅陕西省陕

北就有 6 万多 km²，占 1/5，但已治理面积仅 1 万 km²，占 1/6；陕西省共有耕地面积 5 400 万亩左右，旱地面积 3 300 万亩，约占总耕地面积的 2/3，旱地的丰歉直接关系全省的粮食生产和农村经济的稳定。陕西省委、省政府对旱作农业非常重视，提出"提高陕南、发展关中，开发陕北、渭北"的农业发展战略。由此可见，旱作区的农业开发已成为重中之重。

陕西省旱地的特点有三个。一是干旱缺水。水资源有限，即使平常年份能灌溉的田块，大旱之年只能保证 50％的水地灌溉。二是耕地瘠薄缺肥。土壤有机质含量多小于 1％，全氮含量低于 0.08％，碱解氮含量 40mg/kg 左右，有效磷含量多在 6～7mg/kg 以下。三是产量低而不稳。

一、陕西旱作农业的实践与探索

黄河流域是中华民族的发祥地，也是旱作农业的发祥地，围绕旱地粮食生产和农村经济的发展，从古至今都在研究和寻求解决办法。

（一）古代旱作农业记载

1. 岁代田　据《汉书·食货志》记述，旱地"一亩三圳，岁代田"，即一亩地上顺着开三条沟，第一年种于沟中，出苗后进行中耕时，将垄上的土培在沟中的苗根上，最后沟变成垄，垄变为沟，第二年用同样的办法。这样沟垄代换位置，轮番利用，故称岁代田。此法与现在推行的"垄沟"种植法类似。

2. 区田　汉《氾胜之书》中记述，旱地"以粪气为要，非必良田也"。意思是说，区田可不择地，只要施足肥料，均可高产。

（二）传统的旱作农业技术

1. 深耕蓄水　蓄住自然降水，节制地面径流损失。

（1）伏耕蓄水，满足"麦收隔年墒"的要求。

（2）秋耕蓄水，一方面深耕破坏土壤毛管，防止土壤水分蒸发，另一方面有利于接纳雨雪，为春播创造条件。

2. 耙耱保墒　"顶凌耙耱"措施，可使小麦亩产达 150kg。

3. "两法"种田　通过水平沟、垄沟两法种植，一般可增产 20％～30％。

4. "三为主"原则　夏粮为主，小麦为主，正茬为主。

（三）现代旱作农业技术

1. 种植抗旱品种　一般可使小麦产量稳定在 100kg。

2. 抗旱品种＋培肥地力　培肥地力主要是氮磷配合，发挥以磷促根以根调水的作用，可使小麦亩产量达到 200kg，实现 1mm 降水量生产 0.5kg 粮。如果再配合施用有机肥，可使小麦亩产量达到 300kg。但旱作区有机肥源有限，有机肥用量少，面积小。陕西省的科学工作者曾在合阳研究发展畜牧业，由于投资较大，畜牧业方向难以确定等原因，没有成功。

3. 抗旱品种＋培肥地力＋麦草覆盖　小麦亩产可达 400kg，实现 1mm 降水量生产 1kg 粮。这项技术试验示范效果很好，但推广过程中遇到较大困难，推广面积不大。主要原因以下几点。

（1）对小麦品种提出更高的要求。覆盖技术是一个高新技术，覆盖有许多优点，但也会造成病虫害数量增加。尽管科学家已研发出抗病良种，但由于供应数量不足，使这项技术在推广中遇到不少问题，这也给我们今后开展新技术推广提供宝贵经验。

（2）经济原因和传统观念的影响是主要原因，农民觉得将秸秆卖给造纸厂获益更大，更直接。

4. 抗旱品种＋培肥地力＋地膜覆盖 陕西省的地膜覆盖技术研究始于 1985 年，较其他省份早，但由于当时的历史条件和专家们意见看法不一致等原因，致使这一先进技术夭折，相邻省份在这方面的研究和实践走在了陕西省的前面。1987 年，陕西省急起直追，向甘肃、山西学习，并以两种地膜覆盖技术模式进行试验示范成功后，逐步推广到 26 万亩。实践证明，这是一项成功的旱作农业技术，其优势有五个方面。

（1）抗旱，土壤墒情好，小麦分蘖多。

（2）能够带动多项旱作农业技术。地膜覆盖带动了垄沟种植、精量半精量播种、统一供种、种子包衣、平衡配套施肥等技术的推广。

（3）增产增收。据调查，地膜覆盖小麦亩产量可达 450kg，比大田增产 150kg，增加产值 210 元，扣除成本 40 元，亩增收 170 元。

（4）扩大了复种指数，此技术主要在陕西省两年种三料作物的区域推广，地膜覆盖可使小麦播期推迟到 10 月 1—14 日。因此可在回茬地上种小麦，也有利于正茬小麦的轮作倒茬。这样可增加小麦播种面积 80 万亩。

（5）可以在旱地上探索"吨粮田"。在陕西省一年仅可灌一次保产水的地区（如东雷抽黄灌区），灌水费用大，可以将水用于秋粮需水关键时期，保住秋粮，实现夏秋两季双丰收。

5. 玉米三项技术 春玉米地膜覆盖栽培、玉米露地营养钵育苗移栽技术和春玉米拱膜营养钵育苗移栽三项技术，解决了玉米生长前期低温少雨、后期秋淋寡照和生产粗放等生产问题。一般地膜玉米比露地玉米增产 100kg/亩左右，玉米拱膜营养钵育苗移栽增产幅度为 50％～80％。

（四）旱地水利灌溉（工程）措施

1. 引水灌溉 陕西省主要灌区主要有宝鸡峡灌区和东雷抽黄灌区，灌溉面积分别为 150 万亩和 70 万～80 万亩。

2. 节水灌溉 喷灌、滴灌投资大，仅应用于经济作物。

3. 井灌 一般一口井可灌 100～2 000 亩地，陕西省旱作区水层很深，打井投资大。

4. 窖灌 陕西省的"甘露"工程投入了 3 亿多元，已取得了很大成效，解决了许多旱区人畜饮水问题。据调查，年降水量 300～500mm 的区域，一口窖接纳 100m² 面积的雨水，蓄水量 25～40m³，可保一亩地或一个菜园。

二、面向 21 世纪，实施旱作农业综合开发

（一）重点开发陕北和渭北旱作农业

陕西省的旱作农业潜力很大，这一区域的开发利用有五方面的必要性。

1. 中西部发展的需要 全国的开发区几大块都已开发，就剩黄土高原这一块，第十

个五年计划发展哪一块呢？这一块的开发已引起国家的重视，去年姜春云副总理专门来陕北视察，我们又邀请中国科学院科学部委员对这一块考察，同时又做了大量的调查研究工作，现开发时机已经基本成熟，但需国家投资支持。

2. 能源基地建设的需要 煤炭、石油等资源的开发利用。

3. 粮食目标的需要 陕西省委、省政府提出到 2010 年全省粮食总产目标的实现，计划在黄土高原开发利用拿回 50 亿 kg。

4. 扶贫的需要 陕北和渭北是革命老区，也是贫困区。

5. 农村经济发展的需要

（二）旱作农业综合开发必须坚持五项原则

（1）经济、社会、生态效益统一，坚持可持续发展的原则。

（2）农林牧协调发展，建立生态农业的原则。

（3）工程、技术、生物措施相结合，综合治理的原则。

（4）生产、流通、加工一起抓，实行产业化经营与开发的原则。

（5）物资、技术、资金投入三配套，集约化经营的原则。

（三）组织实施生态农业与农业综合开发项目

在总结历史经验的基础上，陕西省在探索新的旱作农业发展方面，开展了多种模式的农业综合开发项目，主要项目如下。

（1）陕西省农科院"三三制"模式，主要在米脂县实施。

（2）WPF 项目，包括陕北土肥合理利用、杏子河流域治理、陕南丘陵区开发项目等。

（3）延安市宝塔区的生态农业建设，主要技术有大垄沟种植、发展林果、种草与发展畜牧业，人均达"双千"目标。

（4）财政部支持的农业综合开发，1990—1996 年已累计投入 7 亿元，收益近 9 亿元，投产比达 1∶1.2。

（5）农业部"旱作农业技术示范区"项目，在陕西省蓝田、延川两县组织实施。

本文刊登于陕西省农业厅编《陕西黄土高原粮食安全与生态农业研究文集》，2000年，第 68-70 页。

积极推进林草植被建设　实现农林草业均衡发展

林草植被建设在生态环境建设、社会经济可持续发展乃至在西部大开发中的重要意义和重要地位毋庸置疑，这方面的研究和讨论已经很多，然而，林草植被建设作为一项现实的经济活动和一项新兴产业，微观经济和宏观经济研究方面的深入分析很少，政府要"被子"，农民要"票子"，如此形象地比喻，提示我们必须以产业经济学原理进行审视和研究林草植被建设的产业地位、产业政策和产业经济发展问题，以期树立农林草产业观，确立农、林、草三大产业均衡发展原则，为西部大开发中加强林草植被建设提供新的理论依据和新的建设途径。

一、总结历史经验，科学分析第一产业的一、二性生产的关系，树立农林草产业观，把农、林、草放在同等地位

历史上我国西部和北部是游牧地区，东部和南部是农耕地区，不仅生产方式与生活方式有很大差异，而且存在很深刻的历史矛盾。农耕民族与游牧民族虽然有友好交往的一面，但长期以来对立和战争不断。历代统治者大都采用在西部屯田开发，强化东西部之间的联系。直到清代西部开发仍以实行屯垦，发展农业为主，而发展畜牧业和矿业次之。回顾中国古代西部开发的历史，发现固然成绩辉煌，但遗留下的后果则是造成的生态环境的严重破坏，为了养活众多的人口，人们无限制地把森林、牧场、湖泊垦成农田。无补偿的开发导致森林消失、牧场萎缩、水土流失和沙漠扩大。1949年，我国人均粮食占有量为208kg，20世纪60年代困难时期为216kg，那时"以粮为纲"，首先解决人民的吃饭问题，是在情理之中。1998年全国粮食人均占有量达422kg，全国从总体上步入小康。农业为西部开发做出贡献，那么西部开发，发展林草，治理被破坏的生态环境也该提上议事日程。近几年，随着生态环境建设，退耕还林（草）规划的实施，人们对林草植被建设的重大意义认识深刻，但在具体实施的工作分工，投资分配等方面出现新的矛盾和分歧。不能仅仅从部分利益看待林草植被建设问题，也不能就林草说林草，应当按照产业经济学的原理重新审视和研究林草植被建设的产业地位。

按照产业划分农业生产和林草生产均属第一产业中的第一性生产，而畜牧业属第二性生产。第二性生产是通过农牧结合（有畜农业）、林牧结合（有畜林业）和草畜结合来实现的。基于这种认识，过去"农林牧"的提法混淆了一、二性生产的概念，而应提为"农林草"三大产业。如果把农、林、草放在同等地位，树立"农林草"三大产业观，则第二性生产的畜牧业有了更大发展机遇；林牧结合又有了新的发展途径，林区禁伐后，林业工人转产，林牧业则提供更大的发展空间；与此同时，也减轻了农耕提供食物和饲料的双重压力，宽松地进行结构调整，重点发展果蔬及其他新优食品。这是一举多得的新思路（图3-1）。

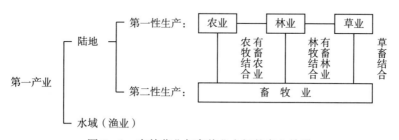

图3-1 农林草业与畜牧业之间的产业关联

二、总结新鲜经验，坚持农、林、草三大产业均衡发展原则，积极推进农牧、林牧和草畜结合在不同生态类型地区创造不同的林草植被建设模式，实现西部地区生态平衡和经济平衡

（一）稳定农业，为林业、草业和畜牧业提供发展机遇

近些年来，西部地区在生态环境治理、生态农业建设和防护林与天然林保护方面取得新的成绩，积累了许多新经验。但西部地区的生态环境依然十分脆弱，农业尤其是粮食生产还不稳定，因此大抓林草植被建设，切不可忽视农业（粮食）生产。只有农业稳定增长了，我们才能集中一部分精力抓好林草产业。倘若农业有所闪失，反过来再抓农业，则会丧失粮草业的发展机遇。从国内外的粮食生产能力与人们对畜产品消费需求来看，人均占有粮 400kg 是一个重要标志。西部地区人均粮食生产的目标达到 400kg 以上，既是步入小康的标志，又是发展林草产业的一个重要基础。因此，不能就林草论林草，而应考虑到农、林、草三业的相互依存、相互制约的关系。发展林草管理看农业综合生产能力（粮食）的实际状况。

（二）因地制宜、科学确定林草种植范围和林草结构及乔灌草结构

张新时指出：在年降水量＞400mm 处或阴坡＞25°坡耕地应退耕，挖水平沟，植水土保持林间以灌木带与草带；在年降水量＜400mm 处或阳坡＞25°坡耕地应退耕，挖水平沟，植水土保持灌木带与草带；在干旱地带退耕还林草时应以还草多于还林、还灌木多于还乔木。这些观点都是历史经验总结，一定要按自然规律办事。

（三）减轻农田压力，充分发挥林区和草地资源优势，发展有畜林业和草地畜牧业

任继周等（1999）指出，谷类作物，除去蒿秆皮壳，人类能够直接利用的部分不足25%，其余 75% 需要草食动物转化为动物产品，才能充分发挥其经济效益。如果植物生产与动物生产两者结构合理，植物产品与动物产品的产值可各占 50% 左右。再加上专为动物生产的饲用植物用地，如草原、林间草地、饲料作物用地，动物产品的产值往往多于植物产品的产值。发达国家动物产值一般都大于 50%。而我国目前仅为 25%～30%。因此，发挥林草资源，发展畜牧业对减轻农田压力，改善食物结构，提高土地资源利用率，为建设小康将做出新的贡献。

林牧结合，走有畜林业之路，是当前解决伐木工人下岗转产，建立新型林产业的一个重要途径。20 世纪 50—60 年代，各省份政府都设有农林厅，那时的林场除了营林、伐木和森工之外，林牧结合得很好。陕西北部沿毛乌素沙漠南缘的林场都种草，饲养细毛羊，三五年见效益。养羊一两年就有大利，林场经济可谓繁荣。之后农林分家，设为两个厅后，畜牧退出林场，情况就大不一样了。翻开《中国农业年鉴》，林业产业突飞猛进的发展涉及生产、林产化工、多种经营、造林营林、林材和森林旅游业等新兴产业的开发，但利用森林饲料资源和林间草地发展相应的养牛业、奶畜业则比重很微。由于缺乏这方面的统计资料，因此，也难以估量林牧结合对生态平衡和林区经济发展的效益。当今下岗的伐木工人如果看准林区畜牧业这个广阔天地，政府和林业部门消除林牧对立的偏见，在次生林、非保护林区发展相应品种的畜种，对下岗工人进行培训组织，林区经营牧业定会有一个惊人的发展。

（四）不同生态类型地区采取不同的林草植被建设模式

农区及农牧交错地区，由于农、林、草相互错纵交织，因此在强调林业的保护作用和优化环境作用的同时，突出粮草同作。确定农区人工牧草的地位与功能，有效地处理好农、林、草与畜牧业发展之间的关系，做到生态、经济、社会三大效益的统一。

在半农半牧区畜牧业是农民收入的重要部分，因此在稳定粮食面积、提高单产的同时十分注重草畜平衡。1986—1987 年史志诚等考察了半农半牧区的陕西靖边县三个不同农

业生态类型的村。结果表明，在农业生态单元中主要矛盾现为草畜矛盾。

（1）草少畜多的衰退型农业生态系统（以南部丘陵沟壑区的三岔渠乡车豪村为代表）草畜关系严重失衡，牧草产需比为 0.42：1。

（2）草畜平衡的稳健型农业生态系统（以北部风沙滩地区的海则滩乡海则滩村为代表）由于草地承包经营落实较好，林草面积扩大，草畜矛盾缓解，牧草产需比为 1.08：1。

（3）草多畜少的增长型农业生态系统（以沙峁交错的高家沟乡高家沟村为代表）牧草产需比为 1.39：1，尚有 1/3 牧草有余，既保持牧草休养生息，又能抗御干旱缺草灾害，使牧业发展具有一定潜力。

在黄土高原丘陵沟壑，因超载过牧造成草场退化、水土流失严重的地区，下决心把超载农畜退下来。海拔 1 200m，平均年降水量 370mm 的陕西吴起县按照"封山退耕、植树种草、饲养羊、林牧主导、强农富民"的思路，建设"集约自治型农业、保护效益型林业、商品致富型牧业"为基本结构的生态型特色农业，1998 年全县禁止羊子散牧的同时，逐步缩小农田面积，退耕 150 亩，种草 57 万亩，以舍饲小尾寒羊的设施养殖逐步置换土种山羊的传统放牧，牧业养羊数量由原 26 万只减少到 10 万只。进而拉动林业和草业发展。试图改变长期以来以粮为主、过垦过牧、生态恶化的局面，形成农、林、草牧比例适当协调发展的新格局。

在小流域治理中采取自然封育和人工植树造林、种牧草、发展畜牧业的治理办法取得明显效果。20 世纪 80 年代陕西米脂泉家沟流域按"三三制"规划土地，基本做到农田 1/3、林地 1/3、种草 1/3。结果粮丰、林茂、草多，畜牧业相应发展，村民收入增加，泉家沟的面积 8.27km²，经近 20 年的人工造林，沟坡封育天然植被，流域林草盖度达 0.6 以上的有效植被覆盖率达 58.2%，农田面积降到 12%，植物种类原来的 41 科 126 种增至 44 科 152 种。

人多地少，人均耕地不足 1 亩的贫困地区产业选择上，种草养畜要比种粮生态效益和经济效果好得多。据王培（1999）对中国西南扶贫世界银行贷款项目——云贵和广西项目区调查，在耕地不到一亩的农户种草养畜效益显著（表 3-1）。

表 3-1 19 户种草养畜与种粮效益比较

类 型	调查农户数/户	人口/人	人均耕地/hm²	1995 年		1997 年	
				人均收入/元	人均占有粮/kg	人均收入/元	人均占有粮/kg
种草养羊	8 户	45	0.06	834.25	264.0	1 334.38	429.6＋165.6
种草养牛	6 户	35	0.074	696.50	301.6	1 063.70	436.0＋134.4
种 粮	5 户	29	0.11	610.00	309.0	1 068.40	670.0＋361.4

三、制定农、林、草三大产业均衡发展的产业政策，调整对农、林、草各产业的投资比例，完善《农业法》《森林法》和《草原法》，依法建设林草植被

（一）制定促进西部地区农、林、草三大产业均衡发展的产业政策

产业的均衡发展有赖于产业政策的引导，其目的在于调节产业部门的均衡与发展。在

人均占有粮食 400kg 的条件下，人们对畜产品的消费是不断提高。因此，产业政策的制定要充分考虑以下几点。

(1) 稳定基本农田，增加科技投入，提高单产，确保人均占有粮食 400kg 以上。

(2) 对发展林牧结合、草畜结合的产业给予扶持和优惠政策，重点扶持奶畜业、肉牛业和肉羊业。

(3) 积极推进农业产业化经营，大力扶持林草业、草业和畜产经营的龙头企业。推进农产品和畜产品加工业，大幅度提高农畜产品加工食品的比例。地方税收增长，企业盈利增多，农户收入增加则更有利于林草产业的发展，逐步形成良性循环。

(4) 调整农林草的投资比例，创新投资机制。

(二) 适当时候修改《农业法》《森林法》和《草原法》

解决林草建设中地权归属不清、承包经营不规范和管理与监督不分等实际存在的问题。

(三) 提倡林牧结合，走有畜林业之路

林区蕴藏丰富的草食饲料资源，次生林面积广阔，林间草地又是发展规模养殖业的最佳境地，只要以市场为导向，通过调查，研究出一个投入产出比令人满意的产业设计，建立新型的畜产经营模式。有畜林业之路越走越宽，不仅活跃林区经济，而且为建设小康，改善人民膳食结构，提高营养水平方面作出新的贡献。

(四) 以草定畜，以畜定草，实现草地生态平衡和草地畜牧业的经济平衡

无论是农区、林区还是牧区，一定要按照饲草产需比 1.5∶1 或产草量（包括农作物秸秆，树叶饲料等）的 50％ 配额家畜饲养量。否则，既不能保持正常的生态环境，也不能维持稳定的经济效益。

(五) 建立不同类型生态条件下不同模式的林草植被

建设示范基点，典型引路、长期坚持，从理论与实践的结合上提供成熟的经验，以带动西部地区林草植被的建设。

本文是在 2000 年 11 月 28 日在北京香山饭店召开的以"西部大开发中的林草植被建设问题"为主题的第 153 次香山科学会议上的专题发言，原标题："坚持产业均衡发展原则，积极推进林草植被建设"。发表于《草原与草坪》，2001 年，第 93 卷第 2 期，第 3-6 页。

小苹果　大产业

面对实施西部大开发战略和我国即将加入 WTO 的两大历史机遇，陕西省委、省政府从全省经济社会发展战略高度，作出重大决策，把果业列为全省四大优势产业之一，推动陕西果业进入一个崭新的发展阶段。下大力气把苹果产业做大做强，争中国第一，创世界名牌，把陕西省建成驰誉世界的水果之地，已成为当前和今后一个时期农业和农村经济工作的重要任务。

　　小苹果，怎么变成一个大产业？果业为什么成为一个能与高科技产业、旅游产业和军工产业并列的优势产业？当前面临哪些问题？又如何面对挑战、采取对策、发挥优势、重点突破、促其发展？带着这些问题，先后去礼泉和澄城县的陕西华圣现代农业集团有限公司、咸阳富安果汁有限公司等企业做了一些调查研究，有了一些初步的认识。

一、果品产业由小到大的历程

　　改革开放20年来，特别是进入20世纪90年代以来，以苹果为主的水果业得到了快速发展。陕西成为全国第二苹果大省、第四水果大省。1998年全省水果面积996万亩，产量430万t，其中苹果面积683万亩，产量346万t，鲜果及储藏收入73亿元，占当年农业总收入的25％，其中80％的收入是从省外挣回来的，约计58亿元。1998年全省征收水果特产税3.4亿元，占当年全省农业特产税总额的57％，其中苹果特产税2.8亿元，占果品特产税的82％。在一些苹果大县，苹果税收已占县财政总收入的60％以上。1999年全省苹果面积621万亩，总产399万t，鲜果及储藏收入70亿元，加上二、三产业收入预计百亿元，其中从国外、省外挣回来的在60亿元以上。据西安海关统计，自1995年以来，全省累计出口浓缩苹果汁8.6万t，共创汇6 657万美元。1999年出口4.5万t，创汇3 446万美元，年均递增率高达135％。浓缩苹果汁已成为陕西农产品中最大的创汇项目。果业不仅使农民增收，地方财政增收，而且改善了渭北一带的生态环境，全省的森林覆盖率也因苹果等经济林果的发展提高了3.2个百分点，昔日光秃的黄土高原如今有了绿色屏障。

　　回顾陕西省苹果业20多年的发展历程，果业成为陕西省区域经济优势产业之一，大体经历了三个阶段。

　　第一阶段是20世纪80年代中期以前，受计划经济的影响，农业生产上片面坚持"以粮为纲"，忽视了多种经营的全面发展，导致苹果产业一直在低水平徘徊。加之当时苹果的生产基地布局在陕西省秦岭北麓的非优生区，导致果品质量难以提高，种植效益低下。

　　第二阶段是20世纪80年代中期至90年代中期，在党的改革开放政策鼓舞下，陕西省委、省政府坚决贯彻中央"决不放松粮食生产，积极发展多种经营"的方针，按照农业区划及时调整农业工作思路，把苹果主产区定位在渭北高原优生区，并顺利地实现了战略性转移，成功地实施了百万亩优质苹果基地建设项目。加之当时对外开放政策的实施，中日关系步入友好发展的轨道，我们派出了100多名科技人员赴日本、北美洲和欧洲等地，学习了当时世界上先进的苹果生产技术，引进了新的优良的红富士、新红星、皇家嘎拉等品种，实现了陕西省苹果生产技术的一次革命。

　　第三阶段是20世纪90年代中期之后，苹果产业进入调整阶段，种植面积开始向优生区集中，苹果品种按照市场需求，实现了由秦冠到富士等优质品种一次大的调整。随着改革开放政策的进一步深入，非国有经济得到了较快发展，一些苹果加工、流通等二、三产业的龙头企业脱颖而出，进一步打开了果品的国际市场，果业这一陕西区域经济的支柱产业地位基本形成。目前有1/3的县、1/4的农户受益于果品生产。果业已成为地方财政增收和部分地区县域经济发展的支柱产业。

　　分析这三个发展阶段：第一阶段在低水平低层次徘徊；第二阶段快速发展，实现了由小到大的量的转变；第三阶段调整提高，开始了由大到精的质的转变。1949—1985 年，全省苹果产量年均递增 10％；1985—1996 年，面积年均递增 21.2％，苹果产量递增率高达 28.9％；1996—1999 年，尽管全省苹果面积平均以每年 5％的速度调减，但苹果产量却保持以年均 7.8％的速度增长。与此同时，苹果的质量也逐步提高，优质果率近年来以每年 3％～5％的速度持续向上攀升。与苹果商品生产配套的储藏、加工、运输、服务等二、三产业也快速发展，带动了地方经济的持续增长。苹果已成为陕西省一个大产业，成为一个具有世界优势的大产业。

二、对苹果产业作为优势产业的再认识

为什么"小苹果"成了大产业？优势有哪些？现在看来主要有三大优势。

(一) 区位优势

陕西省苹果生产上具有显著的区位优势。从自然生态条件看，陕西省渭北黄土高原苹果优生区地处北纬 35°左右，海拔 800～1 200m，海拔高，日照强，昼夜温差大，九月中旬日温差 10℃以上，可以保证苹果均匀上色，能够生产优质苹果，而且该区降雨分布也集中在苹果果实生长期内，是全国五大苹果产区中唯一 7 项气候指标都符合要求的最佳优生区。从国内国际果品市场反馈的信息看，陕西红富士的内在品质不但超过了美国的蛇果，也超过了美国、日本、新西兰和山东的同品种苹果。去秋以来，渭北果区已成为果商优先选择的产区，来此采购苹果的客商络绎不绝。从市场反应的情况也确认了陕西省苹果生产具备区位竞争优势。

(二) 产业带动优势

从产业化经营角度看，苹果产业具有强有力的带动优势，可带动相关二、三产业的十多个产业发展。通过在礼泉县调查发现，苹果产业的发展带动了纸箱业、印刷业、果品加工业、塑料工业、化学制药业、机械工业、通信邮电业、交通运输业、劳务市场和信息服务业等十多个产业的发展。以鲜果销售为例，每出售 0.5kg 苹果按 0.75 元计，可带动二、三产业收入 0.5 元。以生产浓缩果汁为例，每加工 1t 果汁，消耗鲜苹果 8.5t，果农收入 3 000 元，二、三产业收入 3 000 元，企业收入 1 000 多元。据各地汇总资料，全省果品总贮藏能力 300 万 t，其中气调贮藏能力 20 万 t。果品加工厂 80 个，其中果汁厂 17 个，生产能力 6 万 t。1998 年生产果汁 5 万 t。年各种加工转化苹果 110 万 t。包装厂 500 家，生产纸箱、果托 10 亿件。1999 年礼泉县财政 9 000 万元中，以苹果为主的农林特产税 5 000 万元，占 58％。苹果产业的发展，还促使了国家、个人投资礼泉县小城镇建设，形成靠"小苹果"带动小城镇建设和县城经济全面发展的新格局。

(三) 比较优势

果业属劳动密集型产业，在参与国内国际市场竞争上陕西省苹果产销具有明显的比较优势。

1. 批量比较优势 据有关资料表明，1998 年世界鲜果总产量 4 467 万 t，其中，中国产量 1 850 万 t、美国产量 464 万 t。陕西苹果鲜果总产量 346 万 t。1997—1998 年，世界果汁总产量 69 万 t，其中美国产量 14 万 t、波兰产量 13.7 万 t、中国产量 9.5 万 t、阿根廷产量 7 万 t、智利产量 5 万 t。1998—1999 年，中国苹果汁产量 12 万 t，出口 7.2 万 t。

1999 年陕西苹果汁出口 4.54 万 t。

2. 价格比较优势　据礼泉县提供的资料，每 0.5kg 优质套袋苹果生产成本为 0.57
元，产地售价 1.8 元，投入产出比为 1∶3.2；南方市场 3.6 元，出口到欧洲市场 1 欧元；
每 0.5kg 普通苹果生产成本为 0.2 元，产地售价 0.8～1.0 元，投入产出比为 1∶4 至
1∶5。每吨果汁生产，美国生产成本为 800 美元，礼泉生产成本 400 美元，加上其他费用
200 美元，价格在 600 美元。我国在美销售指导价为 800 美元，相当于美国的生产成本，
有利可图，故近年来果汁外销较好。陕西省苹果生产成本低，产销价格差价显著，具有较
强的市场竞争能力。

3. 质量比较优势　陕西省苹果由于自然资源优势突出，具有明显的内在品质优势，
只要我们采取有力措施，提高外观质量，陕西苹果的总体质量将在中国加入 WTO 之后参
与国际市场的竞争中，可以实现以优取胜。

以上三大优势，我们过去对区位优势研究比较多，对产业带动优势、比较优势研究少、
宣传少。经过这次调查和分析，更加体会到陕西省委、省政府把苹果产业作为四大优势产业
之一，用以加快果业发展，增加农民收入，发展陕西经济的战略决策是完全正确的。

三、苹果产业面临的机遇和挑战

（一）挑战之一：认识还不到位

有的同志认为苹果多了会引起价格回落，导致效益下降，对苹果产业前途怀有疑虑。
有的同志则提出山川秀美工程还上不上苹果？还有的同志提出，加入 WTO 后，国际市场
上需要的是套袋苹果，其他苹果卖给谁？事实上苹果多了与过去没有苹果、苹果批量太小
有本质的区别。目前优质苹果少，出口量小，是发展中的问题。面对我国即将加入
WTO、实施西部大开发、启动山川秀美工程和农业产业结构调整等千载难逢的好时机，
只要我们有计划、有步骤地调整结构，提高品种质量，积极推动果业产业化经营，完善延
长产业链条，瞄准国际市场，加大促销力度，按照"争全国第一、创世界名牌"目标努力
奋斗就有出路。抓不住机遇就等于丧失优势，就必然丢失产业。

（二）挑战之二：苹果质量问题

一是优果率还不高，虽然比重已近 40%，但是套袋苹果仅有 7 亿个，约 10.5 万 t，
仅占苹果总量的 2.2%；二是早熟品种量小；三是后续优质替代品种不明朗；四是缺乏符
合国际市场要求的质量标准，农药残留问题尚在研究之中，还未得到彻底解决。与此同
时，我们还应看到苹果产业也有以下发展机遇：一是从国际市场竞争需求来看，市场潜力
较大。套袋苹果年约需 40 亿个，生产优质果 60 万 t；二是目前陕西省早、中、晚熟苹果
之比为 2∶13∶85，需尽快调整；三是通过山川秀美工程，我们可以引进、选择一些新品
种，争取 3～5 年就可以拿出新特产品；四是目前陕西省苹果发展有利于建立规模较大的
生产示范园，有条件按照不同市场需求，生产全新标准和质量优质的商品果。以上这些也
是我们今后的努力方向和要抓好的工作。解决好了，就能把陕西省建成驰名中外的国家级
优质果品基地，就能把陕西省苹果产业做大做强。

（三）挑战之三：龙头企业问题

目前，还缺少大企业、大企业集团和跨国公司，产业化经营水平低。陕西省鲜果、果

汁加工销售额在亿元左右的有陕西华圣现代农业集团有限公司、咸阳富安果汁有限公司、西安海星现代饮品有限公司等，产品大多比较单一，产供销、贸工农未形成一体化经营。面对未来的发展机遇，我们需扩建几个库容 5 万 t、吞吐量 15 万 t 以上的加工企业，新建年生产 50 亿只套袋厂和万吨以上规模的果汁加工企业。在果汁销售上要联合对外，鲜果要创名牌，打入国际市场。

（四）挑战之四：流通不畅的问题

目前批发市场分散且规模小，缺乏有序管理。在合理分配果农、中间商和企业三者利益方面尚未形成新的机制，多数地方企业与果农仍然是传统的买卖关系，"卖果难"的问题依然存在。此外，果业信息网络不健全，流通渠道不畅。

（五）挑战之五：制定产业政策

目前陕西省果品产业的产业政策体系还不够完善。一是优果工程投入不足，每年只有 400 万元左右；二是绿色通道还不是全年执行；三是苹果出口退税偏低，仅 4%，而果汁出口退税 13%，不利于大批鲜果出口；四是苹果收购资金缺乏固定渠道，贷款困难，影响购销；五是果业发展的软环境不尽人意，管理机构、人才储备不能适应果业发展。

值得提出的是，作为具有陕西特色的一大优势产业来讲，与高科技产业、旅游业和军工业相比，在人力、物力、财力的投入上，果业明显处于较弱的地位。农业部门对果品生产和技术推广力度大，对果品加工、营销工作做得还不够具体，缺乏必要的手段。特别是缺乏懂市场营销、果品加工技术、商贸与国际市场信息分析的高级专门人才，对果品产业全方位的指导不力，这是急需解决的一个问题。

四、抓住机遇，迎接挑战，把陕西省苹果产业做大做强

如何抓住当前难得的历史机遇，迎接新的挑战，把陕西省苹果产业做大做强，应当从以下几个方面寻求突破。

（一）要在苹果产业的战略性调整上寻求突破

苹果产业在陕西省经过十多年的大发展，经过效益比较和市场选择，调整的重点已日趋明朗，对低水平的无市场前景的品种坚决进行压缩，加快发展短缺的、技术含量高的和有国际市场竞争力品种的生产能力。在苹果的区域布局上，要下决心淘汰关中平原和秦岭北麓等非优生区的果园，适当扩大渭北高原等优生区的栽植面积。同时要加快老残果园淘汰更新步伐，促使苹果产业向最佳优生区集中。在品种结构上，要通过高接换种等途径逐步增加早熟品种和中晚熟品种的种植面积，使早、中、晚熟品种种植比例逐步调整到 5：15：80。要把提高优质果率作为苹果产业战略性调整的重点，主攻国际市场和国内高档优质苹果市场，带动苹果产业整体素质的迅速提高。各优生区地方政府也要在工作部署上迅速作出调整，明确苹果产业作为区域主导产业的地位和作用，从领导精力上、政策措施上、科技水平上和资金投入上向苹果产业倾斜，上下一心，齐抓共管，为苹果产业尽快完成战略性调整做出新的贡献。

（二）要明确苹果产业的特色经济性质，在推进产业化经营上寻求突破

随着渭北苹果生产基地迅速发展壮大，苹果业在区域经济发展中的战略地位日益形成，加上独特的区位优势，使得苹果产业已成为符合陕西省情的特色产业。围绕特色产

业，发展特色经济，就必须在苹果产业化经营上寻求突破。要面向国内国际两个市场，发展在国内国际市场上有竞争力的大型果业龙头企业，提高仓储水平和苹果加工率，提高苹果附加值，尤其要兴建几个果干、果酒、果酱加工企业。要组建联系政府与企业、企业与果农、果农与市场的果业生产者协会，以提高生产经营的组织化程度。加强优质苹果基地建设，实施名牌战略，走果工贸一体化经营的路子。要抓住陕西省苹果产业化经营发展中的薄弱环节，把具有一定影响力和品牌优势的国内、国际跨国集团公司引入苹果产业，提高陕西省果品品牌知名度和市场竞争力，借船出海，占领更大的国际市场份额。要把市场体系建设放在苹果产业化经营的重要位置优先加以解决，组建和扩建果品产地批发市场，建议近一两年内在礼泉、洛川等地建立营业额在 5 亿元以上的大型批发市场，以规范化、现代化为目标，优化流通环境，加快果品销售，扩大市场占有率。

（三）要在加大科技推广力度、提高果业科技含量上寻求突破

要充分发挥陕西省果业的人才优势和科技优势，组织教学科研部门的科技力量，重点对提高果品品质、创建名牌产品和产后加工技术等果业发展过程中的重大技术问题进行联合科研攻关，提高果品科技含量和附加值。要有长远发展的眼光，搞好技术储备。加快新技术、新品种的引进、试验、示范和推广工作，加强业务技术培训。从现在开始，力争全省每年培训果农 50 万人（次），用五年时间培养出一支业务素质较高、技术推广能力较强的果业专业技术队伍，使优生区种植果树的农户每 5 户就有 1～2 名基本掌握果品生产主要技术的技术员。同时还要建立健全在新形势下果区果业技术推广服务组织体系，要加大标准示范园建设力度，实现果区村村都有示范园的目标。

（四）要在扶持苹果产业的优惠政策上寻求突破

针对当前生产中存在的一些突出问题，应出台解决收购资金短缺，制约果品流通问题的政策；出台苹果企业出口退税的有关优惠政策；尽快使苹果产业化经营的龙头企业优先，证券上市，进行融资；出台外资企业、合资企业和非公有制经济进入果品生产和流通领域的产业优惠政策；研究制定国际跨国公司进入陕西省果业市场的有关政策规定，延长果品绿色通道开放时间；加大对果业实用增产技术引进、研究和推广的力度；建立符合国际惯例、WTO 准则的管理机构、人才储备和有关质量标准体系、法律法规等，为苹果产业的健康发展创造优越的政策环境。

本文是一份调查报告，刊登于陕西省农业厅编《陕西黄土高原粮食安全与生态农业研究文集》，2000 年，第 144 - 148 页。

面向 21 世纪　发展有陕西特色的农业

陕西省是一个农业大省，又是一个典型的以传统农业为主的省份，在近五十年农业为促进陕西经济发展发挥了重要作用。再过三年，人类将迎来一个新的世纪（21 世纪）。在世纪之交，我们既对陕西农业的发展充满信心，又清醒地看到前进的征途上还面临许多困难和挑战，我们将以高度的历史责任感和时代紧迫感，为实现陕西农业的腾飞而努力奋斗。

一、农业在陕西经济发展和我国中西部开发上有极为重要的战略地位

（一）农业是全省经济齐腾飞的基础

工业与城市经济的发展，有赖于农业提供充足的原料和扩大农村市场；农民脱贫和奔小康，有赖于农业和农村经济的快速发展；物价的稳定、社会的稳定和保障改革顺利进行，仍有赖于农业的发展。

1. 全省工业和城市改革的需要　目前，全省工业正处于调整机制和工商企业改革、改组和改制的关键时刻，不少工厂转制，工人下岗。农业尤其是粮食的稳定增长直接关系到城市居民的生活。同时，农业的快速发展，不仅为工业提供了充足的资源，而且也为保证工业的发展创造一个宽松的环境。

2. 全省实现奔小康的需要　要保障到21世纪实现小康目标，人均占有粮食必须达到400kg，全省粮食总产量应稳定地达到1 400万t，才能满足小康生活消费水平的要求。粮食增长不仅是增加农民人均纯收入的重要途径之一，而且更重要的是粮食增长还是农村经济结构调整和农村分工分业的进一步发展的基础，是多渠道增加农民收入的重要基础。

3. 两个（物价、社会）稳定的需要　正确处理好改革、稳定和发展的关系，创造稳定的经济、社会环境，对保障改革顺利进行，国民经济健康发展具有重大的意义。农业特别是粮作为国民经济基础的基础不能有任何闪失。历史经验告诉我们，粮食供给稳定对物价波动平稳、社会安定具有十分重大的影响。

（二）陕西农业要为我国西部区域粮食自给平衡作出贡献

据测算，21世纪，西北地区，特别是甘肃、青海和内蒙古的西部要达到粮食自给是比较困难的，宁夏和陕西发展粮食生产有较大的潜力，特别是陕北渭北黄土高原有发展粮食的巨大潜力。如果这一地区粮食产量上去了，就可以在整个西部地区的粮食平衡中发挥重要作用。因此，应加快黄土高原地区水土流失治理与生态农业建设，从推广粮食增产技术入手，在稳定解决群众生活问题的同时，进一步调动群众种粮、种草和种树的积极性，从而实现陕西省粮食自给平衡，进而为西部区域粮食自给平衡作出贡献。

（三）陕西农业是西部资源开发的重要支撑

西部地区有着丰富的煤炭、石油、天然气等资源，开发潜力很大，陕北又是发展能源重化工基地的重点地区之一。从"九五"开始，国家投资已向西部地区倾斜，上一批大的项目。这就要求陕西农业必须有一个大的发展，特别是陕北渭北应加快发展。从现在起，就应开始打基础，做好准备。

二、建设具有陕西特色的农业产业

党的十五大是我国现代化建设进程中的一个重要里程碑。面向21世纪，要实现"农业增产、农民增收、农村稳定"三大目标，必须研究陕西农业发展的重大战略问题，迎接陕西农业大开发、大发展的新时期。应从战略高度抓好以下几项既具有战略意义和带动作用，又能体现陕西特色的农业综合生产能力，成为在全国具有竞争力的产业。

（一）粮食产业

粮食产业是关系国计民生的重要产业，要坚定不移地把粮食生产放在农业工作的首位

来抓。近五年来陕西省粮食年均产量只有 1 050 万 t（105 亿 kg）左右，距"九五"目标还有 35 万 t（35 亿 kg）的差距。为此，要建成"西北大粮仓"，实现陕西省粮食总量达到 1 400 万 t（400 亿 kg），人均占有粮食 400kg 的目标，为陕西经济发展和中西部开发提供有力支撑，仍需做大量工作。面向 21 世纪，陕西粮食发展要继续坚持"稳定陕南、提高关中、开发陕北渭北"的方针，要立足抗旱、狠抓水利建设。"善治秦者先治水"，陕西旱灾频繁，大搞水利建设，提高农业生产抗御旱灾的能力是保障农业稳产高产的首要措施。要按照"南塘、北窑、中打井"的思路，走"小工程、大群体"的路子，大力推广渠道防渗、滴灌、喷灌等节水灌溉技术，提高水资源利用率。与此同时，要依靠科技进步，通过扩大高产作物面积，实施小麦、玉米高产开发工程和"增两成"计划，在稳定耕地面积的基础上，不断提高粮食单产量。要狠抓关键技术推广，把地膜小麦、地膜玉米三项技术、水稻旱育稀植作为粮食增长新的突破技术重点推广。要大力推广种子工程、沃土计划以及病虫害防治技术，为粮食高产提供条件。

（二）果品产业

坚持以优取胜，努力把渭北建设成全国最大果业基地。陕西省具有生产苹果、梨、枣、猕猴桃、葡萄等果品得天独厚的资源优势。大力发展果品产业是发挥陕西省的比较优势、调整农业生产结构、改善生态环境和增加农民收入的重要途径。到 2000 年陕西苹果总产量将达到 600 万 t，居全国第一，占 1/4。果业市场的竞争对具有自然优势、"地租"优势、劳动力优势的陕西来讲是好事。只要我们科学决策，贯彻"优化布局、调整结构、提高质量、增产促销"方针，抓住优势不放，坚持优势资源生产优质果品的"优中攻优"战略，适应市场多样化，不断调整结构，突出抓好苹果产业化经营，一定会在竞争中取胜，在竞争中发展，在竞争中确立 21 世纪陕西果业在全国的前列地位。

（三）畜牧产业

发展规模养殖，在稳定发展猪禽生产的同时，努力把关中玉米带建设成我国西部奶业基地和肉牛基地。目前陕西省奶产量在全国居第 6 位，具有大发展的优势。尤其是关中有大力开发奶业生产的条件，农民有养奶畜的传统和积极性，出现西安银桥乳业（集团）有限公司等产业化经营程度较高的龙头企业。今后应突出奶业规模化开发，综合利用农作物秸秆发展奶牛业和肉牛业，努力把关中建成我国西部地区重要的奶业基地和肉牛基地。此外，抓好养羊业和其他经济动物的养殖，为建立农村粮牧果三元结构、改善生态环境和增加农民收入作出贡献。

（四）蔬菜、花卉产业

开展工厂化生产，把陕西省建成中西部重要的蔬菜、花卉基地。要面向西部大中城市、新兴的工矿区以及广大农村市场，采用日光温室、人工气候温室等现代农业科技手段，扩大精细菜、特种菜和名贵花卉生产。同时，要着眼于旅游业发展，大力开发生态观光农业。

（五）蚕桑丝绸产业

努力把陕南建设成我国重要的茧丝绸基地。历史上陕西曾是丝绸之路的始发地，关中的丝绸业曾饮誉世界。现在关中已不具备大规模开发的条件。但陕南具有气候适宜，基础较好的优势，应下决心打破部门行业割据，按照产业化经营的路子，密切丝绸业和蚕桑业的利益关系，加快茧丝绸一体化经营管理的步伐，努力使陕南成为我国重要的茧丝绸基地。

三、实现陕西农业持续发展的基本对策

面向 21 世纪，今后一个时期无疑是建设陕西特色农业的关键时期。农业发展适逢管理体制机制不断改革的环境和经济多元化变革发展的环境，既有难得的历史机遇，又存在不少的困难和挑战。因此，加强农业发展重大战略问题的研究，积极寻求对策，采取有效措施为现代农业发展创造良好的环境，是实现陕西农业持续发展的重要保障。

（一）创造持续稳定发展农业的政策环境

（1）继续对各级政府部门及与农业发展相关部门进行农业基础地位的宣传和教育。县级政府要把发展农业作为首要的工作任务，要把执政期间的农业发展状况作为考核领导政绩的主要目标。

（2）认真贯彻执行农业的政策法规，依法行政，依法治农。落实好耕地承包期 30 年不变，四荒地承包期、林权和草权 50 年不变的政策。在有条件的地方和有条件的产业，积极推进土地使用权流转，发展适度规模经营。

（3）进一步深化农村改革，积极开展农民协会试点工作，引导农村专业合作经济组织健康发展，规范其经济行为。

（4）采取刺激农业生产的政策，控制农用生产资料价格，健全国家对农业的支持和保护体系。

（5）减轻农民负担，保护农民的合法权益，尤其是要控制住农民社会负担的增长，调动农民发展农业生产的积极性。

（二）实施科教兴农战略，提高农民文化科技素质，大力推进农业技术革命

（1）应加强农业教育、科研和推广工作。在继续搞好现有农业中、高等教育的基础上，应加强农民职业教育工作，实施"绿色证书"工程，在继续搞好农业广播电视教育的同时，开办开展多形式、多层次的农业专业技术培训。

（2）应加强农技社会化服务组织建设，发展国有与民办相结合的服务体系，重点发展乡镇农业综合服务机构。通过建设、完善社会化服务体系，不断向农业领域加入现代生产要素。

（3）建立富有内在活力的农业科技运行机制，努力缩短科技成果运用于农业生产的周期，加快科技成果的转化。

（4）搞好"一个工程、两个覆盖、四点计划"，即抓好种子工程，加快良种引进、培育和推广，加大地膜覆盖和秸秆覆盖的推广力度，认真实施科教兴村计划、沃土计划、丰收计划和增进机械作业计划。

（三）推进农业产业化经营，促进传统农业向现代农业的转变

产业化经营是市场经济的产物，它具有推动农业生产规模专业化和服务社会化的功能，同时又能促进一二三产业均衡发展。要围绕粮食、苹果、畜牧、蔬菜及花卉、蚕桑丝绸五大优势产业，进行集约化经营和深度系列开发，重点突破。

（1）依托杨凌高新技术示范区，加快农业高新技术向生产领域转移，提高农业增长的科技含量。

（2）搞好"泾三高"现代农业产业化示范区建设，形成具有强带动能力、强辐射能力和外向型农业产业化经营示范区。

（3）抓好农垦农场联合建立现代生态农业示范园区。

（4）抓好以农副产业加工、销售为主的乡镇企业。

（5）促进工商企业特别是民营企业家投资农业、开发农业和发展农业产业化经营。在全省形成以关中三大示范区为龙头，各地县区域主导产业的为骨干的产业化经营新格局。

（四）建立科学的投资体系，多渠道增加对农业的投资力度

增加资金投入既是增加生产的重要措施和保障，也是扩大再生产的根本要求和决定性因素。要实现对农业的多元投入，必须建立一套科学的投资机制。

（1）按照国家的产业政策和区域经济特点，合理引导投资方向，努力提高投资效益。

（2）拓宽资金利用渠道，把着眼点放在省外、国外投资的引进和全社会多渠道、多形式、多层次、多方面增加对农业投入的新格局。

（3）盘活用好管好各种资金，筹集到的支农资金要优先保证优势产业和基础产业，集中资金保骨干、保重点。

（4）扩大农业对内对外开放度，以资源换资金。鼓励工商企业和全社会投资开发农业，发展贸工农一体化的农业产业新格局。

（五）转变政府职能，强化调查研究，增强决策的科学性

即将到来的 21 世纪，将是我国国民经济发展产生更大飞跃的一个全新时代。随着国家发展重点向中西部转移，陕西省经济发展也将进入快车道，农业发展也将随之发生深刻剧变。农业生产将由自给型转变为市场效益型，农业管理将由直接管理转变为间接管理，由微观管理转变为宏观管理。

（1）应转变政府职能，探索能够规避部门分割、产销脱节的新体制和新机制，建立办事高效、运转协调和行为规范的行政管理新体系。

（2）改变工作作风，求真务实，讲求实效，积极探索市场经济条件下管理农业和农村工作的新规律、新方法。

（3）注重开展调查研究，及时发现和总结推广农民群众实践中的首创经验，用典型示范的方法，推动农业和农村工作。

（4）加强对农业工作的组织领导和宏观指导，提高农业的组织化程度和管理水平。

（5）坚持实事求是，因地制宜原则，按自然规律和经济规律办事，提高决策的科学性和有效性。

本文是 1998 年 4 月 18 日史志诚在十五大之后陕西跨世纪发展研讨会上的发言，刊载于陕西省人民政府办公厅陕西政报社编《五十春秋》，陕西人民出版社，2000 年，第 500 - 502 页。

推进渭北苹果绿色基地标准化生产的几个问题

进入 21 世纪，面对我国加入 WTO 之后的国内国际两个市场的新形势，陕西省委、省政府及时做出了《关于加快以苹果为主的果业产业化建设的决定》，提出了"争中国第一、创世界名牌、出一流效益"的奋斗目标。2002 年农业部已把陕西省确定为中国苹果优势产业带。2003 年 9 月国家质量监督检验检疫总局批准对陕西苹果实施原产地域产品保护，陕西苹果逐渐成为国内外知名品牌，成为陕西省经济发展的支柱产业之一。2004 年初陕西省政府落实省人民代表大会的决定，颁发了《关于加快渭北绿色果品基地建设的意见》，决定在渭北苹果优生区建设 300 万亩绿色苹果基地。在这一系列政策、措施的规范引导和扶持下，陕西省果业进入一个良性健康发展的新时期，为建设优质果品基地，促进苹果标准化生产和产业化经营，进一步开拓国际市场打下了坚实基础。

但是，绿色苹果基地的标准化生产和经营面对两个市场也遇到了新的问题。一是国际绿色壁垒和持久性有机污染物（Persistent Organic Pollutants，以下简称 POPs）问题；二是绿色苹果基地的建设与可持续发展问题；三是苹果基地的标准化生产管理问题。本文就如何应对这些问题，提出一些建议。

一、应对绿色壁垒必须尽快开展 POPs 的背景值调查工作

开展 POPs 的背景值调查是保护渭北绿色苹果基地标准化生产的重要措施。POPs 污染问题，是指具有高毒、环境持久和生物蓄积性，对人类健康和环境造成严重危害的有机化学污染物。首先，POPs 可引起过敏、神经中枢及周围神经系统损伤、生殖系统和免疫系统伤害及致癌等。其次，POPs 具有高度的稳定性，在土壤和生物体内可持续存在数年至数十年，并通过空气、水和动物的迁徙而迁移。

由于持久性污染物已对人类健康和环境构成日趋严重的威胁，联合国环境规划署进行了国际评估，并就相应的国际行动拟定建议，2001 年 5 月 23 日签署了《关于持久性有机污染物的斯德哥尔摩公约》（以下简称《POPs 公约》）。至今，已有包括中国在内的 156 个国家签署了该公约。《POPs 公约》旨在减少或消除持久性有机污染物对人类和环境的危害。第一批受控化学物质包括 3 类 12 种。①杀虫剂：滴滴涕、氯丹、灭蚁灵、艾氏剂、狄氏剂、异狄氏剂、七氯、毒杀酚和六氯苯；②工业化学品：多氯联苯；③副产物：二噁英、呋喃。

但是，我们还是不能确切的检测出进入环境的 POPs 总量究竟有多少，对农用 POPs 地区性使用模式也知之甚少。在首批列入公约控制名单的 12 种 POPs 中，我国依然生产和使用 DDT、六氯苯、氯丹，伴随燃烧和生产、生活过程中排放的二噁英和呋喃以及六氯苯、多氯联苯则广泛存在。特别是由于 DDT 在我国曾作为主要农药品种长期大量使用，目前在环境、农作物、水果、茶叶、肉类、动物体和人体组织中均能检出。

因此，控制 POPs 残留和污染，突破绿色壁垒，与苹果出口贸易息息相关。近年来，我国出口农产品频频为进口国绿色壁垒所阻的事件在社会各界引起强烈的反响。从山东的

葱、姜、蒜，到陕西的苹果，新疆的番茄酱；从东部沿海的对虾、蜂蜜、冻鸡，到大西南的茶叶、蘑菇、猪肉，纷纷遭到进口国各种检测标准的考验，价值数十亿元的货物被查扣、退回或禁入。世界各国针对食品的安全性，都提高了农产品的检测项目。

渭北绿色果品生产基地的环境污染物，尤其是能长期存在于环境中的POPs的背景值调查工作至今仍是一项空白。即使我们在生产绿色农产品过程中，严格按照绿色标准实施和使用无公害的肥料和农药，但是，如果环境中的POPs超标，生产的产品仍然不会满足绿色食品的要求。因此，调查包括绿色苹果基地在内的农业环境中POPs背景值，了解现状，提出应对措施，对陕西苹果等农产品进入国际国内市场，拿到绿色通行证，具有十分重要的意义。

二、引入循环经济理念是建设渭北苹果绿色基地的必然选择

建设渭北苹果绿色基地既是苹果标准化生产和产业化经营的基础，又是可持续发展战略的重要体现，因此，引入循环经济理念，在渭北绿色苹果基地大力推广"果牧结合"和"有畜果业"是建设渭北绿色苹果基地的必然选择，是打破国际绿色壁垒的重要举措。

循环经济要求运用生态学规律，将经济活动组织成为"资源—生产—消费—再生资源"的反馈式流程，最大限度地利用进入生产和消费系统的物质和能量，提高经济运行的质量和效益，达到经济发展与资源、环境保护相协调并且符合可持续发展战略的目标。干旱缺水和肥力不足是建设渭北苹果绿色基地的两大难点。过去我们曾经推广果园生草、果园养畜、发展沼气等技术，起到一定的示范带动作用。今后建设渭北绿色苹果基地需要有一个战略性考虑，就是引入循环经济理念，在果园"五配套"的基础上，进一步统一规划，在渭北绿色苹果基地大力推广"果牧结合"，实现"有畜果业""以牧促果"。有了相配套的畜牧业，就会形成以有机农业建设为基础、开发有机果品和发展绿色苹果产业为目标的跨越式循环经济发展模式。为此，政府有必要出台相关的扶持、鼓励政策，以促进建设渭北绿色苹果基地目标的最终实现。

三、依法行政是强化绿色苹果基地标准化生产管理的有力手段

近年来，陕西省农业厅、陕西省果业局已建成绿色苹果基地240万亩，有机苹果基地申报认证工作正在进行试点。同时与陕西省技术监督局等部门，建立了比较完整的苹果标准体系，并吸收国家标准、行业标准32个，涵盖了苗木繁育—生产管理—原产地域保护—加工储藏等生产流通的全过程。但是，推行苹果标准化生产的管理工作还面临着许多亟待解决的问题。一是标准的推行与监管工作缺乏法律的支撑；二是标准涵盖的范围不够，尤其苹果深加工技术、有机果品生产还缺乏相应标准；三是苹果出口基地生产标准还亟须与国际标准接轨；四是标准化生产经营的行业监督和执法检查环节薄弱。为此，结合陕西省果业发展实际，尽快制定《陕西省苹果标准化生产管理条例》很有必要。

制定《陕西省苹果标准化生产管理条例》的目的是为了加强苹果标准化生产管理工作，提高苹果产品和服务质量，促进科学技术进步和果业经济发展，立法依据是《农业法》《农业技术推广法》《标准化法》《标准化法实施条例》以及《无公害农产品管理办法》等法律、法规及管理办法。主要内容包括总则、苹果生产标准制定与实施、苹果标准化生

产基地管理、苹果企业标准化生产管理、监督管理、法律责任及附则。在制定管理条例时，要进一步明确苹果标准化生产管理的执法主体，界定管理地域范围，明确调整对象；实施苹果生产的国家标准、行业标准、省颁标准和企业标准之间的关系；从事标准化监督管理的活动的法律规定和法律责任。总之，希望通过《陕西省苹果标准化生产管理条例》的制定，进一步推进陕西省苹果标准化生产，不断修订和完善标准体系，加强标准的管理，监督标准的实施，为提升陕西省绿色苹果基地标准化生产水平作出新贡献。

本文是 2003 年陕西省人民代表大会常务委员会农工委的一项地方立法调研报告，调查起草人史志诚。本文选编入《中国城市经济》杂志社、中国现代化建设丛书编委会和北京中科文苑文化交流中心编辑的文献丛书《绿色渭北——循环经济发展高层论坛文集》，2006 年 2 月 6 日。

提高陕西省苹果产业市场竞争能力的几点建议

2010 年 7 月 22 日，温家宝总理视察华圣果业公司时指出："面对世界经济风云变幻，企业要有多元化的销售渠道，既要扩大内需，又必须稳定外需，两者不可偏废。"温总理的指示为陕西省苹果产业的发展指明了方向。最近陕西省决策咨询委员会对陕西省苹果产业的生产、加工和销售情况进行了一次深入调查，既看到了陕西省苹果产业发展的骄人成绩，也发现了令人担忧的问题。现将有关情况和意见报告如下。

一、苹果已成为陕西省富民强省的一大主导产业

陕西省渭北地区是世界公认的苹果最佳优生区。2009 年，全省苹果面积已达到 847.4 万亩，稳居全国第一。苹果产量 805 万 t，占全国产量的 25.4%，占世界产量的 1/9。目前全省已建成苹果基地县 30 个，有 800 万农民从事苹果生产。2009 年，全省果业增加值达到 135 亿元，有 5 个苹果基地县果农人均收入超过 5 000 元，高出全省农民人均纯收入的 45.4%。苹果产业的壮大，带动了销售和加工业的迅速发展，出现了一批专业营销公司、专业营销合作社和专业营销大户，有上百万农民参与苹果销售。全省果品储运企业已达到 2 100 多家，其中万吨以上的 19 家。果品储藏能力达 300 多万 t。在鲜果销售不断扩大的同时，以出口外销为主的浓缩苹果汁加工业迅速发展，全省已建成浓缩苹果汁加工企业 20 家、44 个加工厂、60 多条生产线，年产量为 50 万 t，消化处理鲜果 300 多万 t，陕西已成为全国乃至世界最大的苹果汁生产加工基地。全省苹果汁出口创汇 2004 年仅 1 亿美元，到 2007 年突破 7 亿美元，一举成为全省第一大宗出口创汇商品。苹果产业的迅速发展和产业链条的延伸，有力推进了农业产业化的发展，增加了农民收入，壮大了县域经济实力。

二、当前陕西省苹果产业面临的新挑战

陕西省苹果产业经过十几年的坚持培育，确实取得了长足发展，但面对国内外市场激烈的竞争形势，在生产、储藏、加工、销售诸多方面，还不能完全适应市场发展的需要，

存在以下几个亟待解决的问题。

（一）果园肥力不足，苹果品种单一

据技术测量，目前全省 30 个苹果基地县果园土壤有机质含量仅为 1‰左右，而无公害果园要求有机质含量为 1.5‰，国外主要果园要求标准为 3‰以上，土壤肥力不足已成为制约苹果品质提高的一个重要因素。另外，陕西省苹果主栽品种单一，红富士占了一大半；早中熟苹果少，晚熟品种占到 75‰以上。成熟期过于集中，影响陕西省苹果的发展后劲和市场竞争力。

（二）鲜果出口太少，果汁出口下降

据中国食品土畜进出口商会和陕西省商务厅统计，2009 年陕西省报关出口的鲜苹果只有 2.2 万 t，仅占苹果总产量的 0.27‰，创汇只有 0.14 亿美元，居全国第九位。而山东省报关出口苹果达 53.2 万 t，占苹果总产量的 6.9‰，创汇 3.9 亿美元，居全国第一位。在鲜苹果出口方面，连新疆（12.7 万 t）、甘肃（2.3 万 t）也都超过陕西。多年来陕西省鲜苹果出口太少，主要依靠苹果汁出口，最近两年在国际金融危机影响下，果汁价格大幅下降，出口量大幅减少。2009 年陕西省苹果汁出口仅有 46.8 万 t，比最高年份的 2007 年 57 万 t 下降 17.9‰，价格更由 2007 年的每吨 1 700 美元下降到 800 美元，出口创汇由 2007 年的 7 亿美元下降到 3.89 亿美元，下降幅度达 44.4‰。预计今后两三年内苹果汁价格仍然在低位徘徊，甚至进一步下降。这将严重影响陕西省苹果汁出口。

（三）小生产与大市场矛盾突出，抵御风险能力不强

陕西省苹果种植依然以农户为主体，户均面积只有 1～5 亩，实行标准化生产技术面积小，苹果质量低。每年有占总量 37‰的残次苹果和质量不高的苹果低价卖给果汁厂加工。陕西省生产的苹果中农户分散销售量达 90‰，现代化大企业加工包装销售的不足 10‰。一遇市场风险，抗御能力很低。

（四）储藏加工能力滞后，经济效益较低

全省气调、机械冷藏库储藏能力仅占苹果总产量的 15.6‰，而山东占到 35‰，美国、意大利占到 70‰。在深加工方面，苹果鲜榨汁、苹果汁饮料、苹果酒、苹果醋和苹果干等产品尚未形成规模，虽然苹果产量很大，但经济效益较低。

三、提升陕西苹果产业市场竞争力的几点建议

根据对国内国际市场的预测，近年来欧美苹果生产不断萎缩，自给率急剧下降，苹果需求量大幅增长，进口量已达 40‰～50‰。俄罗斯和东南亚各国苹果需求量也不断增长，同时，国内苹果消费需求巨大。据中国果品流通协会预测，2015 年我国苹果需求量将增长到 3 400 万 t，比 2010 年增长 6‰。因此，"十二五"期间陕西省苹果市场前景依然看好，但要适应国内外市场需要，必须转变发展方式，坚持以科技创新为支撑，适度增加种植面积，加快果园更新改造，主攻品种和品质，扩大保鲜储藏能力，大力拓展果品深加工。我们的具体建议是以下几点。

（一）提高储藏能力，调整出口结构

建议"十二五"末，全省苹果面积由现在的 847 万亩，增加到 1 000 万亩，苹果总产量稳定在 1 100 万 t。要扩大苹果储藏能力，"十二五"将全省苹果气调库、机械冷藏库储

藏能力由现在的125.7万t，扩大到300万t（其中，气调储藏能力达到60万t，机械冷藏能力达到240万t）。要调整出口结构，增加鲜果出口，稳定果汁出口，"十二五"将年报关出口鲜苹果数量由现在的2.2万t，增加到8万t，占到苹果总产量的1%；边贸和企业自营出口由现在的72万t增加到100万t，占苹果总产量的9%；苹果汁出口稳定在40万t左右。到"十二五"末，全省果业增加值力争达到200亿元，果农人均纯收入达到6 000元，其中1/3的基地县人均收入达到1万元。

（二）健全营销体系，打造陕西品牌

建议陕西省政府像创建杨凌农业高新科技成果博览会一样，创办陕西苹果交易会，每年举办一次，由白水、洛川、旬邑等主产区轮流承办。邀请生产商、进口商、供货商、贸易商、果汁协会和设备材料供应商参与，组织苹果展览、专家座谈、技术研讨和商贸洽谈，让世界了解陕西苹果，让陕西苹果闻名世界。同时，要制定适应国际、国内市场变化的现代营销策略，按照"高端市场引领，国内市场开拓，重点区域突破，走向国际市场"的思路，稳定占领以北京为中心，辐射天津、河北的华北市场；以上海为中心，辐射长三角地区的华东市场；以广州为中心，辐射珠三角地区的南方市场。要按照"网络化、连锁化、规模化"的思路，扩大销售网络，引导苹果专业合作社与大型超市、社区和中间商直接对接，向高端市场、大众市场供应苹果。要推进大宗鲜苹果电子交易，构建面向全球的苹果批发、电子拍卖和网上交易市场。特别要重视依托西安国际港务区，打造陕西省苹果和苹果汁出口新平台。

（三）加强果园建设，提升苹果品质

实施果园沃土工程，培肥地力，提高单产。组织对苹果的科研攻关，重点研究良种培育、鲜食加工兼用新品种开发、果树腐烂病和早期落叶病防治以及苹果生产和储藏加工中的关键技术问题。要强化苹果标准化生产和销售，做到产前有环境质量标准、产中有生产技术标准、产后有卫生安全和包装标准，全过程有规范管理标准，努力达到国际通用标准。要建立苹果出口质量可追溯系统。使果品在原料供应、加工、运输以及销售等环节都能确保质量可靠。果品基地县要严格实行统一生产技术、统一产品标志、统一检测方法、统一管理措施和统一用药方案的"五统一"管理。

（四）出台扶持政策，增加储藏和深加工能力

建议陕西省财政增加果业产业化专项资金，重点扶持苹果基地县标准化生产和苹果气调、机械冷藏库的建设，力争"十二五"期间，在苹果基地县新建5万t级大型气调、机械冷藏库各2座，1万t级气调或机械冷藏库4座，扶持苹果专业合作社新建1 000t的冷库500座。同时，扶持苹果深加工，重点扶持苹果酒、苹果醋、苹果香精、苹果保健品等深加工龙头企业。

（五）提高果农组织化程度，加强果农与企业的紧密合作

把果农和相关企业组织联合起来，是做大做强苹果产业的最佳模式。要在"公司＋农户"的基础上，大力发展苹果专业合作社，并积极引导苹果专业合作社与苹果加工销售企业合作，形成苹果生产、加工和销售一条龙的利益共同体。乡镇农技站等事业单位和中小果品企业可以依法加入苹果专业合作社，将农技人员、果商与果农融为一体，形成科技指导型、果商带动型利益共同体。

（六）深化管理体制改革，发挥苹果商会作用

建议充实和加强陕西省果业局，强化其综合协调和管理职能。同时，尽快组建陕西省苹果商会，其任务有以下几个。

（1）承担信息收集、法律咨询和技术培训等服务职能。

（2）制定自律性管理制度，引导果农果商执行职业道德准则、规范服务标准，建立行业诚信。

（3）举办苹果论坛、商品交易、会展招商和产品推介。

（4）参与协调对外贸易争议，组织会员企业做好反倾销、反垄断、反补贴和申诉、应诉、调查等工作。

（5）反映行业会员诉求，提出有关行业发展和立法等方面的建议。

（6）组织开展新技术、新产品和新工艺等科技成果鉴定及推广工作。

（7）参与行业资质认证、事故认定等工作。

（8）承担法律法规授权或者政府果业行政主管部门委托的其他职能。

本文是 2010 年 11 月 10 日完成的陕西省决策咨询委员会研究课题之一，课题组顾问：李焕政、王振新；课题主持人：史志诚；成员：强文祥、薛引娥、罗久序、郑双成、高锋、纪昱、胡金荣和康芳民。该项咨询建议评为陕西省决策咨询委员会 2010 年优秀咨询课题一等奖。刊载于《决策咨询年刊》，2010 年，第 128-131 页。

关于把关中地区建成大型的畜牧产品基地的建议

陕西省关中地区气候温和、雨量适度，交通便利、人口集中，是著名的粮食主产地区。但是长期以来这一区域产品单一，农民收入较低。经过深入调查研究后认为，充分利用关中地区农作物秸秆，大力发展畜牧业，使之成为一个能大量提供畜牧产品的商品基地，是推动关中地区产业结构调整的重大战略举措，也是实现农牧结合，壮大区域经济的正确选择。

一、关中地区具有发展畜牧产业的巨大潜力

（一）有充足的饲料饲草来源

2003 年关中地区粮食播种面积 2 733.4 万亩，占陕西全省的 57.7%，粮食总产量 680.3 万 t，占陕西全省的 70.2%，以小麦、玉米、薯类、豆类和油菜几种农作物为主。每年可提供优质饲用作物秸秆 1 230 万 t，提供优质牧草 300 万 t，饼粕 30 万 t。但目前大量秸秆被焚烧，利用仅占 10%，如果提高到 80%，就可增加奶牛 250 万头，将使奶牛数量提高 8 倍；如果将全部玉米、麸皮加工成饲料，就可增加养猪 1 000 万头，使全省生猪存栏再翻一番。地处大平原的河南省在这方面已有成功经验。

（二）有丰富的畜禽优良品种

陕西省列入国家级的畜禽良种有 14 种。秦川牛、关中驴和奶山羊等地方优良品种驰

名中外。西安市种公牛改良站是全国八大荷斯坦公牛站之一，现有加拿大系种公牛 50 头，年加工冷冻精液细管 200 多万只。高产奶牛年均产奶量达 8 500kg，为发展有市场竞争力的奶畜业奠定了基础。此外正在兴起的鹌鹑、鸵鸟等特色养殖业也正在形成规模，将成为关中畜牧业的后续产业。

（三）有健全的科技服务体系

关中地区畜牧兽医科技力量雄厚，集中了包括杨凌农业高新技术示范区和西北农林科技大学等一批科研教学单位，有 6 500 名畜牧兽医科技人员，其中中级、高级人才达 1 500 多名，为建设关中畜牧产品基地提供了坚强的科技支撑。

（四）有一批龙头企业

西安银桥乳业集团、宝鸡惠民乳品（集团）有限公司、陕西神果股份有限公司、陕西天斗蛋业有限公司、杨凌晨光乳业有限责任公司、陕西和氏乳业集团有限公司等创出了一批省内外知名的品牌。仅乳品加工企业设在关中地区的就有 75 家，占全省的 97％，全国著名的上海光明乳业股份有限公司、内蒙古伊利实业集团股份有限公司、内蒙古蒙牛乳业（集团）股份有限公司等大型乳品企业也在关中建立了加工基地。关中地区还有 10 个奶山羊、10 个商品猪和 29 个秦川牛生产基地。

（五）有广阔的消费市场

统计资料表明，我国大城市的奶制品需求量每年以 20％～30％的速度增长。2002 年城镇居民对乳制品的消费增加到 11.8kg，比上年增长了一倍多。专家预计，今后 5～10 年我国奶产业将保持快速发展的势头。肉、禽、蛋的市场也相当看好。

（六）有很好的发展环境

关中地区交通发达，城市珠链，消费市场成熟，特别是随着"一线两带"的建设，"星火计划"的实施，将给关中带来大批项目和资金，这也是发展关中畜牧产业的一个重大机遇。

二、障碍关中畜牧产业发展的几个突出问题

（一）发展思路不明确

长期以来关中地区发展畜牧业应当走一条什么样的道路？一直不很明确。是以奶牛为主？还是猪禽为主？是以奶畜为主？还是以肉畜为主？认识不统一，思路不清晰。由于主攻方向不明，人力、财力使用不够集中，形不成强大气势，使可用资源长期浪费，区域优势难以发挥。

（二）产业化经营水平低

陕西省最大的西安银桥乳业集团，年销售额只有 7 亿元，仅为内蒙古伊利实业集团股份有限公司年销售额 50 亿元的 1/7。从肉牛看，陕西省秦川牛号称中国"五大名牛之首"，但存栏仅 140.1 万头，在全国排序为第 16 位，秦川牛肉产量仅占全省肉类总量的 3.6％。从肉品加工看，陕西省不到 5％，与发达国家肉类加工 70％相比，差距太大；河南省仅一个双汇集团，年加工生猪 3 500 万头，年销售额高达 70 亿元，已跨入世界肉类行业产销量三强行列，而陕西省 2003 年生猪存栏仅 1 012 万头。

（三）优惠政策落实不到位

陕西省贯彻《草原法》和陕西省委、省政府《关于加快畜牧产业化建设的决定》中草场家庭承包责任制和"四荒地"的承包政策，在许多地方没有得到落实。陕西省财政新增财力用于农业的部分中，发展畜牧产业化要占到 20% 以上的政策、畜牧业龙头企业贷款贴息的政策以及科研人员领办、创办畜牧产业化基地的政策等，都落实不到位。

三、建设关中畜牧产品基地的方针和目标

（一）坚持"三为主"的发展方针

从关中具有大量秸秆饲料资源的实际出发，建设关中畜牧产品基地必须坚持"三为主"的方针。在食草畜（指牛、羊、鸵鸟等）与食粮畜（指猪、鸡等）中以发展食草畜为主；在产奶畜与产肉畜中，以发展产奶畜为主；在奶产业与猪牛禽业中，以发展奶产业为主。坚持优先发展食草畜，重点把奶产业、禽蛋业和肉产业做大做强。

（二）确定三大重点发展区域

1. 奶牛产业发展区　重点是西安、咸阳、宝鸡、渭南四个奶牛优势区。发展目标是，2010 年奶牛达到 80 万头，奶产量达到 240 万 t，成年奶牛年均产奶量达到 5 000kg。2015 年奶牛达到 100 万头，奶产量达到 300 万 t。

2. 奶山羊发展区　重点是临潼、蓝田、高陵、泾阳、三原、千阳、陇县、陈仓区、富平、蒲城 10 个县区。发展目标是 2010 年奶羊达到 220 万只，奶产量达到 66 万 t，成年奶山羊产奶量平均达到 500kg。2015 年奶山羊达到 260 万只，奶产量达到 80 万 t。

3. 肉禽蛋业发展区　瘦肉型猪重点以西安、咸阳、宝鸡 3 市为主。发展目标是 2010 年瘦肉型猪在栏 600 万头，肉产量 60 万 t，出栏率提高到 14% 以上。2015 年存栏 700 万头，肉产量达到 70 万 t。秦川牛的发展目标是，2010 年存栏 200 万头，肉产量 8.7 万 t，出栏率提高到 35% 以上。

合计起来，关中地区畜牧业产量到 2015 年要占到全省总产量的 50% 以上，收入占到农民总收入 40% 以上。

（三）制定建设关中畜牧产品基地的发展规划

陕西省要按照上述方针和目标制定出详细的发展规划。关中 6 市区也要按照三大区域的发展目标、分别制定相应规划。进一步明确关中畜牧产业的发展目标、主导产业和产业化布局、投入方式与产出效益、具体扶持政策和措施以及达到的目标任务和责任时限。要确定主管部门和协办单位，分解目标任务，加强监督考核，使关中畜牧产品基地建设建立在科学可靠的基础之上。

四、建设关中畜牧产品基地的主要措施

（一）从建设一批养牛专业村、生猪专业村、禽蛋专业村入手

目前宝鸡市已着手在陈仓区的潘溪、天王、钓渭三镇建设奶牛专业基地，计划用 3 年时间建设 30 个奶牛村、60 个挤奶站，将奶牛数由现在 1.25 万头增加到 3 万头以上，奶产量达到 9 万 t。他们用政府引导、企业参与和社会集资的方法，建设专业大户—专业村—专业乡镇，实现饲养规模化、品种优质化、防疫程序化、管理科学化和产销一体化。

计划到 2007 年全市奶牛由现在的 10.5 万头增加到 20 万头，奶产量由现在的 20 万 t 达到 40 万 t。宝鸡的这种发展模式值得在关中地区推广。

（二）着力抓好良种繁育和疫病防治

要积极引进、培育和推广一批国内外畜禽优良品种，开展经济杂交，加快品种改良。在西安、咸阳、宝鸡、铜川、渭南、杨凌 6 个市区建立健全冻精供应和人工授精繁殖育种网络体系，实施高产奶牛胚胎移植工程，提高奶牛的整体生产水平。同时，要开展种公牛（畜）的普查鉴定工作，建立种公牛（畜）配种登记制度，淘汰劣质种牛（畜）。

要把防疫治病作为保证畜牧业健康发展的大事抓紧抓好。牢固树立畜禽疫病风险大于市场风险的意识，建立各级动物防疫和畜产品安全责任制。2006 年前要完善陕西省动物疫病防治检测中心，装备重点产区畜牧兽医综合服务站，制定重大畜禽疫病联防联治应急预案，形成关中地区畜牧业良性发展的路子。

（三）建立种养结合的饲草饲料供给体制

积极发展饲料专用玉米和苜蓿生产，实现粮食作物、经济作物和饲料作物"三元"种植结构。重点发展饲用玉米、优质牧草（如冬牧 70、紫花苜蓿等）；在饲料加工上要大力推广农作物秸秆青贮、黄贮、氨化等技术，建设农作物秸秆青贮、黄贮、氨化等加工调制站以及相适应的农机具，为畜牧专业村提供充足的饲草饲料。除关中天水川道外，还要在渭北和秦岭北麓建设 500 万亩优质牧草基地。

（四）大力扶持一批龙头企业

要认真落实国家和陕西省已经认定的西安银桥乳业集团、西安东方乳业有限公司等龙头企业的优惠政策，力争使这些企业做大做强。鼓励企业依托知名品牌和经济技术优势，通过兼并、联合等形式，跨地区、跨部门、跨所有制进行资产重组，形成实力强大的企业集团。要以乳制品、肉制品为重点，大力发展无公害食品、绿色食品、有机食品，逐步形成一批在国内外市场具有较高附加值、较高知名度和较强市场竞争力的陕西名牌产品。

（五）发展一体化的合作经济

要按照"企业＋基地＋农户"的模式，在专业村提倡加工企业向饲养农户投资，实行股份合作，也可由企业向农户委托饲养。同时，按照"自愿参加、自由退出"的原则，积极发展适应市场经济的奶业和其他畜牧产业的专业协会和专业合作社，使之成为进行产销协调、信息交流、技术服务、保护农户正当权益的行业组织。

（六）落实扶持畜牧产业的优惠政策

要进一步落实土地承包政策和土地使用权流转政策。龙头企业和养殖大户建设饲养小区的设施用地应视为农业用地。落实《草原法》关于草原承包的法律规定，将集体的草场、"四荒地"承包给农民，解决好农民养畜用地和种草用地。建议采用财政贴息的办法扶持畜产品深加工企业的建设，努力提高畜产品的附加值。龙头企业扩大再生产项目的银行贷款，财政可予以部分贴息。扶贫资金要向畜牧业倾斜，不是贫困县的贫困户发展养殖业，要按贫困户给予扶持。同时，要逐步建立"政府扶持、企业资助、农户参加"的奶牛合作保险，把市场风险和疫病风险降低到最低程度。

（七）深化国营农牧企业体制改革

关中地区的国营农牧企业拥有相当多的土地、技术和人才资源，这些企业要按照陕西省委深化国有企业改革的文件精神，加快在产权制度、管理模式和经营方式等方面的改革，建立一套有压力、有动力、有活力的新体制，使之在建设关中畜牧产业基地中发挥重大作用。

（八）健全技术创新、推广和服务体系

要发挥陕西省农业科学院畜牧兽医研究所的作用，把杨凌示范区的科研教学优势转化为关中畜牧产业基地的科技优势，大力推进畜牧业标准化生产，向农民提供简明易懂的畜牧技术产品，加快现代畜牧知识和技术的传播。

（九）加强对关中畜牧产业基地建设的领导

建议省、市有计划地组织分管领导干部、基层科技人员和企业管理人员，到陕西省周边的河南、内蒙古、甘肃、四川等省份学习发展畜牧产业经验，借鉴"他山之石"增强"兴牧"本领。

本文是2004年11月完成的陕西省决策咨询委员会咨询课题，课题主持人：史志诚；成员：张涌、胡小平、惠应南、刘华珍、杨公社、张志恒、罗久序、王益辉。刊载于《决策咨询年刊》，2004年，第86-89页。

确保陕西省大中城市的蔬菜供应和价格稳定

2010年冬至2011年春以来，陕西省大中城市先是蔬菜价格大幅上涨，随后又出现少数地方蔬菜滞销。这种不稳定的涨跌交错，直接影响到市民生活和菜农利益，成为广大百姓关心的热门话题。最近，陕西省决策咨询委员会就保障大中城市的蔬菜供应和价格稳定问题进行了一次专题调研。现将有关情况和建议报告如下。

一、陕西省蔬菜产销中存在的问题及其原因

改革开放以来，随着城镇化的快速发展，陕西省蔬菜产销状况发生重大变化，由于大中城市规模的不断扩张，城市郊区的菜田面积急剧缩小，蔬菜生产向远方扩散，呈现出由本地供应向依赖外地供应的趋势。2010年，陕西省蔬菜种植面积为670万亩，总产量1 384万t，虽然面积比5年前增加172万亩，产量比5年前增加514万t，但仍不能满足需求。目前全省人均占有蔬菜333.4kg，比全国平均水平（463kg）低129.6kg。若按每人每天消费1kg毛菜计算，全省每年蔬菜消费量需要1 377万t，加上外来人口，需求总量1 600万t，缺口200多万t。由于现代化设施面积小，淡旺季节供应不均衡，每年11月至次年4月的冬春淡季，70%的蔬菜供应量依赖南方产区，这是价格上涨的重要原因。蔬菜价格上涨又成为推动居民消费支出增加的重要因素。据国家统计局陕西调查总队的最新统计，在CPI上涨的因素中，蔬菜价格占到27%。造成上述问题的主要原因有以下几点。

（一）大中城市蔬菜面积减少，蔬菜供应缺口增大

西安市蔬菜种植面积由2005年的92万亩减少到2009年的78万亩，4年减少15%。特别是近郊的灞桥、未央、雁塔3个区蔬菜面积由1999年的33.7万亩减少到2010年的

12.5 万亩，11 年减少 63％。据陕西省商务厅测算，西安、宝鸡、咸阳等大中城市每年需要从省外调入蔬菜约 300 万 t。

（二）设施蔬菜面积发展缓慢，淡旺季供应很不均衡

据 2010 年末统计，全省设施蔬菜面积 189 万亩，只占蔬菜总面积 28.2％，尤其是西安市，设施蔬菜面积仅占蔬菜面积的 24％，还低于全省平均水平。而山东、辽宁、河南等省份设施蔬菜面积都在 40％以上。由于设施面积比重小，淡旺季难于调剂，致使大中城市淡季市场供应严重不足。目前西安市冬春淡季市场蔬菜供应自给率只有 50％，其余 30％靠海南，20％靠甘肃、四川、广东、广西等地供应。

（三）蔬菜生产和销售组织化程度低，未形成城乡产销对接机制

目前，陕西省蔬菜生产仍然以分散的小农户为主，能够进行规模经营的蔬菜专业合作社只有 2 100 户，且大部分没有自己的销售网络。产地批发市场少而简陋，没有预冷设施，加工、包装及冷链运输环节十分薄弱，交易方式多在地头和路边。蔬菜从生产到批发或直接到菜市场和超市，缺龙头企业带动和信息及时传递，方便市民的销售网点也没有完全形成。

（四）蔬菜生产成本上升，经销环节获利过多

2010 年，陕西省化肥、种子、农膜、柴油价格分别上涨 5.8％、6.1％、2.3％、11.2％，育苗费每亩 600 元，工时费每小时 3 元；今年育苗费增加到 700 元、工时费 5 元。随着成本增加，菜农收益下降。特别是蔬菜销售环节无序，中间商获利过多。据农业部调查，蔬菜生产经营的总利润中菜农只占 26％，中间批发商占 43％，零售商占 31％，形成"种菜的不赚钱、买菜的不省钱、贩菜的赚大钱"的不正常现象。

二、对确保陕西省大中城市蔬菜供应和价格稳定的建议

（一）合理规划和建设大中城市蔬菜生产基地

西安市是一座大型城市，必须建立自己可以掌控的 100 万亩设施蔬菜生产基地。建议西安市将高陵、户县、周至、临潼和长安区的设施蔬菜面积由现在的 23 万亩增加到 50 万亩，并在泾阳、三原、富平等县建立 50 万亩设施蔬菜基地。次核心城市也应各自建立自己稳定的蔬菜生产基地。蔬菜基地应以规模化、集约化经营为主，其中可调控的设施蔬菜面积应占到 50％，用以调节本市蔬菜供应的不均衡性。到 2015 年，力争全省设施蔬菜面积翻一番，达到 400 万亩，占到总蔬菜面积的 40％以上；蔬菜总产量超过 1 600 万 t。蔬菜生产基地建设，应按照"政府主导、市场拉动、规模发展、板块推进"的思路，加大财政支持力度。大中城市郊区规划的设施蔬菜生产基地要纳入城市总体规划，划作红线，确保长期稳定不变。力争"十二五"期间，在大中城市"大路菜"基本自给，"精细菜"通过省际市场调节。

（二）加快发展蔬菜专业合作社和行业协会

蔬菜专业合作社是菜农自愿联合的生产经营组织，是开展蔬菜规模化、集约化和现代化生产的有效组织形式，在保障蔬菜的生产和供应方面具有重要作用。要把建设蔬菜生产基地与发展蔬菜专业合作社同步进行。大力引导蔬菜企业、蔬菜经纪人和蔬菜科技人员加入或领办蔬菜专业合作社。要支持蔬菜专业合作社兴办产地蔬菜批发市场和蔬菜加工销售

公司，为"农超对接"打好坚实基础。各级政府要积极扶持蔬菜专业合作社的发展，加大财政支持力度，在涉农项目、税收减免和金融贷款等方面给予支持，同时要组建蔬菜行业协会。各级政府要按照陕西省人民政府陕政办发［2009］12 号文件《关于加快推进行业协会商会改革和发展的实施意见》的精神，逐步将蔬菜产销管理的一些职能委托或转交行业协会，发挥行业协会在统计调查、项目论证、制定行业标准、筹办展览销售、开展技能培训和信息交流等作用。蔬菜行业协会还要配合政府做好蔬菜生产的产销衔接和稳定市场价格。

（三）完善蔬菜批发市场的网络建设

要鼓励农业产业化龙头企业和有实力的蔬菜专业合作社参与蔬菜批发市场和蔬菜冷链物流建设，加强产地蔬菜预冷设施、批发市场冷藏设施和大中城市蔬菜低温配送中心建设，推广节能环保的冷链运输车辆及相关配套设备。要积极升级改造一批带动能力强、辐射大中城市销区的大型蔬菜批发市场。以区域性大型批发市场为核心，建立蔬菜产销信息检测中心，及时采集、汇总、上报产销信息，为准确判断蔬菜产销形势提供科学依据。

（四）落实蔬菜产销对接措施

支持超市设立的蔬菜销售专柜直接与蔬菜专业合作社签订供货合同，减少中间环节，降低流通成本，有利市民省钱，菜农增收。要继续发展"订单农业"，采用"公司＋农户"型产销方式，保障市场蔬菜的稳定供给。要在大中城市的中心城区和居民聚居小区科学布局标准化菜场和社区蔬菜专卖店，以便利居民买菜。要在城市特定区域和时段，设立对菜农免收摊位费的"周末菜市"或"蔬菜早市"，允许蔬菜专业合作社和菜农直接进入市场设点零售鲜菜。要鼓励大专院校、大中型企业的集体餐厅以及宾馆饭店，直接向蔬菜专业合作社采购新鲜蔬菜，或由蔬菜专业合作社按照"订单"，向上述单位配送新鲜蔬菜。

（五）出台稳定蔬菜生产和供应的扶持政策

（1）发挥价格调节基金的作用，重点扶持日光温室等蔬菜设施建设和质量体系建设；支持冷库建设，增加蔬菜储备规模，调剂季节供需；扶持公益性批发市场、标准化菜场和社区平价菜店建设。

（2）健全绿色通道政策。在全省范围内对整车合法装载运输蔬菜等鲜活农产品的车辆免收车辆通行费。严禁随意拦截和处罚运输蔬菜等鲜活农产品的车辆。对农业企业和农民专业合作社符合标准的配送蔬菜等鲜活农产品的货车，由市人民政府有关部门核发特别通行证，确保其运输安全与畅通。

（3）建立蔬菜价格补贴制度。在菜价持续上涨超过一个月时，市政府向低保户按月发放定额补贴；在菜价持续下跌低于生产成本时，当地政府按品种、面积向菜农支付差价补助。

（4）对蔬菜生产、流通过程中用水、用电、用气和用热实行支持性价格。农电管理部门对蔬菜灌溉用电与农作物灌溉用电实行同价。

（5）提高设施蔬菜的建棚补助标准。目前的补助标准约为建棚成本的 1/4，建议提高到建棚成本的 1/2。

（6）清理蔬菜市场管理现有收费项目，取消不合理的收费，降低蔬菜进超市的门槛，免收蔬菜运输车辆进批发市场的入场费和菜农直销的摊位费，从源头上减轻蔬菜生产经营者的负担。

（六）加强蔬菜市场预警及应急能力建设

大中城市政府要逐步建立以销区大型蔬菜批发市场为中心的蔬菜供应预警系统，及时发布预警信息，制定蔬菜供应应急预案。要建立蔬菜储备制度，确保重要耐储存蔬菜品种5～7天消费量的动态库存，以应对季节性短缺、自然灾害短缺和突发事件短缺时蔬菜的供应。

（七）加强蔬菜安全生产监督工作

农业主管部门要在蔬菜基地县开展技术推广和技术培训，指导蔬菜专业合作社、蔬菜大户按照生产标准和技术规程，统一使用肥料、农药等蔬菜投入品，确保蔬菜安全。工商监管部门要对产地和大型蔬菜批发市场进行产品监测，严禁不合格的有害蔬菜进入市场。

（八）强化"菜篮子"市长负责制

要将最低菜地保有量、种植面积、重要蔬菜产品自给率、蔬菜价格异常波动范围和蔬菜质量安全合格率等重要指标进行量化，作为市长负责制的重要内容。大中城市要建立健全市长领导下的协调机制和办事机构，落实"菜篮子"市长负责制的各项具体工作。

本文是2011年7月7日完成的陕西省决策咨询委员会咨询课题之一。课题组顾问：李焕政；课题组组长：史志诚；课题组成员：强文祥、李佩成、罗久序、郑双成、牛润霞、惠立峰、许浚、杨志良、陈锦屏、刘炳武、郑小寅和周新民。该咨询课题评为2011年陕西省决策咨询委员会优秀咨询课题三等奖。刊载于《决策咨询年刊》，2011年，第81-84页。

紫阳富硒茶应成为中国缺硒地区的健康饮品

一、紫阳富硒茶是人体补硒的保健饮品

第六届中国紫阳富硒茶文化节以"聚人气、展形象、树品牌、促发展"为主旨，大力宣传紫阳发展的新成就，以弘扬茶文化，主打紫阳富硒茶品牌的形式，进一步提高紫阳茶的知名度。

紫阳县位于陕西南部、大巴山的北麓、汉水流域，是我国两个富硒县之一，紫阳县因土壤中含硒量高，茶叶及其他植物中含硒量都十分丰富。硒是人体所必需的微量元素之一，具有抗癌、抗辐射、抗衰老和提高人体免疫力的作用。有40多种疾病的发生与缺硒有关，如心血管病、癌症、贫血、糖尿病、白内障等。紫阳富硒茶品质优良，在历史上享有盛名。早在汉唐时期就曾作贡茶进献宫廷享用，同时还随丝绸之路销往西域和海外。在清代紫阳毛尖已成为全国十大名茶之一。紫阳富硒茶具有以下四大特点。

1. 有益成分丰富，自然品质好 该茶经中国农业科学院茶叶研究所测定，含氨基酸3.08%，最高达5.69%；茶多酚30.35%；每克蒸青叶含儿茶素207.3mg；每克一级烘青茶含没食子儿茶素、没食子酸酯122.86mg。茶叶自然品质好，是适合制名绿茶的优质

原料。

2. 无农药污染，符合卫生标准 紫阳县山清水秀，环境优美。紫阳茶园不用农药，经商业部茶叶加工研究所检测，完全符合国家标准总局、卫生部颁发的关于绿茶、红茶卫生标准。

3. 富含硒元素 是国内外少有的特种富硒茶。平均含硒量 0.653 0mg/kg，最高值为 3.853 6mg/kg，是我国非富硒地区茶叶平均含硒量（0.115 8mg/kg）的 5.6 倍，具有很强的营养保健作用。

4. 富硒紫阳茶为国内首次通过审定的富硒茶 其研究成果在国内领先，是具有广阔前景的保健品，特别对人体补硒有益，并有一定的增强机体活力、抗衰老、防癌、抗癌、抗辐射作用。

二、硒是人体所必需的微量元素之一

硒作为一种化学元素，一直被认为是一种对人畜有毒的物质。直到 1957 年，Schwarz 等发现从酿酒酵母中分离出的生物活性因子Ⅲ（即硒），能预防老鼠因维生素 E 缺乏而引起的肝坏死，才使人们认识到硒是动物体必需微量元素之一。

硒的生化功能是多方面的，其中最重要的是硒具有抗氧化作用，抗氧化作用的实现主要通过酶和非酶两个途径。谷胱甘肽过氧化物酶（GSH-Px）是哺乳动物体内第一个被公认的含硒酶，于 1957 年由 Mills 和 Randall 首次发现，但直到 1971 年才由 Rotruck 的研究证明了硒是 GSH-Px 的组成物质和维持酶活性的重要成分。动物试验证明，给大鼠低硒饲料 17d，大鼠体内各组织中 GSH-Px 的活性均有不同程度的降低，随着饲料硒含量的增加，GSH-Px 的活性也逐渐增加。意大利 Padova 大学的 Ursin 教授于 20 世纪 80 年代初发现了哺乳动物中第二个硒酶，即磷脂过氧化氢谷胱甘肽过氧化物酶（PHGPx）。PHGPx 起保护生物膜的作用，与 GSH-Px 一样，是通过抑制膜磷脂过氧化而发挥保护作用的。另外的研究证明，在微生物中，甘氨酸还原酶、甲酸脱氢酶、黄嘌呤脱氢酶、硫解酶和尼克酸脱氢酶均属含硒酶类。

现已了解到，动物和人体内 2/3 的硒不存在于 GSH-Px 中。除多种硒蛋白生化作用外，有些非酶硒也可能在体内发挥抗氧化作用。硒在体内除了发挥抗氧化作用，还有许多其他功能。如 Levander 等发现食物硒对由硫化物或巯基化合物如半胱氨酸和谷胱甘肽（GSH）所引起的线粒体肿胀有明显的抑制作用；硒能催化高铁血红蛋白被 GSH 或其他巯基化合物还原；硒能影响肝血红素代谢。硒缺乏症最初发现于瑞典，其后见于芬兰、挪威等北欧国家以及美国、加拿大等国，亚洲的日本、印度和朝鲜等国均有发生。我国最初于 1936 年在东北地区报告有马匹发生本病，1955 年发现仔猪的白肌病，1956 年在东北三省、陕西等地发现有羔羊和犊牛发病，1959—1963 年在陕西发现有禽类患病。动物的硒缺乏不仅使动物的发病率及死亡率增高，而且影响其生长、发育及繁殖性能。20 世纪 70 年代初，中国的科学工作者发现人的克山病与缺硒有关，硒对克山病有预防作用。现已证实，人的大骨节病均流行于低硒的环境中，病区土壤、饮水、粮食等硒含量均明显低于非病区，人群和患者处于硒营养缺乏状态。对人体补硒的防治试验已取得良好效果，说明大骨节病的发生与硒有一定关系。

此外，硒对动物和人免疫功能的影响越来越受到人们的注意。大量研究结果显示，硒缺乏会降低多种动物的免疫功能，适当补硒则能增强它们的免疫功能，硒可作为动物的免疫调节剂。在细胞免疫方面，国内外学者分别报道了缺硒能降低或补硒能适当增强人、鼠、犬、猪、牛和羊等外周血淋巴细胞或脾细胞对植物血凝素（PHA）、刀豆蛋白（ConA）和脂多糖（LPS）等丝裂原刺激的转化能力。无论是口服还是体外培养，硒都有利于细胞毒性 T 淋巴细胞（CTL）的诱导并明显加强 CTL 的细胞毒活性。

1949 年，Clayton 和 Baumann 最早提出证据认为硒是一种抗癌元素，即饲料添加硒能显著地减弱偶氮染料致肝肿瘤作用。大量的流行病学研究表明区域性硒的生物利用度与当地居民的癌症死亡率之间存在着明显的关系。Shamberger 等（1976）发现，在美国一些硒水平不同的州，居民癌症死亡率有统计意义上的明显差异，即土壤、食物的硒水平越低，癌症死亡率就越高；对美国 17 个大城市和 20 个小城市的调查也发现类似规律，即癌症死亡率与所调查地区土壤及饮食中的硒含量呈明显的负相关。由此可见，硒与肿瘤的发生和发展有密切的关系，补充硒并揭示其机理具有重要的学术意义和现实意义。

三、紫阳富硒茶应成为中国缺硒地区的健康饮品

目前，紫阳富硒茶的销路很好。但是，从发展战略上考虑，从经济效益上考虑，要把眼光再放远一点，紫阳富硒茶应成为中国缺硒地区的健康饮品。

紫阳富硒茶要成为中国缺硒地区的健康饮品，必须采取以下措施。

（1）继续提高标准化生产水平，打造紫阳富硒茶品牌。

（2）掌握中国缺硒地区现状，合理布局紫阳富硒茶销售连锁网络。

（3）建立紫阳富硒茶专业批发市场，广招天下营销客户。

（4）提高茶区茶农的组织化程度，大力发展紫阳富硒茶茶农专业合作社。

（5）强化紫阳富硒茶的科学研究工作，在生产、加工和包装上有所创新。

（6）加大紫阳富硒茶健康饮品的科学宣传，做好售后服务和提高健康水平的效果调查。

本文是史志诚于 2007 年 4 月 21 日在第六届中国紫阳富硒茶文化节期间做的学术报告。

振兴陕西茶产业　融入陆上丝茶之路

一、丝绸之路上的陕西茶产业

丝绸之路被茶业界奉为丝茶之路和茶叶之路。丝绸之路造就了中国茶叶之路，茶叶元素构成丝绸之路永恒的旋律。在古丝绸之路上，陕西茶叶依托丝绸之路起点而万里留香，为丝绸之路注入勃勃生机。据记载，明、清至民国初期，陕西茶叶不仅在大西北市场占有很大的份额，而且沿着丝绸之路运销西亚伊朗、土耳其、沙特阿拉伯、伊拉克，以及北非

的埃及、突尼斯、摩洛哥、阿尔及利亚等许多国家。

陕西茯茶被称之为丝绸之路上的神秘之茶。自古岭北不产茶，唯有泾阳出名茶。从汉代起，陕西关中地区的泾阳就是川茶、湖茶销往西北牧区及丝绸之路的茶叶集散地和中转站。北宋年间，由于运输途中的意外发酵，茯茶里产生了一种金色的菌丝，被人们称之为"金花"，极大地提高了原黑毛茶的品质，因其效用类似土茯苓，所以称之为茯茶，独特的保健功效让茯茶在西北地区广受欢迎。为了解决茶叶西运问题，茶商设法改进茶叶包装，压缩茶叶体积，开始制作砖茶，大约在明洪武元年（1368 年），诞生了人类历史上第一块砖型的茯茶——泾阳茯砖茶。与此同时，在丝绸之路上，陕西商帮因茯茶而兴，开启了秦商闯四方的传奇经历。其中，最具传奇色彩的是泾阳县的安吴寡妇周莹，靠着经营有方，周莹使吴家成为全省财东和陕西最大的茶商之一，她因向西逃的慈禧太后捐献白银 10 万，以示扶清灭洋之义，被封为护国夫人，而这一切，皆源于茯茶。

近几年来，陕西咸阳泾渭茯茶有限公司开了 100 多家专卖店，覆盖了全国大多数省会城市；陕西鹏翔茶业股份有限公司生产的 9 375kg 绿茶出口马来西亚，实现了陕西茶叶自营出口零的突破；在印度总理来西安访问期间，陕南绿茶更是成了"元首外交"的"家乡菜"。由此可见，陕西茶产业与茶文化在丝绸之路经济带曾经占有重要的地位，发挥过重要作用。

二、振兴陕西茶产业的历史机遇

陕西茶产业虽然源远流长，但在历史的长河中几经沧桑，茶园面积和产量波动、徘徊，不断萎缩。到 1949 年全省茶园面积仅 3.5 万亩，产量 689.6t。20 世纪 70 年代后期，茶叶生产开始得到重视。20 世纪 80 年代到 90 年代末，陕西省茶业进入较快发展阶段，到 1999 年，全省茶园面积达 45.5 万亩，产茶量 6 216t。进入 21 世纪，特别是 2009 年农业部《国家茶叶重点区域发展规划》将陕南茶区列入长江上中游特色和出口绿茶重点发展区域以来，茶园面积不断扩大，产量持续增长。2011 年，陕西泾渭茯茶荣获上海中国国际茶业博览会金奖。2012 年，咸阳市共注册茯茶加工企业 12 家，茯茶年产量达到 5 000t，产值 1.1 亿元，茯茶及相关产业总产值 2.3 亿元。据陕西省供销社资料统计，2013 年年底，全省茶园面积 176.7 万亩，其中汉中 89.1 万亩，安康 53.9 万亩，商洛 33.7 万亩；全省茶叶总产量 4.646 万 t，汉中产量 3.1 万 t；实现茶叶总产值 60.5 亿元。

2013 年 9 月，国家主席习近平在出访中亚时，提出共同建设丝绸之路经济带的倡议，给古丝绸之路起点的陕西，又带来了新的发展机遇。

2014 年，陕西省政府拿出 1 亿元资金发展陕南茶产业。为了进一步提升陕西茶产业发展水平，促进农民增收致富，省政府办公厅发布《关于加快全省茶产业发展的意见》，坚持以增加农民收入为核心，以市场为导向，用现代工业、流通、金融、生态理念大力发展茶产业，强化扶持政策措施，完善生产经营体系，全面提高茶产业发展水平。据统计，2014 年陕西茶园面积达到 192.4 万亩，可采摘茶园 125.2 万亩，茶产业已经成为陕西省继粮、果、畜、菜后的农业第五大支柱产业。规划到 2020 年，新增无性系良种茶园 100 万亩以上，全省茶园面积达到 280 万亩，年产茶叶 10 万 t 以上。在汉中建立以优质绿茶和有机出口绿茶为主的生产基地 150 万亩，在安康建立以紫阳富硒茶为主的优质富硒茶生产基地 90 万亩，在商洛建立以有机绿茶和红茶为主的生产基地 40 万亩，在咸阳建立以陕南夏秋茶叶为加工原料的现代茯砖茶生产园区。与此同时，加大国家优惠政策的支持力度，培育国家级茶叶产业化龙头企业 3～5 个，新增省级产业化龙头企业 10～15 个，打造国内知名品牌 3～5 个，茶产业发展跨入全国强省行列。

由此可见，建设丝绸之路经济带将是陕西茶产业大发展迎来的千载难逢的历史机遇。

三、大力提高陕西茶产业的国际竞争力

陕西茶产业融入陆上丝茶之路，参与中亚市场竞争，尚需进一步采取切实有效措施，提高国际竞争力。

（一）充分发挥陕西茶产业的发展优势

陕西茶区位于我国茶叶主产区的北缘，距离茶叶主销区最近，因此，具有地缘区位优势。历史上西北不产茶的省份喝的茶基本都是陕茶，陕茶在西北有着良好的声誉。特别是陕南茶区处于关天经济区、成渝经济区的重要辐射带，多条交通干线贯穿陕南各市，交通顺畅。西安历来都是中国茶文化的传播中心和茶叶最重要的集散地，又是丝路经济带建设的起点，为陕茶创造了难得的发展机遇。

陕西茶叶还具有生态与品质优势。陕西产茶县已有 25 个，总种植规模在全国 21 个产茶省份中名列第八。陕茶具有"香高、味浓、耐冲泡、形美、保健"的特点，加上陕南环境无污染，是生产无公害、有机茶和富硒茶的最佳适生区。汉中市将原有的午子仙毫、定军茗眉等 20 多个品名整合为汉中仙毫一个品牌。2007 年国家质量监督检验检疫总局发布了汉中仙毫质量技术标准，并以国家质量监督检验检疫总局 178 号文公告汉中仙毫受国家地理标志产品保护。近年来，汉中仙毫以 20 多亿元的品牌价值，跻身中国茶叶区域公用品牌 10 强。

（二）依靠科技进步解决发展中存在的突出问题

陕西茶叶种植面积提高很快，初制加工发展蓬勃，但科技研发能力滞后，产品竞争力及品牌影响力有待提高。一是茶园建设标准低，管理水平不高，加工技术落后，影响陕茶市场占有量；二是茶叶加工设备落后，生产率不高，质量不稳定；三是茶叶、茶衍生产品及副产品的研究、开发利用以及深加工不足。因此，必须提高陕西茶业科技研发水平，进一步健全茶业发展科技支撑体系，引进新技术、新成果，注重茶叶深加工产品的研发。加快完善陕西省茶叶地方标准体系建设和企业质量管理体系建设。

（三）按照现代产业经济理念推进陕西茶产业的"三产融合"

实现陕西茶叶的一体化经营是提高陕西茶产业国际竞争力的关键所在。在发挥茶产业市场主体——企业、专业合作社和种茶大户威力的同时，应当积极推进茶叶一二三产业的融合。

（1）分布在偏僻山区的茶区，推广"企社加盟"（企业＋茶农专业合作社）模式、"公司＋农户＋基地＋专业社＋市场"模式以及"公司＋基地＋茶农"的产业化经营模式，形成互惠双赢机制，走产、加、销一条龙的发展之路。

（2）加快推进以茶叶采制、茶文化展示、茶园观光、度假休闲等多种形式的茶旅游开发，促使茶产业从第一、第二产业向第三产业深入延伸。

（3）陕西历代茶产业与茶文化的积淀很深，茶馆、茶园、茶场、茶店、茶叶公司应当将茶产业的发展与茶文化的优势相结合，"打茶文化牌"，在进行宣传和营销策划时都要对陕西丰富悠久的茶文化加以利用。

（四）加大政府支持力度，把陕西茶业作为特色产业做大做强

茶叶是经济作物，同时又是文化产品，茶区的相关企业和专业合作社应当充分利用陕西省政府和茶区政府给予茶产业的各项优惠政策，将陕西茶产业打造成为地方支柱产业和特色经济。对龙头企业的扶持，可以采取"以奖代补"的方式支持引进人才、引进生产技术，更新生产设备、进行技术改造，提高产品质量，提高管理水平，使之充分发挥龙头带动作用。

（五）实施陕西茶产业"走出去"战略

目前，务虚有余，务实乏力；对丝绸之路各国的茶叶市场状况了解不够；茶产业的发展仍然处于规划之中；有的企业稀里糊涂走出去，安全问题、市场信息、税收制度、语言障碍和货币兑换等诸多实际问题得不到及时解决；茶产业经营组织、茶叶批发市场和陕西茶叶行业协会的组建尚未完成。因此，为促进陕西茶产业"走出去"，需要成立一个陕西茶产业"走出去"的领导小组，招聘一些既掌握种茶的科学技术，又懂得经济管理的专业人才，组成专家组，进行协调、指导并给予咨询服务。

总之，通过陕西茶产业的发展和"丝绸之路"茶文化的传播、风情展示、渠道搭建、国际市场对接，陕西重启茶叶"丝绸之路"，打开新茶路，问道世界茶产业的目标一定能够实现！

本文刊载于陕西省城市经济文化研究会编：《大关中发展论坛》第十集，2016 年，第74 -78 页。

第四部分

畜产经济与农业产业化经营

畜产业、畜产经济与畜产经济学

畜产业在国民经济中占有重要地位。畜产经济的状况，关系着农业生态的平衡，关系着人民膳食结构和营养水平，关系着毛纺、皮革、食品、皮毛工业和畜产商业的兴衰，关系着地方财政收入和社会经济的振兴，关系着市场肉奶蛋的有效供给和社会的安定。党的十一届三中全会以来，我国草业受到重视，畜牧业开始从传统自然经济向社会主义计划商品经济转化，饲料工业兴起并实行行业管理，经济体制改革和政治体制改革的试点，提示人们把畜产品的产、供、销逐步由部门分隔的状态向一体化方向转变。畜产加工业有了新的发展，畜产品流通和市场愈加活跃，人民消费水平不断提高。这些变化了的形势，给畜产经济的协调发展提出了新的挑战，带来新的机遇。

改革开放十年来，在计划商品经济下，我国畜产经济虽然有了一定的发展，但是，在畜产品的生产、加工、流通方面实际上存在着两种机制、两种价格，许多老问题未能解决，新问题、新情况不断出现，无论管理体制还是畜产经济的运行机制都与发展的计划商品经济不相适应。牧区草场"三化"（沙化、碱化、植被退化）严重，限制了畜牧业的发展。前几年"工业过热"带来"三厂"（即毛纺、乳品和皮革厂）发展过快，致使畜产原料紧缺。近年来的市场疲软，畜产品及其加工产品积压，畜产价格下跌，一部分农牧民增产不增收，致使畜牧业生产波动再起。近十年来，畜产领域的"买难""卖难"交互出现，"三大矛盾"（即草畜矛盾、供需矛盾和畜产加工业与畜产原料矛盾）时有激化，畜产各业不协调、不稳定的因素时有增加，是到了非解决不可的时候了。这种情况，迫使我们回顾过去，思考未来，在实践中探讨，在理论上探索，寻求解决的办法。为此，我们设想，将一二三产业部门中的草业、畜牧业、饲料工业、畜产加工业、畜产商业等有关畜产品生产、加工、流通、科技管理方面的各个产业，以系统工程的方法，按照生产发展序列，各产业之间的互相关系以及它们在国民经济中的地位和作用，联系起来，形成一个产业结构合理、生产水平较高，协调稳定发展的畜产经济行业。我们可以通过对畜产行业的经济分析和对畜产经济结构的分析，掌握全局，发现问题，弄清原因，确定目标，采取对策，解决畜产各业面临的问题。

产业部门在人类社会经济发展的历史上，并不是一开始就存在的，而是在生产发展的过程中，在社会分工发展的基础上，逐步形成和发展起来的，是社会分工和协作发展的结果。在我国，畜产各业都是一个独立的产业部门，但尚未实行畜产行业管理体制。按照现行体制，草业与畜牧业、饲料工业、畜产加工业和畜产商业分属不同的部门管理，按照"部门经济"的规律运行，不利于畜产各业的有机联系，有碍于畜产各业的协调发展。将畜产经济作为一个有机统一的整体，从宏观经济的角度研究各产业的结构关系及其发展规律，更好地发挥畜产各业的整体功能，促进畜产经济各业相互了解的横向联合，则具有重要的现实意义和战略意义。因此，我们必须对畜产业和畜产经济有一个新的认识，建立畜产经济学并加强理论研究工作。

一、畜产业

畜产业是与活畜（禽）和畜产品的生产、加工、流通有关的各产业的总称。畜产业主要包括草业、畜牧业、饲料工业、畜产加工业和畜产商业五大主体产业，属于物质生产领域。也包括各类畜产信息与技术服务业、畜产科学研究事业、畜产教育事业、国家畜产管理机构和畜产社会团体等产业，属于非物质生产领域。

草业是第一产业部门的一大新兴产业，是第一性生产，在畜产各业中处于基础地位。包括天然草地（如牧区草原、农区草地和林区草地等）的改良与建设、草地生产管理、农林牧饲料资源的开发、草业与第二性生产的关系等。草业包含草业资源的保护、开发与利用问题、能量转化问题和生态经济问题三大问题。

畜牧业是第一产业部门大农业中相对独立的产业，是第二性生产，是围绕畜禽的生产和发展，研究畜牧业自身的经济再生产、动植物再生产（植物生产属于第一性生产，提供饲草、饲料；动物生产属于第二性生产，即家畜、家禽将饲草饲料转化成畜产品）及自然因素和社会因素对畜牧业生产的影响等。畜牧业关系着畜产品的数量、质量以及市场肉蛋奶的有效供给和畜产加工业对畜产原料的需求。畜牧业现代化的主要标志之一是畜牧业产值与种植业的产值接近或者相当。

饲料工业是第二产业部门的新兴产业之一，是草业和粮食饲料生产的扩展和延伸。饲料工业的发展与畜牧业现代化关系密切，它有利于提高饲料报酬，降低成本，促进畜牧业的快速发展；有利于规模经营和猪禽的集约化生产，满足市场供求；有利于提高畜牧业生产水平，配合饲料与良种良法配套，推广科技成果，生产优质畜产品。

畜产加工业属第二产业部门，是畜牧业及其产品生产的扩大和延伸。包括毛纺工业、乳品工业、地毯工业、皮毛工业、屠宰与肉类加工工业等。畜产加工业是综合利用畜产资源增加地方财政、改善食品结构和繁荣区域经济方面不可缺乏的重要产业。畜产加工业促进畜牧生产和畜产流通，在繁荣社会经济发展中起主导产业的作用。

畜产商业属第三产业流通部门，是联系畜产各业和市场的纽带，把畜牧生产和由生产决定的分配与消费联系起来，成为生产与消费之间、生产与分配之间、分配与消费之间不可缺少的中介和桥梁。畜产品的流通在一定条件下，对畜牧生产和畜产加工企业的发展有着决定性作用。畜产商业活跃，则对畜牧生产的自然经济形态起到解体作用。

二、畜产经济

畜产经济是国民经济的一个重要产业部门和独立的经济行业。畜产经济的依存和发展不仅取决于畜牧业、草业、饲料工业、畜产加工业和畜产商业五大产业的生产水平和经济结构，而且与畜产环境、自然生态、社会经济、科学文化和经济决策等五个基本条件有着十分密切的关系。畜产经济的基本研究任务是：在我国计划商品经济的指导下，研究畜产经济的基本条件和发展规律，研究在一定生产关系条件下畜产经济结构及其运行机制，研究畜产各业如何有计划按比例地协调发展及其横向联合，研究农牧结构、畜种结构、畜群结构和畜产品结构的合理调整，研究畜产经济中草畜关系、农牧关系、粮食生产与饲料工业发展的关系、畜产品的产销关系、畜产加工业与畜牧生产的关系和畜牧业与工商业的关系，研究生态经济中畜产业的地位和作用，研究提高人民食物结构中动物性食品的比重、保障畜产流通和畜产加工业的不断增值的对策和措施。

从畜产经济的研究范围看，单纯研究畜牧业自身的部门经济是不够的，还必须学习和研究经济学和畜产各业的经济学，包括畜牧经济与管理以及商业、供销、外贸、物价、工商、税务、金融、畜产品工业企业管理等经济学中有关活畜与畜产品的经济部分。进而，分析经济现状，提供可选择的方案和对策，判断选择某种方案的结果。值得指出的是，畜产经济概念是在我国改革十年取得重大成就，治理整顿深化改革、调整产业结构取得一定经验的历史条件下提出来的，因此，我们还必须研究如何实现计划经济与市场调节相结合发展畜产经济的问题。

经济学涉及各个领域，在我国现行的部门经济构成的社会主义经济体制下，畜产经济还不是一个独立的经济部门，畜产各业分散在各个有关部门。政府计划部门负责制定和下达年度计划、五年计划和远景规划；农牧部门管理畜牧生产；有关工业部门负责畜产品加工；商业、食品、粮食、供销、外贸、乡镇企业部门负责畜产品的收购、流通、分配、消费、加工及加工产品的购销等；财政、税务、金融、信贷部门负责投资的预算、决算、税种、税率、生产贷款等，都与畜产业的生产发展有关。为此，促进各经济部门的协调发展和横向经济联合，是当前进一步完善畜产经济管理体制的重要任务之一。

三、畜产经济学

畜产经济学是研究畜产经济的科学。畜产经济学是以活畜与畜产品的生产、加工、流通为研究对象，在相同投入的条件下，协调各有关经济部门的关系，以提供更多的动物性食品和畜产品加工原料、产生更大经济效益和社会效益为研究目的的一门经济学分支学科。

畜产经济学主要研究畜产业各主要产业的经济结构及其相应关系，研究分析、总结、归纳，判断和调整畜产各业的结构与关系的方法，研究如何利用畜产经济研究成果，建立政府决策部门所需要的某些发展模型，参与预测和论证，提供建议和对策。因此，畜产经济学也是结构经济学的一个分支学科。

畜产经济学与畜牧经济学不同。畜牧经济学研究畜牧部门的经济问题，其任务是：从生产关系与生产力、经济基础与上层建筑的相互关系中研究社会主义畜牧业部门生产发展的具体规律，研究畜牧业生产力的发展运行以及生产力诸要素的合理组织和开发利用的经济规律，以解决如何使社会主义畜牧业生产获得最大效益的问题。畜牧业经营管理从微观上研究企业（农牧场、种畜场、饲养场）和生产单位（养畜户，主要是专业户、家庭农牧场）内部的经营管理问题。

畜产业与畜牧业相比，研究对象和范围有所不同。畜产业围绕活畜和畜产品，研究包括畜牧业在内的有关畜产的各个产业的结构与关系。畜牧业围绕畜禽的生产和发展，研究畜牧业自身的经济规律，研究外部条件（如自然因素和社会因素）对畜牧业生产的影响。

由上可见，畜牧经济是畜产经济的主体，畜产经济面临的"三大矛盾"都与畜牧业生产的发展有关。处理畜产经济问题，调整畜产经济结构，都要从保护畜牧生产、促进畜牧生产的观念出发，制定科学的产业政策，实行合理的投资政策，增加草业、畜牧业和饲料工业这些基础产业的投入，优化资源配置，进一步提高畜产加工业的效益，繁荣畜产商业，促进整个畜产经济持续稳定协调发展。鉴于畜产经济的研究总是围绕畜牧业经济这个主体产业进行的，因此，广义的畜产经济学也应包括畜牧经济的研究成果和研究内容。

畜产经济是社会科学与自然科学相结合的交叉学科，也是一门既有技术科学又有管理科学的综合学科。因此，畜产经济学同政治经济学、结构经济学、工业经济学、农业经济学、畜牧经济学、商业经济学、对外贸易经济学、消费经济学、生产力经济学、计划经济学、市场学、经济地理学有着极为密切的关系。

畜产经济学的基本研究方法是系统分析法、比较分析法、数理统计法、定量分析法以及模型方法等。所谓系统分析法，不是单独地、孤立地研究畜产经济，不是按产业先分析后综合，以部分求整体，而是把畜产经济看作是结构严密、联系广泛、影响因素多种多样的一个复杂系统，坚持以畜产经济系统整体为起点和归宿。先从系统整体出发，然后深入到各个产业，并把各产业的分析始终放在系统整体之中来进行。从系统的要素、结构、功能、联系方式及历史发展等方面进行全面、综合性的考察。突破传统的分析方法的局限，促使人们从多个角度，多维性、立体性地研究畜产经济结构及其相互关系，为处理和解决畜产经济系统面临的问题提供新的思路。比较分析法是研究畜产经济的重要方法之一，它可以帮助我们了解畜产经济的全体性和多维性，认识其特殊性，进而揭示畜产经济的发展规律。畜产经济结构复杂，数量关系繁多，单靠定性或定量单一的分析难以达到预期的目的，必须将定量与定性相结合起来进行综合分析，并通过数理统计方法研究畜产经济各产业之间的依存关系与变化关系。建立畜产经济的系统模型、经济模型、经济计量模型、数学模型以及国家、省市和区域性畜产经济模型，把畜产经济与国民经济千丝万缕联系的复杂变化典型化，为政府决策部门提供参考。

本文是史志诚在 1990 年 4 月全国第六次畜牧经济理论研讨会上的交流材料，发表于《陕西农村建设》，1991 年，第 9 期，第 12 - 15 页。

陕甘宁边区时期的畜产经济

抗日战争时期，陕北是党中央的所在地。陕北的富县、甘泉、固临、延长、延川、安塞、志丹、吴旗、子长、清涧、绥德、吴堡、子洲、米脂、靖边、定边、佳县等 17 个县，关中的三原、淳化、耀县、铜川、旬邑，甘肃的镇原、宁县、庆阳、华池、环县和宁夏的固原、盐池等县，共 29 个县的全部或部分组成陕甘宁边区（以下简称边区）。这是一个人烟稀疏、地瘠民贫的山区，总面积 9.9 万 km²，人口约 148 万。[①] 在中国共产党领导下，陕甘宁边区政府根据毛泽东同志提出的"发展经济，保障供给"的方针，兴办了许多自给工业，军队进行了大规模的生产运动，农工商业和几万机关学校人员，也发展了以自给为目标的自给经济。与此同时，边区的畜产经济也相应得以发展。当时，畜牧、运盐和纺织是边区农民三大主要副业，畜牧业的发展，不仅促进了农业生产，而且支援了盐业运输的畜力，羊的增殖又为纺织业提供了羊毛原料。因此，陕甘宁边区时期的畜产经济为支援中国人民的抗日战争立下了功绩。今天，我们回顾陕甘宁边区畜产经济的发展历史，对了解边区经济发展状况和深入研究党在革命根据地发展经济的方针政策会有所助益，对我们当前建设中国特色社会主义畜产经济也会有一定的启示。

一、畜产经济发展状况

（一）草业

边区的牲畜大多数是放牧，牧草不佳是影响畜牧业发展的重要原因之一。毛泽东同志针对当时的实际情况深刻地指出："牲畜的最大敌人是病多与草缺，不解决这两个问题，发展是不可能的。"[②]于是，边区政府大力推广种植牧草，特别是在盐运路上及其附近多种牧草，不但便利盐运，而且可以发展牲畜。1942年，边区政府原计划推广种植苜蓿3万亩，因种子不足，只种了2.3万亩。毛泽东同志指出："牧草是牲畜的生死问题。我们希望各县同志都做出一个1943年的牧草计划来。"[②]1943年，陕甘宁边区建设厅从关中分区调运苜蓿种子到推广地区，发给农民种植。延安、安塞、甘泉、志丹、富县、靖边、定边、盐池、环县、庆阳等县被划定为推广中心区域。当时的靖边县委书记惠中权同志由于增修水利，注意牲畜繁殖和种草，牲畜有草，繁殖骤见容易。毛泽东同志为他题写了"实事求是，不向空谈"八个大字，[③]消息传开，极大地鼓舞了边区干部种草植树、发展畜牧的热情和工作积极性。

在推广种植牧草的工作中，靖边县成效十分显著。1941年春季靖边县发生牲畜大批死亡的情况，主要原因是牧草不足乏瘦而死。1942—1943年采取五项措施，号召农民种植牧草，解决了牧草问题，大大减少牲畜死亡，促进了牲畜的发展。

（1）种苜蓿。仅1942年农民种苜蓿2 000多亩，大部分种子由政府发给，农民种植情绪很高。1943年春一方面筹措牧草种子贷给农民，另一方面号召农民自备种子，对种草成绩优良的给予奖励，激励农民大量种苜蓿。

（2）修草园。1942年修了4 000余亩草园（注：与"草库伦"的建设相似），草园里的牧草主要是芦苇，在靠近内蒙古边界沙漠中的海子与大草滩上生长茂盛，每亩割草250余kg。革命前原有的草园子，后来被破坏了，牛羊随便践踏，经发动群众修复后，秋季割草以备冬用。

（3）割秋草。靖边山地芦苇、白草、冰草、沙竹、沙蓬等野草很多，是牲畜的好饲料。1941年发动群众割了250万kg。1942年动员每人割50kg。

（4）栽柳树。发动群众种柳树、沙柳、柠条，其枝叶可供骆驼及羊吃，亦是解决牧草一法。同时，还可提供燃料，群众是欢迎的。政府的任务是调剂树种，劝令种植。

（5）挖草根。靖边的白草、冰草，牲畜不但吃其草叶，还吃其草根。春耕时，青壮年上午耕地，下午挖草根，晚上喂牲口。妇女、儿童则整天去挖，每人可挖百余斤，对解决饲草不足起到一定作用。但因地权争执，于灾民难民之无地者更加不利，故政府予以调剂。以上措施取得了很好的效益。加之，1942年雨水多、草长得好，使畜牧业发展了。全县6万余只羔羊大部存活，大羊与牛驴马的死亡率也大为降低。全县牲畜除羊外，只需补草500万kg，而过去至少要补草1 500万kg。

（二）畜牧业

陕甘宁边区的家畜主要是黄牛、驴和绵羊、山羊，马、猪和鸡较少。黄牛是耕畜，驴是主要的运输力，羊是肉食和被服材料的主要来源。由于适宜种植棉花的地方很少，衣着主要靠羊毛、羊绒和羊皮。同时，牲畜又是边区群众的最主要的富源。当时，贫、中、富农的分界不仅决定于土地多少，而更重要的是决定于有无牲畜和牲畜的多少。所以，边区虽然以农为主，农牧皆宜，但畜牧业的重要性不同于一般农区。

据 1938 年上半年边区政府对 19 个县统计，共有牛 102 676 头，驴 70 810 头，骡马 1 463 匹，骆驼 1 254 峰，羊 761 464 只。②1939 年边区家畜头数与 1938 年相比，黄牛增加 21 287 头，骆驼增加 75 峰，马增加 471 匹，驴增加 2 659 头，骡增加 612 头，绵羊、山羊增加 251 322 只。④1943 年边区家畜头数同 1940 年相比，黄牛增加 27 000 头，增长 14％，年平均增长 4.5％，驴增加 42 000 头，增长 33.6％，年平均增长 10.1％，绵、山羊增加 305 000 只，增长 17.7％，年平均增长 5.6％。1944 年，边区饲养的牛达 223 058 头，驴 180 862 头，羊 2 954 756 只，骆驼 11 780 峰，骡马 12 万余匹。②牛、驴、羊总数分别较 1939 年增长 47.8％，44.8％和 66.9％。这与当时陕甘两省国民党统治区畜牧业日趋衰落的局面形成鲜明的对比。

（三）畜产品加工业

土地革命前，边区只有家庭妇纺和农村手艺匠。边区政府成立后，发展自给性工业。1937 年下半年，边区决定建立硝皮厂三处，收买羊皮硝制，供给部队皮衣 3 000 件。秋毛下来后，神府分区创建纺织厂一处。之后靖边青杨区合作社在集市上新建织毯工厂一处，毡坊一处。1940 年 9 月，朱德同志倡导纺毛运动，以毛纺、毛织为业的各种工厂、合作社及家庭纺毛有所发展。当时公营企业中较大的有利民毛纺厂、难民工厂、纬华毛织厂、大光纺织厂等，其他三边工厂如新寨、新镇、友爱、新丰等毛工厂，也生产毛布、毛毯、毡、毛合子等，私营工厂较大的有米脂万合毛织厂、盐池元华厂等。

边区政府重视公营企业的发展。1940 年 11 月 23 日边区中央区对财政经济政策的指示中要求"扩大公营企业，首先是盐、煤油、纺织、制药应用化学，集中人力财力，突出这些企业，使之有迅速的成效。第一年目标要做到棉麻、毛织物、食油、煤油和纸张等全部自给。"此外，边区政府还鼓励机关、学校也办畜产手工业。据 1943 年统计，边区政府系统的机关学校办的皮坊有 4 个，资本 605.1 元，生产人员 43 人，盈 206.6 元；杀坊 3 个，投入 70 元，生产人员 10 人。⑤

（四）畜产商业与畜产外贸

边区政府成立后，人民获得了交换的便利，商户也赚了钱，商业有了很大发展。边区商业是在"自力更生"与外援两个条件下发展起来的。一方面是因为边区经过土地革命以后，生产提高了，购买力增强，扩大了商业的交换，另一方面是因为八路军从边区以外每年取得上千万元外援货币，要经过商人从边区以外买进必需品，促成了交换的扩大。因此，确定了"自力更生的自主商业政策"，从食盐、药材、石油、皮毛，一直到猪鬃、马尾等都得到发展，除了自给外，大量运销出去，换进边区所需要的物资，从而促进了整个边区经济的发展。

边区的对外贸易机关是在苏维埃中央政府西北办事处领导下的西北贸易总局，当时党、政、军三方面的一切供应，除粮食和边区产品外，一概由外贸局向外采买。皖南事变以后，国民党加紧对边区的封锁，物资输入较难，当时边区的财政也十分困难，已不能保证党、政、军各方面的供应。为了渡过难关，形成了各自对外采购、分散经营的状况。1941 年进口货值估计约 1 亿元（按边币计算），主要有洋纱布匹、棉花、纸张、文具和五金等。全年出口值约 3 900 万元，主要是食盐、皮毛、毛织品、肥皂、木材和药材等。正是因为积极地组织畜产品出口，才换回急需的军需、食品、布匹，使边区不仅渡过了难关，而且也为战略反攻奠定了必要的物质基础。

边区活畜交易较为活跃。1942 年农历四月二十八日至五月七日陇东骡马大会，万商云集，贸易鼎盛，上会牛、骡、马 5 000 余头匹，大多被外地客商买去。1943 年农历九月十五日定边骡马大会起会，会期 10d，每天 1.5 万人上会，蒙古族同胞、南路来客以布匹换买马、骡。1943 年 11 月延安骡马大会盛况空前，有大批来自榆林、三边等地的骡马上市，1943 年 11 月 12 日毛泽东同志和朱德同志亲访会场，缓步场中，细心观察，频频询问，状至欢愉，当日骡马成交额达 242.6 万元。[⑥]

二、畜产经济管理

（一）计划管理

边区政府对畜牧生产、加工、销售、流通、分配等十分重视，列入年度经济建设计划，统筹安排布置。1937 年 4 月 30 日边区政府提出最低度的建设方案，在畜产经济方面计划内容有以下几个方面。

（1）畜牧业方面，抓改良羊种，由政府规定繁殖奖励条例，在定边创办一个模范牧场，保证本年内牛、羊增长 2%～3%。

（2）养蜂、喂猪、喂鸡等采取多种集资合营方式筹设大规模的养蜂厂和养鸡场。

（3）创办工厂，在陕甘宁特区或定边建大规模毛织、皮革工厂各一处，各县亦尽量创办皮毛工厂。

（4）恢复定边职业学校。

（5）建立和恢复各县中心市镇的集市，扩大商品流通。[⑦]

（二）将大力种草和发展牲畜作为边区政府的要政之一

1941 年 4 月《陕甘宁边区政府工作报告》中报出："帮助贫农发展牲畜，应该是繁荣农村的要政之一。"为了发展边区的畜牧业，边区政府建设厅设立农牧科（后来改称第一科），主管农牧业生产，规定了农牧并列的方针。边区政府还于 1942 年颁发了《陕甘宁边区年度推广苜蓿实施办法》，鼓励牧草的种植。1943 年 3 月边区政府公布《陕甘宁边区农业贷款章程》，发展农业贷款，支持贫苦农民买耕牛和经营畜牧生产。在贯彻发展畜牧业政策方面，开始，边区政府颁布了《陕甘宁边区牲畜出入口之奖惩及牲畜保护办法（草案）》，规定一切母畜及幼畜不得出口（母驴不在此限），不得屠宰役用牲畜及母牲畜，牛则一律禁杀，老牛可杀者须经检验，以及奖励人民买进牲畜等。这些办法实施后，对1938—1940 年牲畜的发展起到相当大的促进作用，羊在这两三年增长了一倍多。但是，到后来禁止牲畜出境的条例由于未能及时修改，曾一度影响了牲畜的发展。例如，1944年 7 月以前，实行对老羊皮、秋毛、羊绒、羔皮、母羊等的禁止出境或以高税禁止出境的政策，又没有解决出路和发展加工业，只是将价格压低，致使牧羊户的利润减少。其次，在出境方面也没有给外商以便利。如 1944 年，三边分区（定边、靖边和安边管辖区）曾有西安、兰州、宁夏的一些大商人来买春毛数十万斤*，因价格原因未能出去。此外，1941—1942 年，政府曾征收羊毛实物及羊税，羊税是绵羊每只四角，山羊每只三角，增加了牧羊户的负担。再则，有些地区在征收公粮时，对养牛的得益上算得有些过多。1944年 7 月以后，调整了有关政策，允许牲畜毛皮出口，又促进了养羊业发展。据统计，1944年羊出口约 87 533 只，羊毛出口约 44 033kg，羊皮出口约 29 000 张，羔皮出口 69 000 张，总计牲畜、皮、毛出口价约 1 亿元（边币）以上。⑧

边区政府还采取举办农业展览会和表彰劳动模范的办法，鼓励发展畜牧业。1939 年1 月边区举办的农业展览会上首次展出蒙古牛、西盟马、定（边）盐（池）骆驼、淳（化）骡、佳米驴和滩羊，并给予奖励。特等奖是盐池县孙学向的黑紫羔种羊。⑨1943 年 1月边区政府再次举办生产展览会，展示当年畜牧业发展状况及防治牛瘟、羊疥癣的有关资料。同时，召开了表彰先进、交流农牧业生产经验的劳动英雄和模范工作者代表大会。

（三）改良畜种，提高生产水平

为了改进牲畜质量，提高其生产水平，党中央和陕甘宁边区政府十分重视畜种改良工作。毛泽东同志在《经济问题与财政问题》中指出，保护牲畜与增殖牲畜的办法之一，就是改良畜种，要"研究已有的'输精站'的经验，选择好的驴种、羊种，劝令民间推行。先从甘泉、延安两县做起，再及他县。此外，应由政府从盐池买一批'滩羊'，发给羊多农家配种"。到 1945 年，畜种改良工作已在延安、志丹两县开展。设立驴"输种站"，由政府选购好的种驴，交由群众或合作者饲养配种，设立滩羊示范区，在三边购入优良公羊，代换群众原有公羊。驴的改良因为时不久，效果未显；羊只改良则因皮毛品质优良，极受群众欢迎，推广较快。

（四）防治兽疫，保障畜牧业健康发展

1941 年边区流行羊瘟、牛瘟，造成大批牛羊死亡。边区政府立即颁发了《陕甘宁边区兽疫防治暂行办法（草案）》，规定了报告兽疫、病畜隔离及病死牲畜的掩埋等办法。同年 4 月边区建设厅召集八路军兽医院、边区政府卫生处和光华农场代表，成立了边区家畜防疫委员会，商讨边区家畜防疫暂行办法的贯彻，举办家畜防疫训练班，并设立家畜门诊部。1942 年 2 月边区建设厅下达了《1942 年家畜防疫工作办法》。当时还没有防治牛瘟的兽医生物药品，富县、甘泉、靖边等县采取消毒、隔离、扑杀病畜的办法扑灭。绥德专署还举办了家畜防疫训练班。1943 年春末，牛瘟再度流行，由于边区受国民党军队包围封锁，无法买到制造牛瘟血清和疫苗的器械，陕甘宁晋绥五省联防司令兼联防司令部财经办事处主任贺龙责成兵工厂制造出铜质注射器和钢质针头。边区政府交际处支援一架绞肉机代替肉磨（组织捣碎器），并从白求恩国际和平医院调来一位医生，协同光华农场技术干部，克服困难，制造出牛瘟脏器苗和高度免疫血清。1943 年夏至 1944 年夏，在疫区进行了牛瘟防治工作，终于扑灭了边区的牛瘟。据光华农场在富县大东区上立石寨子调查，该村有牛瘟病牛 4 头，经注射抗牛瘟血清后，全部治愈。该村 19 头健康牛中有 12 头注射牛瘟疫苗，20d 后均未发病，免疫率 100％；未注射疫苗的 7 头牛，20 天后全部病死。

---

* 斤为非法定计量单位，1 斤＝0.5kg。——编者注

此外，边区各县区政府还召集当地兽医、老农，研究防治兽疫的简便办法，如用烟茎水治疗羊疥癣等，向牲畜较多的农家劝导实行，收到较好的效果。

（五）畜产税收政策

边区政府通过征收羊只税、牲畜交易税和出境畜产品货物税来调节生产、流通和诸多方面的利益。

1. 羊只税　1940 年 10 月，边区政府为解决全体将士过冬寒衣问题，决定征收羊税。规定白羊（绵羊）年收毛四两*，黑羊年收毛二两（秤以十六两计算）。1941 年 5 月，每年征收春秋两季羊毛，绵羊四两，山羊二两，均按市价做价收钱，加运毛费在内暂规定绵羊收 8 角，山羊收 4 角。⑤1942 年 4 月，边区政府为了扩大春耕生产，提高民众生产热忱，决定全边区 1942 年度征收公粮 16 万石**，比上年减少 4 万石，征收公草 800 万 kg，比上年减少 500 万 kg。同时，"从 1942 年起，全边区的羊子税，全部废除，就是应该征收的 100 多万元羊子税，也不再向民众收了"。《解放日报》1942 年 4 月 10 日发表宣传要点指出：（1）废除羊子税，不仅减轻人民负担，而且是为了发展畜牧事业，鼓励人民多养羊、牛、猪。（2）羊子养得多，羊毛、羊皮、羊粪也多了，皮毛可卖钱，羊粪可下地，多收庄稼。（3）羊子税废除后，其他税也不增加，并打破"牛也要征税"的谣言。（4）要保护母羊、母猪，才能发展畜牧事业。

2. 牲畜买卖税（交易税）　牲畜买卖税是买卖牲畜的一种手续费，从价征收 5%。由买方付款。从 1942 年度起下半年约 240 万元的牧畜税拨发各县充作地方补助经费。自 1943 年 1 月起，边区牲畜买卖税（即交易税）拨归地方政府依照规定征收，充作各县教育及小规模的建设费用。

3. 货物税　贩运牲畜出边区境外者，从价征收 10%（包括牛、羊、驴、骡、骆驼、马、猪、鸡、鸭等）。据边区税务局统计，1940 年总税收 188.45 万元、其中皮毛税 12.67 万元、牲畜税 10.14 万元，羊子税 5.55 万元。1941 年总税收 865.64 万元，其中羊子税 45.56 万元，占 5.2%，牲畜税及其他 57.88 万元，占 6.7%。1942 年总税收 3 444.58 万元，其中牧业税合计 294.37 万元，占 8.5%。⑩

（六）培养畜牧兽医干部和设立试验机构

边区政府建设厅在发动和组织农民群众发展畜牧业的同时，着手培养畜牧兽医专业干部和设立试验机构。1939 年 4 月，创建陕甘宁边区农校，并附设边区农场，校址在延安南门外三十里铺西红寺，设农艺、园艺和畜牧三个科，学制四年，为中等技术学校，学员由各专署、各县政府选送。农场有秦川牛 20 头，滩羊 200 只。抗日战争时期，农校共培养三期学员。1940 年 2 月，边区创办光华农场，场址在延安南门外杜甫川口马家湾，分农艺、园艺、畜牧三个组，养有荷兰牛、莎能羊（奶山羊）和美利奴羊。1941 年该场由财政经济部划归建设厅领导，兼作农牧技术推广工作。1942 年在定边县设三边家畜防疫站。1943 年光华农场畜牧组曾承担供应牛羊奶、防治牛瘟、举办家畜防疫训练班、推广烟茎水治疗羊疥癣以及种植苜蓿的指导工作。

---

* 两为非法定计量单位，1 两＝50g。

** 石（音 dan），为容量单位，10 斗等于 1 石，1 石等于 60kg。

注释：

① 李维汉，《陕甘宁边区政府工作回忆》。

② 毛泽东，《经济问题与财政问题》出自《毛泽东选集》，东北书店，1948 年出版。

③《解放日报》，1943 年 2 月 3 日。

④ 根据 1940 年 1 月陕甘宁边区农工业生产展览会资料。

⑤《边区政府系统机关学校手工业作坊生产总结》，1943 年 11 月 11 日。

⑥《延安骡马大会盛况空前》出自《解放日报》，1943 年 1 月 16 日。

⑦《陕甘宁特区经济建设计划草案》，1937 年 4 月 30 日。

⑧《边区的羊子发展问题》，1945 年 2 月。

⑨《新中华报》，1939 年 2 月 7 日。

⑩ 边区税务局，《关于税务问题的报告》，1942 年 12 月。

本文刊登于《陕西农业史料》第六集，1988 年，第 20 - 27 页；发表于《古今农业》，1993 年，第 4 期，第 21 - 27 页。

草畜一体化发展与产业化经营

一、关于草畜一体化发展与畜牧产业化经营

（一）草畜一体化发展是生态环境治理与发展畜产业相结合的必然历史选择

在我国，水土流失、土壤盐碱化和土地荒漠化日趋严重。据统计，全国水土流失面积从 20 世纪 70 年代占国土的 22％，于 90 年代扩展到占国土面积的 38％，每年流失土壤达 50 亿 t 以上，相当于从全国耕地上每年刮去 3mm 厚的肥沃表土，每年因土地荒漠化造成的经济损失就高达 540 亿元。生态环境恶化，最明显的是气候变化。在 20 世纪，内蒙古自治区 80 年代降水量比 60 年代平均减少 54mm，温度上升 1.1℃，吉林红星牧场 70 年代比 50 年代降水量平均减少 87.3mm，蒸发量增加了 262mm。因生态环境恶化招来持续特大沙尘暴，50 年代共发生过 5 次，60 年代发生 8 次，70 年代 13 次，80 年代 14 次，90 年代 26 次，2000 年一年就发生 12 次，仅因沙尘暴造成的损失达上百亿元。

生态环境恶化，导致许多江河流域水土流失严重，特别是长江、黄河——中华民族两条母亲河水土流失尤为突出，长江流域特别是其上游水土流失面积高达 35.2 万 km^2，年均土壤侵蚀量 15.6 亿 t，占长江流域的 65％；而黄河已出现断流，这不仅意味着整个黄河流域生态环境正在恶化，还会影响到黄河下游经济发展、民众生存。黄土高原水土流失面积 45 万 km^2，占总面积的 70.9％，每年流失的黄泥沙中氮磷钾总量约 4 000 万 t，相当于我国 1993 年化肥总量的 2 倍，经济损失严重。治理水土流失已是一项刻不容缓的任务。

50 年来，西部在绿化建设上，一直执行以造林为主的方针，造林几乎成为绿化与生态建设的同义词。每年春天全国都搞一次植树活动，如把历年造林面积加起来，西部早应绿化了，可造林不见林，目前西部森林总覆盖率还不到 9％。从科学规律看，年降水量

400mm 以下，其至年降水量 100mm、200mm 的干旱荒漠区，或在海拔 4 000～5 000m 的薄土石漠区，造林难以成活，种草却有适宜的草种。

牧草能覆盖地表，根系多分布于 10～30cm 的表土层，对水土保持、防风固沙有重要作用。从经济规律看，绿化的生态效益不同经济效益结合，很难维持下去。50 年的经验证明，西部绿化与生态建设走以草为基础，草、灌、乔结合的道路方能奏效。

（二）畜牧产业化经营是适应市场经济，应对全球经济一体化，加入 WTO 后的必然趋势

1. 当前，国际肉牛、肉羊市场出现了一些新变化，给我国带来新的机遇，主要表现为以下两个方面。

（1）部分牛羊肉生产国家和地区畜牧业受挫，产量和出口量减少，有利于我国扩大牛羊肉出口。例如，欧洲肉牛业受到英国"疯牛病"的严重打击，至今元气尚未完全恢复。

（2）我国加入 WTO 后，畜牧业与种植业相比，比较优势明显，而畜牧业中又以肉类的竞争优势最为明显。我国牛羊肉价格比国际市场低 80％左右，价格优势明显。所以，WTO 规则可以为我国牛羊肉的生产和贸易提供有利条件，增加竞争力，扩大出口量。

2. 面对机遇，我们的对策有三个。

（1）加大科技投入，改良牛羊品种，改善生产条件，进一步加强高、中档肉牛、肉羊的生产能力。

（2）提高经营管理水平，改变生产和经营方式，扩大生产规模，加快新技术的应用，在提高产量和质量的前提下，保持和强化价格优势。

（3）重视市场营销，坚持质量第一、客户至上的经营方针，树立企业的良好市场形象，创立绿色、有机肉牛、肉羊产品品牌。

（三）陕北畜产业发展历程表明，草畜一体化发展必须走种草—养畜—加工—销售一体化经营之路

陕北畜产业发展，特别是羊产业的发展大体上经历以下几个历程。

1. 自由放牧与毛、绒、皮等畜产品贸易时期　榆林自古以来就是晋、陕、蒙、宁的畜产品自由交易地，当地人民有着养羊的优良传统与习惯。畜牧业是当地人民重要的经济来源。

2. 计划经济时期　这一时期养畜模式没有多大变化，仍然沿袭自由放牧，但在政府和科技人员的努力下，进行品种改良，育成陕北细毛羊，发展粗毛羊，对当时的毛纺业（毛毯、地毯等）有一定的推动作用。

3. 改革开放初期　畜牧业结构不断调整，养羊业大发展。但以粗毛为主的毛纺业市场萎缩，毛、绒、皮等畜产品贸易政策多次变动，加工业日趋薄弱，整个畜产业的发展不够协调。

4. 饲养方式变革时期　进入 21 世纪，由于生态环境恶化，中央提出退耕还林（草）的生态治理措施，陕西省政府决定"禁牧"。羊只从自由放牧变为舍饲，普遍建立人工草地，育成陕北绒山羊，引进小尾寒羊、萨福克肉羊，成立羊产业协会，畜牧业整体发展思路正在理清，畜产各业的结构处于重新调整阶段。

从陕北生态环境与经济发展的未来趋势看，草畜一体化发展必须走种草—养畜—加工—销售一体化经营之路，畜产业的发展必须"五业并重"（即草业、畜牧业、饲料工业、

畜产品加工业和畜产加工产品的销售业协调发展），实现"两个平衡"（即草与畜之间的生态平衡和草地畜牧业的经济平衡）和"两个增收"（即农民增收和地方财政增收）。

二、我国畜牧业发展趋势及国家宏观导向

我国畜牧业在改革开放以来取得了举世瞩目的成就。据统计，1999 年我国肉类人均占有量超过世界平均水平。在畜产品产量持续快速增长、人均畜产品占有量和消费量大幅度提高的同时，畜产品结构也逐步得到优化。畜牧业产值占农业总产值比重由 1978 年的13％上升到 2000 年的 31.5％。畜牧业在国民经济中发挥着越来越重要的作用。但是，我们也应该清醒地认识到我国畜牧业发展还面临许多问题。

（一）畜产品结构性矛盾突出

随着我国主要畜产品买方市场的形成，当前及今后一段时期内，市场相对饱和，畜产品将出现结构性相对过剩。目前我国肉产品结构为：猪肉 68％、牛肉 8％、羊肉 4％。猪、牛、羊肉比较而言，猪肉过剩，牛羊肉不足。同时，国产羊毛粗毛比重大、细毛品质差、净毛率低、2/3 需要进口来满足。

（二）我国总体畜产品科技含量低，市场竞争力较弱

长期以来，我国畜牧业生产中存在的"四低一高"（生产水平低、饲料转化率低、出栏率低、劳动生产率低、死亡率高）问题没有得到有效解决。目前，技术进步在我国畜牧业总产出增长中的份额约为 48％，与发达国家相比还差约 30 个百分点。

（三）饲草饲料资源不足，利用率不高

这主要表现在两个方面，一是草场大量退化，草地数量下降；另一方面，长期形成的牲畜散放习惯，使草场资源的利用率极低。

（四）畜产品加工基础薄弱，附加值低

国外发达国家肉蛋奶加工量占生产总量的 60％～70％，而我国仅为 5％左右，且大都是以原料形式销售，加工增值甚小。

（五）畜牧业可持续发展迫切要求改善草地生态环境

1999 年年底，农业部针对我国畜牧业现状提出了关于加快调整畜牧业生产结构的意见，要求根据市场需求和经济效益指导产业结构调整，发挥区域资源优势，实现生产要素的合理配置，依靠科技进步提高产品质量，并强调指出今后一段时期内要"稳定发展生猪和禽蛋生产，加快发展牛羊肉和禽肉生产，突出发展奶类和羊毛生产"。因此，在 21 世纪之初，肉牛、肉羊生产与加工倍受重视。

三、以羊产业为主导的榆林市畜产业为例

（一）依据

（1）养羊业是榆林人民的传统产业，有很好的基础。

（2）自然生态环境处于干旱、半干旱地带，适合羊产业的发展。所产羊肉味美、质优，寒冷的气候可促进羊绒产量的提升。且离阿尔巴斯绒山羊产地——鄂托克旗比较近，生态气候类似。

（3）肉羊生产全国尚未形成产业格局，门槛低。

（4）距鄂尔多斯集团羊绒买方市场近，且有自己的绒山羊品种。

（二）羊产业发展方向

（1）肉羊以绵羊为主，可以采用全球通用三元经济杂交模式，进行产业化经营。

（2）绒山羊是重要的发展方向，由于当地人民喜欢食用山羊肉，因此，绒、肉的市场价格可以自动调节绒山羊的饲养量。

（三）具体措施

1. 品牌战略 树立长城沿线风沙区大漠羊肉、羊绒品牌，可由龙头企业来具体操作。

2. 品种选择 山羊已有现成的陕北绒山羊，不再赘言。需要强调的是按照纺织业标准来组织生产。绵羊用当地的细毛羊做母本，用萨福克作父本，杂交一代，公羊上市，母羊做母本再和终端父本无角道赛特杂交，所产公母羊育肥后全部屠宰上市。这就是通用的三元经济杂交模式，其生产效率和肉脂品质是全球所公认的。

3. 标准化规模化生产

（1）按照市场需求，10个月龄左右屠宰上市。

（2）逐步按国际市场需求生产分割肉。

目前，国内这一方面几乎处于空白。

（3）形成规模，没有规模不可能有市场，分散不整齐的产品没有市场。

4. 支撑体系

（1）人工草地建设——以苜蓿为主生产干草，以串叶松香草、菊苣生产鲜草。

（2）按饲养标准进行草料配合饲养。

（3）由公司来养无角道赛特和萨福克种羊，由农户养当地母羊和杂一代母羊，由农户或公司进行肥育饲养。

（4）由公司来组织杂交后代羊，按标准上市。

5. 组织管理

（1）公司开拓市场，树立品牌，养殖种羊。

（2）农民或养羊协会养母羊，组织公羔羊育肥。

（3）政府在疫病防治、品种引入、人工授精、饲料配合和人工草地建设等方面进行技术服务和支持。

本文为与呼天明合作，2000年4月20日史志诚在农业部西北大开发与农业、农林经济座谈会上的交流材料。

20世纪90年代我国畜产经济改革的
主要任务与主攻方向

20世纪90年代是我国经济与社会发展的关键时期，按照实现现代化建设的第二步战略目标，我国人民生活要从温饱达到小康。人口的增长、膳食构成的改善、消费结构的变化，要求畜产经济每隔几年上一个台阶。我们必须清醒地认识到，在改革大潮中，抓住机遇，明确主要任务，确定主攻方向，扎扎实实地把畜产经济搞上去，乃是 90 年代我国经济改革与发展的客观要求。

一、保持畜产经济各产业稳定增长协调发展的势头，把调整畜产经济结构作为主攻方向

20 世纪 80 年代，我国畜产经济之所以有较大的发展，重要原因在于畜产经济结构有所突破。一是饲料工业从无到有，由小到大，异军突起，不仅解决了畜牧业规模经营和大城市"菜篮子"工程中肉禽蛋集约化生产对配合饲料的需求，而且在粮食生产徘徊的 1985—1988 年饲料工业产量达到 3 000 万 t，减少了粮食消耗，使肉、蛋、奶继续保持 11.2％、11.5％和 15.7％的增长速度。二是畜牧生产连续 12 年稳定发展。各类畜产品年递增率分别为：肉类 10.57％、禽蛋 11.95％、奶类 12.9％、羊毛 3.99％、蜂蜜 6.63％。1990 年人均占有肉 25.2kg，奶 4.2kg，蛋 7kg，羊毛 0.21kg。这使畜产加工业、畜产商业和畜产外贸得以兴旺发展，畜产品市场有效供给进而提高，人民食物构成中动物性食品的比重明显提高，畜产经济的发展跟上了整个社会经济发展的步伐。

20 世纪 90 年代要实现小康，达到丰衣足食，就必须继续保持畜产经济稳定增长的势头，进一步发展畜牧业，努力增产肉、禽、蛋、奶等畜产商品，与此同时，要调整消费结构，合理引导消费，逐步改善食物的质量和构成比，增加肉、蛋、奶的消费量。为实现这个目标，应当解决好三个问题。

1. 解决畜产经济结构松散的问题 长期以来，畜产品的生产、交换、分配、消费四个环节分属农牧、商业、轻工、纺织、外贸、乡镇企业等部门管理。除了计划调控的少量畜产品外，部门之间、产业之间联系不多，配合不力，成为束缚生产力发展，影响畜产经济增长速度的整体效益的主要原因之一。为此，政府主管部门应当按照协调发展战略，把关系到畜产经济运行的草业、畜牧业、饲料工业、畜产加工业和畜产商业等五大关联产业同等地列入国民经济计划，加强宏观调控，从总体上把握各产业有计划按比例地发展，防止出现大起大落。

2. 贯彻和正确实施国家产业政策，解决实际存在的草畜矛盾、产销矛盾和畜产加工业与畜产原料之间的供需矛盾 按照国家产业政策的规定，切实加强草业建设；发展饲料工业；农区畜牧业和牧区畜牧业都要走扩大再生产的路子，发展畜产、优质、高效牧业；要控制畜产加工业的发展规模，调整不合理的布局，采用先进技术开发高技术含量、高附加值的新产品；改革畜产流通体制，解决活畜与畜产品交替出现的"买难""卖难"问题，从而使畜产经济走上互相依存、相互促进、协调发展的健康之路。

3. 解决下改上不动、上下不协调的问题 近几年各省（自治区、直辖市）在调整畜产经济结构上，下了大力气，有的步子较大，效果显著。但一些改革试点在畜产经济与管理体制改革方面取得了成功经验，没有得到上级有关部门的积极支持和有效配合，影响着新的运行机制和改革成果的巩固。为此，可考虑在省、市、自治区政府的决策部门设立有五个关联产业代表参加的畜产经济领导小组或者建立联合办公会议制度，作为过渡形式从整体上确立产业关联体制，掌握和解决产业结构调整和改革开放中出现的新情况、新问题，使配合协调工作自上而下落到实处。

二、探索畜产经济管理体制改革新路，把加快推广供产销一体化试点经验作为重要途径

现行畜产经济体制的弊病在于条块分割、供产脱节、产销脱节、宏观失控、微观不活，深化畜产经济体制改革的任务就是要从根本上解决畜产经济管理体制和运行机制的问题，要按照商品经济的一般规律发展畜产经济，打破供产销各管一段的旧格局，发展和完善牧工商一体化、贸工牧一体化，逐步形成一个畜产品的生产、交换、分配、消费环节为有机整体的运行机制，全面发展畜产经济的新格局。

十多年改革的实践表明，供产销经营一体化和管理一体化的改革是实现畜产经济管理体制改革的有效途径。无论是天津模式、郫县模式、诸城模式、宝鸡模式还是隰县模式；无论是单一的经营一体化，还是经营与管理一体化的结合形式；无论是农口、商口的一体化改革试点，还是外贸口的一体化改革试点，都得出一个结论，那就是：产销一体带来产销两旺，实现了畜产商品生产过程的供产销的良性循环，使畜产经济整体效益大于各产业的个别效益的总和。在这里可以看到计划与市场的统一，部门与行业的统一，生产与流通的统一，国家、企业和职工利益的统一。如果我们加快一体化改革试点的进程并推而广之，则必将为建立新的畜产经济管理体制和运行机制创造条件、积累经验。

三、建立计划经济与市场调节相结合的运行机制，把转变政府职能和培育畜产市场作为突破口

随着商品经济的发展，我国农区畜产品的商品率大大提高，肉、蛋、奶和羊毛的商品率分别在80％、85％、95％和95％以上，牧区畜产品的商品率在50％以上，有效地维持和促进畜产品的持续增长，依靠传统的管理体制和运行机制是难以实现的。在商品经济条件下，只有对旧体制进行根本上的改造，建立公有制为主体，以畜产企业自主经营、自负盈亏为基础，以市场为导向，以间接管理调控为主要方式，以计划和市场调节为主要调控手段的管理体制和运行机制，才能顺利实现。

建立新的管理体制和运行机制，不是在旧体制的基础上加一个市场，而是一项复杂而艰巨的社会系统工程，只要某个环节上出问题，整个工程进度就会受到影响。这里出现错误与挫折，曲折与反复是难免的。问题的关键在于解放思想、开拓进取，不要怕这怕那，不要等待观望，更不要指手画脚，而是要大胆地试，从转变政府职能和培育畜产市场两个方面有所突破。随着政府职能的转变，企业必然走向市场，投向发育完善的市场。因此，两者必须同步进行，配套改革。

转变政府职能，一是由宏观经济管理与微观经济管理并列，转向以宏观经济管理为主；二是由直接管理为主，转向间接管理为主；三是由部门管理，转向行业管理。转变职能之后，政府主管部门的主要任务如下。

（1）实现政府决策结构的合理化。

（2）通过产业政策进行引导。

（3）通过畜产经济信息进行诱导。

（4）通过经济杠杆进行调节。

（5）通过法规限制那些不符合国家计划、政策目标和全局利益的行为。

（6）通过协调，在自愿原则的基础上，使企业自行调节自己的活动。

政企分开后，生产经营活动由企业自己做主。原隶属各级政府管理的草业、饲料、畜牧、轻工业、商业、科研等事业单位，除了少数国家畜产科学基础研究、种畜禽场、饲料、兽药、疫病监察和测试及检疫单位（包括海关和产地检疫）仍保留事业性质外，其余都要办成技术经济实体，同各类的畜产企业、行业协会结成生产技术经济联合体，开展产前、产中和产后的社会化服务，走自主服务、自我积累和自我发展的路子。

"集市兴则百业旺"的事实有力地说明，培育畜产市场、搞活畜产流通是发展优质、高效畜产业的突破口。畜产价格放开后，当务之急是培育和发展畜产市场，包括各种类型的畜产品贸易市场（如批发市场、期货市场、拍卖市场）、畜产信息市场、技术市场、人才市场、生产要素市场、金融市场和劳务市场。把畜产市场建设与城乡建设结合起来，与国内国际市场联系起来，为不同所有制企业，集体、个体经营者服务。与此同时，要制定配套的畜产市场法规，用以规范畜产商品经济发展中的种种行为。

四、坚持社会主义公有制为主体多种经济形式并存的畜产经济格局，把搞活国营畜产企业作为工作重点

当前，我国相当一部分国有农牧场、肉联加工厂和畜产品加工厂，生产条件差、职工素质低、企业负担重、加上投入少、经营水平有限、技术装备落后等因素，连年亏损，难以起步。因此，提高国营和集体畜产企业的经济效益是 20 世纪 90 年代必须解决的一大问题。在调整产业结构、完善畜产企业组织结构的同时，必须坚持因地制宜、分类指导的原则，改善企业外部条件，深化企业内部改革，农牧企业、商业肉食品企业和畜产外贸公司应当走供产销一体化的道路，逐步使肉、蛋、奶一体化的产品能占到市场同类畜产品总量的 20％左右，纯饲料企业要伸向养殖业，同加工业衔接，实现新的增值。纯商业性畜产企业也应当建立与生产基地和消费市场双向沟通的渠道，或以期货贸易的形式解决货源与销售问题。在畜产商品流通方面，国营畜产企业要发挥平抑市场和稳定物价的主渠道作用，确保市场的稳定和生产者与消费者的利益。畜产加工企业要本着以市场为导向，以适销为前提，以引导消费为重点，以创造市场为目标的新产品开发指导思想，狠抓企业的技术改造，靠科技搞开发，靠产品打天下，以更多的新品种和新产品开发毛纺、皮革、乳品市场，充分发挥畜产加工业在地方财政收入中的支柱作用。

本文是参加中国经济改革与发展问题讨论会的交流材料，发表于《当代经济科学》1992 年，第 63 卷第 5 期，第 77－80 页。

农业产业化经营若干经济理论分析

近几年来，对农业产业化经营的讨论和理论评价很多。有的认为农业产业化就是按照产业组织发展农村经济；有的认为农业产业化是经营方式的改革；有的认为农业产业化是

一种战略选择，提出实施农业产业化战略，以推动"两个转变"。这些观点，无疑对农业产业化经营的理论研究是重要的、有益的。现从产业经济理论的角度对农业产业化经营进行一些初步分析，供研究讨论。

一、农业产业化经营与产业政策

产业政策是一种经济政策，产业政策与财政税收、货币金融政策互相配合相得益彰，是整个经济政策体系的一个组成部分。产业政策影响着产业结构的调整、瓶颈产业的优先发展以及农业产业化经营。

产业政策于 20 世纪 50 年代末期首先应用于日本。日本经济"奇迹般"的增长，使产业政策的概念传到世界各地。当时日本正处于战后经济复苏振兴时期，日本经济学家认为单靠市场机制的自发作用，单靠企业管理的改善，都不可能实现振兴目标，必须重新规划产业结构高级化（即实现高效益的产业结构）的目标，确定带动整个经济起飞的"战略产业"，日本政府通过经济计划、经济立法扶持"战略产业"等措施，诱导经济按既定的目标发展，这就是产业政策的具体涵义。产业政策中的"产业结构政策"触及了社会再生产过程中的部门与部门之间的均衡问题，即重点发展产业与一般发展产业间的协调。这一点打破了西方传统经济学的理论基础，即打破了微观经济和宏观经济的格局。产业政策正是研究产业这个既非宏观又非微观的领域，其目的是促进一二三产业的协调发展。在经济理论上的主要根据是充分利用"规模经营"建设高度发达技术基础上的大批量生产体制。这就需要从政策上促进生产集中和专业化。这就构成了"产业组织政策"。于是形成了以"产业结构政策"和"产业组织政策"两个轮子的产业政策的大体轮廓。随着战后日本经济的高速增长，产业发展的外部问题日益尖锐，如公害问题、生态平衡与各产业之间的失调问题、基础设施与生产性投资失调问题、能源与产业发展的失调等问题都成为经济进一步增长的巨大障碍。因此，上述问题就成为新的产业政策制定的重要内容。由于政府和企业对社会再生产过程中各产业之间和产业内部各种内在复杂的均衡关系有了更深刻的认识并达成共识。因此，日本政府通过制定产业政策同私人企业密切结合，这就是日本经济获得成功的秘密所在。

20 世纪 80 年代末期，我国发布产业政策。正是吸取国际产业发展的经验，在进行分析现实经济活动的基础上。不仅要注意解决国民收入的总供给与总需求的均衡问题，而且也要通过财税体制改革，解决社会再生产过程中产业之间的利益分配关系。然而，计划经济下产销脱节、部门分割的问题十分突出，产业之间与部门之间的协调显得十分困难，因而在进行经济体制改革和产业结构调整的同时，在一定范围内进行了管理体制改革和政府机构的改革。随着改革的深化和经济的发展，特别是农产品购销政策的调整，食品工业和饲料工业等瓶颈产业的兴起，跨部门的产销活动增加。我国以农牧产品为主的农工商一体化经营企业由试点到推广，逐步发展起来。先是天津禽蛋一体化，唐山生猪一体化，沈阳蔬菜一体化，四川简阳生猪一体化等，接着是山东省诸城、潍坊等地在发展农工贸一体化基础上率先提出农业产业化经营新观点。由此可知，在一定意义上产业政策推动了农业产业化经营；实施农业产业化经营不能离开当地主导产业和产业政策的引导；现代经济发展过程本质上是一个不断调整产业结构的过程。推进农业产业化经营必须建立在产业结构的重大调整基础之上；产业政策的目标是调整产业结构，使一二三产业均衡协调发展；农业产业化经营有力地促进农工商的均衡发展，这与产业政策的总目标、方向是一致的。

二、农业产业化经营与产业经济理论

产业经济学认为，农业是国民经济的基础产业。农业的主体产业是种植业、养殖业（包括畜牧业与水产）、食品加工业、农产品的商业流通与外贸。其主要关系有农牧关系、农产品的产销关系和农产品加工业与优质原料的供需关系。最终目标是实现部门内各产业的协调发展。在组织实施农业产业化经营的过程中，应当按照市场需求和资源条件确定发展产业，形成主导产业、配套产业向新兴产业相互依存、协调发展的产业群体。山东的经验是建立 2 大类和 19 个产业。第一类物质生产性产业包括粮油、棉麻、林业、畜牧、水产、果品、瓜菜、烟草、桑蚕、建材、药材、工艺品和花卉；第二类服务和要素性产业包括信息、金融、保险、劳务、科技和农机。

产业经济学对农业产业化经营具有理论指导作用，它规定了"产业"概念是居于微观经济（企业和家计）和宏观经济的单位（国民经济）之间的一个"集体概念"。产业则是具有某种同一属性的企业的集合产业经济学，由三个部分构成。

（一）产业组织理论

产业组织理论主要研究产业内企业关系结构，主要分析企业关系结构的状况和性质及其发展规律，使该产业的单成本处于最优水平。其主要分析指标为经营管理、技术水平、产品成本、经营规模与最佳效益。

（二）产业联系理论

主要分析投入产出、生产与交换关系。其长处是能反映各产业的中间投入和中间需求，即中间产品的运动，如农工贸集团、牧工商集团等。

（三）产业结构理论

研究一二三产业的比重以及结构深度的一般规律，为制定经济发展战略提供依据。如产业政策、农业产业化经营政策及促进农工商均衡发展的政策。产业经济学理论可以帮助我们深刻理解"农业产业化经营"的某些经济理论问题；帮助制定产业化战略规划、产业发展政策；帮助农工商一体化经营企业（集团或公司）正确解决产业间、企业间、部门间的投入产出问题、利益分配问题和经济运行机制等重大问题。

三、农业产业化经营与均衡发展论

经验表明，多数国家国民经济的发展，也都经历了一个由原始农业—畜牧农业（有畜农业）—传统农业—农业支持工业—农业、工业、商业协调发展的不同阶段。各国区域经济的振兴历来都是采取农工商均衡发展战略和政策。农工商均衡发展是大部分发展中国家追求的目标，这就是各国组织实施的农业工业化战略。农业工业化就是提高农业生产力及增加农产品的生产量，以满足消费者的需求，提高农业生产力的同时会减少农业就业人口的需求，促进了农业转移，使农业就业人口转移到非农业部门。因此，农业转移也将是工业化经济和都市化社会的必经过程。我国目前提出农业产业化的实质，是推进农村产业结构调整和城乡一体化，实现"两个转变"，达到农工商均衡发展和城乡人民共同富裕的目标。由此可见，推行农业产业化经营，一方面兴办农工商联合企业，一方面发展农民专业协会，其结果是一二三产业均衡发展，农民、农业和农村经济的均衡发展，部门、产业、地方经济的均衡发展，为实现城乡一体化、共同繁荣的目标做出贡献，使农村改革发展的第二次飞跃再上一个新的层次。

四、农业产业化经营组织与产业政策的促进作用

（一）农业产业化经营组织

农业产业化经营组织可以是一个法人的经济实体，也可以是若干法人企业的联合的经济组织。其实质是农业生产企业（农户、农场）与有关部门（工业、商业、服务、金融等）在经济上和组织上结为一体。是农业前部门（包括农用生产资料供应部门、为农业提供技术和劳动服务的部门）和农业后部门（包括农产品加工、储藏、运输、销售部门等）相结合形成的一种相对独立的综合经济系统。从宏观上看，产前和产后部门互相结合、相互依存的关系越密切，表明农业生产力、农业生产社会化程度越提高；从微观上来看，兴办农工商、贸工农、产加销一体化企业，则表明农业企业专业化、现代化水平的提高，其中一部分大型农工商企业将向区域化、集团体、国际化的方向发展。

（二）产业政策促进了农业产业化经营的起步发展

产业政策促进了农业产业化经营的起步发展，产业经济学和农工商均衡发展具有指导农业产业化经营的理论意义，而农业产业化经营又将推进农工商的均衡发展和区域经济的振兴。

各级政府应当抓住机遇，采取参与、引导和扶持的措施，积极推进农业产业化经营。与此同时，既要深化管理体制改革，又要探索农村经济新的生产组织与经营方式。也就是说，不仅发展农工商、贸工农一体化企业，而且要大力推广农民专业协会，为进一步调整部门间产业管理职能和建立新的行业管理体制创造必要条件。

本文发表于农业部《农村经济文稿》，1997 年，第 8 卷，第 8－11 页；中国农学会《中国农学通报》1997 年，第 13 卷（5），第 7－8 页；陕西省委政策研究室主办的《调研与决策》杂志，1997 年第 11 期。

再论现代农业与农业产业化经营

——陕西省现代农业特色产业步入"一带一路"的倡议选择

一、农业生产与农业产业化经营：两种管理体制的产物

我国关于农业产业化经营的提法有两个不同的阶段，在 1997 年 9 月 12 日以前，称作"农业产业化"，1997 年 9 月 12 日，党的十五大确定全国实行社会主义市场经济，并提出"要积极发展农业产业化经营"之后，改称为"农业产业化经营"。农业产业化经营是实现农业现代化的产业组织形式，是世界现代农业经营体制的一种创新。农业产业化经营是以市场为导向，以龙头企业为依托，以主导产业和主导产品以及生产农户为基础，实行区域化布局、专业化生产、一体化经营、社会化服务和企业化管理，形成农工商或农商相结合

的紧密型产业链和利益共同体。

在计划经济体制下，农业生产和畜牧生产由农业部负责；粮食和农产品与畜产品经销由商业部负责，农业作为一个完整的产业，实行两个部门的管理体制，其特点是部门分割、产销脱节。

在市场经济体制下，始终用一个完整的词组"农业产业"（Agriculture Industry），即农工商一体化经营体制。例如，美国农业部设立农业产业局；日本农林水产省设立有畜产局，其特点是，产销由一个部门管理，有利于兼顾生产者、经营者和消费者三者的利益关系。

2015年7月25日，中国政府网报道了李克强总理关于用工业的方式发展现代农业的消息。报道指出，2015年7月22日，在国务院常务会议上，李克强总理讲起一段往事。10多年前他去加拿大考察现代农业，特别注意到对方介绍情况时从不简单地说"农业"（Agriculture），而是始终用一个完整的词组"农业产业"（Agriculture Industry，直译为"农业工业"）。"我当时听得很奇怪，怎么又是农业又是工业？"总理说，"他们带我看了一圈后我明白了：从选种、种植、收割、仓储，到加工、营销，完全是用工业的方式发展农业，打通了农业全产业链的各个环节，最终的产品销往全世界！"李克强总理指出，纵观发达国家农业现代化的发展路径，普遍都是用工业的方式发展农业。农业不向产业化经营方向发展，农业现代化就失去了支撑；反过来说，也只有根本转变农业的发展方式，农民增收增效才有保障。他强调，要鼓励发展规模种养业、农产品加工业和农村服务业，推进生产、加工、物流、营销等一体化发展，延伸价值链。

李克强总理的讲话引起全国理论界和农业部门的高度关注，预示着我国未来现代农业改革与发展将进入一个新阶段。

二、陕西省探索农业产业化经营的30年历程

回顾陕西省在发展现代农业的过程中探索农业产业化经营之路经历了30年，大体分为四个阶段。

（一）1985—1992年：理论研究与实践探索阶段

这一阶段的主要工作如下。

（1）1985年组织专家赴加拿大魁北克省考察畜牧产业发展情况；

（2）针对陕西省畜产品在产销中的突出问题进行调查。如当时奶山羊产业在发展中出现肉价高于奶价，致使大批奶山羊被屠宰卖肉，全省奶山羊存栏由1983年的73.6万只下降为1985年的59.4万只；乳品企业加工能力与当地奶畜数量与鲜奶产量之间不匹配，时有乳品企业开工不足，奶农倒奶事件发生。

（3）组织农业厅在靖边县蹲点的20多名科技干部，在陕北26县开展畜产经济（畜牧业生产、加工、销售）调查，出版《陕北畜产经济》（三秦出版社，1988）。

（4）西北农大承办的农业部全国畜牧厅局长培训班，首次讲授产业经济理论——《畜产经济学》。

（5）于1991年1月15—17日，召开陕西省畜产经济发展战略研讨会，省政府曾成立畜产经济领导小组，出版《畜产经济概论》（农业出版社，1992）。

（6）在宝鸡市对三个县的农业（畜牧）局进行管理体制的改革试点，分别组建陇县畜

产局（主管奶牛生产、创建和氏乳品加工企业）、千阳县畜产局（主管奶山羊种羊场、奶山羊生产和奶粉加工厂）和宝鸡县畜牧食品局（将农业部门的畜牧局与商业部门的食品公司合并组建）。

（二）1993—2003 年：进一步明晰农业产业化经营理论、开展国际交流和培养农业（畜牧）产业化经营的专业人才阶段

这一阶段，陕西省委、省政府高度重视农业产业化经营工作，1995 年陕西省政府就大力推行农业产业化经营专门发出通知，2000 年，陕西省委、省政府先后作出了关于加快果业产业化和畜牧业产业化建设的两项决定。2002 年 10 月，陕西省委、省政府又专门召开了全省农业产业化龙头企业工作会议，并成立了农业产业化经营指导联席会议制度，把全省农业产业化经营工作推向一个新的发展阶段。

陕西省农业厅组织专家赴美国加州绵羊合作社、日本亚细亚农业合作社、泰国正大集团、荷兰农业批发市场考察；支持华圣果业集团首批陕西苹果出口欧洲；成立陕西省饲料工业行业协会，引进泰国正大集团饲料企业落户三原县，进而推进陕西省饲料与家禽产业的发展，成为陕西五大饲料企业之一。

与此同时，西北农大经济管理学院成立畜产经济研究室，编著《陕西畜产经济》（三秦出版社，1994）、《畜产市场运行与发展》（陕西人民出版社，1994）和《国外畜产经营》（中国农业出版社，2000），招收 5 名畜产经济硕士研究生。1996 年，陕西省人民政府外事办公室和省农业厅派出科技人员赴日本农协。（即"农业协同组合"，也译为"农业合作组织"或"农业合作社"）学习考察。

1997 年，陕西省农业厅发表了《农业产业化经营若干经济理论分析》一文。1997 年11 月 7 日就农业产业化经营问题接受中央人民广播电台记者黄立新的采访，针对当时一些媒体宣传"农业产业化"概念不清的情况，提出我国农业发展的总目标是农业现代化，农业产业化经营是农业现代过程中的农业产业组织与农业产业经营方式的改革。农业经济包括宏观、中观和微观经济三个领域的研究，农业产业化经营属于中观经济领域。因此，不能把农业现代化与农业产业化经营相提并论，更要防止以"产业化"替代农业现代化的倾向。推行农业产业化经营一方面兴办农工商联合企业，另一方面发展农民专业协会（合作社），形成"龙头企业＋协会（合作社）＋农户"的新格局。其结果是一二三产业均衡发展，农民、农业和农村经济均衡发展，产业部门和地方经济均衡发展，实现城乡一体化，为共同繁荣的目标做贡献。

这一时期，初步形成了产加销、农工商一体化的经营模式。如西安银桥乳业集团有限公司、杨凌秦丰肉类食品有限公司、宝鸡惠民乳品（集团）有限公司、陕西华圣现代农业集团、陕西海升果业发展股份有限公司、陕西恒兴果汁饲料有限公司、陕西石羊（集团）股份有限公司等。从类型看，龙头企业主要为大企业和各类专业合作经济组织两种。据统计，截至 2002 年年底，全省有龙头企业 1 012 个，规模以上龙头企业 365 个，有 9 家龙头企业被认定为国家级农业产业化重点企业。全省建立各类专业合作经济组织 9 800 个。

（三）2004—2007 年：完善城乡现代农业市场主体阶段

这一阶段，由于农村农业产业的市场主体尚未形成，龙头企业发展中一度流行的"公司＋农户"模式，即"法人＋自然人"之间的产销关系不稳定，同时缺乏法律依据，曾经

出现许多尴尬情形。为促进农村农业产业市场主体的发展，让农户组织起来形成具备法人资格的并且能够从事经营活动的"专业合作社"，并区别于仅仅开展科技服务，不能进行经营活动的各种科技协会。就在农业产业改革的关键时刻，全国人民代表大会开展了《农民专业合作社》立法的调查研究。2005年全国人民代表大会农工委决定由陕西、黑龙江、浙江三省起草《农民专业合作社》（草案讨论稿），于是陕西省人民代表大会农工委起草了一份《农民专业合作社》（草案讨论稿）并在北戴河会议上参加审议。2006年10月31日，《中华人民共和国农民专业合作社法》在第十届全国人民代表大会常务委员会第二十四次会议通过，自2007年7月1日起施行。2007年11月24日，陕西省第十届人民代表大会常务委员会第三十四次会议通过《陕西省实施〈中华人民共和国农民专业合作社法〉办法》。至此，"龙头企业＋合作社"模式，即"法人与法人"的产销合作关系应运而生。与此同时，还出现了合作社自办产品加工、销售的模式，龙头企业通过土地流转，建立生产基地，并建立"农超对接"等销售模式，将城乡农业市场连接起来，发展农业产业化经营，寻求增加农民收入，城乡协调发展的新路子。

（四）2008—2015年：创新农业产业化经营方式阶段

2008年以来，出现一批资本工商业和房地产企业投资农业的新情况。有的在工业园区、现代农业示范园建厂；有的在农村租赁土地发展农业和畜牧业生产以及旅游观光、农家乐等三产业。与此同时，全省发展了近万个农民专业合作社，出现近百个较大的试行农业产业化经营的农业企业。然而，由于一些企业家缺乏科学的产业设计、缺乏经营农业与畜牧业的经验，农民出身的合作社董事长缺乏市场意识与经营方略，企业与合作社之间尚未形成产销对接的格局。加之，城市化的快速发展，农村劳动力成本攀升，致使一些农业企业从事农业生产出现严重亏损，收购大宗农产品出现贷款难问题，农产品购销合同执行过程出现不稳定的情况。农民专业合作社规模小、农产品的销售仍然固守"坐等上门收购"的传统模式，加之市场信息不灵，农产品常有难卖滞销的情况。

在这种新形势下，陕西省政府相关部门和陕西省农业厅制定产业政策予以扶持的同时，2008年陕西省科学技术协会主管的陕西省老科技工作者协会成立了农业分会，开展农业的科技服务；2012年陕西省社会科学联合会主管的陕西省经济学学会成立农业产业发展专业委员会，开展农业产业组织方式的咨询服务。两个协会组织专家出谋献策，联合开展科技与管理相结合的咨询服务活动，先后提出"反租倒包""企社加盟""产业集群"等新理念，一方面为一些农业企业和农民专业合作社排忧解难，另一方面，也为在新形势下如何创新农业产业经营方式提供了新经验。

三、实施农业产业化经营新理念的实践效果

（一）"反租倒包"是解决企业租赁耕地生产农产品严重亏损的有效方案

泾阳县鑫田葡萄公司租赁农民土地4 000多亩，投资4 000多万元搭建葡萄园，当第三年挂果时由于农民工日工资攀升，加之葡萄园管理成本增加，出现亏损。之后，将当地打工三年的农民工组成葡萄专业合作社，在工商局注册登记，然后合作社和大户与公司签订承包经营葡萄园的合同，当年每亩产量为2 000kg，只交200kg葡萄。实行"反租倒包"的当年即扭亏为赢。公司从聘请农民工和管理生产的繁忙中解脱出来，将资金和精力

投向肥料厂、酿酒厂和农家乐等项目上，初步形成了产供销一体化龙头企业。

（二）"企社加盟"的好处很多

"企社加盟"是以产业为依托、市场为导向、品牌为纽带、产权联合为手段，引导同类农民专业合作社之间、农民专业合作社与农业龙头企业之间进行多种方式的联合与合作。"企社加盟"实质是企业与企业、法人与法人的联合。它可以形成完整的农产品产加销一体化经营体系，并发挥农产品市场主体的作用，这是解决农产品"卖难买贵"的有效途径，也是发展现代农业的必由之路。

（1）有利于解决当前农产品生产经营中企业"贷款难"和农民"增收难"两大难题。白水县宏达果业有限责任公司与当地合作社加盟，近五年来每年企业减少收购所需的三千万贷款；农民专业合作社借助企业经营的优势，把自己生产的农产品稳定销售给公司，使社员增收 20％以上，实现了优势互补，互利共赢。

（2）有利于减少中间流通环节的费用，促进农产品市场价格的基本稳定，兼顾了生产者、经营者和消费者三者的利益。

（3）有利于农民专业合作社吸收和借鉴企业经营管理的经营理念，进一步加强自我规范和发展。

（4）有利于形成产业集群，进而促进农产品行业协会（商会）的发育和成长。当"企社加盟"的同类企业和农民专业合作社达到相当数量时，就会为行业协会（商会）的诞生奠定基础。2014 年，白水县宏达果业有限责任公司董事长当选为白水县苹果联合会会长。

（三）"产业集群"是组建农业产业行业协会的基础

推进农业产业化经营的改革有利于实现"产业集群"，进而组建农产品的行业协会，承接政府职能。农产品产加销一体化的经营组织形式，可分为三种类型，即"扩展型""自生型"和"综合型"。

"扩展型"农产品产加销一体化的经营模式，是以企业为主体扩展到一个或多个农民专业合作社以及其他生产、加工和流通领域，实现产加销一体化经营。如 2011 年 7 月 26 日，礼泉县召开民生家乐农超对接直采基地签约仪式。陕西民生家乐商业连锁有限公司下乡，将礼泉县白村大棚蔬菜、果园作为第一批直接采购基地，形成"陕西民生超市＋礼泉白鸽蔬菜专业合作社"对接模式，在创新"农超对接"机制方面迈出了新的一步，也使农民专业合作社开始实施"走出去"战略。

"自生型"农产品产加销一体化的经营模式，是以农民专业合作社为主体，逐步从生产扩展到加工、流通领域，成立合作社的加工厂、专卖店或销售公司，专营合作社自己生产加工的产品。如高陵县何村 2009 年成立蔬菜专业合作社，全村 2 580 亩耕地，包括村外流转的土地，共建设了日光大棚 3 180 栋，生产无公害蔬菜 25 万 t。同时，成立了蔬菜科技协会和西安市安民净菜有限公司，推出箱菜、盒装精品菜，远销西北、东南市场，形成"合作社＋协会＋公司"的"自生型"经营模式，社员人均年收入达到 1.5 万元。

"综合型"的农产品产加销一体化的经营模式，是既有"扩展型"又有"自生型"的经营模式，形成具有特色和实力的农业企业集团。实践证明"综合型"的农产品产加销一体化的经营模式，可以形成一定规模，效益更为明显。

此外，农业产业化经营的内容、组织结构和利益关系，可以从不同的角度把农业产业化经营模式分为以下几种类型。例如，按龙头企业与基地农户的利益关系紧密程度，可以划分为松散型、紧密型和综合型等；根据农业产业化所经营的内容，可以划分为许多种类型，如粮、棉、油产业化经营，瓜、果、菜产业化经营等；按农业产业化经营的产业链组合情况，可以划分为长产业链（如农工商）、短产业链（如农商型）和混合型产业链（长短链兼有）等；根据农业产业化经营中龙头企业或专业合作经济组织与基地农户经济体制状况，可分为诚信型体制、合同制体制、经济合伙制体制和合作制体制等；按农业产业化经营形成的性质划分，可以划分为龙头企业带动型、市场带动型、合作组织带动型、科技团体带动型和综合开发集团带动型等。

在"企社加盟"基础上逐步形成的行业协会（商会）将有利于及时把握市场信息，稳定农产品的市场价格；有利于建立农产品的可追溯制度和农产品质量安全的监督管理，确保消费者的食品安全；有利于农产品生产、加工、销售内部的行业自我约束和自我规范；有利于实施国家制定的产业政策，实现宏观调控生产、加工、销售和进出口外贸预期目标。

四、推进农业产业化经营的当务之急

（一）抓住机遇，调整产业结构

抓住"一带一路"发展机遇，在提高陕西省特色农产品产量和质量的同时，调整产业结构，建立和完善农产品的产业化经营机制，为提高参与国际市场的竞争力，奠定基础。

（二）制定产业政策

政府制定新的产业政策，依据《公司法》可让合作社产品销售参股，土地流转参股；依据《农民专业合作社法》的规定，应当有 20％非农民（包括企业、科技人员、经纪人）加入，参与经营、销售和科技服务；同时，依法促进更多的农业企业和合作社形成"企社加盟"、产销一体的农业产业化经营新实体。

（三）推进产业经济的研究

科技界尽快开展对中观经济的研究，即对产业经济的研究。长期以来受计划经济的约束，科技界研究宏观经济和微观经济比较多，对产业经济的研究明显滞后，与农业产业发展的新常态极不适应。应按照粮食、果品、蔬菜、生猪和奶畜等特色产业进行分类，研究其产业布局、产业结构、产业组织、批发市场与期货市场以及行业商会的组建等，进行深入研讨，为陕西省委、省政府出谋献策，开展咨询服务工作。

（四）开展产业经济教育

农业院校、综合大学涉农专业和农业中专必须开设农业产业经济学课程，使大学生和研究生毕业后进入社会有更多的就业机会。值得指出的是，在国外有许多农业管理机构退休的人员、大学生和研究生在农工商联合企业、合作社以及家庭农场工作，他们把学到的农业产业经济的知识应用到工作实践中，发挥了极为重要的作用。

（五）开展农业法律法规和产业经济的培训

目前，相当一些农业龙头企业家和农民专业合作社董事长不清楚国家和陕西省颁布的相关农业法律法规，不熟悉农业法律法规所赋予的权利与义务。一些参与农业企业的管理者对农业生产特点和畜牧生产的某些繁殖技术不够了解；一些科技人员懂得自然科学知识，但缺乏管理科学知识，工作中很难配合默契。鉴于此，对参与农业产业发展的企业家、董事长、管理者和科技人员进行农业法律法规和产业经济的培训十分必要。正如英国首相撒切尔曾经说："科学家要有工业概念，企业家要有科学头脑。"

（六）探索"大部制"体制

在未来进行的政府机构改革中，如何形成符合中国特色的社会主义市场经济的农业"大部制"体制，即由一个部门管理农业产业和农产品市场的新格局，仍然需要试点先行，总结经验，为"顶层设计"建言献策。

本文是 2015 年 10 月 24 日史志诚在中共陕西省委宣传部、陕西省社会科学界联合会主办的 2015 年陕西省经济发展改革论坛暨落实"四个全面"，建设"三个陕西"理论研讨会上的发言，刊载于《2015 年陕西省经济发展改革论坛》论文汇编，2015 年，第 1－5 页。

城市群的新未来：发展现代农业产业集群的思考

——以关中城市群与丝绸之路经济带为例

一、发展现代农业产业集群正当其时

2014 年中央 1 号文件强调指出深化农村土地制度改革、构建新型农业经营体系，健全城乡发展一体化体制机制，改善乡村治理机制。《国家新型城镇化规划（2014—2020）》按照走中国特色新型城镇化道路、全面提高城镇化质量的新要求，明确未来城镇化的发展路径、主要目标和战略任务，统筹相关领域制度和政策创新，是一个指导全国城镇化健康发展的宏观性、战略性和基础性规划。

在当前新的形势下，陕西省经济社会转型发展、跨越发展正处于关键时期，农业生产关系与生产力正处于调整期，传统农业向现代农业也处于一个新的转型期，工业化、城镇化和农业现代化面临的挑战和问题前所未有。诸如城市财富积累速率与民生幸福要求的不同步，城市规模快速扩张与要素集约水平的不匹配，城市规模的适度控制与流动人口的过分集聚的不协调，城市物质文明建设与生态文明建设的不同调，城市化高速发展与现代城市管理水平的不适应，工业化、城镇化和农业现代化发展的不同步以及工商企业流转农用地存在的某些盲目性、垄断性和失衡性，导致农业根基不稳、城乡区域差距过大和产业结构不合理等突出问题。

然而，关中城市群的形成，未来丝绸之路经济带上城市群的崛起，将为发展现代农业产业集群创造条件，其资源禀赋之好、发展空间之大、科技能力之强和扶持政策之优也是前所未有。机不可失，时不再来。只有推动工业化、新型城镇化与农业现代化的互动发展，只有推进大中城市、小城镇以及小农镇与龙头企业、批发市场、农民专业合作联社以及家庭农场、农业大户的互动加盟，只有促进粮食、棉花、果品、畜产业以及林产业等各个主导产业内和产业之间的紧密合作，只有形成真正意义上的生产、加工与流通一体化的农业产业化经营新体制，才能缩小城乡差别，缩小市民与农民收入差别，兼顾生产者、经

营者与消费者三方的利益，达到城乡统筹发展、经济繁荣昌盛及社会和谐发展目标。因此，发展现代农业产业集群是解决上述矛盾和问题的重要途径之一，是为探索不以牺牲农业和粮食、生态和环境为代价的"三化"协调科学发展创造新经验，是实现基本达到小康社会的必然选择。

二、发展现代农业产业集群基本具备条件

农业产业集群是指一组在地理上相互临近的以生产和加工农产品为对象的企业和互补机构在农业生产基地周围由于共性或互补性联系在一起形成的有机整体。作为一种创新的农业产业组织形式，农业产业集群不仅包括生产农产品的农户，而且还包括各种农产品加工、运输和销售的企业以及各类服务机构金融机构、农业科研机构、农产品行业协会和农业中介机构等。

农业发达国家农业发展的实践表明农业产业集群以其具有的集聚效应、竞争效应、分工效应、协作效应、区域效应和品牌效应造就了这些国家农业巨大的竞争优势，促进了现代农业的发展。

以大关中城市群与丝绸之路经济带为例，发展现代农业产业集群需具备的基本条件如下。

（一）有丰厚的自然资源禀赋

正在建设的西安国际大都市和丝绸之路上有无数的名胜古迹、世界历史文化遗产以及自然特色景区，是发展旅游业、餐饮业得天独厚的条件。陕西省关中和渭北、甘肃省陇东地区既是粮食、油料的主产区，又是果品的主产区；甘肃省河西走廊和新疆维吾尔自治区是棉花的主产区和独具特色的果品主产区；丝绸之路上的畜产业又比较发达，是发展农业产业集群的重要基础。

（二）有强有力的科技支撑

在丝绸之路经济带上，有杨凌农业高新科技示范区和西北农林科技大学，有甘肃农业大学和新疆农业大学以及中国科学院、中国农业科学院的若干科研机构；有健全的省（区）、市、县（区）、乡镇农业（林业、畜牧）四级国家技术服务组织；有相当数量的涉农学会、协会，10多万在职和退休的科技专家和管理专家参与农业科技服务。

（三）现代农业的市场主体开始形成

仅据陕西省统计，2013年年底，各类农业产业化组织总数近1.8万个，各级龙头企业达2 190家，其中省级以上龙头企业494家，农民专业合作社2.6万个。问卷调查家庭农场1.5万个。2012年，平均收入17万元，现代农业园区近300个。此外，农产品批发市场、中介组织，农业银行以及民间金融组织支持发展农业生产、加工与流通业都有新的发展。

（四）有国内、省内典型引路

山东、浙江、四川等省份有相当一批现代农业产业集群已经初具规模。陕西杨凌示范区依靠科技、专业优势正在建立高科技农业集群。近六年来，从开始的17家企业发展到现在的680多家，初步形成了包含生物工程、环保农资和绿色食（药）品三大特色产业，与此同时，农业科技成果交易、信息咨询和技术培训、农产品和农资的物流配送等涉农服务业也成为发展重点。新区农工贸收入和农民人均收入同步增长。近几年"农超对接""企社加盟"示范也取得初步成果。白水宏达苹果产业、泾阳鑫田葡萄产业、高陵何村蔬

菜产业实行"企社加盟"，不仅解决了规模小、贷款难和效益低的问题，而且进一步向流通、加工方向发展，有效地延长了产业链。特别是陇东地区发展全覆盖地膜玉米 1 000 多万亩，建成了"陇东粮仓"，为国家粮食安全做出了重大贡献。新疆维吾尔自治区的棉花产业居全国第一，棉花总产量达 300 多万 t，占全国总产量的 1/3。

（五）有国际上可借鉴的成功经验

例如美国优势农业产业集群主要是大豆、玉米和棉花产业集群这些农产品在全世界具有很强的竞争力。从区域来看美国农业产业集群区域主要有南部的棉产区、东北部的牛奶产区、中北部的谷物饲料与牲畜产区、西部和东南部的水果及蔬菜与农牧混合经营区、北部的小麦以及其他谷类作物区等九大区域。从个案来看位于加州的葡萄酒产业集群是美国农业产业集群的一个典型代表。加州葡萄酒产业集群包括 680 个葡萄酒厂、几千个独立的葡萄栽培者以及制造葡萄贮存设备、灌溉设备、采摘设备、桶、瓶、瓶盖、软木塞和标签等多种相关产品的企业、专业化的公共关系和广告商等。此外还包括与葡萄酒有关的许多地方机构，例如在加州议会中有酒业委员会，在加州大学戴维斯分校有世界著名的葡萄栽培和葡萄酿造研究机构等。

（六）有新的政策导向

《国家新型城镇化规划（2014—2020）》涉及农业现代化发展方面的新政策是发展农业产业集群的根本保障。特别是《规划》中指出，在 2020 年镇化率达到 60% 的平均水平，这就意味着有 40% 的人口仍然居住在农村，发展空间很大。为此出台一系列新的政策加以推进，如土地制度的改革，扶持发展现代农业市场经营主体，户籍管理制度的改革，建设新农村的规划，第一次提出小农镇的稳定发展，制定产业集群的政策措施等。可以预见，随着城镇化水平持续提高，会使更多农民通过转移就业提高收入，通过转为市民享受更好的公共服务，从而使城镇消费群体不断扩大、消费结构不断升级和消费潜力不断释放，与此同时，这将为现代农业产业集群的发展提供持续的市场需求。

三、推动现代农业产业集群的几点建议

（一）科学规划布局，建设一批现代农业产业集群示范基地

坚持以区域资源优势为基础，以龙头企业集群集聚为重点，与创建省级现代农业示范区有机结合，统筹布局农业产业化集群。按照创新、提升、优化、拓展的思路，着力推进龙头企业集聚发展，充分发挥农民专业合作社的作用；创新农业产业化发展模式，着力推进企业科技进步，促进产业转型升级，提升竞争力；着力推进产业链建设，实现生产、加工、销售有机结合，优化资源配置；着力推进标准化生产，促进产品质量提高，推进品牌建设，拓展市场空间和发展领域，增强示范、集聚、辐射带动功能，推动农业产业化快速健康发展。各市、县（区）可以结合当地农业资源优势，按照有利于土地、资本、科技、人才等生产要素集聚和合理配置、有效衔接的原则，科学制定农业产业化集群发展规划，并将其纳入本地经济社会发展总体规划，统筹兼顾，精心部署，积极推进。

按照"十二五"规划和区位优势，重点发展粮食、肉品、乳品、果蔬、油脂、饮品、茶叶、花卉（木）、中药材、林产品以及具有地方特色的农业产业化集群。

（二）推进农村土地管理制度改革

全面完成农村土地确权登记颁证工作，依法维护农民土地承包经营权。在坚持和完善最严格的耕地保护制度前提下，赋予农民对承包地占有、使用、收益、流转及承包经营权抵押、担保权能。保障农户宅基地用益物权，改革完善农村宅基地制度，在试点基础上慎重稳妥推进农民住房财产权抵押、担保和转让，严格执行宅基地使用标准，严格禁止一户多宅。在符合规划和用途管制前提下，允许农村集体经营性建设用地出让、租赁和入股，实行与国有土地同等入市、同权同价。建立农村产权流转交易市场，推动农村产权流转交易公开、公正和规范运行。

在新农村的技术规划中，要明确农村发展城镇化不是建城镇，而是要改造农村成为小农镇，让城市与农业结合。通过新型城镇化改革与农业改革，双向驱动，助推打造一个具有农业特性、农村特性及农工商一体化发展的小农镇。要保护历史形成的中心村，保护当地的历史文化遗产。

（三）继续发展现代农业市场经营主体

城镇化需要以现代农业为核心的产业支撑。实现农业现代化的组织构成是农民专业合作社和家庭农场。农民专业合作社是农业现代化的经营细胞；最小的规模生产单位是家庭农场。与此同时，积极扶持和引导有条件的加工型龙头企业向产业集聚区集聚，大力发展农产品精深加工，培育壮大主导产业。通过大企业强强联合、中小企业分工协作，形成一批产业关联度高、功能互补性强的大型龙头企业和企业集团。通过购并重组、参股控股及改制上市等形式，形成一批发展潜力大、科技含量高、产品竞争力强的龙头企业群体。此外，还要发展一批农产品批发市场。依托资源和区位优势，坚持政府引导、社会投资和市场化运作相结合，发展一批与农业产业化集群相配套的农产品批发市场，逐步完善鲜活农产品、特色农产品和冷链物流体系，推进农产品产销衔接、农超（批）对接，为农业产业化集群发展提供配套服务。

（四）打造一批农产品知名品牌

发挥区域龙头企业品牌优势，整合品牌资源，打造区域品牌，提升品牌价值。通过整合技术、人才资源，增强企业自主研发能力，提高产品科技含量，提升市场占有率、影响力和知名度。加大宣传和推介力度，打造一批农产品知名品牌。

（五）加强制度创新和科技创新

科技管理部门进一步支持各类科技孵化器与中介服务机构之间建立长期稳定的协作关系，制度创新要适应科技创新的内在要求，为科技创新提供制度基础和动力，应该大胆尝试有利于农业集群发展的制度。通过制度创新，进一步调动科技人员积极性和创造性，建立健全收入分配的激励机制和约束机制，把按劳分配与按生产要素分配结合起来，鼓励资本、技术等生产要素参与收益分配。另外还要加大农业科技创新和技术推广的力度，在产业化经营的各个环节，进一步普及先进适用技术。鼓励有条件的企业组建自己的研究开发机构，加速科技成果的转化。要加大科技投入，加大科技培训力度，努力提高农民素质。

（六）吸引外来资金带来配套企业发展起来的农业集群

（1）吸引外来资金的投资可以在农业产业上、中、下游一体配套投资，除农业生产领域之外，还投资产后的加工、贸易、销售和产前的种苗业、化肥、农药、农用机械、农产品加工机械、食品加工包装设备和农产品运销设备等领域。这种农业集群化生产组织模式促进了产品质量和效率的提升，在带动投资地产业和提升整体经济发展的同时，竞争力不断加强，效益不断增长。

（2）可以由种植业、水产和畜禽养殖业、农产品加工业扩大到农业关联企业乃至观光休闲农业。

（3）支持农业产业化龙头企业与国内外知名涉农企业开展资本、技术和人才的合作，大力引进知名企业和知名品牌，提高企业综合竞争实力，促进产业产品结构升级。鼓励和支持农业产业化龙头企业实施"走出去"战略，积极开拓国际市场，参与国际市场竞争。支持农业产业化龙头企业开展对外贸易，扩大农产品出口。

（七）制定产业集群的政策措施

政府的当务之急，是制定产业集群的政策措施，具体如下。

（1）调整思路，按照农业各个产业，制定不同的产业政策。

（2）规划发展农业产业的行业协会，将政府的一部分行业管理、审批、监督职能交给行业协会，实现真正意义上的"政府购买行业协会的服务"。

（3）强化金融支持。加强涉农担保体系建设，各级政策性投资担保机构要加大对农业产业化龙头企业的支持力度，放宽担保条件，对龙头企业融资项目，担保费率在市场同等条件下给予一定的优惠；各级财政要提高对其代偿损失和风险准备金的补偿比例。鼓励农村金融创新，加快发展村镇银行，扩大涉农小额信贷规模。支持有条件的保险机构在农业产业化集群开展政策性保险业务，各级财政部门要加大对保险机构的补贴力度。扩大农业产业化龙头企业直接融资规模，加大对符合上市条件的龙头企业的培育，支持已上市的农业产业化龙头企业通过配股增发、发行可转换债券等进行再融资。

（八）加快对农业产业集群形成的研究

从集群发展的历史看，产业集群内的企业间关系大体可分为纵向的合作关系和横向的竞争关系两种。纵向集群的出现要晚于横向集群，这主要是由于前者受到规模和分工的制约，后者的出现基本不受单个企业生产规模和分工的影响。值得指出的是，农业和制造业（包括手工业）有着完全不同的业态，但规模经济理论和分工理论既是产业集群的基本理论，也是农业产业集群的基本理论。因此，需要组织力量研究农业产业集群的基本理论、农业要素、主要类型和发展中的难点，一方面为人民代表大会立法和政府制定相关政策提供理论依据，另一方面引导农业产业集群健康发展。

本文是史志诚在第八届大关中发展论坛上的发言，刊载于陕西省城市经济文化研究会编《大关中发展研究》，2014年，第113-118页。

以"企社加盟"模式引领农业"三产融合"

2017年3月，陕西省政府印发关于《推进农村一二三产业融合发展的实施意见》，要求以市场需求为导向，推进农业供给侧结构性改革，发展多种形式适度规模经营，着力构建农业与二、三产业融合的现代产业体系，促进全省农业产业转型升级。到 2020 年，农村产业融合发展总体水平明显提升，主要农产品加工转化率达到 70% 左右；专业大户、家庭农场、合作社分别达到 10 万户、6 万家和 4 万个；农村居民收入结构更加优化，人均可支配收入达到 15 000 元以上。因此，如何以"企社加盟"模式推进农业产业化经营，引领农业"三产融合"是当前的一个重要议题。

一、"企社加盟"模式的提出及其创意

农业供给侧结构性改革的目标之一，在于促进农业一二三产业的融合发展。农业的"三产融合"就是以农业为基本依托，以企业和农民专业合作社等市场经营主体为引领，以利益联结为纽带，通过产业联动、要素集聚、技术渗透、体制创新等方式，将资本、技术以及资源要素进行跨界集约化配置，使农业生产、农产品加工和销售、餐饮、休闲以及其他服务业有机地整合在一起，使得农村一二三产业之间紧密相连、协同发展，最终实现农业产业链延伸、产业范围扩展，农村发展和农民增收。

近几年，在探索农业"三产融合"发展的实践中，如何起步？一些农业龙头企业和农民专业合作社的有识之士意识到，目前农产品市场主体尚未形成。生产与销售分割为多个部门管理，从事农产品生产的部分是分散的农户、农业大户和农民专业合作社；从事农产品的收购、加工、销售的则是农业龙头企业。这两个经营主体在农产品专业化、一体化经营的链条中各占了一半，形成两个"半个产业化"。因此，将两个"半个产业化"联合起来，建立"企社加盟"新机制，形成一个完整的农产品产加销一体化经营体系，发挥农产品市场经营主体的作用，成为解决农产品卖难买难，实现农业产业化经营和农业现代化的一条重要途径。特别是将"企社加盟"作为推动农业供给侧结构性改革的起步模式，农村产业扶贫的起步模式，进一步引领农业"三产融合"的发展，将会取得显著成效。

二、组建"企社加盟"的法律依据

"企社加盟"就是以产业为依托、市场为导向、品牌为纽带、产权联合为手段，引导同类农民专业合作社之间、农民专业合作社与农业龙头企业之间进行多种方式的联合与合作。农业龙头企业和农民专业合作社都是依法在工商部门登记的独立法人组织，享有法人财产权，其合法权益受法律保护，不受侵犯。因此，"企社加盟"实质是企业与企业、法人与法人的联合，有法可依。

依据《农民专业合作社法》规定，农民专业合作社的成员中，农民占成员总数的80%；20%的成员可以有一个企业、社会团体和科技人员。农民专业合作社以股东的形态加盟农业龙头企业，股东会是公司的权力机构，依照《公司法》行使职权。农民专业合作社盈余主要按照成员与农民专业合作社的交易量（额）比例返还。农民专业合作社享受国家规定的对农业生产、加工、流通、服务和其他涉农经济活动相应的税收优惠。此外，"企社加盟"还可以吸引和带动农村种养业大户、家庭农场参加农产品的产销活动，有利于农业市场经营主体的发展。

三、"企社加盟"模式的三种类型

（一）农民专业合作社推动型

以农民专业合作社为主体，逐步从生产扩展到加工、流通领域，成立合作社的加工厂、专卖店或销售公司，专营合作社自己生产加工的产品，形成农产品的生产、加工和销售一体化经营机制。渭南市丰汇薯业合作社在规模种植红薯的基础上，创办加工厂，加工销售红薯淀粉，进而开办以红薯凉皮为特色的快餐店，实现了"三产融合"。也有的由多个合作社引导农民以资金、土地经营权和交售农产品入社或入股的方式组建专业合作社联合社，进一步发展农产品加工业、销售业和经营门店，逐步形成"三产融合"的具有特色品牌和一定规模的驰名合作社。陕西省农业部门评定的"百强社"大部分属于此种类型。

（二）农业龙头企业带动产业链延伸型

以农业企业为主体与多个农民专业合作社依法加盟，将产业链条从农产品生产延伸到加工、流通领域，实现农产品的产加销一体化经营。对于过去几年一些企业租赁耕地、雇工生产、经营严重亏损的情况，实施"反租倒包"，即农民专业合作社"反租"原企业的生产基地（示范园、大棚菜、果园），当年扭亏增盈。企业将生产基地租给农民专业合作社之后，将资金和精力投向产品加工、酿造业、产品销售、农家乐以及观光休闲产业等项目上，形成了产供销一体化的多种产业盈利的新格局。泾阳县五谷农业科技有限公司在五年前将800亩葡萄园"反租倒包"给三个农民专业合作社，现在年净收入30多万元。公司从繁忙的生产管理和经营亏损的被动局面中解脱出来，兴办肥料厂、酿酒厂和农家乐，初步形成"三产融合"产业集群。

（三）农业企业与合作社组成的特色农业集团（公司）将农业产业与休闲旅游业、文化产业有机结合型

由企业和合作社联合创办农产品产加销一体化的经营以及生态休闲农庄、美丽乡村等实体，形成具有特色和实力的农业企业集团或产业集团，使农村一二三产业在集团内部融为一体良性发展。特别是将"互联网＋"和"电商"等现代信息技术向农业生产、经营、服务领域渗透，使农产品电子商务开始兴起，出现产销两旺的新局面。与此同时，工厂化高科技农业、会展农业、农耕文化等新业态、新模式逐步形成，进而促进了农家乐、休闲旅游业与农耕文化博物馆的融合发展。

四、推行"企社加盟"模式的实际效果

（一）"企社加盟"有利于贯彻执行陕西省政府关于《推进农村一二三产业融合发展的实施意见》

以"企社加盟"模式引领和发展多类型的农村产业融合方式，加快农业供给侧结构性改革，以需定产、以销定产、以市场价格和产销需求，及时调整作物结构、畜种结构。推进农产品全产业链的开发延伸；发展生产性服务业；创新农业新型业态；加快发展乡村旅游，建设旅游示范村和休闲农业示范点。与此同时，抓住"一带一路"发展机遇，在提高陕西省特色农产品的产量和质量的同时，调整产业结构，建立和完善农产品的产业化经营机制，为提高参与国际市场的竞争力奠定基础。此外，"企社加盟"还有利于城乡统筹，

全面提升乡村经济文化水平。

（二）"企社加盟"有利于解决当前农产品生产经营中企业"贷款难"和农民"增收难"两大难题

白水县宏达果业有限责任公司与当地5个农民专业合作社签订了共建协议书，以合约形式加盟，成立了由企业牵头发起，社员入股的白水县宏达圣乡苹果专业合作社，设立了自营窗口，被认定为省级示范社和国家优秀示范社。近六年来，公司每年减少收购苹果所需的3 000万贷款；农民专业合作社把自己生产的优质苹果稳定销售给公司，借助企业3万多t苹果储藏保鲜能力，走向国内国际两个市场，经营额近亿元；公司将苹果销售后返还农户，使农户增收20％以上，实现了优势互补，互利共赢。

（三）"企社加盟"有利于形成产业集群，进而促进农产品行业协会（商会）的发育和成长

当"企社加盟"的同类企业和农民专业合作社达到相当数量时，就会为行业协会（商会）的诞生奠定基础。同时，在条件具备的情况下，农产品行业协会（商会），即可申报承担"政府购买行业协会（商会）的服务"。进而起到行业组织管理、行业自律和维护行业合法权益的作用，成为联系政府与农业市场主体的桥梁，为完善市场经济管理体系和发展现代农业，实现"政会分开"目标做出新贡献。

（四）"企社加盟"规避了现行某些计划管理体制中存在的部门分割、产销脱节和相关政策难以落实的一些弊端

目前，农产品市场经济的经营体制还不够完善。在农村，以分散的个体农户为主的传统农业生产方式还没有根本转变；农民专业合作社的发展尚处于初级阶段；城市大多数农产品加工销售企业仍然以"公司＋农户"（即法人＋自然人）的不稳定购销关系维系农产品的经营，农产品的买难、卖难现象常有发生；"农超对接"的概念模糊，政策不配套，农户进入超市难，加盟费用高，而且回款慢。加之，部门分割、产销脱节的部门管理体制尚待改革。实践表明，推行"企社加盟"是实现农产品产供销一体化经营的成功探索，为今后改革农业管理体制存在的部门分割、产销脱节弊端提供新鲜经验。

（五）在推行"企社加盟"经营管理模式的过程中，有力地促进了科学技术协会的创新和改革

在探索"企社加盟"模式的过程中，农业科学技术协会面向农业企业和农民合作社开展咨询服务，为之排忧解难。与此同时，农业科学技术协会不断总结经验，改革创新，有选择地吸收一定比例的农业企业和农民合作社作为团体会员。为适应咨询服务的需要，增加农业产业经济与企业管理专家加入协会，强化了科学技术协会既能解决农业技术难题，又能破解经营管理中遇到难点的能力，从而有效地把自然科学与社会科学知识结合起来，提高了科学技术协会的综合咨询服务能力，改变了过去主要是农业技术专家单一开展技术服务的被动局面。

五、进一步推广"企社加盟"模式的着力点

目前，陕西省农业"三产融合"发展仍然处于起步阶段，融合程度不紧密、链条比

较短、附加值不高，发展不够协调，有些融合体的契约关系也没有完全固定下来。据统计，全省涉农企业近万家，其中龙头企业近 500 家，有农民专业合作社 4 万多家，农民年可支配收入仅 9 000 多元。因此，进一步推广"企社加盟"模式，夯实发展现代农业的基础，为农业供给侧结构性改革创造条件，为全省经济社会的跨越发展做出贡献。

（一）均等培育农产品市场主体

"企社加盟"的基础是企业和合作社。因此，必须加快培育农村市场经营主体。

（1）大力扶持农业龙头企业，支持农业龙头企业以"企社加盟"模式引领农业"三产融合"，带动农户和农民专业合作社发展适度规模经营。

（2）大力发展农民专业合作社和家庭农场。鼓励新型职业农民、务工经商返乡人员等领办农民专业合作社和兴办家庭农场，探索建立新型合作社的管理体系，拓展农民合作领域，发展农产品加工和流通。

（3）应鼓励离职退休人员、科技人员、经济师、农艺师、兽医师、会计师和经纪人等非农民成员依法加入或聘任为农民专业合作社的成员，参与经营和管理。

（二）组织"企社加盟"试点示范

政府主管部门要进一步改善农业农村基础设施条件，让更多的主要布局在城镇的农业企业与在农村组建的农民专业合作社联合起来，以"企社加盟"的模式，实现农产品的产加销一体化经营。要将"企社加盟"作为引领农业"三产融合"的起步模式大力推广，并组织试点示范。这样，不仅能够实现农业"三产融合"，促进城乡统筹，共同致富，而且为实现小康目标作出贡献。

（三）在贫困乡村将"企社加盟"作为产业扶贫长效模式予以推广

在贫困乡村要牢固树立产业扶贫理念，立足实际，因地制宜，充分利用产业扶贫的政策积极推行"公司＋合作社＋贫困户"的"企社加盟"发展模式，发挥龙头企业、专业合作组织、致富能手的引领和带动作用，同时，大户带散户、公司带农户、合作社带贫困户，引导其通过土地流转，增加租金收入和务工收入，助推贫困乡村经济发展、贫困户增加收入，实现长效脱贫。

（四）强化人才和科技支撑

大力培养农业职业经理人，使他们成为"爱农业、懂技术、善经营"的新型职业农民，以带领广大农民增收致富。农业院校、综合大学涉农专业、农业职业中学以及在职的农林牧技术推广人员的继续教育，开设农业产业经济学和农业法律法规课程，为推行"企社加盟"和引领农业产业集群培养人才。科技界在开展产业经济研究的同时，应积极为农业企业和农民专业合作社开展"企社加盟"的咨询服务工作。

（五）发挥农林牧技术推广机构和农业科技协会的作用

各市、县（区）的农林牧技术推广机构和农业科技协会应组织专家为农业企业和农民专业合作社开展技术指导和咨询服务，为他们排忧解难。在推广不同类型的"企社加盟"模式的过程中要坚持创新发展理念，"一村一品，一企一策，一社一策"，让"企社加盟"的实际效果尽快显现出来。

（六）拉动社会资本投入

培育多元化的农村产业融合主体，注重农产品品牌建设和提高农产品质量，打造农业、农村、农民和"三农电商"，创新产业链和农户利益联结的新模式，建立多形式的利益联结机制，进一步提高农业"三产融合"的整体效益，繁荣农村经济，增加农民收入。

本文发表于《陕西农村报》2017年6月3日；转载于铜川市人民政府《铜川经济社会研究》，2017年，第3期，第10－13页；陕西省发展和改革委员会《信息与决策研究》，2017年，第4期，第45－48页；榆林市决策咨询委员会《决策咨询建议》2017年，第1期（总第5期），第40－44页；陕西省华夏农民专业合作信息科学研究院《农民专业合作社》2017年，总第92期，第42－44页。陕西省城市经济文化研究会编《大关中发展论坛》，第11集，第94－99页。此文获得陕西省经济学会2017年理论研讨会优秀成果荣誉奖（陕经发2017－03号，2017－10－16）。

第五部分

草原毒草灾害防控

引进牧草品种值得注意的一个问题

随着大规模种草工作的展开，人们对牧草品种的引进和推广愈加迫切。比如，在干旱半干旱地区需要引进耐瘠薄、耐干旱和蛋白质含量较高的牧草品种；在低劣的禾草草场上急需补播一些豆科牧草；在农区需要引进生长期短，能增加土壤肥力的牧草来进行粮草间作。但是，怎样选择和引进新品种？如何逐步推广和合理应用？除了引种、栽培和管理技术之外，还有一个值得注意的问题，就是毒性问题。

植物界数以万计的种，在人类长期生产实践中培育的粮食作物不过数十种，经济作物数百种。《本草纲目》中记载了 1 892 种药用植物，常用的也不过百余种。我国草山草坡上数千种牧草中，作为草食家畜优良牧草的只有数十种。为什么如此庞大的植物界供作人类粮食和家畜优良牧草的种类并不很多呢？其重要原因之一，就是许多可利用的植物，虽然含有丰富的蛋白质、脂肪、淀粉等营养成分，但它们同时也含有某些次生物质和毒素，使之变得不适口，或者对人、畜有毒。据报道，在 110 科显花高等植物中，有 56 科植物含有毒素，有毒植物达 273 种，占记载植物的 10.4%。为了引起注意，本文列举一些历史事实，以供借鉴。

一、国外的教训

早在 1939—1945 年第二次世界大战期间，欧洲一些国家曾用石蒜科的郁金属（*Tulipa*）、百合科的风信子属（*Hyacinthus*）、水仙属（*Narcissus*）植物的鳞茎及唐菖蒲（*Ggladiolus hybyid*）的地下茎喂牛时，发生过严重的中毒和死亡。

1954 年，美国引入藜科的盐生草（*Halogeton glomeratus*），栽培面积达 6 070 万亩，由于该草含有 34.5% 的草酸盐，致使绵羊和牛遭受极大损失。

英国生长的杜鹃花科植物没有一种有毒，而引进的外来栽培杜鹃花都很毒，特别对绵羊很危险，英国许多地区每年都有中毒事件发生。因此，Bolotn（1955）指出，在山地养羊区不应当盲目种植杜鹃花属的灌木。

山黧豆属的栽培山黧豆（*Lathyrus sativus*）等 7 个种在国外一个时期内曾作为家畜的重要饲料而大量种植，但当长期用籽实饲喂家畜后，出现山黧豆中毒的情况。马是主要的受害家畜，表现突然性的喉麻痹，常常在挣扎中窒息死亡。

据 Gooke（1955）报道，角蒿属的 *Incarvillea spicata* 是一种豆科牧草，当推广到夏威夷岛后，才发现它能引起牛中毒，表现食欲丧失、淡漠、发情延迟，有的小母牛流产。小鸡吃后引起生长减慢。

银合欢是热带地区的一种豆科灌木，具抗旱能力，生长在贫瘠土壤上，蛋白质含量也高，是对牛、绵羊有价值的饲料。但它含有含羞草碱（mimosine），可引起马匹脱毛，母猪致死。由于世界各地栽培的银合欢毒性不同，危害情况也不一样。在刚果有绵羊中毒的报道，在澳大利亚的昆士兰有牛中毒的报道。

田菁属（*Sesbania*）的一些种在美国南部引种后，发现对绵羊和鸡有毒。100g 植物或几粒种子即可致死。

1978 年，美国加利福尼亚州立大学生态化学家 E. Rodriquez 报道，一种原产美洲的小白菊（*Parthenium hysterophorus*）现已蔓延至亚洲（我国广西、云南也有生长）和大洋洲，在印度危害严重，蔓延之处可使人产生接触性皮炎，并引起牲畜中毒。经研究认为是一类倍半萜内酯化合物——小白菊素（parthenin）和豚草素（ambrosin）等有毒成分引起的，并认为它们是与蛋白质结合而产生的毒性。

二、中国的实践

20 世纪 40 年代，一种原产南美洲的植物泽兰属的飞机草（*Eupatorium odoratum* L.）（群众称老赫草，与小白菊是同属植物）由缅甸传入我国云南思茅，新中国成立后在我国南方一些地区蔓延。近十几年来由于热带和亚热带森林植被的破坏，垦殖事业的发展，森林采伐和公路的修建，给该草滋生蔓延创造了适宜条件，致使原有的植被受到"侵扰""排挤"，牧场受到破坏。据报道，澜沧江中上游，红河上游，以及南盘江等河流的谷地和广阔山地，紫茎泽兰蔓延成灾。近年来又向滇中高原发展，昆明地区也已发现，形成单优势群落。由于紫茎泽兰的蔓延，牧地被侵占，许多好草地被其覆盖，造成牧草短缺。尤其在缺草的旱季，牲畜发育不良，体态瘦弱，死亡率逐年增高。同时，由于该草含有某种有毒成分，牲畜误食引起腹泻、气喘和肝病。花粉和种子飞入牲畜眼中或鼻腔引起糜烂流脓乃至死亡。受害的主要是马匹。当地群众说："山区地域辽阔，本来是天然牧场，自从'老赫草'传来之后，尤其是旱季牲口缺草大量死亡，这是万万没有想到的事情。"

1967 年，甘肃省某研究所将山黧豆引入甘谷县，到 1973 年种植面积达 6 万余亩，总产达 300 多万 kg。由于未能控制人每天对山黧豆的食入量，结果造成数百人发生以下肢瘫痪为特征的中毒病。为了不再发生类似事件，我国政府有关部门已通报各地停止栽培山黧豆。

1977 年 10 月至 1978 年 1 月，某市 7 个鸭场由于饲喂的进口麦渣中混有大软骨草草籽等 7 种有毒杂草种子，引起 5 万多只北京鸭中毒。其主要症状是上喙背侧和蹼背侧发生水泡，水泡破溃后遗留斑痕、变形，引起严重的畸形扭转，许多病鸭双目失明，减食，影响生长和增重，病后遗留斑痕造成上喙变形、短缩，大量残次鸭无法出口，造成严重经济损失。据国外报道，引起中毒的原因是大软骨草籽中含有一种光过敏的物质，当鸭食入一定数量后在阳光照射下引起光过敏性疾病。

三、几点建议

本文提出引进牧草品种要注意毒性问题，并非反对引进优良品种，也并非对目前引进的某种含毒品种有所非议，而只是希望以下几点。

1. 引起普遍注意 在介绍或宣传某种含毒的牧草品种时，一定要全面讲解其营养价值、栽培技术、饲喂方法和除去或减小毒性的具体办法。

2. 开展试验研究 对毒性较大，但其营养价值高，适于我国栽培、效益很高的品种必须慎重考虑，集中在某一地区试验栽培，以便观察效果。对那些国外已有畜禽中毒报道的，而我国尚未进行深入研究的品种，应由国家统一组织科研部门和推广部门先进行试验研究，从引种、栽培、饲喂效果、毒性观察等方面取得大量科学资料之后，经过科学鉴定和安全评价，再在一定范围内推广，切不可孤立引进，盲目推广。对于当前正在种植的小冠花、山黧豆等应开展综合性研究。如有些高毒品种可以采取各种方法培育出低毒品种等，使我国的种草技术和用草技术同步发展，争取更大的生态效益和经济效益，也避免再犯历史性的错误。

3. 加强技术管理　制定牧草品种科学管理和合理利用的技术规范。有关技术鉴定和推广单位应加强种子鉴定和家畜中毒病的检验、防治工作，以便更好地克服含毒牧草的缺点，发挥其优势。

本文发表于《中国草原》，1985 年，第 2 期，第 70-72 页。

加强西部地区有毒有害灌草风险分析的研究

近半个世纪以来，由于我国人口剧增，部分地区生态环境的失调，一些生物资源利用管理方面的疏漏，致使外来有毒有害杂草严重入侵，西部草地有毒有害植物蔓延，直接和间接影响生态环境和农牧业生产的发展、社会的安定和人民的身体健康，成为 21 世纪面临的一大危险。特别是我国加入 WTO 之后，世界上众多的有毒有害灌草可能随着原来禁入的作物种苗涌入我国，西部大开发的生态环境建设也面临林地和草地有毒有害灌草的防除与治理。因此，进一步弄清西部地区有毒有害灌草的分布与危害，掌握国际贸易中外有毒有害灌草可能入侵的途径和危害，科学评价有毒有害灌草造成的危险，预测未来可能形成的灾难，为政府提供可选择的预防与根治措施，为国际贸易中发生有关问题的仲裁提供科学依据，显得尤为重要和紧迫。加强有毒有害灌草风险分析（PRA，亦称危害性评价）的研究对于食品安全、生态安全和西部开发、国际农产品贸易都具有十分重要的经济意义和政治意义。

一、有毒有害灌草的危害与历史教训

（一）国内

20 世纪 40 年代，紫茎泽兰（ *Eupatorium adenophorum* Spreng）从东南亚自然传入我国，现已扩大到云南、广西、贵州、四川等省份。目前，仅云南蔓延面积达 2 470 万 hm²，该草蔓延之处，6 年即形成优势群落，侵害农田和草地，危害牧业发展，它所含的毒素引起马的气喘病，牛羊因可食饲料锐减而难以发展。50—60 年代，我国经济恢复时期和经济困难时期引进水葫芦（水生饲料 *Eichhornia crassipes*），目前蔓延至南方 10 多个省份，带来巨大经济损失。从国外引进并大面积推广的聚合草（友谊草 *Symphytum officinale*），由于含有吡咯里西啶生物碱，具有肝毒性、诱突变性和致癌性，已不能利用。

1967 年甘肃省甘谷县引入山黧豆，到 1973 年种植面积达 6 万余亩。20 世纪 80 年代，改革开放以来，我国打开门户，从国外引进许多农作物及牧草新品种，对农业和牧草生产起到重大促进作用。但也由于种种原因传入一些危险度很大的有毒有害杂草，有的已达到难以根治的程度，造成重大经济损失。如在进口美国救援玉米中发现假高粱（*Sorghum halepense*），从日本引进青叶紫苏蔬菜种子，在集中隔离试种时发现菟丝子（*Cuscuta australis*），经及时处理未产生不良影响。但豚草（*Ambrosia artemisiifolia*）已在东北、华北、华东、华中等地区大面积蔓延，引起人发生过敏性鼻炎和支气管哮喘等疾病。云南省由于外来危险性小籽虉草（*Phalaris minor*）扩散对高产稳产农田形成巨大隐患。更为严重的是我国西部农区草地的醉马草（*Achnatherum inebrians*）、毒麦（*Iolium temultentum*）侵害，牧区草地的棘豆（*Oxytropis* spp.）引起大批家畜中毒死亡，东西部农牧交错地区的牛栎树叶（*Quercus* spp.）中毒，已形成生态灾难。

（二）国外

早在 1840 年，阿根廷的一位医生移居澳大利亚时带去一盆原产美洲的刺梨（仙人掌的一种）。刺梨栽在花盆里生长有限，一旦栽在田地里则一叶插落土中，十多天就能生成一颗新刺梨。不料澳大利亚半干旱的草原气候正适合其生长，于是刺梨从花盆到花圃，从露天花圃钻出围篱奔向大草原。到 1925 年，刺梨成了草原和荒漠带的优势植物，盘踞在昆士兰州和新南威尔士州 24 万 km² 的土地，挤走了土著植物，侵入农牧场，招致了骇人听闻的"绿怪"事件。

1884 年，在参加美国新奥尔良市举行的国际棉花博览会的客商中，有人将当地小城中美丽的凤眼莲（即水葫芦，水浮莲）带回自己的国家种植。100 年后，这种植物遍布于全球热带、亚热带、暖温带地区，成为暖地水域常见植物。凤眼莲的繁殖力惊人，水越脏则植株成几何级数疯长，一株水浮莲就能分化出几万到 10 万棵新株，在水面纵横交叉，连成一片，在水下扎根河床，盘根错节，致使水族窒息，妨碍航行，影响灌溉，滋生蚊虫。

日本从中国引进葛藤，用于环境绿化。1930 年美国又从日本引种，栽培在南方的沙荒地带，到 20 世纪 50 年代全美繁衍葛藤 7 000 万株，大片荒瘠地绿化了，光秃的土壤被葛藤替代了。就在夸耀葛藤功绩的时候，人们发现葛藤将当地的植物挤死挤光了。70 年代，葛藤占领了佐治亚、密西西比、亚拉巴马等州 283 万 hm² 的土地，演变成预想不到的"公害"。

在澳大利亚，据生态学专家调查，在 2 700 种植物种子中大约有 1/3 来自花园。来自花园的一些有害种子危害农田，给农民造成直接经济损失，如果把除草施肥的费用加进去，则每年损失 60 亿美元。

此外，欧洲一些国家曾引进石蒜科的郁金属（*Tulipa*）、百合科风信子属（*Hyacinthus*）、水仙属（*Narcissus*）植物的鳞茎的地下茎喂牛时，发生过严重的中毒和死亡。美国引入藜科的盐生草（*Halogeton glomeratus*），致使绵羊和牛遭受极大损失。

英国引进的外来栽培杜鹃花很毒，特别对绵羊很危险，英国许多地区每年都有绵羊中毒事件发生。

二、国内外有毒有害杂草 PRA 的研究现状

20 世纪 80 年代以来，国际贸易日趋频繁，世界各国加入 WTO，使 PRA "浮出水

面"倍受高度重视。特别是农产品贸易中有毒有害杂草随之全球迁徙，使许多国家不得不限制进出口贸易。为了消除对国际贸易的相互限制，保护各国贸易，世界贸易组织（WTO）和联合国粮农组织（FAO）于 1996 年正式公布了 PRA 进口法规。作为一种系统的控制方式，PRA 的预见性和针对性使普通口岸检疫更准确、更主动。同时，作为一种进口法规，它的科学性使国际贸易更安全、更公平。

欧美发达国家 20 世纪 60—70 年代就开展了 PRA 的研究工作。目前，美国、澳大利亚等 WTO 成员方已经正式执行这个国际法规，对从未引进或疫情不清的植物及其产品，必须经 PRA 后，才决定是否引进或出口。

我国 PRA 工作从 20 世纪 80 年代开始陆续开展，主要集中在水果等少数农产品的市场准入方面。农业部对我国种苗引进检疫 PRA 制定 PRA 工作计划，这不仅更有效地发挥我国口岸检疫作用，而且为拒入有害农产品提供科学依据。加入 WTO 后这类问题将更加尖锐。

上海市园林科学研究所对夹竹桃能否作为城市园林绿化的重要树种之一进行了研究，结果认为夹竹桃释放的气体挥发物具有保健和杀菌作用，并非有致癌作用，应保留和推广。

按照 WTO 的规定，我国加入 WTO 之后，与加入 WTO 的国家间进出口贸易一定要遵守 PRA 规则，入世迫在眉睫，我国必须立即开展 PRA 研究，否则会使我国的对外贸易蒙受巨大经济损失，同时影响我国政治形象。与此同时，加入 WTO 后，形形色色的病虫害及有毒有害杂草可能随原来禁入的作物种苗越来越多的涌入中国，如果我们不了解它们的生物习性和防治方法，没有 PRA 把关，我国的农林牧副渔业生产将受到影响。

三、加强有毒有害灌草风险分析（PRA）研究的几点建议

（一）重要意义与紧迫性

面对西部大开发和中国即将加入 WTO 的急需，对有毒有害灌草 PRA 的研究，可使我国农产品和灌草种苗的进出口在国际贸易中更为主动，防止造成不必要的经济损失和不良的政治影响。

对生态环境中有毒有害灌草进行综合性、预测性和咨询性的研究，特别是对人、植物、动物三者影响的研究，为政府决策提供科学的、可靠的、可行的依据和对策措施。

（二）研究内容与重点

鉴于目前对 PRA 的深入研究在我国处于起步阶段，近期研究应从以下方面着手。

（1）研究我国加入 WTO 之后，国际农产品及其种子和灌草种子贸易中重要有毒有害灌草移植的可能性，包括截获难易程度、运输过程中的存活率、国外分布状况、国内适生范围及传播力。（首批重点国家有美国、澳大利亚、法国、日本和以色列）

（2）研究重要有毒有害灌草的潜在危害性，包括潜在的经济危害性，可能的传播媒介，国内外法律法规及政府、民间重视程度。

（3）研究重要有毒有害杂草 PRA 管理程序和根除措施。

（4）建立重要有毒有害灌草 PRA 卡片，包括形态、鉴别、国内外分布、潜在危害性、受害作物和动物的经济重要性、移植的可能性和危险性的降低方法等。

（三）研究方法

拟采用 PRA 综合评价方法和定量分析方法进行，应用遥感技术、计算机技术建立综合评价模型，在研究方法上采用新技术、新方法及新的 PRA 成果，力争在该项研究中有所创新。

（四）预期成果

（1）建立我国有毒有害灌草 PRA 指标体系（包括紫茎泽兰、毒麦、假高粱、水葫芦、草、豚草、有毒棘豆、醉马草、小冠花、栎属植物等）

（2）建立重要有毒有害灌草 PRA 卡片和数据库。

（3）提出重要有毒有害灌草 PRA 法律依据。

建议将 PRA 研究工作列入政府的科研计划与生态安全计划，对引进的植物品种严格审批把关。同时要组织对外来植物的生物学、生态学、毒理学、分布、危害、综合治理等进行研究。

本文刊载于《中国科协首届学术年会论文集：面向 21 世纪的科技进步与社会经济发展》，中国科学技术出版社，1999 年，第 224 页。

中国西部草地重要有毒植物研究的新进展

近十年来，中国西部草地重要有毒植物的研究受到重视，特别是在动物的有毒植物中毒调查、植物毒素的利用、有毒植物中毒诊断与防治标准的推广和毒草的生态控制方面研究取得了新进展。目前，西部草地家畜有毒植物中毒的发生趋于稳定，但毒草灾害的威胁却在不断增加。实践证明，生态问题应当采用生态学方法来解决，西部草地毒草危害也必须采用生态毒理学方法和生态工程的方法加以控制，尤其是有毒棘豆和紫茎泽兰危害的防除问题应当优先加以解决。

一、西部草地重要有毒植物调查研究

20 世纪 90 年代以来，中国西部草地有毒植物的调查研究工作取得重要进展。农业部"八五"畜牧业重点科研项目《中国草地重要有毒植物资料的收集整理与研究》（1992—1995）工作顺利完成。调查表明，中国约有 3 亿亩退化草地上，因有毒植物连片生长蔓延并引起大批动物中毒死亡，造成重大经济损失；基本查明了西部草地重要有毒植物的地理分布及其特点；比较详细地叙述了 15 科 19 属的 50 多种有毒植物的生物学、生态学、毒理学、防除与利用等方面的科技成果。

调查指出当务之急是尽快控制"三大毒草灾害"的威胁。

（1）分布在云南、贵州及四川南部的紫茎泽兰（*E. adenophorum* Spreng），该草入侵之处使原有的植被受到"侵扰""排挤"，牧场被破坏，马牛中毒死亡，到了难以根治的程度。

（2）分布在甘肃、青海、内蒙古、新疆和西藏阿里地区的禾本科醉马草［*Ach-*

natherum inebrians（Hance）Keng]、多种有毒棘豆和黄芪属（*Astragalus* Linn.）有毒植物一直困扰着当地畜牧业的发展，经济损失巨大。

（3）地处东西部接合部的农牧交错地区松栎混交林带的林间草地，由于发展多种经营致使栎林严重破坏，每年 4—6 月萌发的栎树叶引起黄牛中毒。仅贵州、四川、陕西、河南、吉林、辽宁等 14 个省（自治区、直辖市）统计，有 100 多个县（旗）发生，中毒死亡十分惨重。草地有毒植物的危害不同程度地影响西部的生态安全、生物安全和食物安全。

调查工作结束后出版了《中国草地重要有毒植物》专著（中国农业出版社，1997），为了解中国西部有毒植物的危害和防除与利用有毒植物提供了科学依据。

二、西藏阿里地区冰川棘豆中毒的研究

阿里地区东三县家畜醉马草中毒是影响当地畜牧业发展的主要疾病之一。据不完全统计，措勤县 1978—1995 年中毒死亡家畜 25 万多头（匹、只），造成 2 259 万元的经济损失。改则县 1987—1991 年中毒 10.8 万多头（匹、只），死亡 9.1 万多头（匹、只），年损失 400 万元。革吉县 1988—1995 年，年平均死亡 7 800 多头（匹、只），年平均经济损失 150 万元。陕西省农业厅于 1995—2000 年成功地组织西北农林科技大学、中国科学院青海高原生物研究所和陕西省畜牧兽医总站的专家对西藏阿里地区的醉马草中毒进行了 5 年多的调查研究，查明所谓醉马草中毒实际上是有毒植物冰川棘豆（*Oxytropis glacialis* Benth ex Bge.）引起的中毒。根据试验研究的结果，提出控制中毒的具体措施，得到西藏自治区政府的高度评价。

三、有毒植物生态毒理系统与生态控制的研究

长期研究和探索的实践表明：生态问题应当采用生态学方法来解决。草地的毒草危害也必须采用生态毒理学原理和生态工程的方法加以控制。近年来，中国科学院寒旱所不但在研究化学杀灭草原毒草方面取得一定效果，而且在毒草防除方法的理性认识上有了一个新的飞跃。多数专家认为应当从过去的以铲除毒草和化学防除为主，转向采取生态控制和加强草场管理为主。20 世纪 50 年代内蒙古伊克昭盟乌审旗为防治马的醉马草中毒采取的"草库仑"法（即种植优质牧草，降低毒草比例，改变草场牧草结构，有效地控制中毒的发生）；80 年代，新疆阿合奇县根据毒麦具有明显地带性生态分布特点，采用"改变耕作制度法"，有效地防除毒麦危害的经验得到推广。

20 世纪 90 年代以来，我国科技工作者根据有毒植物中毒的生态学原理和微生态毒理系统的形成机制，进一步阐明植物毒素在环境中和生物体内的运转与归宿，在次生代谢产物的激活或降解方面取得了新的突破，为制定西部草地的有毒植物的生态控制规划和建立西部地区有毒有害杂草 PRA 指标体系提供了理论依据。作者曾提出"生态毒理系统"新概念，对栎丹宁和几种重要植物毒素的生态毒理系统进行了研究，提出应用"生态工程法"控制家畜的有毒植物中毒的新建议。在陕西汉中市建立试点，采取"日粮控制法"和改善栎林结构等生态学方法，有效地控制了山区牛栎树叶中毒的发生。之后，青海大学对青海棘豆属植物的生态毒理系统进行深入研究，试用"舔砖"与轮牧相结

合的方法有效地控制家畜棘豆属植物中毒。甘肃草原生态研究所和中国农科院草原研究所开始探索毒草的生化他感现象，并对狼毒（*Stellera chamaejasme* Linn.）异株克生现象进行了初步研究。

2002年8月，西北大学生态毒理研究所在青海省草原站的配合下对祁连县草原狼毒生态毒理系统的形成进行了初步的调查研究，认为狼毒在冬春牧场蔓延的重要原因之一，与牧民定居后，人口和牲畜增加、载畜过度和放牧半径限制，造成草场退化有关。

四、有毒植物中毒诊断与防治标准的研究与推广

西北农林科技大学从20世纪80年代初研究牛栎树叶中毒发病机理取得成果之后，针对林区草场牛栎树叶中毒发生严重的问题，继续开展新的防治技术的研究，于1991年制定了《牛栎树叶中毒诊断标准与防治原则》（陕西地方标准，DB61/T-16—91）。1992—1996年，陕西省畜牧兽医总站和中国畜牧兽医学会动物毒物学分会联合发起，在全国14个省（自治区、直辖市）的100多个县区的发病区进行推广。5年的推广与防治，使一度严重发生的牛栎树叶中毒在全国范围内得到控制，有的地方已经不再发生，取得重大经济效益。仅陕西、甘肃、辽宁、河南4个省份的发病地区统计累计防治牛176.13万头，减少经济损失1.5亿元。

五、有毒植物与植物毒素的利用研究

过去认为毒草有百害而无一利，现在从生态学的观点来看，毒草也是一类宝贵的资源库、基因库和药材库。许多科学家转向从毒草中提取抗菌、抗病毒、抗癌和抗艾滋病的药物。如喜树碱、鬼臼毒素和苦马豆素等具有抗癌作用。我国科技工作者在利用有毒灌草防治荒漠化的同时，进行"三药"（医药、兽药、无公害植物农药）开发。据调查，西部地区广泛分布着有毒灌草类植物，仅甘肃、内蒙古、宁夏、新疆等地有毒灌草占野生植物总种数1 000种的10％。其中苦豆草（*Sophora alpecuroides* L.）、骆驼蓬（*Peganum harmla* L.）、披针叶黄花（*Thermosis lanceolata* L.）牛心朴（*Cynanchum auriculatum* Royle et Wight）等有毒灌草不仅能适应在荒漠上生长、繁殖，起到防治荒漠化的作用，而且含有生物碱、甙类、挥发油、毒蛋白和有机酸等成分，对林木和草地害虫有毒。南京林业大学先后开发出多种新产品，如防治松材线虫病的生物农药苦豆碱杀线虫剂；防治乙型肝炎的苦参碱注射液；防治人和牲畜菌痢的苦豆草片等。中国农业科学院兰州畜牧与兽药研究所利用骆驼蓬总生物碱治疗牛焦虫病。西北农林科技大学利用苦皮藤、臭柏等毒草所含的毒素经产业化开发为无公害农药，应用于农业生产；苦马豆素-BSA合成及其免疫原性、狗舌草提取物对L1210细胞的作用、博落回中普罗托品杀螨作用的研究都取得了新进展。此外，还从冰川棘豆、牛心朴中提取到哌啶酮。鉴于苦豆子（*Sophora alopecuroides* L.）具有消炎、抗菌和抗癌作用，沈阳药科大学药学系研究了苦豆子总生物碱在体内测定方法及药代动力学特征。

六、西部草地有毒植物研究的新动态和新建议

为了适应21世纪之初中国西部大开发和加入WTO的新形势，西北大学于2002年3

月成立西北大学生态毒理研究所，建立毒物与人类网站和中国西部重要有毒植物数据库。重点研究西部草地重要有毒植物的生态毒理系统及其形成过程与生态控制方法；对西部草地有毒有害生物进行风险分析（PRA）；与企业合作研究植物毒素提取新工艺，为"三药"（医药、兽药、农药）开发创造条件。西北农林科技大学在继续研究家畜有毒植物中毒的同时，开始注重植物毒素的应用研究。南京林业大学将有毒植物与植物毒素的应用研究同防治荒漠化结合起来，与企业合作开展大规模的研究与开发工作。农业部于 1999 年制定并实施农作物种苗 PRA 工作计划，有效地遏制国外有毒有害杂草侵入我国，确保生态安全和农业安全，取得明显成效。特别是美国"9·11"事件之后，针对我国加入 WTO 以来，国际贸易纠纷频繁出现，有关部门开始重视生物多样性的研究和有害生物风险分析（PRA）的研究，对历史上由国外传入或不慎引进的毒草危害及时进行普查、追踪和防治。有关部门还根据中央领导的重要批示，积极采取措施防止国外有毒有害杂草入侵我国。

此外，有的专家呼吁加快研究紫茎泽兰有毒成分，认为紫茎泽兰传入我国 60 多年来，其严重危害成为当今社会议论的热点，然而紫茎泽兰的有毒成分至今尚未确定，很有必要凭借现代化学分离鉴定技术，尽快查明其有毒成分及其化学结构，为进一步寻求新的生态控制方法，乃至利用紫茎泽兰提供科学依据。

有的专家建议国家科技部、农业部、中国科学院、国家自然科学基金会以及有关院校将西部草地重要有毒植物的研究工作列入重点项目，给予支持。建议将植物毒素开发列入国家火炬计划或高科技产业开发计划，与高科技生物制品企业联合开发。

本文与王亚洲合作，发表于《Toxocology》，2003 年，第 191 卷，第 1 期，第 27 页；《动物毒物学》2004 年，第 19 卷，第 1 期，第 3-6 页；《中国生物防治》2004 年，第 20 卷，增刊，第 22-25 页。

西部草原毒草灾害造成 100 亿元经济损失

一、西部草原毒草灾害造成严重经济损失

据 2007 年 7 月 20 个省（自治区、直辖市）不完全统计，我国 60 亿亩天然草原上毒草危害面积达 5.8 亿亩，其中严重危害面积 3 亿亩，草原毒害草引起 161 万头（只匹）家畜中毒，11.8 万头（只匹）家畜死亡，毒草灾害造成经济损失 101.6 亿元（其中直接经济损失 9 亿元，间接经济损失 92.6 亿元），如果加上治理费用 150 亿元，每年的经济损失达 251 亿元。严重影响了当地畜牧业的发展和农牧民的收入，动摇了农牧民对草原的安全感。特别是牧区草地的棘豆中毒、黄芪中毒、禾本科醉马草中毒、乌头中毒，农区草地的紫茎泽兰危害，农牧交错的林区草地发生的牛栎树叶中毒，以及其他毒草灾害，不仅给畜牧业生产带来重大经济损失，而且对草原生态系统的稳定造成严重后果。因此，治理毒草灾害成为各级政府和科研院校关注的问题之一。

毒草灾害（Disaster of poisonous plants）指天然草原、林间草地和农区草地上大面积

连片生长的有毒植物引起动物大批中毒和死亡，而且长期难以控制的，造成生态环境恶化，经济损失惨重，政治影响极大，酿成一场灾害的重大有毒植物中毒事件。

二、毒草灾害的发生区域

20世纪70年代以来，牧区草原发生的棘豆中毒、农区草地上外来毒害草紫茎泽兰引起的中毒和危害、林区草地栎树叶引起的中毒，构成我国草地的"三大毒草灾害"。

棘豆属和黄芪属有毒植物，主要分布于西北、西南、华北的主要牧区，面积达400多万hm²，较密集生长区有300多万hm²。特别是分布在宁夏、甘肃、青海、内蒙古、新疆和西藏阿里地区的多种有毒棘豆（*Oxytropis* spp.）、黄芪属（*Astragalus* Linn.）有毒植物，致使放牧家畜采食引起中毒、死亡和流产，一直困扰着当地畜牧业的发展，经济损失巨大。

分布在云南、贵州及四川南部的紫茎泽兰（*E. adenophorum* Spreng），该草入侵之处使原有的植被受到"侵扰""排挤"，牧场破坏，马牛中毒死亡，到了难以根治的程度。

栎属植物是显花植物双子叶门壳斗科的一个属，我国约140种，分布于华南、华中、西南、东北及陕甘宁的部分地区。栎树叶中毒主要分布在我国东西部接合部的农牧交错地区松栎混交林带的林间草地，由于发展多种经营致使栎林砍伐严重，萌发的栎树叶引起黄牛、水牛中毒。仅贵州、四川、陕西、河南、吉林、辽宁等14个省（自治区、直辖市）统计，有100多个县（旗）发生，中毒死亡十分惨重。

三、毒草灾害的特点

（一）地区性与季节性

毒草灾害发生在毒草的主要分布区域，中毒的发生区与有毒植物的分布区是一致的。棘豆中毒主要发生在夏秋季节，栎树叶引起黄牛的中毒集中在4—6月发生，紫茎泽兰的危害是长年性的。同时，毒草灾害对生态系统的危害则是不分季节长期影响的。

（二）恶性突发与群发性

毒草灾害具有不确定性，一旦发生，来势凶猛，超出一般承受能力。一次中毒和死亡数量达数十头（只）到数千头（只），而且呈群发性。

（三）毒性与次生性

毒草灾害最重要的特征就是灾害由有毒植物引起。毒草存生于生态系统，必然对生态系统产生不同程度的影响。一旦发生将是一个多年难以消除的隐患，除了救治中毒的动物之外，还要改良草场，改善管理，增加新的投入。毒性与次生性构成毒草灾害的特殊性，这就决定了防制毒性灾害的跨学科、跨行业、跨部门性质和控制毒草灾害的难点所在。

（四）社会性与世界性

毒草灾害不仅造成重大经济损失，而且其破坏性会引起一定范围的社会不安。重大毒草灾害也将引起世界新闻媒体的关注，直接关系到国家和政府应急处置能力和经济实力。

四、毒草灾害的危害

（一）棘豆属和黄芪属有毒植物

牧区的棘豆属（*Oxytropis* spp.）和黄芪属（*Astragalus* Linn.）有毒植物全草有毒，

在可食牧草缺乏或冬春季节，动物采食而且表现有成瘾性，初期具有催肥作用，随后引起慢性中毒，最终造成死亡。中毒主要危害马、山羊、绵羊，引起中毒、死亡，母畜不孕、流产、弱胎、畸形及幼畜成活率低。20 世纪 90 年代以来，我国西部省份约有 100 余万头牲畜中毒死亡，影响家畜繁殖，妨碍畜种改良，严重威胁草地畜牧业发展和农牧民的收入。

内蒙古自治区伊克昭盟 2001 年中毒死亡牲畜占总数牲畜 18.5％。2006 年，伊克昭盟乌审旗小花棘豆覆盖面积占可利用草场的 15％～30％，危害度为 35％。2004 年，阿拉善左旗北部的图克木、乌力吉、银根三苏木（乡）有 1 758 万亩草场受到变异黄芪和小花棘豆毒草侵害，导致 6.8 万余头（只）牲畜中毒，1 180 头（只）牲畜死亡，造成直接经济损失 104 万元。

1997 年青海省全省每年因棘豆草中毒的羊 10 万多只，死亡和淘汰 4 000 多只，中毒的大家畜约 1 万头，死亡 500 多头，造成的经济损失估计为 1 000 多万元。2001 年以来，全省每年因棘豆草中毒，死亡的家畜为 600 多头（匹）。从棘豆草中毒区域来看，棘豆草中毒最为严重的是海北州，主要引起牲畜中毒死亡，其次是海西州和黄南州，主要引起怀孕母畜流产或繁殖障碍，其他州棘豆草中毒较轻微。

西藏自治区阿里地区是冰川棘豆中毒危害最严重的地区，1978—1995 年，阿里东部三个牧业县因冰川棘豆中毒死亡牲畜总数在 53 万多头（只），经济损失 6 000 多万元，超过雪灾或疫灾的损失。牧民痛惜地对调查人员说：“如果能治理疯草危害，就等于给阿里人民第二次解放。”

（二）紫茎泽兰

紫茎泽兰（*Eupatorium adenophorum* Spreng）的传播是世界上有毒有害生物入侵的典型事例。2003 年 3 月，在国家环境保护总局公布的首批入侵国内的 16 种外来物种黑名单中，紫茎泽兰名列第一。

紫茎泽兰原产墨西哥，1865 年引入美国、英国和澳大利亚。现分布 30 多个国家。20 世纪 40 年代自然入侵中国，逐步蔓延，现在广泛分布在云南、广西、贵州和四川的南部，并有扩大蔓延迹象。

紫茎泽兰的危害有以下几个方面。

（1）紫茎泽兰不断竞争、取代本地植物资源，破坏生物多样性，使当地农业、林业、畜牧业和社会经济发展受到影响。

（2）紫茎泽兰除了能引起人的接触性皮炎外，对马有明显的毒害性，引起马哮喘病，牛拒食该草。用其喂鱼能引起鱼的死亡，用其垫羊圈，可引起羊蹄腐烂。带刺的冠毛飞入家畜眼内，刺激眼角膜而致瞎，马尤为敏感。家畜误食或吸入紫茎泽兰的花粉后，能引起腹泻、气喘、鼻腔糜烂流脓等病症。1979 年，云南省的 52 个县 179 个乡，发病马 5 015 匹，死亡 3 486 匹，甚至造成“无马县”，牛羊也因无可食饲料种群数量锐减。云南省双柏县 1972—1979 年因紫茎泽兰中毒死亡马匹 546 匹。1997 年年底，四川的攀枝花市和凉山州紫茎泽兰分布面积达 375 160hm²，造成牧草损失 7.33 亿 kg，给当地畜牧业造成重大损失。

（3）造成土壤肥力下降。据分析，紫茎泽兰植株干重的氮、磷、钾含量分别为 0.308％、2.216 5％和 1.204 6％。发生较重的土壤每亩生物量达 3 254kg，消耗的氮、磷、钾分别达 10.02kg、72.146kg 和 39.2kg。紫茎泽兰对土壤肥力的吸收力强，能极大地耗尽土壤养分，造成土壤肥力下降，使土壤的可耕性受到严重破坏。

（4）造成生态平衡失调，使物种的多样性受到破坏。紫茎泽兰能分泌克生物质、抑制其周围的其他植物生长，它一旦侵入草场、林地和丢荒地，便很快形成单优势群落。据四川凉山测定，天然草地紫茎泽兰入侵三年后就失去放牧利用价值。亩产鲜草 240kg 的草地受害后，亩产鲜草不足 20kg。紫茎泽兰一旦侵入经济林地，影响茶、桑、果的生长，管理强度成倍增加，且严重危及养蜂业的发展。

（三）栎树叶中毒

栎属（*Quercus*）植物是显花植物双子叶门壳斗科的一个属，我国约 140 种，分布于华南、华中、西南、东北及陕甘宁的部分地区。栎树叶中毒主要分布在我国东西部接合部的农牧交错地区松栎混交林带的林间草地，由于发展多种经营致使栎林砍伐严重，萌生的栎树叶引起黄牛、水牛中毒。我国自 1958 年贵州省报道牛吃栎树叶中毒以来，陕西、河南、四川、湖北、内蒙古、山东、山西、吉林、甘肃、北京市郊区县、河北、安徽、福建等 14 个省份 100 个县（旗）相继有发生的报道，主要发生于有栎树分布的山区，中毒死亡十分惨重。目前全国通过耕牛饲喂毒性试验已确证有毒的种有槲树（*Q. dentata*）、槲栎（*Q. aliena*）、栓皮栎（*Q. variabilis*）、锐齿栎（*Q. aliena var. acuteserrata*）、白栎（*Q. fabri*）、麻栎 *Q. acuttissima*）、短柄枹（*Q. glandulifera* var. *brevipetioleata*）、蒙古栎（*Q. mongolica*）、枹栎（*Q. serrata*）等 7 个种和 2 个变种。受害的有黄牛、水牛、奶牛、羊和鹿。中毒的原因是栎树叶中含有 10% 的栎丹宁，当动物特别是牛长期采食栎树叶后引起胃炎、水肿，致肾功衰竭而死亡。每年经济损失 1 亿元以上。

（四）狼毒

狼毒（*Stellera chamaejasme* L.）已成为我国草原上危害较为严重的毒草之一。在东北、华北、西南的干草原、沙质草原和典型草原的退化草场上广为分布，已经成为优势种或主要的建群种。甘肃、青海、内蒙古等省份草地中狼毒危害严重，仅个别地区调查都在数 10 万 hm² 以上。在以狼毒为优势种的草地上，狼毒地上生物产量约占草地地上总生物产量的 1/2。

（五）其他毒害草

其他毒草引起的灾害也比较严重，东北地区常见的主要有杜鹃花属、藜芦属、毛茛属、乌头属、铁线莲属、白头翁属、毒芹属、铃兰属等植物。西北地区常见的主要有禾本科醉马草、杜鹃花、牛心朴子、蕨等都可引起家畜不同程度的发病或死亡，在一定程度上对草地畜牧业造成了经济损失。

五、问题与建议

毒害草引发的毒草灾害是当前危害草业和畜牧业的发展的一大制约因素，由过去的低风险上升为目前的高风险状态，毒草灾害严重发生，经济损失巨大，政治影响深远。

近二十年来我国科技工作者基本摸清西部草地重要有毒植物的种类、分布与危害，为治理我国草原毒害草的危害提供了科学依据；应用生态控制法治理毒草灾害方面取得新进展；在制定地方标准、规范防治技术和提高防治效果方面做了大量的工作；西北大学正在积极开展草原毒草灾害的生态风险评估与信息咨询服务。因此，治理毒草灾害的技术比较成熟。目前的主要问题是各级政府对毒草灾害的危害认识不足，还没有按照《草原法》的规定落实治理经费，毒草灾害治理工作薄弱，如果治理毒草灾害的经费投入有保障，治理效果会很明显。为此，建议如下。

（一）依法加强草地行政管理

坚持和完善草原主管部门统一监督和有关部门分工负责管理体制。依照《草原法》，建立草原毒害草监测预警系统，国家协调解决跨省（区）域的毒草灾害问题，地方政府对本辖区毒草灾害防治工作负责。建议在农业部的统一领导下，进一步完善治理毒害草工作的管理体制和运行机制，建立健全省、市、县三级综合治理毒草灾害的协调机制。认真落实责任制，各地区、各部门各司其职、各负其责，分解目标、明确任务、细化责任，建立治理毒害草与毒草灾害的工作绩效评估制度、责任追究制度。要加强各级草原、畜牧、兽医与植保部门的配合与协作，向当地农牧民宣传治理毒草灾害的知识，为毒害草的治理提供组织保障、技术保障和物资保障，团结一致，共同完成各项治理工作。

（二）将治理毒草灾害纳入国家草原建设总体规划

尽快制订《国家草原毒草灾害治理规划》以下简称《规划》并纳入国家草原建设总体规划，各省区、各部门要结合实际，按照《规划》编制本地区和本行业的治理毒草灾害规划并纳入国民经济和社会发展规划。按照《规划》要求，毒草灾害的治理应以"三大毒草灾害"治理为重点，优化、整合各类减灾资源，确保重点治理工程项目的落实。重点治理工程建设项目要发挥示范作用，取得最好的社会效益、经济效益和生态效益。

（三）加强治理毒草灾害的法制建设和技术标准体系

进一步制定、修订有关草原毒草灾害治理等方面的法律法规，制定《草原毒草灾害治理条例》。在已经制定的省级地方标准的基础上，进一步制定国家或农业部《草原毒害草调查技术规程》《草地毒草灾害测报技术规程》《草地毒害草防除技术规程》《草地毒草灾害经济损失统计标准》以及《家畜棘豆中毒诊断标准与防治原则》《家畜黄芪中毒诊断标准与防治原则》和《牛栎树叶中毒诊断标准与防治原则》。全面规范草原毒草灾害治理工作，提高依法减灾的水平。

（四）启动全国毒草灾害监测与报告制度

国家草原毒草灾害测报体系由中央、省、县三级及技术支撑单位组成，即国家草原毒草灾害测报中心（全国畜牧总站）、省级草原毒草灾害测报中心（草原工作站）、县级草原毒草灾害测报中心（草原工作站）。技术支撑单位由中国农业大学、中国农业科学院生物防治研究所和西北大学生态毒理研究所负责。国家草毒灾害测报中心负责草原毒草监测、测报数据的汇总和分析，并进行监督、管理、指导和划定各测报站的监测区域。省级、县级草原毒草灾害测报中心负责对本省（市、县、区）草原毒草灾害测报工作，按规定报告草原毒草灾害测报结果。技术支撑单位负责国内外草原毒草灾害测报的收集、国内流行病学研究和预测预报、接受委托开展技术培训。

（五）推广生态治理毒草灾害技术

我国毒草灾害的成因主要是生态失调引起的，生态问题应当采取经济有效的生态学方法解决。因此，要坚持科学发展观，因地制宜大力推广生态工程法、日粮控制法、畜种限制法、促进植被演替法、改变草群结构法、化学防除法、青贮法、添加剂法、药物免疫法和药剂解毒法等方法，尽可能地将毒害草和毒草灾害的危害降低到最低程度，将牲畜中毒死亡率降低到最低程度，将毒草造成的经济损失降低到最低程度。在牧区按照"两个平衡"的原则，严格实行以草定畜和以畜定草的规定，大力发展人工种草，实现草地的生态平衡与畜牧业的经济平衡。

（六）加强治理毒害草与毒草灾害专业队伍的培训

加强治理毒草灾害的专业人才教育培训体系建设，提高教育培训能力，开展全方位、多层次的科技教育，提高治理工作者整体素质；加大经费、装备投入，提高各级治理毒草灾害队伍特别是基层队伍的应急救援能力；充分发挥武警部队、民兵预备役在治理毒草灾害中的骨干作用。

（七）依法加大治理草原毒草灾害经费投入力度

治理草原毒害草和草灾害经费投入要与国民经济和社会发展相协调，各级人民政府和有关部门应当依据《草原法》和相关的法律法规，根据实际工作需要和财力可能，加大对治理草原毒害草和草灾害事业的投入，并按照政府间事权划分纳入各级财政预算；中央财政适当加大对中西部治理草原毒害草和草灾害工作支持力度；加强治理草原毒害草和草灾害示范工作；支持草原毒害草与毒草灾害监测点的工作。经费主要用于毒草灾害的调查研究、风险评估、应急处置、生态示范工程、防治机具、治理设施、除草药剂以及基层人员的培训等项目。

国家科技部、农业部、国家自然科学基金会要将西部草地重要毒害草的研究工作列入重点项目，给予支持。

金融、保险部门进一步完善灾害保险业务，将毒草灾害的保险列为新险种，搞活服务。

（八）加强毒草灾害研究

毒草灾害的研究是一个新课题，应将西部毒草灾害列为近期国家重点研究课题进行攻关，开展生态毒理学与灾害毒理学研究。采用3S技术查明西部地区主要毒草的地理分布和季节分布。采用流行病学方法，调查我国草原家畜毒草中毒发生特点，提出治理对策。在严重危害地区设立生态监测点，组织毒草灾害危险度评估，在此基础上建立毒草灾害生态治理示范区，总结治理经验，逐步推广。同时，开展国际学术交流，不断丰富和提高毒草灾害的治理水平。为了推动毒草灾害领域信息管理、宣传教育、专业培训和科技研发等方面的国际交流与合作，广泛宣传我国毒草灾害的成果和经验，积极借鉴国外毒草灾害的做法和经验，不断提高我国治理毒草灾害的科技水平和管理水平。

本文为"十五"国家科技攻关项目，编号 Z0412。财政部专项：草原资源监测项目，编号：2130136。项目主持人：史志诚。新华社记者刘书云将其摘登在 2008 年 5 月 29 日的新华社《国内动态清样》，题目为《我国西部草原毒草危害严重》。

关于阿富汗毒草中毒问题的咨询报告

一、阿富汗发生天芥菜毒草中毒的情况

（一）中毒的发生

阿富汗西部赫拉特省（Heart）的一个靠近伊朗中心区——古尔兰（Gulran）地区，海拔766m，是一个以农牧业为主的贫困地区。2007年11月以来，发生一种罕见的叫"查马克"（charmak）病。病的发生呈间歇性暴发流行，由于没有有效的药物治疗，有270多人中毒，44人死亡，数以千计的牲畜中毒死亡，经济损失严重。

阿富汗古尔兰地区发生的"查马克"病，可追溯到20世纪70年代中期。当时有的士兵吃了含有天芥菜的面粉食品，或者饮用了放牧在天芥菜地里的山羊的奶，发生不明原因的疾病，人们称为"查马克"病。一般在食用几个星期后开始出现症状。早期症状是厌食、体重减轻、疲劳、严重腹痛和呕吐；肝受损，黄疸，继之肝静脉闭塞，腹水过多，如果不进行治疗，3至9个月死亡。最准确的诊断方法是进行肝活检。治疗措施是首先要停止食用污染的食物，改善营养状况，使用维生素和矿物质补充剂，并提供良好的医院治疗。

新华社喀布尔2008年5月15日曾经报道：据阿富汗西部赫拉特省的卫生官员说，古尔兰区发生的"查马克"病，也称为"骆驼肚子"病，已经确诊为肝静脉闭塞病（hepatic veno-occlusive disease，HVOD），患病人数超过190人，死亡17人（其中6名男性、6名妇女和5名儿童），还有38名患者正在接受医学测试。

根据世界卫生组织的统计，经常食用含有天芥菜双稠吡咯啶生物碱的面包可以导致呕吐、急性腹水、严重腹痛和黄疸。

"查马克"病的发生，引起当地居民的恐慌。如果不能紧急提供安全饲料，遏制不了牲畜死亡，那么有的人可能会放弃这里的一切，转移到其他地区。

（二）中毒原因

"查马克"病是由于食用了含有天芥菜属（*Heliotropium*）有毒植物的叶片或种子的小麦面粉，以及用污染的面粉制成的面包引起的。已经有若干实例与以前的高发病率人群中都食用了类似的污染粮食。

天芥菜属有毒植物生长在异常干旱的小麦和其他粮食作物的田地里，而且密度很大，在收获时其叶子和种子易混入小麦等粮食作物里。

天芥菜属有毒植物是世界性的有毒植物，含有有毒的双稠吡咯啶生物碱（pyrrolizidine alkaloids，PA）（图5-1）。双稠吡咯啶生物碱主要是危害肝脏，急性中毒引起静脉阻塞，肝脏损伤，以及随后肝腹水，慢性接触最终导致肝纤维化和肝硬化症状。

图5-1　双稠吡咯啶生物碱化学结构式

（三）采取的措施

1. 开展公共卫生宣传　为制止"查马克"病暴发，阿富汗卫生部在古尔兰区发起了一个公共宣传运动，要求停止食用当地生产的面粉。但是，古尔兰区的大多数是贫困人口。事实上，无法阻止他们不要吃古尔兰面粉。尽管如此，2008 年 5 月以来，由于提高了公众意识，没有发生新的疫情。

2. 分发援助粮食　联合国世界粮食计划署（WFP）已发放 700t 混合食品，供给 5.5 万人食用。将再提供 860 万 t 混合食品。古尔兰地区将采取"以工换粮"和教育奖励办法，分发给 2.4 万人。

由北约领导的国际安全援助部队在 2008 年 4 月 28 日的一份声明中说，意大利的省级重建队还提供食品和非食品救济物品分发给贫困家庭。

3. 驻军有禁令　为了防止"查马克"病的危害，部署在阿富汗古尔兰地区的士兵按照规定不得进食或饮用任何当地种植或生产的食物或饮料。

二、其他国家野生天芥菜中毒

澳大利亚大批家畜发生野生天芥菜（*H. europaeum*）中毒，尤其是绵羊。1956 年布尔（Bull）等指出天芥菜含有双稠吡咯啶生物碱、天芥菜碱（heliotrine）能引起慢性蓄积性中毒。

美国将天芥菜属（*Heliotropium*）的许多种列为有毒杂草，如 *H. amplexicaule*，天芥菜（香水草，*H. arborescens*），野生天芥菜（*H. europaeum*），大尾摇（*H. indicum*），*H. procumbens*，*H. procumbens* var. *depressum*，*H. procumbens* var. *procumbens*，*H. ramosissimum*，*H. supinum* 等。

三、控制天芥菜中毒的建议

（1）暴发"查马克"病的地区要继续做好宣传卫生工作，促使当地居民停止食用当地被毒草污染的的面粉。

（2）改善小麦的种植、收割、脱粒和收储技术。扶持农民消除农田毒草，在各个生产环节避免天芥菜属有毒植物的叶片或种子混入。

（3）从长远来看，政府需要把重点放在农业政策上。一是减少污染的粮食；二是杀除牧场的天芥菜属毒草，采取轮牧、间隙放牧的办法，预防牲畜天芥菜属有毒植物中毒。

（4）"查马克"病严重影响当地的粮食收成和畜牧业的发展。古尔兰地区是一个以农牧业为主的贫困地区，需要紧急申请国际组织的粮食援助。

（5）中国西部省区要警惕天芥菜属有毒植物的危害。中国天芥菜属分布于热带和温带地区，有大尾摇（*H. indicum*）、细叶天芥菜（*H. strigosum*）和作为固沙植物的新疆天芥菜（*H. xinjiangense*）等 7 种。要加强检疫，防止有毒生物入侵。

本文是 2009 年 3 月应农业部畜牧司委托撰写的咨询报告。报告起草人是西北大学生态毒理研究所所长史志诚。

中国草地毒草灾害的防控研究与展望

我国 60 亿亩天然草地上分布着 1 300 多种有毒植物，其中具有严重危害的有毒植物有 60 多种。在毒草严重危害的 6 亿亩草地上，有毒植物引起大批家畜中毒乃至形成毒草灾害，每年给畜牧业生产造成重大经济损失，不仅对草地生态系统造成的严重后果，而且严重影响了当地畜牧业的发展和农牧民的收入，致使一些农牧民对草地的安全性感到担忧。

近三十年来，在农业部和有关省份的重视支持下，在中国草业学会的指导下，我国从事防控草地毒草灾害的科技人员深入牧区和林区草场进行了一系列的科学考察和科学研究。特别是近二十年来，西北大学生态毒理研究所、西北大学生命科学学院和西北农林科技大学，在防控"三大毒草灾害"（即牧区草地的棘豆中毒、农区草地的紫茎泽兰危害和农牧交错林区草地发生的牛栎树叶中毒）的工作中，取得了多项重要成果，为维护草地的生态平衡、畜牧业的健康发展做出了一定贡献。然而，在我国西部的一些农牧区防控毒草灾害与预防和处置自然灾害一样，将是一项长期任务。

一、防控草地毒草灾害研究工作的回顾

回顾近 30 年的调查研究工作所取得的成果，主要内容如下。

（一）基本查清了我国草地重要有毒植物的种类、分布与危害

1992—1995 年，史志诚同志主持农业部"八五"畜牧业重点科研项目《中国草地重要有毒植物资料的收集整理与研究》。经过调查研究，基本摸清了我国草地重要有毒植物的种类、地理分布及其特点与危害。调查表明，我国约有 3 亿亩退化草地上，因有毒植物连片生长蔓延并引起大批动物中毒死亡，造成重大经济损失。当务之急是尽快控制"三大毒草灾害"的威胁。一是分布在云南、贵州及四川南部的紫茎泽兰，该草入侵之处使原有的植被受到"侵扰""排挤"，牧场破坏，马牛死绝，到了难以根治的程度。二是分布在甘肃、青海、内蒙古、新疆和西藏阿里地区的醉马芨芨草、多种有毒棘豆和黄芪属有毒植物，困扰着当地畜牧业的发展，经济损失巨大。三是地处我国东西部接合部的农牧交错地区松栎混交林带的林间草地，发生的牛栎树叶中毒。

调查工作结束后，成立以农业部畜牧兽医司副司长李仲昌为主任委员的编著委员会和由史志诚担任主编的编委会，出版《中国草地重要有毒植物》专著（中国农业出版社，1997），比较详细地叙述了 15 科 19 属 50 多种重要有毒植物的生物学、生态学、毒理学、防除与利用等方面的科技成果，为防除我国西部有毒植物的危害与利用有毒植物提供了科学依据，对我国西部地区草原毒害草的防控工作发挥了重要作用。

进入 21 世纪，随着我国西部地区社会经济和农牧业生产快速发展并取得显著成就的同时，由于天然草原生态环境的变化，一些地区载畜量的增加，毒害草危害面积有所扩大，草原毒害草引起家畜中毒死亡的情况时有发生，致使西部草原毒草危害每年造成经济损失 100 亿元。毒草灾害不仅给畜牧业生产带来重大经济损失，影响了当地畜牧业的发展

和农牧民的收入，而且对草原生态系统的稳定造成严重后果。因此，2012年3月西北大学尉亚辉教授承担国家公益性行业（农业）科研专项"草原主要毒害草发生规律与防控技术研究"项目，组织西北农林科技大学动物医学院、西北大学生命科学学院、西藏自治区农牧科学院、青海大学农牧学院、新疆农业大学草业与环境科学学院、北京林业科学院草业中心、内蒙古自治区阿拉善家畜中毒病防治研究所等单位的科研人员，对我国西部草原日趋严重的毒害草灾害的发生规律与防控技术进行系统的调查研究。经过5年的调查研究，取得多项新成果和专利。在此基础上，由史志诚同志、尉亚辉教授对《中国草地重要有毒植物》进行修订，于2017年由中国农业出版社出版。在内容方面，由第一版的23章增加为25章。重要有毒植物增加为60多种，特别是增加了牧区草地的有毒棘豆中毒、有毒黄芪中毒、醉马茇茇草中毒以及狼毒、鹅绒藤属（牛心朴子）的最新研究成果；在分析与检验内容上，增加了内生菌的检验和现代生物技术；在毒害草防控方面突出了依法防控和生态防控的内容。修订版具有定位明确、技术创新性、针对性、实用性和可操作性强的特点，将成为西部地区基层草原工作者和兽医防治工作者的一部重要参考书。

（二）查明西藏阿里地区家畜醉马草中毒是冰川棘豆所致

1996年，根据陕西省委组织部的指示，将防治西藏阿里地区醉马草中毒作为陕西省农业厅的一项支藏任务。当年，陕西省农业厅与西藏自治区农业厅成功地组织西北农林科技大学、中国科学院青海高原生物研究所和陕西省畜牧兽医总站的专家组成调查防治组，深入西藏阿里地区对发生羊中毒的草地进行调查。

经过5年多的实地调查、动物人工发病试验和毒害草有毒成分的研究，查明醉马草中毒实际上是放牧家畜采食有毒植物冰川棘豆（*Oxytropis glacialis*）引起的中毒。仅1978—1995年，措勤县中毒死亡家畜25万多头（匹、只），造成2 259万元的经济损失。调查防治组提出控制中毒的具体措施，举办培训班，向阿里基层干部和技术人员讲授防治技术，得到西藏自治区政府的高度评价。

2007年，赴阿里的调查防治组完成的中国疯草——冰川棘豆生态毒理及毒物生物降解技术研究获得陕西省政府科技成果二等奖。

（三）基本控制了牛栎树叶中毒的发生

从1992年开始，由陕西省畜牧兽医总站主持在陕西、甘肃、辽宁、河南和其他一些发病省份推广应用陕西省地方标准《牛栎树叶中毒诊断标准与防治原则》（DB61/T-16—91）。经过近10年的不懈努力，至2000年该病在陕南地区和全国范围内近百个县有效控制了该病的发生，取得了明显的预防治疗效果，减少经济损失4亿多元。仅陕西、甘肃、辽宁、河南4个省的发病地区统计累计防治牛176.13万头，减少经济损失1.5亿元。获陕西省人民政府2002年农业技术推广成果三等奖。

2002年8月9日在兰州召开全国牛栎树叶中毒诊断与防治经验交流会，进一步总结交流各地推广陕西省地方标准《牛栎树叶中毒诊断标准与防治原则》的工作经验。

2017年，史志诚、尉亚辉、李引乾编著《栎属植物毒理学》，由中国农业科学技术出版社出版，全面系统地总结了栎属植物有毒种的分布与特性、有毒成分及其毒性、中毒发病的机理、早期诊断标准、解毒与治疗方法以及生态防治技术。

（四）有毒植物生态毒理系统与生态控制研究为防控毒草灾害提供理论依据

近10多年，专家们提出了有毒植物生态毒理系统的形成与消亡规律的新见解，提倡草地的毒草危害采用生态毒理学原理和生态工程的方法加以控制。先后应用生态工程法、日粮控制法、畜种限制法、促进植被演替法、改变草群结构法、化学防除法、添加剂法、药剂解毒法以及放牧家畜免疫预防等技术，达到有效控制中毒和促进草地生态平衡和可持续发展的目的。

生态系统控制工程防控是依据生态毒理学原理调整植物毒素在生态系统中平衡关系所采用的一种方法。它是以毒草的生态位为核心，研究减轻或消除毒草有毒成分对动物产生不良影响的措施，同时又能充分利用毒草丰富的营养成分，发展草原畜牧业。生态系统控制工程防控关键在于调整草群结构和畜群结构。其特点有以下几点。①不采用单一的化学的或机械的方法消除毒草，而是以生态学的方法调整草群结构，控制毒草生长，逐步提高资源再生系数，降低毒草引发家畜中毒的危害度。②依据某种毒草对不同动物的易感性差异或某些畜种的特异性，调整牧场畜群结构，以发挥物尽其用、达到降低毒草危害的功效。③通过加强草原管理，杜绝过牧，引进非易感性牲畜，同时推行草库伦法，植被良性演替法，围栏轮牧法等，最终找出维持放牧草场生态系统平衡的最佳模式。④依据"毒性方程"原理，一方面对草地毒草的危害进行控制，另一方面加强对放牧家畜的管理，并给予预防解毒药剂或采用免疫技术，使家畜不会发生中毒。⑤采用生态工程防控避免了人工挖除和化学灭除所造成的沙化、退化、水土流失及环境污染。对减缓草场的破坏与退化，维护草地生态平衡具有巨大的社会、经济和生态等多种效益。

以有毒棘豆危害的防控为例，对传统防控方法和采用生态毒理学原理和生态工程防控方法进行比较。

1. 传统防控方法

（1）人工防除。虽然简单易行，但受限于毒害面积，防除时节，并且破坏环境。

（2）化学防除。见效快，但成本高，易反复，而且污染环境。

（3）去毒利用法。营养价值高，但费时费力，只适合于棘豆生长密度大，人力资源丰富地区。

（4）间歇饲喂法。营养安全，缓解冬春季饲草不足，但没有长期圈养饲喂的条件。

2. 采用生态毒理学原理和生态工程防控的方法

（1）生物防控法。利用生态系统生物间互相制约关系，即以畜治草，以草治草和以菌治草。利用非易感性家畜牦牛在棘豆含毒量低的生长阶段，适时适度放牧和践踏等方式防止棘豆的再生，从而充分利用草场。研究认为，未成熟的棘豆的毒性相对较低，如果此时采取短期密集性放牧，对放牧牲畜相对较安全，同时，阻碍了棘豆的生长繁殖。如果每年进行重复的季节放牧，再加上适时播种优质牧草种子，数年之后，就有可能使毒草滥生的草场恢复成优质草场。青海英德尔种羊场实施"围栏轮牧"预防棘豆中毒，效果良好。也有专家提出，通过改变土壤氮、磷水平及引进竞争草种红豆草，使棘豆的生长力及存活率均显著降低。如果用转基因的方法抑制了棘豆内生菌的生长代谢，降低了苦马豆素的含量，将使有毒棘豆转变成为一种安全的牧草成为可能。此外，采用青贮技术可以脱毒。即将有毒棘豆进行青贮，在厌氧乳酸菌的作用下，产生大量乳酸，pH下降为3.8～4.5，所含苦马豆素被降解，达到脱毒目的。

（2）药物防控法。在对有毒棘豆采取措施的同时，对牲畜进行药物防控。目前研发和利用腐敏散、棘防A号、棘防C号、棘防E号、康以定和疯草灵等来预防和治疗牲畜的棘豆中毒。这其中以疯草灵解毒缓释丸和疯草毒素疫苗效果最为显著。

试验表明，羊只每年12月投服2丸疯草灵解毒缓释丸，翌年3月再投服1丸疯草灵解毒缓释丸，可以安全放牧，全年不发生中毒，对羊黄花棘豆中毒具有预防作用。应用疯草毒素疫苗给牲畜注射后，可使牲畜获得免疫力，安全放牧并能充分利用棘豆资源。比较实验表明，现阶段由于疯草灵解毒缓释丸预防中毒简便实用，成本低廉，更易于推广。

（五）制定防控草地毒草灾害技术规范的研究取得新进展

为了贯彻实施《草原法》，建立全国草原毒草监测制度，开展草原毒草灾害风险评估和提高防治效果，农业部全国畜牧总站组织研究"草原鼠虫病和毒害草监测预警系统"，目前，已经初步起草了《草原毒草灾害评估技术》《草原毒草调查技术规范》《草原毒草灾害防控标准》《毒草灾害报告制度》《家畜棘豆中毒诊断标准与防治原则》和《家畜黄芪中毒诊断标准与防治原则》。

特别是《家畜棘豆中毒诊断标准与防治原则》的起草过程中，为确定草地有毒棘豆危害度进行了反复试验研究。根据山羊黄花棘豆亚急性中毒模型复制数据［藏系绵羊，体重（33.38±3.49kg］、攻毒剂量（每天以10g/kg体重的剂量饲喂黄花棘豆干草粉）、中毒症状出现时间（试验羊在攻毒的第16～21天出现棘豆中毒症状）、采食量折算（成年山羊以体重50kg计算，每天黄花棘豆采食量已经占到日采食量的20%～33%），专家提出有毒棘豆危害度以生物量计算，分为危害和严重危害两个级别。①危害。一定面积的放牧草原上，有毒棘豆生物量占到可食牧草生物量的比例30%，＜50%。②严重危害。一定面积的放牧草原上，有毒棘豆生物量占到可食牧草生物量的比例＞50%。

这些技术性规范和技术标准，经过进一步研究、审定和正式颁布，将对提高防控草地毒草灾害的水平，预防放牧家畜毒草中毒起到重要指导作用。

二、对我国未来防控草地毒草灾害工作的展望

（一）高度认识防控草地毒草灾害的长期性与艰巨性

多年的研究实践表明，毒草灾害对草业和畜牧业的发展构成一种潜在的危险，由过去的低风险上升为目前的高风险状态。在一些地方形成欲烧（焚烧毒草）不能、欲除（化学防除）缺资、欲罢（任其自然）不忍的情形，其原因是毒草灾害发生的可能性增加，危险概率增高，经济损失巨大，政治影响深远。因此，必须从战略的高度以科学发展观认识毒草灾害对草业和畜牧业的发展构成的潜在的危险，深刻认识研究防控草地毒草灾害的多学科性和防控草地毒草灾害的长期性与艰巨性；必须坚持可持续发展战略、生态修复战略、保护天然草场与草原安全战略，采取积极的防控毒草灾害政策，建立长效机制。

（二）依法增加草地毒害草调查研究和防控毒草灾害的资金投入

防控草地毒草灾害对实现草地的生态平衡与畜牧业的经济平衡，增加农牧民的经济收入，维护社会的安定和少数民族地区农牧业经济的发展，具有重大的科学意义和现实意义。

　　根据《草原法》第五十四条规定，"县级以上地方人民政府应当做好草原鼠害、病虫害和毒害草防治的组织管理工作。县级以上地方人民政府草原行政主管部门应当采取措施，加强草原鼠害、病虫害和毒害草监测预警、调查以及防治工作，组织研究和推广综合防治的办法"。但是，一些地区反映防控草地毒草灾害尚缺乏必要的防治与治理经费支持，致使毒草灾害的调查研究不够系统，生态工程尚未大面积推广，购置防治机具和药品较少，灾害地区的草原工作站和畜牧兽医站的基层技术人员得不到及时培训，农业和科技管理部门也没有建立专项科研基金，一些技术难点长期得不到解决。因此，各级政府应根据《草原法》将防控和治理毒草灾害所需的经费，同防除草原鼠害、病虫害一样，予以预算安排。经费的使用主要用于毒草灾害的调查研究、风险评估、应急处置、生态示范工程、防治机具、治理设施、除草药剂以及基层人员的培训等项目。金融、保险部门进一步完善灾害保险业务，将毒草灾害的保险列为新险种，搞活服务。

（三）继续发挥防控草地毒草灾害的专业团队精神

　　防控草地毒草灾害的多学科性决定需要组织一个多学科的专业团队进行深入研究与科技攻关。2012年，西北大学承担国家公益性行业（农业）科研专项"草原主要毒害草发生规律与防控技术研究"项目，在实施过程中，在西部地区逐步形成一支长期坚持在草原第一线研究和防控草原毒害草灾害的专业科技团队。这个团队具有多学科（生物学、草原学、毒理学、畜牧兽医学）、多部门（科研、教育、管理）、多民族（汉族、蒙古族、藏族、回族、维吾尔族）和多层次（省区、市县、盟旗、乡镇、苏木）的特点。这个团队告别过去以化学除灭毒害草的传统思维，转为以生态学的观点，正确处理毒害草的危害与资源利用的关系，提出在防控毒草危害，发展畜牧产业的同时，利用毒草资源，创建美好家园的新思路，使防控工作取得了新的进展。

　　2013年，在项目实施的同时，成立西北大学西部毒害草防控中心，开展草地毒草灾害信息咨询服务业，组织召开全国性学术研讨会，交流研究成果，普及推广防控草地毒草灾害知识。

（四）继续加强毒草灾害研究，推广生态工程防控新技术

　　毒草灾害的研究是一个新课题，尽管取得了一些成果，但总体上其研究力量薄弱，研究基础较差，研究成果不多，与目前我国草地毒草灾害面临的防控任务仍不适应，必须继续开展西部草地毒草灾害的基础研究，特别是毒草灾害生态控制的研究亟待加强，为进一步寻求新的生态控制方法提供科学依据。在严重危害地区设立生态监测点，组织毒草灾害危险度评估，在此基础上建立毒草灾害生态治理示范区，总结治理经验，逐步推广。

　　与此同时，加强与国际有毒植物研究机构以及社团组织的联系，了解全球有毒植物研究进展、有毒植物天然毒素及其系统影响、有毒植物的药用价值与产业开发、有毒植物的生物学、毒理学与生态学研究进展和有毒植物中毒与毒草灾害的防控经验。通过互访和交流，不断提高我国防控毒草危害的科学水平。

（五）进一步完善防控毒草灾害的技术标准

　　在已经推广陕西省地方标准《牛栎树叶中毒诊断标准与防治原则》的基础上，进一步推进制定农业部部颁标准《草原毒草灾害生态评估技术》《草原毒草调查技术规范》《草原

毒草灾害防控标准》《毒草灾害报告制度》《家畜棘豆中毒诊断标准与防治原则》和《家畜黄芪中毒诊断标准与防治原则》。标准的制定将对全国草原毒草监测、风险评估和提高防控效果起到重要作用。

（六）加强草地管理，依法防控草地毒草灾害

依照《草原法》，建立健全"国家监督、地方监督、单位负责"的草原监督管理体制。在依法防控草地毒草灾害方面，需要重点做好五个方面的工作。

1. 坚持和完善草原部门统一监督管理、有关部门分工负责管理体制　国家加强对地方草地毒草灾害防治工作的指导、支持和监督，建立草原鼠虫病和毒害草监测预警系统，协调解决跨省（区）域突出的毒草灾害问题。地方政府对本辖区毒草灾害防控工作负责，组织完成草原毒草灾防控工作和草原保护任务。农牧企业法人和其他组织负责解决自身的有毒植物中毒的防治问题。

2. 坚持科学发展观　草地的"三化"（沙化、碱化、退化）是草地毒草蔓延的根源。因此，在加强宣传，提高保护草原和预防毒草蔓延意识的同时，在牧区要严格实行"以草定畜"和"以畜定草"的规定，大力发展人工种草，实现草地的生态平衡与畜牧业的经济平衡。

3. 坚持"预防为主"方针

（1）制定毒草灾害防控计划，并列入国家和地方的减灾计划和生态环境建设计划之中，一并落实，一并实施。

（2）以牧区草原为重点，建立重大毒草灾害报告制度，实施草地毒草调查技术规范和防控标准，逐步减少毒草灾害造成的经济损失。

（3）将技术能力建设和省际合作纳入毒草灾害监测、风险评估和防控计划，达到依法保护我国草原，促进草原畜牧业和草原经济发展的目的。

4. 坚持生态治理理念，积极防控毒草灾害　我国毒草灾害的成因主要是生态失调引起的，生态问题可以采取经济有效的生态学方法解决。生态工程是按照生态毒理学原理，阻断或减少毒物对生态系统影响所采用的一种工程方法。其特点有三个。

（1）不采取化学的、机械的方法清除毒草，而是以生态学的方法限制毒草的生长或降低它在牧草中的比例。

（2）按照有毒植物毒性特点和动物的敏感性不断调整毒性方程式两侧的关系，使之保持动态平衡。

（3）使一些有用的有毒植物得到条件性的保护与利用，也使有毒植物中毒和毒草灾害得到确实的防止，达到经济效益与生态平衡的统一。

5. 坚持科技创新，化毒为利　在开展生态毒理学与灾害毒理学研究的同时，将毒草作为一类宝贵的资源库、基因库和药材库。鼓励科技工作者应用高科技，从具有开发价值的有毒植物中提取抗菌、抗病毒、抗癌和抗艾滋病的药物，化毒为利，为民造福。

本文刊登于《毒理学史研究文集》第 16 集，2017 年，第 41－45 页。

第六部分

动物毒物学与毒理科学

动 物 毒 物 学

家畜中毒性疾病研究的现状及前景

一、我国家畜中毒性疾病的研究简况

（一）确诊为中毒性疾病的畜禽疑难病症

1949 年以来，我国对家畜中毒性疾病的研究，一直是围绕着畜牧业生产提出的问题进行的。许多家畜家禽发生的疑难病症被确诊为中毒性疾病。

早在 1951 年，河南和广西耕牛发生一种以体温不高、呼吸困难和气喘发吭为特征的"喘气病"，当时仅河南一省损失耕牛达 50 万头。终于在 1953 年确诊为黑斑病甘薯中毒。之后，全国各省份相继报道了此病。

1953—1956 年，河北滦县、香河、定县、武清（现隶属天津市）等地马、驴发生疑似"脑炎"病，死亡数量也相当大，后来确诊为霉玉米中毒。

1958 年，随着养猪业的发展，出现给猪喂食后发生的饱潲病，成为当时养猪业的大敌。一些兽医学、医学、法医学、生物学以及公安部门的工作者都参加了饱潲病的诊断和防治，到 1960 年确定为亚硝酸盐中毒。

自 1958 年贵州省报道山区耕牛采食青杠树（栎属 *Quercus*）叶引起中毒后，河南、陕西、四川、湖北、内蒙古、山东和吉林等省份，先后发表了许多调查、诊断和防治报告。这种以水肿、便秘为主要特征的疾病，每年清明之后在我国栎属植物分布区都有发生，危害严重。经人工发病试验和对青杠树叶有毒成分栎叶丹宁的分析，证实为高分子栎叶丹宁生物降解产生的低分子酚类化合物引起的中毒，并在早期诊断方面取得了成果。

1968 年前后，赣南大余县流行一种耕牛慢性疾病——红皮白毛症，经调查研究证实为钼中毒。

1970 年以来，我国一些地区历史上早已存在的耕牛牙痛病有增无减，一些炼铝厂、矿山、磷肥厂以及一些排氟工厂附近出现的耕牛跛行病。经兽医、环境科学和地方病专家查明是地方性氟中毒。

长期流行于陕北和甘肃南部一些地区的羊瞎眼病，曾怀疑过多种原因，后来在偶然的发现中证明是有毒的小萱草（*Hemeroeallis minor*）根中的萱草根素引起的中毒。经调查，山西、山东、安徽、青海和内蒙古亦有发生。

流行于广西一些地区影响养猪业发展的猪黄膘病，证实为黄曲霉毒素中毒。

发生在陕西和四川一些地区，特别是嘉陵江上游的猪尿血病，经人工发病试验证实是因喂饲了假芟包叶（*Discocleidion rufescens*）引起的中毒。

广西、贵州、四川曾发生的牛地方性血尿症和再生障碍性贫血，后来被证实是蕨中毒

所致。

陕西汉中地区及贵州、四川和湖南一些地区的水牛发生蹄腿肿烂病，经过调查和试验，证实是在发霉饲料中生长的镰刀菌产生的霉菌毒素中毒。

陕西汉中和江苏的一些养猪场，一些生猪饲喂聚合草后发生中毒，已证实为聚合草所含的聚合草素（Symphytine）所致。

此外，还证实了甘肃、陕西和内蒙古放牧地的棘豆属（Oxytropis）植物中毒，西藏自治区发生的劲直黄芪（Astragalus strictus）中毒，甘肃、陕西的山黧豆属（Lathyrus）植物中毒，青海芨芨草属的醉马芨芨草（Achnatherum inebrians）中毒和黄芪属的直立黄芪（Astragalus adsurgens）中毒，取得了多项研究成果。

（二）家畜中毒性疾病造成重大经济损失

家畜中毒性疾病发生普通，既是群发病，又是多发病，有的具有地区性或季节性。有毒植物、农药污染和霉菌毒素中毒常引起畜禽成群发病死亡，给畜牧业生产带来重大损失。据有关资料统计，1972 年四川省 8 个县因青杠树叶中毒的耕牛达 6 138 头，死亡 1 902 头。1970—1974 年对陕西省 40 个县（场）不完全统计，中毒畜禽达 15 059 头（匹、只），死亡率达 36.2%。据广西壮族自治区调查，猪中毒病的危害仅次于传染病，居第二位；仅 1975—1976 年统计，死于中毒病的猪约 4 万头，占死亡总数的 10% 左右，其中，亚硝酸盐中毒死亡 5%，黄曲霉毒素中毒 2%。

（三）家畜中毒性疾病的研究取得重大成果

近年来，随着调查研究工作的不断深入，人们对家畜中毒病的认识也不断深入和深化，中毒性疾病的研究和防治工作也逐渐被重视起来，因此，我国家畜中毒性疾病的研究出现新的气象。一些科技工作者对危害严重的中毒性疾病，特别是对中毒原因不明、中毒机理尚未阐明的中毒性疾病，投入到提取、分离有毒植物和霉菌的有毒成分、探索中毒机理和寻找新的解毒药物的研究之中。兽医学及卫生学、生物学、环境科学等期刊、杂志、译丛中有关毒物和人畜中毒的报道显著增加，不仅反映了当前生产和人类健康的迫切需要，而且也彰显科学家的研究成果。一些书籍和专著中也把家畜中毒性疾病放在应有地位。例如，北京市畜牧兽医站编的《猪病》一书，将中毒病排列在仅次于传染病、寄生虫病的地位，并从普通病中分支出来，成为独立的一类疾病。一些科研单位、高等农业院校和省级畜牧兽医站，开始设立毒物实验室，开展毒物检验工作，承担中毒性疾病的研究课题，有的还成立了专门的研究小组，开展科研协作。此外还编写出版和翻译了一些有关家畜中毒性疾病诊断防治的图书资料和毒物学专著。

（四）提出近期家畜中毒性疾病研究的重点

1980 年，中国畜牧兽医学会在江西庐山召开的普通病学术讨论会上，提出了三大研究课题，一是霉菌毒素中毒，二是氟中毒，三是牛的骨营养不良（有两个属于中毒性疾病）。这次会议有力地推动了我国兽医毒物学与家畜中毒性疾病的研究和防治工作。

二、国外家畜中毒性疾病的研究趋向与前景

国外家畜中毒性疾病的研究，大体经历了以下几个时期。18 世纪，牛、羊、马有毒

植物中毒是当时的重要经济问题。19世纪初，电子工业、农业和化学工业的发展，家畜中毒的发生引起了兽医学者的重视并开始进行研究。第二次世界大战以后，出砚了新的农业杀虫剂，特别是有机磷杀虫剂的广泛应用，由于缺乏防护知识，导致大批家畜中毒死亡，造成了很大损失。据统计，这一时期有机磷农药引起的中毒，在杀虫剂中毒病例中居首位。20世纪50年代中期，出现了兽医毒物学的专门研究机构和组织，尤其是70年代兽医毒物学进入了一个新的发展时期。家畜中毒性疾病研究范围之大，科研协作之广泛，学术交流之频繁，研究方法之改进，都是过去所不能比拟的。

（一）有毒植物和植物性饲料中毒研究

早在1893年Cornevin著的第一部《有毒植物》出版，到1964年，先后有许多有毒植物中毒的专著出版问世。据记载，在110科显花高等植物中，有56科植物含有毒素，有毒植物达273种，占记载植物的10.4％。为了引起关注，一些国家列出了常见引起中毒的有毒植物名录。苏联121种有毒植物中，22种常见。日本200种有毒植物中，16种常见。北美洲常见有毒植物中，春季11种，夏秋季7种，冬季7种，四季均可引起中毒的28种。尼日利亚常见有毒植物60种。波兰常见有毒植物28种。

（二）霉菌毒素中毒病的研究

过去人们只知道发霉饲料能引起家畜中毒，而对其致病原因还不十分清楚。自1955年以后，发现很多霉菌能够产生毒素。20纪纪60年代初，英国发生火鸡、鸭和猪的黄曲霉毒素中毒以来，每年都有许多产生毒素并能致病的有毒霉菌被分离出来。由于霉菌毒素繁多，不仅能引起人畜的多种疾病，而且还有致癌性。因此，在医学、生物、兽医、食品卫生、环境保护以及农学、植物保护等各个领域广泛开展研究。目前已知的霉菌有3万多种，其中200余种能产生毒素。据研究，191种霉菌中，有青霉71种，曲霉41种，镰刀菌20种，毛霉10种及其他霉菌49种。

根据近年来的研究得知，有6种霉菌毒素对动物有致癌作用，包括有黄曲霉毒素（至少有8种）、黄天精、环氯素（环氯毒素）、杂色曲霉毒素、展青霉素和岛青霉毒素，其中致癌作用最强的是黄曲霉毒素。此外，棕曲霉毒素、镰刀菌属毒素（包括四种毒素）、麦芽曲霉素、展青霉毒素、葡萄状穗霉菌毒素和红色青霉素等10多种毒素，能引起畜禽中毒死亡。

（三）农药和无机、有机化合物中毒的研究

第二次世界大战前，农药的生产以某些无机物为主。第二次世界大战后，有机磷、有机氯农药大批生产，而且品种繁多，许多高效高毒的农药也混在里面，至20世纪60年代到了盛期，到70年代，因能源危机，公害四起，污染环境，发展较慢。1974年资本主义世界农药的销售额仅增长10％。以日本为例，1960—1962年已查明中毒原因的2 313例死亡畜禽中，农药中毒占437例。乳牛因残留农药污染饲料而受害，牛肉中丙体六六六0.033mg/kg，鸡肉中滴滴涕含量0.076mg/kg，猪肉中滴滴涕含量135～205μg/kg，对人造成了威胁。

许多重大的"公害事件"都涉及畜禽的大批中毒死亡。如日本的米糠油事件（因多氯联苯污染，死亡鸡几十万只）、美国的阿那定铜矿事件（含砷废气污染草地）、英国的伦敦烟雾事件、墨西哥的波查·里加镇工厂事件（硫化氢毒死半数家畜）。

铅用途极广，是引起动物中毒的常见毒物。如含铅油漆、涂料以及机油、润滑油、油

灰、油毡和蓄电池。露天的或废弃的铅矿附近牧草被铅污染，使这些地区的牧草含铅量达580mg/kg（按干物质计）。此外，交通频繁的公路两侧，植物被汽车的废气（铅作为一种防爆剂加入汽油中）所污染，青草中含铅量可达250～500mg/kg。1962年，在北爱尔兰一家屠宰场进行调查表明，死于铅中毒的牛占所有成年牛的1.7%和所有犊牛的4.5%。因此，在工业污染严重的欧美国家，牛、羊的中毒仍是较严重的问题。

（四）家畜中毒性疾病的预防研究

为了将研究成果应用于生产实际，有的国家还做出相应的规定以保证实施。为防止棉酚的毒性，1950年苏联规定饲喂棉籽饼的数量：成年猪每天不超过200g；怀孕母猪应在产前10d停喂，产后两周逐渐恢复；肥育猪喂棉籽饼占精料量的15%～20%，每天绝对喂量不得超过1kg。1953年美国规定，用于养猪的棉籽饼游离棉酚的含量不得超过0.04%。在以玉米为主的猪饲料中，棉籽饼的加入量一般不超过20%，使日粮中游离棉酚的含量低于猪对棉酚的最大耐受量——0.01%（日粮中蛋白含量应为15%，如蛋白质含量低，则0.01%也会引起中毒）。为了减少农药的污染和毒害，美国于1971年开始禁用滴滴涕，之后又有几十个国家禁用。接着日本禁用六六六。与此同时，积极研究高效低毒剂、性引诱剂、化学绝育剂、生物杀虫剂等，以避免农药的危害。为预防发霉饲料中毒，采取挑选法、连续水洗法、加热煮沸法、物理吸附法（白陶土）、溶剂提取法、灭活性法、化学药物破坏法（如氨处理）等。为预防有毒植物中毒，进行草原改良，采用除锈剂2，4，5-三氯苯氧乙酸和2，4-二氯苯氧乙酸等防除毒草。随着机械化养畜业的发展，一些国家通过饲料加工工艺和培养无毒棉花品种，除去潜在的毒素。在霉菌毒素方面，有些研究者试图从玉米和花生种质形成的内因和外因条件中寻找降低黄曲霉毒素的途径，如从品种、遗传、生化、农艺性状和栽培管理因素进行研究等。在利用野生牧草时，制取蛋白质浓缩饲料，将其有毒成分除去。

（五）家畜中毒性疾病学术交流日渐活跃

随着家畜中毒性疾病研究工作的不断深入，学术交流与技术推广工作也日渐活跃。除了《兽医药理与毒理学》等传统性杂志外，国际毒素学学会于1962年创刊《毒素》杂志，报道世界各地有关毒素的研究情况；1970年该学会召开了第二次动物与植物毒素讨论会。1979年8月在瑞典的乌布萨拉召开了第六次动物、植物和微生物毒素讨论会。1982年7月在澳大利亚昆士兰召开了第七次讨论会，动物毒物学分会派专家参加学术交流。

近年来，在世界家畜饲养会议，国际家畜环境会议以及世界兽医食品卫生工作者协会和美国兽医检验工作者协会召开的会议上，都研究讨论了有关中毒性疾病问题。目前环境、化学、生物、医学、食品卫生等学科领域都十分重视这一问题，创办了一些新的刊物标如《毒物快报》和《兽医与人类毒物学》。此外，1983年4—6月，联合国环境规划署、潜在有毒化学品国际中心与苏联国家科委国际项目中心联合主办的国际预防毒理学培训班，有效地促进了各国预防毒理学的研究工作。

（六）毒物学教育得到重视

美国加州大学戴维斯分校农业和环境学院设立环境毒理学系，艾奥瓦州立科技大学兽医学院开设兽医毒理学和有毒植物课程，并招收研究生。意大利和苏联兽医学院设置了兽医毒物学课程。南斯拉夫兽医学院设置了饲料与有毒植物课程。此外，根据1983年3月的资料，美国教育委员会承认的公共卫生学院共有 23 个，每年都专门培养一定名额的毒理学硕士和博士，为毒物研究和家畜中毒性疾病的防治培养了大批人才。

本文是 1985 年 3 月《畜牧与兽医》杂志的专题特约稿，由段得贤教授与史志诚共同完成的，发表于《畜牧与兽医》，1985 年，第 6 期，第 266－269 页。

毒物学的一门新学科——动物毒物学

一、定义

动物毒物学（Animal Toxicology）是现代兽医学中一门新的独立学科，是研究各种毒物（如含毒饲料、有毒植物及其毒素、农药、有机毒物、无机毒物、真菌毒素、动物毒素、工业性毒物和军用化学毒物等）对动物的毒性和引起动物中毒的原因、临床症状、病理变化、诊断、治疗以及预防的科学。

二、简史

我国古代有关动物毒物学的知识散在于《周礼》《山海经》《尔雅》及《诗经》等古籍中；汉刘安撰《淮南子·修务训》记载："神农乃始教民，尝百草之滋味，当时一日而遇七十毒。"南朝梁陶弘景《本草经集注》记载："乌头，可以煎汁传箭射禽兽。"以及"羊吃羊踯躅的叶便踯躅而死。"明代李时珍在《本草纲目》中记载了百兽誉石中毒、六畜盐胆水中毒、鹅马六畜蓖麻中毒、禽兽乌头中毒、狗杏仁中毒、牛蛇咬伤和马饮山岩泉水中毒等。清代吴其濬《植物名实图考》中记载了有毒植物 44 种。《猪经大全》中记载了猪食毒草病症和食毒昏倒作难。《安骥药方》《牛经备要医方》和《三农纪》中分别记载了治马、牛误食毒草和鸡中毒的治疗方法。宋代湖南提刑宋慈在《洗冤集》中记载"以死者食馀饲鸡犬，如鸡犬死则为中毒"等检毒方法。《元亨疗马集》和《豳风广义》中还有养猪"七宜八忌"和预防饲料和药物中毒的适用方法。

1949 年以来，我国近代动物毒物学随着农牧业的发展和动物中毒病的诊断与防治工作的开展而逐渐发展起来。20 世纪 50 年代，家畜中毒以驱虫药物（如四氯化碳等）和早期的农药（如砷制剂和赛力散等）中毒为多；60 年代，猪亚硝酸盐中毒、牛黑斑病甘薯中毒、有机磷、有机氯农药和有毒植物中毒（如栎树叶中毒、醉马草中毒、萱草根中毒等）为多见。70 年代，随着农牧业生产中新农药、新药物和新化工产品的广泛使用，饲料储藏中霉变以及某些环境污染等，家畜家禽中毒的机会大为增加，许多地区中毒病对畜禽的危害仅次于传染病和寄生虫病。80 年代以来，由于商品经济的发展，国际贸易交往增加，畜禽市场开放，饲料资源开发，畜禽和经济动物中毒的发生屡见不鲜，引起各级政府、科研院校和技术推广单位的重视。国家开始招收研究生，培训毒物检验人才，一些具有重大经济意义的动物中毒病得到比较深入的调查研究，动物毒物学也得到了相应的发展。家畜氟中毒、钼中毒、牛霉烂稻草中毒、牛栎树叶中毒的发病机理研究分别取得成果并获得国家和农业部的奖励。我国动物毒物学工作者先后从萱草根中提取出萱草根素，从栎树叶中提取出栎叶丹宁，从聚合草中提取出聚合草碱，从山黧豆中提取出 β-草酰氨基丙氨酸，从棘豆植物中提取出苦马豆素、臭豆碱及溶血毒素。中国农业科学院哈尔滨兽医研究所、西北农业大学兽医系和陕西省畜牧兽医总站等 17 个省份畜牧兽医站建立了毒物检验室，在临床鉴别诊断、中毒病定性和治疗以及协助公安部门侦查有关中毒案件中发挥了一定作用。

在农业部畜牧兽医司的支持和指导下，1985 年成立了全国兽医毒物检验协作组，1986 年创办了《动物毒物学》杂志。先后出版了《家畜常见中毒病的检验》《家畜中毒学》《动物毒理学》《家畜中毒》和《植物毒素学》等专著。翻译出版了英国皇家兽医学院克拉科夫妇合著的《兽医毒物学》。一些毒理学和动物毒物学工作者多次参加国际性学术交流，有的还被国际毒素学会批准吸收为该会会员。1989 年中国畜牧兽医学会内科研究会，全国兽医毒物检验协作组和陕西省畜牧兽医学会联合在西安举办了全国首届家畜中毒病与动物毒物学学术讨论会。1990 年 12 月中国畜牧兽医学会批准全国兽医毒物检验协作组的申请，决定成立动物毒物学研究会，这标志着我国动物毒物学已发展到一个新的阶段。

三、学科内容

动物毒物学研究内容十分广泛，主要内容如下。

①研究毒物及其对动物的毒性，包括毒物的种类、分类、理化性质、毒性作用、中毒机理、引起动物中毒的原因、发病规律、区域性大批中毒的流行病学及其特点、毒物的靶器官、受体和酶的关系等。

②研究毒物动力学，包括毒物在动物体内吸收、分布、排泄以及生物转化过程。

③研究动物中毒病的诊断与防治，包括中毒的特征、临床症状、病理剖检变化和组织学乃至电子显微镜下亚细胞水平上的变化特点、毒物定性定量分析、中毒的诊断、治疗方法与预防措施。

④研究食用动物组织中有毒物质、药物和化学药品的残留，确定休药期和允许残留量，对食用动物的评价以及动物废弃物的再利用等。

⑤研究安全试验、饲料添加剂及药物安全性的毒理学评价，包括安全试验设计，急性、亚急性、慢性、蓄积性毒性试验，繁殖试验和致畸、致突变、致癌试验，安全性毒理学评价。

⑥广义的动物毒物学还研究植物毒素（如蓖麻毒素、鬼臼毒素等）、动物毒素（如蛇毒、蝎毒及水生动物毒素）和微生物毒素（包括细菌毒素、真菌毒素）的开发利用。

四、相关学科

动物毒物学与药理学、生理学、病理学、化学、生物化学、生物学、生态学有联系；与农业、工业、商业、经济有联系；与法医学、临床医学和兽医学以及环境污染等有联系，因而它与地球上生命的整个未来有联系。与动物毒物学紧密相关的学科及分支学科如下。

①毒物学（Toxicology），是研究毒物的基本学科，以毒物为对象，研究毒物的研究历史、毒物学的起源与范围、毒物的分类，毒物与剂量的关系，毒物毒性与毒物的吸收、分布、排泄以及整个代谢过程，影响毒性作用的诸多因素。动物毒物学是毒物学的分支学科之一。

②环境毒物学（Environmental Toxicology），主要研究环境污染、食品及饲料中有毒物质的残留（包括供人类食用的动、植物组织中的药品和各种化学物质等）以及工业卫生。

③经济毒理学（Economic Toxicology），主要研究药物发展（新药毒理及安全性）、饲料添加剂以及农药对人和动物的毒害作用。

④法医毒理学（Forensic Toxicology），主要研究各种中毒病的诊断、治疗及法医学。

⑤兽医毒物学（Veterinary Toxicology），主要研究家畜家禽及家庭动物的中毒问题。

⑥动物毒理学（Animal Toxicology），主要研究畜禽及其他动物可能接触到的有毒物质与动物机体之间的相互作用。

⑦生态毒理学（Ecological Toxicology），主要研究物理因素、天然存在的有毒物质和人工污染物，在一个综合环境中对生态系统各组成部分的有毒有害作用及其互相影响的规律。

⑧植物毒素学（Plant Toxinology），主要研究植物毒素的来源，化学结构、理化性质、毒素动力学、毒素的生物转化及作用机制，人和动物中毒的临床症状、病理变化、中毒的诊断、毒素检定以及中毒的治疗与预防等。此外，还研究植物毒素的药理性质、商品性植物毒素的生产、鉴定和开发利用等。

五、现状与趋势

近十年来，随着农牧业商品生产的发展，家畜和经济动物的中毒性疾病的研究逐步提到兽医科学、畜病防治、毒草防除、保护环境、公共卫生和安全评价的日程上来，受到各方面重视。动物毒物学的研究成果已开始应用到药理学、生物学、生态学、环境科学、医学、兽医学以及工农业生产的实践中发挥重要作用。

动物毒物学作为现代毒物学的一门分支学科和兽医科学中的一门独立学科，越来越显得不可缺少了。饲料资源的开发利用、牧草引进、标准的制定、环境卫生的安全评价以及与兽医有关的社会、法律问题，都存在一些毒物学问题，亟待动物毒物学工作者加以研究，作出判断，给予科学的回答。特别是我国牧区、林区和农区草地上的疯草（包括棘豆属和黄芪属有毒植物）中毒、栎树叶中毒、萱草根中毒、蜡梅中意、白苏中毒、毒芹中毒、乌头中毒、闹羊花中毒、蕨中毒，区域环境中存在的钼中毒、镉中毒、氟中毒，霉败饲料引起动物的多种霉菌毒素中毒，新农药及有机磷农药、工业毒物引起的动物中毒，都严重地影响着畜禽和经济动物的生长繁殖和发展，有的还造成重大的经济损失。发生中毒的原因与生产管理水平、畜禽营养水平、草场草坡退化、饲料加工利用不当、科学技术普及深度有着密切的关系。

目前，我国从事动物毒物学的人数较少，而且分散，还没有动物毒物学方面的专门研究机构，研究推广工作很不适应生产发展的需要。今后应制定国家动物毒物学研究规划，加快动物的有毒植物中毒、霉菌毒素和环境污染物中毒的研究步伐，加强同有关学科的联系与协作，攻克难点，以推动动物毒物学的发展。要注意培养毒物学专业技术人才和毒物检验、毒草防除人员，在高等院校的畜牧兽医专业开设动物毒物学（或家畜中毒学或兽医毒物学）课程，建立中国动物毒物学研究与检验机构，引进现代仪器设备，开展国际学术交流，实行有毒化学品登记制度，全方位地推动我国动物毒物学的创新发展。

本文刊登于《动物毒物学》，1991年，第6卷，第1期，第55-57页；《中国畜牧兽医学会"九大"学术论文集》，上海，1991年，第125-130页。

中国动物毒物学的发展趋势与展望

动物毒物学（Animal Toxicologg）是兽医科学中的一门新的分支学科。从1982年创办《兽医毒物学通讯》到1986年《动物毒物学》杂志创刊，从1982全国兽医毒物检验协作组成立到1991年中国畜牧兽医学会批准成立动物毒物学分会。我国兽医界的毒物学工作者联合畜牧科学、饲料营养、环境保护、生物医学、药理毒理、公安法医和社会毒品等学科的毒理学工作者，共同研究与动物有关的毒理学问题，其研究对象从家畜家禽扩展到经济动物；研究范围从研究毒物的有害作用扩大到解毒、脱毒、防毒乃至毒素的利用，从天然毒物扩大到包括社会毒物在内的与动物有关的各种毒物；从毒物鉴定、毒理研究扩大到毒物的管理。因此，动物毒物学的兴起和发展不仅为动物中毒的临床诊断与防治提供了理论基础，为毒素的开发利用提供了技术和方法，而且随着市场经济的发展将在毒物管理、生态环境、饲料兽药的安全评价以及灾害防御等方面发挥作用。动物毒物学以防毒治病、化毒为利、造福人类为目标，正在显示着美好的发展前景。本文仅就20世纪80年代以来我国动物毒物学研究的新进展与发展趋势综述如下，供参考。

一、动物毒物学研究的新进展

（一）毒素研究

近些年来结合农牧业生产中实际存在的重大畜禽中毒进行深入研究，先后从萱草根中提取出萱草根素（邹康南，1980；王建华，1982）；从栎树叶中提取出栎叶丹宁（史志诚，1980，1981）；从聚合草中提取出聚合草碱（丁伯良，1981）。从蓖麻中提取出蓖麻碱（张贤亮，1983）。从蜡梅中提取出4个生物碱单体，其中单体1为蜡梅碱（杨士钰，1983）；从喜树叶中提取出喜树碱（高巨星，1988）；从山黧豆中提取出 β-草酰氨基丙氨酸（洪子鹏等，1988；刘绪川等，1990）；从棘豆属植物中提取出苦马豆素（曹光荣等，1989）、臭豆碱、黄华碱（杨桂云等，1989）；从禾本科醉马草中提取出二氯化六甲基乙二胺有毒成分（党晓鹏等，1991）并进行人工合成（汪恩强等，1993）；从杜鹃花中提取梫木毒素（丁伯良，1991）；从牛黑水泻病区筛选的禾谷镰刀菌培养物中分离出两种致吐毒素（汪昭贤等，1991）；从杂色曲霉中分离到杂色曲霉素（蔡文华等，1991；沙涌波等，1991）；从致牛烂蹄病的稻草中分离出弯角镰孢菌菌株并在培养物中提取出多种单端孢霉烯族化合物（臧家仁等，1993）；从串珠镰刀菌培养物中提取出串珠镰刀菌素，雏鸡灌服 LD_{50} 为 4.29mg/kg（赵献军等，1993）。

（二）有毒植物中毒研究

1. 棘豆中毒　查明有毒棘豆有小花棘豆（*Oxytropis glabra*）、甘肃棘豆（*Oxytropis kansuensis*）、黄花棘豆（*Oxytropis ochrocephala*）和毛瓣棘豆（*Oxytropis sericopetala*）。有毒成分是生物碱（苦马豆素、臭豆碱、黄华碱等），否定了"小花棘豆中毒的实质是硒中毒"的判断。羊中毒表现头部的水平震颤、实质器官组织细胞的空泡变性、孕羊流产等，具有诊断意义。采用酸水脱毒法和间歇饲喂法是安全利用小花棘豆作为饲草的有效措施（李柞煌等，1993）。

2. 栎树叶（青杠叶）中毒　经动物试验证实有毒种有槲树（*Quercus dentata*）、槲栎（*Q. aliena*）、栓皮栎（*Q. Variabilis*）、短柄栎（*Q. glandulifera* Var. *brevipetioleata*）、锐齿栎（*Q. alierna* var. *acuteserrata*）、白栎（*Q. fabri*）、枹栎（*Q. serrata*）、麻栎（*Q. aeutissima*）、辽东栎（*Q. liaodungensis*）、蒙古栎（*Q. mongolica*）。有毒成分是栎丹宁，不是丹宁酸，前者是高分子多酚类化合物，后者是一种有机酸。长期以来，有人用丹宁酸做试验力图证实栎树叶中毒的机理，之所以屡告失败，就在于他们将两者混为一物（史志诚 1981）。春季栎树叶中含 10% 左右的栎叶丹宁，由于栎叶丹宁具水解性，当牛大量采食栎树叶后，高分子的栎叶丹宁在瘤胃中经生物降解产生多种有毒的低分子酚类化合物吸收后引起中毒。牛栎树叶中毒的实质是酚化物中毒。中毒性胃肠炎和肾功衰竭引起的水肿，肾小管上皮细胞凝固性坏死，血、尿中挥发酚升高，并可检出二、三元酚，尿液 pH 下降，比重下降，出现尿蛋白，是确诊该病的重要指标。碱化尿液和注射硫代硫酸钠有促进酚排出的作用。以中西医药结合分期分型辨证施治对初、中期病牛有效，采用高锰酸钾解毒法、日粮控制法和"三不"预防法，可有效预防该病发生。目前已在 6 个省份发病区推广陕西地方标准"牛栎树叶中毒诊断标准和防治原则"。

3. 萱草根中毒　已确定北萱草（*Hemerocallis esculenta*）、黄花菜（金针菜 *H. citrina*）、北黄花菜 *H. lilio - asphodelus*）、小黄花菜（*H. minor*）等 4 个有毒种。有毒成分是萱草根素。临床表现以突发性瞳孔散大、双目失明、后肢或四肢麻痹、重者全身瘫痪、尿糖显著升高为特征。（邹康南，王建华，1993）。

4. 蕨中毒　贵州省长期以来发生的一种以发热和血汗为特征的牛病确诊为蕨中毒（许乐仁，1979；王永达，1984），浙江报道奶牛蕨中毒引起流产（朱永年，1987），广西发生水牛蕨中毒（李德富，1987），四川密毛蕨叶诱发牛膀胱肿瘤（朱堂，1985），陕西报道了牛血尿病为蕨中毒（郭培哲等，1987）。

此外，还报道了鸡小冠花中毒（刘秀兰等，1986），茎直黄芪中毒（普西科，1986；林克忠，1987），洋葱中毒（陈安喜等，1990；李泰源等，1988），牛无毛卫矛中毒（杜霖田等，1990），绵羊无叶毒藜中毒（江书鑫等，1992），假高粱中毒（吴双民，1992），鸭大软骨草籽引起的光过敏（付先强等，1989）等。

（三）霉菌中毒

首次报道了乳牛皱胃毛霉菌病（汪昭贤等，1990），马黄曲霉素中毒性流产（谢毓芬等，1990），以杂色曲霉素为主引起的羊黄染病（蔡文华等，1991），马属动物的黄肝病（沙涌波等，1991），因弯角镰刀菌引起的牛烂蹄坏尾病（叶远森等，1991）等。

（四）环境毒理研究

1. 氟 报道了磷肥厂、砖瓦窑附近牛的氟中毒（肖希龙等，1986；徐景华，1986）及马的慢性氟中毒（付有丰等，1990）。同时对慢性氟中毒病牛的血清酶活性及同工酶谱进行了初步研究（万固君等，1990）。马慢性氟中毒以氟斑牙、腕关节硬肿、蹄尖磨损为主征（刘伯臣，1991）。牛饮用高含氟水和牧草引起慢性氟骨病，全身骨质疏松、轻脆，长骨关节膨大或变形，易于骨折（郭玉祥等，1990）。奶牛慢性氟中毒引起瘸腿病表现关节肿大、腐腿、爬窝、易骨折（徐永祥等，1980；王俊东等，1992），研究提出动物氟中毒的若干诊断指标。目前已制定出我国饲料原料中氟含量和最高允许量——饲料卫生国家标准（朱蓓蕾等，1991）。

2. 钼、铬 赣南钨矿区属钨钼伴生矿，在长期开发过程中由于排出大量尾砂水污染农田，危及人畜健康。受害区产生高钼、高铬饲料，引起牛的钼中毒（表现持续性腹泻、消瘦贫血、毛褪色和皮肤发红等症状，被当地群众称红皮白毛症）和猪鸭的铬中毒（樊璞等，1990；王继玉等，1990；戴清文等，1992）。陕西某地牛因单纯饮用被高钼污染的河水引起的以重度腹泻为主要症状的钼中毒（李三强等，1991）。对某市铬渣山附近铬污染及其对人和家畜的危害进行调查（查利等，1993）。

3. 铅 牛马因长期饮用超标的含铅 10.5mg/L 的水引起慢性铅中毒（毕运龙等，1991）。

（五）生态毒理研究

生态毒理学作为研究毒物对某一地区的动物、植物区系，生态系统的影响，以及研究毒物在生物圈（特别是食物链）中转移的学科，已开始得到重视。初步提出了棉区生态系统中棉酚生态毒理系统；农区生态系统中含硝基化合物的生态毒理系统，栎林区生态系统中栎丹宁的生态毒理系统，工业区生态系统中毒物的生态毒理系统等新概念。提出以生态工程治理毒性灾害的方法（史志诚，1987），新疆阿合奇县采用生态控制法防除农田毒麦获得成功。

在饲料中六六六降解研究方面，对 7 种降解方法进行筛选试验，发现啤酒酵母和饱和石灰水对六六六有较高的降解效应。饲料碱化技术和饲料发酵也是有效降解六六六的重要方法（易厚生等，1986）。

调查表明，中国牛的地方性血尿症主要分布在黄河以南且集中于贵州及其邻近的四川、湖南、云南、广西和陕西等省份，发病区位于海拔 1 000～3 000m 的山地，这一区域主要是欧洲蕨（*Pteridium aquilinum*）和毛叶蕨（*Pteridium revolutum*），前者见于全国，后者见于牛地方性血尿症的流行区域（许乐仁，1986），牛发病率为 0.8%～16%（赵双正，1981；冯泽光，1982；许乐仁，1986），水牛发病率为 0.57%～5.2%（许乐仁，1986）。

据抽查陕西省各农业区划内畜禽的 18 种饲草、饲料，共查出 93 种有毒真菌，其中细交链抱霉、曲霉属、镰刀菌属、青霉属的检出率为 80.1%。产毒镰刀菌种类多，菌株分布特点是：串珠镰刀菌是霉玉米中毒和大骨节病区的优势菌；三线镰刀菌、拟枝抱镰刀菌、梨孢镰刀菌和雪腐蜂刀菌等，主要分布在耕牛黑水病及大骨节病区。茄病镰刀菌是霉番茄中毒发病点的有毒真菌。木贼镰刀菌是耕牛蹄腿肿烂病的主要产毒真菌（汪昭贤等，1990）。

调查宁夏和陕北地区羊黄染病和马属动物黄肝病区的真菌区系和产毒真菌，结果从12个饲料样品中分离出15属30个种群，其中田间真菌以芽枝霉、交链孢霉为主，贮藏真菌以曲霉、青霉为主，能产毒的真菌有13种（文永昌，1991）。

（六）生化毒理与毒代动力学研究

1. 多酚类 20世纪80年代初在研究栎叶丹宁中毒机理的过程中提出并证实了"丹宁生物活化理论"（史志诚，1981），在此基础上又对棉酚、萱草根素等植物多酚化合物的中毒机理进行深入研究，指出多酚化合物生物降解的中间产物和终结产物，在特定的生态条件下，可能对活生物有毒，也可能成为生物生长繁殖的必要物质，这一双重特性对解释多酚化合物中毒机理、酚化物污染的治理、新型解毒和防毒剂的研制提供了理论依据（史志诚等，1993）。

2. OGI 对小花棘豆中非生物碱成分——1,7-二（三氯）-2,6-二羟基-4-庚酮（OGI）的毒代动力学研究表明OGI在体内主要通过其原形的一过性毒发挥其毒性作用（杨保收等，1990）。

3. 黄华碱 利用同位素示踪技术，对小花棘豆中的黄华碱（TS）在小鼠体内进行的毒代动力学的研究表明，肝脏是[^{3}H]TS的主要代谢器官，尿和胆汁是排泄[^{3}H]TS的重要途径。[^{3}H]TS的毒性主要由其原形产生（李守军等，1991）。

黄花棘豆中的苦马豆素具有抑制羊血浆中α-甘露糖苷酶的作用（王凯等，1990）。

4. 内毒素 注射大肠杆菌（O_{86} O_{55}）内毒素后，血流动力学的基本变化是血管收缩，造成微循环障碍，组织无氧代谢产生大量乳酸，导致酸中毒和pH下降。临床可见可视黏膜淤血和紫绀。缺氧和内毒素对心肌细胞的毒作用，致心肌细胞变性，出现相应的心电图变化和临床症状（张庆山等，1992）。

5. 硒 山羊采食天然富硒玉米及其秸秆发生慢性中毒过程中，全血谷胱甘肽过氧化物酶（GSH-PX）活性在采食后第20d开始升高，血清谷草转氨酶（SGOT）和血清谷丙转氨酶（SGTP）活性分别从40d和60d开始升高（赵献军等，1991）。

硒对镰刀菌毒素引起的心肌损伤具保护作用（彭双清等，1995）。

6. 乌头碱 乌头碱在兔尸中的降解动力学研究表明，乌头碱在肝、肾中的降解半衰期分别为14.22d和20.76d（徐威等，1993）。

7. 含羞草素 在牛羊瘤胃液中发现DHP-降解细菌［DHP：含羞草素代谢产物3-羟基-4（1氢）吡啶酮］，为银合欢的解毒和利用提出了新途径（汪敬等，1994）。

（七）遗传毒理研究

1. 异稻瘟净 对异稻瘟净农药的急性毒性、蓄积性和致突变性试验进行了研究（陆其明等，1989）。

2. 砷 对砷污染区牛的细胞遗传学进行研究，结果表明，外周血淋巴细胞姐妹染色单体互换（SCE）频率显著高于对照组，判为弱阳性。对细胞周期动力学的观察结果表明砷对牛有明显的细胞毒性，支持了砷是辅助致癌物的论点（王民祯等，1991）。

3. 北京菊酯Ⅱ 对骨髓细胞的分裂增殖不产生抑制作用，对哺乳动物生殖细胞（精子）无致突变作用（沈建忠等，1991）。

4. 咪唑苯脲 小鼠骨髓微核试验表明微核率显著升高，呈阴性结果（戴向国，1992）。

5. 海南霉素 体内骨髓微核试验，体内骨髓细胞染色体畸变分析，中国仓鼠肺细胞（CHL）)染色体畸变分析采用 1.6～1.8h 方案，结果表明，CHL 姐妹染色单体交换试验和致癌性预测和试验组合选择分别经 t 检验和 χ^2 检验均为阴性。证明海南霉素为非遗传毒物，不具致癌性（朱蓓蕾等，1993）。

6. 复硝酚钠 饮水中含 40～1 000mg/kg 的复硝酚钠不引起胎鼠产生外观畸形、内脏畸形和骨骼畸形（肖希龙等，1993），亦无致突变性（沈建忠等，1993）。

（八）脱毒、解毒剂研究

1. 6107 解毒剂 以 1% 用量加入未脱毒处理的菜籽饼（粕）中，即可起到解毒作用，使用安全可靠。本剂有效储存期 6～7 个月。（许梓菜，1990）。

2. RM 解毒剂 主要通过螯合作用使菜籽饼毒素（OZT 和 ITC）去毒，每千克添加 150mg RM 解毒剂，其 OZT 去毒率为 98.53%（OZT 含量 35.42mg/kg），ITC 去毒率为 100%（楼洪兴等，1993）。

3. QRS 脱毒剂 每头牛每天 20g 对牛栎树叶中毒既有预防作用又有早期治疗作用（林东康等，1993）。

4. 干型棉籽饼脱毒剂 蛋鸡日粮中加 14%～18% 棉籽饼同时加棉籽饼量 1% 的脱毒剂，结果表明，有良好的脱毒作用（孙秋亮等，1993）。

5. 巴山 9302 先以 3% 加入未脱毒的菜籽饼中，再以 20% 制成配合饲料，可代替鱼粉和豆粕，有较好的去毒和消除抗因子的作用（蒋作亮，1993）。此外还研制成许多发酵技术、热喷技术以及脱毒新工艺等解除棉籽饼和菜籽饼及蓖麻籽饼中有毒有害物质的方法和技术。

（九）毒物检验

应用现代分析技术和分析仪器提高在生物材料中毒物的检出率和检验的精确度是当今毒物分析的重要特点。例如：采用氟离子选择性电极测定牛骨氟较比色法灰化蒸馏测定法简便快速，结果准确（徐景华，1986）；采用薄层层析法检验双效菊酯（洪子鹏等，1986）；用反相高效液相色谱法测定银合欢中含羞草素及其代谢产物（刘贤明等，1987），气相色谱法测定尿中酚化物（陈凡，1981）和水中酚化物（李海英等，1989）及小冠花中的 β-硝基丙酸（陈凡等，1987），微柱法测定饲料中的黄曲霉毒素（沈炽昌，1987），硅胶 CMC 薄层析检验呋喃丹（唐福庚，1988），高效液相色谱测定动物组织中的噁唑烷硫酮（李建凡，1988），采用气相色谱法测定饲料中异硫氰酸酯（汪敬等，1991），碘离子选择电极快速测定牛胃内容物中亚硝酸根（柏齐齐，1988），薄层荧光—板法测定黄曲霉毒素 B_1（唐福庚，1988），用比色法测定检体中的微量敌敌畏（赵尔刚，1988），用奈氏试剂法诊断氟乙酰胺（王树英，1988），鲎试验（LT）应用于细菌内毒素的检测（王书恩等，1990），应用高效液相色谱法检验乌头碱（武红喜等，1991）和体内痕量乌头碱（杨一先等，1991），对霉菌毒素检验方法进行改进（梁庆久等，1991），微量化学反应测定氰化物、磷化锌（朱邦师，1992）。此外，还提出兽药残留的系统分析方法（朱蓓蕾，1991），灌制品中亚硝酸盐残留量的检测方法（方南等，1992）。

（十）毒物学史

研究毒物学的科技史，中毒病的认识史、防治史成为动物毒物学研究的一个重要方面。近年主要研究论文涉及两方面。

1. 古代毒物学史　于船、史志诚（1986）对中国古代的毒物学与畜禽中毒病的防治进行初步的探讨。特别是对"毒"字的字形分析、字义学，对历代动物中毒记载进行较系统的发掘和整理。彩万志（1988）评述了昆虫毒素的研究进展，并提出"虫毒学"概念，以推动昆虫毒的研究。

2. 现代毒物学史　对中国有毒植物的研究进行评述（王凯等，1990），对中国家畜棘豆中毒的研究史（李建科，1990）和牛栎树叶中毒的研究史做了简述（张胜勋，1993）。对中外12种毒物学期刊做了比较研究（洪子鹏，1990），对广西黄曲霉毒素的研究进行了回顾（汤建榕，1992）。

二、中毒的流行病学与毒性灾害

动物中毒的群发性和突发性以及长期难以根治的地方性中毒病，吸引了流行病学专家和灾害学专家的关注。他们采用流行病学调查和统计分析的方法揭示了中毒病的流行性和毒性灾害所造成的问题与经济损失，引起全社会的重视并提出解决问题的对策。

丁伯良（1987）对1981—1985年450篇畜禽中毒报道的统计分析表明：饲料中毒占首位（88起，占19.55%），有毒植物中毒次之（82起，占18.22%），霉菌毒素居第三位（78起，占17.33%），之后依次为农药中毒（72起，占16.00%），药物中毒46起，占10.22%），环境污染与微量元素中毒（39起，占8.67%），化肥中毒（19起，占4.22%），其他毒物中毒（19起，占4.23%）。受害动物依次为牛（174起，占38.67%）、猪（104起，占23.10%）、禽（84起，占18.67%）、羊（48起，占10.67%）、马（40起，占8.89%）。

陈正伦（1991）对贵州省30年来新发生的家畜中毒病进行了调查，描述了青杠叶、蜡梅叶、马桑嫩叶、大白杜鹃、小萱草根、小果南烛、蕨、氨水、霉稻草、霉小麦及慢性氟中毒。

袁玉海等（1992）对呼伦贝尔（1980—1990年）66起家畜中毒进行调查分析，涉及13个旗市、155个乡镇，中毒家畜12 287头（匹、只），死亡2 777头（匹、只），死亡率22.6%。其中有毒植物中毒33起，饲料中毒11起，霉菌中毒9起，农药及杀鼠剂中毒8起，化肥中毒3起，药物及添加剂中毒2起。

我国内蒙古、陕西、黑龙江、辽宁等省份的家畜地方性氟中毒，湖北恩施和陕西紫阳富硒区的硒中毒，江西的钼、镉中毒，都成为当地的毒性灾害，已引起地方病防治机构和农牧部门的重视。据报道，仅内蒙古包头附近约60万头（只）牛、羊慢性氟中毒造成重大的经济损失。

徐春生（1990）对江苏灌南县1962年6月至1983年11月诊治的199例中毒病进行评述，表明中毒病在临床内科病例中占8.18%（5.14%～9.20%）。其中：农药112例，占 56.28%，死亡 49 例，急宰 16 例，治愈 417 例；植物中毒 67 例，占 33.67%，死亡 27 例，急宰 10 例，治愈 36 例；饲料添加剂中毒 13 例，占 6.53%，死亡 3 例，治愈 5 例；化肥中毒 7 例，占 3.52%，急宰 1 例，治愈 6 例。

梁群益（1988）对 1974—1986 年广东茂名市 10 起 225 群蜜蜂死亡案的死因进行调查研究，结果表明，农药中毒 5 起 222 群，占死亡案的 87%，其中，甲胺磷中毒死亡 196 群，六六六中毒死亡 10 群，乐果中毒死亡 9 群，敌百虫中毒死亡 7 群。

据周振立（1993）统计 1979—1993 年引起农业环境污染纠纷处理案例中有 11 起因农药污染、毒气泄漏、含砷废水、尾矿暴泄等造成大家畜、猪、羊、鱼、蚌等动物中毒死亡。

据安徽省畜牧局和植保总站调查表明，截至 1991 年 9 月 17 个县（市）不完全统计，因氟乙酰胺中毒死亡黄牛 9 569 头、猪 877 头、羊 424 只、兔 1 728 只、狗 3 033 条、禽 847 只、马 1 匹、驴和骡 12 头。根据有毒植物与家畜中毒的生态学考察，我国华北、西北 7 个省份牧区草原上的棘豆中毒和 14 个省、市林区草场上的栎树叶中毒以及云南、广西、贵州和四川等省份农区草场上的紫茎泽兰侵害已成为严重的"三大毒草灾害"。它们之所以难以根治的原因在于它们都属于"生态经济病"，只有改善生态环境，才可能有效地防治这些毒草灾害（史志诚等，1993）。

流行病学调查表明：①中毒病既是群发病，又是多发病；②有毒植物与含毒饲料中毒居多种中毒之首位；③家畜棘豆中毒、牛栎树叶中毒和紫茎泽兰成为当今中国草场上危害畜牧业的"三大公害"，加上地方性氟中毒，给畜牧业发展造成威胁。

三、市场经济推动着动物毒物学的发展

恩格斯在《自然辩证法》一书中指出"科学的发生和发展一开始就是由生产决定的"。回顾近 10 多年来动物毒物学的创建和发展历程，我们正是依据改革开放的方针，按照市场需求，从开始照搬国外兽医毒物学概念，到逐步摈弃了旧概念的束缚，实事求是地按照经济社会发展的客观要求将之逐步发展成为今天的动物毒物学。近年来我们注意到一些农业大学将兽医系改为动物医学系，技术推广单位的兽医科更名为动物卫生科。这标志着动物毒物学科研究领域的扩展、在社会经济中地位的变化和科技工作者的创造性劳动。改革与创新给动物毒物学科发展带来新的气象。其表现如下。

（一）研究领域有了较大扩展

1990—1993 年全国第一、第二、第三届动物毒物学与畜禽中毒病研讨会共收到 123 篇论文，其中植物毒素 33 篇、霉菌毒素 12 篇、畜禽中毒病 42 篇、生态毒理 5 篇、环境毒理 9 篇、遗传毒理 3 篇、毒素的防除与利用 4 篇、毒物检验 8 篇、流行病学与毒性灾害 7 篇。

（二）学术组织逐步建立健全

继 1986 年中国畜牧兽医学会兽医药理学与毒理学分会成立之后，1991 年动物毒物学分会成立，1993 年中国毒理学会成立。继《动物毒物学》杂志于 1986 年创刊之后《药理学与毒理学》杂志（1987）、《卫生毒理学》杂志（1987）先后创刊。这标志着中国毒理学在 80 年代走向兴盛时期。

（三）国际学术交流进一步加强

据了解近几年来仅动物毒物学分会会员有 12 人次先后赴英国、美国、日本、加拿大、

泰国、新加坡、马来西亚等国攻读学位、考察学习或合作攻关。先后参加了国际有毒植物研讨会（1989）、第 10 届世界毒素大会（1991）、国际兽药在食品中残留立法委员会会议（1991）和亚太地区毒素研讨会（1993），增强了同国际学术界的交往，有效地促进了毒物学工作者的相互了解和学术交流。

（四）发展了一批新的分支学科

已经出版了专著的有《家畜中毒学》（王洪章、段得贤，1984；付有丰，1988）、《动物毒理学》（朱蓓蕾，1989）、《种子毒物学》（黄先纬，1986）、《植物毒素学》（史志诚等，1990）、《饲料毒物学》（于炎湖，1992）、《动物污染生态学》（杨明宪，1988）、《兽医产科毒理学》（李权武、王建华，1992）等。已经提出新的观点并有专题论文的有《毒草病理学》（朱宣人，1984），《生态毒理学》（史志诚，1987，1993），《饲料毒物学》（王建华，1993）、《动物稀土毒理学》（刘绪川，1991）、《药物残留毒理学》（朱蓓蕾等，1987，1989）等。

实践表明，经济社会愈发展，毒物学问题愈加突出，政府和学术界则倍加重视。正如英国皇家兽医学院 E. G. C. 克拉克博士在《兽医毒物学》一书中指出的那样，毒物学"与地球上生命的整个未来有联系"。因此，吸引了许多科学家将毕生的精力奉献给毒物学事业的发展。就世界毒理学和中国动物毒物学发展趋势来看，动物毒物学必将进一步发展并出现许多的新的分支学科（图 6-1），以新的姿态服务于社会主义经济建设的各个方面，各个领域。

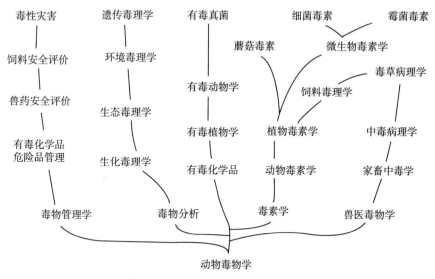

图 6-1　动物毒物学及其分支学科

毒素的研究与开发趋向高技术产业化。20 世纪末世界人口将增加到 60 亿，人类赖以生存的食品短缺问题将长期存在。数以万计的动物界、植物界和微生物为人类提供食品的同时，许多有毒种所含的天然毒素使人类开发利用它们的速度和能力受到限制。然而，毒理学是解决这一问题的金钥匙，毒素虽然对生物有害，但也可以被人类所利用，自古以来许多有毒植物和有毒动物经过炮制加工成为治疗疾病的良药。当今人类利用蛇毒、蜂毒、细菌毒素、蓖麻毒素治疗疑难病症和癌症，杀灭鼠害（C 型肉毒杀鼠素水剂已问世应用）、虫害和杂草。毒素开发的前景十分广阔，这方面国际毒素学会为我们开创了新路，动物毒物学工作者应当遵照邓小平同志"发展高技术，实现产业化"的指示，为推进毒素的高技术产业的兴起而作出自己的贡献。

四、加强毒物管理是政府宏观决策的任务之一

随着经济社会的发展，国家法律法规的健全和完善，毒物的管理成为国家政府职能的一部分。据报道，美国目前使用的化学物有 60 万种，平均每年增加 700～1 000 种，其中人工合成的化学物比第二次世界大战时期增加 350 倍，因而化学物的危害成为重要问题。为了解决工业生产和实际生活中的各种毒理学问题，1978 年美国卫生及人类服务部的领导下组织三个国立权威机构（国家卫生研究院、疾病控制中心和食品与药物管理局）所属的 4 个研究所（国家肿瘤研究所、环境卫生研究所、职业安全及卫生研究所、毒理研究中心）形成国家毒理规划，有组织、有领导地解决现实存在的问题。各国农业部门也加强了毒理学研究，如：美国农业部在犹他州设立有毒植物研究所，隶属农业部农业研究局领导；英国农业部在主管的 Weybridge 中心实验室开展普通毒理学、杀虫剂、有毒金属、氟病、欧洲蕨中毒的研究，同时开展普通毒理学、真菌中毒、杀虫剂与杀鼠剂分析等服务项目；日本农林水产省在国家动物保健研究所开展饲料安全中毒病理学和慢性中毒等研究，同时规定兽药监察的法定事务由畜产局负责，在家畜卫生实验场在生化研究部设立中毒室，研究有毒植物中毒和外来化学物残留，在饲料安全研究部设中毒病理室，研究真菌毒理和饲料添加剂慢性毒性等；美国主要兽医学院开设毒理课程，特别是纽约州兽医学院的有毒植物园和艾奥瓦兽医学院的毒物分析室的工作成就十分引人注目。

可以预料，随着经济社会的发展，为了保护公共卫生和执行环境有关的法律，毒理学问题将成为科学上和政治上必须解决的重大问题之一。高水平的毒理学知识将带来健全的管理措施，如果缺乏这方面的知识，将会无所作为，甚至导致错误的政治决策。

据国务院批准的《中国二十一世纪议程纲要》表明，我国农业环境遭受到来自工业和农业自身的严重破坏。生态环境、水产资源、草地资源遭到不同程度的毁坏，农药污染，乡镇企业带来的污染日益加剧，动物生存、繁衍的环境和动物产品的质量令人担忧。对畜产品中的药剂残留与预防还缺乏足够的重视和相应的法规。据统计，我国每年施用化肥 2 000 多万 t，农药约 20 万 t，直接受污染的农田面积 700 万～1 300 万 hm^2。全国 82% 的江、河、湖、泊受到不同程度污染。赤潮（因有毒藻类引起）频繁发生。近年每年发生环境污染赔偿事故数千起，赔款达 1 亿元左右，损失粮食 100 亿 kg 以上，畜禽中毒屡见不鲜，由于慢性毒性影响造成生态环境损失每年估计达几十亿元。

20 世纪 80 年代以来，中国动物毒物学呈现迅速发展的景象，兽药毒理和饲料毒理研究开始起步。不仅开展了一般毒理试验，而且进行特殊毒理学研究，积极开展安全评价工作。科研院校先后开展饲草饲料硒分布调查、农药安全评价、饲料中有害物质及微生物允许量标准的制定、饲料霉菌污染调查、饲料有毒成分检测技术研究以及中国草地重要有毒植物的资料搜集和整理研究等。国家技术监督局颁布了一部分有关饲料检测、饲料原料及

饲料添加剂标准，陕西省还颁布了地方标准《牛栎树叶中毒诊断标准与防治原则》。国家饲料工业办公室成立了饲料标准化技术委员会。尽管如此，国家、科研院校还没有专门的毒物研究机构，研究力量薄弱，毒物学组织还局限于社团组织，与市场经济的发展不相适应，这方面的机构组织和科技力量亟待加强。呼吁国家科学技术委员会，中国科学技术协会和农业部给予重视，尽快在中国农业科学院、重点农业大学和目前尚有基础的几个省（自治区、直辖市）的畜牧兽医总站建立各有侧重的毒理研究机构，配备人力和设备，开展工作，服务社会。

本文刊登于《动物毒物学》，1994年，第9卷第2期，第3-11页。

新经济时代的动物毒物学

2001年，在进入21世纪的第一年之际，我们迎来了全国第七次动物毒物学与畜禽中毒病防治研讨会暨动物毒物学分会第三届会员代表大会的召开，迎来了动物毒物学分会成立十周年和《动物毒物学》杂志创刊十五周年。这正是我们回顾过去，总结经验，分析形势，展望未来的好机遇。

一、动物毒物学创新与发展的23年

改革开放的23年来，在农业部畜牧兽医局和全国畜牧兽医总站的重视指导下，在中国畜牧兽医学会的领导下，在陕西省畜牧兽医总站的大力支持下，动物毒物学学科的发展经历了三个阶段。

第一阶段（1978—1985年），从西北农业大学、南京农业大学、北京农业大学、东北农业大学等院校，招收家畜中毒研究方向的研究生，到1985年王洪章、段得贤教授主编的《家畜中毒学》出版，历时八年。这一阶段主要是段得贤等教授先后在全国招收硕士、博士研究生；受农业部畜牧兽医局的委托举办了三期全国兽医毒物检验师资培训班；编办了我国第一个《兽医毒物学通讯》；为团结全国农牧系统的毒物学工作者奠定了基础，为建立专门的毒物学组织，做了人才、舆论和学术准备。

第二阶段（1986—1991年）从《动物毒物学》杂志的创刊，到中国畜牧兽医学会批准成立动物毒物学研究会（后改为动物毒物学分会），为时六年。这一阶段主要是积极组织稿件，提高办刊水平；加强国内外学术交流，赠发会刊，扩大宣传；与兄弟学会建立合作关系，增加支持力度；主动向中国畜牧兽医学会汇报工作，争取支持。会刊的创办和分会的成立，标志着我国动物毒物学学科的崛起与成熟，是两个重要里程碑。

第三阶段（1992—2001年）从动物毒物学分会与动物营养学分会在北京联合召开全国首届饲料毒素及抗营养因子学术研讨会，到2001年《动物毒物学》专著的出版，为时十年。按照"大毒物学"的思路，多次召开跨学科、跨部门的学术交流，吸收了相关学科的会员以及企业的科技工作者参加，不断丰富和发展学科，壮大分会组织。特别是学会组织50多名专家编写了158万字的世纪之作——《动物毒物学》专著，由中国农业出版社出版之后，引起社会各界的积极反响，对动物毒理学分会鼓舞很大。这不仅标志着我国动物毒物学发展到了一个新的水平，成为动物毒理学分会组织自己的奠基之作，而且标志着动物毒理学分会有能力领导和团结全国的动物毒物学工作者，代表先进的生产力和先进的文化方向，在新经济时代开拓新的局面。

二、动物毒物学研究面临的新挑战与新机遇

21世纪，世界进入一个以经济全球化、信息网络化和知识经济为特征的新时代，特别是中国即将加入WTO，经济运行机制、市场供求关系、法律法规等都将发生很大的变化，农业、畜牧业也将进行较大的调整。动物毒物学的发展也必然面临着新的形势和新的挑战。目前，动物毒物学研究工作面临的主要问题有四个。一是传统的临床中毒病例逐年减少，新的饲料添加剂、环境污染物引起的中毒有所增加，经济动物和宠物的中毒有所增加，一些新的毒物检验方法尚未建立应用，影响防治水平的发挥；二是草原有毒植物、地方性中毒引发的毒性灾害，尚未引起社会各界的高度重视，特别是西部地区的危害十分严重，有待加强这方面的工作；三是利用现代计算机网络技术开展中毒咨询服务还处于初始阶段；四是对有毒生物与生物毒素的研究深度差距很大，难以适应经济发展的需要，甚至处于十分被动的局面。

近些年来，尽管有一些毒物学工作者已经转向植物毒素开发、饲料饼粕脱毒和中毒的生态研究等新领域，但仍感不够。与此同时，动物毒理学分会虽然吸收了一些从事毒素开发的专家、企业家和从事有毒动物养殖的有相当文化水平的农民技术人才为会员，但仍感这方面的会员太少，力量薄弱。

面对新的形势，一些专家认为，动物毒物学应当既研究毒物造成的危害，又要研究毒素造福人类的价值，一举两得。也有的专家认为，开拓新的研究领域，也可发展一门研究有毒动物的毒物学，一方面要研究有毒动物的资源分布、生态学以及人工养殖技术，另一方面研究有毒动物的毒液及其中毒机理和毒液的结构与功能，为进一步利用毒液提供科学依据。同理，也可发展一门研究有毒植物的毒物学。十分可贵的是，有些老年毒物学专家，潜心研究动物毒物学的历史，从中总结经验，启示未来的发展。

关于中毒咨询服务业，世界上已有226个中毒控制中心。事实上，发达国家毒物学的发展，也在不断创新中前进。在中毒病防治上，变被动防治为主动防治。美国伊利诺斯大学兽医学院1978年在面向社会开展中毒咨询服务时，就取名为动物毒物学热线（Animal Toxicology Hotline）。1980年改名为动物中毒控制中心（Animal poison control center，APCC），1984年加入国家动物中毒控制中心（NAPCC）。从此，服务面覆盖全美。1987年，由于各州都建有中毒控制中心（PCC），因此又改为伊利诺斯动物中毒咨询中心（IAPIC）。到90年代初NAPCC组建动物产品安全服务（APSS），兽医变成一个管理者，1996年APCC又成为美国预防动物伤害协会（ASPCA）的成员。

从国际毒物学发展的历史全过程来看，毒物学既是一门医学（兽医学），也是一门科学与艺术；毒物学家既是一位自然科学家，也是一位社会科学家，也可能成为一位执法的官员。动物毒物学工作者应当不断开阔视野，寻找创业机遇，做有益于科学发展、事业成功、国家繁荣和人民健康的事情。

三、新经济时代动物毒物学的目标与任务

在新经济时代，动物毒物学工作者必须解放思想、实事求是、与时俱进、开拓创新，要明确新的思路，确定新的发展目标和任务，提出新的举措，以适应变化了的形势。

（1）继续提高家畜、家禽和经济动物中毒病的诊断、防治水平。

（2）积极参与有毒生物和生物毒素的"三药"产业化开发。

（3）建立动物中毒控制中心（APCC），面向社会开展咨询服务。

（4）关注社会热点，解决中毒事件的难点问题。

（5）努力开拓动物毒物学研究的新领域。

按照上述目标和任务，动物毒物学工作者服务范围要不断拓宽，今后动物毒物学分会的主要工作是：

——重视毒性灾害、地方性中毒的治理；

——关注食品安全、生物安全和生态安全问题，研究有关的毒物学问题；

——应用世界新的毒物分析方法与诊断技术，提高畜禽中毒病的诊断、防治水平；

——制定中毒病诊断防治标准；

——建立新的运行机制，公开发行《动物毒物学》杂志；

——提高毒物检验技术；

——开展草原毒草灾害的生态控制；

——组织生态毒理学研究，为立法提供科学依据；

——开展中毒咨询业务，建立动物中毒控制中心；

——研究和推广有毒动物、有毒植物和有毒微生物的养殖与栽培技术，增加农民收入；

——加强植物毒素、动物毒素的基础研究，为生物毒素的开发打好基础；积极参与有毒生物与生物毒素的产业化开发，提供制造"三药"的原料；2001年5月，在新加坡举办的一次中草药论坛上，一名与会者说："我们必须用科学的手段将这一传统的医药技术现代化，否则我们将失掉全球几十亿美元的医药市场"；

——发展新的交叉学科，在生态毒理学、生殖毒理学、发现毒理学、灾害毒理学、生物毒素学、环境毒理学和昆虫毒理学等领域的研究方面，有所创新，有所作为；

——搞好动物毒理学分会的自身建设。

21世纪是新经济时代，在以知识经济为主要角色的经济运行格局中，企业和农户是最基本的主体，动物毒物学如何为企业和农户服务，如何在政府与企业、农户之间发挥桥梁作用，正是我们思考的重要问题之一。

本文刊载于《动物毒物学》2001年，第16卷，第2期，第8-10页。

牛栎树叶中毒

牛栎树叶中毒的发病机理研究

栎属植物的芽、叶、嫩枝和橡子引起的动物中毒是一种世界性疾病。英国、美国、苏联、日本、新西兰和欧洲的一些国家相继报道。我国的贵州、河南、陕西、四川、湖北、山东、山西、内蒙古、吉林、辽宁、北京、河北和甘肃 13 个省份都有了黄牛和乳牛的栎树叶中毒的报道，导致重大经济损失。

但是，300 多年来，栎属植物的有毒成分尚无定论，中毒机理尚未阐明。Marsh（1919）归因于叶中含有的丹宁酸，而动物试验没有得到证实。宫本三七郎（1942）认为可能是丹宁及其形成物质。Clarke（1956）、Dollahite（1962）和 Pigeon（1962）证明橡子和栎叶中含有可水解丹宁，对大鼠和家兔有毒；栎丹宁、没食子酸、连苯三酚和丹宁酸对家兔造成的损害与哈佛氏栎（*Q. havadii*）产生的损害相似。Jubb（1970）、Cedervall（1973）和 Sandusky（1977）推断栎树丹宁的分解产物没食子酸和连苯三酚是引起中毒的原因。Panciera（1978）指出，认为丹宁酸或其衍生物引起中毒的推断有待证实。此外，在丹宁的毒理研究中存在很大争论。一种观点认为丹宁或丹宁酸不能透过胃肠道而吸收产生毒性作用，它们通过胃肠道时必须被水解为没食子酸而吸收体内，少量在尿中出现（Handler 等，1944；戈特曼，1963；Clarke 等，1978）。另一种观点认为丹宁或丹宁酸能够透过胃肠吸收，直接产生毒性作用并在血、尿中查出丹宁或丹宁酸（Korpassy 等，1951；奥加涅夏，1958；Dollahite 等，1962；Pigeon 等，1962）。两种对立的学术观点，使家畜栎属植物中毒的发病机理研究经历了较长的捉摸不定的阶段。争论的焦点在于引起中毒的基本因素是丹宁本身，还是其代谢产物，或者两者皆是。由此可见，能否确定引起毒性作用的主要物质是进一步阐明牛栎树叶中毒机理的关键。

为了继续探索该病的中毒机理，本文作者根据栎叶丹宁的理化特性、反刍动物消化系统的解剖生理特点、牛栎叶中毒与酚中毒的相似程度和"生物毒化"理论，于 1979 年提出了"高分子栎叶丹宁生物降解产生低分子酚类化合物引起中毒"的假设。本研究是以证实假设为目标，先后完成了实验设计和各项研究。本文是作者证实假设所做的十项实验研究总结，并根据假设的证实对牛栎树叶中毒的发病机理做了新的解释。

材料与方法

一、实验动物
健康牛 19 头，栎树叶中毒的病牛 34 头。

二、实验材料
选栓皮栎（*Q. variabilis*）嫩叶作为栎叶丹宁及其毒性研究的基本材料。

三、丹宁含量测定

采用国际皮粉法。

四、丹宁的提取、分离和鉴定

采用 Mayer 氏法获得栎叶丹宁。采用铁盐试验、甲醛-盐酸试验、溴水试验、醋酸-醋酸铅试验以及硫酸水解试验进行定性和分类。结构鉴定采用日本 DS-701G 红外光谱仪、日本岛津 MPS-5000 紫外光谱仪。元素分析采用 2WF-1 碳氢分析仪。

五、酚类化合物的定性、定量分析

采用铁盐试验、纸上层析、4-氨基安替比林法、气相色谱法。

六、栎叶和栎叶丹宁发酵产酚试验

采用罐式发酵法。

七、临床与病理学检查

在一般观察的同时重点测定试验动物的 T.P.R，观察记载临床症状及尿液的颜色、pH、比重、尿蛋白、挥发酚含量、低分子酚类化合物的种类和变化特点。对自然死亡或剖杀的试验动物做大体剖检，采集胃肠及实质器官组织做病理组织学检查，并对健康牛（1 例）、自然中毒病牛（1 例）、栎叶丹宁中毒病牛（2 例）和连苯三酚中毒病牛（1 例）的肝、肾组织做电镜检查，观察超微结构的变化。

八、实验数据的生物学统计与处理

对本研究获得 1 080 个试验数据都进行了生物统计学处理，根据实验设计分别进行了成组比较的 t' 检验，t 检验及方差分析。

实验与结果

一、栎叶丹宁的含量

测定栓皮栎叶 4—11 月丹宁含量分别为 10.92%、7.38%、8.18%、4.71%、8.98%、7.18%、6.46%、8.97%（干重）。4 月最高，7、9、10 月较低，与 Pigeon（1962）报道基本一致。

二、栎叶丹宁的鉴定

纸上层析表明：栓皮栎叶丹宁是一种混合物，三氯化铁显色后显示出一条延伸的灰蓝色谱带，在 R_f 为 0.1、0.22、0.34、0.46、0.57、0.72、0.83、0.97 的地方有依稀可辨的重点。而丹宁酸的 R_f 为 0.85。采用 Mayer 氏法分离获得的栎叶丹宁主要成分栎Ⅲ（$R_f=0.34$）为深棕色无定形粉末，可溶于水、丙酮、醇，不溶于乙醚、三氯甲烷。经化学检验和水解试验确定为可水解丹宁（图 6-2）。元素分析：实验值为 C 48.24%，H 4.23%，其红外光谱与紫外光谱分别见图 6-3 和图 6-4，以上结果表明栎叶丹宁区别于丹宁酸。

三、栎叶和栎丹宁的发酵产酚实验

栓皮栎叶粉在瘤胃液中发酵 48h 产生多量挥发酚，为（65.5±6.0）mg/kg，96h 达（80.59±23.91）mg/kg，与发酵前（5.37±0.33）mg/kg 相比，显著增高（$P<0.01$）；而瘤胃液对照，发酵前后无明显差异（$P>0.05$）。栎叶丹宁在瘤胃液中发酵，结果发酵前挥发酚含量为 0，发酵 48h 为 457.72mg/kg，96h 达 701.57mg/kg，144h 为 423.94mg/kg。

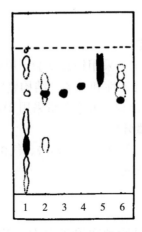

图 6-2　栎叶丹宁纸上层析鉴定结果
1. 栎叶丹宁　2. 栎丹宁水解液　3. 没食子酸　4. 连苯三酚　5. 丹宁酸　6. 病牛尿液

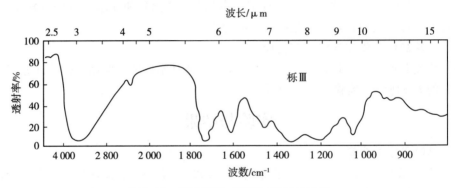

图 6-3　栎叶丹宁（栎Ⅲ）的红外光谱

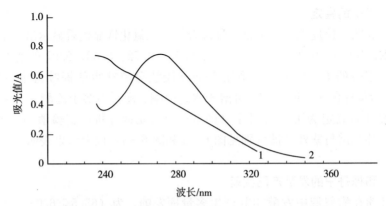

图 6-4　栎叶丹宁（栎Ⅲ）与丹宁酸的紫外光谱
1. 栎Ⅲ　2. 丹宁酸

气相色谱分析表明：瘤胃液发酵前后均未发现低分子酚类化合物，而栓皮栎叶在瘤胃液中发酵 48 后候检出甲酚、邻苯二酚等；栎叶丹宁发酵 96h 检出苯酚、甲酚、领苯二酚、间苯二酚、连苯三酚等。

四、血、尿和胃肠内容物中挥发酚的测定

血、尿中挥发酚的测定结果见表 6-1，胃肠内容物中挥发酚的测定结果见表 6-2。

表 6-1　血、尿中挥发酚的测定

组别	血液		尿液		
	测定数/头	$X \pm SD$/（mg/kg）	测定数/头	$X \pm SD$/(mg/kg)	
				游离酚	结合酚
病牛	8	1.45 ± 0.92	20	77.15 ± 68.62	34.74 ± 26.19
健康牛	5	0.00	10	4.41 ± 2.74	14.91 ± 11.04
t'				$P < 0.01$	$P < 0.05$

表 6-2　胃肠内容物中挥发酚的测定

组别	测定数/头	胃肠内容物			
		$X \pm SD$/(mg/kg)			
		瘤胃	瓣胃	皱胃	盲肠
病牛	4	10.75 ± 1.70	16.59 ± 8.95	16.40 ± 7.68	15.81 ± 6.45
健康牛	8	0.49 ± 0.67	1.25 ± 0.41	0.10 ± 0.12	4.32 ± 1.62
t'		$P < 0.01$	$P < 0.05$	$P < 0.05$	$P < 0.05$

五、血、尿和胃肠内容物中酚类化合物的气相色谱法分析

3 头病牛血液中检出甲酚、邻苯二酚和连苯三酚。14 头病牛尿液中检出苯酚、甲酚、二元酚和连苯三酚。5 头健康牛中有 3 头检出邻苯二酚。4 头病牛瘤胃液中检出苯酚（1 头）、甲酚（3 头）、邻苯二酚、间苯二酚、对苯二酚和连苯三酚；皱胃检出甲酚和连苯三酚。健康牛瘤胃液中未检出。

六、给牛口服一次栎叶后尿中酚类化合物消长情况

给一头体重 144.5kg 的健康牛（阉，2 岁）一次口服栓皮栎叶干粉 1 445g，第二天和第五天尿 pH 为 6.0，第三天尿铁反应（＋），表现精神沉郁，食欲减少，粪便干燥，色黑被有黏液，第四天恢复。第五天尿中检出苯酚、甲酚、邻苯二酚、间苯二酚、对苯二酚、连苯三酚及一些未知酚。尿中挥发性游离酚含量由给叶前的 7.15mg/L 升高到 26.51mg/L。

七、栎叶丹宁对牛的毒性

选健康牛 4 头，分为两组，每组两头。第一组为冷水提取丹宁组，第二组为丙酮提取丹宁组。按每千克体重 40g 鲜叶的提取液（丙酮组经回收浓缩），用胃导管投服，每日两次，连续 7d。结果两组试验牛在投服后的第 6～8 天出现于栎树叶中毒一致的临床症状和

尿液变化，血酚增高。病理解剖的肉眼变化和病理组织学检查结果也与栎树叶中毒自然病例一致。栎叶丹宁中毒（2例）与栎树叶中毒（1例）的肝肾组织的电镜观察结果大致类同，表现肝细胞核变形，胞浆内出现空泡，溶酶体增加，线粒体肿胀，内质网扩张增生。肾小管内上皮细胞坏死脱落，有的脱离基底膜，核变形，线粒体肿胀。健康牛（1例）均正常。

八、连苯三酚对牛的毒性

选健康牛3头，按0.4g/kg体重的剂量分别用胃导管投服连苯三酚，每天一次。结果1号牛投给一次剂量后于翌晨出现中毒症状，病情很快恶化，第四天死亡；2号牛投服6次剂量后未表现明显症状；3号牛投服两次剂量后出现与栎树叶中毒相似的临床症状和病理变化。

九、病牛尿液 pH、比重、尿蛋白及酚性物质排出的相关性

据20头病牛、6头同群放牧未发病的假定健康牛和10头健康牛的观察结果表明：随着尿液 pH 的下降，尿中挥发酚的含量明显减少，病初与病的后期相比差异显著（$P<0.05$），呈正相关，同时二元酚和三元酚的排出受阻；尿比重随着病情加重而逐渐下降；尿蛋白出现于整个病程。

十、供硫剂缓解症状、降低血酚的效果

选未出现水肿症状的初、中期病牛27头，静脉注射或肌肉注射10%硫代硫酸钠，每天一次，每次8～15g。结果注射1～3次后症状缓解，食欲增加，开始反刍，对进一步治疗极为有利。测定4头病牛静脉注射一次硫代硫酸钠（10.88～12.8g）24h 血中挥发酚含量（0.78±0.75）mg，比治疗前（2.06±0.68）mg，明显下降（$P<0.05$）。

讨论与结论

一、4月栓皮栎叶中含有10%可水解的栎叶丹宁，而不是丹宁酸

将栎叶丹宁经口给予牛引起中毒，其临床症状、病理变化与牛栎树叶中毒的自然病例一致。栎树叶的有毒成分是栎叶丹宁。

二、高分子的可水解的栎叶丹宁在试管内或牛体内经生物降解均可产生有毒的多种低分子酚类化合物——苯酚、甲酚、邻苯二酚、间苯二酚、对苯二酚、连苯三酚、间苯三酚和一些未知酚

这些酚化合物可在发酵液或体液（血、尿、胃肠内容物）中借助纸上层析、4-氨基安替比林法和气相色谱检出。这一发现不仅为阐明可水解丹宁的毒性提供了新的科学依据，而且为建立"多酚类化合物生物毒化"理论丰富了内容。

三、依据栎树叶、栎叶丹宁中毒病牛的血、尿和胃肠内容物中丹宁和酚类化合物的检验和鉴别，证明病牛吸收的不是丹宁本身，而是其生物降解产物

这一事实支持了经典药理学和毒物学关于丹宁代谢的观点并有新的见解，否定了丹宁可直接透过胃肠道吸收的论点。

四、本研究通过十项实验研究，证实了作者提出的"高分子栎叶丹宁经生物降解产生低分子酚类化合物引起中毒"的假设

假设的证实，意味着丹宁毒性研究中有争论的关键性问题得以解决。牛栎树叶中毒的实质是低分子酚类化合物中毒，据此，可以对栎树叶中的发病机理作出新的解释。今后应

继续研究栎叶丹宁的生物降解过程，确定主要酚类化合物的毒性，寻求更多的新防治方法。

本文发表于《畜牧兽医学报》，1988 年，第 5 卷，第 192－197 页；于 1992 年参加第三届国际有毒植物研讨会进行学术交流（Research on the Pathogenesis of oak Leaf Poisoning in Cattle，Shi Zhicheng，《POISONOUS PLANTS：Proceedings of the Third International Symposium》Edited by L. F. James etc. Iowa State Unicersity Press/Ames，1992）。

Research on the pathogenesis of oak leaf poisoning in cattle

Shi Zhicheng

Abstract

In the study, we investigated the physical and chemical properties of oak tannin and the anatomy and physiology characteristics of ruminant digestive system. Due to the similarities of clinical symptoms and pathological changes between oak leaf poisoning and phenol poisoning in cattle, a hypothesis was proposed based on the theory of "biotoxification", which considered that the poisoning of oak leaf in cattle was caused by low molecular phenolic compounds biodegraded by high molecular oak tannin. This hypothesis has been proved or confirmed by paper chromatography, 4－aminoantipyrine method, IR, UV, GC, EM, and other experimental methods of chemistry, biochemistry, pathology, toxicology, clinical diagnosis, and experimental therapy. The toxic constituent in oak leaves is oak tannin. The toxic activities in cattle caused by oak leaves is not oak tannin itself, but the poisonous metabolites, phenolic compounds produced by the biodegradation of oak tannin.

Introduction

The poisoning in animals, caused by the buds, leaves, tender branches, and fruits of *Quercus* species, is a worldwide disease Poisonings have been reported in Britain, USA, USSR, Japan, New Zealand, and other European countries. Oak leaf poisoning in yellow cattle and dairy cows has been reported in 13 provinces and autonomous regions in the People's Republic of China (*e. g.* Guizhou, Henan, Shaanxi, Sichuan) and has caused serious economic losses.

Over the last 300 years, neither a final conclusion has been made on the toxic mechanism of *Quercus* species nor has the pathogenesis of oak leaf poisoning in cattle been clarified. Marsh (1) attributed this poisoning to tannic acid in oak leaves, but the tests on animals did not support the conclusion. Clarke and Cotchin (2), Dollahite et al. (3), and Pigeon et al. (4) proved that acorns and oak leaves contain hydrolysable tannin, which is toxic to rats and rabbits. The damage of rabbits caused by oak tannin, gallic acid, pyrogallol, and tannic acid is similar to that produced by *Q. havadiĭ* (2 – 4). Jubb (5), Cedervall et al. (6), and Sandusky et al. (7) reasoned that the decomposed products (gallic acid and pyrogallol) of oak tannin are the main cause of poisoning (5 – 7). Panciera (8) pointed out that the deduction of poisoning caused by tannin or its derivatives had to be further proved. In addition, there have existed two viewpoints on the identification of the *Quercus* toxic mechanism (s). One hypothesis is that tannin or tannic acid is not able to be absorbed through the gastrointestinal tract, thus it is not toxicity to animals. When passing through the gastrointestinal tract, tannin or tannic acid should be hydrolyzed into gallic acid before being absorbed and appeared in the urine (9, 10). The other hypothesize was that tannin or tannic acid could be absorbed through the gastrointestinal tract and produce toxic action, which could be detected in blood and urine (3, 4, 11). These opposite viewpoints focus on whether tannin itself or its metabolites cause the poisoning, or both. Obviously, the determination of the toxic mechenism is the key point in further understanding of the pathogenesis of oak leaf poisoning in cattle.

In order to further study the pathogenesis of the poisoning, a hypothesis that poisoning could be caused by low molecular phenolic compounds produced by biodegradation of high molecular tannin in oak leaves was formulated. It was based on the physical and chemical properties of oak tannin, characteristics of the anatomy and physiology of the ruminant digestive system, and similarities of clinical symptoms and pathological changes between oak leaf and phenol poisoning in cattle, and the theory of "biotoxification" (12). The present study aimed to confirm this hypothesis. Accordingly, this paper summarizes ten experimental studies and makes a new explanation of the pathogenesis of oak leaf poisoning in cattle.

Materials and methods

Animals
Nineteen normal and thirteen cattle naturally poisoned with oak leaf were used.

Experimental materials
The young leaves of *Q. variabilis* are the basic materials for oak tannin and toxicity studies.

Determination of tannins
The international Hide Powder Method is used to determinate tannins' content.

Extraction, isolation, and identification of tannin
The Mayer method was adopted to obtain oak tannin. Also, the ferric chloride test, formaldehyde, hydrochloric acid test, bromine water test, and sulfuric acid hydrolytic test were used to conduct qualitative analyses and classification of tannins. DS – 701 IR (Japan) was used to conduct structure identification. MPS – 5000 UV (Japan) was used for the spectroscopy; 2 WF – 1 hydrocarbon analyzer was used to analyze the elements.

The ferric chloride test，paper chromatography 4 – ammoanupyrine method，and gas chromatography were adopted to conduct qualitative and quantitative analysis of phenolic compounds（13）.

The tank fermentation method was used to measure phenol production by oak leaves and oak tannin fermentation.

The animals were examined daily and recorded. Daily urine samples were observed for the changes in color，pH，specific gravity，protein，content of volatile phenol，and the kinds and changing characteristics of low molecular phenolic compounds were also observed. Necropsies were conducted on the experimental cattle after they died of toxicity or slaughter. Gastrointestinal and parenchymal organ tissues were collected for histopathological inspection. Also，EM examinations of liver and kidney tissues from one normal，one naturally poisoned，two oak tannin – poisoned，and one pyrogallol – poisoned cattle were carried out to observe changes in the microstructures.

The experimental data obtained from this study were processed by biostatistics. Based on experimental design，tinspection of group comparison，t inspection，and variance analysis were carried out.

Experiments and findings

Oak tannin contents

The tannin contents in the leaves of *Q. variabilis* were determined every month from April to November. It was 10. 92％，7. 38％，8. 18％，4. 71％，8. 98％，7. 18％，6. 46％，and 8. 97％（dry weight），respectively. Thus，the tannin content of *Q. variabilis* is the highest in April but it was lower in July，September，and October，which is in agreement with that reported by Pigeon（4）.

Oak tannin identification

Paper chromatography indicated that oak tannin of *Q. variabitis* is a type of mixture. A prolonged grey – blue spectrum band appeared after ferric chloride coloration. The visible points could be detected. R_f values of 0. 1，0. 22，0. 34，0. 46，0. 57，0. 72，0. 83，and 0. 97 were obtained. R_f value of oak tannic acid was 0. 85（Fig. 6 – 5）. The main ingredients（$R_f = 0. 34$）of oak tannin isolated by means of Mayer's method was a deep brown，amorphous powder，which would dissolve in water，acetone，and alcohol but not in ethyl ether or chloroform. Hydrolysable tannin was confirmed through tests and hydrolytic experiments. Element analysis indicated that experimental values were C 48. 24％ and H 4. 23％，whose infrared spectroscopy and UV spectrum are shown in Fig. 6 – 6 and Fig. 6 – 7，respectively. The above – mentioned results indicate that oak tannin is different from tannic acid.

Experimental phenolic compounds from oak leaves and oak tannin produced by fermentation

After fermented in rumen fluid，the leaf powder of *Q. variabilis* can produce a large a-

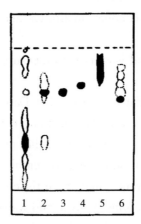

Fig 6 - 5　Paper chromatography

1. oak tannin　2. hydrolysable solution of oak tannin　3. gallic acid

4. pyrogallol　5. tannin acid　6. urine sample

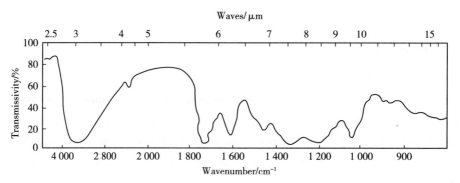

Fig 6 - 6　Infrared spectroscopy of oak tannin（oak Ⅲ）.

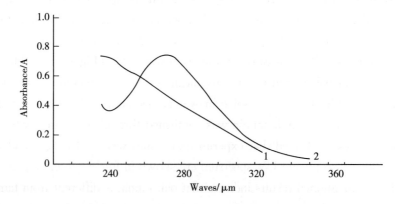

Fig 6 - 7　Ultraviolet spectrum of oak tannin（oak Ⅲ）.

1. oakⅢ　2. tannin acid

mount of volatile phenols, and it was (65.5±6.0) mg/kg at 48 h and reached (80.5± 23.91) mg/kg at 96 h. There was a significant increase ($P<0.01$) of volatile phenols in comparison with the amount of (5.37±0.33) mg/kg before fermentation. In contrast, rumen fluid showed no obviously difference before and after fermentation P ipparent ($P<0.05$). After fermentation, there was no volatile phenol in oak tannin in rumen fluid. Prior to fermentation, volatile phenol was 457.72 mg/kg at 48 h, 701.57 mg/kg at 96 h, and 423.94 at 144 h. Gas chromatography analysis indicated that phenolic compounds with low molecular weight were not found before fermentation, while cresol, pyrocatechol, etc., were identified after the leaves of *Q. variabilis* were fermented in rumen fluid for 48 h. After 96 h of fermentation, phenols, cresol, pyrocatechol, resorcinol, pyrogallol, etc. were identified.

The concentration of volatile phenols in blood and urine, and the gastrointestinal tract contents is shown in Table 6-3.

Table 6-3　The volatile phenols amount in blood and urine, and the gastrointestinal tract contents

Groups	Poisoned	Normal	t
Blood			
No. tested	8	5	
$X\pm SD^*$	1.45±0.92	0.00	
Urine			
No. tested	20	10	
$X\pm SD$			
Free phenol	77.15±68.62	4.41±2.74	$P<0.01$
Combined phenol	34.74±26.19	14.91±11.04	$P<0.05$
GTC**			
No. tested	4	8	
$X\pm SD$			
Rumen	10.75±1.70	0.49±0.67	$P<0.01$
Omasum	16.59±8.95	1.25±0.41	$P<0.05$
Abomasum	16.40±7.68	0.10±0.13	$P<0.05$
Caecum	15.81±6.45	4.32±1.62	$P<0.05$

＊, mg/kg; ＊＊, GTC＝Gastrointestinal tract contents.

Gas chromatographic analysis of phenolic compounds in blood, urine, and GI contens

Cresol, pyrocatechol, and pyrogallol were identified in the blood from three poisoned cattle. Phenol, P-cresol, dihydric phenol, and pyrogallol were identified in urine from 14 poisoned cattle. Pyrocatechol was identified in three of five normal cattle. Phenol, cresol, and pyrocatechol, resorcinol, quinol, and pyrogallol were identified in the rumen fluid of one, three, and four poisoned cattle respectively; cresol and pyrogallol were also found in the abomasum. None of these compounds was found in the rumen fluid of normal cattle.

Variations of phenolic compounds in urine

Dry, powdered leaf (1, 445 g) of *Q. variabilis* was given to one normal bovine (castrated, 2 - year old, 144. 5 kg BW) in a single dose. On the second and fifth days, urine pH was 6. 0. The urine - iron reaction was positive on the third day and the animal became anorexic and dull. The animal's feces were dark, hard, and covered with a film of mucus. The animal recovered on the fourth day; phenol, cresol, pyrocatechol, resorcinol, quinol, pyrogallol, and other unknown phenols were identified in urine on the fifth day. The free volatile phenols rose from 7. 15 mg/L before treatment to 26. 51 mg/L.

Toxicity of oak tannin in cattle

Four normal cattle were divided into two groups of two each. One group was given tannin extracted in cold water; the other was given tannin extracted in acetone. The extracted juice from fresh oak leaves (40 g/kg BW) was given by stomach tube twice a day for seven days. As a result, in the sixth and seventh days, the cattle in the two groups showed the same clinical symptoms and urine changes as those of oak leaf - poisoned cattle; blood phenols were also increased. The postmortem findings and histopathological examinations were also consistent with those of cases of naturally oak leaf - poisoned cattle. The electron microscopy results of liver and kidney from two oak tannin - poisoned cattle and one oak leaf - poisoned animal were roughly the same, showing deformation of liver cell nucleus, cytoplasmic vacuolation, increased lysosomes, swelling of mitochondria, and expansion and hyperplasia of endoplasmic reticulum. The necrosis and desquamation of epithelial cells within renal tubules occurred. Also some desquamation from basement membranes, deformed nuclei, and swollen mitochondrion were found.

Toxicitv of pvroaallol in cattle

Three normal cattle (No. 1, 2 and 3) were dosed with pyrogallol (0. 4 g/kg BW) by stomach tube once a day. No. 1 showed the poisoning symptoms early in the morning of day 2, rapidly worsened, and died on day 4. No. 2 showed no apparent poisoning symptoms until day 6; on day 2, No. 3 demonstrated similar clinical symptoms and pathological variations to those of oak leaf poisoning.

Urine characteristics of poisoned cattle

Observations were made on 20 poisoned cattle and 6 clinically normal cattle from the same herd and 10 normal cattle. Urine pH decreased, and urine volatile phenols obviously dropped down. There was a significant difference ($P < 0.05$) between the early stage and the advanced stage of poisoning, showing a positive correlation. At the same time, the discharge of dihydric phenol and trihydric phenol was blocked. Urine specific gravity gradually decreased with the worsening of the toxicity; urine protein remained constant throughout.

Sodium thiosulfate administration

Twenty – seven cattle showing no edema at the early, oana intermediate stages of poisoning were given 10% sodium thiosulfate (8 – 15 g) by intravenous injection or intramuscular injection once a day. After one to three injections, the poisoning symptoms were eased by the resumption of appetites and consequent rumination. Further treatment was conducted on four poisoned cattle by a single intravenous injection of sodium thiosulfate (10. 88 – 12. 8 g). The amount of volatile phernols in blood was (0. 78 ± 0. 75) mg after treatment, which was significantly higher than the amount of, (2. 06 ± 0. 68) mg before treatment ($P < 0.05$).

Discussion and conclusions

In April, leaves of *Q. variabilis* contain 10% of hydrolysable oak tannin. Clinical symptoms and pathological variations in cattle orally poisoned by oak tannin were consistent with those of naturally oak leaf poisoned cases. The toxic components in oak leaves are oak tannins.

The high molecular weight and hydrolysable oak tannin which was degraded by microorganisms *in vitro or in vivo* can produce various kinds of low molecular weight and toxic phenolic compounds such as phenol, cresol, pyrocatechol, resorcinol, and other unknown phenols. These phenolic compounds in the fermenting liquid and body fluid (blood, urine, gastrointestinal tract) were identified by paper chromatography, 4 – aminoantipyrine, and gas chromatography. This finding not only provides a new scientific base for accounting for toxicity of hydrolysable tannjn, but also supports the theory of "biotoxification" of multiple phenolic compounds.

Based on the presented study, it is shown that tannin itself was not absorbed into the blood stream while its degradation compounds were. This supports the viewpoint of tannin metabolism in classical pharmacology and toxicology and new ideas and brings into question the hypothesis that tannin can be directly absorbed through the gastrointestinal tract.

These chemical and experimental studies show that the poisoning of oak leaf in cattle is caused by low molecular weight phenolic compounds, the biodegradation of high molecular weight tannin. The natural oak leaf poisoning in cattle is due to the poisoning of phenolic compounds with low molecular weight, which is a new interpretation for the pathogenesis of oak leaf poisoning in cattle. It is necessary to further study the biodegradation process of oak tannin and to determine the toxicity of the main phenolic compounds, which will be helpful for preventing and controlling the occurrence of oak leaf poisoning in cattle.

本文发表于《POISONOUS PLANTS：Proceedings of the Third International Symposium》, Edited by L. F. James etc. , Iowa State University Prees/Ames , 1992 年，第 509 – 516 页。

陕西省地方标准《牛栎树叶中毒的诊断标准与防治原则》（DB61/T－16—91）

牛栎树叶中毒是我国栎林区春季牛的一种常发病、多发病。牛栎树叶中毒是由于牛过量采食对牛有毒的栎属（*Quercus*）植物的幼嫩树叶所引起的中毒病。在临床上，病的初期以前胃功能紊乱和肾功不全为主征；中期和后期表现不同程度的全身中毒症状并以肾功能衰竭、出现水肿为主征。

本标准规定了牛栎树叶中毒的临床诊断要点、预防与治疗。

本标准适用于牛栎树叶中毒的诊断与防治。

1 诊断标准

1.1 流行动态

牛栎树叶中毒发生在栎林区栎属植物幼叶萌发期，放牧牛有采食栎树叶的病史。

1.2 临床症状

1.2.1 初期症状为精神不振，体温38～39.5℃，心音亢进或正常，食欲减少，放牧时呆立，厌食青草，鼻镜少汗，汗不成珠，且流清涕，腰弓，肌肉震颤，触诊耳尖、四蹄发凉，粪便干燥、色黑呈珠，附有黏液和血丝，尿量增多，清亮如水。

1.2.2 中期症状为精神沉郁，体温渐降，心跳增速，心律不齐，心有杂音，食欲废绝，反刍消失，瘤胃蠕动停止，鼻镜干燥，出现腹痛候症群，粪便干燥，呈算盘珠状，带多量黏膜和血丝，少尿，有的病例胸前、颌下、腹下出现轻度水肿。

1.2.3 后期症状为精神极度沉郁，体温降至37.5℃以下，心律减慢，节律不齐，呼吸困难，鼻镜干燥或龟裂，不愿走动，卧地时头弯向腹侧，磨牙，呻吟，不见排粪，或排出恶臭黑褐色稀粪，无尿，胸前、肉垂、颌下或腹下、阴囊（公）、阴户（母）、会阴、股内侧、肛门周围等处出现重度水肿，穿刺后流出淡黄色清亮液体，终因肾功能衰竭而死。病程1～3周，个别病例长达月余。

1.2.4 中兽医临床分型

1.2.4.1 畏寒型

主征神差食少，厌青不饮，胃寒颤栗，皮缩毛立，耳鼻俱凉，鼻镜少汗，肚腹微胀，粪便干燥，尿清如水，口粘津少，口色清淡，脉浮无力。

1.2.4.2 水肿型

主征精神乏困，食欲废绝，鼻镜干燥，耳鼻发凉，气息急促，四肢欠温，水肿趋下，腹下更甚，尿少尿闭，肚腹微胀，口色青暗，脉沉濡细。

1.2.4.3 淤血型

主征精神沉郁，运步不灵，站立不稳，多卧少站，泻痢脱肛，回头舔腹，伸颈切齿，粪稀黑褐，混有淤血，口色青紫，舌质软绵，脉沉结代。

1.3　实验室检查

1.3.1　初期病牛尿液 pH7.5～6.5，尿蛋白阳性，尿比重略有下降，血液中出现挥发性游离酚，尿液中挥发性游离酚明显增高。

1.3.2　中期和后期病尿液 pH、尿比重均明显降低，尿蛋白（＋）或（＋＋）或（＋＋＋＋）不等，尿中挥发性游离酚和结合酚明显增高，且结合酚＜游离酚。血肌酐升高。血液 CO_2 结合力明显下降。

1.4　鉴别诊断

排除牛流行热、牛出血性败血病、牛炭疽、牛气肿疽、牛肝片吸虫病。

2　预防方法

2.1　排除病因法

储足冬春饲草，在发病季节里，不在栎树林放牧，不采集栎叶喂牛，不采用栎叶垫圈。这是避免牛采食栎树叶预防该病发生的根本方法。

2.2　日粮控制法

在发病季节，牛的饲养采取上半日舍饲，下半日放牧或进行补饲、加喂夜草，控制牛当日采食栎树叶的量在日粮中占 40％以下。

2.3　高锰酸钾法

在发病季节，每日下午归牧后灌服一次高锰酸钾水。方法是称取高锰酸钾粉 2～3g 于容器中，加清洁凉水 4 000mL，溶解后一次胃管灌服或饮用，坚持至发病季节终止为止。

3　治疗原则

以排毒、解毒、通便、利尿、消炎、促进胃肠活动，恢复肾功能为原则，进行中西医结合治疗。

3.1　初期病例的治疗

3.1.1　病牛立即停止在栎林放牧，禁止采集栎树叶饲喂病牛，应饲喂青草或青干草。

3.1.2　缓泻，选用菜油、鸡蛋清、蜂蜜等。

3.1.3　强心利尿，选用安钠咖注射液，肌肉注射。

3.1.4　解毒，选用硫代硫酸钠注射液，静脉注射。

3.1.5　碱化尿液，选用碳酸氢钠注射液，静脉注射。

3.1.6　中药疗法，给予解毒、利胆、生津、通二便的中药。

3.1.7　瓣胃注射 3％食盐水 1 000mL。

3.2　中后期病例治疗

3.2.1　用益气健脾、强心利尿的中药。

3.2.2　对症治疗。

利尿选用 10％葡萄糖注射液和呋塞米注射液，混合静脉注射，或口服氢氯噻嗪，当利尿后，注意补钾；兴奋肠胃选用比色可林；也可用 10％氯化钙、10％氯化钠、20％安钠咖、10％葡萄糖混合静脉注射；消除酸中毒选用碳酸氢钠注射液，静脉注射，同时补充维生素；出现继发感染选用抗生素消炎。

3.3 中兽医辨证施治

3.3.1 畏寒型病牛的治法应益气温阳，通便逐邪，采用"温脾汤"加减。

3.3.2 水肿型病牛的治法应温阳益气，化气行水，采用"真武汤"加减。

3.3.3 淤血型病牛的治法应益气升阳，活血化瘀，采用"补中益气汤"加减。

附录 A

牛栎树叶中毒临床病程分期

(补充件)

检查项目	初期	中期	后期
体温	变化不大	正常或偏低	偏低
心率	亢进或正常	减慢	减慢、节律不齐
呼吸	正常	正常或减慢	困难
鼻镜	汗不成珠	干燥或龟裂	龟裂
粪便	粪干色黑，附有黏液或血丝	干燥呈算盘珠状，带多量黏液或血丝	不排粪或少量恶臭稀粪
排尿	尿量增多	尿量减少	无尿
水肿	无	无或胸前、颌下、腹下有轻度水肿	胸前、肉垂、颌下或阴囊（公）、阴户（母）、腹下、股内侧、肛门周围等处有重度水肿
尿蛋白	（＋）	（＋）或（＋＋＋＋）	（＋＋）或（＋）
尿 pH	8.0～7.5	7.0～6.5	6.5～5.5
尿比重	1.025 左右	1.020 左右	1.011 左右
尿挥发性游离酚 /mg/L	114.55±78.83	78.48±34.41	37.96±20.05
尿挥发性结合酚 /mg/L	47.34±39.76	34.18±21.61	22.87±3.44
血中挥发性游离酚 /(mg/100mL)	0.28±0.13	1.86±1.06	0.93±0.01
血肌酐 /(mg/100mL)		2.97±0.90	
血 CO_2 结合力 /(mg/100mL)		17.90±7.30	

注：正常牛：尿液 pH7.5～8.0，尿蛋白为阴性，尿比重 1.026～1.035，尿中挥发性游离酚（4.41±2.74）mg/L，结合酚（14.91±11.04）mg/L；血液挥发性游离酚为 0，血肌酐（1.28±0.06）mg/100mL；血液 CO_2 结合力（51.5±6.7）mg/100mL。

附录 B

牛栎树叶中毒临床诊断的尿液、血液生化检验方法
（补充件）

项 目	方 法
尿 pH	广泛 pH 试纸法
尿比重	尿比重计法
尿蛋白	10％磺柳酸法
尿挥发性酚	4－氨基安替比林法
血中挥发性酚	血液样品用三氯醋酸沉降蛋白后获得的无蛋白滤液，用 4－氨基安替比林法测定
血肌酐	饱和苦味酸法
血液 CO_2 结合力	滴定法

附录 C

对牛有毒的栎属（*Quercus*）植物
（补充件）

槲树（*Q. dentata*）

槲栎（*Q. aliena*）

栓皮栎（*Q. variabilis*）

白栎（*Q. fabri*）

锐齿栎（*Q. aLierna* var. *acuteserrata*）

蒙古栎（*Q. mongolica*）

短柄栎（*Q. glandulifera* var. brevipetioleata）

辽东栎（*Q. Liaotungensis*）

枹栎（*Q. serrata*）

附加说明

本标准由陕西省农牧厅提出。

本标准由陕西省畜牧兽医总站、汉中地区技术监督局、汉中地区畜牧兽医研究所负责起草。

本标准主要起草人：史志诚、牛德俊、杨宝琦、洪子鹏。

本标准由陕西省技术监督局 1991 年 2 月 1 日批准，1991 年 4 月 1 日实施。

《牛栎树叶中毒诊断标准与防治原则》
（陕西省地方标准）的推广工作总结

《牛栎树叶中毒诊断标准与防治原则》（DB61/T－16—91）是陕西地方标准（以下简称《陕标》）。《陕标》是从 1978 年到 1990 年，在经过 12 年的早期临床诊断、中毒机理研究和中西医结合防治实践的基础上，由史志诚教授等起草制定，1991 年 2 月 1 日经陕西省技术监督局批准发布，1991 年 4 月 1 日起实施。自 1992 年开始，由陕西省畜牧兽医总站主持在陕西、甘肃、辽宁、河南和其他一些发病省份推广应用《陕标》，经过 10 年的努力，目前该病在陕西省陕南地区和全国范围内基本得到控制并逐步减少，取得了明显的治疗预防效果和显著的经济效益。

一、项目的来源、目的和要求指标

《陕标》是我国家畜中毒病的第一个诊断和防治标准。为了把《陕标》推广到陕西省和全国其他省份的发病区，经申请，由陕西省农业厅批准列入 1993 年和 1994 年的陕西省丰收计划项目。推广《陕标》的目的是应用《陕标》及时、准确地诊断牛栎树叶中毒，使防治工作更加规范化、标准化，降低发病率和病死率，提高治愈率，提高防治效果，减少经济损失，保证山区养牛业的健康发展，提高社会经济效益。

本项目要求在汉中市和商洛市推广应用后，达到的技术经济指标是：大面积的发病率由原来的 9% 降低到 4.5% 左右；病死率由原来的 39.6% 下降到 20% 左右；早期的治愈率由推广前的 60% 提高到 80% 左右；经济损失每年减少 50 万元左右。在外省推广应用能证明《陕标》适合在其他发病区的推广，发病率、病死率下降，治愈率上升，并能取得一定经济效益。

二、推广《陕标》的具体措施

（一）制定推广《陕标》的总体计划，分阶段组织实施

鉴于推广《陕标》的工作是一项系统工程，涉及行政、技术和相关部门的配合，涉及陕西省两个市和有关省份的工作协调，特别是各地推广工作开始和结束的时间不一致；预防和治疗效果需要一个较长时间的观察；日粮控制和生态环境的改变需要经常宣传，长期坚持才能看出效果。因此，我们将推广《陕标》工作分为两个阶段。

第一阶段（1992—1995 年）为应用推广阶段。主要是制定计划、宣传培训，由点到面推广应用。与此同时，设点专题调查中毒发生的季节性、地区性，栎属植物种类，选择病牛和健康牛测定生化指标，观察预防效果和治疗效果，总结推广《陕标》的技术工作和组织工作经验。

第二阶段（1996—2002 年）为巩固观察阶段。主要任务是继续在面上调查了解推广《陕标》后的防治效果，各地坚持宣传、应用《陕标》的关键技术（主要是日粮控制法和初期应用硫代硫酸钠治疗等技术）应用效果及其广泛性的观察。

（二）成立推广《陕标》协作组，落实各项推广任务

在第一阶段开始，陕西省畜牧兽医总站与中国畜牧兽医学会动物毒物学分会于1993年和1994年分别发出陕牧站发（1993）011号和（1994）009号《关于在全国发病区推广〈牛栎树叶中毒诊断标准与防治原则〉的意见》的文件，确定成立推广《陕标》协作组，由史志诚教授担任技术总顾问，陕西省畜牧兽医总站任组长单位，负责推广的组织实施工作，各市和有关省区畜牧兽医中心（站）为参加单位，分别承担推广工作。文件要求各参加单位填写协作单位登记表，概述牛栎树叶中毒发病简况，拟推广范围，主要组织管理措施，预计经济效益，参加协作的人员和承担推广的负责人。

在第二阶段开始后，特别是2001年，陕西省畜牧兽医总站又发出通知，要求各协作单位，继续调查总结历年发病死亡与治疗情况，不断观察该病发生规律和防治效果。尤其要抓好2002年春季中毒季节的最后调查总结工作。汉中市和商洛市是陕西省推广《陕标》的主要地区，对推广工作十分重视。1998年汉中市畜牧兽医中心向陕西省农业厅申报了创建牛栎树叶中毒稳定控制区的项目。陕西省农业厅以陕农业发（1998）431号文件批准列入省重点研究项目。项目以贯彻《陕标》为核心，以宣传栎林区养牛户贯彻"三不"预防措施为基础。使群众科技意识不断增强，对本病的识别能力不断提高，发病率不断下降、治愈率显著提高。汉中市中心还发文，要求重点县做好推广《陕标》工作的调查统计工作。

（三）广泛深入开展科普宣传、技术咨询和培训工作

每年春季各地利用广播、板报、书写标语、录像、出动宣传车、发放科普材料和小册子、举办培训班等多种形式进行科普知识宣传。据不完全统计，各地召开防治会议3 000多次，举办培训班190期，技术咨询2 700人次，采用各种形式宣传4 139次（期），印发宣传材料282 850册（份），出动宣传车200辆，宣传农户216 329户，782 370人。使发病区的干部和农民懂得牛栎树叶中毒的致病原因和防治基本知识，使推广工作有了广泛的群众基础，促进了预防措施的落实。

（四）课题组与全国性专业学会联合攻关

为了使《陕标》不仅在陕西省内推广应用，而且能在全国的发病省区推广应用，陕西省畜牧兽医总站同中国畜牧兽医学会动物毒物学分会联合在陕西、辽宁、甘肃、河南等四省份开展推广《陕标》工作，要求各协作省本着"统一计划、统一标准、分点推广、分别实施、相互协作、交流经验、取得成果分别报奖"的原则开展工作。这样既有利同外省的经验交流，又能调动各参加单位的积极性。汉中市1993—1995年，推广《陕标》工作结束后，取得了阶段性成果，1996年获得汉中市科技进步二等奖。辽宁省兽医卫生防疫站获辽宁省农业厅科技进步一等奖。河南农业大学获河南省科技进步二等奖。

（五）抓示范点，以点带面，规范防制措施，有效地搞好技术指导

汉中市重点抓14个示范点，商洛市抓3个高发病乡，各示范点（乡）固定专业技术人员指导防治工作，从宣传、预防到诊断、检验、治疗、总结分析病例等都取得了第一手资料和经验，然后在面上推广应用。辽宁、甘肃、河南等省份都采取了试验、示范和推广相结合，技术手段和行政管理相结合，病情调查与积极防治相结合的办法，提高了综合防治效果。

（六）深入发病区，对预防效果进行跟踪观察

商洛市在《陕标》推广工作中抓四项配套技术，即宣传群众，落实"三不"等预防措施；培训基层兽医提高早期诊断，早期治疗水平；对病牛选用特效解毒药硫代硫酸钠，中西医结合对症施治；抓点示范、全面推广。在推广中深入易发病区，调查发病特点、历史和病因，对预防效果进行跟踪观察，使防治效果不断提高。

为了了解推广《陕标》后的实际效果，本项目技术顾问史志诚教授与王广智研究员、张石虎兽医师、王水平兽医师等分别于 2001 年 4 月和 2002 年 4 月两次到汉中市城固县五堵镇、洋县草庙乡进行实地考察，了解养牛户贯彻"三不措施"情况时，发现过去习惯用青杠叶垫圈的习惯没有了。栎林带生态状况有了相当大的改善，牛发病的机会少了，养牛户都知道青杠叶有毒，不再喂饲也不再放牧了。乡镇站普遍应用陕西省长江药业有限责任公司和上海新亚制药厂出品的硫代硫酸钠治疗牛栎树叶中毒。可以说《陕标》中明确的关键性措施和技术都落实得比较好。

三、《陕标》推广工作圆满完成了项目要求指标

（一）第一阶段有效控制了牛栎树叶中毒的发生

第一阶段经过 1992—1995 年四年的努力，在陕西、辽宁、甘肃、河南等四个省份推广，累计防治牛 176.13 万头，有效地控制了该病的发生，减少经济损失 1.5 亿元。汉中市推广前的发病率、死亡率和病死率分别为 0.543%、0.132% 和 24.31%，推广后下降为 0.374%、0.074% 和 19.92%；治愈率由原来的 56.6% 提高到 87.7%。商洛市推广前发病率、死亡率和病死率分别为 3.08%、1.2% 和 39.15%，推广后下降为 0.3%、0.05% 和 12.39%；治愈率由 56.6% 提高到 87.72%。辽宁省的发病率由推广前的 4.63% 下降至 0.1%，病死率由 43.3% 下降为 0.06%。推广完成了项目预期的任务指标，由于发病、死亡牛减少，减少了农民的经济损失，使山区养牛业得以健康发展。

（二）第二阶段病死率下降与治愈率提高

第二阶段巩固推广《陕标》，又取得新的成效。据统计，汉中市发病牛的头数。由 1996 年的 1 138 头下降至 2002 年的 181 头，下降了 84.1%；死亡头数由 1996 年的 208 头下降到 32 头，下降了 84.6%，有的县发病仅有几头，有的已无中毒病牛出现，牛栎树叶中毒在汉中市已得到控制（表 6-4）。

表 6-4　汉中市 1996—2002 年牛栎树叶中毒统计表

年份	1996	1997	1998	1999	2000	2001	2002
发病数/头	1 138	491	117	237	249	270	181
死亡数/头	208	82	11	21	47	51	32
病亡率/%	18.2	16.7	9.4	8.8	18.9	18.8	17.6

商洛市发病县由 1993 年的 7 个减少为 2001 年的 2 个县；发病牛的头数由 1993 年的 2 189 头下降为 24 头，减少 98.9%；死亡数由 857 头减少到 3 头，下降了 99.6%；病死率由 39.2% 下降到 12.5%；治愈率由 60.8% 上升至 87.5%（表 6-5）。

表 6-5　商洛市 1999—2002 年牛栎树叶中毒情况统计表

年份	1993	1999	2000	2001
发病县/个	7	2	2	2
存栏牛/头	71 021	62 124	65 452	58 193
发病牛/头	2 189	61	46	24
发病率/%	3.08	0.1	0.07	0.04
治疗数/头	2 189	61	46	24
治愈数/头	1 332	45	34	21
死亡数/头	857	16	12	3
病死率/%	39.2	26.2	26.1	12.5
治愈率/%	60.8	73.8	73.9	87.5

(三) 应用硫代硫酸钠治疗效果显著

硫代硫酸钠治疗效果观察表明，对初期病牛有快速解毒、排毒的特效功能，对治愈率提高起到决定性作用。

商洛市在防治中，对初、中期病牛解毒首选特效药物硫代硫酸钠，结合中西医结合治疗效果可观，2001 年治愈率在 87.5%。洋县认为《陕标》是治疗耕牛栎树叶中毒病的规范性治疗方案。草庙乡兽医站应用硫代硫酸钠结合中药等综合防治牛栎树叶中毒，效果明显，死亡率大大降低，治愈率大大提高；据统计，1984—2002 年，发病 234 头，死亡 23 头，病死率为 1.28%，治愈率为 90.17%；1992—2001 年，发病 33 头，按《陕标》防治原则治疗治愈 30 头，治愈率达 99%。略阳县畜牧兽医站，在治疗中毒病牛时，采用 1～3 倍常用剂量的硫代硫酸钠及其他对症治疗，疗效好，并指出对出现水肿、拒食症的病牛，适当选用高渗糖、维生素 B_1、维生素 C、强心剂、能量剂，对参与机体糖中间代谢、释放能量，降低内脏器官血管壁通透性，减少出血，增强抵抗力起着至关重要的作用；该站在 2002 年 4 月 18 日至 4 月 30 日对 9 头病牛治疗中应用倍量硫代硫酸钠等治疗，治愈 8 头，治愈率达 88.89%。

四、推广《陕标》的经济效益分析

(一) 第一阶段经济效益分析

1. 陕西省汉中市和商洛市经济效益分析　汉中市 1992—1995 年因减少牛发病数、减少死亡、减少治疗费、减少检疫费、减少饲养费、减少使役费等累计减少经济损失 280.58 万元。商洛市 1994 年减少经济损失 342.47 万元。两市共获得经济效益 623.06 万元，总投入资金 32.79 万元，投入产出比为 1∶19.29。

2. 辽宁省经济效益分析　辽宁省在 1992—1994 年推广《陕标》，因牛羊减少发病数、减少死亡、减少治疗费、减少检疫费、减少饲养费、减少使役费等累计减少经济损失 1.4 亿元，总投入资金 1.7 万元，投入产出比为 1∶8 235.29。

(二) 第二阶段经济效益分析

汉中市 1996—2002 年，商洛市 1995—2001 年分别对 7 年的推广《陕标》工作进行巩固观察，因减少牛发病数、减少死亡、减少治疗费、减少检疫费、减少饲养费、减少使役费等累计减少经济损失 1 435.91 万元（其中，汉中市 1 168.26 万元，商洛市 267.65 万元）。

五、结论和建议

1992—2002 年在陕西、辽宁、甘肃、河南等四省份 124 个县（市、区）推广《陕标》，累计防治牛 521.79 万头。通过 10 年的推广应用有效地控制了牛栎树叶中毒病的发生。在第一阶段陕西省汉中市和商洛市累计减少经济损失 623.06 万元，投入产出比为 1∶19.29。辽宁省减少经济损失 1.4 亿元。第二阶段汉中市和商洛市累计减少经济损失 1 435.91 万元。

推广工作证明，《牛栎树叶中毒诊断标准与防治原则》（DB61/T－16—91）（陕西地方标准）中规范的临床诊断要点、临床分期、预防方法和治疗原则，基本符合各省份牛栎树叶中毒的诊断和防治情况，推广后取得显著经济效益，为制定国家标准（或农业部部颁标准）创造了条件。建议组织专家小组研究起草国家标准《牛栎树叶中毒诊断标准与防治原则》。

本课题是陕西省畜牧兽医总站从 1992—2002 年 7 月 18 日组织完成的丰收计划课题。课题主持人：史志诚。刊登于《全国牛栎树叶中毒诊断与防治经验交流会论文集》，2002 年 8 月，兰州。

栎叶丹宁生态毒理系统的形成与消亡

一、生态毒理系统的基本概念

（一）生态毒理系统的形成与消亡

生态毒理学研究毒物对生态系统中各级水平的毒性效应，以及它们的运转规律。因而，生态毒理学需要研究以下内容。

（1）毒物进入（或存在于）环境中的总量。

（2）环境中毒物及其残留与降解产物的最终归宿。

（3）毒物及其残留与降解产物（或在环境中发生变化的产物）对种群、群落和生态系统的毒性效应。

（4）毒物存在系统中转移的范围与转移过程中生物降解或生物毒化的条件和性质。

（5）毒物对生态系统结构与功能的影响。

（6）毒物在生态环境中的监测和预报方法。

（7）应用生态工程等措施和方法，减少或根除毒物的毒性和危害。

在研究毒物对某一地区的人类以及对动物区系、植物区系、生态系统的影响，以及有毒物质在生物圈（特别是在食物链）转移的过程中，不难发现在良性循环的生态系统中，进入生态系统中的毒物，正好被系统中的生物所降解和解毒，或被利用，毒物在系统中不但不起危害性影响，反而成为生态系统中不可缺少的一个成员，由于毒物的存在，生物与环境之间保持了平衡。但是，在一定条件下，毒物的数量在某一过程或某一环节上突然增加，超过了系统中生物的降解和解毒能力，又没有一种物质抑制它的毒性作用，那么正常的生态系统便失去了平衡，这时，生态毒理系统开始形成。当毒物的数量突然增加，超过了系统中生物的降解和解毒能力，如果采取生态工程的方法（如日粮控制法、畜种限制法、生态控制法、环境管理与食物链某些环节的调整）加以干预，这时，生态毒理系统即自行消亡。

（二）有毒植物中毒的生态学

1977 年，金斯伯里（Kingsbury）曾在"中毒生态学"一文中指出："脊椎动物的有毒植物中毒，代表一种毒性方程式，其一侧为化合物的特异作用，这些化合物是由生物区系中的植物产生的，另一侧为一种特殊系统，即脊椎动物。"

植物产生的次生化合物（如生物碱、甙类、丹宁等）是构成对昆虫的一类主要防御力量，同时也为植物自身提供了某些直接的好处（如授粉、增强抗病力等）。在大多数情况下，植物产生的次生化合物在分子结构的差异，毒性影响的范围以及这些影响所造成的结果，并不是针对草食动物的，而是为了其他一些具有选择性的原因。所以，引起动物中毒是植物次生化合物的偶然特性。因此，了解与脊椎动物相关的微管植物的毒性，就必须研究进入这个生态系统并产生有毒作用的那一部分化合物的中毒机理和解毒的机制。

近 20 年来，生物体化学和栎丹宁的研究出现了惊人的进展。化学家和生态毒理学家深入研究分离、鉴定较为简单或较为复杂化合物的反应，并应用最新的技术和精密的仪器进一步探究植物次生化合物的毒性与中毒机制，明确了毒性方程任何一侧的特殊作用。当毒性方程是已知的并且对中毒的性质有了详细深入的了解时，则对毒性方程两侧的任何一方（动物或植物）都有重要价值。一方面可以破解中毒机理和生态毒理系统形成的过程，另一方面可以提出一些解毒的机制和解毒的技术，正确处置生态毒理系统形成所造成的损失，同时，采取生态工程等有效措施，加快了生态毒理系统的消亡。

二、栎丹宁的生态毒理系统形成与消亡

在中国，栎林区栎林结构的改变造成全国 12 个省（自治区、直辖市）发生牛栎叶中毒。贵州毕节 1958 年首次报道牛采食槲栎中毒。之后在河南生产柞蚕的新乡地区、陕西的秦巴山区、四川盆地周围的浅山丘陵区、湖北、山东、山西、内蒙古、延边（吉林）、大连、甘肃天水地区的一些栎林区发生。据调查，发病地区的栎树林，由于砍伐严重基本上由乔木变为灌丛，由萌生变为丛生，加之林下刮草皮、肥秧田，耕牛饲养管理粗放，长年放牧，从而形成了一个特定的生态毒理系统。在这个系统中，天然栎林形成的灌丛由一个造福于人类的重要资源转变为对耕牛有毒的"毒源"。山区耕牛长年放牧在栎林灌丛之中（即农户的柴山、撂荒地、耳树林），自由大量采食栎叶。栎叶成为春季耕牛唯一采食的树叶饲草，占日粮的 50%～75% 以上，此时耕牛饥饿一冬春，大量"抢青"，一般在采食后的第 7～11 天中毒。由于春季的栎树叶中含有大约 10% 的可水解的栎丹宁，栎丹宁经瘤胃生物降解产生大量有毒的低分子酚类化合物对耕牛产生毒性。一旦酚类化合物在体内蓄积量超过耕牛解毒能力即表现中毒症状。研究表明，当栎叶占日粮的 50% 以上，会出现中毒病例；当栎叶占日粮的 75% 以上，即出现死亡。

耕牛采食栎叶和橡子中毒造成的经济损失非常严重。在中国秦巴山区的一些栎林区，

地表水中挥发酚含量超过水质规定标准，人也发生过不明原因的肾炎情况。如果把这些情况联系一起分析，不难看出栎林在生态环境中的重要影响。栎丹宁生态毒理系统见图6-8所示。

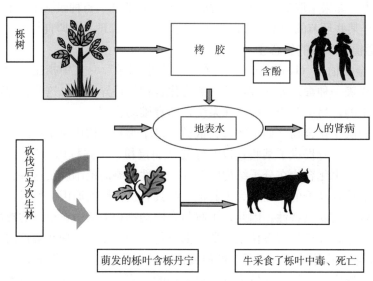

图6-8　栎丹宁生态毒理系统

三、栎林区栎属植物毒性灾害的成因

毒理科学研究中将发生突然、时间比较集中、人和动物中毒死亡的数量较多，经济损失惨重、社会影响深重的中毒事件，称之为"毒性灾害"。栎林区发生的栎属植物中毒事件具有上述特征，因此，被称之为栎属植物引发的毒性灾害。

（一）发生原因

栎属植物毒性灾害发生的主要原因：一是栎林生态环境的变化；二是动物以放牧为主的生产管理方式有关；三是长期以来栎属植物中毒机制不清，缺乏有效防治措施；四是某些经济发展的失调所致。从而导致大批动物中毒死亡，造成重大经济损失和社会影响。因此有学者认为，栎属植物形成的毒性灾害，实质上是一类"生态经济病"。

首先，栎林生态环境的变化是形成灾害的主因。美国的西南部以橡叶中毒最为严重，即使在高大的栎树林分布区内，由于砍伐、采割以及生态环境发生变化的条件下也有发生。在中国，牛栎树叶中毒主要发生在农牧交错地区，由于栎林的不适当的砍伐，致使栎林地区出现萌生的次生栎林地，放牧牛早春"撵青"，在次生栎林区连续采食大量的鲜嫩栎叶而发生中毒。贵州毕节1957年森林覆盖度为15%，到1979年下降为5.7%。研究证明，栎属植物的橡子和栎树叶中含有可水解栎丹宁，栎树叶中含10%的栎丹宁，当动物特别是牛采食栎树叶7～11d后引起胃肠炎、水肿，因肾功衰竭而死亡。

其次，由于栎属植物的毒性与中毒的机理的研究争论了300多年，贻误了防治，使防治工作走了一段弯路。直至1981年栎叶丹宁中毒的机理被阐明之后，牛栎树叶中毒的防治才走上科学之路。

再次，中国牛栎树叶中毒的发生集中在 20 世纪 50—80 年代，这一时期中国农村的生产资料实行集体所有制，耕牛属于集体所有，集中饲养，主要实行以放牧为主的生产管理方式。特别是在农业歉收的年份，农作物秸秆不足，冬春季节耕牛缺乏补饲。因此，当初春（陕西、四川于 4 月初至 4 月 30 日；延边地区于 5 月 15 日至 6 月 3 日）栎树叶返青发芽早，放牧的牛早春"搳青"，在次生栎林区连续采食大量的鲜嫩栎叶而发生大批中毒死亡（图 6 - 9）。

图 6 - 9　中国次生栎林区

1. 栎林砍伐后栎林地区出现萌生的次生栎林区，陕西省西乡县　2. 辽东栎次生林，吉林省延边
3. 放牧路边的次生栎林，陕西省略阳县　4. 春天萌发的栓皮栎嫩芽，陕西省西乡县
5. 春天萌发的槲树嫩叶，陕西省西乡县　6.4 月牛在新萌发的次生栎林区采食栎叶

最后，20 世纪 50—80 年代中国栎属植物分布区内牛栎树叶中毒引发的灾害与当地利用橡木生产木耳有一定的相关关系。

我国是木耳（agaric）的主要生产国，产区主要分布在吉林、黑龙江、辽宁、内蒙古、广西、云南、贵州、四川、湖北、陕西和浙江等地，其中东北和秦岭是中国最大的黑木耳基地。中国牛栎树叶中毒的发病县与木耳主产县有一定的相关关系。其原因是牛栎树叶中毒的发病县的农民和企业将栎林中的橡树砍伐制作段木，上堆发菌（图6-10）。这种木耳生产方式不仅破坏了栎林的结构，而且为春季栎林地区放牧地增加了大面积的栎林次生林，成为大批牛采食栎树叶引发中毒的主要原因。如陕西省略阳县和西乡县次生栎林区发生牛栎树叶中毒。再如，四川省通江县是中国的"银耳之乡"，栎树（青杠树）资源丰富，青杠树叶中毒是春季牛常发的疾病。此病病程长、并发症状多、治疗困难，给养殖户造成极大的经济损失。

图6-10　木耳的生长方式

1. 段木上生长的黑木耳　2. 段木上生长的银耳　3～4. 橡树被砍伐制作段木，上堆发菌

如果将吉林省延边朝鲜族自治州延吉市和贵州省毕节县连接为一条"延—毕线"，那么，20世纪50—90年代中国栎属植物分布区内，在延—毕线两侧约有100多个县发生牛栎树叶中毒。牛栎树叶中毒引发的灾害造成了重大经济损失和社会影响。

1958—1996年各省份的发病县（市、区、旗）统计见表6-6。

表6-6　1958—1996年各省份发病县（市、区、旗）统计表

省份	发病县（市、区、旗）	资料来源
吉林省	延吉、珲春、汪清	车钟玉等，1980
辽宁省	庄河、新金、凤城、宽甸、东沟、新宾、瓦房店、本溪	陈培义，1982 张文智，1994
北京市	延庆、平谷、密云、怀柔	陈明根等，1985 付先强等，1989
河北省	赞皇、丰宁、隆化、围场、邢台	赵洪明等，1992
山西省	临汾、晋城	宋远见，1983 常小方，1992
内蒙古	林西、巴林右旗、巴林左旗、科右前旗、科右中旗、突泉	昭乌达盟畜牧兽医站，1978 顾嘉寿等，1985
山东省	淄博市	博山区畜牧站，1979

（续）

省份	发病县（市、区、旗）	资料来源
湖北省	随县、荆州、襄阳、恩施、宜昌、孝感、咸宁、郧阳	湖北省随县耕牛嫩栎叶中毒实验组，1968
湖南省	沅陵	向安初等，1995
河南省	南阳、信阳、驻马店、郑州、洛阳	河南农业大学畜牧兽医工程学院，1993
安徽省	金寨、青阳、宁国	姜玉富，1990 吴金节，1994 熊天福等，1996
重庆市和四川省	开县、巫溪县、綦江、奉节、巴县、南桐、南江、云阳、万县、广元、旺苍、北川、青川、平武、剑阁、江油等18个县	重庆市綦江县赶水区畜牧兽医站，1974 四川省农科院畜牧兽医研究所，1974 冯泽光，1981
贵州省	威宁、赫章、毕节、纳雍	刘镜湖等，1958 刘立恒等，1983
云南省	彝良	刘镜湖等，1958
福建省	武夷山市	吴德峰等，1992
陕西省	蓝田、长安、淳化、耀县、宝鸡、华阴市、留坝、镇巴县、城固、南郑、洋县、宁强县、佛坪县、勉县、西乡、略阳、紫阳县、岚皋、旬阳、镇坪、平利、白河、洛南、商南、丹凤、柞水、山阳	史志诚等，1978
甘肃省	泾源、罗坝、礼县、宕昌、文县、舟曲、武山、张家川、庄浪、漳县、迭部、华亭、甘谷、清水、西和、两当、秦城、徽县、北道、武都、康县、成县	张维烈等，1985 郭德宝等，1988 张国盛等，1992
宁夏	泾源	郭德宝，1988

（二）灾害影响

据报道，在美国西海岸仅哈佛氏栎（*Quercus havadii*）一个品种每年引起中毒所造成的经济损失在 1 000 万美元以上（包括病死牛及慢性中毒造成的生产性能降低和饲草的耗费等）。英国、北欧和美国的东北部、中西部多发生橡子中毒。往往一场大风之后未成熟的橡子大量落地造成家畜大批中毒，甚至使一些养牛业的牧场主破产。美国的西南部以橡叶中毒最为严重，即使在高大的栎树林分布区内，由于砍伐、采割以及生态环境发生变化的条件下也可能发生。1977 年美国宾夕法尼亚农业科学杂志还报道了大批鹿由于采食橡子而引起中毒死亡。在俄罗斯生长的栎属植物有 20 种，面积约 460 万 hm^2，主要分布于高加索、克里米亚及俄罗斯的欧洲部分和远东部分，春季牛采食栎树嫩叶发生中毒。柯比科夫指出栎树嫩叶作为饲料，用量不宜过大，如纯粹用栎树嫩叶制成饲料则对牲畜有害。中国四川省 1972 年 18 个县不完全统计，采食栎叶中毒 6 138 头，死亡 1 902 头；1973 年中毒 3 362 头，死亡 787 头，两年内仅死亡损失折合人民币 40 万元。1968 年湖北省随县耕牛中毒 701 头，死亡 116 头，病死率 16.5%。1978 年吉林省延边朝鲜族自治州耕牛中毒 139 头，占耕牛总数的 13.7%，死亡 97 头，病死率 69.7%。陕西省汉中地区 1977—1982 年中毒耕牛 15 000 多头，死亡 4 400 多头，经济损失十分严重。

四、日粮控制法用于牛栎树叶中毒的防控

(一) 生态工程预防动物有毒植物中毒的原理

实践证明，生态工程是预防动物有毒植物中毒的有效措施。生态工程是应用生态毒理学原理调整毒性方程两侧的特殊关系，进而维系毒物生态系统的平衡所采用的一种工程方法。其特点如下。

(1) 不采取化学的、机械的方法清除有毒植物，而是以生态学的方法限制有毒植物的生长或降低它在牧草中的比例。

(2) 按照有毒植物毒性特点和动物的敏感性不断调整毒性方程式两侧的关系，使之保持动态平衡。

(3) 使一些有用的有毒植物得到条件性的保护，也使动物有毒植物中毒得到确实的防控，显示经济、有效、生态平衡等多种效益。中国经过多年的防控实践，证明日粮控制法是防控牛栎树叶中毒的有效措施，并使栎属植物灾害得到有效控制。

(二) 日粮控制法

日粮控制法是将栎属有毒植物在动物日粮中的比例控制在中毒量以下，从而使家畜既能有条件的利用天然含毒的栎属植物幼嫩叶，又不使动物体内正常功能受到损失。1980 年，美国农业部有毒植物研究实验室主任詹姆斯（James）在《美国西部州家畜有毒植物》一书中指出："牛采食栎树叶占日粮的 50% 以下不表现中毒症状，占 50% 以上即表现中毒症状，超过 75% 会引起死亡。"因此，最根本的预防办法是恢复栎林结构，改变粗放的饲养管理方式，实行舍饲与放牧相结合，并增加补饲，特别是补加夜草，千方百计降低栎属植物幼嫩叶在日粮中的比例。

1979—1981 年，史志诚、岳继成等根据栎丹宁的毒性（家兔 LD_{50} 为 6.9g/kg，连续 5d）和栎丹宁在瘤胃中的临界含量（山羊 8%～10%，牛 3%～5%），采用日粮控制法，在陕西省略阳县鱼洞子乡上营村进行日粮控制试验。即在发病季节（4 月 14 日至 5 月 1 日）对耕牛采取半日舍饲（上午在牛舍饲喂饲草）、半日放牧（下午在栎林放牧）的方法，连续观察 3 年，结果表明，观察组（14 头）临床检查无发病症候，仅见粪便色黑或稍干，尿液 pH、尿比重均在正常范围，未发现蛋白尿，但有铁反应，尿酚偏高，且游离酚高于结合酚；而对照组（12 头）有中毒发病 5 头，死亡 2 头，尿 pH 和尿比重下降，尿酚偏高，且结合酚高于游离酚。由此可见，日粮控制法是预防牛栎树叶中毒的重要措施之一。

(三) 从栎林资源再生系数判断防控效果

根据牛采食栎叶的数量与中毒发生的相关性研究，生态毒理学家应用栎林生物资源再生系数原理，来预测中毒发生的严重程度和判断日粮控制法的防控效果。

资源再生系数（β）指栎林资源再生量（F）与栎林资源耗用量（E）之比。

$$公式：β（资源再生系数）= \frac{F（栎林资源再生量）}{E（栎林资源耗用量）}$$

（1）当资源再生系数≥1，在此种情况下，栎树不会砍伐，林下牧草丰盛，牛采食栎叶的机会少，不会发生中毒。栎丹宁生态毒理系统未能形成。

（2）当资源再生系数≤1，在此种情况下，栎树被砍伐后由乔生为萌生，牛采食栎树叶的机会多，采食量占日粮的50％以上，即出现中毒。如果牛补饲（半日舍饲或加喂夜草），采食栎树叶的量≤50％，牛发生中毒的概率较小。

（3）当资源再生系数≤1，在此种情况下，栎树灌木下的牧草被铲去作为肥料，牛采食栎树叶的量占日粮的75％以上，中毒牛群中出现死亡。采食75％以上，发生中毒死亡。

（4）如果在栎林区，栎林被毁，牛放牧环境中无栎树叶，栎丹宁生态毒理系统不复存在。自然不会出现栎树叶中毒的情况（图6-11）。

图6-11　从栎林资源再生系数判断防控效果

1. 不会发生中毒　2. 采食50％以上，发生中毒　3. 采食75％以上，发生中毒死亡　4. 不会发生中毒

本文原载于《毒理学史研究文集》第12集，2012年，第5-12页。

栎属植物灾害及其控制

一、灾害背景

栎属植物是显花植物双子叶门壳斗科之一属，约350种，分布于北温带和热带的高山上。中国约140种，除新疆、青海、西藏的部分地区没有生长外，分布于华南、华中、西南、东北及陕甘宁的部分地区。

栎属植物引起动物中毒的报道已有 300 多年。早在 1662 年马西尔（Maseal）著的《牛的管理》一书中记载栎属植物对动物有毒。1893 年康尼温（Cornevin）著的《有毒植物》一书详细记述了放牧乳牛的壳斗病。20 世纪以来，美国、英国、俄罗斯、日本、法国、保加利亚、罗马尼亚、德国、瑞典、南斯拉夫、匈牙利、新西兰和中国都有动物发生中毒的报道。受害动物有黄牛、乳牛、绵羊、山羊、马、猪和鹿；试验动物中狗、家兔、豚鼠、大鼠、小鼠及驼鸟等都可引起中毒。已确定的有毒种为英国栎（夏栎 *Q. robur* 同名：*Q. pedunculata*）、哈佛氏栎（*Q. hazyadii*）、甘比耳氏栎（*Q. gaynbelii*）、短裂栎（*Q. brem - oba*）、马丽兰得栎（*Q. marilandica*）、禾叶栎（*Q. agrifblia*）、加州白栎（*Q. lobata*）、加州黑栎（*Q. hellogii*）、蒙古栎（*Q. mongolica*）、星毛栎（*Q. Stellata*）、蓝栎（*Q. douglasii*）、槲树（*Q. dentata*）、美洲黑栎（*Q. ueftitina*）、北方红栎（*Q. rubra* L.）、沼生栎（*Q. palustris*）、圆叶栎（*Q. cocciyzea*）和 *Q. ipzcaca* 等 17 种。

在中国，自 1958 年贵州报道牛吃栎树叶发生中毒以来，陕西、河南、四川、湖北、内蒙古、山东、山西、吉林、甘肃、北京、河北、安徽、福建等 14 个省份相继报道，主要发生在有栎树分布的山区。受害的有黄牛、水牛和奶牛。目前全国通过耕牛饲喂试验已确证有毒的种有槲树（*Q. dentata*）、槲栎（*Q. aliena*）、栓皮栎（*Q. mriabifis*）、锐齿栎（*Q. alum* var. *acuteserrata*）、白栎（*Q. fabri*）、麻栎（*Q. aczttissima*）、短柄栎（*Q. glandulifera* var. *brevipetioleata*）、蒙古栎（*Q. mongolica*）、枹栎（*Q. serrata*）等 7 个种和 2 个变种。

按照栎属植物的生长部位对动物的危害可分为两类：一类是果实引起的中毒，称橡子中毒（Acorn poisoning，亦称橡实中毒、青杠果中毒），多发生于秋季；另一类是幼芽、嫩叶、新枝、花序引起的中毒，称栎树叶中毒（Oak leaf poisoning，橡树芽中毒 Oak bud poisoning），多发生于春秋和初夏。

二、灾害及其经济损失

据克拉克著的《兽医毒物学》记载，美国加利福尼亚州曾经因蓝栎引起 60 个牧场 2 500 头牛中毒死亡。英国、北欧和美国的东北部、中西部多发生橡子中毒，往往一场大风之后未成熟的橡子大量落地造成家畜大批中毒；甚至使一些养牛业的牧场主破产。此外，1977 年，美国宾夕法尼亚农业科学杂志报道了大批鹿由于采食橡子而引起中毒死亡。据统计，美国西南部仅由哈佛氏栎一个品种所造成的经济损失每年在 1 000 万美元以上（包括病死牛及慢性中毒造成的生产性能降低和饲草的耗费等）。

在俄罗斯生长的栎属植物有 20 种，面积约 460 万 hm^2，主要分布于高加索、克里米亚及俄罗斯的欧洲部分和远东部分，春季牛采食栎树嫩叶发生中毒。一些地方用栎树嫩叶作为饲料，用量过大或纯粹用栎树嫩叶制成饲料则对牲畜有害。

中国农牧交错地区以牛栎树叶中毒为主。栎属植物之所以能造成较大的经济损失主要由于以下几个方面。

（1）栎属植物分布广，许多家畜和经济动物受害。

（2）栎属植物有毒种较多，某些有毒种作为优势种集中分布在某一地区，当其他条件适宜时，可能造成地方性暴发，造成大批家畜死亡。

（3）栎属植物不同生长阶段均可危害家畜，在中国春季栎叶萌发后对放牧牛是一个很大的威胁。

（4）发病率和病死率较高。据统计，1958—1989 年中国贵州、河南、四川、陕西等 6 个省份的 146 657 头牛因采食栎树叶发生中毒，死亡 43 124 头。牛栎树叶中毒每年给畜牧业和山区经济造成 1 亿元以上的经济损失。

另据四川 1972 年 18 个县不完全统计，采食栎叶中毒 6 138 头，死亡 1 902 头；1973 年中毒 3 362 头，死亡 787 头，两年内仅死亡损失折合人民币 40 万元（按当年每头 150 元计算）。1968 年湖北省随县耕牛中毒 701 头，死亡 116 头，病死率 16.5%。1978 年吉林省延边朝鲜族自治州耕牛中毒 139 头，占耕牛总数的 13.7%，死亡 97 头，病死率 69.7%。陕西省汉中地区 1977—1982 年中毒耕牛 15 000 多头，死亡 4 400 多头，经济损失十分严重。

三、灾害形成原因

灾害发生的主要原因与生态环境的变化有关。美国的西南部以橡叶中毒最为严重，即使在高大的栎树林分布区内，在砍伐、采割以及生态环境发生变化时也会发生。

在中国，牛栎树叶中毒主要发生在农牧交错地区，由于栎林的不适当的砍伐，致使栎林地区出现萌生的次生栎林地，放牧牛早春"撵青"，在次生栎林区连续采食大量的鲜嫩栎叶而发生中毒。研究证明，栎属植物的橡子和栎树叶中含有可水解栎丹宁。栎树叶中含 10% 的栎丹宁，当动物特别是牛采食 7～11d 栎树叶后引起胃肠炎、水肿，因肾功衰竭而死亡。

其次，由于栎属植物的毒性与中毒的机理的研究争论了 300 多年，贻误了防治。早在 1871 年，西蒙兹（Simonds）将橡子喂给一头去势公牛而引起中毒。1919 年，马什（Marsh）认为中毒可能是由于橡子中所含的丹宁酸所致，但给牛喂以相当量的丹宁酸后却没有发生中毒症状。1956 年，克拉克（Clarke）从橡子中提取出可水解的栎丹宁。1962 年，皮金（Pigeon）又从哈佛氏栎叶中分离出多羟基酚，经水解试验证明没食子酸是其主要成分，故叶中所含的丹宁属可水解为丹宁。之后，在丹宁酸与栎丹宁之间展开了持久的实验，引起一些争论，走了一段弯路。1981 年，史志诚研究证明丹宁酸与栎丹宁不同，前者是有机酸，后者是多酚类化合物。栎叶丹宁中毒的机理是可水解的栎叶丹宁，进入机体的胃肠内，经生物降解产生多种低分子的毒性更大的酚类化合物，并通过胃肠黏膜吸收进入血液和全身器官组织，从而发生毒性作用。因此，起毒性作用的不是栎叶丹宁本身，而是栎叶丹宁的代谢产物，栎树叶中毒的实质是低分子酚类化合物中毒。至此，牛栎树叶中毒的防治走上科学之路。

四、灾害处置

为了防治牛栎树叶中毒，我国制定了《牛栎树叶中毒诊断标准与防治原则》（陕西地方标准，DB61/T - 16—91）。经推广与防治，使一度严重发生的牛栎树叶中毒在全国范围内得到控制，有的地方已经不再发生，取得重大经济效益。在预防方面，采取日粮控制法，即在牛栎树叶中毒地区的发病季节，耕牛采取半日舍饲（上午在牛舍饲喂饲草）、半日放牧（下午在栎林放牧）的方法，使栎树叶在日粮中的比例下降为 40％（中毒量）以下，即可有效地防止了牛栎树叶中毒。从而使家畜既能有条件的利用栎树叶，又不使体内功能受到损失。在药物解毒方面，初期病牛注射硫代硫酸钠取得明显效果。

本文原载于《毒理学史研究文集》第 12 集，2012 年，第 1-4 页。

中国栎树叶中毒研究 50 年

一、栎属植物引起动物中毒

栎属植物引起动物中毒的报道已有 300 多年。早在 1662 年马西尔（Maseal）著的《牛的管理》一书中记载栎属植物对动物有毒。1893 年康尼温（Cornevin）著的《有毒植物》一书详细记述了放牧乳牛的"壳斗病"。20 世纪以来，美国、英国、俄罗斯、日本、法国、保加利亚、罗马尼亚、德国、瑞典、南斯拉夫、匈牙利、新西兰和中国都有动物发生中毒的报道。受害动物有黄牛、乳牛、绵羊、山羊、马、猪和鹿。已确定的有毒种为英国栎（夏栎 *Q. robur* 同名：*Q. pedunculata*）、哈佛氏栎（*Q. hazyadii*）、甘比耳氏栎（*Q. gaynbelii*）、短裂栎（*Q. bremoba*）、马丽兰得栎（*Q. marilandica*）、禾叶栎（*Q. agrifblia*）、加州白栎（*Q. lobata*）、加州黑栎（*Q. hellogii*）、蒙古栎（*Q. mongolica*）、星毛栎（*Q. Stellata*）、蓝栎（*Q. douglasii*）、槲树（*Q. dentata*）、美洲黑栎（*Q. ueftitina*）、北方红栎（*Q. rubtra* L. ）、沼生栎（*Q. palustris*）、圆叶栎（*Q. cocciyzea*）和 *Q. ipzcaca* 等 17 种。中毒主要是由于采食了橡实引起的，故称为橡子中毒（Acorn poisoning），多发生于秋季。

在中国，自 1958 年贵州报道牛吃栎树叶发生中毒以来，陕西、河南、四川、湖北、内蒙古、山东、山西、吉林、甘肃、北京、河北、安徽、福建等 14 个省份相继报道，主要发生在有栎树分布的山区。受害的有黄牛、水牛、奶牛和鹿。通过耕牛饲喂试验已确证有毒的种有槲树（*Q. dentata*）、槲栎（*Q. aliena*）、栓皮栎（*Q. mriabifis*）、锐齿栎（*Q. alum* var. *acuteserrata*）、白栎（*Q. fabri*）、麻栎（*Q. aczttissima*）、短柄栎（*Q. glandulifera* var. *brevipetioleata*）、蒙古栎（*Q. mongolica*）、枹栎（*Q. serrata*）等 7 个种和 2 个变种。中毒主要是由于采食了栎树叶引起的，故称为栎树叶中毒（Oak leaf poisoning，橡树芽中毒 Oak bud poisoning），多发生于春秋和初夏。

二、中国栎树叶中毒发生的原因及经济损失

中国牛栎树叶中毒主要发生在农牧交错地区。其主要原因是由于栎林的不适当的砍伐，致使栎林地区出现萌生的次生栎林地，放牧牛早春"撵青"，在次生栎林区连续采食大量的鲜嫩栎叶而发生中毒。研究证明，栎属植物的橡子和栎树叶中含有可水解栎丹宁。栎树叶中含 10％的栎丹宁，当动物特别是牛采食 7～11d 栎树叶后引起胃肠炎、水肿，因肾功衰竭而死亡。

在中国，栎树叶中毒给林区畜牧业造成一定的经济损失，特别是某些有毒种作为优势种集中分布的地区，每当春季栎树叶萌发之时，对放牧牛是一个很大的威胁，发病率和病死率较高。据四川省 1972 年 18 个县不完全统计，采食栎叶中毒 6 138 头，死亡 1 902 头；1973 年中毒 3 362 头，死亡 787 头，两年内仅死亡损失折合人民币 40 万元（按当年每头 150 元计算）。1968 年湖北省随县耕牛中毒 701 头，死亡 116 头，病死率 16.5％。1978 年吉林省延边朝鲜族自治州耕牛中毒 139 头，占耕牛总数的 13.7％，死亡 97 头，病死率 69.7％。陕西省汉中地区 1977—1982 年中毒耕牛 15 000 多头，死亡 4 400 多头，经济损失十分严重。

据统计，1958—1989 年中国贵州、河南、四川、陕西等 6 个省的 146 657 头牛因采食栎树叶发生中毒，死亡 43 124 头。牛栎树叶中毒每年给畜牧业和山区造成 1 亿元以上的经济损失。

三、中国牛栎树叶中毒的研究历程

1962—2012 年的 50 年间，牛栎树叶中毒的研究工作大体分为六个阶段。

第一阶段（1962—1978 年）：调查牛栎树叶中毒病的流行病学特点，确定早期诊断标准。1962 年 5 月，在陕西省蓝田县辋川乡调查山区牛地方性慢性胃肠炎时，首次接触牛栎树叶中毒。1963 年 5 月，在陕西省安康市旬阳县观音堂乡调查牛水肿病时，发现该病的发生与牛采食青杠叶有关，提出该病是牛栎属有毒植物引起的中毒。但由于有的专家提出是巴氏杆菌病，防疫两年后不仅无效，反而酿成 1967 年安康市大范围发生牛水肿病，后经人工发病试验成功，诊断为牛栎树叶中毒。于是 1967 年我们编印了《家畜栎属植物中毒的防治》小册子，在陕西秦巴山区广为宣传。1968 年我们与林业专家合作在长安县喂子平乡调查栎属植物与家畜中毒的关系。1977 年赴四川、贵州、湖北等省考察牛栎树叶中毒的流行病学和生态学以及早期诊断技术。1978 年在略阳县鱼洞子乡上营村完成陕西省农业厅"牛栎树叶中毒病的早期诊断研究"课题，并确定了小橡子树对牛的毒性。

第二阶段（1979—1981 年）：研究牛栎树叶中毒发病机理。在西北农学院段得贤教授的指导下，在多年工作的基础上，提出了"高分子的栎叶丹宁经胃肠生物降解（活化）产生多种低分子的酚类化合物引起中毒的假设"，通过 10 项实验证实了"假设"。试验证明栎叶丹宁中毒的机理是可水解的栎叶丹宁，进入机体的胃肠内，经生物降解产生多种低分子的毒性更大的酚类化合物，并通过胃肠黏膜吸收进入血液和全身器官组织，从而发生毒性作用。因此，起毒性作用的不是栎叶丹宁本身，而是栎叶丹宁的代谢产物，栎树叶中毒的实质是低分子酚类化合物中毒。至此，牛栎树叶中毒的防治走上科学之路。

第三阶段（1982—1991 年）：组织研究综合防治技术，制定诊断标准与防治原则。在阐明牛栎树叶中毒发病机理的前提下，1983 年 4 月，在地处汉江浅山丘陵区的西乡县沙河坎镇、城固县五堵镇和洋县草庙乡发病区设点，邀请中国人民解放军兽医大学、北京军区研究所、西北植物研究所、西北农业大学、汉中市畜牧兽医中心、研究所等 14 个单位的 45 名专家和科技工作者，开展牛栎树叶中毒综合防治技术，取得多项成果。之后顺利地制定了《牛栎树叶中毒诊断标准与防治原则》，并通过鉴定作为陕西地方标准（DB61/T‑16—91）。

第四阶段（1992—1996 年）：推广陕西地方标准《牛栎树叶中毒诊断标准与防治原则》，从 1992 年开始，陕西省畜牧兽总站和中国畜牧兽医学会动物毒理学分会联合发起，在陕西、甘肃、辽宁、河南等发生牛栎树叶中毒的 14 个省、直辖市、自治区的 100 多个县区的发病区推广《牛栎树叶中毒诊断标准与防治原则》，为期 5 年。使一度严重发生的牛栎树叶中毒在全国范围内得到控制，有的地方已经不再发生，取得重大经济效益。

第五阶段（1997—2002 年）：建立栎丹宁毒理学基本框架。在完成栎属植物的生物学、生态学、毒理学、防治与利用之后，着手建立了栎丹宁毒理学基本框架，对过去尚未研究的领域借助现代科技手段，深入研究了栎树叶中丹宁细胞的观察；栎叶丹宁的结构及其生物降解产物；不同动物栎丹宁中毒的病理组织学观察；硫代硫酸钠解毒机理的研究等。

第六阶段（2003—2012 年）：研究栎丹宁生态毒理系统的形成与消亡规律，总结防控动物栎属植物中毒的科学原理与基本经验。与此同时，研究栎丹宁的比较毒理学，为扩展丹宁毒性的研究领域，建立丹宁生物活化理论提供科学依据。

四、中国栎树叶中毒研究的主要成果

50 年来，我们在栎树叶中毒和栎丹宁的毒理学研究方面取得的主要成果如下。

（1）阐明了世界栎属有毒植物的生物学、生态学和动物栎丹宁中毒的分布。

（2）确定了短柄栎（小橡子树 *Q. glandulifeba* var. *brevipetioleata*）叶对牛的实验性毒性。

（3）确定牛栎树叶中毒病的早期诊断标准。

（4）确定了栎属植物的有毒成分是栎丹宁，为水解类丹宁。

（5）栎丹宁与丹宁酸的化学性质、化学结构和毒性不同。不能以丹宁酸毒性研究结果说明栎丹宁对动物的毒性，两者应严格区别。

（6）牛栎树叶中毒具有明显的地区性、季节性、波状性和特异性等流行病学特征，防治工作必须据此进行精心部署。

（7）发现了栎丹宁生态毒理系统的存在。提出了阻断栎丹宁生态毒理系统的形成过程的新思路，采取"日粮控制""改善栎林结构"和"高锰酸钾预防"等生态工程法控制栎树叶中毒的发生。

（8）建立了栎丹宁的动物中毒模型，确定了牛、羊采食新鲜栎树叶的中毒量。

（9）提出并证实了"高分子的栎叶丹宁经胃肠生物降解（活化）产生低分子的酚类化合物引起中毒"的假设，指出栎丹宁中毒的实质是低分子的酚类化合物中毒。从而解开了争论 300 多年的栎丹宁的毒性之谜，阐明了牛栎树叶中毒的发病机理，为防治提供了科学依据。获得农业部 1982 年技术改进二等奖。并在第十届国际毒素会议（1990 年，新加坡）和第三届国际有毒植物大会（1992 年，美国，犹他）上交流。

（10）建立了丹宁生物活化理论。在牛栎树叶中毒发病机理的研究取得突破的基础上，研究了栎丹宁与其他植物多酚类化合物（如棉酚、萱草根素等）的比较毒性和生物降解（活化）产物；先后对人的橡子中毒、牛栎树叶中毒和橡子中毒、羊栎树叶中毒（橡子中毒）、马橡子中毒、猪橡子中毒、鹿栎树叶中毒和橡子中毒的中毒原因、发病机理、临床症状、病理解剖、诊断、治疗、预防进行了比较研究。

（11）制定了陕西地方标准《牛栎树叶中毒诊断标准与防治原则》（DB 61/T‑16—91）。

（12）提出并确定了硫代硫酸钠治疗牛栎树叶中毒的疗效和解毒机理。

（13）综述了含丹宁饲料的安全评价；栲胶与鞣革加工的环境评价；丹宁与葡萄酒及丹宁与化妆品的安全评价。

（14）建立了系统的栎丹宁毒理学研究方法。包括栎属有毒植物生态学调查方法，栎丹宁的组织化学方法，丹宁的定性检验与分类鉴定，栎叶丹宁的含量测定，栎叶丹宁的提取、分离、鉴定，栎叶丹宁在试管内发酵产物的检验，栎叶丹宁在活体内的代谢产物——低分子酚类化合物的鉴定，栎树叶的动物中毒模型（人工发病）等方法。

本文是参加第九届国际有毒植物大会发表的学术报告，刊登于会议《论文集》，2013 年。

Oak leaf poisoning in cattle: a review on the researches of 50 years in China

Shi Zhicheng

(Institute of Eco‑toxicology of Northwest University, Xi'an 710069, China)

Abstract: This paper reviewed the history and progress of researches on toxic oak (*Quercus* spp.) in China from 1962 to 2012. Biology, ecology, toxicology, and management of toxic oak plants were discussed, as well as the ecotoxicology and biological activities of oak tannins. Experiments revealed that sodium thiosulfate was an effective antidote for oak leaf poisoning in yellow cattle. *Specification of Diagnosis Standard for Oak Poisoning and Control Methods* were established, and used in more than 100 counties in 14 provinces (municipality). Oak leaf poisoning was effectively controlled and economic losses were greatly reduced.

Key Words: oak leaf poisoning, oak Tannins, toxicity

1. *Quercus* plants causes poisoning of animal

That *Quercus* plants causes poisoning of animals has been reported for about 340 years. In 1662, Maseal's *Management of Cattle* stated that *Quercus* Plants are poisonous for animals. In 1893, Cornevin's *Poisonous Plants* noted "shell disease" in grazing cows in detail. Since the twentieth century, the poisoning of animals has been reported in the U. S, the U. K, Russia, Japan, France, Bulgaria, Romania, Germany, Sweden, Yugoslavia, Hungary, New Zealand and China. Victim animals include ox, cow, sheep, goat, horse, pig and deer. The confirmed poisonous oak species contain *Q. robur* (*Q. pedunczdata*), *Q.*

havardii，*Q. gambelii*，*Q. bremoba*，*Q. marilmdica*，*Q. agrifblia*，*Q. lobata*，*Q. hellogii*，*Q. mongofica*，*Q. Stellata*，*Q. douglasii*，*Q. dentata*，*Q. ueftitina*，*Q. nubtra var. boredi*，*Q. rims*，*Q. cocciyzea* and *Q. ipzcaca*. Animal poisoning is mainly caused by the ingestion of acorn, which is also called Acorn Poisoning, frequently occurring in autumn.

In China, it has been reported in succession that cattle got poisoned after eating oak leaves from 14 regions (Shaanxi, Henan, Sichuan, Hubei, Inner Mongolia, Shandong, Shanxi, Jilin, Gansu, suburban counties in Beijing, Hebei, Anhui and Fujian) since it was found in Guizhou Province in 1958. Oak leaf poisoning in cattle often occurs in mountain areas covered with oaks. Victims include ox, buffalo, cow and deer. Though feeding experiment of farm cattle, the identified poisonous oak species contain *Q. dentata*, *Q. aliena*, *Q. mriabifis*, *Q. alum* var. *acuteserrata*, *Q. fabri*, *Q. aczttissima*, *Q. glandulifeba* var. *breuietidata*, *Q. mongolica*, *Q. serra*. Poisoning is mainly caused by the ingestion of oak leaves, which is called oak leaf poisoning or oak bud poisoning, frequently occurring between spring and summer.

2. Mechenism and economic loss of oak leaf poisoning in China

Oak leaf poisoning in China mainly occurs in the crossed area of farm and pasture. The main reason is abusive cutting of oaks, which results in growing secondary oak trees. When cattle are grazed here, they get poisoned by constantly eating a great deal of fresh oak leaves. Researches prove that the acorns and leaves of *Quercus* plants contain hydrolysable tannin. As oak leaves contain 10% of oak tannin, many animals especially cattle fed with oak leaves will have a gastroenteritis and edema for seven to eleven days, and finally they will die of kidney malfunction.

In China, oak leaf poisoning has caused certain economic losses for the regions of woods and animal husbandry, particularly in the regions where poisonous oak species intensively dominate in the field. Every spring oak leaves sprout, grazing cattle meets with a big threat due to that oak leaf poisoning can cause high morbidity and high mortality. In the18 counties of Sichuan Province in 1972, it is records that there were 6,138 head of cattle getting poisoned by eating oak leaves, among which 1,902 head died; in 1973, 3,362 head of yellow cattle got poisoned and 787 head died. The economic loss resulting from cattle death reached up to 4,000,000 RMB in the two years, averaged 150 RMB per head cattle. In Sui county, Hubei Province, 701 head of cattle got poisoned and 116 head (16.5%) died in 1968. In Yanbian Korean Sutonomous Prefecture, Jilin Province, 139 head of cattle got poisoned and 97 head died in 1978. For the issue, the morbidity of cattle was 13.7% and the mortality was 16.5%. In Hanzhong City, Shaanxi Province, 15,000 head of cattle got poisoned and 4,400 head died from 1977 to 1982.

According to statistic, 146,657 head of cattle got poisoned by eating oak leaves and

43,124 head died in 16 provinces of China including Guizhou, Henan, Sichuan, Shaanxi, etc., from 1958 to 1989. As a result of oak leaf poisoning in cattle, the economic loss in animal husbandry and local development reached over 100,000,000 RMB.

3. The history and progress of oak leaf poisoning research in China

The researches on oak leaf poisoning were conducted at six stages from 1962 to 2012.

First stage (1962 – 1978): researching on the characteristics of oak leaf poisoning, and making early specification of diagnosis standard for oak poisoning. In May, 1962, we first found oak leaf poisoning when conducting a survey on "Local Chronic Gastroenteritis of Cattle" in Wangchuan Town, Lantian County, Shaanxi Province. In May, 1963, we found that this disease was related to the intake of *Quercus* plants' leaf by cattle. During the survey on "Cattle's Oedema" in Guanyintang Village, Xunyang County, Ankang City, Shaanxi Province, we deduced that cattle's oedema was a poisoning caused by *Quercus* plants. However, because the disease was diagnosed as "pasteurellosis" by some experts, two – year work was stopped and a worse result occurred that large scales of cattle's oedema took place in An'kang City in 1967. Later on, it was identified as oak leaf poisoning after the success experiment of artificial infection. In 1967, we then edited and printed pamphlets for preventing and curing of *Quercus* plants poisoning in livestock and distributed them in Qinba mountainous area, Shaanxi Province. In 1968, cooperated with forestry experts, we researched the relationship between *Quercus* plants and livestock poisoning in Weiziping Town, Chang'an County. In 1977, we went to Sichuan, Guizhou, Hubei to do a research on epidemiology and ecology and early diagnosis technology for oak leaf poisoning. In 1978, we finished the study of early diagnosis of oak leaf poisoning in cattle from province agriculture hall in Xiangziying Village, Yudongzi Town, Lueyang County, and defined the toxicity of "*Q. glandulifba* var. *breuietidata*" to cattle.

Second stage (1979 – 1981): researches on the pathogenesis of oak leaf poisoning. With the guidance of Duan Dexuan professor of Northwest Agriculture College, we concluded our long – term working experiences on oak leaf poisoning in cattle and put forward an assumption that macromolecule oak tannin can be degraded into low – molecular phenolic compounds in gastrointestinal tract and caused poisoning to animals. The assumption was then verified by ten experiments. When hydrolysable oak tannin enters gastrointestinal tract, it is degraded into low – molecular phenolic compounds with high toxicity, and then the phenolic compounds get into blood and organs and tissues of whole body through gastrointestinal mucosa, and raises poisoning. Therefore, it is the metabolite of oak tannin rather than tannin itself that accounts for the poisoning of oak leaf. Oak leaf poisoning is phenol poisoning. Since then, prevention and treatment of oak leaf poisoning has become scientific.

Third stage (1982 – 1991): researches on integrated prevention technology, establishing

Specification of Diagnosis Standard for Oak Poisoning and Control Methods. With a good understanding of pathogenesis of oak leaf poisoning, in April, 1983, we invited 45 experts and scientists from 14 organizations (e. g., the University of Veterinary of the Chinese PLA, the institute of Beijing Military, the Northwest Olants Institute, Northwest Agriculture University, and the Animal Husbandry and Veterinary Center in Hanzhong City) to three serious areas of oak leaf poisoning in cattle (Shahekan Town of Xixiang County, Wudu Town of Chenggu County and Caomiao Town of Yang Vounty). We worked together for the integrated prevention technology of oak leaf poisoning in cattle and made some progress. Then we established *Specification of Diagnosis Standard for Oak Poisoningand Control Methods* (DB61/T - 16—91) that was approved by the administrative department of Shaanxi Province.

Fourth stage (1992 - 1996): Popularization of *Specification of Diagnosis Standard for Oak Poisoning and Control Methods*. From 1992, Shaanxi Animal Husbandry and Veterinary Master Station and the Animal Toxicology Branch of China Animal Husbandry and Veterinary Institute jointly launched to popularize "Shaanxi standard" in over 100 counties of 14 provinces (municipality), such as Shaanxi, Gansu, Liaoning, Henan, where oak leaf poisoning seriously occurred. The plan lasted for five years. Oak leaf poisoning was effectively controlled and economic losses were greatly reduced all over the country, and some areas completely got rid of it.

Fifth stage (1997 - 2002): Studying ecotoxicological system of oak tannin. After finishing study on biology, ecology, toxicology, management of toxic oak plants as well as the ecotoxicology and biological activities of oak tannins, we set out to study the ecotoxicological system of oak tannin. With advanced scientific methods, we observed the cell of oak tannin, as well as the structure and metabolite of oak tannin. And we also paid more attention to the histopathology and of oak tannin poisoning and antidote study of sodium thiosulfate in different animals and.

Sixth stage (2003 - 2012): Studying on the formation and extinction rules of ecotoxicological system of oak tannin. We summed up the scientific principles and basic experiences about controlling and prevention of *Quercus* plants poisoning. Meanwhile, the research results from comparative toxicology offers scientific basis to further study tannin toxicity, so the "tannin Biological activation theory" is established.

4. Main studing achievements of China oak leaf poisoning

For 50 years, main achievements we achieved in oak leaf poisoning and oak tannin toxicity study are as follows:

(1) Clarifying the biology and ecology of poisonous *Quercus* plants worldwide and the distribution area of oak tannin poisoning in animal;

(2) Defining the experimental toxicity of the leaves of *Q. glandulifba* var. *breuietid-*

ata to cattle；

(3) Establishing the early *Specification of Diagnosis Standard of Oak Leaf Poisoning in Cattle*；

(4) Finding that the toxic component of *Quercus* plants is oak tannin, a kind of hydrolysable tannin；

(5) Finding the differences in the chemical property, chemical structure and toxicity between oak tannin and tannin acid. The research results of tannin acid toxicity is not fit for the toxicity of oak tannin in animals. So they should be strictly distinguished from each other；

(6) Oak leaf poisoning in cattle has obvious epidemiology characteristic, such as distribution, seasonality, unstabitily and specificity, which control and prevention works must be based on.

(7) Studying the ecotoxicological system of oak tannin, which brings a new thought to prevent ecotoxicological system of oak tannin from forming. For example, we can adopt "feed control", "improve oak woods structure" and "potassium hypermanganate prevention" to prevent oak leaf poisoning.

(8) Establishing the animal model of oak tannin poisoning, which defines the toxic dose of fresh oak leaves eaten by cattle and sheep.

(9) Proposing and proving an assumption that macromolecule oak tannin can be degraded into low‐molecular phenolic compound in gastrointestinal tract and causes poisoning, namely oak leaf poisoning is phenol poisoning. This conclusion solves the riddle about the toxicity of oak tannin which was argued for over 300 years, defines the pathogenesis of oak leaf poisoning in cattle and offers a scientific basis for the prevention of cattle poisoning. The study won the second prize in Agriculture Department Technology Improvement in 1982, and aroused concerns in the 10th International Toxin Conference held in Singapore in 1990 and the Third International Poisonous Plant Conference held in Utah, the U. S in 1992.

(10) Establishing "tannin bioactivation theory". Based on the progress made on pathogenesis of oak tannin poisoning, we studied comparative toxicity and metabolite of oak tannin and phenolic compounds in other plants (such as gossypol and hemerocallin)；we also did a comparative researches from the aspects of the mechanism, pathogenesis, clinical symptom, pathologic anatomy, diagnosis, treatment and prevention of oak buds poisoning in human, horse and pig as well as oak leaf poisoning in cattle, sheep and deer.

(11) establishing *Specification of Diagnosis Standard for Oak Poisoning and Control Methods*, a local standard in Shaanxi Province (DB 61/T‐16—91)；

(12) Proposing and defining sodium thiosulfate as an antidote of oak leaf poisoning；

(13) Generally stated safety evaluation of forage containing tannin；environmental assessment of the processing of tanning extract and tannage；tannin and wine；safety evalua-

tion of tannin and cosmetics.

(14) Established systematic study methods for oak tannin toxicity，including investigation method of poisonous *Quercus* plants，chemical tissue method of oak tannin，qualitative test and classification of tannin，content of oak tannin determination，extraction，separation and evaluation of oak tannin；examination of fermentation products of oak tannin in test tube，evaluation of the metabolite of oak tannin in living body — low‑molecular phenolic compound，animal model of oak leaf poisoning（artificial infection）and so on.

本文是参加第九届国际有毒植物大会发表的学术报告，2013 年。

生态毒理系统与生态工程的初步应用

一、生态毒理学与生态毒理系统的形成

生态毒理学是研究毒物对某一地区的动物、植物区系和生态系统的影响，以及研究有害物质在生物圈（特别是在食物链）中转移的学科。

生态毒理学的形成和发展，使毒理学从生物个体水平研究解脱出来，在进行毒物的化学结构、毒性及其在生物体内的命运的研究基础上，进而发展到研究毒物对生态系统中各级水平的毒性效应，以及它们的运行和行为规律。因而，生态毒理学工作者必须超出毒理学研究领域，应用生态学原理，采用新的研究方法，研究毒物进入（或存在于）环境中的总量、环境中毒物的残留及最终归宿、毒物及其代谢产物（或在环境中发生变化的产物）对种群及群落的毒性、毒物存在系统中转移的范围及转移过程中生物降解或生物毒化的条件和性质、毒物对生态系统结构与功能的影响、毒物在生态环境中的监测和预报、应用生态工程等措施和方法减少或根除毒物的毒性和危害。

在良性循环的生态系统中，进入环境（系统）中的毒物，正好被环境中生物解毒或利用，毒物在生态系统中不但不起危害性影响，反而成为生态系统中不可缺少的成员，由于毒物的存在，生物与环境之间保持了平衡。但是在一定条件下，或者毒物的数量在某一过程或某一环节上突然增加，又没有一种物质抑制它的毒性作用，那么正常的生态系统便失去平衡，此时，生态毒理系统即开始形成。

生态毒理系统的形成，可能是暂时的，一过性的，或区域性较长时期存在，可能是在某一"过程"或在几个"过程"中由于毒物的数量增加（或虽然毒物数量未增加，而生物体的解毒能力下降），也可能是单因素，或多因素的。人们一旦认识了其中的奥妙，采取了相应的防止措施，那么这个生态毒理系统也就破坏了，终止了。

举例如下。

（一）棉区生态系统中棉酚的生态毒理系统

棉酚（Gossypol）是棉花植株中的黑色线体，是一种多酚类化合物。据研究，棉酚含量的高低与棉铃虫的危害呈正相关，并与抗病能力有关。

棉油中的棉酚未经处理而被人类食用，会引起"疼痛病"。在第二性生产过程中，棉籽饼中的棉酚如超过动物体解毒能力并长期饲喂，会引起动物中毒或生产性能下降，形成棉酚的生态毒理系统。如果棉油中的棉酚得到控制，即控制在人类安全水平之下，动物饲料中的棉酚含量控制在饲料安全水平之下，不但避免了不安全问题，而且使人类获得了棉籽中的油脂，动物充分利用了棉饼中独有的赖氨酸和20%的蛋白质，通过第二性生产为人类服务。这样棉酚的生态毒理系统就消失了，终止了。由此可见，棉酚在农业生态系统

中发挥着重要作用。

（二）农牧区生态系统中含硝基化合物的生态毒理系统

天然草原上生长的黄芪属、棘豆属牧草和人工栽培的小冠花属牧草中含有 3 - 硝基-1 - 丙醇 - β - D 葡萄糖甙、β - 硝酸丙酸和狗牙花碱等硝基化合物。这些硝基化合物能引起单胃动物（马、驴、骡、猪、鸡、兔）和反刍动物（羊、牛等）发生中毒。我国历史上牧场马匹发生的小花棘豆中毒，至今危害严重。内蒙古自治区伊克昭盟乌审旗的乌审昭村，1958 年因小花棘豆中毒死亡的马匹占总数的 11%，甘肃、青海发生的甘肃棘豆中毒、宁夏发生的黄花棘豆中毒也十分严重。在国外，美国牛、羊、马的疯草中毒（黄芪属与棘豆属毒草中毒）造成的损失十分惊人。目前，虽然对含硝基化合物的毒性有所研究，但对其形成机理、生物学特性还不十分了解。据研究，含硝基化合物植物引起家畜中毒的原因是它们在家畜日粮中所占比例超过家畜正常解毒能力，如小花棘豆在干旱年份在牧草上占 70% 左右，马匹采食即引起中毒。又如，在单胃动物日粮中小冠花的比例不应超过 3%~6%，否则会引起中毒。

（三）栎林区生态系统中栎丹宁的生毒理系统

在我国，栎林区栎林结构的改变造成全国 12 个省（自治区、直辖市）发生牛栎叶中毒。贵州省毕节 1958 年首次报道牛采食槲栎中毒，之后在河南柞蚕区的新乡地区、陕西的秦巴山区、四川盆地周围的浅山丘陵区、湖北、山东、山西、内蒙古、吉林、延边、辽宁大连和甘肃天水发生。据调查，发病地区的栎林基本上由乔木变为灌木，由萌生变为丛生，"十八把刀"砍向栎林，加之林下刮草皮肥秧田，耕牛饲养管理粗放，长年放牧，形成了一个特定的生态毒理系统。在这个系统中，天然栎林的灌丛由一个造福于人类的重要资源转变为对耕牛有毒的"毒源"，山区耕牛长年放牧在栎林灌丛之中（即农户的柴山、撂荒地、耳树林），栎叶成为春季耕牛唯一采食的树叶饲草，占日粮的 50% 以上，此时耕牛饥饿一冬春，大量"抢青"，连续采食 7~11d 即引起中毒。由于栎叶中含有的可水解栎丹宁经瘤胃生物降解产生大量低分子酚类化合物对耕牛产生毒性。一旦酚类化合物在体内蓄积量超过耕牛解毒能力，耕牛即表现中毒症状。耕牛采食栎叶和橡子中毒造成的经济损失非常严重。在美国西海岸仅哈佛氏栎（*Quercus havadii*）每年引起牛中毒所造成的经济损失达 1 亿美元。据了解，陕西秦巴山区的栎林区的地表水中挥发酚含量超过国家规定标准，人们发生不明原因的肾炎。如果把这些情况联系一起分析，不难看出栎树叶所含有的栎丹宁在生态系统中的重要影响。

（四）工业区生态系统中工业三废（废水、废气、废渣）的生态毒理系统

据报道，1978 年我国大气污染严重的城市有 18 个，1979 年增加到 22 个，我国是世界上向大气排放二氧化硫等有毒气体最多的国家之一。1979 年全国每天排放废水达 7 880t，而且大多未经处理，这一年全国受一种以上有毒物质污染的河流有 850 多条，其中污染严重的 230 条。全国有 40 多个城市地下水受到酚、氰、砷等有毒物质污染。污染物进入土壤、水体、空气，不利于生物的正常发育，损害农林牧副渔业的生产，畜禽是首要的受害者。如制铝厂、磷肥厂周围耕牛的氟中毒，体温计厂周围的汞中毒，矿山附近的铜中毒、砷中毒等。其次，是人类受害。有些污染物通过呼吸、饮水及食物链的逐级富集，进入人体，损害人体健康。30 年来，我国癌症死亡率增长 1.45 倍，癌症死亡人数在死亡原因中从第九位上升到第二位，这与环境中化学致癌物质的增长有密切关系。

（五）农区生态系统中大量施用农药、化肥、除草剂的生态毒理系统

据报道，西方发达国家的现代农业是建立在廉价石油基础上的农业（谓之"石油农业"），由于大量施用农药、化肥、除草剂造成食物与环境的严重污染和生态系统的失调。据美国农业部调查报告，1978 年与 1904 年相比，农药的用量增加了 10 倍，农药品种由几种增加到 300 多种，而由病虫害所造成的农产品损失却由 7％上升到 13％。据联合国粮农组织统计，粮食增加 1 倍，所用农药需增加 9 倍。世界卫生组织 1977 年报道，在 19 个国家中每年发生农药中毒事件 50 万次，死亡 5 000 人。

值得重视的是农药在生态系统中通过食物链逐级富集，给人类带来的问题极大。例如 DDT 通过食物链富集，使 DDT 的浓度逐级升高，最终导致食物链末端动物种属（或人）受毒害甚至死亡。我国为了研究农药在农业生态系统中的演替规律，1984 年浙江省肖山县杜湖建立了我国第一个农药环境生态毒理研究试验基地。

二、动物有毒植物中毒的生态学与生态工程的应用

（一）有毒植物中毒的生态学

动物有毒植物中毒的生态学是研究动物与环境中植物次生代谢产物——植物毒素之间关系的这样一个特殊系统。Kingsbury（1977）曾在"中毒的生态学"一文中指出："脊椎动物的有毒植物中毒，代表一种毒性方程式，其一侧为化合物的特异作用，这些化合物是由生物区系中的植物产生的，另一侧为一种特殊系统，即脊椎动物。"

植物产生的次生化合物是一类防御昆虫的主要力量，同时也为植物自身提供了某些直接的好处（如授粉、增强抗病力等）。在大多数情况下，植物产生的次生化合物在分子结构的差异、毒性影响的范围以及这些影响所造成的结果，并不是针对草食动物的，而是为了其他一些具有选择性的原因。所以引起动物中毒是植物次生化合物的偶然特性。要研究与大脊椎动物有关的微管植物的毒性，就必须研究进入这个生物区系并产生有毒作用的那一部分化合物的中毒机理和解毒的机制。

近 20 年来，生物化学的研究取得了惊人的进展。化学家有能力去分离、鉴定和研究较为简单或较为复杂化合物的反应，并应用最新的技术和精密的仪器进行这种研究。因此，检定毒性方程任何一侧的特殊作用是可能的（有时可能是困难的），当毒性方程是已知的并且对中毒的性质有了详细的、深入的了解时，则对方程两侧的任何一方（动物或植物）都是有重要价值的。这是生态毒理学工作者的重点任务。

（二）生态工程的初步应用

近些年来，生态工程已应用到预防动物有毒植物中毒方面并取得成果。即把生态工程法看作是以生态毒理学原理调整毒物生态系统的平衡所采用的一种工程方法。其特点是：不采取化学的、机械的方法清除毒草，而且以生态学的方法限制毒草的生长或降低它在牧草中的比例；按照有毒植物毒性特点和动物的敏感性不断调整两者的关系，使之表现动态平衡；使一些有用的有毒植物得到条件性的保护，也使动物有毒植物中毒得到确实的防止，显示经济、有效、生态平衡等多种效益。

1. 草库伦法 草库伦是我国牧区的一项创举。草库伦的形式较多，如乔、灌、草三结合草库伦，草、材、料三结合草库伦，打草与冬春放牧兼用草库伦等。草库伦可使草群

质量得到改善，草群高度增高，草群密度加大，产草量大幅度提高。内蒙古伊克昭盟约有570万亩草地上生长有小花棘豆，覆盖度占可利用草场的30%～50%。在退化草场上，小花棘豆等毒草上升为34.6%，禾本科草下降到6%，缺乏豆科草，成为不可利用的毒草草场，强行放牧则引起动物中毒。建立草库伦后，禾本科草占42.7%，豆科草占34.6%，毒草下降为2.8%，在这样的草场放牧，比较安全。

2. 生态控制法　我国新疆的阿合奇县采用生态控制防除毒麦获得成功。阿合奇县是1962年被划为毒麦疫区，1982年结合农业区划对毒麦的发生进行了全面调查。结果表明，毒麦的分布具有明显的地带性生态环境的特点。县城以东的库兰萨日克，海拔较低，1963年以种植春麦为主，毒麦普遍发生，1982年调查冬麦比例占85.13%，而农田毒麦极少发生，这是因为毒麦不能随冬麦越冬，故改春麦为冬麦的耕作制度控制了毒麦，仅在春麦地内伴生毒麦。而县城以西的哈拉奇乡是毒麦的集中发生区，每平方米有毒麦51株，最高达155株。折合每亩9.59万株。麦田中春麦和毒麦几乎各占一半。春麦和青稞的大面积播种给毒麦伴生创造了良好的生态环境。

3. 畜种限制法　翠雀属（*Delphinium*）植物中某些种被牛采食后会很快引起中毒，因此，采取限制采食的办法预防牛的中毒是困难的。由于翠雀属植物对绵羊无害，所以在翠雀分布区以放牧绵羊为宜。

小冠花对反刍动物无害，而对单胃动物有毒，因此，小冠花可饲喂反刍动物。

荞麦对皮肤白色的家畜能引起感光过敏，而对黑色皮肤的家畜则无害。在利用荞麦及其副产品饲养家畜时，在品种和家畜肤色方面要注意选择或给予条件性限制。

混有洋甘菊属洋甘菊（*Matricaria recutita*）的饲草被马、绵羊和猪食后不会造成损害，但对牛则可引起冲撞病（pushying disease）。据报道，三月龄黑白花牛犊，以23～24mg/kg的量饲喂棉酚可引起死亡，而同月龄的娟姗牛犊食入82mg/kg的量却不会显示毒性反应。

4. 日粮控制法　日粮控制法是将有毒植物在日粮中的比例控制在中毒量以下，从而使家畜有条件的利用天然含毒牧草（树叶），又不使体内功能受到损失，这对一些地区低毒植物的预防开辟了新途径。作者曾根据丹宁的毒性（家兔 $LD_{50}=6.9g/kg$，连续5天，Pigeon，1962）和丹宁在瘤胃中的临界含量（在山羊为8%～10%，在牛为3%～5%，Begovis，1978），采用日粮控制法研究预防牛栎树叶中毒取得成功。即在发病季节耕牛采取半日舍饲（上午），半日放牧（下午在栎林放牧）的方法，连续观察三年，结果观察组（14头）临床检查无发病症候，仅见粪便色黑或稍干，尿液pH、比重均在正常范围，未发现蛋白尿，但有铁反应，尿酚偏高，且游离酚高于结合酚；而对照组（12头）有发病死亡（发病5头，死亡2头），尿液检查pH、比重异常，尿酚偏高，且结合酚高于游离酚。

三、展望

生态毒理学是一门正在发展的新兴学科，无论在理论方面还是方法论方面都处在探索阶段。可以肯定，加强农业生态学研究必将为农业产品的安全评价，农业生态环境的保护，国家对农业环境管理中的重大决策提供科学依据。当前的任务有以下几个方面。

（1）要求毒理学与生态学工作者密切合作，共同努力，使毒理学原理和生态学原理相结合，发展生态毒理学，解决基本理论问题。

（2）急需培养一批"横向人才"，即懂得一些生态学的毒理学家或者是懂得一些毒理学的生态学家。

（3）建立各种类型的农业生态毒理研究试验基地，西北地区很有必要在草原生态研究基地上加强生态毒理学研究。

（4）依照生态毒理学原理，积极采用生态工程等更多的新技术、新成果为保护农业生态环境，促进农业生态系统中各业的发展以及保障人类健康而努力。

本文刊登于《动物毒物学》，1987年，第1卷第2期，第1-5页。

21 世纪毒物与中毒咨询业

一、毒物与中毒的威胁呼唤咨询业

（一）重大中毒事件与毒性灾害对人类健康与社会安定构成威胁

20世纪30年代以来，中毒事件和毒性灾害不断增加，特别是多发生在城市、工矿企业及其周围、副食品市场、餐厅、河流、公路、机场等人群密集的集散地，不仅造成人的伤亡和重大经济损失，而且影响到社会安定和经济的正常运行。史志诚（1996）对1930—1992年当代世界50起重大毒性灾害进行了统计分析。其中，药物中毒6起、食物中毒7起、环境污染8起、毒气泄漏5起、有毒化学品与有毒气体爆炸9起、核爆炸与核辐射6起、恐怖行为2起及其他7起。

1935年，欧美各国约有100万人先后服用减肥剂二硝基酚，以致发生白内障，失明率达1%，至少有1万多人成了盲人。

1943年，美国洛杉矶光化学烟雾事件，400人死亡，75%的市民患了红眼病，郊区葡萄减产60%，大片树林枯死。

1952年5—8月，英国伦敦毒雾事件，死亡4000多人，8000人罹病相继死亡。

1968年3月，日本北九州市爱知县发生的米糠油中毒案。中毒病人达8000多人，其中死亡16人，经查油厂在提炼过程中，混入有毒的多氯联苯所致。全国受害者达1.3万人，油渣等做家禽饲料致数十万只鸡中毒死亡。

1969年，日本水俣事件，到1972年统计中毒282人，死亡58人。

1976年7月10日，意大利塞韦索镇一工厂二噁英泄溢污染周围草地，污染区7.7万头牲畜急宰，7万居民10年中先后诞生53例畸形婴。

1982年，美国约翰逊泰勒诺尔公司生产的泰勒诺尔牌头痛药被人涂抹了剧毒的氰化物，芝加哥有8人因服用这种药物致死，该公司损失4亿美元。

1984年12月2日，印度博帕尔市近郊的美国联合碳化物公司所属一家农药厂发生毒气泄漏案，2500人当场死亡，20余万人中毒，受害者达67万人。此案企业赔偿4亿美元，全球震惊，至今后遗症仍未了结。

1986 年，德国莱茵河水污染灾难，致 50 万条鱼死亡，居民供水中断。

1986 年，苏联切尔诺贝利核电站事故死亡 237 人，13.5 万人撤离，经济损失达 120 亿美元。

1987 年，英伦三岛的超级市场集团公司安全道路公司所销售的食品中被人掺杂了除草剂、砒霜和碎玻璃，放毒者要价 4 万英镑[*]。

1988 年，有人用针头在意大利市场上出售的水果中注射了毒素，使美国政府下令立即销毁所有智利葡萄并禁止从智利进口葡萄，致使智利的两万名葡萄工人失业，350 万箱葡萄被销毁，损失达 2.4 亿美元。

1991 年，中国江西发生的一货运车泄漏有毒的甲胺事件，造成 934 人中毒，死亡 37 人，死亡畜禽 1 299 头只，死鱼 3 500 余 kg。

1992 年 4 月 22 日，墨西哥煤气爆炸中毒案，死亡 230 人，伤 1 500 人，烧毁房屋 1 200 多间，物质损失 2 万亿比索，市长辞职。

此外，1999 年 6 月，比利时有关肉鸡体内含有二噁英的丑闻被曝光后，卫生部、农业部两部长引咎辞职。美国立即禁止从欧盟成员国进口肉鸡，比利时民众顿时不知该食用何种肉类食物。

中毒事件和毒性灾害的发生具有明显的特点，即：在时间、空间、地点上都具有明显的突发性；往往造成少则十几人多则十几万人甚至数以万计的动物中毒死亡，具群发性；一些毒性灾害（如核爆炸的同时出现的核辐射毒害，火灾之后出现的毒气损害）引发更为复杂的情况，造成更大的经济损失和政治影响，具次生性；有的毒性灾害会引起社会不安，甚至陷入混乱，可能导致当权者的辞职或被罢免，具社会性；有的毒性灾害不仅引起直接的重大经济损失，而且因长期毒性难以消除，将给生产生活和生态环境带来在短期内难以弥补和恢复的情况，具破坏性。

（二）人类健康和社会安定呼唤毒物与中毒咨询业

据报道，到 21 世纪中叶地球人口预计将达到 90 亿左右，比现在要多出 30 多亿。人类将面临人口的增长、老龄化、经济增长、健康安全等几个巨大的挑战。特别是大气污染、工业事故、滥用化学品、环境灾害等，涉及人类健康与安全的毒物与中毒问题，将越来越被人们所关注。据预测，全球每年有 4 200 亿 t 废水排入水域，使 5.5t 自然水污染，有 17 亿人用不上干净水，12 亿人卫生条件极差。1980—1985 年美国工厂发生各种严重事故 6 923 起，全球市场有 7 万~8 万种化学品，每年以 1 000~2 000 种的速度投入市场，由于过量使用化肥和滥用化学农药，发展中国家每年约 1 万余人死于农药中毒，40 万人受伤害。全球每年有 10 亿 t 废弃物倾向大洋，导致海洋生物受污染。加上烟草危害和毒品的蔓延，人们急切希望看到政府的治理计划、获得有关保护环境和维护健康生活的各种信息。当我们每天打开报纸杂志、收视各地新闻广播和电视报道，都可以了解到有关毒物与中毒事件，以及提出的许多有关防毒、避毒、解毒问题，并期望寻求某些回答。政府有关部门也需要有关专家经常向来访咨询者介绍有关科学知识，解决人们所关心的问题。

1998 年 12 月 12 日，日本汉字能力协会在全国范围内进行一次民意测验，测验结果

---

[*] 英镑为非法定计量单位，1 英镑＝8.81 元人民币。全书同。

为：反映年景的汉字竟是一个"毒"字。这是因为 1998 年对日本来说确是多灾多难的一年。年初亚洲金融风暴打击了经济发展，日元贬值，继上年大批企业倒闭、发生地铁毒气事件之后，1998 年夏天，日本一名家庭主妇为骗取保险金，在一次游园庆祝活动中，把砒霜放入咖喱饭中，致 60 多人中毒，4 人死亡。7 月，和歌山县发生山埃（即氰化物）投毒案，导致 4 人死亡。8 月，新潟县一公司工作的高层职员在喝了怀疑被下毒的绿茶后，不适入院。因此，全国民意测验的结果，自然是"毒"字了。

在我国，1998 年 12 月江西定南、龙南等县，由于不法分子贩卖含有机锡的毒猪油，致 1 000 多人中毒，3 人死亡。之后，专家呼吁，尽早结束目前对中毒事件临时抱佛脚式的处理方式，建议国家建立一个能有效对付各种中毒事件的咨询中心，形成高效的中毒控制体系。有的还建议既然有报警的 110，为什么不能有药品 110？毒物与中毒咨询的热线电话 110？

由上可见，无论从经济发展、国家安全的需求看，还是从健康卫生、社会安定的需求看，发展毒物与中毒咨询业，势在必行。

二、毒物与中毒咨询业的兴起与发展

据统计，目前全世界 70 多个国家和地区已建立 226 个毒物咨询服务机构。其中有为科研、教学和医疗服务的毒物学数据库，有直接为公民提供单一咨询或咨询与救治服务相结合的毒物控制中心（Poison Control Center，PCC）、毒物咨询中心（Poison Information Center，PIC）。

（一）毒物学数据库

（1）英国伦敦 Guy's 医院建立的有毒植物与有毒真菌图像计算机识别系统。过去医院缺少很快识别类似植物有无毒性的基本技术，延误了治疗时机，于是 Guy's 医院与国家植物园联合研究，填补了这方面的一个空白。其目的是解决医院急诊的紧急需要，能及时识别可疑的引起中毒的有毒植物，以便指导正确及时诊断治疗。该系统 1983—1988 年处理急诊病例数千例，其中可疑浆果中毒的案例 200 起，多是孩子。这个系统是根据"专家系统"原理而建立的，储存在 CD - ROM XA 内。这个软件建立在 IBM PC 及其兼容机基础上，从 WINDOWS 3 操作系统中开发出来。

（2）奥地利维也纳的维特里纳里大学植物学院建立的有毒植物数据库。

（3）新加坡国立大学建立的毒物数据库。数据库有新加坡有毒植物、毒蛇及动物毒素、世界抗蛇毒资料、世界毒素学专家和世界毒物控制中心名录等。

（二）毒物与中毒咨询服务业

1. 美国亚利桑那毒物与药物咨询中心（Arizona Poison & Drug Information Center，APDIC） 该中心建立于 1980 年 4 月。主要服务对象是当地的公民，咨询项目主要是毒物的预防知识和急诊治疗问题。随着咨询业的发展，逐步扩大毒物、毒素以及药品的安全使用等事项。中心的专家来自亚利桑那大学健康科学图书馆和药学院熟悉毒物咨询业务的药理学家和毒物学家。该中心一年 365 天 24 小时服务，设有免费专线电话。1996 年该中心接收 6.4 万个电话，每天 200～250 个电话，专家都给予了满意的答复。1997 年接收 63 056 个电话，其中涉及人的 44%，药物知识 25%，药品识别 12%，毒物知识 11%，涉及动物的 3%，医疗知识 2%，毒物预防 1%，畸形 1%，其他 1%。咨询电话的发话人中

20～39 岁的占 19％，40～59 岁的占 11％，不知道年龄的成年人 11％，13～19 岁的 8％，60 岁以上的 6％，5 岁以下的 37％。咨询内容：无意引起中毒的 65％，动物咬伤、蜇伤的 21％，治疗错误的 5％，过敏的 5％，食物中毒 2％，其他 2％。

2. 全美毒物控制中心协会（American Association of Poison Control Center，AAPCC） 该协会是联系全美 50 个毒物咨询中心的协会组织。其目标是组织各毒物咨询中心研讨如何通过公共教育和科学研究，降低中毒的发病率和死亡率；为各毒物咨询中心建立标准的操作规程。工作内容有：向地区性毒物咨询中心工作人员颁发证书；疏通毒物与中毒咨询中心与政府的联系；发展公共教育，编印有关资料；收集和分析国内中毒资料。该协会每年编发年报和 6 期通讯，举办年会，奖励在毒物控制方面取得成就的专家。

3. 美国的国家动物毒物控制中心（National Animal Poison Control Center，NAPCC） 该中心是美国预防动物中毒与伤害协会（ASPCA）的一个分支机构。是北美地区仅有的一个有关动物的毒物控制中心。全天 24 小时值班，有专线电话。中心的兽医在接到电话之后，能立即回答有关有毒化学品、有毒有害植物、日常可能接触并可能引起动物中毒或不适的产品或材料等问题。中心还开展动物毒物学方面的知识讲座等教育节目，动物的临床诊断和急诊治疗工作。中心有经过特殊训练的兽医毒物学家，他们广泛地在有关杂志和书籍上撰写文章，将一些深奥理论转换为通俗的知识传播给公民。

4. 中国的中毒控制中心

（1）北京的中毒控制中心。该中心由卫生部批准于 1999 年 4 月 23 日在中国预防医学科学院成立。这是我国卫生系统首家集咨询、检测、诊断、救援、培训于一体的中毒救援机构。目前每天 8h 值班，有专线电话。

（2）台湾的毒物控制中心（Poison Control Center in Taiwan，PCC‐Taiwan）。该中心建立于 1985 年 7 月，由台湾"卫生部"执行官和台北总医院主办。每天 24h 为台湾 2 100 万居民服务，同时接收治疗中毒病例。中心还对医生、请教者进行培养，开展毒物分析。近几年，中心每年接收 4 000 多次电话咨询，而且呈逐年增加趋势。中心未来改进的目标是：开展预防中毒的教育；建立家庭有毒产品和天然毒素以及中草药的资料库和计算机网络；建立几个典型中毒病例或一组中毒的广播电视节目；加强与其他毒物控制中心的联系。

5. 泰国的毒物中心（The Poison Center in Thailand） 泰国是一个有 6 000 万人口，正在由传统农业转向工业化的国家。由于化学肥料广泛应用，工业污染以及化学品大量进口，中毒成为泰国的常见疾病。据 1990—1995 年统计，中毒的发病率为 30 人/10 万，每年中毒死亡 3 000 人。于是泰国于 1996 年 8 月建立 Ramathibodi 毒物中心并对外办公。由 Ramathibodi 医学院支持。在中心工作的有 2 名临床毒理学家和 2 名咨询专家。1997 年有 800 多个询问电话，涉及医药产品、化学品、毒品、植物毒素、动物中毒、食品污染、杀虫剂以及有关健康问题。1996 年的 590 个咨询电话，来自曼谷的占 73％。

6. 日本的毒物咨询中心（Japan Poison Information Center，JPIC） 该中心于 1986 年建立。每年接收 40 万个咨询电话。日常工作仅限于电话咨询服务，未开展临床治疗与毒物分析业务。进一步发展两个系统，一是与因特网相连，二是发送传真。1996 年该中心接收儿童中毒的 29 114 个咨询电话中，家庭室内物品引起的占 75.2％（如烟草产品、化妆品、清洁剂、杀虫剂、礼品玩具、口服驱除药等），药物引起的占 18.1％，化工产品引起的占 3.0％，天然毒素占 1.4％，农用化学品占 1.0％，其他占 1.3％。

三、建立和完善我国毒物与中毒咨询业的建议

我国是一个发展中国家，正处于社会主义初级阶段。与发达国家相比，我国毒物与中毒咨询业仅是起步初创，随着经济的发展，市场的需求和未来健康卫生、中毒救护、政府应急、企业决策的需要，将会有一个新的发展。为此，提出如下建议。

（一）政府与社会的支持

毒物与中毒咨询业属社会公益事业，尚需政府和社会的支持。政府的卫生、农业、环保、化工等部门都应积极扶持和负责批准本部门本系统有基础的高等院校、卫生防疫（兽医防疫）单位联办毒物咨询中心或毒物控制中心。目前，每个部门或系统建立一个为宜，而且在全国合理布局、信息互联、优势互补。政府和社会各界在启动经费和基本设施方面给予必要的扶持，特别是信息产业部门在热线电话、互联网方面应给予大力支持。

（二）建立和完善毒物与中毒咨询业的规范管理

毒物与中毒咨询业是一个面向 21 世纪的新兴产业，是毒物学知识与技术服务＋计算机电信网络＋公民的一项全新事业，是科学家＋咨询专家＋高科技服务的一门特殊行业。其目的在于使接触毒物或发生中毒者及其亲友向毒物控制中心直接求助并得到服务。其任务在于满足一切咨询者的要求，并得到满意的答复和救助。因此，借鉴国内外近十多年的经验，务必在成立中心的审批程序、参与咨询专家的资格审定、运行机制的规范、技术服务的质量等方面有统一的规定和要求，使这一咨询业健康发展。

（三）毒物学家与药理学家的职责

防毒、解毒、化毒为利是毒物学家与药理学家的天职。21 世纪毒物咨询与毒物控制将是人类健康和社会经济发展的需要。社会呼唤毒物与中毒咨询业，同样也呼唤毒物学家与药理学家与计算机、咨询专家结合，投身于咨询业，为开创新的服务领域贡献力量。

本文发表于《中国毒理学通讯》1999 年，第 3 卷，第 3 期，第 1-3 页；《中国兽医杂志》，2000 年，第 26 卷，第 6 期，第 3-5 页。

毒性灾害：非传统安全问题及其应对

一、毒性灾害：非传统安全问题

美国"9·11"事件之后，国际上开始重视非传统安全问题（non - traditional security，NTS；亦称新的安全威胁，new - security threats，NST），指的是人类社会过去没有遇到或很少见过的安全威胁。特别是近些年逐渐突出的、发生在战场之外的安全威胁，如恐怖主义、生态污染、危险化学品爆炸、突发性重大中毒事件以及毒物引发的毒性灾害、大规模杀伤性武器的扩散等，对人类正常活动和国际社会正常交往构成危险，有的威胁日益严重，甚至到了失控的边缘。

非传统安全与突发中毒事件之所以受到重视，其原因是，在新的国际环境和时代条件下，"人的安全"获得了更多的重视，公民个体的权利和民众表达自身权利的意愿，也得到越来越多制度性安排（包括不同领域的国际法和国内法）的庇护。它成为世界各国和国际社会在考虑非传统安全问题时一个份量逐渐加大的参照系。我国的政策是"安全第一""预防为主""群众利益无小事"。以往，人们在看待传统安全时，更多考虑的是国家整体的安危，现在，公民个体的政治权利、少数利益集团（如少数民族）的表达意愿、甚至国家内部不同区域的权利要求（如文化特色的保护），都在全球化条件下得到更充分的表现。所以，谈论安全问题的趋势是既要讲整体和全局的国家安全，又不能忽视个人的个体安全和社会某些局部的安全利益；既要对安全利益实行传统的国家式保护，又要对安全利益实行更加广泛的国际关注（乃至一定程度的国际合法干预），以及保证国内社会不同领域不同层面的参与。基于此，非传统安全研究的动向是既要站在自身国家利益的立场上，保证战略研究和军事谋略的有效性，在综合安全观的统筹下实现不同领域安全之间的动态平衡，又要适当从国际社会全局考虑，倡导共同安全观的建立和合作安全方式的推进；其中，人的安全是所有安全问题的核心，社会安全是国家安全的基石和国际合作的基础。站在人类进步史的角度观察，可以认为，以人为本的这种新安全观的出现，昭示着全球发展的新动向。

（一）突发事件的特征

1. 不可预见性 突发事件一般是短时间内发生，政府、社会、民众、大众传播媒介等无法事先预见，因而民众对这类事件一般无法进行事先的心理准备。美国的"9·11"恐怖袭击，就在短短几小时内发生、发展，在发生之前，美国整个国家机器、社会运行机制无法预见或无法准确、有把握地预见，从而无法通过大众传播媒介、国家预警机制等等让民众做好防范的准备。这种不可预见性是突发事件最突出的特征。也是由于突发事件的不可预见性，其产生的影响及后果往往更加严重、更加广泛，给民众带来的恐慌也更加巨大。

2. 影响力强、涉及面广、持续性大 突发事件会影响到社会生活的各个方面，生活在其中的大部分个体都会感受到它的影响；不仅如此，而且突发事件在基本结束后，仍能够对社会生活的方方面面产生持续的影响作用力。如我国的非典型肺炎事件，不但在发生发展时严重影响着我国政治、经济、文化、社会的方方面面，促使一系列相关应对法律、条文的出台，而且它对民众的心理、行为习惯以及许多观念等都产生了影响，这种影响在抗击非典取得阶段性胜利后仍继续得到凸显。

3. 相关信息呈现多渠道传播特征 现代社会已经进入信息社会，人们获取信息的渠道不仅仅是大众传播媒介，还可以通过各种各样的信息渠道获得关心的信息，如电话、网络、手机短信等。突发事件关系每个个体的切身利益，民众急需了解事件的情况，相互之间相关信息的传播频率、速度、数量等等就会急剧攀升，利用的传播工具种类也会大大增加，会想方设法通过更多的渠道获得更多的相关信息。由于大众传媒所具有的公信力、权威性，在突发事件中则更显得权威性和公信力的重要，因而，民众对大众传播媒介的期望值相当高；大众传媒在突发事件发生的时候，能更好地发挥自己特有的社会功能，承担所赋予的社会职责。

（二）毒性灾害的特征

突发性重大中毒事件以及毒物引发的毒性灾害，作为非传统安全威胁的一个重要组成部分，具有非传统安全问题的一般特征。

1. 突发性 与传统的国家安全威胁相比，它们好似蒙面杀手，多半"来无影去无踪"，杀伤力强大且带有突发性，有时事态看上去相当孤立，有时又"牵一发而动全身"，其形态、边界和活动规律往往难于确定，使追踪和应对它们的努力变得相当困难。如果说，传统的安全威胁可以通过譬如讲"战略研究"摸清其特征的话，那么，非传统安全威胁肯定得有新的思考和应对方法。

2. 复杂性 与传统的国家安全威胁相比，它们发生的形态及蔓延的层次更加复杂多样，比方说，既可以针对国家和政府，也可能瞄准社会和个人，还可能带来邻国区域的动荡和全球性的不安；为了对付这些威胁，不得不更多借助于多边机制的努力和国际社会的参与，包括多种非政府组织和跨领域、跨学科力量的加入。全球化时代的特殊条件和环境，还令非传统安全范畴自身不断发生衍变和扩张，一方面诱发和激化了传统的矛盾与冲突，另一方面把某些旧式的安全威胁变成新式的安全威胁；所以，非传统安全的研究，还要求对"变化""关联""互动""复杂"和"不确定"等术语所表达的特质，保持高度的敏感，用全新的方式加以追踪和分析。

3. 国际性 与传统的国家安全威胁相比，非传统安全威胁多半不是发生在国家之间，而更多植根于社会体制、发作于国家内部，有着深刻的体制性结构性根源，某种意义上讲是对既有结构和安排的惩罚，譬如说是对南北世界日益悬殊的经济差距的惩罚，是对旧的发展模式和政治安排的惩罚，甚至是对落后的饮食习惯和生活方式的某种惩罚。从国际关系角度观察，某些非传统安全的肆虐，不仅引发社会危机和政府失信，危及民众生命财产和国家间贸易，而且孕育出一些新的冲突源和致成国际关系新的紧张；不妨说，它们是对现存的不合理、不公正的国际政治和经济秩序的特殊惩罚。

在全球化新的条件下，旧式的安全观必须加以调整和充实。新安全观应当是一种"立体安全"的观念，即不仅把安全从传统的军事领域扩大到非军事领域（如经济安全、金融安全和生态安全等），而且它更进一步认为，"国家安全"不只是一种对外的、单纯防御性的东西，还应当包含受保护的主体自身的自由而健康发展和内部各种利益团体的良性互动，如政治开明与民主程度、民族融合与团结程度、社会安定与稳定程度、经济发展与开放程度等"健康指数"。

二、防控突发中毒事件的法规依据

2003 年，国务院《突发公共卫生事件应急条例》《危险化学品安全管理条例》和 2004 年 1 月 9 日《关于进一步加强安全生产工作的决定》的颁布标志我国的毒物和中毒的管理进入一个新阶段。

一是将职业中毒和食品中毒列入突发公共卫生事件应急条例，使中毒性疾病的防治走上有法可依和依法管理的轨道。

二是适应依法管理的需要，卫生管理体制进一步改革，实行公共卫生服务、监督管理和医疗三分开；行政、企业、事业三分开。

三是国务院《突发公共卫生事件应急条例》《危险化学品安全管理条例》和 2004 年 1 月 9 日发布的《关于进一步加强安全生产工作的决定》之后，上海、江苏、广东、陕西等许多高等院校、公安、安全部门成立毒理学研究机构，山西省和陕西省分别成立毒理学会。我国毒理科学作为一门特殊的急需的新学科进入了一个新的历史时期。

三、应对突发中毒事件与毒性灾害的应急机制

加强应对突发中毒事件与毒性灾害的应急机制建设，是今后的一项重大任务。

（一）建立突发中毒事件的预警机制

对重大突发中毒事件与毒性灾害的预警应作为政府的一项重要职能，不放过蛛丝马迹。发现苗头，应立即由国家职能部门分不同等级发出警报，同时应以中央政府的名义提出有预见的建议，以及科学、合理的指导意见和防控方案。一些国家即使在尚未发生而国际上已经发生的情况下，及时下达"紧急警报"和"防治指导方案"。这种预警机制，很值得我们借鉴。

（二）建立公共卫生的应急机制

在发生毒性灾害的个别地方，政府之间和政府与医疗机构之间的协调指挥能力还比较弱，办事效率不高，对人民的健康和生命安全缺乏高度警惕；中央、地方、军队三方协调不力；也暴露出这些年在市场化条件下，政府的公共服务系统在某些方面有所弱化。鉴于毒性灾害有极强的毒性，因此，应立即统一部署一定范围的人口流动控制，尤其严守交通要道；对发生中毒事件的地区及单位，采取有效的隔离措施，减少危害扩大；与此同时，迅速启动公共卫生的危机管理制度，保证指挥的统一性和高效率。

（三）建立信息披露机制

向社会提供真实可靠的公共信息是政府和媒体的社会责任。尤其在全球化时代，这些信息不仅关系到本国公民的健康和生命安全，还直接同外国公民的健康和生命安全相联系。信息的公开，特别是对那些涉及重大公益的灾难性信息，就更应该及时准确地提供给公众。因此，在发生毒性灾害期间，应解除该领域范围内的某些传统管制方法，允许有关媒体在此期间及在此领域的新闻采访、报道及评论，并且监督救助募捐活动中可能出现的渎职推诿及贪污挪用救灾款现象；在中央电视台开设专门频道，一天 24h 进行全面、细致、实时直播宣传防控知识，让民众能够迅速掌握、了解毒性灾害的真实情况，做好防控工作，以防出现因为信息闭塞导致的毒性灾害的进一步失控和无谓的恐慌。

（四）建立干部问责与纠错机制

政府务必提高决策的准确性，政府主管人员因措施不力而造成的失误，应向受害者和公众及时认错和道歉；通过公正严格的司法程序，惩处对防控毒性灾害不力，负有直接重大责任的政府官员、临阵逃脱者以及其他责任人员，以消除民众中的不满情绪；防控重大中毒事件和毒性灾害的特殊时期，对于政府来说是一次切切实实为民众服务、改变自身形象和重建社会公信力的机会。所奉行的最高原则只能是生命至上，人民至上。

（五）建立财政资源的动员机制

在组织有效防控重大中毒事件和毒性灾害的同时，政府应依法拨出充足的专项资金，及时提供必要的药物以及医疗条件；同时，建立防治及后事处理体系；加强医疗保障，确保包括广大农村地区以及城市贫困居民（包括农民工）在内的所有人的生命和健康得到切实有效的尊重和保护；防控期间的所有费用由中央和地方财政承担。

（六）建立社会力量的动员与参与机制

一旦发生重大中毒事件和毒性灾害，应尽快建立城市社区自治制度，分担防控工作的社会职能。应当相信社会力量，拓宽社会参与渠道。各类专业组织和民间社团应积极行动起来，面向大众，聚拢人心，鼓舞斗志。目前国内还较少有相应的民间组织与众多的国际性专业组织和国际志愿者组织接轨，这种状况应当尽快改变。

（七）建立必要的国际沟通与协作机制

在全球化条件下，处理重大突发中毒事件应有开放的胸怀，适应开放社会条件下的要求。必要时可以聘请相关国际组织或专家为防控顾问，主动寻求国际援助，实现防控信息共享，两岸四地加强防控信息通报。

（八）建立法律强制机制

应加强对根据相关法律法规的宣传和执行力度，全国人民代表大会常务委员会授权在一定条件下容许发布强制性的外出禁令和人身隔离命令。在迫不得已的场合，应依法果断地对个别疫情特别严重的地区施行戒严令。

四、处置突发中毒事件和毒性灾害预案的建立

（一）公共设施的维持

包括人民生活物资的供应，饮用水供应，水利、交通、农业灾害的防备、抢修，铁路、公路、公用燃气、油料与电气管线以及电力、电信、自来水的抢修等。其他灾害应变以及防止灾害可能扩大的措施。

（二）毒性化学灾害现场的控制

包括灾情的调查、判断、警报的发布和传递、应变戒备、灾民疏散、抢救与灾民临时收容、社会救助、罪犯的侦破、交通疏导以及人员疏散等。

（三）医护卫生措施

包括食品卫生与农作物检验、紧急医疗救护及运送事项。

（四）受灾区域的调查与搜救

包括毒性灾害原因调查与界定、灾害发生原因的调查和灾害刑事责任的调查。注意收集有关的气象资料、地理资料。评估潜在危险毒性化学品运作企业的相关资料，分析评估工厂企业潜在的危害建立预警资料以及相关工厂企业附近人口与公共设施分布情况等。

（五）毒性化学灾害的善后恢复

包括救灾器材的整修，救灾借用校舍损毁整修，公共建筑物和公共设施的拆除、补修、抢修，受灾儿童及学生的教育应变措施，环境清理、消毒工作以及其他清洁事项，灾区清除整治检测等。此外，毒性灾害善后经费的拨付与执行，包括灾害损失补偿、灾害的救助、善后处理经费、善后处理补助等。

五、毒理学科技工作者的历史责任

进入 21 世纪，突发中毒事件、恐怖事件时有发生，食品安全、生物安全和生态安全问题，成为社会议论、政府关注的热点。发展我国的毒理学科学事业，就是组织毒理学家，借鉴国际防控重大中毒事件和毒性灾害的历史经验，依据国内毒理学研究成果，贴近

社会、贴近生活，开展防毒、解毒、禁毒技术的科普创作和科普宣传，为人民的健康和社会安定服务。

针对突发中毒事件和毒性灾害，应积极组织研究世界主要国家应急处置突发中毒事件和毒性灾害的经验与教训，参与国家和地方开展的危险化学品安全的专项检查，参与危险化学品事故应急救援预案的制定，参与危险化学品职业技能的教育和培训，提高国家专职人员和企业从业安全人员的素质，完善各省、市中毒控制中心，建立中毒数据库，为防控重大中毒事件和毒性灾害搞好咨询服务工作。

本文是在第三届中国灾害史学术会议上的交流材料，2006 年 8 月 16 日，杨凌。

我国急需建立和完善国家毒理科学支撑体系

一、我国毒理科学不断创新形成独特的科学体系

我国社会经济的发展推动了毒理科学的发展。20 世纪 50 年代初，中国的现代工业和国防建设快速兴起，以职业毒理、放射毒理和军事毒理为代表的毒理学研究也随之开启，是新中国成立后较早启动的科学研究活动之一。进入 21 世纪，随着工农业生产、社会经济、人们生存环境和生活方式的变革，毒理学的研究对象和内涵不断扩展，毒理科学开始进入了快速发展期。近 10 年来，中国发表的毒理学研究论文占国际上全部毒理学论文数量的 10%～20%，从事毒理学的科技人员不断增加，仅中国毒理学会的会员由 1993 年的 300 多人发展到 2016 年的 8 000 多人，有力地推动了毒理学新的分支学科的不断衍生和涌现，按学科划分，有遗传毒理学、生化与分子毒理学、生殖毒理学、毒性病理学、神经毒理学、免疫毒理学、环境毒理学、生态毒理学、临床毒理学和兽医毒理学等；按研究对象划分，有生物毒素毒理学、纳米毒理学、饲料毒理学、放射毒理学和中药毒理学等；按功能属性划分，有分析毒理学、转化毒理学、中毒与救治毒理学、管理毒理和灾害与应急毒理学等。不仅如此，中国的研究者们对新材料和新物质如纳米颗粒和空气颗粒物等的毒理和生物安全性有很高的关注度。现代毒理科学研究已不再局限于学术性机构，而广泛地在政府、大学和企业建立了各种毒理科学的研究机构。特别是分析毒理学研究将毒理学引入中毒案件的司法审理；生态毒理学研究将毒理学引向自然界；管理毒理学研究将毒理学引入立法与决策，使当今的毒理科学不仅成为一门生物科学，而且与社会科学与管理科学进一步融合，成为一门安全科学。毒理科学的三次拓展与跨越，标志着我国毒理科学的发展进入了一个新时代。

目前，我国现代毒理科学已形成了完整的科学和研究体系，具有多元与集成、学术研究与服务管理、基础与应用并重的学科特性，其发展与人类社会文明、生产生活方式、经济社会活动乃至气候环境的变迁紧密相连。成为维护环境生态平衡、保护公众生命安全和身心健康、促进经济可持续发展、推动社会文明进步的主要支撑学科之一。在我国社会经济发展过程中屡屡发生的重大环境、食品、药品和突发灾害等事件的应急处置和事件后社会秩序恢复中，发挥了不可替代的作用。由此可见，毒理科学是关系当今和未来我国食品

安全、生物安全、生态安全和国家安全的一门具有生物科学与安全科学双重意义的不容忽视的重要科学。

二、国家毒理科学体系面临的问题与支撑体系的建设

纵观当今世界现代毒理科学快速发展的状况，显示了新的特点。一是毒理科学概念的范畴正在不断延伸为生物科学。现代毒理学已经渗透到所有医学与生物科学之中，所有医学与生物科学都在研究毒性及潜在毒性问题。特别是毒理学分支学科的划分和研究方法的创新上，影响着现代毒理学的深入发展，使毒理学既是基础科学，又是应用学科，成为一门独特的生物科学。二是现代毒理学和社会科学与管理科学进一步融合。美国"9·11"事件之后，随着国际恐怖主义、极端、分裂主义组织抬头。邪恶势力制造突发事件，加之经济社会的快速发展，突发毒性事件、食物中毒、职业中毒、环境污染，从重发生，国外有毒有害生物入侵形成危害，这些毒具有突发性、群发性、恶性、毒性、社会性、国际性的特点。因此，现代毒理学和社会科学与管理科学进一步融合，政府管理部门以保护公众健康作为自己的重要职责，对关系公众健康问题进行评估和做出决定时高度依赖毒理学的基本原理和实验数据。与此同时，管理部门的要求又促进了毒理学方法的改进，以适应药物和食品添加剂的审批、农药的注册管理和新化学品登记的需求。

在这种新形势下，毒理科学研究已不再局限于学术性机构，而广泛地在政府、大学和企业建立了各种毒理科学的研究机构。2007年美国国家科学院发表具有里程碑意义的报告《21世纪毒性测试：远景和策略》，宣告毒理学新的时代的来临。不仅如此，美国政府成立了国家毒理学计划（National Toxicology Program，NTP）组织，并开始实施。其任务是协调联邦政府内的毒物学测试程序，加强毒理学的基础研究，开发、改进和验证最新毒理学测试方法，为公众、研究机构提供潜在化学有毒物质信息。该组织由7个国家级研究单位组成，由国家环境与健康科学研究所（NIEHS）的所长任组长，负责审批每年由国家拨款，以资助或契约方式资助的课题。仅1980年立题9 900多个，资助金额达4亿美元，分别由卫生、能源、环保、农业、国防、交通、煤航等部门提供。美国较著名的国家或军方的从事毒理学研究机构有国家肿瘤研究所（NCI）、国家职业安全和卫生研究所（NIOSH）、国家环境与健康科学研究所（NIEHS）、国家毒理研究中心（NCTR）、空军航天医学研究所（AFAMRL）、海军医学研究所（NMRI）和陆军防化医学研究所（US-AMRICD）等。哈佛大学、麻省理工学院、加利福尼亚州大学、印第安纳大学、辛辛那提大学都招收毒理学博士研究生或设立毒理学博士后流动站，地方政府或企业投资资助的化学工业毒理研究所（CIIT）、临床毒理研究所（ICT）以及独立的毒理学合同研究机构，主要接受合同委托，进行毒性鉴定和安全评价。

我国是一个发展中国家，社会经济建设还处于高速发展期，工业污染严重、环境恶化导致全国大面积的雾霾笼罩很难在大气内治理扭转，受影响的人群数目将大大超过历史上任何一次重大污染事件。特别是防止核扩散、治理环境污染和科学处置突发毒性事件将是对毒理学科技工作者的巨大挑战。因此，未来我国毒理科学研究的战略重点主要是突发恐怖毒性事件处置、突发性食物中毒与职业中毒、有毒有害生物入侵、西部草地毒草防控、海洋赤潮防控、核辐射与核泄漏处置等。由此可见，我国毒理学工作者在面临巨大挑战的

同时也适逢前所未有的历史机遇。

然而，在这种新形势下，我国毒理科学的发展面临的一个最大困局是国家对毒理科学的支撑体系尚未形成。中国毒理学会理事长、军事医学科学院放射与辐射医学研究所研究员周平坤指出，我国的毒理学学科当前面临的一个最大困局是在国家的学科体系中的定位问题，目前只在国家自然科学基金预防医学体系下设立了卫生毒理学学科，而且只有在这个学科名称下可以招生、教学、人才培养和人才评价。很显然，卫生毒理学包容不了"毒理学"广博的内涵和范畴。例如，以卫生毒理学专业招收和培养药物毒理学、环境毒理学、生态毒理学等专业学科人才，会有很大的局限性，需要建立更大的毒理学学科，形成毒理学整体的科学研究、教学与人才培养体系。由此可见，目前两个"基金"条目的限制，严重影响了毒理科学项目申报，严重制约了我国现代毒理科学整体学科的大发展和人才培养。因此，为适应我国社会经济发展的新形势，更好地发挥毒理学科技工作者的作用，急需建立和完善我国的国家毒理科学支撑体系。

为了适应我国社会经济发展的新形势，更好地发挥毒理学科技工作者的作用，为我国的食品安全、生物安全、生态安全和国家安全作出更大的贡献，特提出以下三点建议。

（1）借鉴国际经验，制定国家毒理学规划，并纳入国家安全科学技术发展总体规划，国家财政安排专项资金给予专项支持。以军事科学院和中国毒理学会为依托，下设办公室和专家组，逐步形成国家毒理学科学研究、国家毒理学教育、突发毒性事件与毒性灾害应急处置、国家中毒控制与信息咨询、毒物与中毒防治法律援助和国家毒物管理咨询服务六大体系。

（2）借鉴国家自然科学基金委员会与国家地震局建立 1.5 亿元联合基金的机制创新。据报道，为了减轻大震巨灾风险的国家重大需求，吸引和汇聚全国相关研究领域的优秀人才，围绕若干地震科学研究领域的前沿科学问题和关键技术问题开展基础性、前瞻性和创新性研究，促进我国地震科学可持续发展和自主创新能力不断提升。国家自然科学基金委员会与中国地震局在京举行签约仪式，共同设立地震科学联合基金，实施期限为 2018 年至 2022 年，共投入经费 1.5 亿元。为此，根据中国科学技术协会关于学会创造条件承接政府职能的改革精神，建议国家自然科学基金委员会与中国毒理学会建立联合基金，用于毒理科学的研发与应用，驱动毒理学科学的创新发展，支持中国毒理科学赶超国际水平。

（3）将毒理科学研究分别列入国家自然科学基金和国家社会科学基金的申报项目，以此进一步确定我国毒理科学的支撑体系。两个国家级"基金"受理生命科学、预防医学、环境科学、劳动卫生与职业病学、营养与食品卫生学、地方病学、流行病学、儿童与少年卫生学以及毒物管理、毒物与毒品防控法规以及毒物科学史研究等领域的项目申报，按照评审工作管理办法择优给予资助。让中国的现代毒理科学扬帆前行，进一步追赶超越，跻身世界先进行列，为保障我国的国家安全、生态安全、生物安全和食品安全作出新的贡献。

以上三点建议中，提出了三个解决方案，可以选择其中一个方案即可，但也期盼更好地解决支撑中国毒理科学发展的好方案。

本文是参加中国毒理学会第八次全国毒理学大会的论文，摘要载于会议《论文集》2017 年，第 10 卷，第 501－502 页；刊登于《毒理学史研究文集》第 16 集，2017 年，第 51－53 页。

第七部分

毒物科学史研究

开展毒物学史研究很有必要

一、毒物学是一门古老的科学，也是一门新兴科学

从原始人类狩猎寻找食物，利用药物防治疾病，争取生存条件开始，到当今社会生活、资源开发、环境保护乃至经济建设和经济管理的各个环节，人类同毒物（包括毒品）、中毒病以及毒性灾害的斗争从未停止过。人类曾付出多少宝贵的生命和巨大的经济损失，换来今天无毒的食物、可防治疾病的药物和确保安全卫生的法律秩序。人类在改造自然界的同时，也付出了昂贵的环境污染、生态失调、人为毒性事故等代价。

许多国家的政府把环境保护作为基本国策，各国政府乃至联合国有关组织也颁布了相关的法律法规，提出保护环境，化害为利，在各种经济活动中预防可能出现的毒性污染，毒性事件和毒性灾害。与此同时，开展了"国际减灾十年""世界无烟日""世界环境日"以及"反毒日"等别开生面、行之有效的活动。

随着经济社会的发展，毒物科学从传统的学科，发展成为目前分支繁多的学科。值得指出的是，毒品问题成为世界各国政府和人民关注的社会问题之一。鸦片战争结束了鸦片给中国人民带来灾难，但又点燃了人民革命战争的烽火。类似鸦片等毒品的生产国与消费国之间的斗争，又使国际刑警组织活跃起来。

毒性污染和毒性灾害乃至污染转嫁，不仅是一个毒物污染事件，而且成为国际政治纷争的导火线，印度博帕尔毒气泄漏事件就是最有说服力的例证。

同时，人类在同毒物斗争的过程中又十分重视对毒物的利用。许多科学家在探索利用毒物为人类造福的途径和技术方面，有值得后人学习的科学精神和品质，有值得借鉴的宝贵经验。一些动物毒素、植物毒素和微生物毒素正在被人们用来防治癌症，成为许多新药开发的基本原料，这种利用毒物造福人类的工作，将成为 21 世纪毒理学发展的重要标志之一。

综上所述，我们需要研究毒物学的发展历史，借鉴国际国内毒物学研究的历史经验，发展今天，指导未来。我们必须从现在起积极组织力量，以马克思主义的自然辩证法和历史唯物主义观点来历史地、全面地认识和研究几千年来毒物学的发展历史。

毒物学是研究人类对毒物（包括毒品）的认识史、毒理科学的发展史、中毒病的流行史与防治史、毒物引起的地方性中毒病和中毒事件及毒性灾害的治理史、毒物与毒素的利用史，毒理学家的成长史以及人类利用毒物、化毒为利的历史经验，从历史研究中寻找规律、汲取经验，古为今用、洋为中用，更好地推动毒物学的发展，为社会主义经济建设和两个文明服务。

二、当前开展毒物学史研究的时机和条件已经成熟

（一）社会主义市场经济的发展需要毒物学有一个相应的发展

毒物学工作者必须借鉴国内外成功的历史经验和某些失败中的历史教训，研究制定在

市场经济条件下有关社会毒品、经济毒物的科学管理准则与具体的法律法规；采用世界毒理学研究的最新成果，防治包括地方性中毒病在内的各种中毒病、职业病，提高防灾抗灾能力和中毒病的治愈率；广泛交流国际毒理学研究成果。

（二）社会生产生活需要开展毒物学史的咨询活动

近几年来，我们经常收到不同层次、不同行业、不同地区的干部、教师、工人、农民和城市居民的来信，询问有关健康、疾病、危险品运输、戒毒、毒物检验和法律纠纷等方面的毒物学问题，这表明毒物学已涉及人们生产、生活的各个方面，毒物学工作者有责任研究自身学科的全部历史，回答人民群众提出的一切有关毒物的问题，当好政府部门的参谋。

（三）有一批热心研究毒物学史的专家

目前全国从事毒理学研究的专家不断增加，涉及政府经济管理部门、外交、公安和国家安全部门，军队和地方的农、医、理、工方面的科研院校，大中型企业、事业和技术监督部门。他们除了自己的毒理学工作研究领域之外，还十分重视本学科发展历史的研究。特别是博士点、硕士点的导师以及即将离退休的老专家，都在着手回顾历史，寻找自身研究工作在世界毒物史上的应有地位和价值。毋庸置疑，他们是毒物学研究工作的基本力量和基本队伍。

（四）有一定的研究基础

毒物学历史的研究不仅有一批专家，而且有许多学术专著和论文，为进一步的深入研究奠定了基础。新中国成立以来出版的50多种毒物学专著中都有研究历史的一章。近10年来，出版的《世界灾难大观》《世界毒品之战》《杀人魔法——毒气战和细菌战秘史》《19—20世纪西方要案侦破纪实》《二十世纪灾祸志》《日军731部队罪恶史》和《中国古代法医学史》等书籍以及有关史学杂志中，都涉及了许多毒物史的章节和论文。这些专著和发表的论文，都为毒物学史的深入研究提供了理论、方法和历史资料。

（五）有国际国内的支持和联系

目前我们同国际毒素学会（IST）、国际毒理学会、美国农业部有毒植物研究实验室、加拿大《天然毒素》杂志社都有正常友好往来和学术交流，在国内与环境、农业、医学、生物、营养等方面的学会、协会也有正常往来关系和学术交流，因此进一步加强国际国内的学术交流将会得到各方面的支持与技术合作。

本文发表于《光明日报》，1995年4月1日。

有毒植物胁迫与农耕兴起

一、农耕起源的原因种种

农耕起源问题的相关的研究显示，大约有30多种互不相同的观点。比较多的研究有以下几种。

1. 绿洲假设　该假设认为,随着气温的回升,冰层的消融,气候环境更加干燥,这就迫使动植物及人类都前往有水源的绿洲地区生活,导致彼此之间的生活地域更加接近,也更加相互依赖,于是农耕起源。

2. 农耕是东南亚渔民休闲时顺带出现的一种活动　因为他们拥有富饶的资源,在闲暇时就对植物进行种植试验。

3. 农业是伊拉克北部山区居民的发明　这些地区有大量可移植的草本植物,也有许多食草动物。

4. 农耕是"边缘地区"出现的发明　这些地区的普通居民很难找到野生的食物资源,急需新的食物来源,农耕起源是"日益加剧的文化差异及人类专业分工发展到极致"的产物。

5. 农耕是自发产生的　在人类居住过的遗址废墟中,出现了大量新的植物物种。

6. 农耕活动是迫于人口与日俱增的压力而实施的一项战略　人口的剧增和资源的锐减,迫使人类必须找到可食用的新物种,也必须摸索出一套精耕细作的方法,来栽培仅存的可食用植物。

7. 人类需要新的资源　在农耕文化发达的地区,人口的增长只是事情的结果而不是原因。因为人口增长的同时,人类不可能再回到采集食物的年代,而只能进行精耕细作的劳动,农业最终只是在资源丰富地区发展起来的,资源的极大丰富而非匮乏才是农业发展的先决条件。

8. 宗教文化行为　认为古代人类选择农耕方式是一种宗教上的回应。犁耕、播种及灌溉等活动都是宗教行为,这些都是生的庆典,对神的供养,也是人类与上天的交换——用祭祀品和劳动来换取营养。在许多文化中,食物生长的能力代表着神圣的天赋。把庄稼敬若神灵,而耕作就是一种朝拜的仪式,把种植活动看作一种繁殖仪式,灌溉则相当于奠酒祭神仪式,为田地修筑篱笆,视为对珍稀物种的敬畏而采取的保护措施。人们栽种一些专用于祭祀而不可食用的植物,比如熏香、迷幻药。在安第斯山脉高海拔地区的居民种植一种专用于祭祀的玉米。人们饲养家畜是为了在祭祀或者占卜时能有可用的牲口,当然这也能为人们提供食用的肉制品。

9. 农业是一种进化中的适应过程　传统的研究农业起源的方法是一直在追问当时的人们是怎样想到这种方式的,有着什么特别奇怪的原因。认为农业是自然而然出现的,而不是独立出现的,是由食物采集向农业活动的一个转化过程。这样农业耕作与食物采集又得到了统一,它们都是人类获取食物的方式,这两种方式很难被截然地分开。考古学家布莱恩·法干(Brian Fagan)曾说:"即使在最初人类以狩猎或采集方式获取食物的社会中,人们就知道,种子在种植后是会发芽的。"博物学家大卫·林多斯(David Rindos)认为这是"人类与植物的共生性",是"共同进化"的结果,这是一种无意识的关系。农业是偶然发生的变革,是在进化过程中无意间涌现的一种全新机制。

农业活动的确比人类其他的变革更深刻地改变了这个世界。在现代,人们所消耗的所有碳水化合物中,近3/4的蛋白质均来自植物。植物为世界提供了90%的食物,在人类食物链中,几乎所有动物都是饲料喂养出来的。农业生产仍然主导着世界经济,尽管现在农业的从业人数不是最多的,相对于在工业革命及工业革命中出现的新新人类活动而言,食品制造业仍然保持着它的经济霸主地位。

以上无论是人类的发明的还是自然的进化，但对于农耕的起源的解释都缺乏说服力。我们有必要从现代生态学和毒理学的角度研究一下植物与人和脊椎动物之间的关系，或有助于从某些方面认识人类与农耕兴起问题。

二、有毒植物的毒性方程式

有毒植物中毒的生态学是研究动物与环境中植物次生代谢产物——植物毒素之间的关系是一个特殊系统。Kingsbury（1977）曾在《中毒的生态学》一文中指出：脊椎动物的有毒植物中毒，代表一种毒性方程式，其一侧为化合物的特异作用，这些化合物是由生物区系中的植物产生的；另一侧为一种特殊系统，即脊椎动物。植物首先面对的是昆虫和动物的取食，最直接的方法是产生具有毒性的次生物质阻止或减少取食。常见的次生物质有生物碱、非蛋白质氨基酸、类黄酮和强心苷等。植物产生的次生化合物是构成对昆虫的一类主要防御力量，同时也为植物自身提供了某些直接的好处（如授粉、增强抗病力等）。在大多数情况下，植物产生的次生化合物在分子结构的差异，毒性影响的范围及这些影响所造成的结果，并不是针对草食动物的，而是为了其他一些具有选择性的原因。所以引起动物中毒是植物次生化合物的偶然特性。要研究与大脊椎动物有关的维管植物的毒性，就必须进入这个生物区系研究产生有毒作用的那一部分化合物的中毒机理和解毒的机制。近20年来，生物化学的研究出现了惊人的进展。化学家有能力去分离、鉴定和研究较为简单或较为复杂化合物的反应，并应用最新的技术和精密的仪器进行这种研究。因此，检定毒性方程任何一侧的特殊作用是可能的（有时可能是困难的），当毒性方程是已知的并且对中毒的性质有了详细的、深入的了解时，则对方程两侧的任何一方（动物或植物）都是有重要价值的。我们可以应用纳什均衡理论来理解有毒植物毒性方程式两侧动物和植物的得益。将纳什均衡理论扩展到生物进化领域，适应于人类博弈方的经济利益、效用、期望效用概念就不再适用。因为我们不能接受动物和植物也追求经济利益，或主观意义的"效用"的观念，因为我们不认为动物和植物有类似于人类的观念和主观意识。虽然起先有不少理论生物学家确实从 动植物的福利（walfare）或利益（benefits）出发进行过研究，但很快就证明并不可行。因此在生物领域构成纳什均衡的动植物"选择"和"行为"，只能是受某种本能或潜意识的需要驱使，这种本能或潜意识的需要就是最大限度地增殖自身的基因。由于增殖的前提是适合环境的能力，因此适合环境程度的最大化是生物的本能追求的目标，因此这时候最合适的得益概念是"适应度"（fitness），它的最合理的测度是后代的数量。

三、有毒植物胁迫与农耕兴起

农业起源于没有文字记载的远古时代，在中国的古代传说中有关于神农氏的传说。据说神农氏之前，人们吃的是爬虫走兽、果菜蚌蛤，后来人口逐渐增加，食物不足，迫切需要开辟新的食物来源。神农氏为此遍尝百草，备历艰辛，多次中毒，又找到了解毒的办法，终于选择出可供人们食用的谷物。

这里有一个重要的启示，就是当人类做出划时代的新发现——不仅靠采集食物，而且通过栽培植物也可养活自己时，一个崭新的世界展现在人类面前，使人类的眼界大为开阔。从此人类告别了旧石器时代，跨入新石器时代。

新石器时代文化的五个要素（定居、磨光石器、陶器、原始农耕和原始的家畜驯养）在一些遗址里均已基本具备。同时传说还表明，在原始时代后期，人口的增加对食物的需求量加大，植物不仅用作食物，还可作为医药甚至为某种技术所需，如有毒植物被用来麻醉捕鱼等。

对澳大利亚土著来说，任何植物的任何部分均可当作食物，如浆果、硬壳果、谷粒、草籽、细根、块根、块茎、茎、嫩枝叶、幼芽、种实、花和软质树心等。其中块茎和根果占主要地位，往往被当作主粮。澳大利亚土著从不生吃狩猎来的肉食和鱼，但加工方法比较简单，很少煮食，主要是放在烧热的石头上、沙和灰烬中烤熟。采集来的食物有时生吃，但多半还是在火上调制的。许多植物性食物无须调制即可生食，但与需要加工的食物相比只占次要的地位。而禾谷和草籽的加工要复杂些，需要打谷脱粒、碾碎、加水揉成面团，再烤成面饼。这些方法几乎与农业民族所采用的步骤完全相同，只是制作程序分得不很清楚，将有些程序合并在一起进行。块根和根茎的加工和谷物加工程序差不多，但要稍复杂一些，时间也花费得多些，特别是那些带苦味的，甚至有毒的块根，必须先用水浸泡很久，并反复烤几次才能食用。

现代的研究证实，大部分植物之所以人类不能直接作为食物的主要原因是植物对人有毒。是人类的农耕活动与加工措施逐渐改良或消除了某些不利因素，具有化腐朽为神奇之功效。

在漫长的生产与生活实践中人类逐步熟悉了植物的毒性以及它们特性，开始并逐步总结去除食物中毒素的方法，甚至还能将这些毒素提取出来用于捕鱼或者捕杀野兽。事实上，世界上一些非常原始的人类在掌握深奥的科学知识方面不乏行家里手。在新几内亚的弗雷德里克·亨德里克岛上，居住在湿地上的居民知道如何在鱼类资源丰富的海域投毒，而他们在食用这些被毒死的鱼后，自身却不会受到任何影响。伯克及维尔斯于 1861 年在跨澳大利亚大陆探险活动中不幸中毒身亡，原因是在携带的粮食吃完后，他们食用了大柄苹的种子，此植物的种子如果没有经过适当加工则有剧毒。而当地的土著人却可以用大柄苹的种子做出极富营养的糕点，也只有他们才知道怎样进行适当的加工以去除种子的毒性。

由于有毒植物的胁迫，人类作为食物采集者不断了解并掌握了植物的生长周期，通晓一年四季的气候变化，明白在一年中的什么时候、什么地方可以凭借最少的劳力，采集到最多的天然生长的食物。

可以肯定的是，农业为开始进行耕作的人带来了重大的收获，庄稼能够在易于耕作的环境中存活，产量也得到了提高。农耕也加强了人们的肌肉力量，能够喂养更多劳动力，这样也就有了足够多的人口。农耕也为人们提供了剩余粮食和农作物秸秆来饲养大型的草食家畜，使其能够帮助人类完成一些人力不能完成的工作。牛可以犁地，马匹及骆驼可以帮助人们托运物品，完成食物的储藏及运输等一系列耗费大量劳力的工作，于是，农耕逐步兴起，并且愈加发达。

在审视马铃薯向全球发展的历史时，我们会发现其在每个发展阶段都曾经遭到过人们的漠视。在 18 世纪的时候，拉姆菲德伯爵还要找一些借口才能使贫民院里的住户接受这些马铃薯，而帕门提尔为了使农夫愿意种植马铃薯，欺骗农夫称马铃薯的种植技术是一门秘诀。人们抵制马铃薯、芋头及木薯的原因之一是它们都有一种奇怪的特性：如果不进行加工，都对人体有毒，至少野生的马铃薯是有毒的。在那些经过人工培植的芋头及木薯中甚至也发现了有毒晶体，只有经过仔细的加工才能够去掉这些毒素。例如，要去掉木薯中的氢酸，人们需要将去皮的木薯磨碎，然后进行挤压过滤，最后将挤出来的汁用来烹煮，或者将木薯粉加水调和成面团后进行烘烤。据18世纪早期一位研究美洲土著生活习性的法国观察家称："木薯的汁液是有毒的，能够置人于死地，但烹煮后，却成了甘甜美味的饮料，非常适于饮用。"发现这些天然有毒植物的人工栽培价值，并将其转化为人类可吃的食品，这是原始农艺学创造的又一个奇迹！也是早期农业的另一个未解之谜。

四、从有毒植物到食用作物

农耕的兴起，农业的结构也不断地进行调整。食品的历史告诉人们，在小麦成为粮食之王以前，在世界上的许多农耕社会及那些孕育出最著名文明的社会中，居民们不是吃的面包，而都是以植物的根茎、块茎为基本的主食。大多数的食用根茎、块茎作物似乎无力挑战谷物的主食地位，但土豆是其中的例外，在世界的粮食消耗排名中，它排在小麦、水稻及玉米之后，名列第四，而且所占市场份额很大，在各个文化领域都受到青睐。土豆之所以有现在这么大的名气，与它不同寻常的发展历史有关。从客观的角度看来，土豆应该首先得到栽培种植，但事实却非如此。更令人惊奇的是，人类是在首次发现野生土豆的地方——安第斯山脉高海拔地区开始对其进行培植的。土豆的一些野生品种甚至要吃昆虫，而且所有的土豆品种都或多或少具有毒性。

目前的研究结果发现，在上万年的人类历史中，人类恰恰选择了能产生剧毒的生氰物质的植物作为自己的主要食物。在目前人类大量消耗的前22类作物中，至少有14种起源于能合成生氰物质的植物，5类中至少部分种也能合成生氰物质，只有番茄、白菜和椰子三类与生氰物质无关（表7-1）。

表7-1 人类食物与生氰物质作用的关系

作　物	生氰物质作用	作　物	生氰物质作用
玉米	＋	香蕉	＋/－
小麦	＋	苹果	＋
水稻	＋	豆类植物	＋
马铃薯	＋/－	白菜	－
木薯	＋	西瓜	＋
大麦	＋	椰子	－
甘薯	＋	洋葱	＋/－
大豆	＋/－	燕麦	＋
番茄	－	油菜	＋
高粱	＋	花生	＋
橙	＋/－	谷子	＋

注：＋表示全部种属合成生氰物质；＋/－表示部分种属合成生氰物质；－表示全部种属不合成生氰物质。

人类选择合成生氰物质的植物为主要食物可能在采猎和耕作时代的过渡期间。人类的祖先选择这些植物为食主要是它们当时能够大量生长和普遍存在，因为这些植物的茎叶对昆虫取食的防御作用引起祖先的注意，使得人类主要取食它们的果实并通过摄入大量肉类蛋白来解毒生氰物质。人类祖先选择的含有生氰物质的植物经数千年的驯化，现代品种中的许多有毒成分已经消失或含量很少，再加上烹调方法的改进，许多有毒成分被浸洗溶去或在烹调中破坏。如大豆中的胰蛋白酶抑制剂的受热变性而变为无毒。

自从发明农业以来，人类栽培经过选育的植物，逐渐减少它们的毒素，克服它们在自然选择中演化出来的防御机制。浆果经过培育，去掉了多刺的特性，毒素的浓度也有所降低。马铃薯的驯化史是非常有启发性的。许多野生的马铃薯是有毒的，你可以想到，假如没有这一层保护，又有十分丰富营养储备的马铃薯会有什么命运呢？现代栽培的马铃薯是从同一科中致命的茄属植物（含有大量高毒性化学物质茄碱和马铃薯碱）驯化改良的品种。它们的蛋白质有 15% 是按阻止消化蛋白质的酶设计的。虽然有少数野生种是可以吃的，那也要经过冰冻，浸出毒素之后再煮熟才可以吃。我们今天之能够享受这种可食性马铃薯要感谢安第斯的农夫在几百年的期间选择培育的成果。

五、植物化感毒性对稳定农耕的作用

人类出现以后，特别是进入农耕时代，人类有意识地在生态系统之间移动植物和动物，已有数千年历史，但外来种的引用往往带来问题。如外来物种豚草的生长可释放酚酸类、聚乙炔、倍半萜内脂及甾醇等化感物质，对禾本科、菊科等一年生草本植物有明显的抑制、排斥作用。

植物化感作用（Alleopathy）如同植物的"相生相克作用"，化感作用是指植物植株向环境中释放某些化学物质，影响周围其他植株生理生化代谢及生长过程的现象。植物之间（包括微生物）作用的相互生物化学关系，包括有益和有害的两个方面。具有化感作用的物质称作化感化合物（Allelochemical）。

中国的古农书中对植物的化感作用现象早有记载。南北朝北魏贾思勰所著的《齐民要术》中载有"慎勿于大豆地中杂种芝麻，扇地两损，而收菲薄"；北宋苏轼所著《物类相感志》载有"芝麻骨插竹园四周，竹不沿出"；清代祁寯藻在撰写的《马首农言》中指出"不怕重种谷，只怕谷重谷"；清代郭云升所著《救荒简易书》中记载"红薯怕薑茬，薑茬种薯，薯皆带薑气，红薯怕重辣椒花，辣椒花种薯，薯皆带辣气"。这些记载明确地说明芝麻、辣椒等与其他作物的化感作用及谷子和甘薯连作的自毒作用。明代冯应京撰写《月令广义》中载有"竹根穿堦，以皂角刺或芝麻秸或官桂末埋砌中，则竹根止此矣"，表明用皂角刺等植物化感作用来抑制竹子的蔓延；明代邝璠在《便民图纂》中记载利用芝麻的化感作用清除杂草"凡开垦荒田，烧去野草，犁过先种芝麻一年，使草术之根败烂后，种穀，则无荒草之害"。明代陈继儒在《致富奇书》中认为芝麻的化感作用现象是"芝麻叶上泻下雨露最苦，草木治之必萎"，这一解释说明雨露淋溶有害物质影响植物的生长，这一记载与现代研究结论一致。

约 300 年前日本学者报道了日本红松的叶子在雨露的淋溶下产生的有害物质使得在松树林旁不能种植庄稼。

19 世纪中期，由于农业生产得到较大的发展，作物连作障碍，土壤病表现得愈来愈严重。但对土壤病的真正诊断直到 20 世纪初才被确证。Schreinerh 和 Reed 两位学者在1907—1909 年发表了一系列论文，他们认为土壤病是作物产生毒素累积在土壤中所致，他们通过原始的化学技术，从有病土壤中分离鉴定出了许多植物毒素，而且证明将这些毒素从土壤中去除，则作物又可以健康地生长。

Rice 通过对美国中南部俄克拉荷马草原中废弃的植物研究，证明了化感作用在植物演替中起着不可替代的作用。美国俄克拉荷马草原废弃地的植物演替经历先锋杂草（2～3年）→一年生牧草（9～13 年）→终年生成束牧草（30 年）→草场四个阶段。为什么先锋杂草会迅速消退，而牧草能维持数十年的时间？Rice 的研究揭示主要是先锋杂草产生毒素抑制自己和其他先锋杂草，使其迅速消退，而一年生的牧草不受先锋杂草的化感作用，但产生能抑制土壤固氮微生物的有毒物质，使土壤的含氮量维持在很低的水平，这样一些对氮营养要求高的终年生牧草则不能生存。如果向牧场中人工增加氮肥，则可以加速这一踏过程，使得废弃地能快速恢复成优良的牧场。

研究发现，收获后的大麦、燕麦、小麦的残体对第二年杂草的生长都有抑制作用。黑麦覆盖物可以有效地控制杂草的生长，起化感作用的是一种叫香草酸（hydroxamic acids）的化感物质。高粱残株具有显著的控制杂草的能力。水稻残茬与秸秆混合物的5％～10％浓度水提取物能抑制杂草发芽和苗期生长。向日葵能有效地抑制马齿苋、曼陀罗、黎和牵牛花等杂草的生长。燕麦的一些品种则能抑制芥属杂草的顶端生长。冬小麦释放的化感作用物能抑制白茅生长。桉树叶中被水冲洗下来的化感物质主要是酚类，它们对亚麻的生长有明显的抑制作用。

在自然生态系统中，存在协同进化的现象，一些植物具有对特定次生物质（含化感物质）的解毒能力，甚至可以对其加以利用。

自毒作用，在生态系统中就可能有利于同种植物之间保持适当的距离，对取食者和病原微生物产生有效的隔离，有利于种群的发展。

对于轮作产生效应的原因，一直未能有深刻的认识。如在豆科作物的轮作系统中，过去认为主要是豆科作物增加了土壤中的氮素而导致的增产，但最新的研究表明：许多作物的轮作系统不含有豆科作物。如十字花科作物的轮作系统中，油菜根分泌出的烷基异硫氰酸酯化合物的浓度很低，而且在土壤中迅速降解，不会产生抑制作用的化感作用，而油菜植株中含有的促进作物生长的物质油菜素内酯被淋溶到土壤中，对邻近或下一轮作物产生有益生长的促进作用，因此。油菜可以促进水稻和小麦的生长，使其产量增加。

中国是传统的农业大国，有着 5 000 年的文明史，在长期的农业生产实践中，劳动人民已注意到植物化感作用这一自然现象，尤其是在农作物的倒茬、轮作、间套作等方面积累了丰富的经验。民宝琛等人 1985—1988 年对中国除台湾和西藏以外的全面考察结果显示：植物的化感作用，尤其是自毒作用，广泛地存在于不同地域的种植系统中，无论是粮食作物、经济作物，还是蔬菜和人工林都不同程度地存在着连作障碍和茬口问题。如北方的主要粮食作物小麦和谷子，若连作则产量显著下降。谷子一般可高产4 500kg/hm²，一旦重茬，产量下降50％以上，仅有 1 500kg/hm²，虽然施足化肥也无济于事。南方的水稻和旱稻，茬口问题一直困扰着产量，在云南产量可达 3 000～4 500 kg/hm²，只要连种，第二年产量就下降至 1 250kg/hm²，第三年则颗粒无收。黑龙江大豆的连作障碍可使大豆产量下降 50%。面对连作障碍和茬口问题，农民也采用了相应的轮间作方法予以克服，取得了许多宝贵的经验。如旱稻，云南农民决不连种，实行旱稻/争芋/荞麦/燕麦/撂荒的耕作制度。四川和湖南采用水稻/仙菜轮作，广东采用水稻/花生轮作，不仅能克服水稻的茬口问题，还能使水稻增产 20%左右。黑龙江采用麦/豆轮作克服大豆的连作障碍。云南采用胶/茶间作，使得胶、茶双丰收。以上仅是中国农民和科技人员在长期农业生产中观察和利用植物化感作用的一些例子。

本文是史志诚与西北农林科技大学古农学研究室樊志民教授共同完成的一项研究课题。刊载于《毒理学史研究文集》第七集，2007 年，第 12 - 14 页；发表在《西北大学学报》（自然科学版），2009 年，第 39 卷第 2 期，第 246 - 250 页。

中国古代的毒物学

当今世界随着经济全球化，一些国家和地区毒性灾害肆起，突发性中毒事件、环境污染、生化恐怖以及有毒生物入侵、烟草危害、毒品泛滥等，使国家安全、生态安全、生物安全、食品安全受到严重挑战，人民的健康受到严重威胁。为此，研究中国古代对毒物的认识史与哲学观，从毒物学发展的历史遗产中得到一些启迪，古为今用，嘉惠未来，防止历史重演，确保国家安全和人民健康，正是研究中国古代毒物学发展历史的目的。

一、从"毒"字说起

《说文解字·一篇下·屮部》中对"毒"字的构造和字义有一个明确的解释："毒（dú），厚也。害人之草。往往而生。从屮。毐声。"《康熙字典·寅集（上）·屮部》："毒，《广韵》《集韵》并徒沃切。'毒'本字。若茶莽治葛（作者注：应为治葛）之属。"茶、莽、治葛都属于有毒植物。可见"毒"字是以形声手法创造而成，特指有毒植物。"毒"字的构造和字形演变见图 7 - 1。

《康熙字典·屮部》　　《康熙字典·毋部》　　《古文字诂林》　　《汉字字典》

古文　　陶文　　小篆　　隶书　　草书　　楷书　　行书

图 7 - 1 "毒"字的构造和字形演变

（出自《说文解字法》，上海古籍出版社，1988 年）

公元前 3 000 年，我们的祖先已经应用乌喙（乌头）捣汁（古名"射罔"）涂在箭和矛上，进行射猎。汉代马王堆医书记载的"毒乌喙"就是治疗箭毒（乌喙毒）中毒的医方。这与公元前1000年左右出现的希腊文"*toxon*"（弓）和"*toxikos*"（涂在箭上的毒药）含义相通。之后的拉丁文、西班牙语、英语中表示"有毒的"，词首"toxic"都来源于希腊文，如toxicology（毒理学），首见于1799年。汉语"毒"字的普通话发"dú"音，与英语"toxic"、日语发音"どく"相近。由此可见，"毒"字的形成与射罔狩猎有关（图7-2）；"毒"字虽然被赋予许多含义，但东西方文化中"毒"字的含义都是相似相通的。

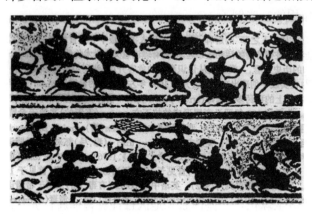

图7-2　陕西绥德县汉代画像石，猎者射罔鸟兽

二、三个难解的"毒物"

古代中国毒物学研究中有三个"奥秘"尚待探明。一是"神农尝百草，一日而遇七十毒"，遇的是什么毒？二是华佗使用的麻沸汤是什么成分？三是蒙汗药是什么药？

关于"神农尝百草，一日而遇七十毒"，有人认为，原始社会人们误食有毒植物中毒，家畜采食毒草中毒，以及神农尝百草之滋味，一日而遇七十毒的传说，实际上是氏族社会无数先民在代代认识药物的过程中总结毒性药性的真实推断，和对中毒丧命的理论解释。也有认为"神农尝百草，一日而遇七十毒"之说，其中"日"和"七十"有特定的含义，是较多的意思，有着深厚的历史文化内涵。

麻沸汤一名出自《后汉书·华佗传》。有人认为麻沸汤中有洋金花，其有毒成分是东莨菪碱，可使人暴躁、愉快、不知疼痛。

关于蒙汗药，有人认为是一种麻醉药，其成分是曼陀罗。也有人认为，医疗用的"蒙汗药"多以曼陀罗花组成复方，小说、戏剧的"蒙汗药"系曼陀罗的花末，但其解救方法尚不清楚。最近，对"蒙汗"二字有新释，认为这是古人对服食以曼陀罗（花）为主要成分的蒙汗药后，人体汗腺受到抑制，汗蒙而不发这种生理现象的客观描述。有人认为麻沸汤与蒙汗药是两种既有关联又有差异的神秘之物。相同之处为，同属于药物致人昏迷麻醉；差异之处则是，一为治病救人，一为致人昏迷。

三、毒物的两重性

（一）毒物引起的中毒

《山海经》中记载的毒物有12种，其中杀人、无卧、使人无子等8种对人有毒副作用，无条、鸡谷、芒草等 4 种是毒鼠、毒鱼的有毒植物。药物中毒方面，《汉书·外戚传》记载"女医淳于衍用附子泽兰丸给新产的许皇后服用，以至身死"。古代的炼丹术与服石可使人长生不老之说曾在上层社会流行，特别是中世纪有不少名人之死都与丹药中毒有关。《诸病源候论》在"寒食散发候"中做了详细描述，并记载了治疗服石中毒的有效方法。"五服散"的毒副作用是由于组方中含有誉石（剧毒砷）的缘故。

职业中毒方面，北宋孔平仲的《谈苑》中有"后苑银作镀金，为水银所熏，头手俱颤"的记录——典型的慢性汞中毒的症状。北宋沈括曾论述四川岩盐深井开采中所发生的卤气和天然气中毒死亡事故及解毒方法。宋代陈承和明人睢瞿仙，记载过信州银矿、商州汞矿在开采中遇到含砷气体的危害情况。宋代洪迈《夷坚志·乙志》记载有南昌制造蚊烟香的人，误食蚊烟原料砒霜与硫黄而中毒。李时珍对铅矿山工匠的职业病进行过深入的调查，指出："铅生山穴石间，人挟油灯入至数里……其气毒人，若连月不出，则皮肤萎黄，腹胀不能食，多致疾而死，"提倡采铅工匠摄取脂肪性食物来预防铅中毒，对铅中毒的地点、工种、病因、症状、预后和预防方法作了精辟的论述。明代宋应星记载了煤矿井下瓦斯中毒及排毒方法。

家畜中毒方面，南朝梁陶弘景的《本草经集注》记载"羊吃羊踯躅的叶便踯躅而死"；《本草纲目》记载有六畜的盐胆水、蓖麻中毒，禽兽的砒石、乌头中毒，牛的蛇咬伤；《猪经大全》记载有"食毒草病症"。此外，唐弘治六年（1493 年），军马发生酒糟中毒。

（二）毒物应用于医疗

据《周礼》记载，春秋战国时代已有毒物用于医疗的明确记载"聚毒药以供医事"。2 000 多年前的《五十二病方》记载了应用毒性很大的地胆、斑蝥治疗类似肿瘤的疾病。古代还有善于使用有毒药物的医家，如扁鹊用"毒酒"麻醉病人后进行手术；谆于意临证常用半夏、芫花、莨菪、苦参等；张仲景则善于使用毒剧中药，他在《伤寒杂病论》中创制的 300 多首方剂中，以有毒中药为君或含有有毒中药的方剂就有 119 首，如附子汤、乌头汤、麻黄汤等。

四、毒物与中国古代社会

（一）酗酒中毒与禁酒

《诗经·小雅·宾之初筵》描述了人酗酒中毒的状态："宾既醉止，载号载呶。乱我笾豆，屡舞傲傲。是曰既醉，不知其邮。侧弁其俄，屡舞傞傞。"酗酒引发的中毒与官方禁酒自古以来就是社会生活的一部分。中国是较早发明酒的酿造法的国家之一，对酒的医疗作用和过量饮酒对人体的危害，在隋以前的医学文献中已有记述。甲骨文"酒在疾"（甲2121）就是酗酒。《金馈要略》中记载有"酒疸"一病，就是因饮酒过度，湿热郁蒸，胆热液泄所致。《诸病源候论》在"饮酒中毒候"中，对酒精中毒性精神障碍作了进一步的观察和总结。而解酒药的记载始自《神农本草经》。解酒名方"葛花解醒汤"出自《名医别录》。

（二）烟草的传入与控烟

烟草原产于美洲，自 1492 年哥伦布发现美洲，发现烟草后，烟草逐渐传入欧亚大陆。约在明万历年间（1573—1619 年）烟草由菲律宾传入台湾、漳州和泉州地区，人称淡肉果或淡芄酤菰。明末吸烟者已遍及大江南北，崇祯年间（1628—1644 年）有大臣奏曰："百姓到处喊吃烟，'烟'、'燕'相通，吃'燕'（北京）岂非造反？"由于中国医生发现长期吸烟有害健康，明末官方禁止烟草交易，明崇祯十年（1637 年）诏令全国禁止吸烟，至清代民间也开展了一定规模的宣传运动。此外，吴晗在《谈烟草》一文中（1936）指出："明末名医张介宾（景岳）在他的著作中，第一次提到烟草的历史和故事。"

（三）鸦片传入与禁毒

据史料记载，鸦片传入始于唐代。乾封二年（667 年）东罗马帝国遣使向皇帝献"底野迦"，鸦片开始传入中国。之后，阿拉伯人在贡献"底野迦"的同时，也将罂粟送到了中国。"底野迦"是一种"善除万病"的复方制剂，其主要成分就是鸦片。宋代的《医林集要》中记载了用罂粟制作鸦片的方法，可见医家已经开始作为药品用于临床。在国力强盛的明代，四野的朝贡，宫廷的奢侈和纵欲风气，使鸦片由药品变为滥用的毒品。到了清代，由于英国东印度公司实施了向中国倾销鸦片的政策，英国商人将在印度生产的鸦片大量倾销广州一带，致使中国的吸毒人数增加到 200 万人。据统计，1800—1839 年以英国为主的殖民者向中国共输入鸦片 638 119 箱，掠夺了 6 亿多银圆。毒品泛滥成灾，禁毒就成为中国历代政府政治的中心任务。1729 年雍正皇帝颁布了禁烟法令，但屡禁不止。鉴于烟毒为害日烈，1838 年 12 月，道光皇帝派湖广总督林则徐为钦差大臣去广东查禁鸦片。1839 年 3 月，林则徐达到广州，6 月在广州虎门当众销毁从英国等不法商人手中缴获的鸦片 100 余万 kg。虎门销烟有力地打击了外国殖民者的贩毒行为，向全世界宣告了中国人民禁烟的坚定决心。

（四）毒物的管理与法律

中国唐宋时代已有管理毒物的法律。如：毒药毒人者处绞罪（唐律，宋刑统同）；买卖未用者流两千里*（唐律，宋刑统同）；毒药不准进贡（宋史）；脯肉有毒速焚烧（唐律，宋刑统同）。北宋时宫廷有个毒药库，储藏专用于毒杀官吏的药物。库无名号，药分 7 等，最毒的鸩鸟列在第三。明崇祯十三年（1640 年）官方曾下令，民间私种（烟草）者处死。这是中国第一个禁烟法律。

（五）毒物与文化艺术

有毒动物中最引人注目的是蛇。上古时期，中国人既畏蛇又崇蛇，由此产生了很多关于蛇的神话传说。一些氏族、部落（如台湾高山族）以蛇为图腾，认为蛇是自己的祖先或与自己的祖先有血缘关系，从而敬蛇崇蛇。国家出现之后，神蛇、灵蛇的传说仍然广泛流传，民间的崇蛇之风依然延续。此外，有毒动物与民间艺术也结下了不解之缘，比如五毒图。

（六）毒物与战争

古代使用毒物作为武器的记载，始于春秋战国时代。公元前 677 年，遂人投毒药于水中以逐齐国军队。在冷兵器时代，战争中使用较为普遍的是箭毒，将毒汁涂于箭头上攻击敌方，常常造成很大伤亡。与此同时，出现了许多治疗箭毒的方药，见于西晋陈延之《小品方》、刘宋《刘涓子鬼遗方》及元代的《金疮秘传禁方》等。也有采用毒烟以防敌人穿穴突城的。此外，唐《太白阴经》、宋《虎铃经》和《武经总要》，都记载了防止自然界的

---

* 里为非法定计量单位，1 里＝0.5km。——编者注

毒害以及军队防毒知识。

五、中国古代的毒物学思想

毒物学是一门关于毒物与中毒救治的科学。我国古代没有形成独立的毒物学科。但在实践中（主要是在农业生产、药物研究和社会发展）积累了不少的毒物学知识。中国古代丰富的史料中，有系统性的关于毒物与中毒的记载，许多名医都对毒药进行过研究。

秦汉时期已有药物毒性的概念，并区别了大毒、常毒、小毒和无毒；药物之一般者为常毒，有害于机体者为大毒。故有"大毒治病，十去其六"（《黄帝内经·素问·五常政》）等记述。藏医药在公元前几个世纪的时候，就有"有毒就有药"和"毒就是药"的记载，形成了对药物与毒物两重性的认识，结束了长期以来什么是"药"、什么是"毒"的争论。据古代彝族医史记载，在父系社会后第五时期就有动物药和植物药之分，同时也出现了毒草的记载。如古彝文经书《毒的起源经》中，彝族先民就已经使用川乌、草这类毒草；《勒俄特依》《物始纪略》中就有蛇毒、虫毒、饭毒、菜毒、草木毒、水毒等。

华佗（约公元145—208年）专长治疗蛇伤，利用有毒植物制成著名的麻沸汤医治伤病。

巢元方（约公元550—630年）的《诸病源候论》，将毒物与中毒列为专卷论述。

东汉唯物主义思想家王充在《论衡·言毒篇》中，以哲学观系统论述了毒物与中毒现象，肯定了毒物的客观存在性，并对毒物进行了分类，"在虫则为蝮蛇蜂虿，在草则为巴豆冶葛，在鱼则为鲑（河豚）……故人食鲑肝而死"。他指出毒物的生态特点使中毒的发生有地域特性，"鸩鸟生于南，人饮鸩死"。"冶葛巴豆，皆有毒螫，故冶在东南，巴在西南。土地有燥湿，故毒物有多少。生出有处地，故毒有烈不烈。蝮蛇与鱼比，故生于草泽。蜂虿与鸟同，故产于屋树。江北地燥，故多蜂虿。江南地湿，故多蝮蛇"。他强调毒物具有两重性，如"美酒为毒，酒难多饮；蜂液为蜜，蜜难益食"。从现代毒物学的观点来看，饮酒与酒精中毒已经成为全球性问题。这些观点都早于西方科学家和医学家。

孙思邈（581—682年）的《备急千金要方》《千金翼方》中，有中毒和解毒的论述。在《要方·解毒并治》中他重新验证了甘草、葱和土浆的解毒作用，告诫医家不可盲目照搬别人的经验，要通过自己的实践加以证实。

王焘（670—755年）的《外台秘要》，系统论述了有关毒物与中毒的防治。

宋慈（1186—1249年）的《洗冤集录》中有中毒、蛊毒的记载，描述了以动物试验法、卵白验毒法、银及银钗验毒法等中毒的证明方法。

北宋王怀隐等人编纂的官方综合性方书《太平圣惠方》，专卷论述了中毒鉴别诊断、救治方法及解毒药方等。

李时珍（1518—1593年）的《本草纲目》记述了有毒植物、有毒动物和有毒矿物的毒性、中毒和解毒方法。值得指出的是，在本草学发展的历史长河中，医药学家通过实践逐步加深了对一些毒物认识。如：自陶弘景将《本经》虾蟆（蟾蜍）与《别录》虾蟆并条后，中国医药学在上千年间将虾蟆与蟾蜍混为一物；唐人陈藏器虽然提出了这一问题，但未能纠正；直到《本草纲目》成书之前，李时珍才将《证类本草》虾蟆条下所包括的5种药物虾蟆、蟾蜍、蟾酥、山哈、田父分别立条，既澄清了原动物的区别，又明晰了有毒药物的特性。又如：清人赵学敏在《本草纲目拾遗》中指出，有妇人"服铅粉致死，手足皆黯"，说明铅粉有毒，纠正了李时珍在《本草纲目》中"粉锡（铅粉）辛寒无毒"的说法。这些都为丰富古代毒物学做出了贡献。

宋应星（1587—?）的《天工开物·五金》中，记述了铅、汞的物理化学性质等毒物学知识，并以图描述了采煤预防瓦斯中毒的方法（图7-3）。

图7-3 《天工开物》描述的采煤预防瓦斯中毒的方法

清代杰出的蒙古族医学家察哈尔格西罗布桑苏勒和木（1740—1810）在他的著作中有关于烟酒与健康、烟酒的危害的记述。

清代陈梦雷、蒋廷锡等编撰的《古今图书集成·医部全录》卷327中，汇集了从汉代至清代五家医著中有关中毒、解毒方剂和单验方的论述。

此外，清人吴其濬的《植物名实图考》丰富了有毒植物的生物学、生态学与毒物学的知识。

饮食卫生与中毒的预防方面，秦汉以来形成的端午节，人民每逢端午必"蓄药，以除毒气"，体现了全民防毒除毒的卫生保健意识。宋代以来人们就知道河豚是一种剧毒的鱼，"性有毒""其肝杀人"，同时也有许多食用河豚而中毒的记载。为了解决河豚美味但又含毒的难题，古人曾经搜寻解毒良方，然而一直未能成功。

环境毒物的预防方面，中国古代十分重视生态环境与中毒的关系，通过看"风水"的方法以预防地方性中毒性疾病发生，如古代"水毒"（由水源污染引起）、"秃"人（疑为地方性天然铊中毒）、"齿居晋而黄"（地方性氟中毒，氟斑牙"斑釉"病）等。

六、历史对今天的意义

在今天，研究古代中国毒物学仍有重要的现实意义。

（一）综观中国古代毒物史的研究可以发现一些规律性的东西。

（1）毒物与生命同行。

（2）毒物大体可分为天然的生物毒、矿物毒和人工制造的化学毒物。

（3）人类同毒物和中毒的斗争从未停止过。

（4）在战争中毒物成为敌对双方使用的杀手锏和极端手段。

（5）防毒、解毒、消毒、禁毒、除毒、控毒以及以毒攻毒、化毒为利，是人类确保生态安全、环境安全、生物安全和食品安全的永恒课题。

（二）研究毒物学史和研究古代文明的一致性

毒物学史是人类认识自然的一部分，它与社会生产、人民精神生活有着密切联系，研究中国古代毒物史是世界古代文明的重要组成部分。中国是世界文明古国之一，勤劳的中国人民在长期的生产生活实践中，积累了认识毒物与救治中毒的丰富经验。我们应当挖掘和整理古代毒物学的研究成果，丰富世界毒理学，提高中国在国际毒理学研究中的地位。

（三）提高当前应对食品安全与毒性灾害等突发事件的能力

古为今用是研究古代毒物学史的基本原则之一。研究古代毒物学史，就是接受古代丰富的科学遗产，包括防治中毒的一些科学思想、哲学见解和技术措施等，提高今天应对突发事件的能力，为解决食品安全与毒性灾害问题提供更多的办法和思路。

本文发表在《科学》，2005 年，第 57 卷，第 3 期，第 36 - 39 页；《毒理学史研究文集》第八集，2009 年，第 1 - 5 页。

Study advances of toxicological history in ancient china

Shi Zhicheng

(Division of Toxicological History, Institute of
Eco - toxicology of NWU, Xi'an 710069, China)

Abstract: This paper reviews the new progress made by scientists at home and abroad in the past half a century in the study of ancient Chinese toxicology, especially in the study of medical history, agricultural history, chemical history, veterinary history, natural science history, social science history and the development of cultural relics and museology undertakings, which have played a positive role in promoting the in - depth study of ancient Chinese toxicology history. The author also makes a brief comment on the practical significance of studying the history of toxicology in ancient China.

Key Words: poison, toxicology, history, ancient times

In the past half century, many new progresses have been made in the study of the history of toxicology in ancient China. Scientists of toxicological history, medical history, agronomy history, chemical history and veterinary history have make efforts in the research of ancient Chinese toxicology. The researches on natural science history and social science history, as well as the development of cultural relics and archaeological have also played a positive role in promoting the research of ancient Chinese toxicology and created conditions for us to study the history of ancient Chinese toxicology more deeply and systematically. From then on, the study of ancient Chinese toxicology history will enter the fast lane.

1   Ancient human knowledge on toxicant and intoxication

In recent years, studies have shown that early humans were extremely ignorant of nature and were not picky and choosy for food. They often eat poisonous plants by mistake, resulting in vomiting, diarrhea, coma and other toxic reactions, and even death. After numerous attempts and experience accumulation, they have gradually acquired the knowledge of distinguishing food, medicine and toxicant, so they obtain "the theory of food and medicine homology" and "the theory of poisoning and drug identification". When human beings enter the era of farming, they have a further understanding of plants, and then consciously use plants to treat diseases. After plant medicine, human beings acquire knowledge of animal medicine through fishing and hunting. By the end of primitive society, people had acquired the knowledge of mineral medicine through mining and smelting (Zhang Weifeng, 2000)

Although the ancient dictionaries *Erya* (*Literary Expositor*, the first diction to explain the ancient Chinese words and dialect words in the words of elegance, so as to make them close to the norms), *Shuowen Jiezi* (*Analytical Dictionary of Characters of Chinese*) and *Kangxi Dictionary* recorded the explanation of "poison", "poisonous substance" and "poisoning". However, in the study of the history of poisons and poisoning, people first pay attention to the glyph meaning of "poisons". According to the research, the meaning of the word "poison" is understood as "harmful grass". In 3,000 B.C., our ancestors had used black beak (*Aconitum*) to pound juice (ancient name "Shewang") on arrows (spears) for shooting. According to the medical records of Mawangdui in Han Dynasty, "poisonous black beak" is the prescription for curing arrow poison (black beak poison) poisoning. This is similar to the Greek "toxon" (bow) and "toxikos" (poison on arrows) that appeared around 1000 BC. In Latin, Spanish and English, the word "toxic" comes from Greek (for example, toxicology, first found in 1799). The Putonghua (Mandarin) pronunciation of Chinese "poison" is similar to English "toxic" and to Japanese pronunciation "どく". In sum, the formation of the word "poison" is related to shooting and hunting; although the word "poison" has many meanings, the meanings of the word "poison" in the eastern and western cultures are similar (Ma Jixing, 1992; Shi Zhicheng, 1997; Fu Lijie, 2001).

2   Three "mysteries" in the study of toxicology in ancient China

There are three "mysteries" in the study of toxicology in ancient China. First, what are the poisons in the legend of "Shennong's taste of hundreds of herbs caused 70 poisons a day"? Second, what are the ingredients of the Mafei Decoction (Anesthetic) used by Hua Tuo (originator of surgery of traditional Chinese Medicine)? Third, what is the "Meng

Han Yao?" It is considered that the first "mysteries", including people in primitive society mistakenly eating poisonous plants, animal poisoning during animal husbandry, as well as the poisonous in ancient tales, is the concluded knowledge about medicinal toxicity and poisoning activities by our countless ancestors of clan society from generation to generation (Li Jingwei and Lin zhaogeng, 2000). But some argue that the "day" and "70" in the In terms of occupational poisoning saying that "Shennong tasted hundreds of herbs and encountered 70 poisons in one day", in which, "day" and "seventy" have specific meanings and profound historical and cultural connotations (Hao Baohua et al. , 2002).

As for "Mafei Decoction", which appeared in the biography of Hua Tuo in the later Han Dynasty, it was rare to be recorded. It is believed that Mafei Decoction and Meng Han Yao are two mysterious things that are related but different. The same thing is that drugs cause coma and anaesthesia; the difference is that one is to cure the disease and save people, the other is to cause coma (Wanfang, 1997). It is also believed that there exists stramonium ingredients in Mafei Decoction, and its effective component is scopolamine, which can make people wild, irritable, happy and painless (Zhao Pugan, 1999).

As for "Meng Han Yao", it is considered to be an anesthetic drug, and its component is stramonium (PU Zhaohe, 1998). It is also believed that the "Meng Han Yao" used in medical treatment mostly consists of the compound of stramonium flowers, and the "Meng Han Yao" referred to in novels and dramas is the powder of stramonium flowers. But the rescue method of stramonium poisoning is not clear (Zhang zongdong, 1996). Recently, there was a new interpretation of the word "Meng Han" that this is an objective description of the fact that the sweat glands of the human body were inhibited after the ancient person took the "Meng Han Yao" with stramonium (flower) as the main component, and the physiological phenomenon of sweat was not occurred (Fang Xiaoyang et al. , 2001).

3　Poisons and poisoning records

3. 1　Poisons and poisoning in ancient books

Wang Yuxue (1985) pointed out that there are records of poisons and poisoning in *the Classic of Poetry*. Twelve kinds of drugs with toxic side – effects have been recorded in *Shanhaijing* (*The Classic Book of Mountains and Rivers*), including eight kinds of them have toxic side – effects on people (killing, lying, childless, etc.); four kinds of them can make animals (e. g. fish, rats) being poisoned. Wang Fanzhi (1957) studied the poisonous plants for mice and fish in Shanhaijing, including Wutiao, Jigu, Mangcao, etc.

Since the Han Dynasty, "Materia Medica" had been simultaneously developed with astronomy, calendar calculation, bell law, primary school, history chapter and traditional Chinese medicine (Yangtai, 1991). Zhang Xingqian et al. (1987) pointed out that in the first few centuries BC, Tibetan medicine in China had the medical activities of "poisonous substance is medicine" and "poison is medicine". There was a concept of drug toxicity in Qin and Han dynasties, and big toxicity, regular toxicity, small toxicity and non‑toxicity were different; the general drugs were regular toxicity, and those harmful to human body were big toxicity (Song Zhixing, 1983). Therefore, there is a record of "treating diseases with great poisons, eliminating six in ten" (Suwen · Wuchang), etc. Since then, it was necessary to improve the understanding of the duality of drugs and poisons, and then to end the debate of what is "medicine" and what is the "poison".

Wang Dunqing (1985) studied the arthropods in compendium of Materia Medica, such as spiders, millipede, scorpions, wasps, and red winged bees, and highly appraised the achievements made by ancient Chinese scholars in studying and observing the morphology, ecology and toxicity of toxic animals, which are worth further researching and exploring today.

Song Zhiqi (1989) studied the *Fifty‑two Prescription*, which was earlier one or two centuries than Shen Nong's *Herbal Classic*, and pointed out that more than 2000 years ago, Chinese could use the highly toxic blister beetle and cantharides to treat tumor etc.

Li Jingwei et al. (2000) point out that there are a large number of records about the rescue methods of food poisoning and drug poisoning in the book of *Elbow Reserve Emergency Prescription*. The rescue methods are mainly drug detoxification and emesis, and many of the records are effective methods, which have been used up to now.

Gao Chunyuan (1987) believed that ancient drug poisoning was common. For example: Chunyuyan, a female doctor, gave the newly born empress Xu a pill of *Radix Aconiti Carmichaeli* with *Herba Lycopi* and cause death (Hanshu, Biography of External Relatives).

In terms of detoxification of poisoning, Lin Gongzheng (1989) pointed out that Sun Simiao had re‑verified the detoxification effect of *Glycyrrhiza Uralensis*, scallion and soil slurry in the important prescription of detoxification and treatment, in which the prescription was called soybean juice detoxification hundred drugs was absolutely suspended, less than *Glycyrrhiza Uralensis* every time. We should not blindly follow the experience of others, but prove it through re‑practice.

In terms of ethnic medicine, according to the medical history of ancient Yi people, there are animal medicine and plant medicine in the fifth period after the patriarchal society, and there are also records of poisonous herbs. For example, recorded in the ancient Yi scripture, the ancestors of Yi people have used poisonous herbs such as *Radix Aconiti* and *Radix Aconiti Agrestis*. There are snake venom, insect venom, rice poison, vegetable poison, plant poison, water poison and so on, recorded in Yi ancient books of "*Le o Te Yi*" and "*Wu Shi Ji Lue*" (A Zi and A Yue, 1994).

In terms of animal poisoning, Yu Chuang and Shi Zhicheng (1986) preliminarily sorted out and studied the diagnosis, treatment and prevention methods of animal poisoning according to ancient animal husbandry and veterinary historical materials. For example, in

Liang Dynasty, Tao Hongjing's book *Notes on Materia Medica* recorded that "sheep eat the leaves of *Rhododendron* and then die of it"; *Compendium of Materia Medica* recorded that six kind of domestic animals were poisoned by brine containing high concentration of magnesium chloride and castor; arsenic and aconitum poisoned the animals; cattle was bitten by snake; the "disease of eating poisonous herbs" was recorded in the *Book of Pig Classics*; military horses were poisoned by distiller's grains which was happened in the Hongzhi sixth year in Tang Dynasty (1493 AD).

3.2　Occupational poisoning and prevention

In terms of occupational poisoning, Li Tao (1957) pointed out that there were records of lead poisoning among lead miners and lead utensils manufacturers in Ming Dynasty, as well as mercury poisoning and arsenic poisoning during mercury and arsenic burning process. However, Zhang Chengdao (1958) believed that mercury poisoning had been recorded as early as in the Northern Song Dynasty. For example, "rear garden silver was used as plating, smoked by mercury, and his head and hands trembled" was described in *Talk Garden* by Kong Pingzhong in the Northern Song Dynasty, in which, the "Tremor of head and hand" is just the symptom of mercury poisoning. Zhou Xiuda et al. (1988) explored the occurrence conditions, toxic factors, diagnosis and prevention of occupational poisoning in ancient silver mine, Suichang, Zhejiang Province. For example: Five Generations Dynasty Dugu Tao described the harm of sulfur dioxide gas in the Galena mine (lead sulfide) and smelting. In Song Dynasty, Shenkuo discussed the death accidents and detoxification methods of brine gas and natural gas poisoning in deep well exploitation of rock salt in Sichuan Province. Xinzhou Silver Mine and Shangzhou Mercury Mine, encountered the harm of arsenic gas, recorded by Chen Cheng and Sui Juxian in Song Dynasty. Li Shizhen in Ming Dynasty made an in-depth investigation on the occupational diseases of the craftsmen in the lead mines, and pointed out: In the cave of lead ore, people carry oil lamps went several kilometer, …, the gas poisoned people. If this situation lasted for months, their skin would be flaccid and yellow, they became abdominal distension and can't eat, and then they were sick and death. It was recommended that workers take fatty food to prevent lead poisoning. He discussed the location, type of work, cause, symptoms, prognosis and prevention methods of lead poisoning incisively. In Ming Dynasty, Song Yingxing recorded the gas poisoning in coal mines and related detoxification methods.

Tan Jian'an (1994) discussed the ecological toxicology system, the ecological environment and prevention methods of "geomantic omen" and local toxic diseases in ancient China. Du Xiaoyang (1985) studied the ancient "water poison" (caused by water source pollution), "bald" (local natural thallium poisoning), "yellow teeth among the people living in some area of Shanxi Province" (local fluorosis, fluorosis tooth "spot glaze" disease), and discussed the relationship between ecological environment and local toxic diseases. In addition, about2000 years ago, realgar was known in China, and its burned products As_2O_3 and SO_2 were used to kill water insects. According to records in the book *Yijianzhi Yizhi* by Hongmai, in Song Dynasty, some people who made mosquito smoke incense in Nanchang City were poisoned by arsenic and sulfur (Chen Daozhang, 2000).

In terms of food hygiene and poisoning prevention, Zheng Huailin (1994) pointed out that the Duanyang Festival, which had been formed since the Qin and Han dynasties, was a time when Chinese people "storing drugs to remove toxic gases". It embodies the consciousness of the whole people in drug prevention and detoxification, health care. Wang Saishi (2001) thought that since the Song Dynasty, people have known that puffer fish is a highly toxic fish, and the words such as "toxic" and "its liver kills people" are involved. At the same time, there are many records of poisoning caused by eating puffer fish. In order to solve the delicious but poisonous problem of puffer fish, the ancients had been searching for a good antidote, but failed all the time.

3. 3　Poisoning caused by eating elixir and stones

Ancient alchemy and stone eating were thought to make people immortal and they were once popular in the ancient society. This "fashion" has attracted the attention of many Chinese and foreign scholars. Ke Bingyu and Joseph Needham (1959) studied the "elixir" poisoning in the middle ages of China. Many celebrity deaths are related to certain poisons. Huang Jian (1994) pointed out that "the theory of the origin of various diseases" was described in detail in "cold food caused syndrome", and recorded the effective methods for the treatment of elixir and stone poisoning. Zhou Yixin (1999) believed that "five stones powder" had certain therapeutic value, and its side effects were due to the healthy people taking it for immortality and toxic stone in the formula.

3. 4　The formation of ancient toxic pharmacy and toxicology

Shi Zhicheng (1975) believed that as early as the Eastern Han Dynasty (25 – 220 AD), China had a systematic reflection on "poison and poisoning". The philosophy represented by Wang Chong's book *Discuss Balance*, *chapter poison* is worth studying. Wang Chong believed that poisons are material; different regions have different poisons, resulting in the different occurrence of poisons. Thus, it broke through the shackles of the mysterious thoughts of the popular Confucian theology at that time and greatly promoted the development of ancient toxicology and even ancient science.

According to *Poisonous herbs* (Yang Cangliang, 1993), poison is a kind of drug found in the process of human labor production and disease struggle. After the discovery of the poison, people found antidote in the experience and lessons, and at the same time people found the medicine for curing diseases. Ancient doctors were good at using poisonous traditional Chinese medicine. For example, Bian Que (407 – 310 BC) anaesthetizes patients with "poison liquor" and then carries out operations to treat them; Zhun Yu Yi (215 – 140 BC) often uses *Pinellia ternata*, *Daphne genkwa*, *Hyoscyamus*, *Sophora flavescens*, etc. ; Zhang Zhongjing (150 – 215 AD) is good at using poisonous prescription of traditional Chinese medicine. He described more than 300 prescriptions in Treatise on febrile diseases, among which, there are 119 prescriptions with or containing toxic traditional Chinese medicine, such as Aconite Decoction, Ephedra Decoction Decoction, etc. Thus a systematic theoretical system of toxic herbs was formed.

Zhong Gansheng and Yan Zhenghua (1989) believed that the Song, Jin and Yuan dynasties were the middle bridge of the development history of traditional Chinese medicine, for they not only established the theory of meridian tropism, the theory of floating and sinking, but also made the new breakthroughs in toxicology. In the Song Dynasty, except for the fact that "According Zheng type Materia Medica" all inherited the content of "Materia Medica collection and Annotation" (with simple records of drug poisoning and detoxification), the content of toxicology had a greater development than that of predecessors. Its scope includes poisons, poisoning symptoms, identification and antidotes. Some of them have been were mainly recorded in *Taiping Shenghui Fang* (48 poisons collected), *General records of Shengji* (106 antidotes collected with "Taiping Shenghui Fang"), Song Ci's *Collection Of Avenues* and *Boji Fang*, *Hotel Emergency Fang*, *Medical Theory* and other ancient books. It can be said that the special volumes about poisons and poisoning prevention and control in *Taiping Shenghui Fang* and *Shengji Zonglu* were relatively complete sister volumes of toxicology in ancient China.

Sun Qiming (1991) pointed out that in the long history of the continuous development of Materia Medica, pharmacists gradually deepened their understanding of some poisons through practice. For example, since Liang Dynasty, Tao Hongjing combined the toad in *Herbal Classic* as "Separate Records of Herbs". Before, Chinese medicine and pharmacy had mixed the toad with its similar animal for thousands of years. Although Chen cangqi (Tang Dynasty) pointed out this problem, it failed to correct it. Before the compendium of Materia Medica was written, Li Shizhen made rules respectively for five kinds of drugs included in the book of *Classified Materia Medica*, namely, Xiamo, Toad, Toad venom, Shanha and Tian Fu, which not only clarified the differences between the original animals, but also clarified the characteristics of the toxic drugs. Besides, Zhao Xuemin pointed out in the book of *A Supplement to Compendium Of Materia Medica* that some women "died by taking lead powder, and their hands and feet were dim". It means that lead powder is poisonous. It corrected Li Shizhen's saying that "the powder tin (lead powder) is pungent, cold and nontoxic" in *Compendium of Materia Medica*. All of these contribute to the enrichment of ancient toxicology.

Jia Jingtao (1984, 2000) systematically studied the toxicological achievements of poisons and poisoning, metal poisons, plant poisons, food poisons and poison produced by venomous insects before Tang Dynasty, and made new progress. He believed that: (1) as early as five thousand years ago, in the times of the Three Emperors and then Five Emperors, there was a legend that "Shennong tasted hundreds of herbs and encountered seventy poisons in one day". In the Spring and Autumn Dynasty period and the Warring States Dynasty period, there was a clear record that poisons were used for medical treatment: "gathering poisons for medical purposes" (Zhou Li). In the Han Dynasty, there was "the poison, the heat of the sun" in *Discuss the Balance*, chapter poisons. (2) As for poisons and poisoning, in Sui Dynasty, people had correctly recognized the toxic part of puffer fish: "the liver and abdomen of this fish are very toxic and cannot be eaten, which often causes death", recorded in *The Origin of Various Diseases*. (3) About the proof method for poisoning, it describes the animal or slave test; the egg white test method; the silver and silver hairpin test method. (4) On the question of whether human beings are poisonous or not, he thought that the so-called "poisonous words" in ancient China are similar to the so-called "poisonous women" in ancient Western Persia, and the answer is "No". The above research laid a foundation for the formation of ancient forensic toxicology.

4   Relationship between poisons and ancient social and economic development

4.1   Poison and war

Poisons are more closely related to the military. The ancient records of using poisons as weapons began in the Spring and Autumn Dynasty and the Warring States Dynasty period. For example, in 677 B. C. , Sui people poisoned the water to expel the Qi army. This is the earliest record that toxic weapon was used to win the war in China. In the age of cold weapons, it was more common to use arrow poison and poisonous arrow to attack the enemy in war, often causing a lot of casualties. At the same time, there were many prescriptions for the treatment of arrow poison, which could be found in Chen Yan's *Xiaopin Formula* in the Western Jin Dynasty, Liu Juizi's *Guiyi formula* in the Liu Song Dynasty, and Jin Chuang's *Secret Forbidden Formula* in the Yuan Dynasty. Poisonous smoke was also used to prevent enemies from bursting through the city and piercing the acupoints. In addition, the *Taibaiyin Sutra* of the Tang Dynasty, the *Huqianjing* and *Wujingzongyao* of the Song Dynasty recorded the knowledge of preventing natural poisoning and military anti-poisonous (Gong Chun, 1995; Li Jingwei, 2000).

4.2   Alcoholism and prohibition

Intoxication caused by drinking alcohol and official prohibition of drinking have been a part of social life since ancient times. China is one of the countries that invented wine brewing method earlier. The medical effect of alcohol and the harm of excessive drinking to human body have been recorded in the medical literature before Sui Dynasty. Lin Qianliang (1984) believed that inscriptions "wine in disease" on bones or tortoise shells (A 2121) of the Shang Dynasty was alcoholism. Huang Jian (1994) pointed out that the disease of "alcohol jaundice" recorded in *Synopsis of the Golden Chamber* was caused by excessive drinking, damp heat stagnation and bile heat fluid leakage. In the book of *Theory Of The Origin Of Various Diseases*, in the course of "alcohol intoxication", the author made a further observation and summary on the mental disorders caused by alcohol intoxication. Wanfang et al. (1994) reviewed the development of alcoholic diseases and antidotes from three aspects, including the concept of alcoholic diseases, the treatment of alcoholic diseases and antidotes. It is pointed out that the name of "alcoholic disease" begun with Wang Shuhe's *Pulse classic* in Jin Dynasty, and the etiology and pathology of alcoholic disease were described in the *Theory Of The Origin Of Various Diseases*, Sui Dynasty. The records of relieving alcohol came from the *Shen Nong's Herbal Classic*. The famous prescription of relieving alcohol is the *Pueravia* flower decoction recorded in the *Classified Medical Records of Famous Physicians*.

4.3　Introduction and control of tobacco

Su Zhiliang (1997) believed that tobacco originated in America. After Columbus discovered American in 1492, tobacco gradually spread to Eurasia. During the Wanli period of the Ming Dynasty (1573 – 1619), tobacco was transmitted from the Philippines to Taiwan, Zhangzhou and Quanzhou, known as "light fruit" or "light amaranth". At the end of Ming Dynasty, smoking had spread all over the whole country. During the reign of Chongzhen (1628 – 1644), Ming Dynasty, a minister said, "people said "smoking" as "eating 'Yan'" everywhere. As "Yan" (the name of Beijing in that period) is similar to "cigarette" in pronunciation (in Chinese), does "eating 'Yan'" mean rebellion?" Therefore, in 1637, Chongzhen years ten (1637) decreed that smoking should be banned all over the country. Du Yong (2000) pointed out that since Chinese doctors found that long – term smoking was harmful to health, tobacco trading was officially banned in the late Ming Dynasty. In the Qing Dynasty, the people also carried out a certain scale of propaganda. In addition, Wu Han (1936) pointed out in the article "Talking About Tobacco" that "Zhang Jiebin (Jingyue), a famous doctor in the late Ming Dynasty, mentioned the history and story of tobacco for the first time in his works. "

4.4　Opium transmission and drug control

With regard to the time of opium transmission and drug rehabilitation, Gao Xuemin (1997) believed that "as early as Sui and Tang dynasties, opium was transmitted to China in the form of 'dinoja', a compound preparation which was good at eliminating all diseases. In the Tang Dynasty, poppy was widely planted as an ornamental plant by merchants because of its colorful flowers. The medicinal value, which has been gradually recognized since the Five Dynasties, is widely used in clinical practice. It was not until the Ming Dynasty that opium was abused into drugs. In Qing Dynasty, because of the dumping of imperialism, opium was rampant. Since the Opium War in 1840, traditional Chinese medicine to rehabilitate from drug abuse has emerged as the times require. "

The reason why opium prevailed in Ming Dynasty was due to: first, after the middle of Ming Dynasty, a large number of foreign opium came into China, which was regarded as a kind of elegant and expensive entertainment by the Imperial Palace and nobles, and then became hidden and unable to give up. This "demonstration effect" of the ruling class promoted the prevalence of opium; second, opium became the most convenient and appropriate substitute after the ban of tobacco in the late Ming Dynasty (Su Zhiliang, 1997). This greatly stimulated the popularity of opium.

With regard to the emergence of the word "Opium", during the Chenghua period of the Ming Dynasty (1465 – 1488), Wang Xi recorded in the *Collection of Medical Forests* that "opium was used to cure dysentery for a long time, …" (Su Zhiliang, 1997). "Wuxiang" in the *Compendium of Materia Medica* by Li Shizhen of Ming Dynasty is opium.

As for the process of drug control, Chen Xinqian (1986) believed that in view of the increasing harm of opium, the Qing government banned opium in the Yong Zheng seventh year (1729), and at the beginning only ban trafficking and private smoking. In the Jiaqing first year (1796), opium import was banned. Before the Qianlong thirty second (1767), there were no more than 200 boxes of opium imported into China from India every year. By the Daoguang second year (1822), there were more than 4,000 boxes of opium imported into China each year. In the Daoguang nineteenth year (1839), there were more than 40,000 boxes of opium imported into China (including a small amount of opium from the United States and Portugal). At the end of the Daoguang 18 year (1838), Emperor Daoguang sent Lin Zexu, governor of Huguang, as an imperial minister to investigate and ban opium in Guangdong. In March 1839, Lin Zexu arrived in Guangzhou. In June, he publicly destroyed more than one million kilograms of opium seized from illegal merchants such as Britain in Humen, Guangzhou. In June of the next year, the British government sent warships to invade the sea of Guangdong Province and blockade the Pearl River Estuary. The Opium War broke out.

4.5　Management and law of poisons

It was believed that there were laws governing poisons in the Tang and Song dynasties. For example: those who poison people would be punished with the crime of strangulation (Tang law, Song Dynasty punishment system is the same); those who buy and sell drugs without using them would be exiled for two thousand li (Tang law, Song Dynasty punishment system is the same); no tribute would be allowed for poison (Song Dynasty History); preserved poisoned meat should be burned quickly (Tang law, Song Dynasty punishment system is the same) (Tang zhijiong, 1958).

In the Northern Song Dynasty, there was a poison storehouse in the court, which was used to poison and kill officials. The store was not named , in which the poison was divided into seven grades, while the most poisonous poison Zhen bird ranked the third. According to *Book of Tieweishan*, the storehouse was "burned and abandoned" in Zhenghe Chu (1111).

In 1640, the Chongzhen 13th year of the Ming Dynasty, the government had ordered private farmers (tobacco) to be executed. This is the first law against smoking in China. (Su Zhiliang, 1997).

4.6　Poisons and social culture and art

The most remarkable poisonous animals is the snake. In the ancient times, Chinese people feared and worshiped snakes, which resulted in many myths and legends about snakes. Some clans and tribes (such as Gaoshan Nationality in Taiwan, Fujian, etc.) regard snakes as totems, and thought that snakes were their own ancestors or have blood relationship with their ancestors, so as to respect and worship snakes. After the emergence of the country, the legend of the God Snake, the Spirit Snake and the Strange Snake was still widely spread among the people, and the custom of worshiping snakes continues. Therefore, since ancient times, the prosperity of snake culture was obvious. For example, there were snakes in the earliest recorded document of the zodiac, *Discuss the Balance*, wrote by Wang Chong of the Eastern Han Dynasty. Interestingly, there were also snakes in ancient civilizations such as India, Greece, Egypt and China (Wang Xun, 1998). In addition, poisonous animals (five poisonous pictures, etc.) were inextricably related to folk art.

In terms of poison culture, besides snake worship and snake culture, alcohol and wine culture, smoking cessation, anti drug advertisements, poems, songs, poisonous animals and folk arts were common in many humanities magazines. "Ancient and modern snuff bottle art museum" in Hengshui, Hunan Province, has collected snuff bottle art treasures in various historical periods since the Qianlong period of the Qing Dynasty, which are divided into six categories and 57 varieties, namely, materials, ceramics, metals, jade, organics and interior paintings. The history of snake worship can be seen in the Snake King Temple in Zhanghu Lake, Nanping City, Fujian Province. Nanyang Museum of Han painting in Henan Province displays many related totems and unearthed cultural relics.

5　Famous people with outstanding achievements in the history of ancient poisons

Many ancient Chinese philosophers, pharmacists, medical scientists, chemists, jurists and archaeologists have made a lot of achievements in toxicology and poison control.

Hua Tuo (about the 2nd – 3rd century AD) specializes in treating snake injuries. He uses poisonous plants to make the famous "Mafei Decoction" to treat injuries.

Wang Chong (27 – 97 AD) put forward a series of toxicological views and philosophic ideas in *Discuss the Balance*, chapter poisons, which was earlier than Western scientists and medical experts.

Chao Yuanfang (6th - 7th century AD) put poisons and poisoning into a special volume in his book: *The Origin of Various Disease*.

Sun Simiao (581 - 682) discussed the poisoning and detoxification in his book: *Emergencies Prescriptions and Supplement*.

Wang Tao (670 - 755) systematically discussed the prevention and treatment of poisons and poisoning in his book: *Secret Essentials of outside*.

Song Ci (1186 - 1249) recorded poisoning and poison produced by venomous insects in his book: *Record of Redressing Mishandled Cases*.

Li Shizhen's *Compendium of Materia Medica* (1518 - 1593) described the toxicity, poisoning and detoxification methods of poisonous plants, animals and minerals.

Song Yingxing (1587 -?) described the toxicological mechanism of lead and mercury in his book of *Technological Encyclopedia*, *chapter five metals*.

Chahalgsiluo sangsulemu (1740 - 1810), is an outstanding Mongolian medical expert, translator and poet in the Qing Dynasty. His works include *Tobacco*, *Wine And Health*, *The Harm of Tobacco And Wine*, etc. At that time, it was not easy to realize the harm of tobacco and wine. (Tao Suhe, 1989)

Lin Zexu (1785 - 1850) was an outstanding politician and national hero in China during the Opium War. His efforts to fight against smoking and Britain and to explore western knowledge left a positive influence in history.

In addition, *Taiping Shenghui Prescriptions*, a large - scale comprehensive prescription book compiled by Wang Huaiyin et al. in the Northern Song Dynasty, is one of the medical works organized by the government in the Song Dynasty. It specially discusses the poisoning differential diagnosis, treatment methods and antidotes. The *Book of Wine* written by Dou Ge in the Northern Song Dynasty records 12 problems related to wine. Volume 327 of *Ancient And Modern Book Integration - Complete Records Of Medical Department* compiled by Chen Menglei, et al. collected five treatises on poisoning from Han Dynasty to Qing Dynasty in China, including antidotes and single tests. *A Survey of the Plant Names* by Wu Qiji in Qing Dynasty described the knowledge of biology and toxicology of poisonous plants.

6 Conclusion

With the economic globalization, some countries and regions are suffering from toxic disasters. National security, ecological security, biological security, food security are seriously challenged, and people's health is seriously threatened. In particular, food poisoning, gas leakage, gas explosion, hazardous chemicals, invasion of toxic and harmful organisms, environmental pollution, biochemical terrorism, tobacco hazards, drug abuse, etc. , have caused serious losses of people's lives and property, and become the focus of international community's attention and discussion. Therefore, it also brings new opportunities and challenges to the toxicological history researchers. However, at present, the study of toxicology in ancient China is still in its infancy, and there are a lot of written records about poisons and poisoning in ancient books and documents to be further studied. Therefore, we must further study the history of understanding and philosophy of poisons in ancient China, the development history of toxicology and poisons, the treatment and prevention methods of poisons and poisoning, poisons and chemistry, poisons and ecology. The historical heritages of environment, toxicology and forensic medicine, drugs and drug control, tobacco and tobacco control, alcoholism and anti-alcoholism, poisons and law, poisons and culture, the use of poisons and toxins, and the treatment and rescue of toxic disasters can serve the present and benefit the future. It is particularly noteworthy that opium sales and anti sales triggered an Opium War and changed the historical process of Chinese society. Today, how to sum up the historical experience of drug control and treatment of toxic disasters, prevent the recurrence of history, and ensure national security and people's health are exactly the purpose of our study of the development history of ancient Chinese toxicology.

"Research progress on the history of toxicology in ancient China", collected in *Proceedings of History of toxicology*, is written for the seminar on the history of toxicology in ancient China by Shi Zhicheng. We would like to thank Ph. D Liu Jianli, Northwestern University, China for revising this paper.

《论衡·言毒篇》——杰出的毒物学论著

一、王充和他的《论衡·言毒篇》

王充（27—约97），字仲任，会稽上虞（今浙江上虞市）人，祖籍为魏郡元城（今河北大名县）王氏家族。先辈曾几世从军有功。后因故失爵，祖父、父亲钱塘"以贾贩为事"。王充家境贫寒，困难的环境使他很早成熟。六岁开始习字，八岁出入书馆。稍长，开始学习《论语》《尚书》。青年时期曾到京师洛阳入太学，拜班彪为师。成年时期，承担养家重任，先是回乡以教书为业，后在地方官府做过小官吏。大约三十岁以后，他辞官家居，潜心著述，作《讥俗》《节义》，著《论衡》。六十岁时，为避祸举家迁往扬州郡，转徙于丹阳（今安徽宣城）、庐江（今安徽庐江）、九江（今安徽寿春）等地。此间扬州刺史董勤曾召他任从事，又转任治中，不久退职回家。章和二年（88年），同郡友人谢吾夷上疏章帝，推荐王充，章帝特命以公车待诏。王充以病为由，推辞不就。晚年写下了最后的著作《养性》16篇。七十岁以后，王充病逝于家中。

王充是我国东汉时期杰出的唯物主义思想家。他继承汉代先进思想家的传统，积极地同唯心主义思想、神秘主义的汉儒思想体系坚决的斗争，以战国以后社会生产力的迅速发展和一些自然科学的成果为依据，以论战的形式对当时占统治地位的神秘主义和复古主义的思想体系进行了系统的批判，建立了唯物主义无神论的思想体系。《论衡》是他从三十三岁开始，前后用了30多年的时间完成，全书共30卷85篇（现存84篇），20余万字，是一部用了毕生的精力写成富有战斗性的代表作。所谓《论衡》就是他所论述的是铨衡真伪的道理，内容涉及哲学、自然科学、伦理学、宗教和社会国家生活等诸多方面，批判了汉代宣传的"君权神授"和谶纬、符瑞、灾异、祭祀、卜筮、禁忌、鬼神等迷信思想，阐明了以唯物主义为基本特征的世界观。因此，《论衡》不仅是中国思想史上一部划时代的杰作，而且也是科学史上极重要的典籍。

特别值得指出的是，王充在《论衡》中专门撰写了一篇名作《言毒篇》。在《论衡·言毒篇》论著中，王充以唯物主义自然观正确反映了"毒物与中毒"的客观存在。回答了关于"毒物和中毒"诸多有争论的问题，这在中国古代史上还是第一次。王充采用社会科学与自然科学相结合的方法，以"毒物与中毒"的客观规律来说明人言可畏，"逸夫之口，为毒大矣"，提出了一些很有价值的论述。因此，《论衡·言毒篇》不仅是一篇富有战斗的哲学论著，而且为我国和世界古代毒物学的发展作出了重要贡献。

二、《论衡·言毒篇》对毒物学的主要贡献

（一）肯定毒物的客观存在性

毒物是客观存在的？还是"上天"决定的？汉代神秘主义思潮的最基本的认识是天人感应思想，认为天地是由一种无形的"太"发展而来的，人是"上天"有意创造的，皇帝是"上天"在地上的代理人，把某些自然变化和自然灾害说成是"上天"对帝王的警告，或者是帝王感动"上天"的结果。王充对天地的性质做了唯物主义的说明，认为"天地，含气之自然也"，"夫天者，体也，与地同"。不论天是体，还是含气的自然，都是物质的，从根本上肯定了天地的自然物质属性。

关于对"毒物"的解释，王充认为"毒"并不是"上天"决定的，而是"火"。因为太阳是火之精，太阳之气就是火气，火气是有毒的，所以毒气也就是火气。他在《言毒篇》中说："夫毒，太阳之热气也。太阳火气，非为毒螫，气热也。夫毒，阳气也，故其中人，若火灼人。"又说："天下万物，含太阳气而生者，皆有毒螫。毒螫渥者，在虫则为蝮蛇蜂虿，在草则为巴豆冶葛，在鱼则为鲑（河豚），故人食鲑肝而死。"

（二）将毒物分为有毒动物和有毒植物两大类

关于毒物的分类，王充说："天地之间，万物之性，含血之虫，有蝮、蛇、蜂、虿，咸怀毒螫，犯中人身，〔谓〕获疾痛，当时不救，流遍一身；草木之中，有巴豆、野葛，食之凑懑，颇多杀人。不知此物，禀何气於天？万物之生，皆禀元气，元气之中，有毒螫乎？"

（三）提出毒物的生态特点与中毒发生的地域特性

王充说："鸩鸟生於南，人饮鸩死。""冶葛巴豆，皆有毒螫，故冶在东南，巴在西南。土地有燥湿，故毒物有多少。生出有处地，故毒有烈不烈。蝮蛇与鱼比，故生於草泽。蜂虿与鸟同，故产於屋树。江北地燥，故多蜂虿。江南地湿，故多蝮蛇。"

（四）毒物的两重性

王充说："美酒为毒，酒难多饮；蜂液为蜜，蜜难益食。"从现代毒物学的观点来看，

饮酒与酒精中毒已经成为全球性问题。

（五）确定有毒动物蛇在生肖文化中的地位

关于生肖起源问题中，长期以来，不少人将《论衡》视为最早记载十二生肖的文献。《论衡》中对十二生肖有较为系统的明确记载。从他在《言毒篇》《物势篇》和《讥日篇》中的记载可知，子鼠、丑牛、寅虎、卯兔、辰龙、巳蛇、午马、未羊、申猴、酉鸡、戌狗、亥猪的概念在东汉已相当清楚。

《论衡·物势篇》载："寅，木也，其禽，虎也。戌，土也，其禽，犬也……"以上引文，只有十一种生肖，所缺者为龙。《言毒篇》说："辰为龙，巳为蛇，辰巳之位在东南。"这样，十二生肖便齐全了，十二地支与十二生肖的配属如此完整，且与现今相同。

三、启示

（一）研究《论衡·言毒篇》具有重要意义

在世界古代毒物史的研究文献中，公元前的文献中提到"神农"的有关记载，而到公元后确定了 Dioscorides（公元 50 年）和 Galen（公元 150 年）在毒物学方面的功绩，至今还没有确立中国人的贡献。王充（公元 27—97 年）的《论衡·言毒篇》中关于毒物与中毒的记载，却没有提及。现代毒物学（奠基者奥菲尔，1787—1853）是 18 世纪末到 19 世纪初发展起来的。因此，深入研究王充《论衡·言毒篇》关系到我国古代毒物学应当在世界毒物学历史上有一席之地。

（二）正确评价《论衡·言毒篇》

《论衡·言毒篇》是一篇关于毒物与中毒的论著。一方面王充冲破了正统思想的束缚，在科学问题上提出了精辟的见解。另一方面王充由于受当时社会发展与自然科学技术的限制，也有一定的缺点，对鬼神作了自然主义的解释。他虽然不承认一般所说的鬼神，但却把鬼神解释成一种"精气"，认为它们都是太阳之气产生的一种没有形体的"象"，像人的模样，颜色发红，含有毒素，人碰到它就会中毒而死，以致走向宿命论的途径。

（三）学习社会科学与自然科学相结合的研究方法

对我们今天研究中国古代毒物史的工作者来说，从王充《论衡》著书过程，也得到一定的启示。一是"以心原物"，即要有理性思维过程，在此基础上，提出"效证"的观点；二是要认识"河冰结合，非一日之寒，积土成山，非斯须之作"的道理，不要一曝十寒，企图一蹴而就，而要踏踏实实地循序渐进地学习和工作；三是主张"极问"，要有创造、有新意，要追根求源，务求甚解；四是提倡"博达疏通""学为世用"。特别是吸收社会科学、自然科学、医学、农学、生物学、法医学、军事法学、兽医学等科学工作者，一齐参与，采取社会科学与自然科学相结合的研究方法，"为国为事"。

本文发表在《毒理学史研究文集》第二集，2003 年，第 55－57 页；《动物毒物学》，2003 年，（1－2 合刊）；第 5－7 页。

有毒生物灾害及其防治史

历史上将那些突然发生、伤亡惊人、经济损失惨重、政治影响深远的重大中毒事件，称之为毒性灾害。其中由于有毒生物引发的毒性灾害有的曾震惊世界，有的至今未能引起足够的重视，未能采取得力的措施予以控制，以致成为当今难以根治的灾害。

一、有毒生物引起的毒性灾害

（一）有毒生物引起的灾害

有毒生物包括有毒植物、有毒动物和有毒微生物。历史上发生过多起由于有毒生物引起的危及人类健康安全的灾害。1816年法国东部的洛林和勃艮第地区发生的麦角菌中毒，许多人表现出奇怪的手足麻木，全身发痒，接着便是神经性痉挛的症状，直到死去。医生们对此束手无策。1984年委内瑞拉机场蜜蜂杀人事件，数千只蜜蜂袭击米兰达州的图伊·德尔·奥左马莱机场候车室，死1人，伤36人，机场一片混乱。1999年中国台湾虎头蜂蜇伤事件。2000年1月，美国杀人蜂伤害事件，一群源自非洲的杀人蜂从拉斯维加斯向北迁徙，途中叮死数百人。

危及动物和畜牧业的，有1931年苏联乌克兰葡萄状穗霉毒素中毒事件，由于饲料潮湿霉变，发生葡萄状穗霉毒素中毒，死亡马5 000余匹。1950年南斯拉夫牛蕨中毒事件，斯洛文尼亚首次发生中毒162头，死废65头。1962—1967年，日本北海道、东北北陆、中部、九州地区发生牛的蕨中毒，中毒269头，死废牛269头。1977—1987年英国也在流行牛蕨中毒。1950—1989年中国牛黑斑病甘薯中毒事件，仅河南、辽宁、陕西等12省份114个县就有64 095头牛因饲喂了黑斑病甘薯发生中毒，死亡3 560头。1960年英国火鸡黄曲霉毒素中毒事件，仅6—8月，东南部农村因进口花生饼中含有黄曲霉毒素而暴发火鸡X病，死亡火鸡10万只。1960—1980年中国青海家畜棘豆中毒事件，死马2 000匹，死羊2 100只。1958—1989年中国牛栎树叶中毒事件，先后有贵州、河南、四川、陕西等6个省份的146 657头牛因采食栎树叶发生中毒，死亡43 124头。1959—1989年中国云南马的紫茎泽兰中毒事件，60个县的67 579匹马，中毒死亡51 029匹。1968—1985年，澳大利亚发生一年生黑麦草中毒，死亡羊4万只，牛422头。1973年中国湖南32个县和陕西汉中地区发生牛霉稻草中毒事件，中毒29 068头，死亡或致残9 187头。

危及海洋安全的，主要是赤潮事件。1972年日本濑户内海发生赤潮，损失71亿日元。1972年美国东海岸发生赤潮，危害面积3 200km²。1986年中国福建东山和浙江舟山群岛以南海域发生赤潮事件。1987年中国长江口外花鸟山东北海域发生赤潮。1988年中国长江口外海域发生赤潮。1989年中国渤海沿岸发生赤潮。1996年香港发生裸甲藻赤潮。1996年美国佛罗里达发生赤潮事件。1998年中国渤海辽东湾西部海域发生赤潮。1999年中国渤海西部河北沧州歧口附近海域发生赤潮。

（二）有毒生物灾害的特点

1. 毒性与次生性　有毒生物灾害最重要的特征，就是灾害由有毒生物所产生的生物毒素引起的。如黑麦穗上的麦角菌（*Claviceps purpurea*）中含有麦角碱、麦角胺、麦碱等多种有毒的麦角生物碱。通常含量为 0.015%～0.017%，也有高达 0.22%。麦角的毒性非常稳定，可保持数年之久，在焙烤时其毒性也不能破坏。当人们食用了混杂有较大量的麦角谷物或面粉所做的食品后就可发生麦角中毒。长期少量进食麦角病谷，也可发生慢性中毒。

所谓次生性，就是有毒生物赖以生存的地区将成为"生态疫源地"，长期难以根除；有的毒性作用将影响到后代的健康，一些灾害引起的法律问题将没完没了。毒性与次生性构成有毒生物灾害的特殊性，决定了防制有毒生物灾害的跨学科、跨行业、跨部门性质和控制毒性灾害的艰难程度。

2. 恶性突发与群发性 有毒生物灾害发生突然，有的是十年、百年一遇，一旦发生，来势凶猛，超出一般的承受能力。一次中毒或由毒物伤害的人数惊人。

3. 区域性与季节性 以麦角菌中毒为例，1816 年，在法国东部的洛林和勃艮第地区居民所表现出的是一种食物中毒症状。他们的膳食主要是黑麦做的面包，有一部黑麦被麦角病菌所感染。麦角菌是一种真菌，它会长在黑麦上，黑麦面包在北欧是主要食品。自中世纪以业曾多次突发麦角中毒。

4. 社会性与世界性 有毒生物灾害不仅造成重大经济损失，而且其破坏性会引起社会不安，甚至陷入混乱、政府要员辞职、贸易国将调整相关产品的进出口政策等。

二、当代世界面临的三大有毒生物灾害

（一）紫茎泽兰

紫茎泽兰（*Eupatorium adenophorum* Spreng）是一种菊科植物，原产墨西哥。1860 年以来，先后引进或传入美国、英国、澳大利亚、印度尼西亚、牙买加、菲律宾、印度、中国等 30 多个国家。紫茎泽兰不断竞争、取代本地植物资源，危及畜牧业的发展，正在无声地削弱民族文化的根基。

1860 年，美国夏威夷将紫茎泽兰作为一种观赏植物从墨西哥引进到夏威夷群岛的毛伊岛上的乌鲁帕拉瓜（Ulupalakua）。到 20 世纪 40 年代已成为当地牧场的重要草害。在毛伊岛和瓦胡岛上广泛分布，在拉那伊岛、莫洛凯岛和夏威夷岛上局部发生。有的在牧场上形成高达 3.05m，而且密度很大的群落，当地人们把紫茎泽兰的危害叫帕马凯里（Pamakani）。

1875 年，澳大利亚将紫茎泽兰当成观赏植物从墨西哥引进，1930 年首次报道在昆士兰特威德山谷（Tweed Valley）上面的斯普林布鲁克（Springbrook）高原有紫茎泽兰发生。1940—1950 年，紫茎泽兰突然大发生，侵占了特威德山谷，并迅速蔓延到昆士兰东南边缘地带和新南威尔士沿海岸一带，使奶牛场和蔬菜种植园受害，致使奶牛和香蕉生产者放弃他们的土地。

1933 年，有报道在新西兰发生紫茎泽兰，主要分布在璜加雷（Whangarei）北部和科罗曼德尔半岛（Coromandel Perinsula）北部的部分地区。由于紫茎泽兰的发生，致使放牧牛的地区无草可食，成为畜牧业贫穷化的征兆。

在印度，紫茎泽兰广泛分布于印度南、北多丘陵地区的牧场、侵占了橡胶、茶树和其他商业种植园。

20 世纪 40 年代，紫茎泽兰由缅甸、印度边境自然入侵中国，分布在云南、广西、贵

州、四川。据 1984 年调查，云南省约有 24 万 km² 土地上生长紫茎泽兰。

在尼泊尔，于 1958 年在尼泊尔东部发现紫茎泽兰。

为了控制紫茎泽兰的危害，受害地区曾经采用机械方法，但收效甚小。后来，采用生物防治措施。夏威夷于 1945 年从墨西哥引进泽兰实蝇，进行防治，取得成功。此后，澳大利亚于 1951 年从夏威夷引进泽兰实蝇，新西兰于 1958 年从澳大利亚引进泽兰实蝇，印度于 1963 年从新西兰引进泽兰实蝇，尼泊尔的泽兰实蝇可能是从印度扩散进入，防治都取得了成功，但存在引进泽兰实蝇的生物风险、天敌危害和紫茎泽兰死亡出现的"光地板"问题。中国云南于 1984 年以来先后采用化学方法、泽兰实蝇生物方法和生态工程方法，在小范围进行防治。

（二）赤潮

赤潮是海水中某些微小浮游植物、原生动物或细菌在一定的环境条件下突发性的增殖，引起一定范围一段时间的海水变色现象。

公元 1500 年以前，旧约《圣经》中就曾经描写过发生于江河的赤潮——"江水变成了血。江里面的鱼死了……江水不再能饮用"。随着海洋污染日趋严重，赤潮的发生日渐频繁。美国的佛罗里达沿岸海域，1916—1948 年的 30 年间，只发生过 3 次赤潮，每次相隔 16 年。从 1952—1964 年，几乎年年发生。在日本 1955 年以前的几十年间，只发生过 5 次赤潮。1956—1965 年，发生了 35 次。而到 1971 年，一年就发生了 57 次。根据统计，20 世纪东海发生 122 次赤潮，其中 90 年代 70 次。2001 年 23 次，2002 年 16 次，其中 3 次查出有毒生物。研究表明，赤潮生物正向东南亚地区扩散。

赤潮的发生最显著的危害是窒息了大量鱼、虾、蟹、贝。赤潮生物耗尽了海水中的溶解氧，致使局部海区失去净化能力，更为严重的是赤潮生物产生的毒素危害人的健康安全。

目前，对大范围赤潮的防治技术还不成熟。控制赤潮的发生则需要对海洋环境的污染进行大规模的整治。

（三）炭疽

炭疽（anthrax）古时也称痈（Carbuncle），也叫拣毛工病（Woolsorter's disease）。公元 80 年，罗马记载暴发炭疽，死亡 50 000 人。1867—1870 年，俄国的诺夫戈罗德的一个地区一次流行死亡的牛，达 56 000 头，同时有 528 人因感染炭疽而死亡。第一次世界大战和第二次世界大战期间，炭疽被应用于战争。1939 年，德国占领波兰后，在波兹南建立了细菌研究院，研制包括炭疽在内的细菌武器。1943 年，美国在马里兰州的陆军生物研究所生产了 225kg 的炭疽炸弹和肉毒杆菌炸弹。第二次世界大战期间，日本 731 部队在中国哈尔滨建立的细菌工厂，在生产高峰时，每月生产炭疽杆菌达 600kg。1972 年，尽管有 118 个国家签订了《禁止生物和毒素武器条约》，但是，一些恐怖组织仍利用芽孢进行恐怖活动。

目前，炭疽在世界各大洲仍有地方性流行，主要在发展中国家。从土耳其到巴基斯坦是传统的炭疽带。一个多世纪以来，炭疽一直被列为世界性五大兽疫之一，每年都有大批家畜因炭疽而死亡，经济损失严重，兽医学界普遍认为炭疽是一种永久性的危害。在高发区，人们食用病死畜肉，利用其皮毛、骨粉，成为炭疽传播的主要方式。

三、历史教训与当前的任务

21 世纪将是毒性灾害频繁发生的时期。回顾和研究有毒生物引发的毒性灾害及其历史经验，有利提醒人们直面灾害，居安思危，防患于未然；有利振奋人们的精神，增强以智慧战胜灾害的信心。

有毒生物灾害成为一种潜在的危险。有害生物的盲目引进和入侵、环境污染和水体的富营养化和恐怖活动是造成有毒生物灾害的重要原因。特别是有毒生物入侵引发的毒性恶性事件，由过去的低风险上升为目前的高风险状态。从历史上发生的有毒生物灾害看，无论是自然传入、人为引进、无意带入，还是检疫不严，关键是一个国家、一个地区，是否对外来生物进行风险分析（PRA）。

当前，在我国加入 WTO 和经济全球化的新形势下，我们面临的任务是：

（1）进一步弄清全国，特别是各地区有毒生物的分布与危害。

（2）掌握国际贸易国外有毒生物可能入侵的途径和危害。

（3）科学评价有毒生物造成的危险，预测未来可能形成的灾难，为政府提供可选择的预防与根治措施，为国际贸易中发生有关问题的仲裁提供科学依据，显得尤为重要和紧迫。

（4）加强有毒生物风险分析（PRA，危害性评价），研究食品安全、生物安全、生态安全的前沿学科。

（5）建立健全有毒生物灾害（赤潮）的监测预警系统，赤潮灾害应急响应体系，减轻赤潮的危害。

本文刊登于《中国生物学史暨农学史学术讨论会论文集》，2003 年；倪根金主编《生物史与农史新探》，万人出版社有限公司，2005 年，第 51 - 57 页；王子今编《趣味考据》，云南出版集团公司，云南人民出版社，2007 年，第 541 - 545 页。

20 世纪世界重大毒性灾害及其历史教训

一、20 世纪毒性灾害种类的历史演变

毒性灾害是指突然发生、伤亡惊人、经济损失惨重、政治影响深远的重大中毒事件。20 世纪 40 年代以前，世界人口 20 亿，资源利用与生态环境状况大体平衡，重大毒性灾害主要有：1900 年英国发生含砷啤酒中毒案，死亡 1 000 人；第一次世界大战期间，1915 年发生在比利时的化学毒气战争，死亡 5 000 人；1921 年卡介苗用于治疗结核病后，有人误将有毒结核杆菌作为卡介苗注射人体，发生震惊世界的吕贝克市灾难，207 人发病，72 人死亡；1930 年，欧洲各国 100 多万喜欢苗条的妇女服用减肥药中毒，1 万多人失明。

进入 20 世纪 40 年代，由于爆发第二次世界大战，化学武器、核武器在战争中使用。特别是 1939 年滴滴涕等有机氯杀虫剂问世之后，杀虫剂中毒屡见不鲜。有的发展中国家进口

浸泡过杀虫剂的小麦、玉米种子，改为食用，结果酿成大祸。仅 1971 年伊拉克发生的甲基汞中毒事件，中毒 5 万余人，死亡 8 000 余人。1945 年，美国科学家蕾切尔·卡逊发现滴滴涕的毒副作用，提出滴滴涕破坏生态网就是对人类自身的破坏，但这一观点并未引起人们重视，反遭攻击，直到她于 1962 年著《寂静的春天》一书面世之后，揭开癌症与杀虫剂之谜。但是拥有 30 亿人口的地球，许多国家为了生存，仍然依赖更多的新的化学品和杀虫剂，全球农药和化学品、危险品引起的毒性灾害与日俱增，经济损失和对人民健康的危险越来越大。

20 世纪 50 年代，尤其是 1954 年苏联启用首座民用核电厂以后，许多国家核电站的核泄漏和核辐射事故屡有发生。1986 年 4 月 26 日发生的切尔诺贝利核电站事故，死亡 237 人，13.5 万人撤离家园，经济损失 120 亿美元。

20 世纪 70 年代到 20 世纪末，世界人口由 40 亿增至 65 亿。1972 年联合国《人类环境宣言》表明人类与环境矛盾突出，政治、经济和社会矛盾加剧。特别是 90 年代冷战结束，国际贸易的繁荣和经济的全球化趋势，原有的毒性灾害的发生有增无减，新的毒性灾害出现，例如赤潮的频繁发生、邪教制造的集体服毒或施放毒气事件的发生，有的污染转嫁事件酿成国际争端，生态破坏引发的牧场毒草灾害也时有发生。毒性灾害已经成为一个严肃的政治问题和经济问题摆在世界各国政府面前。

二、20 世纪世界毒性灾害的主要特征

毒性灾害不仅具有自然灾害的一般特性，而且有其特殊的毒性特点。

(一) 恶性突发与群发性

毒性灾害发生突然，有的是十年、百年一遇，一旦发生，来势凶猛，超出人的承受能力。发生地点多在城市、工矿企业、市场、餐厅、河流、公路、铁路、飞机场、旅游景点等人口集中和流动频繁的地方。一次中毒或由毒物引起的伤害人数惊人。

根据收集的 200 起重大毒性灾害的发生原因分析，可分为九类，分别是核泄漏、食物中毒、药物中毒、化学物泄露、毒气瓦斯爆炸、有毒生物、地球化学灾害、恐怖与谋杀和邪教组织施毒。从时间分布看出，在 20 世纪的前 70 年发生 46 起，占 30%；后 30 年发生 154 起，占 70%。在九类毒性灾害中，毒气瓦斯爆炸发生率最高，食物中毒发生居第二位，有毒生物中毒居第三位。一次死亡人数达 200 人以上的就有 16 起（表 7 - 2）。

表 7 - 2　20 世纪全球一次死亡 200 人以上的毒性灾害

年份	地点	灾害类别	死亡人数	灾　情
1900	英国曼彻斯特	饮料中毒	1 000	饮用含砷啤酒
1915	比利时伊普雷	毒气战	5 000	德国向英法联军释放氯气弹，1.5 万丧失战斗力
1942	中国本溪	煤矿瓦斯爆炸	1 549	本溪湖煤矿瓦斯煤尘大爆炸
1943	美国洛杉矶	光化学烟雾事件	400	刺激性光化学烟雾经久不散，75% 市民患红眼病，大片树木枯死，郊区葡萄减产 60%
1943	意大利巴拉里港	毒气爆炸	1 000	德机轰炸一装有芥子气的美国船，引起大爆炸
1952	英国伦敦	毒雾事件	4 000	大气中二氧化碳等污染 8 000 人患病

（续）

年份	地点	灾害类别	死亡人数	灾　　情
1957	苏联乌拉尔	核污染	1 000	核废料存储罐爆炸
1960	中国大同	煤矿瓦斯煤尘爆炸	684	煤矿瓦斯煤尘爆炸
1971	伊拉克	甲基汞中毒事件	8 000	误将浸泡农药的玉米、小麦种子食用，中毒 8 万人
1978	圭亚那琼斯教	集体"自杀"	913	美国"人民圣殿教"胁迫信徒集体自杀
1981	西班牙	食物中毒	600	菜籽油中毒事件，中毒致残 2.5 万人
1984	墨西哥城	煤气厂爆炸	450	煤气厂连环爆炸，4 250 人严重受伤
1984	印度博帕尔	农药厂毒剂泄漏事件	2 500	含有异氰酸甲酯的烟雾溢入空气并扩散到附近村庄，中毒 20 万人，受害者 67 万人，公司赔款 4 亿美元
1986	喀麦隆尼奥斯	火山喷放毒气	2 000	湖底火山喷出毒气硫化氢，死亡牲畜 3 000 多头
1986	苏联	切尔诺贝利核电站事故	237	核堆熔化外泄，13.5 万人撤离，经济损失 120 亿美元
1989	尼日利亚	药物中毒	300	出售假胰岛素致糖尿病人死亡

（二）毒性与次生性

毒性灾害最重要的特征就是灾害是由有毒物质引起。有毒物质包括有毒植物、有毒动物和有毒化学品。据 41 个国家 200 起毒性灾害的统计，其中核泄漏与核辐射 10 起、食品中毒 32 起、药物中毒 7 起、化学品泄漏污染 42 起、毒气泄漏及煤矿瓦斯爆炸 60 起、有毒生物引发的 29 起、地球化学灾害 4 起、利用毒物制造恐怖事件 8 起、邪教利用毒物自杀或施放毒气伤害他人 8 起。

毒性灾害的又一特征是毒性的次生性。如核泄漏带来的核辐射毒害，将是一个难以消除的隐患。印度博帕尔事件带来的后遗症使活着的受害人在晚年丧失生存能力，一次性赔偿远不足以安置他们的一生。有的毒性作用将影响到后代的健康。

（三）社会性与世界性

毒性灾害不仅造成重大经济损失，而且其破坏性会引起社会不安，甚至陷入混乱，有的可能引起地区性政治争端。比利时二噁英事件中，先是卫生部部长和农业部长辞职，接着是首相和政府内阁集体辞职，世界各国调整相关产品的进出口政策。仅比利时就有 1 000 家农牧场关闭，进出口受阻，经济损失达 3 000 亿比利时法郎（合 6.67 亿美元）。苏联切尔诺贝利核电站事故，联合国出面干预。罗马尼亚巴亚马雷镇矿区氰化物废水污染蒂萨河流域事故中，匈牙利、南联盟提出追究责任和经济损失赔偿。

三、20 世纪毒性灾害的历史思考

（一）苏联切尔诺贝利核电站事故，警示人类高度关注核安全问题

目前全球 30 多个国家共有 440 多台核电机组。我国已建和正建的有秦山等 5 个核电站，核电占我国总发电量的 1％左右。核电是一种高效、洁净的能源，问题的关键是管

理，因此高度重视核安全是极为重要的大事。

（二）日本东京地铁毒气事件和圭亚那集体自杀事件，揭示了邪教的反科学、反人类、反社会性质，提醒政府务必清除邪教以保护人民生命安全

目前，世界上有 2 000 多个邪教。日本奥姆真理教在东京地铁释放沙林毒气，致 5 500 余人中毒、12 人死亡的恶性事件，圭亚那"人民圣殿教"胁迫 913 名信徒集体服用氰化物自杀身亡的事件，震惊全球。任何一个政府都是反对邪教的，决不允许歪理邪说毒害人民。

（三）印度博帕尔事件启示发展中国家警惕污染转嫁，强化化学工业管理，从战略上考虑工业布局和毒物控制问题

1984 年，印度博帕尔农药厂毒剂泄漏事件的教训是十分深刻的。一是美国将碳化物工业引入印度，有污染转嫁之嫌；二是一个污染十分严重的企业不该建在拥有 70 万人口的城市；三是事故发生在生产评估发现问题未能及时处置之后；四是企业的性质和一旦发生事故的救助办法没有提前向周围市民公布和宣传，以至于发生毒气泄漏时，束手无策；五是政府对一旦出现不测事件，如何应急，缺乏具体的措施和应有的准备。结果造成 20 万人中毒，2 500 人死亡，目前受害者的抚恤问题仍未解决，尽管美国碳化物联合公司赔偿 4 亿美元，但仍然是杯水车薪，解决不了太大问题。因此，合理布局化工企业，警惕污染转嫁，强化安全管理，建立应急预案是一个值得重视的战略性问题。

（四）欧洲二硝基酚减肥药中毒案，告诫政府主管部门要加强食品药物立法管理和严格执法监督

1935 年流行于欧洲各国的二硝基酚减肥药引发的中毒案中，有喜欢苗条的 100 万妇女服用该类药物，致使 1 万人失明。1954 年法国的一些疥疮患者服用二碘二乙基锡，致使 270 人中毒、110 人死亡。可见，加强食品药品的管理，严格新药管理程序是十分必要的。

（五）世界重大煤矿瓦斯爆炸案，督促人类发挥自己的智慧，解决这一历史难题

从 19 世纪到 20 世纪末，煤矿瓦斯爆炸一直没有停止过。在井下监测瓦斯、严禁明火、送风通风三件事是必须严格遵守的管理规则，一旦疏忽，将造成事故，发生不该发生的惨剧。2000 年，仅我国各地重大瓦斯爆炸案达 20 多起，死伤人数惊人。我国西部的天然气正在走进城市家庭，煤气事故也将成为一项不可忽视的城市灾害。

（六）赤潮事件唤起当代科学家，重新考虑生态环境的变迁对当今生物种群的影响，采取有效的防控措施，防除有毒有害生物可能带来的生物灾害

很少有人想到 1946 年洗衣粉的问世会导致今天赤潮事件的严重发生。据有关专家分析，我国每年生产 230 万 t 洗衣粉，如果按平均 15％含磷计算，每年约有 6 万多 t 磷排到地面水而流入大江大河。1g 磷可使藻类生长 100g。藻类特别是有毒藻类大量繁殖，一是致使鱼类无法生存，二是使水产品带毒危害人类。据报道，日本海域 1965 年发生赤潮 44 次，1970 年 79 次，1975 年 300 次，1996 年 326 次。中国近海 1972—1994 年发生 256 次，2000 年 28 次，计 10 650km^2。赤潮发生致使大批鱼贝类死亡，人食用含裸甲藻毒素的水产品会引起中毒死亡。

（七）日本水误事件暴露了经济发展和高科技发展的负面影响，以及治理环境污染任务的长期性、艰巨性

一些地方治理"三废"污染的措施难以落实，导致一起又一起的化学品泄漏，含毒废气泄漏，危险品运输事故。欧洲科学家给这类现象一个定义，即化学定时炸弹（Chemieal

Time Bomb，CTB）。在 21 世纪，如何应对这类化学定时炸弹是摆在我们面前的一大任务。

（八）地方性氟中毒、砷中毒的严重危害，要求政府将地方病的防治作为一项长期政治任务列入议事日程，常抓不懈

孟加拉国大部分地区海拔低，地表水污染不洁。世界银行及有关组织提供 4 400 万美元的无息贷款帮助政府改水，让人民喝上"清洁水"。然而，由于地下水含砷，致使 8 500 万人饮用含砷的地下水，占全国人口的 70%，国际舆论称之为"人类史上最严重的集体中毒"。我国内蒙古自治区目前有 1 809 名地方性砷中毒病人；全国 29 个省份 1 187 个县有 4 000 万氟斑牙患者，氟骨症病人达 260 多万人。因此，从中央到地方应加大投资力度，改水、改土，消除地方病给人民带来的痛苦。

四、21 世纪我国毒性灾害的发生趋势及其对策

我们必须从历史事件中汲取经验教训，采取果断有力的措施，减少毒性灾害的发生，减轻毒性灾害造成的损失，为此，建议如下。

（1）制定国家毒性灾害防制计划，列入国家和地方的减灾计划和生态环境建设计划之中，一并落实，一并实施。

（2）建立健全国家核安全、生态安全和食品安全法律、法规体系。尽早出台《灾害防御法》《毒物控制法》和《食品、药物管理法》，加强执法监督检查力度。特别要强化对化工厂、旅游区、煤气厂、交通线路、机场和学校的日常执法检查。

（3）鼓励和扶持中毒控制中心与咨询服务组织的发展。国家和各省（自治区、直辖市）都应建立中毒控制中心（Poisoning Controlcenter，PCC）。工业、农业、医药、环境、公安、消防等部门都应建立行业性中毒控制中心，并与相关网站链接，形成网络。一方面为政府机构提供准确的毒性灾害信息，另一方面向全社会提供咨询服务。这是利用现代计算机网络技术提高全民族安全意识，宣传减灾救灾知识，降低灾害发生率，增强减灾应急能力的一条国际经验。

（4）开展生态毒理学与灾害毒理学研究。应把毒性灾害列为近期的重点研究课题进行攻关。组织有毒有害生物风险分析和化学品、危险品的危险评估，为立法和防制工作提供可靠的科学依据。

（5）建议金融、保险系统进一步完善灾害保险业务，将毒性灾害的保险列入计划。

（6）坚决依法打击邪教，保护人民生命安全和维护社会稳定。

本文是 2001 年 10 月 17 日在中国毒理学会第三届全国学术会议上做的学术报告。发表于《灾害学》，2002 年，第 17 卷，第 1 期，第 76 - 81 页。

中国现代毒理学的形成与发展

毒理学是关系人类健康的一门学科，人类与毒物斗争的历史是人类文明史中重要的篇章。生物学研究的每一次进展都使得毒理学产生新飞跃，从五四运动至今的 90 多年内，

我国现代毒理学发展经历了起步、取得阶段性成果和开拓创新三个不同的发展阶段。通过教育、书刊、网站、社会团体和技术交流，毒理学知识广为传播，为提高国民科学文化素质，确保我国国家安全、生物安全、生态安全、食品安全、职业安全作出了重要贡献。

一、近代毒理学与现代毒理学

中世纪后期，自然科学从哲学中分化出来，形成诸多以研究某一特定物质和现象为对象的学科。毒理学逐步从药理学中分化出来，并建立了自己的科学实验方法。文艺复兴后期，瑞士科学家帕拉塞尔苏斯（P. A. Paracelsus，1493—1541）对药理学、毒理学、治疗学等生物医学诸多领域作出了前所未有的重要贡献。他指出："所有的物质都是毒物，没有什么物质没有毒性。药物与毒物的区分在于适当的剂量。""毒物"定义的确立，意味着以"毒物"为研究对象的学科诞生。正如历史学家评论的那样，帕拉塞尔苏斯和他的时代是一个转折点，帕拉塞尔苏斯在动荡的生涯中，能够完成的全部科学成果和他的贡献中，影响最大的是发现和启蒙了毒理学。一些史学家就把中世纪后期命名为毒理学的"启蒙时期"。

奥尔菲拉（M. Orfila）于1813年发表的专著《毒物与毒理学概论》，标志着近代毒理学已成为一门独立的学科。他是国际上公认的近代毒理学的创始人。近代毒理学迅速发展，形成了独立的理论体系，并具有多样性的特点，这主要得益于生理学、化学、物理学、医学、法医学、病理学、生物学等相关领域的科学家的参与和学科之间的不断渗透影响。

由于生活环境、国家安全、突发事件与政府应急处理、立法与执法等的需要，近代毒理学逐渐发展成研究环境因素的机理、有害作用及防治措施的现代毒理学。中国现代毒理学的形成与社会生产发展和立法的需求是分不开的。

1. 生活环境的需要　20世纪以来，由于工农业、军事技术的发展和武器装备的更新，大量化学物质破坏了生态平衡，产生环境污染，进而导致了直接或间接的中毒事故。

2. 国家安全的需要　毒气泄漏事件、核电站事故、毒品与烟害、有害生物入侵和煤矿瓦斯事故等，都涉及国家的安全与经济发展，要求现代毒理学不能停留在一个水平，必须与时俱进。

3. 突发事件与政府应急处置的需要　环境污染的生态评估、衡量职业中毒的技术标准制定、解开中毒疑案的法学鉴定、遏制毒品泛滥和建立无毒社区、突发事件的应急预案等，都需要毒理学家积极参与其中。

4. 立法和执法的需要　毒理学研究包括科学实验，并与立法和政府管理有着密切的关系。立法一直在推动着毒理学研究，而立法本身又是对已经发生的和可能发生的意外灾难（毒性事故）做出的一种反应。食品卫生、职业病防治、劳动安全、环境评估、危险度的安全评定等，都是毒理学研究的目标。许多公共卫生政策和法令在制定过程中，都以实验毒理学数据作为立法的科学依据。

二、国际毒理学的学术影响

我国现代毒理学的分支学科划分和研究方法一直受到国际毒理学的影响，它已成为一门既属于基础科学又属于应用科学的独特学科。

在分支学科的发展方面，我国借鉴国外毒理学的学科分类方式，根据工作任务、研究手段与终点、研究对象、外源性化学物、研究工作性质、靶器官与组织、生物类群、生命现象或生命过程、生物结构的层次、与其他学科的关系等角度，对毒理学进行细分。可以预见，随着经济社会发展的需求，还将出现一些新的分支。

在研究方法方面，我国不仅吸收了国际上已有的成熟经验，而且予以进一步创新，从体内试验到体外试验，从结构、活性到三维结构研究，从定性到定量，毒理学研究水平得到迅速提升。过去，毒理学研究主要采用整体动物试验和人体观察相结合的方法。随着分子生物学的理论和方法应用于毒理学的研究，外源性化学物的毒性评价将发展到体外细胞、分子水平的毒性测试与人体志愿者试验相结合的新模式。某些复杂的整体实验将逐步被体外试验或构效关系数学模式所代替；有害因素的毒性试验系统将被基因工程的动物和细胞所代替；传统的发病率和死亡率终点将被生化指标所替代。目前需要数月给药和评价毒性的研究，未来将在几小时内完成。转基因动物对外源性化学物的毒性反应将与人体极为一致，研究结果将更为精准。

三、起步阶段

1919—1949 年，中国现代毒理学处于第一阶段——起步阶段。在这个阶段，生物化学与遗传学的发展为毒理学发展提供了必要的理论基础，西方毒理学开始影响中国，法医毒理学、药物毒理学、工业职业毒理学和蛇毒研究率先起步，同时有关毒理学的公共宣传也逐渐得到发展。

1920 年，随着西方医学和毒理学的传入，我国法医工作者开始使用病理学和化学分析方法进行毒性鉴定。在发生职业性和生活性中毒事件时，医务人员通过现场调查和动物实验检验毒物。在此期间，还进行了药物毒理，铅、铬和钡的毒理学研究。1923 年，抗蛇毒血清首先在台湾研制成功。1930 年，北平大学医学院林几教授创立法医学教研室，开展毒物检验工作，发表了多篇法庭毒物学论文。煤矿瓦斯和矿区职业病的频繁发生引起中国职业毒理学者的关注，催生了工业毒理学研究。

1930—1935 年，商务印书馆出版《万有文库丛书》，其中叶峤编的《毒物》一书主要参考了法国、德国等 5 种西方毒理学书籍，并对"毒物"的定义做了法律和科学的解释；罗运炎编的《毒品问题》主要介绍了禁毒与国家禁毒公约。1932 年，著名毒物分析化学家和教育家黄鸣驹的著作《毒物分析化学》由医学杂志社出版，系统介绍了常见毒物的分离、提取和化学分析方法，这是中国历史上第一部毒物分析的专著。1935 年国立编译馆出版了韩斯联（R. Hanslian）著、曾昭抡等翻译的《化学战争通论》。

自晚清以来，中国人民饱受烟毒之害，身心受到了严重的摧残。孙中山对禁烟的决心和迫切愿望，给后世留下了深刻的印象和久远的影响，国民政府建立后，开展了颇具规模的禁烟活动。1930 年发行的《中国卫生杂志》第 29 期是中国最早的一部宣传禁毒的专刊，由张学良题写刊名，专刊共 45 页，有评论、漫画、新闻报道。但南京临时政府在政权未稳、外国势力刁难的背景下，未能坚持独立而坚决的禁烟政策，致使烟毒一直未能得到根治。

四、取得阶段性成果阶段

1949—1978 年，中国现代毒理学在第二阶段内取得了阶段性成果。在此期间，禁绝了百年鸦片毒害，初步建立毒理学教学和研究机构，疑难中毒调查诊断获得重大突破。

1. 鸦片毒害禁绝　中华人民共和国成立之初，中央人民政府采取坚决措施，在全国范围内开展了禁毒运动，结合农村土地改革根除了罂粟种植，并收缴毒品、封闭烟馆、严厉惩办制贩毒品，8 万多毒品犯罪分子被判处刑罚，2 000 万吸毒者戒除毒瘾。短短三年时间内，基本禁绝了危害中国百余年的鸦片毒害，创造了举世公认的奇迹。

2. 学科进展　中国医学科学院率先建立毒理学研究室，各大医学院校相继开展药物毒理学、工业毒理学、环境毒理学、食品毒理学的教学和研究工作，先后设立了多个地方性的卫生学专业机构。1960 年以来，逐步形成了一支毒理学专业队伍，研究工作从药物安全评价、有机磷农药的毒理和解毒治疗，扩展到石油化工、塑料等行业中的多种工业毒物和环境污染物的毒性、安全评价和卫生标准的研究，为我国经济发展和保护人民的健康安全作出了重要贡献。

化学中毒的防治成为劳动卫生的首要任务，化学品毒性测试和毒性分级研究的开展推动了工业毒理学优先发展。人才培养和急性毒性试验方法的研究，包括各种途径的半数致死量（LD_{50}）测试及其计算方法成为工业毒理学研究的重点。

1960 年年初，食品毒理学开始进行农药残留量标准及水果保鲜的研究，快速毒性测试、蓄积毒性测试、急性阈浓度测试等方法的研究，吸入毒性测试装置的研究；进行车间空气中毒物最高容许浓度标准的制定，起用动式中毒柜进行三乙基氯化锡、敌百虫、敌敌畏、丙烯腈、氯乙烯等浓度标准的制定。随后，建立体外经皮吸收速度模型，并比较许多毒物经不同动物皮肤与人皮肤吸收的速度，奠定了皮肤毒理学研究的基础。有机磷农药解毒治疗亦在同一时期取得成功。1970 年开展了对食品添加剂、农药、金属毒物、霉菌毒素、食品包装材料、其他环境污染物（如 3，4 -苯并芘、亚硝胺等）的研究。

植物学和中草药学的进展带动了对有毒植物的研究。为了更好地利用野生植物资源和发掘祖国中草药宝库，许多植物、药物研究单位和地方、军队卫生部门，进行了多次大规模的植物资源调查和筛选研究，积累了不少有关有毒植物的宝贵资料，先后编辑出版了一批专门介绍有毒植物的通俗或地区性著作。药用有毒植物的化学、有毒成分、生物碱、药理、临床、栽培等多项研究都取得了显著进展。

法医毒理学受到重视，先后出版了《毒物分析》《法医毒物学》《常见中毒的法医学鉴定》等书。

3. 疑难中毒诊断与治疗　1960 年前后，我国疑难畜禽中毒问题凸显，生产实践需要将家畜中毒研究从兽医内科学中划分出来。1953—1957 年，华北地区大批马属家畜发生疑似"脑炎"病，1959 年诊断为霉玉米中毒。1954 年河南省因喘气病死亡 50 万头牛，1956 年确诊为黑斑病甘薯中毒。1958 年起，贵州、河南、四川、陕西等 6 个省份的146 657 头牛陆续发生水肿病，死亡43 124 头，后诊断为采食栎树叶中毒。陕北发生的羊瞎眼病，诊断为有毒萱草根中毒。先后出版了《家畜中毒的诊断与防治》《猪常见中毒病的防治》等书。

4. 蛇伤的死亡率大幅度下降　我国台湾地区研制成功抗烙铁头蛇毒血清、抗竹叶青蛇毒血清、抗眼镜蛇毒血清和抗银环蛇毒血清等 4 种血清。1960 年广西医学院研制成抗银环蛇毒血清。卫生部上海生物制品研究所先后制成浓缩抗眼镜蛇毒血清、抗尖吻蝮蛇毒血清、抗金环蛇毒和抗蝰蛇毒血清。中国科学院新疆分院与上海合作，研制成抗新疆蝮蛇毒血清。1970 年以前，我国各地蛇伤未用抗蛇毒血清，其死亡率为 4.0%～8.8%，开始推广用抗蛇毒血清之后，蛇伤死亡率下降为 0.4%左右。中山医科大学等单位从 1960 年年初开始就应用眼镜蛇毒注射液，并发现其对三叉神经痛、坐骨神经痛、肋间神经痛、风湿与类风湿性关节痛、偏头痛、带状疱疹和恶性肿瘤等疼痛均有良好效果。1976 年中国科学院昆明动物研究所等单位将眼镜蛇毒进行分离，提纯其神经毒素，临床上用于治疗各种慢性神经痛。

5. 职业病防治 1956 年，我国职业医学的奠基人吴执中受命组建我国第一个劳动卫生与职业病研究所，长期从事尘肺、铅中毒等常见职业病的防治。他主编了《职业病》，为我国职业病防治工作作出重要贡献。

苯的接触浓度和中毒发生率都很高，为解决苯中毒的诊断和治疗问题，制定了苯中毒诊断标准，并设定苯在车间空气中的最高容许浓度。1974 年，卫生部公布《五种职业中毒的诊断标准及处理原则》，自此我国对于铅、汞、苯的氨基、硝基化合物和有机磷农药中毒的诊断和处理有了自己的标准。

1955 年，我国开始建立核工业，与此相应，开展了放射毒理学的研究，在职业性工作者内污染的流行病学调查与评价、医学防护、环境质量的监测与评价、辐射防护标准制定等方面取得了较大成就。我国放射毒理学及辐射防护学的创始人与开拓者之一——中国工程院吴德昌院士，于 1958 年主持筹建了中国第一个放射毒理实验室。他将理论创新与实际相结合，对放射性裂变核素损伤特点及其危害作出评价，并提出一套有效的防护措施。

五、开拓创新发展阶段

1978 年，中国现代毒理学迎来了第三阶段——开拓创新发展阶段。

我国恢复研究生制度后，毒理学专业和理、工、农、医等与毒理学相关的学科开始招收毒理学研究方向的研究生。现代毒理学新领域的发展促进了毒理学研究机构、学术刊物以及社团组织的诞生。随着药物、农药、合成纤维和化学物生产的大量增加，现代毒理学也急速地发展成为一门生物科学。1993 年中国毒理学会成立，国际和海峡两岸的学术交流积极开展，专业队伍不断壮大，我国的现代毒理学事业得到繁荣发展。

改革开放推动了现代毒理学及其分支学科全面发展；国际学术交流和海峡两岸毒理学学术交流不断扩大；毒理学教育和博士、硕士培养得以加强；毒素研究与开发、科学普及取得重大成果。在经历"9·11"事件和加入世界贸易组织之后，我国在突发中毒事件的应急处置、履行国际公约、禁毒、控烟等领域取得重大进展。毒理学研究进入了迅速发展的"分子时代"，同时走向社会，参与政府决策和立法。

在改革开放的 30 多年中，我国毒理学在科技创新、学科开拓、毒物管理与标准制定、防毒解毒、参与政府应急处置等方面取得了丰硕的成就。

1. 科技创新 1978—2007 年获得 86 项省级二等奖以上的奖项，其中国家部委 47 项，省级 39 项，呈现逐年增加的趋势。主要藻类（蓝藻）毒素危害健康机理及其预防对策、疟疾治疗新药本芴醇及其亚油酸胶丸制剂、复方蒿甲醚的研发及国际化和产业化、蛇伤急救药盒及蛇伤综合治疗研究、蛇毒蛋白酶结构与功能及其对血液凝固系统的研究、活性多肽毒素结构与功能的研究、促排（解毒）药酰膦钙钠、农田灌溉水质标准、中国膳食生活方式与死亡率研究和食品安全检测实验室质量控制规范等 12 项获得一等奖。

2. 学科开拓 经过 30 多年努力，我国在药理毒理学、新药毒理与安全性评价、药物依赖性、环境与生态毒理学、草地生态毒理学、兽医毒理与动物毒物学、有毒害赤潮、生化与分子毒理学、工业毒物的毒作用生化机制和分子机制、遗传毒理学、生殖毒理、免疫毒理、靶器官毒理学、法庭毒物学、军事毒理学、放射毒理学等学科分支，取得了具有中国特色的长足进展。

3. 毒物管理与标准制定 我国毒物管理与标准制定逐步完善，先后颁布了《药品管理法》《食品卫生法》《环境保护法》《农药管理条例》《矿山安全法》《职业病防治法》《饲料卫生标准及检测方法》和《水质微型生物群落监测 PFU 法》国家标准等。

目前，全国已建立了 42 个部级新药临床药理基地，为加强新药管理提供了组织保证。在开展了多项全国范围内的职业中毒普查后，卫生部制定了一系列诊断处理标准，保护了广大职工的健康安全。1976—1984 年，食品中农药残留限量标准开始形成，随后逐步与国际接轨，2000 年以农药残留为核心的食品污染物监测网建立。1980 年，国家开展辐照保藏食品的安全性和应用卫生标准的研究，分别制定了辐照食品管理办法、人体试食试验管理办法、15 项单种食物和 6 大类食物（谷类、水果类、蔬菜类、干果类、禽肉类和调味品）的辐照卫生标准。此项工作受到国际原子能机构的高度重视，得到很高的评价，在国际上处于领先地位。

4. 防毒解毒 药理学和毒理学取得的重要成果之一，是从植物中提取能抵抗细菌、真菌和原虫的物质并开发出新药。生物毒素研究方面，1990 年中国科学院生物物理研究所王大成院士系统研究东亚钳蝎钠离子通道神经毒素的结构与功能，测定出一系列代表性分子的三维结构，发现活性部位，揭示功能特性的分子机理（图 7-4）。2000 年湖南师范大学测定了虎纹捕鸟蛛毒素-1（HWTX-1）的三维结构（图 7-5）。兰州生物制品研究所对肉毒梭菌生态分布进行调查，成功分离中国 E 型和 D 型肉毒梭菌，并研制出肉毒中毒诊断、治疗、预防的成套制品。另外，我国的科研人员在蛇毒研究、酒石酸锑钾的解毒、毒鼠强中毒解救等方面也取得了骄人的成绩。

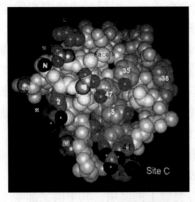

图 7-4 东亚钳蝎毒素三维结构

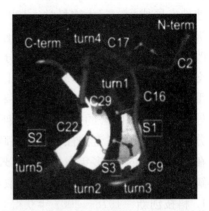

图 7-5 虎纹捕鸟蛛毒素-1 的三维结构

5. 参与政府应急处置　面对突发公共卫生事件和重大中毒事件，我国中毒与救治专家及时进入现场进行技术指导，参与政府决策，科学处置突发事件，多次完成中毒与急诊救治任务，为反恐维稳作出了巨大的贡献。一些重点医院特设化学中毒专科门诊、职业中毒专科门诊以及中毒救治专科门诊，承担中毒病人的会诊及抢救任务。

在 21 世纪，由于化学品生产应用的不断扩大、生态系统的不稳定性和环境污染的治理滞后等，毒物引发的中毒事件和毒性灾害将进入频繁发生期。现代毒理学面临诸多挑战和机遇，任重道远，必须继续坚持科技创新、参与政府应急，以史为鉴、嘉惠未来。

本文发表于《中国毒理学通讯》，2008 年，第 12 卷第 2 期，第 9 - 16 页；《科学》，2011 年，第 63 卷第 2 期，第 40 - 43 页。

研究毒物与毒理科学史的当代意义

在《毒物简史》和《世界毒物全史》出版之后，我的朋友们常常提到一个十分尖锐而新鲜的问题：研究毒物与毒理科学史对今天有什么意义？这使我想起意大利历史学家克罗齐的一些名言："一切历史都是当代史。""当生活的发展逐渐需要时，死历史就会复活，过去史就变成现在的。"

回答和阐明研究毒物与毒理科学史的当代意义，须首先了解毒物与毒理科学史的学科特点与内涵，感受当前研究毒物与毒理科学史的新视点和新领域，进而深切地体会研究毒物与毒理科学史的重要性、紧迫性和它对当代社会经济发展的重大意义。

一、毒物与毒理科学史：展示毒理科学发展历程的专门史

毒物与毒理科学史是一门科学与人文交叉会通的高端新型前沿学科，是渗透文理、贯通古今、融汇中西的典型桥梁学科，也是科学史的一个分支学科。

毒物与毒理科学史既研究和揭示毒理科学内在的逻辑联系与发展的内在规律，又探讨毒理科学与整个社会中各种因素的相互联系和相互制约的辩证关系，既揭示毒理科学发展的社会历史条件，又预见毒理科学的未来取向。因此，毒物与毒理科学史是世界文明史的重要组成部分，是横跨自然科学与社会科学的一门展示毒理科学发展历程的专门史。

——人类历史已远超过 100 万年，有文字记载的历史也有 6 000 年。毒物的历史和人类的历史一样的久远，人类文明史也包括人类同毒物斗争的历史。毒物史和毒理科学史是世界文明史的重要组成部分。

——毒物的出现对每一个文明国家来说都是利弊并存。毒药可以用来治病，也可以用于杀人，这促进了毒药和解毒药的研究和生产，人们也就开始寻找减少和转变毒力的方法了。毒理科学作为研究毒物与中毒救治的科学，既是一门古老的学问，又是一门崭新的生物科学。

——在有毒植物的胁迫之下，人类不得不去探寻新的食物来源和新的生产食物的方式和途径，于是在有了初步的实践知识的基础上开始萌发了农耕思想。也正是在有毒植物的

胁迫之下，人类为了避免有毒植物带来的不必要的麻烦，选择了不是直接采食自然界生长的绿色植物为生，而是走一条自己栽培植物、丰衣足食的农耕之路。

——人类在长期的生产生活实践中，积累了认识毒物与救治中毒的丰富经验。人类在处置毒物引发的中毒和毒性灾害的过程中发展了毒理科学。人类为创造安全的生产和生活条件而斗争，谱写了许多精彩的历史篇章。

——在良性循环的生态系统中，进入生态系统中的毒物，正好被系统中的生物所降解和解毒，或者被利用，毒物在系统中不但不起危害性影响，反而成为生态系统中不可缺少的一个成员，由于毒物的存在，生物与环境之间保持了平衡。但是在一定条件下，或者毒物的数量在某一过程或某一环节上突然增加，超过了系统中生物的降解能力，又没有一种物质抑制它的毒性作用，那么正常的生态系统便失去了平衡，这时，生态毒理系统开始形成。

——来自全球的调查报告表明，人和动物的中毒是常见疾病。从恐龙灭绝到现代核泄漏，从古罗马的铅危害到 20 世纪的环境污染事件，化学品泄漏和有毒生物引发的重大中毒事件，具有发生突然、伤亡人和动物的数量惊人、经济损失惨重、政治影响深远的特征，科学家称之为毒性灾害（难）。恶意投毒恐怖事件的发生常常震惊世界。

——人类生活在一个充满毒物的世界。毒物的出现对每一个文明国家来说都是利弊并存。人类在寻找食物、防治疾病的过程中认识了毒物和药物。而鸦片、铀、烟草，却影响了世界。

——人类的历史是发明的历史，永不停息的创新活动推动着历史不断进步。解毒防毒的发明尚未停止，新毒物的出现、新毒理机制的阐明，都在推动着新的发明。这些发明不仅反映了毒理科学的进步，使人类摆脱了某些毒物的困扰，而且带动了经济社会的发展，为人类未来的健康作出贡献。

——毒物不仅推动了发明，而且造就了无限商机和新的产业。毒物的利用和防毒解毒使新兴产业从无到有，从小到大，促进经济的增长。从抗蛇毒血清的发明到广泛应用，不仅商业得到发展，重要的是千百万被毒蛇咬伤的人因注射了抗蛇毒血清而得救。从毒素的研发到新药的上市，从职业安全要求、突发事件的处置到核化战争促成防毒面具等一系列防毒解毒用品和医药的研发与应用，其商机可想而知。化学物不断出现和应用，而每类化学物都有相对应的防毒解毒药品。同时，生产环节的原料供应商和商业流通环节的批发商、代理商、开发商以及零售商，形成一个又一个链条，因此，防毒解毒商机无限。

——毒理科学的发展史表明，古代和中世纪时期传统的药与毒是不分家的，药理学与毒物学融为一体。由于人们对毒物主要依据其形态、种类及对人和动物产生的毒性来加以识别，故称为毒物学。中世纪毒物定义的确立，启蒙了毒理学的形成。人们开始深入探讨毒物的性质及其中毒解毒的机理，故称为毒理学。近代毒理学之所以成为一门独立的科学，一方面得益于文艺复兴以后自然科学从哲学中分化出来的大环境的促进；另一方面得益于药物学、法医学奠定的基础，并最终从药理学中分离出来。到了 20 世纪，毒理学逐步形成一门生物科学，同时又出现许多新的毒理学分支学科和交叉学科。20 世纪 80 年代，随着自然科学与社会科学的融合，特别是管理毒理学的出现，现代毒理学成为社会应急管理与政府控制毒物和利用毒物为人类服务的一种艺术。从此，毒理学成为一个有自己专门的学科学家、教育机构、分支学科、专业学会和期刊的学科。现代毒理学超越经典毒理学和生物科学的范畴，又走向自然科学与社会科学相结合的综合科学之路。

——进入 21 世纪，随着现代毒理科学与自然科学与社会科学的进一步融合，特别是管理毒理学的出现，现代毒理学成为社会应急管理与政府控制毒物和利用毒物为人类服务的一种艺术。现代毒理学将超越经典毒理学的范畴，逐步发展成为自然科学中的一门现代生物科学和社会科学领域中的一门现代安全科学。

——我们无法消灭那些有毒物质，但是，面对工业化、城市化和环境污染，我们有能力为建立一个无毒害的未来而努力！

二、毒物与毒理科学史研究的新视点与新领域

近 50 年来，国内外一些科学家和毒理学家在深入研究的基础上撰写出版了一些毒物与毒理科学史以及描述重大毒性事件的学术专著。如苏联戈里科夫著《毒药：昨天和今天》（1968）、德国马丁兹和洛斯著《毒物》（1985）、马徒辛著《毒药往事——过去的毒物、霉菌、流行与历史》（1989）、罗伊·波特等编《毒品和麻醉品的历史》（1997）、马丁·布思著《鸦片的历史》（1998）、苏智良著《中国毒品史》（1997）、杜祖健著《化学恐怖主义：东京地铁和松本市恐怖事件》（2000）、约翰·埃姆斯莱著《谋杀之元素：毒药史》（2005）、夏治强著《化学武器兴衰史话》（2008）、史志诚著《毒物简史》（2012）和史志诚主编《世界毒物全史》（2016）等。这些专著都成为毒物与毒理科学史研究的新视点。

一些历史学家和文学家也关注那些与毒性灾害进行不屈抗争的感人细节与场景，撰写了与毒物世界有关的小说、报告文学、纪实文学以及影视作品。如《人类与垃圾的历史》（2005）、《中国吸毒调查》（2006）、《一个瘾君子的自白》（2006）、《鸦片战争》（1997）等。特别是毒性灾难文学《海变》（2001）和突发毒性事件应急处置的电影《勇闯夺命岛》（1996）、《危情时速》（2010）和《夏日追踪》（2001），以及水俣病、切尔诺贝利核电站事故等世界重大毒性事件的纪录片，记述了人类与毒物博弈的情节。

尽管如此，毒物与毒理科学史的研究仍然是自然科学史和社会科学史研究中的一个薄弱环节。因此需要进一步关注和研究毒物与毒理科学史的一些新领域。

（1）在当今国际反恐维稳斗争和公共安全问题凸显的新形势下，系统研究各国应急处置突发毒性事件的历史经验。

（2）面对毒理学的新领域，探索如何加强对转基因食品安全、纳米材料毒性等社会热点问题的研究。

（3）面对经济全球化，思考国家和政府如何应对贸易技术壁垒，进行化学品、新药的危险评估和防止有毒有害生物入侵。

（4）面向未来，探索人类将如何应对毒品滥用、核生化武器和环境污染"三大挑战"。尽管 1996 年联合国《全面禁止核试验条约》通过 10 多年，但禁而不止的现实和核武器的巨大吸引力表明，实现《全面禁止核试验条约》的目标任重道远。随着化石能源的枯竭和越来越难以承受的环境污染，核能发电充分体现出清洁、高效的优势，成为今天的电力支

柱，但是核废料的泄漏将成为新的威胁。

（5）编写"人物志"，颂扬政治家、哲学家、思想家和科学家，特别是著名的毒理学家为了人类健康做出的丰功伟绩。

毒物与毒理科学史的研究一直是自然科学史和社会科学史研究中的一个不可缺少的部分。目前，我国正经历着历史上最为广泛而深刻的社会变革，正在进行着人类历史上最为宏大而独特的实践创新，是发展毒物与毒理科学史新兴学科的良好时机，我们期待有更多的科技人员进一步研究毒物与毒理科学史，不断推进学科体系建设和创新，努力构建一个全方位、全领域、全要素的毒物与毒理科学史学科体系。

三、研究毒物与毒理科学史的当代意义

毒物与毒理科学的历史和人类的历史一样的久远，毒物的历史是世界文明史的一部分。研究和传播毒物史的当代性不仅仅在于它在每个时代的意义、作用和价值，而且在于毒物史在我们今天这个时代的意义。

历史告诉人们，要解决与毒物有关的生态安全、生物安全、食品安全和国家安全等重大社会问题，必须从研究世界毒物与毒理科学史入手。任何事情都要亲经实验，而不善于从历史经验中汲取营养，那注定是愚蠢的和不明智的。诚如习近平主席 2015 年 8 月 23 日致第二十二届国际历史科学大会的贺信中所说："世界的今天是从世界的昨天发展而来的。今天世界遇到的很多事情可以在历史上找到影子，历史上发生的很多事情也可以作为今天的镜鉴。重视历史、研究历史、借鉴历史，可以给人类带来很多了解昨天、把握今天、开创明天的智慧，所以说，历史是人类最好的老师。"不了解人类研究和利用毒物的历史和文化，就很难全面把握当代的生态安全、生物安全、食品安全和国家安全的发展战略，做到深谋远虑。因此，我们需要从历史中汲取智慧，需要博采各国文明之长，以史为鉴，造福人类。因此，研究毒物与毒理科学史的当代意义在于：

（一）传播人类认识毒物的历史和毒理科学发展史

研究毒物和毒理科学史既是一种文化传承，也是科技和社会发展的需要。当今世界随着经济全球化，一些国家和地区毒性事件四起，国家安全、生态安全、生物安全、食品安全受到严重挑战，人民的健康受到严重的威胁。特别是食物中毒、毒气泄漏、瓦斯爆炸、危险化学品危害、有毒有害生物入侵、环境污染事件、生化恐怖以及烟草危害、毒品泛滥等重大公共卫生事件，已经造成人民生命财产的严重损失，引起社会不安，成为国际国内社会关注和议论的热点，因此，人们迫切需要了解毒理科学发展的历史和文化，宣传普及防毒解毒的知识。

当面对自然界的那些形形色色的有毒物质的时候，当遇到中毒案件纠缠不休的时候，当突发毒性灾害来敲门急需科学应对的时候，当生态安全、生物安全、食品安全和国家安全受到威胁需要修订法律法规的时候，你可能就会明白研究毒物的历史和毒理科学史的重要性及其价值了。由此可见，向公众传播毒物的历史和毒理科学史至关重要，应将历史上发生的与毒物有关的事件告诉人们，让人们了解毒物与中毒、了解毒理科学，了解毒性灾害，不要惧怕它，而是认识它、利用它、防止它！如果不了解毒物的历史，世界将会重演过去的悲剧。

阿尔及利亚的阿里·米里说过"历史是过去的镜子和通向现在的楼梯"。新加坡的王邦文说过"人类在各方面都有丰富长远的历史可借镜，以免重蹈覆辙"。近代英国著名哲学家弗兰西斯·培根指出"读史使人明智"。传播毒物与毒理科学史的研究成果，能让人们感受科学史的力量，回望已逝的文明，以史为鉴，嘉惠未来，为现代化事业和毒理科学事业的发展作出新的贡献！

（二）颂扬毒理学家及从事相关职业专家的卓越贡献

随着人口的增加、环境污染的加重和难以制约的核扩散，现代毒理学面临许多科学问题，如低剂量兴奋效应研究、环境污染物的毒理学研究、毒理机制的研究和有害因素的"三致"研究等，特别是研究毒物的成瘾性与现代禁毒、控烟面临的严重形势及其有关的社会学、经济学问题。在这样一个时代，我们的社会，我们的国家，更需要千千万万的毒理学家。因此，应颂扬毒理学家和从事相关职业专家的卓越贡献，使那些发端于个体头脑中的智慧，成为大众的知识与能力。

历史是人民创造的。我们不能忘记过去为人类健康作出贡献的伟大的毒物学家和相关职业的人们。他们的出色工作使我们远离毒物并从中受益。今天，有幸从事毒理学研究的工作者正在为了人类的健康奉献自己的一生。我们由衷地钦佩那些投身毒理科学研究的人们和感谢那些从事与毒理学有关职业的人们。

（三）汲取处置突发中毒事件和毒性灾害的历史经验

历史上把重大毒性事件称之为毒性灾害。许多著名的毒性灾害曾使联合国采取国际法律干预，各国政府采取国家行为和法律行为予以应对。毒物是无声的杀手，威胁着人们的健康。天灾人祸与毒性灾害往往在我们身旁发生。20世纪下半叶以来，切尔诺贝利核电站事故、印度博帕尔农药厂毒气泄漏事件、日本地铁沙林事件、美国"9·11"恐怖袭击事件以及韩国大邱地铁纵火事件，都在考验着政府的管理艺术和应对毒性灾害的公信力。

21世纪将是毒性灾害频繁从重发生的时期。面对公共危机，政府的公信力和应急管理的艺术，体现在制定预案、及时修订预案和建立预案库；体现在迅速反应、果断回应、坦诚相待、化害为益；体现在政府部门的服务质量和效率；体现在政府的任何行为都能依照宪法、法律、法规以及法律精神来为人民服务；体现在政府的诚信和决策过程公民的参与程度。因此，未来的政府管理部门需要和毒物与毒理科学史专家之间开展经常性的双向交流，特别是管理毒理学家、生态毒理学家与人民代表大会立法、政府管理之间的相互联系，对提升政府管理艺术和应对毒性灾害的公信力显得更为重要。人们可以从历史事件中汲取经验教训，这有利于直面灾害，居安思危，防患于未然；有利于振奋人们的精神，增强以智慧战胜灾害的信心；有利于提出科学处置毒性灾害的对策，提高政府应对突发事件的管理水平；有利采取果断有力措施，减少毒性灾害的发生，降低毒性灾害造成的损失。

（四）关注科技发明给人类带来的负面影响并通过立法与管理避害兴利

人类的科学发明和设计使用的工具，不断增强了对地球的控制能力，同时，对环境的影响也越来越强。历史上一些杰出的发明与发现对我们自身的存在显露出它们的负面影响，甚至具有潜在的威胁。目前的科学发明中人们仍然对转基因食品和纳米材料的安全性感到担忧。由此可见，应关注科技发明给人类带来的负面影响，汲取历史教训，提出进一步完善科技成果的鉴定程序，通过立法与管理避害兴利。与此同时，从历史维度把握科学的本质，科学判断和区别科学与非科学和伪科学，防止被巫医、邪教利用，防止文化广告的过分夸大，正确认识科学技术对社会发展的推动作用也至关重要。

（五）铭记毒理学家和发展毒理科学的历史使命

21 世纪，现代毒理学将逐步发展成为一门生物科学，广泛应用于立法、管理、安全、职业、农业、环保、临床、法医、分析等多个领域。然而，科学与社会发展到今天，每天都有新的毒物和毒素被发现，每天都有新的中毒疾患的报道，每年都有新的解毒药物和解毒方法问世。毒理学每前进一步都会遇到新的科学问题，在解开某一类毒物秘密的同时，就会有新的毒物出现甚至会创造出新的毒物。随着毒物知识的飞快增长，毒理学面临来自社会的和自身的理论与方法不适应。

面对历史发展的需求和新的严峻挑战，毒理学家需要牢牢铭记自己的历史使命，在发现和认识毒物、探索和创新研究毒物的方法、阐明毒物的毒性机理、研发新的防毒解毒药剂的同时，研究如何利用毒物，化毒为利。

（六）展望建立一个无毒害未来社会的愿景

21 世纪将是一个充满希望与光明的时代，同时也是经济与文化矛盾、环境与技术冲突、人类与自然牵制的时代。新技术、高科技首先将给人们带来发展与进步、效率与效益、舒适与文明。然而，历史的经验告诉人们，技术的失控也会给人类带来危害与灾难。因此，安全生产、安全生活、安全生存，平安、健康、少灾是人类社会可持续发展的十分重要的目标。我们需要更加努力地去创造一个安全、健康的世界，需要创建安全的生产方式和康乐幸福的生活方式。因此，人类唯一的出路就是重视发展安全科学技术，有效地预防各种意外事故和灾难的发生。

总之，人类文明史也包括人类同毒物斗争的历史。我们无法消灭那些有毒物质，但是，人类有能力建立一个无毒害的未来。我们希望毒理学教科书由毒物与毒理科学史开篇，给学生教授毒理学发展的历史；在促进毒物与毒理科学史深入研究的同时，依托博物馆、纪念日与科普活动，传播毒物文化，为生态安全、生物安全、食品安全、国家安全和人民的健康，作出新的贡献。人类充分认识毒物之时，也就是人类化毒为利之日！

本文是 2016 年 6 月 6 日在西北大学科技史创新团队发展论坛上的学术报告。摘要刊载于中国毒理学会第八次全国毒理学大会《论文集》2017 年 10 月，第 502 - 503 页。刊登于《毒理学史研究文集》第 16 集，2017 年，第 46 - 50 页。

技术发明的安全性及其认知途径

作为先进生产力重要标志的科学技术对人类社会发展起着巨大的推动作用。然而，在回顾历史时发现，一些曾轰动一时的技术发明缺乏安全性，使得人类的生存环境变得艰难或危险。

随着科学技术的广泛应用，人类在自然界面前获得了空前的主动地位，其生产、经济、军事等实践活动对自然生态环境产生越来越巨大的影响。然而，一些缺乏安全性的技术发明给人类社会带来不良影响，甚至危害人类健康。

一、技术发明的两面性

越来越多的技术发明运用到社会生活的各个领域，造福于人类。比如，今天的冰箱比20年前节电70%，汽车的耗油量比100年前降低了80%以上，尾气中的有害物质不到100年前的1%。风能、太阳能、核能、沼气等新型能源的有效利用缓解了能源危机，令人类社会得以可持续性发展。

然而，任何事物都有两面性，技术发明也不例外。1980年年初，当代著名科学哲学家波普尔（K. R. Popper）在一篇文章中引述了这样一句话："科学进展是一种悲喜交集的福音。"这与随后出现的"科学技术是一把'双刃剑'——既可以造福人类，又可能给人类带来灾难"的提法不谋而合。

如熔点高、冰点低的氟利昂在地面上是不错的制冷剂，效果好又安全可靠。然而，一旦进入高空，却成为破坏臭氧层的头号杀手。

孟加拉国是世界上雨水较多的国家，其海拔高度仅仅7～100m。为改变该国河水卫生条件较差的问题，以及根治霍乱、痢疾和其他通过水传染的疾病，1970年，联合国儿童基金会大力推广浅管井，这些地区的居民从饮用地面水改为饮用地下水。然而，数百万个浅管井钻到富含砷的沉积物上，1993年发现"安全"的浅管井的井水中砷的含量严重超标，数以百万计的人受到砷暴露的伤害，超过3 000万人的健康受到威胁。

从1998年到21世纪之初，原先用来防治哮喘、肺气肿等肺部疾病的平喘药盐酸克仑特罗竟然成为饲料加工企业和养殖户促进动物多长瘦肉、少长膘的秘密武器——瘦肉精，用于谋求不法经济利益，国内多地发生多起瘦肉精中毒事件。

二、"有毒"的发明

一些曾被认为是重要的发明，在后来的应用中逐渐被证实为危害人类健康的毒物，甚至引发灾难。

（一）滴滴涕的发明与禁用

1847年，德国化学家蔡德勒（O. Zeidler）合成了一种有机氯化合物，化合物含有两个氯苯和一个三氯甲基，化学名称为二氯二苯基三氯乙烷，英文简称DDT，中文名为滴滴涕。蔡德勒只对合成本身感兴趣，他没有对滴滴涕进行深入研究，所以未发现滴滴涕具有杀虫作用。

1932年，瑞士化学家米勒（P. H. Müller）在研究有机氯化合物与杀虫活性之间的关系时，发现三氯甲苯基是令昆虫致死的活性基团。经过数年的潜心研究，他终于在1939年发现了滴滴涕对昆虫具有很好的致死作用。1940年，瑞士嘉基（Geigy）公司成功开发了滴滴涕杀虫剂产品。1942年，滴滴涕开始在市场上公开销售，随后在世界范围内得到了广泛应用。

滴滴涕的发明对全世界的农民以及对防治热带地区流行的疟疾来说，无疑都是一个好消息。1943 年，在意大利战场上士兵将滴滴涕撒在身上以防疾病。平民百姓也将滴滴涕稀释成溶液大面积喷洒，蚊、蝇、虱明显减少、迅速死亡，斑疹、伤寒几乎绝迹，至第二次世界大战末，有 200 多万人消灭了身上的跳蚤，从而预防了斑疹、伤寒病在欧洲蔓延。1955 年，世界卫生组织号召全世界使用滴滴涕对抗疟疾。1948—1970 年全球控制了疟疾和脑炎病的传播，挽救了 5 000 多万人的生命。在滴滴涕作为农药使用 9 年以后的 1948 年，米勒获得了该年度诺贝尔生理学或医学奖。

然而，在滴滴涕投入使用 20 年后，人们慢慢发现，在原本万物复苏的春天，小昆虫和小动物大为减少，喧闹的春天变得寂静。美国生物学家卡逊（R. Carson）花费了数年时间找到了根源，她于 1962 年出版的《寂静的春天》一书深刻揭示了滴滴涕及各种化学品危害环境的问题。至此，滴滴涕对生态环境与人体健康的严重危害才逐渐为人所知。鉴于其引发的巨大环境代价，很多国家和地区不得不禁止使用滴滴涕。1972 年 6 月，美国国家环境保护局（U. S. Environmental Protection Agency）宣布在农业领域全面禁用滴滴涕。在美国的带领下，全球多国开始禁用滴滴涕。

（二）麦角酸二乙酰胺的发明与致幻恶果

1938 年，瑞士化学家霍夫曼（A. Hofmann）在瑞士山德士（Sandoz）公司的实验室里研究刺激呼吸和循环系统的药物时，利用黑麦麦角中所含的麦角胺、麦角新碱，首次合成了麦角酸二乙酰胺（Lysergic Acid Diethylamide，LSD）。LSD 主要用来治疗酒精中毒和其他心理紊乱症状。1943 年 4 月 16 日，霍夫曼在实验室工作时不小心将一些 LSD 药粉洒到了手上，随后他很快出现迷幻状态，大约过了两个小时后这种状态才渐渐消失。为确证 LSD 具有致幻效果，19 日，他有意服用了非常小剂量（0.25mg）的 LSD。30 分钟后迷幻状态再次出现，无法再继续工作的他立即骑上自行车飞奔回家。直到医生到来后，霍夫曼的情绪才逐渐平静下来。后来，LSD 的狂热追捧者将 4 月 19 日定为"自行车日"。

20 世纪 60 年代，LSD 被数百万追求自我解放的欧美青年当作"快乐仙丹"，成为当时美国流行文化和嬉皮士运动的一部分，甚至许多音乐家、诗人、画家都声称从这种强力精神类药物中找到了灵感。然而，LSD 的滥用造成了严重的社会后果，不少人服用 LSD 后，在迷幻的状态下跳楼自杀、杀人行凶，过量服用 LSD 的人出现了精神崩溃。基于这些"罪恶累累"，LSD 被指责为"疯子药"和"邪恶的发明"。1966 年，美国宣布 LSD 为非法药物，后来全世界范围内全面禁用。

（三）最具危险的毒品——摇头丸

二甲基双氧苯乙胺（MDMA）俗称摇头丸，是德国达姆斯塔特默克（Merck）公司的科学家在 1912 年无意中发现的。他们当时想要制造一种止血药，偶然发现了 3，4-甲基苯丙胺，对实验鼠进行试验后，发现药效并不理想。

1970 年初，药理学家、化学家和药物开发者舒利金（A. T. Shulgin）听别人说起 MDMA，他在自己的实验室里试着进行研制。1976 年他亲自试服 MDMA，并观察所产生的效应。试服从小剂量开始，增加到一定剂量时，他心情开朗，觉得很舒坦。随后，他邀请朋友来试服，他们中有记者、演员和科学家，一起服用的还有他的妻子。当时他们在厨房试服后，一致感觉很兴奋，感到彼此亲密无间。1977 年，舒利金向朋友和其他精神科医生推荐 MDMA。其中有一位是美国最早开私人诊所的精神病科医生，他先后向 4 000

多名同行介绍了 MDMA，以致所有美国精神病科医生都开始用它给人治病，MDMA 悄悄进入市场。在加利福尼亚州召开的一次会议上，使用 MDMA 治病的精神科医生害怕 MDMA 可能像 LSD 一样被有关当局宣布取缔，他们事先商定保持沉默。然而，美国一名毒贩给 MDMA 起名为摇头丸，并开始生产出售，不久，摇头丸变得和香烟一样不难买到。

摇头丸是一种致幻性苯丙胺类毒品，对中枢神经系统有强烈的兴奋作用。服用后表现为活动过度、情感冲动、性欲亢进、嗜舞、偏执、妄想、自我约束力下降以及有幻觉和暴力倾向，具有很大的社会危害性，被认为是最危险的毒品之一。20 世纪 80 年代早期，随着锐舞文化在青少年中流行，摇头丸开始盛行于各大舞厅与俱乐部，后传播到世界各地。

摇头丸和鸦片、吗啡、海洛因并称为四大违禁药品。鉴于摇头丸的滥用已严重影响社会治安，1984 年 7 月 27 日，美国缉毒局（Drug Enforcement Administration）宣布将 MDMA 列为第一类毒品，禁止医生开处方，不能用于医治任何疾病。1988 年，美国缉毒局又宣布取缔 MDMA，并声明在全世界范围内予以查禁。

"摇头丸之父"舒尔金虽然创造了合成精神科辅助药物的新方法，但在客观上给人类带来的是灾难而非幸福。

（四）反应停与海豹肢症婴儿

反应停是沙利度胺（Thalidomide）的俗称，由联邦德国格兰泰化学（Chemie Grunenthal）公司研制。反应停具有镇静和止痛作用，于 1957 年上市。公司宣称反应停是可治疗失眠、咳嗽、感冒和头痛等，很快发现它还可以治疗孕妇晨起呕吐和恶心，便又着重宣传其对减轻孕妇怀孕早期恶心的疗效，推出"孕妇的理想选择"的广告语。反应停随即在欧洲、加拿大、日本、澳大利亚等地风靡，成为联邦德国药业的又一个神奇药物。

反应停上市三年后，出现一例疑为反应停引起的畸形病例报道，但没有给出肯定性的意见。直至 1961 年才确定孕妇服用反应停对胎儿有致畸作用。在这期间，数千名有严重骨骼畸形问题婴儿出生，他们大多四肢发育不全，手和脚短如海豹的鳍足，这种先天性畸形被称为海豹肢症。1961 年 12 月，澳大利亚产科医生麦克布雷德（W. McBride）在英国《柳叶刀》杂志上发表文章，指出母亲在怀孕期间服用反应停可致婴儿畸形，并导致海豹肢症。联邦德国儿科医生伦兹（W. Lenz）也得出相同的结论。然而，当致病原因确定时，欧洲已诞生 1 万多名海豹肢症婴儿。

事件发生后，反应停被强行下架。直到 2012 年 7 月，海豹肢症婴儿控告格兰泰化学公司的诉讼才取得胜利。1 个月后，格兰泰化学公司在 50 年的沉默后才为反应停事件正式道歉，对那些已经死去和还健在的 5 000 多位受害者来说，这个道歉来得太晚了。

反应停事件的历史教训，促使发达国家政府对药物不良反应展开深入研究。1962 年 10 月，美国肯尼迪总统签署基福弗-哈瑞森修正案（Kefauver Harris Amendment），规定新药上市必须向美国食品药品监督管理局（Food and Drug Administration，FDA）提交有效性和安全性数据，上市药物一旦出现问题，必须尽快追回。1963 年，英国及时修订了有关法规，成立药物安全委员会（Committee on Safety of Medicines，CSM）。1965 年 5 月，世界卫生组织（World Health Organizations，WHO）通过决议，号召各成员国建立国家监控制度。随后，许多国家制定药品法，组建药品不良反应的管理与咨询机构，建立药物不良反应的报告、监控系统，在医院成立药品管理委员会。一些国家还制定了与药品安全有关的重要技术政策，如新药研究试验、药品安全性的复审，对于药品不良反应受害者的救济等。

（五）危及人类健康和环境的含铅汽油

汽车发电机的燃烧十分复杂，需要有非常精确的设计与控制，稍有不慎，便会造成不正常燃烧。发动机爆震就是一种不正常燃烧，会导致发动机动力下降、油耗增加、噪声加大、汽车舒适度变差等，甚至会引起敲缸、发动机熄火、发动机机械部件破坏，造成巨大的经济损失。20 世纪初，人们尝试了许多种改变汽油组分的方法，以提高车用汽油的辛烷值，改善车用汽油的抗爆性能。1921 年，美国机械工程师、化学家米奇利（T. Midgley）发明了一种添加剂——四乙基铅（tetra-ethyl Lead，TEL）。在车用汽油中加入一定量的 TEL，能够在很大程度上缓解爆震问题。汽油公司随即将 TEL 作为抗震剂加入车用汽油，制成含铅汽油。1920 年，含铅汽油开始在全球推广应用。

然而在 20 世纪 40 年代后期，还是研究生的帕特森（C. Patterson）在用一个新的试验方法测量岩石的年龄用以确定地球年龄的过程中，发现大气中存在严重的铅污染。获得博士学位后，帕特森继续关注有毒金属产生的不良后果。从 1965 年开始，他发布铅污染与人类环境的报告，提醒并告知社会公众工业污染源是如何通过环境和食物链导致铅含量的增加的。他遭到某些企业公开的强烈反对。尽管受到重重阻碍和威胁，他仍坚持进行一系列的测试，测试结果显示，在 1923 年前，空气中的铅含量微乎其微，随着含铅汽油用量逐年急剧攀升，到 1965 年，空气中铅含量已约为原来的 1 000 倍。由此证明，汽车燃料直接导致严重的大气铅污染。

1960—1970 年间，含铅汽油的使用和工业化生产对空气、环境及人类的严重影响逐渐暴露。铅是一种对人体有害的剧毒物质，可通过呼吸系统或皮肤进入人体，会对神经、造血、消化、泌尿、心血管、内分泌等多个系统造成严重损害。1970 年美国颁布了《清洁空气法》，为淘汰含铅汽油做了立法准备。1973 年，美国环境保护局宣布将含铅汽油的使用比例降低到 60%～65%，1974 年开始淘汰含铅汽油，1988 年实现了车用汽油的无铅化。之后，世界各国也逐步淘汰含铅汽油，最终实现车用汽油的无铅化。

社会评论指出，米奇利是人类历史上造成最多人数死于铅中毒的科学家。

三、HPS 教育助力认知技术发明的安全性

1931 年，爱因斯坦对加利福尼亚理工学院学生提出忠告："如果你们想使你们一生的工作有益于人类，那么，你们只懂得应用科学是不够的。关心人的本身，应当始终成为一切技术上奋斗的主要目标；关心怎样组织人的劳动和产品分配这样一些尚未解决的重大问题，用以保证我们科学思想的成果会造福于人类，而不是成为祸害。"历史的经验同样提出警示，科学技术的失控会给人类带来巨大的危害和灾难。

要准确认识技术发明的安全性，引入 HPS 教育至关重要。HPS 教育是"科学史（History of Science）、科学哲学（Philosophy of Science）和科学社会学（Sociology of Science）"教育的缩写。它们共同担负着阐述科学的本质，提高科学教育质量的使命。

在 19 世纪下半叶，奥地利物理学家、科学史学家马赫（E. Mach）意识到科学史教育

的重要性，他在自己的学科教学中加进了历史材料，并提倡在中学的科学教学中应用哲学和历史的方法。从那个时候起，大多数自然科学教科书的第一章概论中都增加了本学科的发展史。真正将科学史教育与学科教学联系起来的是 1920 年萨顿（G. Sarton）在美国哈佛大学开设的科学史课程。

把 HPS 教育的有关内容纳入科学课程中以提高科学教育的质量，是国际科学教育界高度重视的一个课程理论课题。HPS 教育旨在扩展科学教育的视野和扩充科学教育的内容，提倡从科学哲学、科学社会学、科学史学等多个视角来筛选、编排科学教育内容，以期使学生学习完整的科学知识，真正理解科学的本质，提高科学素养，并具备合理应用科学技术的职业操守。

在各门学科的教育过程中增加 HPS 的内容，可以帮助学生更好把握科学本质，深入了解科学知识是怎样产生的、科学在社会发展和进步中所起的作用、科学方法的优点与局限性等。只有对本学科有全面的辩证的认识，才能区分科学与非科学、伪科学，驱散唯科学主义的迷雾。如在医学、法医学、药理学和毒理学等的教科书中增加有关毒理科学的发展史的内容，有助于学生全面了解神农、希波克拉底斯、盖伦、帕拉塞萨斯、李时珍、奥尔菲拉等多位与医学、毒理学有关的中外著名科学家的卓越贡献，汲取人类自古以来在认识毒物并与毒物斗争的过程中所取得的经验教训，从而具备辨伪存真的能力，正确把握技术发明的安全性。

毒理学家在研究毒物性质的同时，还需要向公众普及毒理学知识，并结合实际情况，传授科学思维方式，使得他们在面临具体问题时可以通过自身的理性思维加以正确对待。不要谈毒色变，而应辩证地看待毒物。事实上，毒物只有达到一定剂量，才能产生毒性，人体本身拥有解毒功能，少量的毒物并不会导致中毒。世界多个国家已相应制定了众多食品安全标准，例如明确规定饮用水中各种物质的含量，如果这些物质的剂量超过标准值，那么就会对人体有害。正确评价毒物对健康的影响，关键在于弄清它在何种条件下会产生毒性以及安全的界限。

本文发表于《科学》，2017 年，第 69 卷，第 5 期，第 46 - 49 页。

浅谈"毒物文化"及其传播

一、科学与人文交融的毒物文化

人类通过自觉的活动所创造的一切物质财富和精神财富被称为文化。文化史作为历史学和文化学相互交叉的一门独特的史学分支，其研究内容在许多方面与人类学、宗教学、民族学、民俗学、社会史、思想史、科技史、语言学、心理学相交叉，形成独特的研究视角。将人类认识毒物、研究毒物和利用毒物的历史作为一种文化成就和文化进步加以研究，这就是毒物构筑的文化。

毒物文化的产生和发展，同社会经济的发展和世界文化的发展有着极为密切的联系。

与人类相关的许多有毒动物、有毒植物、有毒矿物和那些人工合成的致命毒物，都有各自的文化内涵与文化渗透。在浩瀚的文学作品、科普作品中常常提到神奇的毒物。在科学家的著作中有许多关于毒物学与毒理学的研究成果。因此，可以说毒物与毒理科学的历史，亦可称之为毒物文化的历史。毒物文化的历史特指人类与毒物相处并与之斗争所创造的防毒、解毒和利用毒物的物质财富与精神财富，包括文化、艺术、教育、科学等各个领域。

英国哲学家和科学家弗兰西斯·培根曾经指出："历史可分为自然的、政治的、宗教的与学术的；在这里前面三种，我以为是现在已有了的，唯第四种，我觉得还是缺乏。因为还没有人自任依着时代顺序来叙述学问的一般情形；……即因为这种历史可使有学问的人更有智慧的来运用他们的学问。"作为学术的毒物与毒理科学史既研究和揭示毒理科学内在的逻辑联系与发展的内在规律，又探讨毒理科学与整个社会中各种因素的相互联系和相互制约的辩证关系；既揭示毒理科学发展的社会历史条件，又预见毒理科学的未来取向。由此可见，毒物与毒理科学史是一门科学与人文交叉会通的高端新型前沿学科，是渗透文理、贯通古今、融汇中西的典型桥梁学科，也是科学史的一个分支学科。

科学史学者姚远指出，毒物与毒理科学史横亘于自然与人文两域，既是人类与大自然斗争的历史记载，又是反映人类文明进步、社会发展、国家安全稳定的一个史学成果。在自然科学领域，它涉及了一个重大科学命题，开拓、发展了一个新的科学分支；在人文社会科学领域，它赋予"毒"字深刻的文化内涵，扫除了"毒"在人类意识中的恐惧、神秘和盲动，还其科学、理性、人文的真实性质，触动了人类文明的一个枢纽。

二、毒物文化是世界文明史的一部分

毒物的历史和人类的历史一样的久远，毒物与毒理科学的历史是世界文明史的一部分。自古以来有关毒物与中毒的传说以及自有文字记载以来关于毒物与中毒的著作，都代表了那个时代的特征、科技水平和社会需求，都为那个时代的生产生活做出了贡献。今天，我们研究毒物与毒理科学史的当代性，不仅仅在于它在每个时代的意义、作用和价值，而且在于毒物史在我们今天这个时代的意义。

在物竞天择的自然环境中，许多植物和动物及微生物产生的天然毒素、矿物元素和人工合成的化学品都有一定的毒性。目前世界上大约有 800 万种化学物质，其中常用的化学品就有 7 万多种，每年生产、交易和消耗的量以数百万吨计。不仅如此，每年还有上千种新的化学品问世。在品种繁多的化学品中，有许多是有毒化学物质，在生产、使用、贮存和运输过程中有可能对人体产生危害，甚至危及人的生命，造成重大灾难性事故。特别是那些历史上著名的肉毒毒素、铀元素、滴滴涕、二噁英、氰化物、氯气、沙林毒气、士的宁、沙利度胺（反应停）等有毒物质，被人们称为"改变世界的毒物"。因此，了解和掌握各种毒物和生态毒物对人体危害的基本知识，对于加强毒物的管理、防止中毒事故的发生，无论对生产者、经营者、管理者，还是对接触和使用这些物品的老百姓来说，都是十分必要的。

进入 21 世纪，随着现代毒理科学和自然科学与社会科学的进一步融合，特别是管理毒理学的出现，现代毒理学成为社会应急管理与政府控制毒物和利用毒物为人类服务的一种艺术。从此，毒理学将拥有专门的毒理学科学家、教育机构、分支学科、专业学会和期刊。现代毒理学将超越经典毒理学的范畴，逐步发展成为自然科学中的一门现代生物科学和社会科学领域中的一门现代安全科学。

毒物与毒理科学史是世界文明史的重要组成部分，是横跨自然科学与社会科学的一门展示毒理科学发展历程的专门史。以《世界毒物全史》（百卷本）为例，著作系统介绍了由古至今人类与毒物、有毒害物质交锋交错的重大历史事件和人物，又明晰了近现代毒理学主要的分支学科史，从创新性、学术性、系统性和实用性等方面挖掘出世界毒理学学科研究的最新理论成果，还阐述了毒理科学发展历程、毒理学社团组织以及毒理学家的使命，总结梳理了毒物文化和对参与人类与毒物斗争的杰出人物的介绍，大大丰富了毒理科学史的人文内涵。因此，毒物与毒理科学史既是自然科学的一部分，也是人文社会科学的一部分。填补了毒物文化研究的空白，拉开了古今中外毒物文化的历史帷幕。

三、研究毒物文化的专著与文学艺术作品

（一）研究毒物与毒理科学史的学术专著

自从 1968 年苏联戈里科夫著《毒药：昨天和今天》一书出版之后，一些有关毒物与毒理科学史以及描述重大毒性事件的专门史陆续出版。如联邦德国马丁兹和洛斯著《毒物》（1985）、马徒辛著《毒药往事——过去的毒物、霉菌、流行与历史》（1989）、乔丹·古德曼著《烟草的历史》（1993）、罗伊·波特等编《毒品和麻醉品的历史》（1997）、马丁·布思著《鸦片的历史》（1998）、杜祖健著《化学恐怖主义：东京地铁和松本市恐怖事件》（2000）、吉尔伯特著《毒理学漫话》（2004）以及埃姆斯莱著《谋杀之元素：毒药史》（2005）等。中国出版的研究毒物与毒理科学史的专著有苏智良著《中国毒品史》（1997）、步平等编著《日本侵华战争时期的化学战》（2004）、冼波著《烟毒的历史》（2005）、夏治强著《化学武器兴衰史话》（2008）、史志诚著《毒物简史》（2012）和史志诚主编《世界毒物全史》（2016）等。这些专著都成为毒物与毒理科学史研究的新视点。

（二）研究毒物历史的文化艺术作品

毒药的历史和人类的历史一样久远，人类的文明史也包含人类与毒物和毒性灾害进行抗争的历史。历史学家和文学家在关注人类与自然灾害做斗争的同时，也关注那些与毒性灾害进行不屈抗争的感人细节与场景。因此，产生了与毒物世界有关的小说、散文、诗歌、报告文学、史传文学、纪实文学、奇幻文学、报道文学、戏剧、剧本、民间传说、寓言、笔记小说、童话以及记录社会发展形象化的美术绘画作品、雕塑作品、具有强烈的审美价值的工艺美术产品等。

在文学作品中有科普作品（如《人类与垃圾的历史》，2005）、报告文学（如《中国吸毒调查》，2006）、长篇散文（如《一个瘾君子的自白》，2006）和毒性灾难文学（如《海变》，2001）等，记述了人类与毒物博弈的情节。在《福尔摩斯探案全集》与阿加莎·克里斯蒂的作品中以毒杀为题材的探案小说，反映作者利用侦查中毒案件过程描写主要人物的情感变化和案情的曲折多变，使作品中的故事情节更加跌宕起伏。在电影作品与纪录片中，有《鸦片战争》（1997）和突发毒性事件应急处置的电影（如《勇闯夺命岛》，1996；

《危情时速》，2010；《夏日追踪》，2001）；还有水俣病、切尔诺贝利核电站事故等世界重大毒性事件的纪录片以及有关毒品犯罪的电影作品。今天，人们在享受现代安定幸福生活的时候，不妨读一点文学家撰写的毒性灾难文学，居安思危，未雨绸缪，防患于未然。

四、博物馆：传播与展示毒物文化的平台

博物馆是征集、典藏、陈列和研究代表自然和人类文化遗产实物的场所，并对那些有科学性、历史性或者艺术价值的物品进行分类，不断地将收藏的记忆承载、展现、输送、传承给今天的人们，让人们从中获得教育和启迪，同时，也奉献给寻找历史足迹的人们。因此，博物馆成为向人们展示历史和现实，普及科学知识的良好场所。

世界上有名目繁多的大大小小的博物馆和纪念馆，无论是大型的综合型博物馆还是形形色色的专业博物馆，无论是建筑考究陈设精美的都市博物馆还是环境简洁、藏品质朴的乡村博物馆，无论是历史悠久的公立博物馆还是刚刚起步的民营博物馆，都可以观看到对与毒物、中毒相关的历史片断和历史事件的展示。特别是 20 世纪 90 年代以来，世界上涌现出许多专门以毒物、禁毒、毒性灾害以及有毒生物等为主题的毒物文化博物馆和纪念馆。这些博物馆和纪念馆不仅成为传播毒物史、毒理科学史、毒物管理和毒物文化的重要载体，而且以其独特的创意、新颖的主题成为科学与艺术、科学与人文完美结合的典范，十分引人注目，受到来自世界各国游客的欢迎，既普及了毒物与健康的相关知识，又推动了当地旅游业的发展。

从 1977 年开始，国际博物馆协会把每年的 5 月 18 日确定为"国际博物馆日"，这一天世界各地各具独特风格的博物馆和纪念馆走进人们的生活，热爱生活的人民不约而同地步入具有独特魅力的博物馆和纪念馆，共享记忆，分享知识和乐趣。"国际博物馆日"与相关的"国际禁毒日""世界无烟日"活动的开展，有力地推动了多种形式、各具特色的毒物文化博物馆和专题展的创新和发展。

（一）毒物文化博物馆的特点与社会效果

1. 禁毒博物馆　缅甸在全国先后建造了多处禁毒博物（展览）馆。缅甸东北部掸邦于 2000 年 12 月建立了果敢禁毒展览馆。缅甸仰光的"禁毒博物馆"于 2001 年 6 月落成开馆，第二特区邦康于 2004 年建立了鸦片博物馆。博物馆介绍毒品对人类的危害，让国际社会了解缅甸历届政府为禁毒所作的努力和禁毒成果，启示人们珍惜生命、远离毒品。

泰国最北部金三角中心地区的清莱府清盛市，有一座清盛市鸦片博物馆，博物馆完整地展示了鸦片种植的历史、罪恶的鸦片贸易、鸦片对人类的双重作用——医疗和毒化。博物馆运用声、光、电等多种表现形式，形象而不枯燥地向游客介绍人类与毒品斗争的漫长历史，展示鸦片给人类带来的各种悲剧和创伤，告诫世人远离毒品、珍爱生命。

2003 年，莫斯科禁毒蜡像馆展出一个个令人震惊的蜡雕塑，蜡像显示吸毒成瘾的危害，每一个年轻的吸毒者开始都很漂亮，但是几个月之后，就失去青春，变得老化，甚至成了魔鬼！吸毒不仅毁了美丽的容貌，破坏了家庭，而且等待吸毒者的是不健康的胎儿或死亡的婴儿。有的吸毒者会生出染有毒瘾的儿童。展览号召人民远离毒品，特别是防止小学生和青少年滥用药物，养成健康的生活方式。

2. 有毒植物园　美国伊利诺伊大学的有毒植物园是由捐款资助建立的，其目的一是

为教学服务，二是为科学普及有毒植物知识。园内开花的有毒植物作为一种教育工具，用来鉴别植物以及它们所产生的不同毒素。这种教学方法启示学生科学对待有毒植物，不单是研究它们的毒理学性质，而且要将有毒植物看作是一种资源，走向生态恢复，可持续发展和资源重建的新目标。

英国东北部诺森伯兰郡的阿尔威克城堡花园种植了50多种不能碰、不能摸的可致命的危险有毒植物，其中有大麻、罂粟以及用来制造可卡因的古柯植物；有毒蘑菇、有毒的洋地黄、有毒的茄属植物、烟草植物和毒麦等。有毒植物园向年轻人宣传毒品的危害，普及有毒植物的知识，还与企业合作，设立有毒植物园网站，面向社会提供各种植物中毒的防治资料，开展咨询服务活动；编辑介绍有毒植物园的图书，供参观者学习参考。

3. 有毒动物博物馆　巴西圣保罗的布坦坦研究所设立的生物博物馆，收集并展示本土和世界各地的毒蛇、毒蜘蛛、毒蝎子等有毒动物。博物馆通过展板图像说明、研讨、立体模型、讲课和参与实验等形式，破除人们对有毒动物的神秘感以及当地民间流行的某些迷信，传播科学知识，提高人们对保护有毒动物就是保护生态系统重要性的认识。

澳大利亚博物馆展出澳大利亚的十大危险动物，包括箱型水母、水母、咸水鳄鱼、蓝环章鱼、石鱼、红背蜘蛛、布朗蛇、虎蛇、大白鲨和漏斗网蜘蛛，其中8种具强毒。

肯尼亚首都的内罗毕蛇园、南非伊丽莎白港的海洋世界博物馆和蛇园、印度马哈拉施特拉邦浦那市的加德拉杰蛇园、美国新墨西哥州阿尔伯克基的美国国际响尾蛇博物馆和中国大连的旅顺蛇博物馆，展示蛇的危害及其利用成果。

坐落于马六甲爱极乐旅游中心的世界蜜蜂博物馆，展示250多种蜜蜂与蜂巢的标本以及世界各地的蜂蜜产品。最为精彩的是"蜂人"特技表演。博物馆自开馆以来，实行全年免费开放，任游客参观，并且提供自助式的蜂蜜汁任游客享用。

立陶宛蜜蜂博物馆建于1984年，展示立陶宛养蜂业的历史，有15世纪到20世纪的初期使用的各种蜂箱和养蜂工具、与蜜蜂有关的木雕、雕塑以及世界各地与蜜蜂有关的神话和民间传说。

中国蜜蜂博物馆和中国科学院蜜蜂研究所分别展出蜜蜂的起源和化石、养蜂业发展史、蜜蜂与人类文化的渊源；中国的养蜂资源、蜜蜂生物学、养蜂技术、蜜蜂授粉、蜂产品和蜂疗；中国现代养蜂业发展成就和科技成果以及国际交流成果。整体内容生动有趣，富有知识性，令人兴味盎然，并提供蜂产品保健咨询。

泰国国立农业大学开设了东南亚唯一的蚂蚁博物馆，在木盒中收藏来自泰国、马来西亚、日本、中国和中美洲等地区的蚂蚁标本，浸在酒精里供人观赏。博物馆对蚂蚁生态进行了详细的说明，使参观者明白蚂蚁与人类之间的关系。

4. 战争与毒性灾难遗址博物馆　中国广东省东莞市虎门镇的鸦片战争博物馆，兼有鸦片战争博物馆、虎门林则徐纪念馆和海战博物馆三个馆名，是收集、陈列、研究林则徐及鸦片战争文物史料的纪念性和遗址性相结合的专题博物馆。其中林则徐销烟池与虎门炮台旧址是鸦片战争时期的历史见证，成为全国爱国主义教育基地。

切尔诺贝利博物馆的馆内有切尔诺贝利核电站模型，通过视觉媒体如实反映核事故发生的过程、造成的经济损失、对生活方式和文化的影响，同时收集和展示了与切尔诺贝利核灾难有关的文物、照片、小册子、光盘、海报、书籍、文章、报纸和杂志，供公众参观。博物馆的展品提醒人们，如果核电站管理不善，后果将是可怕的。在切尔诺贝利核电站灾难中 13.5 万人撤离，237 人死亡，经济损失 120 亿美元。

日本水俣病博物馆内的文字记录部分均设双语展示板、照片和水俣病的视频演示。博物馆还组织 10 多位水俣病受害者作为讲说员。他们对事件的倾诉和对未来的呼唤，给众多的来馆者带来了莫大的感动。与水俣病博物馆相邻的还有水俣病资料馆、国立水俣病信息中心和水俣历史考证馆。水俣市已成为著名的环境教育基地。

（二）毒物文化专题展的特点与社会效果

1. 东京毒气展览会　1996 年 9 月，在日本东京的新宿区由和平人士举办了揭露日本进行化学战罪行的"毒气展"。展览分四个部分，分别讲述了世界化学武器产生和发展的历史，日军侵华战争中使用化学武器的情况，遗留在中国的化学武器问题和历史教训。毒气展览在新宿结束后，即开始向广岛转移并逐步拉开了在日本巡回展出的序幕。

2. 英国独特的致命毒物展　2006 年夏天，英国中部赫特福德郡特林镇的沃尔特·罗思柴尔德动物学博物馆，展出世界上毒性最强烈的动植物和矿物。其种类繁多，有来自澳大利亚的箱型水母、鸭嘴兽、石鱼、蝎子等有毒动物，有千里光和毒胡萝卜等有毒植物以及有毒矿物。这次罕见的展览不仅具有趣味性，而且在一个地方集合这么多的有毒动植物，让人们一方面了解动植物为何发展"用毒"的能力，另一方面展示了有毒物品的利用价值。

3. 中国的有毒动物与有毒植物展　广东海洋大学水生生物博物馆建立了专题海洋生物图文展室，于 2008 年开展了第一期专题展：海洋有毒生物及其应用。

昆明动物博物馆于 2010 年 5 月 22 日举办了一场有毒动物展。展览囊括有毒脊椎动物（两栖类和爬行类）26 种，包括眼镜王蛇、蝮蛇等毒中之王；有毒菌类 26 种，包括鹅膏菌、毛头乳菇等食用后可能致死的真菌；此外，还有有毒植物 50 余种，有毒昆虫 10 余种。展览旨在普及常见的有毒动物知识，提高对有毒动物的识别能力，加强对有毒动物的防范意识。

华南植物园为了让市民进一步加深对有毒植物及药用植物的认识，于 2011 年元旦在迎新年之际举办了为期一个月的有毒植物展。展览共展出南方常见有毒植物 150 种，包括有毒观赏植物、有毒中草药、有毒食用植物和有毒野生植物。

4. 美国自然历史博物馆举办"毒药"特展　美国自然历史博物馆于 2013 年 11 月至 2014 年 8 月举办名为"毒药的力量"的特展，向公众讲述"毒药"这一复杂物质的渊源。展览探索了毒药复杂而迷人的故事，展示了它美好和邪恶的双面性。展览还开辟了授课区，每小时为孩子们举行一次讲述毒药故事的讲座，介绍从古至今人类了解和掌握有毒物质的过程，也让孩子们明白生活中的哪些化学物品需要谨慎对待。

五、传播毒物文化，造福人类未来

博物馆是一个国家或一个地区文明发展程度的重要标志。因此，创建一个综合性的别开生面的毒物文化博物馆，不仅成为展示世界毒物文化、毒理科学、毒物管理和毒物利用成果的新基地，有利于推行新的 HPS（科学史、科学哲学与科学社会学）教育，促进相关学科发展，而且成为给群众提供安全知识、防毒解毒知识、指导健康生活的服务场所。不仅如此，创建综合性毒物文化博物馆，也是推进国家和地区高端文化建设的需要、促进地区博物馆事业和科普教育事业发展的需要，是满足人民群众文化需求、推动区域经济健康可持续发展的需要。

博物馆展陈受到社会发展、社会审美、社会教育、信息传播、博物馆与公众关系等因素的影响。"关注观众学习需求"和"提供公平学习机会"已成为博物馆的基本共识，"支持观众学习"成为博物馆展陈的重要任务。展陈内容多采用依据事件或主题的"专题"形式，内容表述形成多种风格。因此，未来"毒物文化博物馆"的展陈可以因地制宜，以丰富多彩的形式呈现。

（1）综合展。综合性毒物文化博物馆，指以一种毒物或多种毒物为主题的，系统的、综合性的毒物文化博物馆。

（2）专题展。专题展较多地于禁毒博物馆、烟文化与酒文化博物馆、有毒植物和有毒动物博物馆（园）等进行，基本陈展是主题展，内容相对稳定，时限相对较长。

（3）临时展。临时展属于个性化的专题展，一般展出的时间相对较短。如针对食品安全、防毒解毒、防控环境污染、反恐应急、突发中毒事件等，可开展形式多样、主题鲜明的临时展览。临时展在增强博物馆对观众的吸引力，提升博物馆的品位和形象方面会发挥重要作用。

本文是 2017 年 12 月 13 日在毒物文化博物馆论证会上的发言。刊登于《毒理学史研究文集》第 16 集，2017 年，第 53 - 55 页。

毒物的两重性与毒物利用的哲学观

一、毒物的两重性与对立统一规律

辩证法的最基本规律是对立统一规律。世界上的万事万物都是由矛盾构成的，矛盾双方互相依存、互相连接、互相贯通、互相包含，而又根据一定的条件互相转化。这种对立面的转化，基于对立面的同一性。毒物作为世界上的一种物质形态，也是服从辩证法的基本规律的。哲学家黑格尔关于"每一种事物都蕴涵着它的对立面"的辩证法观点，从哲学的高度证实了一条定理：世界上的一切事物无不具有两重性，毒物也不例外。

在古希腊，毒和药只有一个名称，即药物（Pharmakon）。古代文明鼎盛时期的人们在战俘、奴隶和死刑犯身上进行实验，确定了某种药物治疗剂量和毒性剂量之间的联系。在那个时期，人们将苦杏仁的水浸提物（含氢氰酸）作为治疗痉挛性咳嗽、哮喘和绞痛的药物，并在医学上进行广泛应用。

中世纪后期，瑞士著名医师帕拉塞尔苏斯关于"剂量区分毒物还是药物"的论断，说明他是最先认识到毒物的对立关系的科学家。他在 1603 年撰写的《第三防御》（Third Defense）一书中指出："所有的东西都是有毒的，没有毒性的物质是不存在的，只是剂量区分它是毒物还是药物。"他明确指出化学物质的剂量和它的毒性之间的关系是毒理学的中心问题。然而，在帕拉塞尔苏斯之前，人们已很长时间把这个在古希腊就非常流行的认识忘记了。

毒物的两重性常常显现为大剂量可以致毒，小剂量可以利用作为药物。核武器同样如此，放射性核素既有大规模杀伤破坏效应和辐射毒性危害的一面，又是人类可利用的清洁能源。当科学家认识到某种毒物的两重性的时候，就可以正确判断毒物的功与过，自如地防止毒物毒性的危害，与此同时，也会产生了如何利用毒物的火花。人们利用毒物为人类的生产生活服务，于是谱写了发现和使用毒药的历史。

从文化的层面来观察，蛇通常是一种危害人类、人见生畏、必欲诛之的有毒动物。然而，从世界蛇文化的角度审视，我们至少可以得到这样一个启发，即任何事物都有其两重性乃至多面性的特点，它们因而具有丰富的内涵和多重的文化意义，于是对蛇的崇拜与蛇文化现象一直流传到今天。

生物毒素可以致病，也可以治病，体现了生物毒素所具有的独特的两重性。在生物毒素的研究过程中，科学家总是在关注其毒性作用的同时，更为关切对生物毒素的利用价值的研究，可谓功过分明。这种对生物毒素作用的矛盾性、同一性和统一性的认识，既体现了自然科学家所具有的科学精神，又反映了科学家的哲学思维。现代药理学与毒理学的研究表明：药物与毒物之间不仅没有明显的界线，而且可以互相转化。药物应用不当，可引起中毒；毒物应用得当，可成为良药。滥用药物不但不能治病救人，反而给病人带来痛苦和灾难，甚至影响下一代的健康。因此，用药时要慎之又慎，合理用药才能达到治病的目的。

在草原生态系统中有毒植物的两重性表现的别具特色。生态文化学者党双忍在《毒，另一种本色》一文中指出，在迷人的草原风光里隐含着有关"毒"的知识。在西部稀疏的草原上，旺盛而茂密的草丛，往往是"带毒的草"。因为"带毒"，牛羊避而不食。"无毒的草"，牛羊吃掉了；"有毒的草"，侥幸留下来了。这样一个景象让人们思考一个生态问题，也许，"毒草"正是草原的底色，它们构成了草原上最美的风景。"风吹草低见牛羊"，正在低头的草，也许正是"毒草"。一阵风吹过，在"毒草"低下头的时候，人们看见牛羊在采食"无毒的草"。也许正是因为"有毒的草"，才减缓了草原沙化的步伐，为人们采取措施保护和改善草原生态环境赢得了宝贵的时间。从这个角度看，"带毒的草"是草原生态的福音。

二、对立统一规律与毒物的功与过

对立统一规律是辩证法的三大规律之一，对立统一规律即事物的矛盾规律，揭示了事物联系的根本内容和发展的动力，是唯物辩证法的实质和核心。

（一）氟的功与过

20 世纪，科学家发现氟是人类所需要的有毒元素。氟元素曾经对工农业的发展和人类的健康生活做出了贡献。氟是人体骨骼和牙齿的正常成分，微量的氟有助于骨骼和牙齿的发育，有明显的预防龋齿的作用。然而，科学家又发现过量的氟会造成地方性氟中毒，给人类带来沉重的灾难。据报道，20 世纪 60 年代我国地方性氟病区，氟中毒患者近 5 000 万人，于是，政府投入巨资，用于防病改水工程建设。随着含氟工业的发展，氟伴随"三废"播散污染环境。一座年产 100 万 t 富铁矿的冶炼厂，每年排出的氟高达 9 600t。权衡氟对人类的利弊，可谓功过各半。20 世纪末，许多国家不容许生产使用氟利昂制冷。无氟电冰箱的问世成为一个好的开端，只要增强环保意识，把人类的健康放在首位，兴利除弊，氟的利用空间仍十分广阔。

（二）植物毒素的功与过

世界上 40 多万种植物中，仅有 8% 经过了化学分析，证实有毒的植物 2 000 多种。放牧在草原上的家畜每年都有误食毒草中毒的情况发生。人类误食有毒植物的事件也常有发生。然而，一些植物毒素经过科学家的研究成为现代临床使用的新药。如抗疟药奎宁、青蒿素，镇痛药吗啡，强心药洋地黄，神经系统药物乌头碱、阿托品，抗癌药物长春碱、喜树碱、三尖杉碱、鬼臼毒素等。特别是高毒性细胞类毒素——蓖麻毒素，正在作为"生物导弹"用于治疗某些特定的癌症。

在中国传统医药学中，曼陀罗曾经是外科手术理想的一种麻醉剂。现代医学将东莨菪碱用于麻醉前给药、治疗帕金森病、缓解平滑肌痉挛（尤指胃肠道）和扩瞳、解救有机磷农药中毒。但曼陀罗含有莨菪碱、东莨菪碱和阿托品等有毒成分，对人的神经末梢及中枢都具有麻醉作用，服食之后会引起感觉、思维、情绪和行为的变态，对人体造成伤害。

（三）动物毒素的功与过

从陆地到海洋有许多有毒动物能分泌出剧毒的动物毒素。毒蛇、蝎子、毒蜘蛛、毒蛙、蟾蜍、毒蜗牛、河豚、海葵等分泌的毒素，其毒性有强有弱，但它们基本上都是蛋白质——多肽类物质。1948 年，席尔瓦从美洲矛头蝮的毒液中发现了缓激肽（Bradykinin），研究表明蝮蛇、蝰蛇的毒液可使血清中形成缓激肽，而非洲眼镜蛇、印度眼镜蛇的毒液则不能形成缓激肽。后来缓激肽成为一种有效的血管扩张药物，用于控制高血压。在此基础上，科学家模拟蝰蛇蛇毒中一种小分子多肽物质的结构进而研发成功了一类新型降压药——卡托普利（巯甲丙脯酸）。后来，科学家又模拟蛇毒分子结构而合成了另一种降血压良药——赖诺普利。

蝎毒的研究受到各国科学家的关注，欧美一些国家已把蝎毒制剂用于临床。研究表明，蝎毒分为神经毒素和细胞毒素两大类，在神经分子、分子免疫、分子进化、蛋白质的结构与功能研究方面有着广阔的应用前景。蝎毒对神经系统、消化系统、心脑血管系统、癌症、皮肤病等多种疾病，以及对人类危害极大的各种病毒均有预防和抑制作用。可以预料蝎毒将会为人类医疗保健事业发挥巨大作用。

三、毒物与药物的相互转化

（一）毒物转变成药物的研发成果

在药学史上由毒物可变成药物的事例举不胜举。如雷公藤是有名的毒药，医家望而生畏，民间多作为杀虫剂。《本草纲目拾遗》记载，雷公藤"采之毒鱼，凡蚌螺之属亦死，其性最烈"。近代亦有吃了雷公藤花蜜中毒及吃了几片雷公藤嫩芽发生中毒的报道。但医学研究表明雷公藤有抗炎、杀菌、活血化瘀、调整机体免疫功能的作用，动物实验发现有抗癌作用。目前已被广泛应用于临床治疗类风湿关节炎、红斑性狼疮、肾炎、麻风反应等，疗效较好，医生们称它为"中药激素"。

蛇毒注入人体一定量即可置人于死地。然而，蛇毒又是研发新药的宝库。20世纪50年代，中国的蛇毒专家从蛇毒中分离提纯出其中的酶及各种碱性小分子多肽，利用蛇神经毒素的镇痛和镇静作用来治疗小儿麻痹后遗症、风湿性关节炎和神经衰弱等病。有的专家发现蛇神经毒素对三叉神经痛、坐骨神经痛、晚期癌症、麻风反应等顽固性疼痛有较好的镇痛效果；对高血压、瘫痪也有一定的疗效；蝮蛇毒液中的细胞毒对肿瘤细胞具有破坏作用，用于治疗早期消化道癌肿。从红口蝮蛇毒中分离出来的凝血毒素用来治疗血栓症；利用蛇毒中提取的精氨酸酯水解酶所具有的促凝血作用，用于治疗血友病。

（二）药物转变成毒物的历史教训

中国传统医学认为，正常人阴阳气血处于平衡状态，无故进补，必然导致阴阳气血失调，正常平衡状态遭到破坏，因而形成疾病。对于西药如丙种球蛋白、胎盘球蛋白及维生素等，也有人认为是"补针"而滥用，结果只是得到打针的痛苦、药物的浪费，甚至是过敏反应。

美国曾报道了一种叫人参滥用综合征的病例，这就是正常人长期服用人参所致的恶果，其临床表现为兴奋、慢性失眠、神经过敏、高血压、皮疹、水肿、欣快感或忧郁、低血压、食欲减退、闭经等症。

北极因纽特人曾因服用熊肝过多而引起剧烈头痛、眩晕、恶心、呕吐、毛发脱落、皮肤剥脱以及肝脾肿大，经实验证明是维生素中毒所致。维生素是维持机体健康所必需的一类低分子有机化合物，在调节机体物质代谢过程中有着十分重要的作用，维生素缺乏时可产生各种不同的疾病。因此，适当地服用维生素，作为对症补充治疗是必要的。但有的人却认为凡是维生素都对身体有益无害，无论生什么病，都要服用维生素，甚至无病闲时也服上几粒，于是物极必反，产生严重的恶果。

20世纪50年代末，联邦德国市场上供应一种可治疗早孕反应的反应停药物，此药广泛使用后，医生们发现仅联邦德国分娩出的四肢短缺的海豹状婴儿就有2 000多例，给母亲们造成极大的痛苦。反应停灾难震惊世界，之后反应停被立即取缔。

四、以毒攻毒：哲学的胜利

（一）"以毒攻毒"之说及其影响

在医药学领域，"以毒攻毒"原理的认识，最早是中国先民们的聪明智慧在传统医药学上的应用。现存最早的医学典籍《黄帝内经》中记述，治病要用"毒药"，药没有"毒性"就治不了病。最早的药物学专著《神农本草经》里，则更详细地阐释了用毒药疗疾的原理。

"以毒攻毒"一词，最早出自中国宋代周密著的《云烟过眼录》："骨咄犀，乃蛇角也。其性至毒，而能解毒，盖以毒攻毒也。"之后，明代陶宗仪著《辍耕录》卷二十九也记载"骨咄犀，蛇角也，其性至毒，而能解毒，盖以毒攻毒也"。

中国传统医药学历来有"以毒攻毒"之说，指使用有毒的药物来治疗毒疮等因毒而起的疾病。即在保证用药安全的前提下，可用适量的有毒药物来治疗恶疮肿毒、疥癣、瘰疬瘿瘤、癌肿症瘕等病情较重、顽固难愈的疾病。

中国历代医家及民间流传治疗癌症的方药大多属于这一类。如喜用蝎子、蜈蚣、蟾蜍等有毒动物治疗癌症。毒陷邪深，非攻不克，以药物治之，可直达病所，起到攻坚蚀疮、破瘀散结、消肿除块之效，故民间称此为"以毒攻毒"。唐代典籍中就有了运用"以毒攻毒"方法的实例。如柳宗元在《捕蛇者说》一文中就记有"腊之以为饵，可以已大风、挛踠、瘘疬，去死肌，杀三虫"的事，是对永州毒蛇治疗多种疾病功能的记载。唐代另一位官吏张鷟在他著的《朝野佥载》中记载用毒蛇治病的故事：陕西商县有人患麻风病，被家人所逼，搬到山里筑茅屋而离群独居。有乌蛇坠酒罂中，病人不知，饮酒渐瘥，罂底见蛇骨，方知其由也。此外，以抗肿瘤中药为例，抗肿瘤中药中有一类药性峻猛、毒性剧烈，用以治疗肿瘤邪毒壅盛的药物。

现代医学关于"以毒攻毒"的典型事例和长期实践让人们有机会更深刻地了解化学、生物学和毒理学。如今，"以毒攻毒"疗法已成为世界范围内医学界共同关注的方法，并且被广泛运用于一些中毒病、大病、危病、急病、重病、难病、顽固性疾病的治疗中，显示出明显的疗效与可贵的价值。

（二）砒霜治疗白血病

1878 年美国士斯顿医院发现福勒氏溶液（Fowler's solution，亦称砷酒，含有白砷），能够使病人的白细胞数量减少，具有治疗白血病的潜力。1890 年，现代医学教育的奠基人威廉·奥斯勒就宣称"砒霜是治疗白血病的最佳药物"。今天，科学家和医生们仍然使用砒霜作为几种急性白血病的有效化学治疗剂。中国哈尔滨医科大学附一院经过 20 年的临床实践，最终确定砒霜对急性早幼粒细胞白血病有非常显著的疗效，总缓解率达到 90％。研究发现，砒霜不仅能终止癌细胞的分裂，杀死癌细胞，而且能诱导癌细胞"改恶从善"转变为正常细胞。2000 年用亚砷酸静脉注射液治疗急性早幼粒细胞白血病获得了美国食品和药品管理局（FDA）的许可。砒霜抗白血病的研究打开了一扇新的大门，开阔了抗癌研究的思路和视野，激发了对其他含砷化合物，如雄黄、雌黄和美拉砷醇等的抗癌作用的探索。

（三）生物毒素新药：以毒攻毒

蛇毒、蓖麻毒素、河豚毒素、海葵毒素和肉毒杆菌毒素等生物毒素都是剧毒物质。1g 肉毒毒素可以毒杀 100 万只小白鼠。但这些生物毒素具有两重性，只要使用得当也可以成为一种有效药物。现在，蛇毒作为抗血栓药物的重要来源，成为脑中风或心肌梗死患者的救星；蓖麻毒素可与单克隆抗体结合成为专攻肿瘤的"生物导弹"制剂；河豚毒素可帮助对海洛因、吗啡等阿片类成瘾者戒除毒瘾；海葵利用毒素来麻痹猎物，但其毒素当中的一种成分，却可能用来改善人类多发性硬化症造成的瘫痪；剧毒的 A 型肉毒杆菌毒素有令人意想不到的美容作用，已成为国际市场上除皱方面的畅销药物。

抗蛇毒血清的研究有近百年的历史。目前，世界上有 20 多个国家 30 多个企业和科研院校利用 60 多种毒蛇的毒液生产或研制出单价、双价和多价抗蛇毒血清近百种。据新加坡大学统计，全世界抗动物毒素已有 180 多种，其中抗蛇毒毒素 12 种，抗蝎毒毒素 2 种，抗有毒鱼类毒素 1 种，抗水母毒素 3 种，抗蜘蛛毒素 6 种，其他抗毒素 159 种。

自古以来，那些"以毒攻毒"的创造发明，既是科学进步的成就，又反映了科学家的哲学思维。利用毒物、化毒为利是毒理学的一个重要研究领域，"以毒攻毒"不仅是毒理学取得的伟大成果，更是辩证法与哲学的胜利！

五、深刻认识毒物的两重性与毒物利用哲学观的现实意义

（一）认识毒物的两重性，促进种质资源的有效利用

人类认识史的发展历程告诉我们，哲学的发展离不开科学，因为科学是哲学产生和发展的基础；而科学的创新又需要正确的哲学观点作为先导和指引。中国工程院常务副院长刘旭院士为《世界毒物全史》写的书评中指出："我作为一个长期研究种质资源的科研工作者，还非常欣喜地看到在这部巨著中也对重要有毒植物、重要有毒动物和有毒细菌及霉菌等做了比较详细的描述。如重点记叙了有毒藻类植物、有毒蕈类植物、有毒蕨类植物和高等植物中约 30 科 160 余种的植物；介绍了世界上有毒动物的总体状况，记述了 23 个科（目）的有毒动物；记述和评价了与人类和动物密切相关的部分有毒细菌与有毒霉菌的研究成果和防控技术，并分述了这些有毒细菌与霉菌的分类地位及生物学特性、毒性效应等。这些内容极大丰富了我们对种质资源毒理研究的有关认识，对进一步拓展种质资源的研究领域有重要推动作用，也会进一步促进种质资源的有效利用。"

（二）药物两重性的特别启示

毒物在工业、农业领域的利用范围很广，不胜枚举。但利用毒物作为药物，新药物所具有的两重性给予人们特别的启示。

（1）认识药物具有两重性至关重要，药物既可产生有益的治疗作用（therapeutic action），也可产生有害的不良反应（adverse reaction）。

（2）使用药物应当注意药物的两重性，用药时充分发挥药物的治疗作用，同时应当避免或减少不良反应的发生。

（3）熟悉药品所具有利害两重性，提示人们不能滥用药物，滥用可致严重后果。不合理地使用药品也会引起有害反应。长期用药尚需考虑间歇停药和更换相同作用的另一药品交替使用。

（三）科学家的责任

哲学是理论化系统化的世界观，哲学是对自然科学、社会科学、思维科学知识的概括和总结；哲学是一门科学，又是一种社会意识形态。哲学是世界观和方法论的统一。哲学告诉人们，在一定的条件下，坏的东西可以得出好的结果。药与毒是一对不可分割的矛盾体，在一定条件下，这对矛盾又是可以互相转化，药可变成毒，毒亦可以变成药。毒与药的界线除了部分源于其固有的本质、化学结构、粗制剂中的杂质和药物缺乏选择性作用之外，相当部分是由使用的剂量所决定。当科学家掌握一些药物的毒性的同时，采取各种技术化毒为药，或者去毒成药，这正是医药学家和毒理学家的责任之一。

本文是在中国毒理学会毒理学史第六届研讨会上的学术报告，刊登在《毒理学史研究文集》第 17 集，2018 年，第 10 - 15 页。

第八部分

农业与环境立法

食品安全与立法研究

一、引人注目的食品安全问题

世纪之交，我国食物中毒大案屡屡发生。特别是国际上相继发生的一系列震惊世界的食品污染事件，如欧洲的二噁英污染畜禽饲料事件、比利时可口可乐污染事件、法国的李斯特菌污染熟肉罐头事件和日本的生拌色拉蔬菜的O157∶H7大肠杆菌污染事件等，形成一次又一次食品安全问题的冲击波，使食品安全成为人们关注的一个热点。近几年来，媒体接二连三地披露了雀巢奶粉碘超标事件、上海维他奶过期原料事件和光明牛奶郑州公司回收加工过期牛奶事件，尤其是在苏丹红和毒奶粉事件之后，消费者对食品安全再次产生信任危机。因此，我国农业、卫生和环境等部门的工作面临一个新的挑战，那就是食品安全问题。

食品安全确保食品消费对人类健康没有直接或潜在的不良影响，是食品卫生的重要组成部分。无论对农民、消费者还是食品加工与经销企业来说，这个问题都至关重要。食品安全不仅关系到国民健康，还关系到一个国家经济的正常发展，同时也反映出社会稳定程度和政府威望。特别是我国加入WTO以来，农产品在参与国际竞争中遇到的最大障碍不是关税、非关税壁垒，而是有关国家和地区针对食品安全、卫生标准等设置的技术性贸易壁垒。

近年来，我国食品消费市场丰富了，餐桌上的食品种类繁多，可是食品安全问题也随之增多了，食品的质量、安全和卫生存在新隐患。其主要原因如下。

（一）一些地方食品的生产环境恶化

病原微生物引起的食源性中毒性疾病是影响食品安全的主要因素，问题多集中在粮食储存运输环节、卫生管理薄弱的食品加工点和一些餐饮摊点。

（二）种植业和养殖业的源头污染对食品安全构成威胁

农药和兽药对食品源头的污染是主要问题，一些经营者违法使用剧毒、高毒农药、高残留农药，违法使用抗生素、激素等兽药，违法使用瘦肉精等饲料添加剂，导致部分食品中有害物质残留超标。

（三）加工食品中使用劣质原料、非法添加物

如使用病死畜禽肉、过期产品和发霉变质原料等，非法添加非食用成分，保健食品里添加违禁药物，非法、超范围及超用量使用防腐剂、色素和过氧化苯甲酰等食品添加剂。

（四）食品工业应用新原料、新工艺带来的食品安全问题

如利用中草药、转基因食品等新资源，化学合成添加剂等新的食品添加剂，食品新型包装材料等。

（五）环境污染对食品安全构成的严重威胁

目前比较突出的主要是二噁英和有机氯污染问题。

以上问题直接和间接地影响着食品安全，不仅造成重大经济损失和人民生命财产损失，而且在国际上造成不良的政治影响，必须引起高度重视、加以解决。

二、毒理学与食品安全密切相关

20世纪40年代以来，随着有机化合物作为药物、农药和工业化学品开始生产应用并呈指数增长之时，现代毒理学开始深入研究和探索这些化学品对人和动物、植物活体组织的毒性效应和毒理机制，特别是关心那些众多的化学品通过食品（如食品添加剂、食品接触材料、农药、化肥、天然毒素、污染物、微生物毒素及霉菌毒素等）对人体的损害作用，并研究如何检验和评价食品在受到污染时的安全性，以确保人类的健康。近几年"瘦肉精"和"三聚氰胺"毒奶粉事件的发现和处置，都体现了我国毒理学家为民众的健康生活所做出的贡献。

历史经验告诉我们，食品安全问题反映出三个问题：一是显示食品短缺；二是出于消费胁迫；三是折射社会道德水准。因此，保障食品供应，依法监督管理，普及科学知识，防止步入食品折"陷阱"，是确保食品安全、提高健康水平的唯一途径。

三、《食品卫生法》急需修订

1995年全国人民代表大会常务委员会审议通过的《食品卫生法》是食品卫生法律体系中的核心法律文件，但该法已落后于时代的发展，有待修改。

（一）在内容方面存在的问题

（1）内容少，共计九章五十七条，仅涉及食品卫生、食品添加剂的使用、食品卫生管理和监督等六个方面。

（2）规定较为笼统，可操作性差。

（3）对体系内其他法律、法规的指导性不高。

（4）仅规定了中央和地方各级卫生部门及铁道、交通部门的卫生管理职责，对质量、工商、农业等部门在食品卫生和安全方面的监管职责和权限没有提及。

（5）处罚过于宽松，有的处罚内容与其他法律相冲突。如《食品卫生法》第三十九条规定"生产经营不符合卫生标准的食品，造成食物中毒事故或其他食源性疾患的，责令停止生产经营，销毁导致食物中毒或其他食源性疾患的食品，没收违法所得，并处以违法所得一倍以上五倍以下的罚款；没有违法所得的，处以一千元以上五万元以下的罚款"。同样的行为，《产品质量法》第五十条却规定"责令停止生产、销售，没收违法生产、销售的产品，并处违法生产、销售产品货值金额百分之五十以上三倍以下的罚款；有违法所得的，并处没收违法所得"。后者的处罚力度明显大于前者，造成执法标准不统一。

（二）在监管方面存在的漏洞

（1）食品卫生法调整的范围过于狭窄，只定义为狭隘的"食品"，没有包括种植、养殖、储存等环节中的食品及与食品相关的食品添加剂、饲料及饲料添加剂的生产、经营和使用。

（2）法律的不完善和标准的混乱在一定程度上导致了食品安全问题的出现。标准的偏低还导致消费者在维权诉讼时往往很难得到补偿。法院很难确定食品生产者或经营者的法律责任，消费者的合法权益很难得到保障。

（3）食品安全法律体系的内容比较单薄，缺少一系列保障食品安全的重要制度。如立法上缺少惩罚性赔偿责任制度，使经营者的违法成本很低。客观上形成对企业违法作恶的纵容和鼓励。

（4）现有的隔离式分段监管的体制存在很多矛盾和漏洞，无形中造成各部门衔接不当及职能冲突带来的争抢权力和推诿责任的现象。

（5）食品安全法律责任的规定不严、衔接不顺及内容不全。现行食品安全法律体系中尚欠缺对监管机关及其工作人员监管职责的落实和失职责任的追究机制。

（6）执法部门对企业、生产过程质量标准的实施情况和市场上产品的监管力度不够，同时，缺少有效的监管手段。例如牛奶，欧洲国家已经可以做到给奶牛耳朵上植入一个小芯片，从产奶到加工、包装、运输，最后进到超市，全程都有监测，而我国的企业按照现在的技术水平，对食品生产过程很难做到有效监管。

四、建立健全我国食品安全的法律法规体系

食品安全卫生关系广大人民群众的健康和生命安全，是社会关注的热点，也是全国人民代表大会代表关注的焦点。第十届全国人民代表大会以来，累计有 3 000 多人次的全国人民代表大会代表提出有关食品安全卫生方面的议案、意见和建议。在第十届全国人民代表大会第五次会议上，就有近千名全国人民代表大会代表联名提出有关食品安全卫生立法的 19 件议案和 78 条建议，代表了广大人民群众对食品安全卫生立法的急切呼声。但是，该新出台什么样的法律？目前，有三种意见。

（一）制定一部新的《食品安全法》

食品安全的社会科学定义是指食品（食物）的保障与供应安全，自然科学定义是指食品卫生与健康安全。从立法而言，则既关系人类健康安全，又关系内外经济贸易的安全。

目前，我国已经建立起以《食品卫生法》为核心的食品卫生法律标准体系，但是还没有专门的关于食品安全的法律法规。《食品安全法》已经有必要尽快提到有关部门的议事日程上。法律应该先行。我们的生活水平提高了，对食品安全的要求自然也提高了，这时候法律法规或者其他规定必须都要跟得上。

专家们建议新出台的《食品安全法》应包括如下方面内容。

（1）目的：综合促进和保障食品安全。

（2）定义：明确食品、食品安全等名词的法律涵义。

（3）监管范围：国家对食品安全实行从农田到餐桌的全过程监管。

（4）监管体制：以法律的形式提出我国食品安全基本监管框架和各方职能。

（5）监管原则：确保人民群众身体健康，注重科学依据，控制和预防并重，公开、客观、公正等。

（6）社会其他各阶层的食品安全责任。

（7）应急处理。

（8）标准检测，含市场准入。

（9）安全风险评价。

（10）信用体系。

（11）食品安全信息网络。

（12）宣传教育。

（13）行业协会、研究机构的推动。

（14）法律责任。

新出台的《食品安全法》应建立处罚机制。在发达国家有的企业食品不合格的原因可能是出在技术上，但我们很多生产不合格食品的厂家图的是利益，采用偷工减料等手段来降低生产成本，对这样的企业，我们现在的处罚力度还不够，罚它 5 万～10 万元，对它来说也不痛不痒，回头还照样生产。因此，食品安全处罚标准应该提高，这是目前保证食品安全最容易实施的方法。

与此同时，应构建食品安全新的保障体系，与新的《食品安全法》相配套，如建立并完善食品安全相关的法规性文件，建立统一协调的食品安全监管体系，建立完善食品安全应急处理机制，完善食品安全标准和检验检测体系，建立和完善食品安全风险评价体系，建立统一的食品安全信息网络体系，建设食品安全教育宣传体系等。

（二）对《食品卫生法》进行修订和补充

鉴于制定一部新的《食品安全法》的难度比较大，建议修订《食品卫生法》。修订《食品卫生法》应体现从农田到餐桌的全程管理，包括对食品管理的全程控制，对食品生产、收获、加工、包装、运输、贮藏和销售等全过程进行监督与管理，监管对象应包括化肥、农药、饲料、包装材料、运输工具和食品标签等。在法律责任方面，《食品卫生法》应加大惩罚制度，使违法者不敢触犯法律。《食品卫生法》还应对卫生、食品药品监督管理、质量技术监督、工商、农业、畜牧、商务、粮食、林业、环境保护、出入境检验检疫及公安部门的管理职责做明确划分和界定，使得各部门各司其职、各尽其力，最大限度地发挥群体监管的效力。

与此同时，农业部、商务部、卫生部、工商总局、质量检验总局等部门应根据职责调整，尽快清理、修订部门规章，废止失效的，修改与时代发展不相适应的规章，加紧制定针对现在食品卫生与安全现状、有利于食品安全监督管理的法规和规章。地方政府部门也应抓紧研究制定适用于本地区食品安全的法规和规章，上下合力，构建合理、完善的食品监管法律体系。

（三）制定《食品与药品管理法》

研究美国 1906 年颁布的《食品与药品管理法》近百年的历史，不难发现美国在 100 年前的 18 世纪末和 19 世纪初的世纪之交，假酒和含有危害健康成分的减肥药、化妆品、掺假的食品饮料等充斥市场。特别是 1906 年发生了肉类包装工厂使用了有毒的防腐剂和颜料事件后，美国国会于 1906 年 6 月 30 日通过《食品与药品法案》。1937 年美国发生了以磺胺制作长生不老药、饮用有毒的二乙基乙二醇溶液死亡 107 人的事件后，于 1938 年国会通过了《食品、药品和化妆品的联合法案》，之后又多次修订。可见立法也是与时俱进的。我国在条件成熟的时候也可制定《食品与药品管理法》，但首先需要调整政府管理机构，理顺管理职能，以适应法律的实施。

由上可见，目前制定一部新的《食品安全法》，条件是成熟的，正当其时。

本文是 2002 年陕西省科学技术研究发展计划项目"食品安全与立法"课题，主持人史志诚。本文是课题总结报告的一部分。

关于加强食品药品安全立法工作的建议

一、冷静面对食品安全问题

尽管世界一些国家和地区的食品、药品中毒和安全问题接二连三地发生，但从国内总体情况看，由于政府部门加强管理，每年都在好转。据卫生部门的统计，《食品卫生法（试行）》施行前的 1982 年，食品卫生监测总体合格率为 61.5％，《食品卫生法》正式施行前的 1994 年，食品卫生监测总体合格率为 82.3％，2000 年食品卫生总体合格率达到了 88.9％，2001 年 1—9 月，北京市、山西省和广东省的食品卫生监测平均合格率为 90％。但也要清醒地认识到，我国从对"菜篮子""米袋子"数量的要求，转到了对质量提高的要求，人民对食品安全意识在不断增强。特别是我国加入 WTO 以来，农产品参与国际竞争遇到的最大障碍将不是关税、非关税壁垒，而是有关国家和地区针对食品安全、医药卫生标准等设置的技术性贸易壁垒。

在 WTO 的诸多协定中，有三个协定与食品贸易和食品安全密切相关，即《农业协定》《卫生与植物卫生措施协定》和《技术性贸易措施协定》。《农业协定》的主要内容包括改善市场准入、减少国内补贴、减少或消除出口补贴。在 WTO 所倡导的世界贸易自由化的原则指导下，《农业协定》一定程度上规范了世界农产品市场的竞争秩序，在一定范围内实现了自由竞争。但《农业协定》实际上只对一个国家的进口管理措施，如关税、非关税措施等有约束力。通过谈判，关税可以降低，非关税措施可以取消，但这并不意味着国际农产品市场的门槛就降低了。相反，发达国家正在越来越多地利用食品安全、利用动植物安全健康的标准层层设置障碍、提高门槛。国际农产品竞争已从单纯的关税、非关税措施，转向以技术性贸易壁垒为主的限制政策和措施，而食品安全是最好的理由之一。

目前，发达国家利用食品安全问题设置了四类技术性贸易壁垒。

（一）动植物卫生检验检疫标准

一般发达国家都制定了完整的保障食品安全健康的法律、法规和标准体系。美国有《联邦食品、药品和化妆品法》《联邦肉类检验法》《蛋类产品检验法》《家禽产品检验法》《食品质量保护法》和《公共卫生服务法》等，构成一个严密的食品安全保护法规网。美国还要求对食品生产实施危害分析关键控制点（HACPP）风险管理体系。这些法律既规范着国内农产品生产加工，同时也将不符合法规标准的国外产品挡在了国门之外。并且，发达国家还在不断升级检验标准，检测项目也越来越多。过去，国际上对农药有毒残留的指标只有几十个，现在却增加到 100 多个。日本对入境大米的检测项目也由原来的 40 项增加到 102 项等。

（二）产品质量、技术标准、标签和包装

我国还没有完整的产品质量、技术标准体系，对标签和包装的要求也不严格。1998年，美国就声称在其国内发生的天牛虫灾与中国进口货物使用的木质包装有关。

（三）生态环境保护和动物福利

发达国家对食品贸易可能带来的对生态环境的潜在危害也十分重视，这被称为"绿色壁垒"。1995年，美国宣布对我国蝎类产品实行扣留，理由是渔船上没有装海龟的逃生装置，对海龟的生存带来了危害。动物福利尤其被欧盟所重视。例如，鸡场的饲养密度，一般为每平方米12只，欧盟提出只能养10只，理由是密度太大，鸡会感到不"舒适"。在运输过程中，本来一只盒子可以装15只鸡，欧盟提出太拥挤可能会使鸡互相碰撞，身体受到伤害等，要求改善这些条件。显然，这将增加鸡的养殖和运输成本，无形中也成了贸易壁垒。

（四）新技术发展过程中产生的安全问题

最典型的就是转基因食品的安全问题，这一直是国际争论的焦点。目前，对这一问题的争论，国际上分成了两派，一派是以技术制高点占领市场的美国，另一派是欧洲，力争以技术壁垒相抗争。欧洲拿出的两条对策对美国可以说是致命的，一是必须对转基因食品进行标识，二是将生物安全提高到生物多样性的高度，并提出，进行转基因生产的企业，必须支付相当于成本的费用用于证明其无害，否则就不准进入市场。这一规定成倍增加了转基因食品的成本。目前，这种观点已经成了世界性的主流，世界已有100多个国家正在就拟议中的全球生物多样性公约进行磋商。

因此，无论是提高我国人民的生活质量，还是加入WTO、融入经济全球化的潮流，都要求我国尽快建立起食品安全体系，保障食品安全。我国应建立起与国际通行标准接轨的食品安全体系，并运用这一体系既保护好国内食品市场，引导我国农业和食品业按照国际标准自觉调整产业结构，大力推进产业结构、产品结构和产业技术升级，以使我国农业和食品行业在参与国际竞争中取得更大的市场份额，使我国农业和农民在国际市场中取得更大的增收空间。

二、提高认识，转变观念，树立全民食品安全意识

食品安全既是一个古老的议题，又是一个新的安全理念。其社会科学上的定义指食品（食物）的保障与供应安全；自然科学上的定义指食品卫生与健康安全；从立法角度而言，则是既关系人类健康安全，又关系国内外经济贸易的安全。

近年来，国际、国内发生的一系列震惊世界的食品污染事件，都形成一次次强烈的食品安全风暴冲击波，不仅使人的身心健康受到伤害，也使这些国家的相关产业大受损失，国际竞争力大打折扣。因此，我国食品安全体系面临新挑战。食品安全问题对立法与政府执法的挑战，要求我们从生产者、经营者和消费者三个方面进行普及食品卫生的宣传教育。

传统农业仅以解决温饱为目标，已经不适应消费者的需求。21世纪的中国农业应该以食品安全战略代替传统的发展思路，发展检验食物污染的新技术，改善食物质量和营养价值，把提供充足、营养、安全的食物作为一个完整的目标，纳入社会经济可持续发展的目标体系中。

三、建立健全我国《食品药品安全法典》法律法规体系

法制是根本。建立我国《食品药品安全法典》的法律框架，逐步完善《食品药品安全

法典》的法律法规体系，是社会主义法制的重要组成部分。建议全国人民代表大会行使立法权，着手从国家利益、人民利益出发，制定《食品药品安全法典》，包括《食品卫生法》《农产品质量法》《动物防疫法》《毒物控制法》《农药管理条例》《兽药管理条例》和《饲料管理条例》等。国家有了法律法规，政府则依法行政，形成有法可依、执法必严、违法必究的良好社会风气。

食品与药品安全问题关乎我国每一个公民。中国消费者协会针对面粉加工过程中滥用增白剂的现状，建议国家尽快修改、提高标准，明令禁止使用任何面粉增白剂。尽快建立和完善粮食安全的社会管理体系，加强对粮食生产、加工、流通和销售全过程的监督、检测管理和执法，呼吁尽早制定出台《食品药品安全法典》。根据 WTO《食品安全建议》，第五十三届世界卫生大会决议把食品安全作为公共卫生的基本职能之一，我国已经加入世界贸易组织，因此要承担遵守国际标准的义务。

四、建立我国《食品安全法》的法律框架

《食品安全法》的法律框架，应当包括五个体系。

（一）农产品与食品的生产、加工标准体系

关于农产品与食品生产、加工标准的制定与实施，目前有两种意见。

一种认为我国应该根据自身市场特点，建立适应我国国情的标准体系，让世界与我们接轨。目前，发达国家基本垄断了国际标准的制定和修订工作，并通过标准建立贸易技术壁垒。如我国盛产的竹笋标准是马来西亚制定的，面条标准是意大利制定的，矿泉水标准是法国制定的。一旦这些带有地域特点的标准进入食品法典中，在国际贸易中就成为准绳，对我们十分不利。中国农业大学副校长李里特认为，我国是最大的食物生产国，更是全球最大的食物消费国，是全球最大的市场，许多国外企业都对我国市场虎视眈眈，我们理应以我国的饮食消费特点，建立我们自己的标准，让我们的标准影响食品国际贸易标准的形成，让国外进口食品按照我们的标准生产。我国有许多独特的农产品和食品，如豆浆、油条、馒头、腐乳等，应加快建立其规格标准。据悉，欧美为了加大向我国的小麦出口，已经着手调查研究我国馒头品质和做馒头用的小麦评价标准。所以，建立我国的标准体系是一项重要而紧迫的任务。

另一种意见认为应当按照市场需求制定标准。我们的标准和国际接轨很重要，但一味强调和国际接轨并不可取，国外有些标准不一定是先进的，有的仅仅是习惯不同。如果汁标准，欧美人由于大量吃巧克力等甜食，因此在果汁标准中很强调酸度，国内一些食品专家由此开始呼吁，要适应国际市场，培育酸度高的果蔬品种，这没有必要。日本在这方面就很清醒，强调做甜的果汁。当然不可否认，如果真要打国外市场，就必须按照国际标准生产，适应外国人的口味和习惯。因此，不能顾此失彼。我们认为农产品与食品生产、加工标准应当以营养与安全为准则，按照市场需求制定标准，同一个产品可根据出口与内销市场的不同要求、不同消费水平，生产和加工不同标准的子产品。例如，我们在悉尼果品批发市场了解到同是红富士苹果，出口日本的是一个质量标准和包装，1kg2 澳元；而内销的是另一个质量标准和包装，8kg 一箱，一箱 5 澳元，虽然标准不同，但都是无公害的、安全的产品。

国际食品法典（CAC）是国际贸易组织食品质量的通行参照标准。目前，发达国家采用的某些国家标准甚至高于现行的 CAC 标准。而我国只有 40％左右的国家标准等同采用或采用了国际标准，许多国家标准滞后于国际通行标准。因此，必须完善农产品与食品标准体系，建立与 WTO 接轨的食品标准。

（二）农产品和食品的安全生产管理体系

绿色食品不等于安全食品。长期以来，消费者普遍存在这样的认识误区，认为绿色食品、有机食品才是安全的。专家指出，绿色食品不等同于安全食品。事实上，上市产品只要合乎有关标准，就应该是安全食品。有机食品更多的是一种理念、一种哲学，是一种回归自然的做法，而并非是食品安全的标志。绿色食品、有机食品不是解决食物安全问题的根本办法。大多数食品的安全才是真正的安全。就算绿色食品严格监管，安全得以保证，但这只是很少量的、价格相对较高的食品，起不到太大作用。从摄取量和对人体健康影响最大的因素讲，安全性管理的重点首先是饮用水，其次是蔬菜、水果、粮食及其产品、畜产品和水产品等。而这些食物或食物成分又是被污染、被忽略的重点。因此，解决这部分食品不被污染才是安全的根本。因此，建议我国农产品和食品的安全生产管理应尽快推广国外通行的"危害分析与关键控制点"规定，在试点的基础上形成适合我国实际的相应法规。

（三）食品安全的质量与卫生检验监察体系

食源性疾病是监控重点。消费者普遍认为农药残留、滥用兽药是最大的食品安全隐患，但微生物引起的食源性疾病也是影响食品安全的重要因素，而且食物中毒的发病率还呈上升趋势，是今后的监控重点。据报道，食源性疾病危害在其他国家同样存在，美国每年发生食源性疾病达 8 100 万例。随着经济全球化与世界食品贸易量的持续增长，食源性疾病还呈现出流行速度快、影响范围广的新特点。今后我国应该借鉴国际上的做法，开展食物污染物及食源性疾病检测，加强危险性管理措施。

此外，实施"无公害食品行动计划"还面临着检测手段与检测需求不相适应的矛盾；传统的物流方式与建立农产品质量监督产地追溯制度的矛盾；无公害农产品成本提高与难以实现优质优价的矛盾；地方保护主义与统一大市场的矛盾等。

目前，实施"学生饮用奶计划"到了一个关键时期，学生饮用奶的卫生、质量和安全问题已经成为实施的中心环节，必须引起各级政府和有关部门、企业和学校领导的高度重视，进一步提高对加强监管、确保安全重要意义的认识。牛奶是一种易腐食品，稍有不慎，便易发生中毒事故。中小学生的识别和应变能力较差，特别在集体组织饮用的情况下，发生事故带来的影响和危害很大。因此，安全问题解决得好不好，关系到这项计划能不能继续实施下去。

（四）改革和完善政府食品安全执法监督体系

国家机构改革还应进一步深化，也就是将执法监督与生产管理分开。政府集中精力搞好执法监督与公共管理，将生产经营转移给行业协会和中介组织。同时，理顺农业、医药卫生、环保、技术监督、海关和工商等部门的执法责任，并提供必要的执法监督手段和装备。

（五）食品安全的社会化信息服务体系

真实的数据和包含有当前牢靠的科学知识的模型是最为重要的。如果缺乏最真实的信息，那么可以使用那些不会对危害产生低估的数据或模型。要发挥现代媒体和互联网的作用，大力发展食品安全的社会化信息服务体系。例如，中国疾病控制中心和职业病与中毒控制中心已经开始服务社会，起到预防疾病和保障食品安全的作用。

五、加大对现有法律法规的执法检查力度

面对食品与药品安全的严峻形势，建议各级政府要把进一步完善标准、推进规范化生产、加大品牌认证力度、加强市场体系和监督体系建设、启动安全农产品法律法规的制定、使食用农产品主导产区及主要食用农产品达到安全标准要求，确定为近期的工作目标。与此同时，要加大对《食品卫生法》《药品管理条例》《农药管理条例》《兽药管理条例》和《饲料管理条例》等现有法律法规的执法检查力度。

本文是陕西省人民代表大会农业与农村工作委员会 2003 年调研课题报告，出版在《全面建设小康社会：中国科技工作者的历史责任（下）》，中国科学技术协会 2003 年学术年会论文集，2003 年。

关注食品安全　保障健康生活

"民以食为天，食以安为先。食品安全是关系广大人民群众身体健康和生命安全的大事。"人们形象地说，确保食品安全就是舌尖上的"中国梦"。

根据世界卫生组织的定义，食品安全问题是"食物中有毒、有害物质对人体健康产生影响的公共卫生问题"。目前，我国食品安全与农产品质量安全状况可以用三句话来概括。一是食品安全与农产品质量安全水平有很大提升，总体是稳定的，质量安全是有保障的；二是问题和隐患仍然不少，食品安全与农产品质量安全的形势依然比较严峻；三是要实现确保不发生重大食品与农产品质量安全事件的目标需要付出不懈的努力。

世界经济社会发展的历史表明，一个国家的食品安全水平与其经济社会发展阶段密切相关。20 世纪初，美国城市化进程加速，大批农村人口涌入城市，为了赚取更高利润，一些企业主们肆无忌惮地在食品中添加各种添加剂和替代物。由于当时美国联邦政府对食品和药物几乎没有任何监管，因而食品药品安全状况令人十分震惊。1906 年 2 月，一位在屠宰场卧底的记者厄普顿·辛克莱出版了一本题为《屠场》的书，揭露当时美国肉制品加工过程污秽不堪的真相，引起了公众极其强烈的反响。触目惊心的事实，让罗斯福总统愤怒和犹豫，最终决定将调查报告公之于世，并向国会建议："应该颁布一部法律，对州际贸易中标签不实的和掺假的食品、饮料和药品予以规制。"1906 年 6 月 30 日，美国国会通过了第一部《纯净食品和药品法》，并由罗斯福总统签署颁布，这一法案禁止在州与州之间进行掺假的食品、饮料、药品市场贸易。其经过多次修订后成为今天美国的《食品与药品法》。

当前，我国正处于发展转型时期，改革开放 30 多年，特别是城镇化的快速发展，18 亿亩耕地的红线难以维持，2 亿多农民进城后由生产者变为消费者，农村劳动力减少，我国也正处于从保障食品供应转向保障食品安全的进程中。这就是为什么在生活水平大大提高的今天，会突然出现这么多的食品安全问题，其必然性的背后反映出四个值得反思的问题。

（1）显示食品短缺。据报道，我国 2011 年粮食总产 5 712 亿 kg，进口 580 亿 kg，超过粮食总产的 10%。陕西省由"三缺一余"（小麦、大米、油料紧缺，玉米有余）变为"四缺"，粮食缺口约 20%。食品原料的短缺，导致饲料的紧缺和涨价，进而出现假冒伪劣的食品等。

（2）出于消费胁迫。现代食品工业为了适应消费者对食品"色香味"的追求，利用各种食品添加剂，快速生产出看起来鲜亮、吃起来可口、保质期更长而且更便宜的食品。在这里举一个日本发生的实例说明。日本的"食品添加剂之神"安部司，用二三十种添加剂把黏糊糊的废肉制成好吃的肉丸。该产品上市后，大受孩子和妈妈们的欢迎，销售很好。然而，当他亲眼见到自己的女儿也在吃这种肉丸的时候，他陷入深深的自责，于是从食品添加剂公司辞职，写作《恐怖的食品添加物》等书，自我揭秘那些让家庭主妇冒冷汗的烹饪魔术。在我国也有类似的消费胁迫的事例，对健康生活造成深刻的影响。

（3）折射社会道德水准的下降。那些丧尽天良的不法分子徇私枉法，制毒造假，毒害民众。特别是制造广州有毒大米事件、南京汤山毒鼠强中毒事件、瘦肉精事件、三聚氰胺毒奶粉事件的刑事犯罪分子，使今天的食品安全蒙上阴影。

（4）体制机制处于探索阶段。尽管我国 2006 年 11 月 1 日起施行《农产品质量安全法》；2009 年 6 月 1 日正式实施《食品安全法》，但法律的实施还有一个不断修订和完善的过程，地方性的相关配套法规正在陆续出台。从 2013 年起，新的食品安全管理体制正处于重新组建阶段。监管不严、处罚过轻和打击不力的情形普遍存在。

对此，我们要面对现实，冷静看待食品安全问题，从生产、经营和销售三个环节采取得力措施。要把发展农业生产和安全食品生产放在首位，均等培育和积极发展龙头企业、农民专业合作社和家庭农场等市场主体，建立"企业＋合作社＋行业协会"的新型产业经营体制，建立食品可追溯制度，从源头上保障食品和农产品的质量安全。

要突出科技创新。食品安全是一门专门探讨在食品加工、储存和销售等过程中确保食品卫生及食用安全、防范食物中毒的一个跨领域学科，新技术、新产品的研发与创新前景十分广阔。当前的任务是培育我国自主创新的优良品种，研发小型化、数字化和信息化的食品监测仪器，尽快着手修复被重金属污染的农耕地，推广无公害农产品质量标准，严防食品和农产品在生产、加工和流通过程中的污染。

要保护消费者的权益。习近平主席在全国科普日中国农业大学主场强调：要广泛普及食品与健康相关知识，推动全社会更加关注食品安全，坚决遏制各类食品安全违法犯罪行为，提高群众消费安全感和满意度。因此，保护消费者最好的方法是开展食品安全科普活动。2012 年以来，我应邀在汉中市、铜川市、柞水县以及西飞、庆安、西大、西京社区做食品安全科普讲座，通过介绍食品安全的典型事件、预防食物中毒的十大要点，有效地提高了群众特别是家庭主妇的知情度、信任度和自我保护能力。因此，食品安全的科普宣传需要常态化。如果设立一个家庭主妇宣传周，让她们科学选择食品，学会购买安全食品，当妈妈们知道某些食品不安全的时候，孩子们的食品安全就有保障了。

要把惩处犯罪和道德教育结合起来。在进一步完善食品安全法律法规，加快组建新的食品安全管理机构的同时，积极开展诚实守信宣传教育，树立诚实守信的社会主流价值观；加强食品安全的监督管理，严格市场准入，纠正对违法案件失之于宽、失之于软的现象。一旦出现严重食品安全事件，必须严格问责追责，及时从严从重惩处制毒造假、毒害民众的刑事犯罪分子。

总之，为了食品安全，为了健康生活，为了实现舌尖上的"中国梦"，我们要敢于担当，勇于践行！

本文是于 2013 年由陕西省老科学技术工作者协会组织的在西安庆安公司社区和西京社区举办关注食品安全，保障健康生活科普讲座上的讲稿。

农民专业合作经济组织立法研究

2004 年中央 1 号文件明确要求，要"积极推进有关农民专业合作组织的立法工作"。依据《农业法》第十一条"国家鼓励农民在家庭承包经营的基础上自愿组成各类专业合作经济组织"的规定，全国人民代表大会常务委员会已将农民合作经济组织法列入立法计划，并已进入起草阶段。本文在总结陕西省 10 年来开展农民专业协会试点工作经验的基础上，结合全省农民专业合作经济组织发展的现实情况，就陕西省农民专业合作经济组织立法的几个主要问题提出商榷。

一、陕西省农民专业合作经济组织发展现状

陕西省自 1995 年开展农民专业合作组织试点工作以来，先后建立各类农民专业合作组织 9 800 多个，入会农民 150 多万人，创办经济实体 1 200 多个，拥有固定资产 6 亿多元，经营范围涉及农林牧副渔等产销领域，尤其在畜牧和果业两大支柱产业中较多，分别占总数的 29％和 25％左右。按组建方式可分为六种类型。

（1）由农村专业大户或个体种养企业牵头，联合从事同一产业的农户组建的专业合作组织。

（2）由农村能人牵头，围绕主导产业建立协会或合作社。

（3）由农民集体经济组织或村委会牵头，吸收本村及周围从事同一专业生产的农民建立协会或合作社。

（4）由农业科研推广机构牵头组建，利用牵头单位的人才、技术和设备优势，与农民联合起来发展当地的主导产业。

（5）由基层供销社牵头，联合农民，采取股份合作制方式，建立专业合作社。

（6）由乡镇政府引导，委托乡镇农技推广机构，组织农民在全乡镇范围内组建种养加相结合、产供销一条龙的综合农协。

实践表明，发展农民专业合作经济组织有利于维护广大农民的根本利益，有利于提高农民进入市场的组织化程度，有利于提高农业产业化经营的水平，有利于增加农民收入，促进农村社会和谐发展。

二、立法的必要性和紧迫性

农村实行家庭承包经营责任制以后，农民有了生产经营自主权，农村商品经济快速发展。随着我国社会主义市场经济体制不断发展，农民为了适应激烈的市场竞争，自发组织了各类专业合作经济组织。它是一种新型的农村经济组织形式，符合市场经济专业分工的要求，将农民分散的生产力组织起来共同进入市场，争取和正确使用国家的以工补农、粮食直补资金和其他扶持农业政策，提高农业产业化经营程度，增强农民抗御市场风险的能力，有利于将农产品和农业生产资料加工流通中的利润返还给农民，是增加农民收入的长效机制。实践证明，农民专业合作经济组织不仅具有能够提高农民经济地位的经济功能，同时还具有更为重要的社会功能。农民专业合作经济组织是农民自愿联合组织起来的，是"我为人人，人人为我"的人文精神和集体主义观念的体现，是提高社会弱势群体的经济社会地位，建立民主管理、按劳兼顾按资分配相结合的分配制度，最大限度地防止出现两极分化，发展社会民主政治、巩固国家政权的一种基本社会元素和重要的微观基础。当前，建立和发展农民专业合作经济组织，是进一步发展和完善农村双层经营体制，构建社会主义和谐社会的客观要求和重要途径。

尽管如此，目前制约农民专业合作经济组织发展的因素还比较多。

（1）行政体制方面。农村工作和事务管理还正处在由计划经济向市场经济转轨的时期，计划经济制度惯性仍然较多地存在于基层干部的思维形式里，管理就是服务的意识还没有建立起来，往往管理就是服从、管理就是干预的观念还比较强烈，使农民专业合作经济组织的经营管理受到过多的行政干预，其合法权益时常受到侵犯。

（2）农民在思想上还有顾虑。20世纪，农村合作化运动的"一平二调""吃大锅饭"的失误在农民心理留下了阴影，农民在心理上对新的合作存有疑虑，怕再次走上过去合作化的老路。同时，在经济欠发达地区，由于土地分散狭小，生产技术和生产手段落后，农户经济规模较小，市场意识还不够强烈，农民对合作组织的积极作用还没有足够的认识，需求不很强烈。

（3）经济扶持不力。农民专业合作经济组织与政府有关部门之间的关系不清，国家对其没有规定明确的指导和扶持部门，政府的扶持政策很少，财政、信贷和税收等方面缺乏优惠支持，甚至连登记注册尚未明确。

（4）缺乏法律规范。《宪法》《农业法》《土地管理法》和《村民自治法》等都提到了农村合作经济组织，但均未作明确规定。立法滞后，致使合作经济组织的法律地位不明确，内部管理制度不健全，经营活动受到严重影响，司法机关在处理涉及合作经济组织的经济、民事案件时，难以做出准确裁决。

要消除这些制约因素，引导农民进一步适应市场经济体制的要求，必须尽快确立一部专门法律，对农民专业合作经济组织的法人地位、性质、原则，成员的权利义务、内部管理和收益分配机制，设立、变更与撤销及政府扶持政策等加以明确规定，消除不利于农村合作经济组织发展的各种制度规定，鼓励和支持农户在农产品加工、销售、农资购买和资金融通等领域建立合作组织，不断发展和完善农村双层经营体制。

值得指出的是，目前陕西省农民专业合作经济组织的发展仍处于初始阶段，与全国和国外同类组织相比差距甚大，在参与农产品国际市场竞争时，处于极为不利的地位，有人形象地比喻为"小舢板"与"大航母"的竞争。发达国家普遍依靠合作经济组织兴办农业加工、流通企业，并且通过立法对合作组织的地位及其相应的权利义务做出明确规定，给予合作组织特别的待遇和进行多方面的保护与扶持。我国已经加入WTO，过渡期也即将结束，迫切需要提高农民进入市场的组织化程度，实现规模化生产经营，更有力地直接参与国际市场竞争，为农民争取到更大的经济利益，提高农业的经济效益。

因此，借鉴世界农业发达国家成功的立法经验和浙江省的立法经验，结合陕西省农民专业合作经济组织发展的实际，通过立法对农民专业合作经济组织加以正确引导和规范，对于保护农民专业合作经济组织的合法权益、确保增加农民的收入，不仅十分必要，而且是国内、国际形势发展的迫切需要。

三、国外和国内合作经济组织的立法状况

(一) 国外

世界各国不仅把合作组织看作一个经济组织，更是作为一个社会组织看待。国家通过各种方式支持和指导合作经济组织，使人们对合作经济组织的价值理念高度认同。合作经济组织在广大农村和城市社区，起到了组织农民和居民开展社区活动、丰富文化生活，加强人际关系沟通，培养人们的民主意识，调节和缓和社会矛盾的作用。因此，国家按照市场经济规律从多方面支持合作经济组织，最为重要的就是提供制度性的服务，制定并不断完善关于合作经济组织的法律、法规，为合作组织的活动提供法律依据和法律保护，对合作经济组织进行行政管理、规范和指导。世界各国为了规范合作社事业的发展和保护合作社的权益，制定了一系列法律。立法形式主要有两种，一类是为合作组织专门立法，另一类是在其他经济法律中包含有关合作社的内容。凡是合作社立法比较完备的国家，合作社事业都取得了持续稳定的发展。西方国家由于合作经济起步早、发展快，在法律制定上也比较早。欧洲的英国、法国、德国、瑞典、荷兰等国家早在19世纪中下半叶就制定了相关法律。美国、加拿大、澳大利亚、日本也在20世纪初期相继颁布实施了有关法律，而且法律体系健全。巴西、印度、泰国、越南等发展中国家也制定了专门法律，明确了农业合作组织的法律地位和法人资格。政府依法制定示范章程，管理农业合作经济组织，农业合作经济组织守法经营，保证了自身健康持续发展和不断壮大。法国早在1847年就颁布了合作社的有关法律，之后又陆续进行修订完善。日本政府1900年出台了《产业组合法》，1947年又制定实施了《农业协同组合法》，到目前已修改了30次。此外，还有《农渔业协同组合再建整备法》《农林渔业组合联合会整备促进法》和《农协合并助成法》等十几部相配套的法律。美国虽然没有专门的联邦合作社法，但为了鼓励成立合作经济组织，以联合力量保护农民自己的合法权益，于1922年制定《卡帕—沃尔斯坦德法》，给予美国农场主法定基金以便联合起来，并给予企业法人登记，在资金、税收和信贷等方面给予许多不同于一般工商企业的优惠，而且这种联合不受反托拉斯法的约束。同时，许多州

制定专门的合作社法，给予合作社法人登记资格。加拿大联邦合作社法于 1970 年颁布，并于 1999 年进行了修订，各省都有合作社法，有的省还专门为一个合作社立法，如萨斯喀彻温省制订了小麦合作社法。目前，除中国和朝鲜外，世界各国都制定了相关合作社法。

（二）国内

我国由于多种原因，至今既没有专门的合作社法，也没有出台一部适用于农民合作经济组织的相关法律。虽然全国人民代表大会已将农民合作经济组织法列入立法计划，并进入法律起草阶段，但立法步伐较慢，法律地位和法人资格仍不明确，已经成为我国农民专业合作经济组织法出台的瓶颈。然而，浙江省人民代表大会常务委员会已于 2004 年 11 月，率先出台了《浙江省农民专业合作社组织条例》，于 2005 年 5 月 1 日正式实施，走在了全国的前列。

《浙江省农民专业合作社组织条例》就合作社的本质特征、社员有限责任、设立条件和注册登记、组织结构和表决方式、股本结构和分配方式做了规定。明确了合作社的登记机关为工商管理部门。为防止"一股独大"倾向，对单个社员或社员联合认购股金作出了"最多不得超过股金总额的 20％"的规定。为保护多数社员拥有一人一票的表决权，又顾及那些持有较多股份、贡献较大的社员的权益，规定"一人一票"的原则，同时规定"可以按惠顾额与股金额结合实行一人多票"，但又限定"单个社员不得超过总票数的 20％"。充分考虑到农业是一个承受自然和市场双重风险的弱质产业以及农民的实际情况，明确了社员"以其出资额为限对合作社承担责任，合作社以其全部资产对合作社债务承担责任"，划清了合作社财产和社员个人财产的界限。这些规定为推进合作社健康发展提供了制度上的保障。还要求"各级人民政府鼓励和支持合作社发展，在税金、税收、科技、人才、用地、供水、供电和交通等方面制定具体措施予以扶持"。为加强合作社的财经纪律，保障社员的合法权益和政府扶持措施的落实，还规定"合作社应当接受农业行政主管部门的财务审计；农业行政主管部门的财务审计不得收费"。浙江省计划到 2007 年，培育出产业优势比较明显、服务功能和带动农民增收能力比较强、内部运作比较规范、与农民利益联结较为紧密的农民专业合作社 1 000 家，使农民组织化、农业标准化、产业规模化和产品市场化程度都有较大提高，农民收入明显增加。

四、立法中几个主要问题的探讨

（一）关于立法的基本原则

农民专业合作经济组织应当以农民为主体，遵循以下基本原则进行组织，即加入自愿、退出自由，民主管理、民主监督，成员平等、合作互助，自负盈亏、盈余返还。其宗旨是最大限度地为成员服务，对内不以盈利为目的，对外参与市场竞争、追求利润最大化。

（二）关于名称问题

我国目前关于合作经济组织的立法对象，是指在家庭承包经营基础上，同类农产品的生产经营者、同类服务的提供者和利用者，以农民为主体，自愿联合，按照章程进行生产、经营的互助合作经济组织。它具有很强的专业性，并不包括综合性的农村社区性集体经济组织和农村信用社、供销社等过去计划经济时代延续下来的合作组织，而且这些合作组织与农民适应市场经济体制自愿建立的农民专业合作经济组织有着本质的区别。因此，将这部法律命名为《农民专业合作经济组织条例》，则更能准确表达法律的内容。

在国际上，欧美主要国家的合作组织法，一般都是指专业合作组织的法律，调整范围不仅包括农业合作社，而且包括消费合作社、信用合作社、保险合作社和住房合作社等。如德国合作社法的名称为《德国经营及经济合作社法》，调整的范围有预支与信贷合作社，原材料合作社，销售合作社，储藏合作社，生产合作社，消费合作社，购买、利用并共同结算合作社，建造住房合作社等，而这些合作社也都是专业性的合作社。这是由于欧美国家没有我国这种带有综合性的社区集体经济组织，只有专业合作组织，所以在法律名称中就没有必要加上"专业"予以区别。但是，在日本，就有了综合农协和专业农协之分。《日本农业协同组合法》既调整综合农协，也调整农协中央会和信用、供销、共济保险和医疗等专业农协联合会以及苹果、茶叶、养鸡等专业农协。我国的实际情况是存在大量社区性集体经济组织，与之相区别，这部法律的名称就应该体现"专业"二字。而且专业合作经济组织也是今后农民合作经济组织发展的主体和方向。

此外，法律名称定为《农民专业合作经济组织条例》，能够体现国家鼓励和支持发展专业合作经济组织的政策。不仅让广大农民群众放心，而且让各级党政领导放心。

（三）关于法人地位问题

制定农民专业合作经济组织法的一个关键，就是要解决该组织的法人地位问题，使其享有民事主体资格并受到法律的保护。事实上，根据农民专业合作经济组织自愿、民主管理和合作互动的制度特征，农民专业合作经济组织在价值取向上是独立的经济组织。既与企业法人有着相似的市场经营行为，即它的经济功能，如某些营利性因素（对外营利），也有社会团体法人的某些公益性因素（对内服务）。从组织结构上，既有一般企业的某些特征，又有别于独资企业、合伙企业、公司制企业、社区性集体经济组织和社团组织，是在市场经济环境中发育起来的一种新型独立的合作经济组织形式。因此，它是一种特殊法人，即合作社法人，区别于企业法人和社团法人。从我国《民法通则》规定的法人应当具备的四个条件来看，农民专业合作经济组织具备法人资格。按照我国现行的法人分类，将农民专业合作经济组织归入何种法人类型更符合其特征并有利于发展，的确是需要认真研究的问题。从农民专业合作经济组织的制度特征和发展趋势看，如定义为社会团体法人是不恰当的，定义为企业法人也是不合适的。只有将农民专业合作经济组织定义为合作社法人或合作社型企业法人，比较切合中国的实际，也符合国际惯例。

（四）关于登记注册问题

农民专业合作经济组织，为了依法从事生产经营活动，在登记管理上，有的地方通过工商登记将其注册登记为有限责任公司、合伙企业、股份合作企业、集体企业和个体工商户等；有的地方为了使其合法化，在民政部门登记为社团组织。但是，登记为企业法人，既要承担相应的各项税费，还要支付各项为农民服务的社会性公益开支，使农民专业合作经济组织难以长期生存。同样，登记为社团法人，就不能从事经营活动，又影响到农民专业合作经济组织的凝聚力和发展壮大。这种困境，致使大多数农民专业合作经济组织未能登记，在没有法律保护的环境下运作。同时，也给国家指导、监督农民专业合作经济组织的发展带来了许多困难。为了使农民专业合作经济组织取得合法身份，又不违反《民法通则》，有两种方案可供选择。一种是建议在所在地县级工商行政管理部门登记，直接明确农民专业合作经济组织为合作社法人，并将合作社法人列为现行的市场主体法人之一。为与内资企业、私营企业和外商投资企业法人有所区别，采取法律解释的方式，在企业法人分类中，增加农民专业合作社法人，在工商行政管理部门进行登记注册。另一种是考虑到目前陕西省农民专业合作经济组织发展还处于初始阶段，规模较小，经济功能较弱，以中介服务为主，尚不具备在工商行政部门登记条件的，可在农业部门设立一个专门的咨询管理机构，专门负责农民专业合作经济组织的咨询登记服务工作，待条件成熟，再到工商行政部门进行登记，领取农民专业合作经济组织的企业法人营业执照。

（五）关于调整范围

要实现促进农民专业合作经济组织规范发展的立法目标，立法时必须体现适度规范的精神，其法律调整范围不能太窄，要有一定的包容性。所谓包容性，就是要根据陕西省的实际情况，从经济发展的不均衡性和农民专业合作经济组织发展的不平衡性出发，对现实存在的农民专业合作经济组织的多种组织形式，要予以承认、适度规范、重在引导。应当在充分借鉴国际合作社联盟关于合作社的定义和基本原则的基础上，同类农产品的生产经营者、同类服务的提供者和利用者，自愿联合、民主控制（治理）的互助性经济组织，只要是以农民为主体组成的，具有合作章程、合作内容、合作要素和合作效益的经济实体，都可以称之为农民专业合作经济组织。因此，对于农民专业合作经济组织的定义不宜采取列举形式，目的是包容当前存在的多种组织形式，进一步促进其发展。同时，由于各地农民的收入水平存在较大的差距，为调动广大农民兴办合作经济组织的积极性，对农民专业合作经济组织的设立条件，要做较为宽松的规定，可以暂不明确法定最低出资额及出资方式，而是将决定权交由章程规定。但必须明确，农民专业合作经济组织法的调整范围，不应该包括社区性集体经济组织和农村供销社、信用社。这是因为我国农村实行家庭联产承包责任制和市场经济体制后，于20世纪50年代合作化运动中形成的这三种合作组织的生存与发展环境发生巨大变化，出现政社合一、产权不明、经营不善、异化、代理等诸多制度性问题，需要通过改革解决其自身发展的问题。

（六）关于政府主管部门

为了指导和扶持农民专业合作经济组织健康发展，世界各国大都明确政府农业部门为行政管理机构。日本实行机构简化政策，农业领域的工作全部由农林水产省（即农业部）负责，在农林水产省设有经济管理局，下设农协课，各都道府县农政部（即农业局）也设有农协课，负责对农协实行指导、管理和监督、监察，并通过各级农业行政机关对农协实施登记审核、检查监督和指导管理等措施，以加强政府通过农协对农业和农村政策的全面贯彻实施，并保障农协健全运营。农协也将成员和广大农业者的愿望和意见及时反馈给农林水产省，使政府能够适时调整或修改农业政策，并根据实际情况在资金、技术、物资和信息等方面对农协予以支持。泰国政府的农业合作部，下设合作社注册管理处、发展局和审计局等机构，负责全国合作社事务，合作社发展中遇到的一切问题，都是通过该局进行调查研究、制定政策和具体指导、财力支持以及与其他部门协调来解决。

目前，我国农民专业合作经济组织的管理体系，中央一级有农业部、民政部、中国科学技术协会、全国供销合作总社和中国人民银行分别对不同类型的农村合作经济组织实施归口管理，地方各级除以上五个行业系统外，人事、劳动、科委和工商等部门也有介入。这种多头管理体系无法形成对农民专业合作经济组织工作的一盘棋管理和积极支持，后果是导致农民专业合作经济组织指导部门各自为政、政出多门、组织松散、不联不合和势单力薄的局面。因此，建议陕西省政府规定一个职责明确、体系健全的行政指导机构，不设置审批许可，只负责对农民专业合作经济组织进行指导和服务。

（七）关于与政府的关系

陕西省农民专业合作经济组织的发展还处在初始阶段，需要各级政府和相关部门进行引导、扶持、管理和监督。许多发展中国家的农民专业合作经济组织起步较晚，但借鉴发达国家的有益经验，结合本国农民文化教育水平低、民主管理意识差和市场发育不健全等实际情况，政府对农民专业合作经济组织给予必要的帮助和支持，有效地促进了农村经济的发展。因此，出台农民专业合作经济组织法，一定要准确规定政府与农民专业合作经济组织的关系。政府应对农民专业合作经济组织在人员培训、资金扶持、税收优惠、信贷支持、产业政策、市场信息、贸易开拓、经营管理和科学技术等方面给予一定的引导、扶持、保护和服务。同时，既要对内部管理制度、财务管理和民主管理等方面进行必要的监督管理，又要防止对农民专业合作经济组织在人事安排、经营业务等方面进行干预，发挥有限政府的作用，使其成为独立自主的市场主体，真正成为农民自己的互助组织。

五、对加快立法工作的几点建议

农民专业合作经济组织立法有着非常特殊的复杂性，涉及农民、政府、农业龙头企业、科协、供销社和基层农业技术服务组织等。为了搞好立法工作，进一步促进农民专业合作经济组织的发展，建议在立法工作中要注意做好以下工作。

（一）广泛开展调查研究

农村工作的复杂性，决定了农民专业合作经济组织立法的复杂性，立法调研一定要对各地农民专业合作经济组织的发展状况、登记注册情况、运营机制、管理水平、政府支持程度以及存在的问题等进行全面的调查研究，摸清基本现状，掌握第一手资料，使陕西省农民专业合作经济组织条例具有一定的包容性、超前性和时代特征。

（二）制定相应的优惠扶持政策

政策支持是农民专业合作经济组织发展壮大必不可少的，也是各级政府促进农民专业合作经济组织健康发展的重要措施。无论有没有农民专业合作经济组织法，政府的扶持都是非常必要的。因此，各级政府在法律出台前后，要结合当地实际情况，在资金、信贷、税收、人才以及用地用电等方面制定相应的优惠扶持政策，既有利于当地农民专业合作经济组织的规范发展，也有利于为立法工作做好准备。例如：政府适当安排资金扶持农民专业合作经济组织试点的建设，用于扶持当地农民专业合作经济组织发展；农民专业合作经济组织享受国家有关税收优惠政策；商业银行、农村信用社等金融部门积极为农民专业合作经济组织提供信贷支持，为符合条件的农民合作经济组织解决季节性、临时性所需的资金；国土资源部门对农民专业合作经济组织从事花卉苗木业、渔业、畜牧业和从事农产品流通临时性收购用地以及进行农产品初加工用地，不涉及建成永久性建筑物的，应视作农业生产之用，可不办理农用地转用审批手续，参照临时用地有关规定进行管理；供销、农资部门要支持农民专业合作经济组织的发展，准许其从事经营农业生产资料，农民专业合作经济组织可根据成员的直接生产需要，从事化肥、农药、农膜等生产资料的购销业务，实行零利润经营；外贸、商业支持农民专业合作经济组织与国内外超市、物流或配送中心、农产品加工企业建立销售网络，通过订单形式建立契约关系；交通部门支持农民专业合作经济组织的农产品运输，开辟绿色食品通道，特别对鲜、活的农产品要优先放行；科技、质检部门鼓励和支持农民专业合作经济组织发展无公害农产品、绿色食品和有机食品，推进农业标准化生产。

（三）进一步加快立法进度

全国人民代表大会目前正在加快对农民合作经济组织的立法进度。在全国的法律尚未出台之前，建议陕西省人民代表大会在全省近十年开展农民专业合作经济组织试点的基础上，借鉴浙江省制定《浙江省农民专业合作社组织条例》的经验，结合陕西的实际，出台地方性法规《陕西省农民专业合作经济组织条例》，或由陕西省政府出台《陕西省农民专业合作经济组织管理办法》法规性文件，为陕西省农民专业合作经济组织的快速健康发展创造良好法律环境。

本文是陕西省人大农业与农村工作委员会 2005 年调研课题，与刘普选、刘小平、白西兰、张旭峰合作，发表在陕西省社会科学界联合会编《润物集》上，陕西人民出版社，2006 年，第 272 - 280 页。

学习贯彻《农民专业合作社法》的几个问题

一、《农民专业合作社法》颁布前后情况

（一）《农民专业合作社法》颁布之前

2003 年，全国人民代表大会将《农民合作经济组织法》列入立法计划。2004 年全国人民代表大会农业与农村委员会负责起草，三个省（陕西、浙江、黑龙江）分别起草《农民合作经济组织法（试拟稿）》。在此期间：

2004 年上海市农业委员会出台《加快发展农民专业合作社的若干意见》（沪农委〔2004〕116 号），上海市农委和上海市工商局联合发出通知，当年发展 187 个合作社；2005 年发展到 310 个；2006 年发展到 510 个。

2004 年 11 月 11 日，浙江省第十届人民代表大会第 14 次会议通过《浙江省农民专业合作社组织条例》，于 2005 年 1 月 1 日实施。到 2006 年年底发展 3 916 个合作社，20 万农民加入合作社，总资产达到 36.9 亿元。

2005 年 7 月，全国人民代表大会农业与农村委员会在北戴河召开《农民专业合作经

济组织法》审定会。

（二）《农民专业合作社法》颁布之后

2006 年 10 月 31 日下午，第十届全国人民代表大会常务委员会第 24 次会议以 143 票赞成，1 票反对，1 票弃权，表决通过了《农民专业合作社法》。

国家主席胡锦涛签署第 57 号主席令予以公布。

接着，全国人民代表大会常务委员会办公厅 2006 年 10 月 31 日在人民大会堂举行新闻发布会，就农民专业合作社法的有关问题回答记者提问。

2006 年 11 月，《中华人民共和国农民专业合作社法释义》由中国法制出版社出版。

2007 年 1 月 8 日，全国学习宣传贯彻《农民专业合作社法》视频会议在北京召开。全国人民代表大会农业与农村委员会在会上阐述了《农民专业合作社法》颁布及其重要意义，对抓好《农民专业合作社法》的学习宣传和贯彻落实工作提出了明确的意见；部署了具体工作。

2007 年 3 月，陕西省和湖北省人民代表大会常务委员会分别将《实施"中华人民共和国农民专业合作社法"办法》，列入 2007 年立法计划。

2007 年 4 月 10—14 日，农业部农村经济体制与经营管理司在海南省海口市举办全国《农民专业合作社法》业务辅导员培训班。

2007 年 4 月 26 日，中共湖北省委、湖北省人民政府发出《关于支持和促进农民专业合作社发展的意见》（鄂发〔2007〕12 号）。

2007 年 5 月 15—17 日，全国人民代表大会农业与农村委员会在郑州召开学习宣传《农民专业合作社法》座谈会，各省人民代表大会农业与农村工作委员会交流了情况。

2007 年 7 月 5 日，陕西省人民政府成立陕西省农民专业合作经济组织建设工作领导小组，下设办公室。办公室设在农业厅，由一名副厅长任办公室主任。

2007 年 6 月 30 日（在本法实施的前一天），全国人民代表大会法律委员会、农业与农村委员会、法制工作委员会与国务院法制办公室、农业部联合召开贯彻实施《农民专业合作社法》座谈会。

2007 年 7 月 31 日，江苏省农林厅、江苏省工商局联合发出《关于加强指导与服务做好农民专业合作社登记注册工作的通知》。

2007 年 8 月 16 日浙江省农业厅发出《关于贯彻实施〈农民专业合作社法〉进一步加强规范化建设的意见》。

根据陕西省工商局 2007 年 8 月 31 日统计，全省已经登记的农民专业合作社 364 户（其中，西安 111 户，渭南 91 户，宝鸡 59 户，咸阳 29 户，商洛 28 户，汉中 13 户，安康 11 户，延安 10 户，铜川 7 户，榆林 3 户，杨凌 2 户），入社成员 8 345 人（其中农民入社成员 8 230 人，其他经济成员 115 人）。

总体情况是农民热情很高，工商登记有序，部门指导服务到位，已经登记的合作社运行良好。

初步的实践表明，农民专业合作社的发展有利于进一步丰富和完善农村经营体制，推进农业产业化经营，提高农民进入市场的比率和农业的组织化程度；有利于进一步挖掘农业内部增收潜力，推动农业结构调整，增强农产品市场竞争能力，促进农民增收；有利于进一步提升农民素质，培养新型农民，推进基层民主管理，构建农村和谐社会，建设社会主义新农村。

根据上海市、浙江省合作社两年多运行的情况和陕西省合作社经营的情况看，参加合作社的农民，收入增加 20%。

二、合作社思想的传播与世界各国合作社的立法与发展

(一)合作社思想的传播

合作社思想产生于欧洲工业革命时期的英国。最早有记录的是英格兰的一个造船厂工人于 1760 年创办的合作磨坊和合作面包房。

当时轰轰烈烈的工人运动中，各种合作社思想流派随之出现和形成，合作社运动也蓬勃发展。典型代表是空想社会主义者罗伯特·欧文关于建立和谐社会的构想。还有英国的威廉·金，法国的菲力浦·毕舍等一些基督教社会主义学派的合作思想。英国于 1844 年诞生的第一个现代意义上的合作社——罗虚代尔公平先锋社，就是直接受到威廉·金思想的启示发展起来的。它是由 28 名纺织工人共同发起成立的消费合作社。

此外，国家社会主义学派、合作共和国学派以及欧洲合作思想流派，都对世界合作社的发展产生了影响。

马列主义的合作思想是在批判地吸收欧洲空想社会主义思想的基础上形成的。

马克思、恩格斯对欧文及其同时期的工人合作社多次给予高度评价。马克思在《国际工人协会成立宣言》一文中说："对这些伟大的社会试验的意义不论给予多么高的估价都是不算过分的。"在《资本论》中，马克思说："工人自己的合作工厂，是在旧形式内对旧形式打开的第一个缺口。"是对资本主义生产关系的"积极扬弃"。

恩格斯在《法德农民问题》一文中，提出建立农民生产合作社的主张。

列宁的合作思想前后有几次变化，十月革命前，列宁主张土地实行国有化，建立协作农场。十月革命胜利后，主张发展农业公社。三年战时经济的饥荒后，提倡实行合作制。他在《论合作社》一文中说："合作社的发展也就等于社会主义的发展。"

罗虚代尔公平先锋社制定的合作原则和合作精神广泛流传，后来成为国际合作社联盟（ICA）共同遵守的思想基础。

1955 年，国际合作社联盟在第 31 届代表大会上，通过了《关于合作社特征的宣言》，界定了合作社的定义、价值和原则。

定义：人们自愿联合，通过联合拥有和民主控制的企业，满足他们共同的经济、社会和文化需要及理想的自治组织。

价值：自助、民主、平等、公平和团结，社员信奉诚实、公开、社会责任和关心他人的道德观念。

原则：自愿和社员资格开放；社员民主控制；社员经济参与；自治和独立；教育、培训和信息；合作社之间的合作；关心社区事业。

(二)国外合作社的立法与发展

国外农村合作社的发展已有 160 多年的历史，在合作社定位、优惠政策和立法等方面形成了较为丰富的经验。

英国、法国、德国、瑞典、荷兰等国家早在 19 世纪中下半叶就制定了相关法律。美国、加拿大、澳大利亚、日本也在 20 世纪初期相继颁布实施了有关法律，而且法律体系健全。巴西、印度、泰国、越南等发展中国家也制定了专门法律，明确了农业合作组织的法律地位和法人资格。政府依法制定示范章程，管理农业合作经济组织，农业合作经济组织守法经营，保证了自身的健康、持续发展和不断壮大。

美国虽然没有专门的联邦合作社法，但为了鼓励成立合作经济组织，以联合力量保护农民自己的合法权益，于 1922 年制定《卡帕—沃尔斯坦德法》，给予美国农场主法定基金以便联合起来，并给予企业法人登记，在资金、税收、信贷等方面给予许多不同于一般工商企业的优惠，而且这种联合不受反托拉斯法的约束。同时，许多州制定有专门的合作社法，给予合作社法人登记资格。

荷兰对合作社社员有明确的规定（如奶牛合作社）。

日本政府 1900 年出台了《产业组合法》，1947 年又制定实施了《农业协同组合法》。日本农业协同组合（Japanese Agricultural Cooperative，我国学者翻译为"农协"）替代了原来的产业组合，成了覆盖全体农民、由基层农协、都道、府、县（相当于我国的省）农协联合会和全国联合会构成的体系完备、生老病死无所不包的综合性农协。

在日本经济由统制经济加自由经济向市场经济转变的 50 年过程中，《农业协同组合法》修改了 30 次，同时，还出台了《农渔业协同组合再建整备法》《农林渔业组合联合会整备促进法》《农协合并助成法》等 10 多部相配套的法律。农协也相应进行了多次改革。

一是精简机构和人员。到 20 世纪 80 年代，农协已经将原来的 1 万多个合并为 3 000多个，90 年代进一步减少为 1 500 多个，2003 年进一步合并为 535 个。降低了运作成本，提高了竞争力和效率。

二是市场运作。市场化的做法包括扩展非生产领域的服务、积极主动地充当产加销一体化中的龙头企业、通过吸纳准会员等方式扩张资本等。涉及信用事业、保险事业、贩卖事业、仓储事业、加工和设施利用事业等。进行直面消费者的销售，既实现了农协会员的利益，也使消费者受惠不小，因为质优价廉深受欢迎。

三是主动吸纳非农会员，称为准会员。与原来的会员都是农民不同，准会员都是在日本社会备受优待的会社社员（公司职员）或会社本身，因为农民的减少，他们在日本又是消费者的主体，所以吸纳准会员就是一个农协市场扩张的举措。目前，准会员占到了会员的 1/3。准会员和会员都要出资（股金），只是权力不同。

四是土地规模经营。由于法律规定土地不能出租，土地规模经营一直是一个难题。农协的具体做法是一方面利用自己的进言渠道，推动土地出租，另一方面通过组建农业生产联合体，在法律框架内实施规模经营。

当今世界合作社发展到相当水平。据联合国统计，1994 年全球有 30 亿人的生计依靠合作社，占世界人口的一半。

据国际合作社联盟统计，世界有 8 亿人参与合作社，加入国际合作社联盟的成员有220 个国家和国际组织以及合作社民间团体组织。

农业合作社是各类合作社中发展最快、最广泛的组织，占世界各类合作社总数的

36％。发达国家的农民几乎都参加了各类农业合作社，有的农户参加几个合作社。丹麦98％的农民都是合作社的社员，每个农户平均参加 3.6 个合作社。法国、荷兰 90％的农民加入农业合作社。西班牙合作社中农业合作社占 50％。美国每个农户参加 2～6 个合作社。印度、泰国、斯里兰卡入社农民占 30％～60％。非洲的一些国家入社农民占10％～30％。

三、合作社思想在中国的传播与农业合作社的变迁

合作社思想在中国的传播，开始于 1915 年的新文化运动和 1919 年的五四运动，由于合作思想传播的渠道不同，在中国形成了改良主义、三民主义和马克思主义三种主要的合作思想。

合作思想传播的途径有三个。

一是知识分子的传播。有"中国合作之父"之称的薛仙舟借鉴欧美合作社的成功经验，积极倡导合作社运动，于 1919 年 10 月在复旦大学成立中国第一个信用合作社——上海国民合作储蓄银行。1916 年，出版了《德意志、日本产业组合法汇编》一书。

二是民主革命人士的传播。孙中山的三民主义，特别强调合作社的作用。

三是马克思主义合作思想的传播。五四运动以后，以陈独秀、李大钊为代表的革命青年，在宣传马列主义的同时，也传播了马列主义的合作思想。陈独秀主编的《新青年》，在 1920 年刊载了《俄罗斯同业组合》的文章。瞿秋白以北京《晨报》特派员的身份向国内介绍列宁的合作制思想和政策。

毛泽东同志的合作思想，是在中国革命基础上，对马克思主义合作思想的继承。他在《湖南农民运动考察报告》中指出："合作社，特别是消费、贩卖、信用三种合作社，确是农民所需要的。"1943 年，他在招待陕甘宁边区劳动英雄大会上发表"组织起来"的著名讲话，指出："目前我们在经济上组织群众的最重要的形式，就是合作社。""在农民群众方面，几千年来都是个体经济，一家一户就是一个生产单位，这种分散的个体生产，就是封建统治的基础，而使农民自己陷于永远的穷苦。克服这种状况的唯一办法，就是逐渐地集体化；而达到集体化的唯一道路，依据列宁所说，就是经过合作社。"新中国成立以后，毛泽东同志又提出了分三步，把农民从互助组到初级社再逐步过渡到完全社会主义性质的农业生产合作社的思想。

刘少奇同志认为："合作社制度已逐步成为中国一种日益重要的新的社会经济制度，它在中国将有极伟大的光明的发展前途。"他的合作社思想主要体现在六个方面。(1)"合作社制度应该成为一种普遍的社会经济制度"，"无论是现在还是将来，我们都不能不十分重视合作社"。(2) 组织和发展流通领域合作社，是引导农民走向市场，促进农业生产和农村商品经济发展的关键。(3) 组织和发展合作社，必须尊重农民的意愿和选择，"要防止急性病"，不能搞强迫命令。(4) 合作社要真正由社员当家作主，"只有社员才是合作社的'老板'""多数社员认为不能办的事，就不要办"。(5) 必须加强合作社教育的宣传与培训，把重视培养合作社干部与增强广大农民群众的合作意识结合起来。(6) 应该在政府中设立合作社事务管理机关，统一协调和指导，严格保护各种合作社的财产。

新中国成立前，党在总结历史上由来已久的农民变工互助的经验基础上，实验过多种形式的农业互助合作，如土地革命时期福建上杭才溪乡的耕田队，江西瑞金叶坪乡的犁牛合作社，一直到抗日战争时期陕北等地蔚然兴起的变工互助等。到 1949 年，互助组在华北、东北等地有了较大发展。20 世纪 50 年代初期，在尊重农民自愿互利原则的基础上，各地农民开展了互助组、初级社等多形式的合作，解决了当时生产力水平低、一家一户劳动力欠缺、生产资料不足等问题，促进了农业和农村经济的发展。

1955 年夏季开始，我国农业生产合作化运动走过了一段弯路。直到 1984 年中央 1 号文件正式废除人民公社体制，这种状况才从根本上得以改变。但是，很长一段时期内造成了人们思想认识上的"谈合色变"。

农村改革，确立了以家庭承包经营为基础、统分结合的双层经营体制，家庭经营的潜力得以迸发，逐步涌现出一大批专业户。这些专业农户，为了进一步提高产出水平，满足市场需求，逐步开展了技术、信息领域的交流与合作，一批专业技术协会随之涌现。随着农业市场化、农产品商品化、农业生产规模化和农业产业化的深入，广大农民群众在农业生产经营中的合作领域进一步拓宽，合作内容进一步增多，逐步由一般的产中技术信息合作走向生产资料购买、产品储藏、加工、运输和销售等产前产后各环节的全面合作，一批农民专业合作社应运而生。

改革开放后产生的各类新型农民专业合作经济组织，是农村实行家庭联产承包责任制的必然趋势，是农业市场化和产业化经营发展的必然产物，也是应对日益激烈的国际国内竞争，提高农民组织化程度的必然选择。它与 20 世纪 50 年代中后期的高级农业生产合作社、改革前的农村人民公社以及传统的供销合作社、信用合作社有着根本的不同。用农民群众的话讲，就是六个字——两在、两先、两自。

"两在"就是"生产在家，服务在社"。

"两先"就是"先有专业生产，后有专业合作；先有群众意愿，后有组织建设"。

"两自"就是"自主管理，自由进出"。

这六个字，充分反映了我国新型农民专业合作经济组织的本质特征。这些特点，使它在增加农民收入、发展现代农业、建设社会主义新农村及构建和谐社会中，有效发挥了以下几方面的作用。

一是促进农业标准化生产，增强了农产品市场竞争能力。

二是带动农业结构战略性调整，推动形成了"一村一品"的产业格局。

三是提高农民市场谈判地位，有效增加了农民收入。

四是拓宽农业社会化服务渠道，推动了基层农业技术推广体系的改革。

五是提高农民素质，培养了新型农民。

六是完善乡村治理结构，推动了基层民主管理。

七是改变乡风习俗，促进了农村精神文明建设。

八是为国家扶持"三农"提供了崭新的渠道。

根据近年来的 4 个中央 1 号文件精神，中央财政目前已累计安排专门资金 2.9 亿元，由农业部和财政部共同组织实施农民专业合作经济组织示范项目建设，项目资金拨付采取"一竿子直插到底"，由国库直拨到农民专业合作组织的银行账户的方式，通常不到一个星期，合作社就能收到国家扶持补助资金，极大地、快捷地发挥了国家财政资金的示范效应，增强了合作组织的凝聚力，壮大了对成员的服务力，提高了农产品市场开拓力，增强了当地主导产业的带动力，受到了农民群众的高度赞誉和广泛欢迎。在中央财政扶持资金的带动下，2004 年以来，各省级财政安排专项扶持资金已超过 4.6 亿元。这些政策有力地促进了农民专业合作经济组织的发展。

目前，全国有各类农民专业合作经济组织 15 万多个，农户成员 2 363 万户，占全国农户总数的 9.8%；带动非成员农户 3 245 万户，占农户总数的 13.5%；两类农户合计占农户总数的 23.3%。

陕西省自 1995 年开展农民合作经济组织试点工作以来，先后建立各类农民专业合作经济组织 9 400 多个，入会成员 125 万户，拥有固定资产 6 亿多元。20 多年的发展实践证明，发展农民专业合作经济组织是解决"三农"问题的重要途径，同时，也为制定《农民专业合作社法》提供了经验，创造了条件。

四、《农民专业合作社法》的立法背景、基本原则和基本特征

（一）立法背景与立法的必要性和紧迫性

改革开放以来，我国农村合作经济组织发展很快，但仍存在一些值得关注的突出问题。

1. 法律地位不明确 由于法律尚未出台，农民专业合作经济组织生产经营活动缺乏法律支持。从实际情况看，要么在民政部门登记为社团法人，但不能从事经营活动，而经营活动正是绝大多数合作社成立和发展的基础；要么在工商部门登记为合伙企业或有限责任公司，但合伙企业要承担无限连带责任，农民不愿办，而有限责任公司门槛又高，多数农民办不起，且登记手续较繁、费用较高、税收等优惠政策难落实；要么在农业部门登记，但又缺乏法律依据。因此多数农民专业合作经济组织没有登记。

2. 发展能力不强，发展水平不高 全国 15 万个农民专业合作经济组织中，相当一部分成员间的技术互助和信息互通水平、产品市场开拓、品牌建设、加工增值的能力还十分薄弱，急需加大国家扶持特别是资金扶持力度。

3. 管理不够规范 相当一部分合作社与成员的利益关系比较松散，盈余分配办法有待完善，内部管理需要加强，经营机制不够灵活。由于大多数普通农户成员对外部力量和能人的依赖度较大，加之缺乏法律界定标准，一些不由成员控制的企业、单位和个人随意"翻牌"为农民专业合作经济组织，产生不良影响。

4. 政府部门的指导、支持与服务不适应需要 一方面存在着对新型农民专业合作经济组织指导不及时、支持力度小、服务不到位的问题；另一方面，也存在着急于求成、行政干预的情况。在市场经济条件下，如何适应农民的需要，引导农民专业合作经济组织快速健康发展，是我们面临的一项重大课题。

5. 缺乏法律规范 《宪法》《农业法》《土地管理法》和《村民自治法》等都提到了农村合作经济组织，但均未作明确规定。立法滞后，致使合作经济组织的法律地位不明确，内部管理制度不健全，经营活动受到严重影响，司法机关在处理涉及合作经济组织的经济、民事案件时，难以做出准确的裁决。

因此，借鉴世界农业发达国家成功的立法经验和浙江省的立法经验，结合陕西省农民专业合作经济组织发展的实际，通过地方立法对农民专业合作经济组织加以正确引导和规范，对保护农民专业合作经济组织的合法权益，确保增加农民的收入，不仅十分必要，而且是国内、国际发展形势下的迫切需要。

（二）根本宗旨

是为了支持、引导农民专业合作社的发展，规范农民专业合作社的组织和行为，保护农民专业合作社及其成员的合法权益，促进农业和农村经济的发展。

（三）调整对象

是指在农村家庭承包经营基础上，同类农产品的生产经营者或者同类农业生产经营服务的提供者、利用者，自愿联合、民主管理的互助性经济组织，即农民专业合作社。

调整对象体现四个特点：主要由享有农村土地承包经营权的农民组成；体现成员经济参与和实现某种经济目的；围绕某类农产品或者某类服务而组织起来；是遵循合作社的一般原则而成立的互助性经济组织。

（四）基本原则

成员以农民为主体；以服务成员为宗旨，谋求全体成员的共同利益；入社自愿、退社自由；成员地位平等，实行民主管理；盈余主要按照成员与农民专业合作社的交易量（额）比例返还。

（五）法人地位

法律明确了农民专业合作社的法人资格，确立了农民专业合作社独立的市场主体地位。只有把握好法律的调整对象，才能准确甄别谁是真正的农民专业合作社，防止农民专业合作社被少数人控制，确保国家的优惠扶持政策落到实处，切实保障农民专业合作社及其成员的合法权益。

（六）规范内容

《农民专业合作社法》明确了农民专业合作社的产权关系和责任方式、设立和登记，成员资格及成员的权利和义务，组织机构与相应职权，财务管理和可分配盈余的返还比例，合并、分立、解散和清算，扶持政策以及法律责任等，适当地规范了农民专业合作社的组织方式和行为方式。只有把握好法律规定的组织和行为规范，才能正确引导农民专业合作社依法健康发展。

（七）基本特征

《农民专业合作社法》是一部特殊的市场主体法律。这部法律突出了农民的主体地位和农民对合作社的民主管理权利，规定农民成员的比例不得低于80%，成员地位平等，实行一人一票制，每个成员享有一票基本表决权。

法律设专章"扶持政策"（第七章），规定了国家支持农民专业合作社建设与发展的财政、金融、税收以及农业和农村经济建设项目等优惠扶持政策。法律还为农民专业合作社自治留下了足够的空间，成员的出资额、出资方式，是否设立理事会、监事会，成员代表大会的设置及其职权的行使等可以由章程规定。

（八）基本政策

国家扶持农民专业合作社的基本政策，为其发展创造良好的政策环境，本法规定"国家通过财政支持、税收优惠和金融、科技和人才扶持以及产业政策引导等措施，促进农民专业合作社的发展"。

五、学习宣传贯彻《农民专业合作社法》需要把握的几个问题

（一）发展农民专业合作社，把握"四个原则"，做到"三个防止"

1."四个原则" 一是要以农村土地家庭承包经营为基础。二是要坚持市场经济的原则，在农民自愿的基础上，发展农民专业合作社。三是要以促进本地区农民专业合作社发展，提高农业生产和农民进入市场的组织化程度为基本出发点。四是要把以农民为主体发展农民专业合作社的基本方针贯穿始终。

2."三个防止" 一是防止搞运动、定指标和行政命令。二是防止中、小企业趁机搭乘和逃税。三是防止农业专业协会"翻牌""转社"。

（二）正确宣传农民专业合作社的性质，准确把握"四个区别"

（1）农民专业合作社与人民公社有本质上的区别。

（2）农民专业合作社和村民委员会是两种性质不同的组织，专业合作社是互助性的经济组织，而村民委员会是村民对自己村内事务进行管理的组织。

（3）农民专业合作社与农业专业协会的区别。农业专业协会是按照《社团组织法》登记的合法组织，不能有经营活动；合作社是按照《农民专业合作社法》成立，受法律保护，有经营活动。两者独立存在，互不排斥，互不取代，但互可入社（协会）。

值得指出的是，农村的合作经济组织类型很多，包括农民专业合作社、社区性农村集体经济组织、农村合作金融组织、社会团体法人类型的农民合作组织，只从事专业的技术、信息等服务活动，不从事营利性经营活动的农业生产技术协会和农产品行业协会，以中介服务为主的合作社、研究会等。要注意充分肯定各类合作经济组织的作用。

（4）严格区分农民专业合作社与龙头企业、股份企业、中小企业。

（三）从事公共事业人员不能入社

指国家公务员和各级政府为农业服务的相关机构中执行相应公务人员，不得担任理事长、理事、监事、经理和财会人员。

（四）不断完善地方立法，制定相应的优惠扶持政策

（1）为了防止弄虚作假，建议参照《社团组织法》的规定，在合作社召开社员代表大会的时候，农业和工商登记部门应当派员参加。工商登记一定要严格把关。

（2）国家和省级政府要在资金、信贷、税收、人才、用地、用电等方面制定相应的优惠扶持政策，保证农民专业合作社健康成长。

（五）关于政府管理问题，相信政府的管理艺术

上位法没有规定主管部门，那么，政府如何管理？

全国人民代表大会常务委员会副委员长乌云其木格2007年6月30日在贯彻实施《农民专业合作社法》座谈会上说："指导农民专业合作经济组织的建设是国务院依法赋予农业部的职责，因此，各级农业行政主管部门都要更加认真研究如何依法做好指导、扶持和服务工作。各级人民政府的其他有关部门和供销社、科学技术协会等组织都要在政府统一组织下，依照法律规定和各自职责，为农民专业合作社提供指导、扶

持和服务。"

湖北省委、省政府明确由农业厅牵头，建立联席会议制度；江苏省农林厅和江苏省工商局建立协调机制。

鉴于陕西省政府于 2007 年 7 月 5 日成立陕西省农民专业合作经济组织建设工作领导小组（陕政字〔2007〕99 号），在符合上位法原则的情况下，总结陕西省历史经验，应在《办法（草案）》中明确农民专业合作社的建设工作领导机构。农工委建议在《办法（草案）》第六条增加一款"县级以上人民政府设立农民专业合作经济组织建设工作领导机构及其办事机构，应做好综合协调、指导和服务工作"是适当的。

本文是 2007 年 9 月 27 日在陕西省人民代表大会常务委员会举办的第 11 次法制讲座上的讲稿。

指导陕西省农民专业合作社积极健康地向前发展

党的十七届三中全会决定要求，要"扶持农民专业合作社加快发展，使之成为引领农民参与国内外市场竞争的现代农业经营组织"。2009 年中央 1 号文件再次要求各地加快农民专业合作社发展，并开展示范社建设。2006 年全国人民代表大会专门颁布了《农民专业合作社法》，依法对农民专业合作社的经济地位、运作程序和有关问题作出规定。据此，陕西省政府 2009 年已就本省加快发展农民专业合作社问题做了规划和安排。目前，全省农民专业合作社正处在起步发展阶段。

一、陕西省农民专业合作社发展的现状

据陕西省工商局统计，2009 年 6 月底全省已有登记注册的农民专业合作社 5 472 个，入社成员 55 163 户，出资总额 29.6 亿元。农民专业合作社作为新的市场经营主体正在各地崛起，并呈现以下特点。

（一）以种养业为主的专业生产型合作社占主导地位

在全省现有的 5 472 个专业合作社中种植业占 39.4%，养殖业占 30.3%，两者占到总数的 69.7%，产品销售、生产资料供应、技术信息服务等合作社只占 31.3%，这批专业合作社是农村改革的新事物，他们的法人代表都是在市场经济拼搏中涌现出的一批能人。

（二）依托优势产业建社是其主要特点

洛川县的支柱产业是苹果，全县先后成立了 122 个苹果农民专业合作社。靖边县的特色农产品和畜产品是马铃薯、蔬菜、羊，该县就出现了各类农民专业合作社 76 个，产品已进入北京、广东、上海、山东等省份和日本、韩国等国际市场。商洛市是传统的药材、养猪、养蜂、养鸡基地，这里就出现一批跨村、跨乡、跨县的农民专业合作社，而且对内统一开展技术服务，对外统一发布产业信息，带动了全市农村产业化经营水平的快速提升。洛南县麻坪镇中药材种植专业合作社，成员 1 635 人，覆盖 3 个乡镇，连片发展中药

材生产基地 6 100 亩，2008 年社员人均纯收入 3 570 元，较非成员户人均收入高出 1 201元。从各地实践看，凡办得好的合作社都与龙头企业结盟，有村干部领头，有农技人员指导。

（三）农民专业合作社获得各方面的积极支持

陕西省工商局开设绿色通道，方便农民专业合作社注册登记，支持农民专业合作社作为出资人成为有限责任公司股东，允许具有较大规模的农民专业合作社名称冠上省名。陕西省财政逐年增加专项扶持资金，2009 年安排 3 000 万元。陕西省农业厅启动农民专业合作社示范县建设工程，抓了 11 个示范县、115 个示范社。陕西省供销社对农民专业合作社派人专门指导，已帮助建立各类农民专业合作经济组织 2 197 个。陕西省农业综合（扶贫）开发领导小组办公室利用小额贷款扶持农民专业合作社。陕西省农业机械化管理局通过购买农机补贴支持发展农机专业合作社。陕西省科学技术协会开展科普惠农计划，支持建立农村专业技术协会 5 000 多个。

二、当前农民专业合作社发展中存在的问题

陕西省建立农民专业合作社虽然起步早，但发展慢、数量少、规模小、层次低。总量在全国排第 15 位，距离"一村一社"的发展目标差距很大。入社农户仅占全省农户总数的 0.78%（全国为 3%），平均每个合作社只有 10 户农民（全国为 158 户）。不少农民专业合作社管理制度不健全，操作运行不规范，生产经营能力差，与入社农户联系不紧密。实行会计核算的只有 1/3，赢利的合作社不到一半。产生这些问题的主要原因4 个方面。

（1）相当一些地方的党政领导和涉农部门对农民专业合作社的法律地位、基本性质和主要功能认识不清，有的甚至把它混同于五六十年代的农业合作化，持怀疑观望态度，未能按照中央要求以积极态度予以扶持和推动。

（2）按照法律规定，农民专业合作社应由县级以上农业行政主管部门负责指导、扶持和服务，但农业行政主管部门缺乏协调手段，领导小组未建立有效的会商制度，没有发挥有效的推进作用。

（3）缺少能人领办和参与管理。按照法律规定非农民成员依法加入的比例要占到20%，陕西省仅占 2.2%。

（4）发展资金短缺。由于自筹股金少，自有资产又无法评估抵押，很难得到金融部门的信贷支持，普遍存在资金困难，严重制约着合作经营活动的开展和发展壮大。

三、对推进陕西省农民专业合作社发展的几点建议

（一）加强组织领导，从抓示范社入手推动农民专业合作社健康发展

目前，陕西省农民专业合作社正处于起步阶段，各级党委、政府应加强领导。充实省级领导小组和办公室，明确职责，建立定期会商制度，及时协调处理有关问题。市、县政府要以《农民专业合作社法》为依据，对农村基层干部进行培训，引导他们正确认识农民专业合作社在市场经济中的经营主体地位和推进农业产业化经营，发展现代农业的重大作用。要求每个乡镇都抓好几个示范合作社的建设。示范社要达到"五个

有"：有一个特色产业依托，有一套有效的运行机制，有一套规范的管理制度，有一个能干的领导班子，有一个合理的利益分配机制。用典型引路的办法指导农民专业合作社积极健康发展。

（二）推动"科技入社"，提升专业合作社生产标准化，销售品牌化

省、市、县、乡四级农业科技推广站要从传统的"科技入户"逐步向"科技入社"转变。鼓励乡镇农业技术推广人员到农民专业合作社任职、兼职或担任技术顾问，保留原身份和工资待遇，并按贡献大小从农民专业合作社取得相应报酬。鼓励西北农林科技大学等高校和科研院所以及省、市、县三级农业技术推广单位，派科技服务组入驻农民专业合作社，帮助合作社建基地、办实体、创品牌。财政、金融、科技等部门扶持农业发展的项目和资金，应优先向品牌合作社倾斜，扶持品牌合作社在城市、城镇建立连锁店。对具有一定规模的出口型品牌合作社，应赋予进出口经营权。

（三）鼓励人才加盟，为专业合作社注入活力

鼓励企业、事业单位和社团组织依法加入农民专业合作社；鼓励退休干部、科技人员、农艺师、经济师、工程师、会计师等非农民成员依法加入农民专业合作社；鼓励乡镇农业技术推广站、畜牧兽医站、经营管理站的技术人员应聘到农民专业合作社工作；鼓励大学生村官担任、兼任合作社理事长助理；鼓励大中专毕业生到农民专业合作社工作，由县级人力资源和社会保障部门为其保管人事档案、办理集体户口和代缴社会保险等，其工作年限可连续计算工龄。

（四）落实帮扶政策，支持农民专业合作社发展

（1）经税务主管部门批准，对农民专业合作社从事灌溉、农产品初加工、兽医、农业技术推广、农机作业和维修等农、林、牧、渔服务业项目所得，免征企业所得税；对从事农业机耕、排灌、病虫害防治、植物保护、农牧保险以及相关技术培训业务，家禽、牲畜、水生动物的配种和疾病防治项目，免征营业税。

（2）对以招标、拍卖、公开协商等方式获得且已取得土地承包经营权证或者林权证的"四荒"地，允许采取转让、出租、入股、抵押或其他方式流转，入股加入农民专业合作社。

（3）对生产规模大、产品质量好、鲜活农产品产地的农民专业合作社，帮助与大型超市、农产品流通企业实行"产销对接"，有计划地组织有条件的农民专业合作社的农产品直接进入超市销售。

（五）组建农村金融机构，缓解农民专业合作社贷款难问题

加快建立小额贷款公司、农村资金互助社和村镇银行，以解决农民贷款难的问题。要积极探索农业信用担保的新方式，创建农业信用担保机构，探索农民专业合作社以产品、销售合同、土地承包经营权流转收益和土地附着物等资产抵（质）押担保贷款，允许符合条件的合作社成员开展互保共保。保险公司要开发合作社发展需要的保险产品，为农产品生产、加工、经营等环节提供各类保险服务，增强农民专业合作社抗风险能力。要加快农村集体土地"确权发证"工作，促进土地流转，解决农民在银行贷款担保和向专业合作社入股问题。

（六）积极发展农产品行业协会，建立自我约束和管理机制

各市、县应根据产业发展要求，逐步建立各类农产品行业协会，进一步明确其社团属性、职能、作用与法律责任，使之成为联系政府与农民的桥梁，发挥行业协会反映会员诉求、维护会员合法权益和保障公平竞争的作用，发挥行业协会自我约束和自我管理的职能。

本文是 2009 年 11 月 23 日完成的陕西省决策咨询委员会课题研究报告之一。课题顾问：李焕政、王焕有、王前进；课题主持人：史志诚；成员：强文祥、罗久序、郑双成、薛引娥、许浚、孙志明、杨志良、李佩成、陈锦屏、霍学喜和刘炳武。本咨询课题获得 2009 年陕西省决策咨询委员会优秀建议二等奖。刊载于《决策咨询年刊》，2009 年，第 162 - 164 页。

试论经济学研究对毒物管理与立法的影响

20 世纪 50 年代以来，随着环境污染事件的频繁发生，化学毒物数量的迅速增加，不仅促使包括毒理学家在内的自然科学家深入研究，而且引起了经济学、管理学家在内的许多社会科学家的关注。特别是一些涉及毒物和毒性事件有关的经济学研究对毒物管理与立法产生的积极影响。

目前，我国毒物管理与立法工作仍然处于初创阶段，今后进一步制定和完善毒物管理的法律法规，一方面有赖于毒理学的研究成果，另一方面还有赖于毒物和毒性事件的经济学研究不断深入，为立法提供科学技术和经济管理两方面的科学依据。因此，探讨经济学研究对毒物管理与立法的影响显得十分紧迫和必要。

一、涉及毒物和毒性事件有关的经济学研究

20 世纪 50 年代以来，经济学的研究领域不断扩展，特别是随着社会经济的发展，一些涉及毒物和毒性事件有关的经济学开始萌发，并逐步发展成为一门独立的学科。特别是 20 世纪 90 年代，除了人们熟悉的卫生经济学、环境经济学、生态经济学之外，公害的法经济学、污染经济学、犯罪经济学、环境污染的经济学、酒的经济学、烟草经济学、上瘾物品的经济学和禁毒的经济学等一些崭新的经济学学科悠然兴起，对毒物管理与立法产生了积极的影响。

（一）卫生经济学研究

卫生经济学作为一门学科是在 20 世纪 50～60 年代形成和发展起来的。当时，由于医学科研技术水平的迅速提高，诊疗手段和卫生设施、设备的现代化，人口的老龄化，慢性病的剧增和人们对医疗保健需求水平的提高等原因，造成医疗卫生费用大量增加。例如，欧洲许多国家的医疗保健费用支出，50 年代约占国民生产总值的 4%；70 年代末，已上升到 8%。从增长率来看，50 年代，许多国家卫生保健费用在国民生产总值中所占的比重增长了 1%；60 年代增长了 1.5%；70 年代增长了 2%。高额的医疗卫生费用对政府、企

业主、劳动者个人和家庭都是沉重的经济负担，客观上要求分析卫生费用迅速增长的原因，寻求抑制卫生费用增长的途径。因此，对卫生部门经济问题的研究成为经济学研究的重要课题。1952 年《世界卫生组织纪事》上发表了美国人马尔达的论文——《卫生的经济方面》，被认为是卫生经济学的第一篇著作。1958 年，麻希金在华盛顿出版的《公共卫生报告》上发表了题为"卫生经济学定义"的论文，明确提出卫生经济学的定义是"研究健康投资的最优使用的科学"。我国卫生经济学研究始于 70 年代末期。1978 年以后，卫生部门总结了新中国成立以来卫生事业建设的经验教训，分析了卫生管理体制上存在的弊病和造成卫生资源严重浪费的原因，探讨卫生工作中提出的一系列经济理论问题和实际问题，着手改革管理体制，并采取了加强经济管理的措施。

（二）环境经济学研究

20 世纪 50 年代，社会生产规模急剧扩大，人口迅速增加，经济密度不断提高，从自然界获取的资源大大超过自然界的再生能力，排入环境的废弃物大大超过环境容量，出现了全球性的资源耗竭和严重的环境污染与破坏问题。许多经济学家和自然科学家一起筹商防治污染和保护环境的对策，估量污染造成的经济损失，比较防治污染的费用和效益，从经济角度选择防治污染的途径和方案，有的还把控制污染纳入投入产出经济分析表中进行研究。这样，在 70 年代初出现了环境经济学、污染经济学（也称公害经济学）的著作，阐述防治环境污染的经济问题。

我国环境经济学的研究是从 1978 年制定环境经济学和环境保护技术经济八年发展规划（1978—1985 年）时开始的。1980 年，中国环境管理、经济与法学学会的成立，推动了环境经济学的研究。

（三）生态经济学研究

随着环境经济学研究的开展，一些经济学家认为，仅仅把经济发展引起的环境退化当作一种特殊的福利经济问题，责令生产者偿付损害环境的费用，或者把环境当作一种商品，同任何其他商品一样，消费者应该付出代价，都没有真正抓住人类活动带来环境问题的本质。许多学者提出在经济发展规划中要考虑生态因素，在掌握环境变化过程中，维护环境的生产能力、恢复能力和补偿能力，合理利用资源，促进经济的发展。

20 世纪 60 年代，美国经济学家鲍尔丁发表了一篇题为"一门科学——生态经济学"的文章，首次提出了"生态经济学"这一概念。从此生态经济学就成为研究一切社会和一切发展阶段所共有的经济规律的一门新兴学科。

生态经济学从自然和社会的双重角度来观察和研究客观世界，研究生态经济结构、功能、规律、平衡、生产力及生态经济效益和生态经济的宏观管理。生态经济学者认为，在一个国家的经济发展过程中，效益的追加部分增长时，为它追加的各种费用也必须增长，而当追加费用与追加效益数量相等时，这个国家就必须减缓或停止发展，否则会引起大范围环境恶化。

（四）污染经济学研究

污染经济学是最早发展起来的环境经济学的一部分，也叫公害经济学。主要研究环境污染与经济活动的关系、污染及其防治的技术经济分析、污染控制措施的费用效益分析、最佳污染控制水平的确定和环境污染的投入产出分析。

有害气体和悬浮物质造成的大气污染，放射性污染，工业废气、废水、废渣造成的污染，农药化肥使用不当造成的污染，交通运输工具排出有害气体、居民生活污水和废弃物造成的污染等，一方面对作为生产力主要因素的人造成损害，如职业病，使劳动者丧失劳动能力或提前丧失劳动能力，增加医疗费、保健费等支出，另一方面，导致生产条件恶化，以及对资源本身造成破坏。所有这些都直接或间接对经济带来不利的影响。因此，污染经济不可能像其他经济形式一样带来经济财富的积累，相反，却是对经济财富的一种破坏和削减。

为了保证经济上的更大效益，要采取各种生态经济、技术措施，防治各种污染。例如，安装各种防治装置，综合利用工业的废气、废水、废渣，合理调节人和自然之间的物质变换，自觉控制人类活动对环境的危害程度。此外，还要采取法律手段来防治污染。我国《宪法》规定"国家保护和改善生活环境和生态环境，防治污染和其他公害"。我国 1979 年公布的《环境保护法（试行）》规定，要合理利用自然环境，防治环境污染和生态破坏，为人民建成清洁适宜的生活和劳动环境，保护人民健康，促进经济发展。

（五）灾害经济学研究

灾害经济学是从经济学角度来研究灾害问题，也就是在灾害条件下如何配置稀缺性资源的问题，处理的关系包括灾害与企业、家庭或个人的经济关系、灾害与各部门经济发展的关系、灾害与整个经济发展的宏观关系等。简而言之，灾害经济学是一门运用现代经济学原理和方法来研究人类社会与灾害之间经济关系的经济学分支学科。

灾害经济学不是研究灾害的自然属性，而是研究灾害的社会属性，即灾前、灾时与灾后的社会经济关系。这方面的代表作有郑功成著的《灾害经济学》（商务印书馆，2010）和唐彦东著的《灾害经济学》（清华大学出版社，2011）。在当今毒性事件频发的年代，我们期待毒性灾害经济学的研究专著早日问世。

（六）经济学是解决两难问题的科学

由上可见，经济学是解决两难问题的科学。如在收入一定的情况下，要想穿得好一些，那么在吃的方面就不要太挑剔，我们没有办法做到穿得好一些而又不减少食物的消费。这在经济学中被称为均衡，隐含着此消彼长的意思，也就是你要得到某种东西必须要放弃一些东西，总要付出一定的代价，天下没有免费的午餐。

既然灾害给我们带来如此巨大的损失和影响，我们应该不惜一切代价做好防灾减灾，把灾害风险或灾害损失降到最低。但是，当我们把一些资源用于防灾减灾时，应该投入多少呢？这同样需要权衡，需要我们用经济学的思想来解决这些问题。

二、毒物管理与立法的经济学依据

（一）环境污染对经济供需关系的影响

环境污染发生后，对总需求存在三方面影响：造成消费品损失，使居民自主消费增加；造成社会公共设施、原料和生产能力破坏，使投资的边际效益增加，带动自发投资倾向增加；使政府用于救灾的费用增加，提高政府支出。这三方面的影响均使在同样价格水平下社会总需求增加。

环境污染也使生产设施、场所及原料遭到破坏，使得在同样的价格条件下，能提供的总供给减少。因此，这时污染经济就可能导致价格上升，以利用价格水平上升造成的社会总供给能力增加效应来弥补可能的总供给减少，从而带来通货膨胀。进一步，污染发生后，需求在受到刺激的模式下，对不同的经济部门有不同的效果。对于污染发生前属于经济发展瓶颈或产品供不应求的产业部门，污染将使供求比例更加失调，过于旺盛的需求只能靠价格上涨来抑制，从而引起通货膨胀的压力。而对污染发生前属于生产能力过剩的经济部门来说，由于受到需求拉动，多余的生产能力被利用起来，带动了就业，并生产出更多的国民产品。经济系统在污染发生后的整体效果是这两方面影响的综合。

由于存在总需求和总供给两方面的影响，环境污染发生后，污染对经济的作用就需要根据实际情况进行分析。对于特大型的持久性污染，如大规模的原油泄漏等。污染发生以前，社会上总存在非自愿的失业。污染发生后，对总需求拉动较少，而对总供应打击则较大，污染的经济后果是使国民总产出减少，并伴有严重通货膨胀的现象。

（二）切尔诺贝利核事故带来的经济学影响

苏联境内最肥沃地区之一的奥夫鲁奇市位于切尔诺贝利以西约 80km，1986 年切尔诺贝利核事故发生后，该地区的畜牧业及农业生产等遭到毁灭性的打击。当地已无干净的食品和水源，但乌克兰因汽油短缺又无法定期向奥夫鲁奇市 153 个村子供应食品。当地有282 名医生，因辐射危害只剩下 142 名，而且医学院的毕业生已不再愿意来此工作，苏联解体更是造成抗生素、止痛药和麻醉剂长期短缺。灾后的政策以恢复生产、抑制通货膨胀为主。对一般性环境污染，如工厂排放二氧化硫、汽车排放氮氧化物等，使人们的健康受到损害，用于医药等方面的自主消费增加。此外，国家用于治理污染的费用增加，提高了政府支出。

（三）烟草经济学研究为控烟决策提供依据

吸烟有害健康。这已经是一个连烟草商也不得不承认的客观事实。减少烟草消费，控制吸烟，保护人民健康已经成了世界的潮流。然而，近二十年来，烟草控制经历了风风雨雨，虽然取得了巨大的成绩，但烟民人数却仍在不断增加，烟草消费量不见下降。虽然也有禁止在公共场所吸烟的规定，但在不少地方形同虚设。在一些城市，烟草广告还随处可见。除了一些烟民不知道烟草的危害外，可能与卫生部门的控烟工作没有获得相关经济部门的全力支持有关。根据经济学研究，烟草生产部门及相关经济部门对我国进行烟草控制的持消极态度，其主要原因如下。

（1）担心国家税收会减少。烟草工业为国家带来的巨额税收。目前，我国烟草业每年为国家提供的税收约占国家全部税收的 10%。而在一些地方，其经济由于主要依赖于烟草工业，地方官员对于烟草控制可能带来的税收下降及地方经济的下滑有警戒心理是十分自然的。尽管在许多发达国家已经证明，在一定范围内通过增加烟草税收来提高烟草价格，将会在使消费量下降的同时，不会减少政府通过烟草征收的税收，但在我国的情况如何，尚需研究予以证实。

（2）对可能的产业结构调整及剩余劳动力的出路表示忧虑。烟草行业在我国涉及人群范围大，大约 1 个亿。人们对在烟草消费量下降后可能导致劳动力剩余表示了极大的忧虑。

实际上，经济学理论及相关研究已经证明，烟草是一种缺乏弹性的商品，其价格弹性系数在 0 与 -1 之间。据在四川省一些地区的调查，这些地区的烟草价格弹性系数为 -0.64。即 10% 的烟草价格上涨将会导致 6.4% 的消费量下降。

有人对英国 1970—1994 年烟草价格指数与烟草消费量以及税收的关系进行了研究，发现烟草价格的增加总是伴随着烟草消费量的下降以及税收的上升。但烟草需求的下降还将会带来除税收以外的其他一些相关问题，如农产品结构的变化、产业结构调整以及烟草行业富余职工的再就业及再培训等。因此，在设计烟草控制方案的同时研究由于价格调整对我国经济的中长期影响，与相关经济部门及烟草生产部门共同设计在烟草消费量下降时的对策，才能消除烟草生产及相关经济部门的忧虑，动员烟草生产部门积极参与烟草控制。

另有调查表明，吸烟从三个方面影响收入分配：一是吸烟的开支使低收入阶层的收入进一步减少，扩大社会的收入差距；二是吸烟的开支使低收入群体有限的家庭收入被消耗在香烟上而不是花在食物和其他必需开支如教育和营养上，造成低收入阶层福利的进一步恶化；三是由于吸烟所造成的高患病率和高死亡率，增加了低收入群体的医疗开支，也使低收入群体的生活状况进一步恶化。

由此可见，烟草经济学要重点研究：国民经济对于烟草工业的依赖程度（烟草种植、生产、税收、外贸以及就业等）；烟草的价格弹性及收入弹性；烟草价格增加后烟草消费量的变化及政府税收的变化；烟草价格变化对于国家宏观经济影响（如农业生产、烟草加工及生产、烟草进出口、就业等）；吸烟所导致的国民患病、残疾及死亡以及由此带来的经济损失。在此基础上，可以确定适度的烟草税率，为国家有关部门提供决策参考。

三、重大毒性事件推动了立法进程

（一）英国伦敦烟雾事件推动了英国环境保护的立法进程

1952 年 12 月 5—8 日，正是伦敦城市冬季大量燃煤之际，排放的煤烟粉尘在无风状态下蓄积不散，致使城市上空连续四五天烟雾弥漫，伦敦城内到处可以听到咳嗽声。仅仅 4 天时间，死亡人数达 4 000 多人。2 个月后，又有 8000 多人陆续丧生。这就是骇人听闻的伦敦烟雾事件。这次历史上罕见的大气污染事件推动了英国环境保护的立法进程。

1956 年，英国政府首次颁布《清洁空气法案》，对城市居民的传统炉灶进行大规模改造，减少煤炭用量，冬季采取集中供暖；在城区设立无烟区，禁止使用产生烟雾的燃料；发电厂和重工业等煤烟污染大户迁往郊区。1968 年又颁布了一份《清洁空气法案》，要求工业企业建造高大的烟囱，加强疏散大气污染物。1974 年颁布的《空气污染控制法案》规定了工业燃料含硫上限。这些措施有效地减少了烧煤产生的烟尘和二氧化硫污染。1975 年，伦敦的雾日由每年几十天减少为 15 天，1980 年降到 5 天。与此同时，英国政府还颁布了与控制大气污染有关的《控制公害法》《公共卫生法》《放射性物质法》和《汽车使用条例》等法令和通告。1995 年英国通过了《环境法》，要求工业部门、交通管理部门和地方政府共同努力，减少一氧化碳、氮氧化物、二氧化硫等多种常见污染物的排放量。

2001 年 1 月 30 日，伦敦市发布了《空气质量战略草案》。政府将大力扶持公共交通，目标是到 2010 年把市中心的交通流量减少 10％～15％；鼓励居民购买排气量小的汽车，推广使用天然气、电力或燃料电池等低污染汽车；鼓励更多的伦敦市民选择自行车作为代步工具；伦敦市政府采取收取交通拥堵费等措施，缓解交通拥堵状况。

伦敦毒雾事件所造成的悲剧使英国人痛下决心整治环境。经过数十年的努力，不断完善法律，依法治理污染，"雾都"伦敦重见蓝天。现在，工业时代那棕黄色的伦敦雾已经成为过去。阳光驱散薄雾后，公园里绿草如茵，空气清明，让人难以想象当年迷离晦暗的雾中情景。虽然"雾都"从形式上已经不复存在，但它作为英国文化的一个象征，烟雾灾害将继续提醒伦敦市民，污染并不是我们必须为财富所付出的代价。

实践证明，治理环境污染远远大于污染环境的代价，英国人花了 50 多年时间将闻名于世的伦敦"雾都"变成今天见得更多的蓝天白云的伦敦。其主要经验是：立法提高监测标准，改善空气质量；科学规划公共交通，减少道路上行驶的车辆；控制汽车尾气，减少污染物排放；科学建设城市绿化带。

（二）反应停灾难的经济学研究促使各国重新修订《药品法》

反应停灾难是发生在 1957—1963 年的全球性药害事件，反应停药物给人类带来空前的灾难，促使科学家对手性药物进行深入的研究。许多化合物在空间结构上具有不对称性，正如人的左右手一样，科学家称之为手性。互为手性的分子，如果用作药物，其中一个可能具有疗效，而另一个可能无效或者有害。反应停就是其中最典型的一个案例。

反应停灾难对人们认识药害和建立完善的药品审批和药害检测制度起到了至关重要的推动作用。世界卫生组织成立了药物不良反应监测合作计划中心，最早参加的有 12 个国家，后来发展到 59 个，1999 年出台了法规。许多国家重新修订了药品法。

1961 年英国发现反应停事件中有 600 名婴儿出生，400 名存活。这一事件，引起公众的注意，认识到药品管理措施不够有力，需要进一步制定法规。为此，英国医学顾问委员会建议成立专家委员会复审新药并对新药毒性问题。1963 年英国卫生部部长采纳了建议，成立药物安全委员会，同时出台一项新的法规，对委员会的工作给予法令的支持。1968 年英国议会通过了《药品法》，除麻醉药品管理另有法规外，包括了药政管理各个方面的内容，共分 8 个部分，160 条。

1992 年，美国食品与药物管理局颁布新法案，规定以后上市的手性药物要尽可能只以单一手性分子的形式存在。如今，手性药物的疗效是原来药物的几倍甚至几十倍。可以说，反应停灾难促进了手性药和手性制药业的发展。

（三）中国西部毒草灾害经济学研究促成《草原法》的修订

2001 年 11 月 18 日，新华社记者王永康在《国内动态清样》上发表了《专家建议加强对有害植物的研究和防治》，文中指出，随着我国加入 WTO 后农产品进口、人员货物往来增加，来自国外的有毒有害植物入侵的威胁将会大大增加，我国应加强对有害生物风险分析（PRA）的研究，为防止有害植物入侵提供科学依据。当时温家宝副总理 11 月 19

日批示农业部，农业部部长杜青林又批示中国作物协会在中国农业科学院召开座谈会，形成了关于迅速采取措施预防和控制我国外来有害植物的建议。建议中指出："据专家调查，在中国的 4 亿 hm^2 草地上，有毒有害植物连片危害，造成灾害的约 2 000 万 hm^2，不仅引起草场产量下降，而且引起动物中毒和死亡，每年经济损失超过 1 亿元。紫茎泽兰 20 世纪 40 年代传入我国，现已扩散到整个西南地区，危害面积仅在云南就达到 250 多万 hm^2，严重威胁农牧业生产；在我国西部，醉马草、毒麦、棘豆等已造成大批家畜死亡。"毒草灾害的经济学调查和建议为《草原法》的修订提供了依据。

2002 年 12 月 28 日第九届全国人民代表大会常务委员会第三十一次会议对 1985 年 6 月 18 日第六届全国人民代表大会常务委员会第十一次会议通过的《草原法》第五十四条规定进行了修订。修订后的第五十四条规定"县级以上地方人民政府应当做好草原鼠害、病虫害和毒害草防治的组织管理工作。县级以上地方人民政府草原行政主管部门应当采取措施，加强草原鼠害、病虫害和毒害草监测预警、调查以及防治工作，组织研究和推广综合防治的办法"。这样，加入"毒害草监测预警、调查以及防治工作"的条款，使后来各省份的毒草灾害防控工作有法可依，有力地推动了毒草灾害防控工作。

2008 年，西北大学生态毒理研究所在《预警通报》上发表了《西部草原毒草灾害造成 100 亿元经济损失》一文，文中根据 2007 年 7 月 20 个省份不完全统计，我国 60 亿亩天然草原上毒草危害面积达 5.8 亿亩，其中，严重危害面积 3 亿亩，草原毒害草引起 161 万头（只、匹）家畜中毒，11.8 万头（只、匹）家畜死亡，毒草灾害造成经济损失 101.6 亿元（其中直接经济损失 9 亿元，间接经济损失 92.6 亿元），如果加上治理费用 150 亿元，每年的经济损失达 251 亿元，严重影响了当地畜牧业的发展和农牧民的收入，动摇了农牧民对草原的安全感。特别是牧区草地的棘豆中毒、黄芪中毒、禾本科醉马草中毒、乌头中毒、农区草地的紫茎泽兰危害、农牧交错的林区草地发生的牛栎树叶中毒以及其他毒草灾害，不仅给畜牧业生产带来重大经济损失，而且对草原生态系统的稳定造成严重后果，因此，治理毒草灾害成为各级政府和科研院校关注的问题之一。新华社陕西分社记者刘书云采访后 2008 年 5 月 29 日在《国内动态清样》发表专家建议，引起中央政治局领导的重视和批示，促成西部毒草防控研究项目的实施。

（四）中国瘦肉精中毒事件和毒奶粉事件推动了立法

2001 年中国食品行业十大曝光新闻中将猪肉中查出了瘦肉精列为第七条。顿时，全国哗然，瘦肉精事件为食品安全敲响了警钟。但由于事件处置过轻，未能引起各地重视，导致其他省份仍然连续发生瘦肉精中毒事件。

2008 年 12 月 27 日，累计报告因三鹿牌奶粉和其他个别问题奶导致泌尿系统出现异常的患儿 29 万余人。住院患儿 5.19 万人，仍在住院的 861 人，收治重症患儿 154 例，死亡 6 人。事件不仅使中国奶业市场受到冲击，企业蒙受巨大经济损失，中国乳品行业面临整顿，而且也冲击了国际奶粉市场。2010—2012 年，中国进口奶粉大幅度增加，进口奶粉涨价，也影响了出口国乳品市场的稳定。毒奶粉事件不仅造成经济损失惨重，而且显示了职业道德严重缺乏、良知严重缺乏、清廉政治严重缺乏和新闻监督严重缺乏这四大社会问题。

毒奶粉事件的经济学和社会学调查，直接推进了我国和世界卫生组织重申标准。我国卫生部、工业和信息化部、农业部、国家工商总局、国家质量监督检验检疫总局，于 2008 年 10 月 8 日公布乳制品及含乳食品中三聚氰胺临时管理限量值：婴幼儿配方奶粉限量值为 1mg/kg；液态奶、奶粉、其他配方奶粉限量值为 2.5mg/kg；含乳 15% 以上的其他食品限量值为 2.5mg/kg。世界卫生组织于 2008 年 12 月 5 日宣布：食品中含有微量三聚氰胺是不可避免的，设定每日三聚氰胺可容忍摄入量为每千克体重 0.2mg，按照这一标准计算，一个体重 50kg 的成年人，每日三聚氰胺可容忍摄入量为每千克体重 10mg。

为了进一步完善立法，国务院于 2008 年 10 月 9 日发布《乳品质量安全监督管理条理例》。同时调整管理体制，将食品药品管理局划归卫生部。2009 年 2 月 28 日第十一届全国人民代表大会常务委员会第七次会议通过《食品安全法》，并于 2009 年 6 月 1 日起施行，同时废止《食品卫生法》。专家评论，瘦肉精中毒事件和毒奶粉事件成为中国食品安全立法的一个新起点，成为制定《食品安全法》的重要动力。

（五）日本水俣汞污染事件推动了国际公约的签订

1953—1956 年，日本熊本县水俣镇一家氮肥公司排放的含汞废水，使汞在海水、底泥和鱼类中富集，又经过食物链使人中毒。根据日本政府在事件发生期间和后来的一项新的统计，共有 2 955 人患上了水俣病，其中 1 784 人死亡。历史上称之为水俣病事件。

1956 年水俣病确诊后，企业和日本政府直到 1968 年 9 月才确认水俣病是人们长期食用受汞和甲基汞废水污染的鱼、贝造成的。在证据与真理面前，日本氮肥公司不得不低头道歉，向 12 615 名被正式认定的受害者支付巨额的补偿金。企业的发展因此遭受重创，1975 年以后不能及时支付补偿金，政府不得不出面为之发售县债，到 2000 年 3 月末，发行的县债总额超过 2 568 亿日元。

为了彻底消除汞污染的危害，日本政府规定分时段逐步淘汰含汞制品，其中，电池类于 20 世纪 90 年代初期被彻底禁止。与此同时，日本改变了化学品加工方式，采用不需要使用汞的方法，将汞的年使用量从 1964 年的最高点 2 500t 降低到现在的 10t。1972 年，90 多个国家签订国际公约，禁止将含汞废水排入海洋，以免污染鱼群。

四、几点启示

目前，我国毒物管理与立法工作仍然处于初创阶段。今后进一步制定和完善毒物管理的法律法规，一方面有赖于毒理学的研究成果，另一方面还有赖于毒物和毒性事件的经济学研究的不断深入，为立法提供科学技术和经济管理两方面的科学依据。

毒物和毒性事件的经济学研究重点将是环境污染与毒性事件造成的经济损失的估计、防治环境污染以及处置毒性事件途径的选择及其经济效果的比较和研究环境标准中的经济问题。

本文是史志诚参加 2012 年全国第四届毒理学史与毒物管理研讨会上发表的论文，刊载于《毒理学史研究文集》第 11 集，2012 年，第 65 - 71 页。

依法治理大气污染的历史经验

一、洛杉矶：治理光化学烟雾 50 年

从 1943 年到 1970 年，在美国加利福尼亚州洛杉矶大量汽车废气产生的光化学烟雾，使洛杉矶的民众饱受大气污染灾难之苦，并造成严重的经济损失。当时的洛杉矶失去了它美丽舒适的环境，被称之为"美国的烟雾城"。

（一）公众和政府的认识过程

科学家的研究让洛杉矶市民意识到，自己选择的生活方式造成了目前的污染，心爱的汽车就是污染源，这需要很大勇气来面对。随着"把汽车整干净"和"把燃料整干净"的理念渐成共识，从市到州，一系列级别越来越高的法规被制定出来。第一次有专人检查炼油和燃料添加过程中的渗漏和汽化现象，第一次建立了汽车废气标准，第一次对车辆排气设备作出规定。

洛杉矶与雾霾战斗的道路注定是漫长的。加利福尼亚州政府对汽车装备标准的规定遭到了福特汽车公司等汽车制造商的抵制，而限制汽油中烯烃的最高含量并提倡开发天然气等新型燃料则让石油大亨们怒不可遏。人们开始意识到，面对跨国产业巨头，应当寻求美国联邦政府层面的立法，才能使局面有根本性的好转。

到了 20 世纪 60 年代末，随着美国民权和反战运动的高涨，越来越多的人开始关注环境问题。1970 年 4 月 22 日，2 000 万民众在全美各地举行了声势浩大的游行，呼吁保护环境。这一草根行动最终直达国会，立法机构开始意识到环境保护的迫切性。后来这一天被美国政府定为"地球日"。

民众的努力促成了 1970 年美国联邦政府出台《清洁空气法》。这部法律在后来的环境保护中发挥了关键作用。在这之前洛杉矶的监管者在面对全国性的汽车和石油巨头时往往力不从心，而《清洁空气法》的出台标志着全国范围内污染标准的制定成为可能。

这次全国环保大游行被认为是世界上最早的大规模群众性环境保护运动，不仅推动了《清洁空气法》的颁布，而且催生了 1972 年联合国第一次人类环境会议。

（二）洛杉矶的治理雾霾之战

1943 年洛杉矶发生的光化学烟雾，开启了洛杉矶治理雾霾之战。到 20 世纪 80 年代末洛杉矶治理雾霾的成果开始逐步显现出来，洛杉矶空气质量有了明显改善。在此期间，美国联邦政府和州政府采取了一系列卓有成效的措施。

1. 成立专门的空气质量管理机构 1970 年地球日，2 000 万美国民众走上街头，抗议政府在保护环境方面不得力。在压力之下，时任总统尼克松不得不同意成立了一个特殊的部门——美国环境保护署（EPA），结束了美国没有联邦政府机构共同应对危害人体健康及破坏环境的污染物问题的局面。EPA 自 1970 年成立以来，将美国 50 个州划为 10 个大区，每个大区设立区域环境办公室，对所辖大区的综合性环保工作进行监督，并执行联邦的环境法律、实施 EPA 的各种项目，协调州与联邦政府的关系，促进跨州区域性环境

问题的解决。当时，加利福尼亚州属第九大区管辖。

1946 年，洛杉矶市成立了全美第一个地方空气质量管理部门——烟雾控制局，并建立了全美第一个工业污染气体排放标准和许可证制度。一批工厂被迫关闭或迁往其他城市，但空气污染状况依然存在。人们开始意识到空气污染不单是一个城市的问题，相邻城市和地区必须共同参与，在更大范围内控制空气污染。1947 年，尽管遭到石油公司和商会的竭力反对，洛杉矶空气污染控制区成立，成为全美首个负责空气污染控制的管区，给所有的工业都设置了空气污染准入制度，这是美国第一个和大气污染防治有关的区域管理项目。随后 10 年里，加利福尼亚州南部橙县、河滨县和圣伯纳蒂诺县也先后成立相同的组织。

1967 年，加利福尼亚州空气资源委员会（ARB）成立，其使命包括保持良好的空气质量，防止公众接触空气中的污染源，为遵守空气污染的规则和条例提供创新性方法等。加利福尼亚州空气资源委员会制定了全美第一个总悬浮颗粒物、光化学氧化剂、二氧化硫、二氧化氮和其他污染物的空气质量标准。

2. 出台法规为空气污染防治提供法律保障　洛杉矶空气污染防治的法律框架包括联邦、州、地区（南海岸空气质量管理局）和地方政府四个不同层次。各级政府根据其权限和职责制定相关空气质量法规和政策，各有侧重，相互衔接，并由此形成了一套完整、全面、适用于区域空气治理的策略。

在联邦政府层面，1970 年，联邦政府通过了《清洁空气法》。法案规定由联邦政府制定空气质量标准，列出了空气污染物质名单，制定了车辆的认证、检测、减排配件应用等多项制度，对燃料的生产也做出明确规定。1971 年，美国政府颁布了《国家环境空气质量标准》，要求对 6 种空气污染物进行管制。当时人们对污染物的概念是"总悬浮颗粒物（TSP）"，即所有飘浮在空气中的颗粒。随着科学的发展，人们发现，一些粒径更小的颗粒物，尤其是粒径在 $10\mu m$ 以下的颗粒物，对人体健康的影响更大。因此，1987 年美国环保署废除了总悬浮颗粒物的标准，制定了 PM10 的标准。并开始展开了更小的颗粒物，即 PM2.5 的科学研究。1997 年，美国环保署首次增加了 PM2.5 的标准，要求各州年均值不超过 $15\mu g/m^3$，日均值不超过 $65\mu g/m^3$。2006 年，PM2.5 的日均值收紧至 $35\mu g/m^3$。

在州政府层面，1988 年，加利福尼亚州通过了《加州洁净空气法》，对未来 20 年的加利福尼亚州空气质量进行全面规划。加利福尼亚州空气资源局负责制定路面和非路面移动污染源的排放标准、汽车燃料标准以及消费产品管制规定。加利福尼亚州空气资源局同时负责根据联邦《清洁空气法》制定州政府空气质量实施计划。

在地区管理层面，洛杉矶所在的南海岸空气质量管理局负责监管固定污染源、间接污染源和部分移动污染源（如火车和船只的可见排放物）的污染物排放，同时亦负责制定区域空气质量管理规划和政策。

在地方政府层面，由南加州政府协会（SCAG）负责区域交通规划研究，编制区域经济和人口预测，协调各城市之间的合作和协助地方执行减排政策。洛杉矶市政府则需要制定和实施与交通有关的治理措施，以配合上述各项空气质量控制规划的实施。

3. 引入市场机制　20 世纪 70 年代开始，各国治理空气污染借鉴了水污染治理的排污许可证制度，对排污企业进行管制。加利福尼亚州实行比美国联邦更加严格的标准，如美国联邦将排污 100t 以上的企业认定为主要污染源，而加利福尼亚州明确排污 10t 以上就按主要污染源予以监控。从而强制排污企业减少空气污染。排放指标在芝加哥期货市场公开挂牌交易，目前每年交易额约 10 亿美元。这种做法，对控制固定污染源较有效果。

4. 开发空气污染治理先进技术　加利福尼亚州在开发先进技术治理空气污染方面一直居领先地位。1970 年率先测 PM10，1980 年测废气中的铅和二氧化硫，1984 年测 PM2.5，1990 年分析 PM2.5 的化学成分等。

1975 年加利福尼亚州要求所有汽车配备催化转换器。环保机构鼓励使用甲醇和天然气取代汽油，这样会减少一半的汽车烟雾排放量。

1987 年，加利福尼亚州空气质量管理机构通过了一项汽车公乘计划，以减少空气污染。该机构从 1993 年开始通过回收项目来全面控制每个设施的烟雾排放量，他们还将开发更为广泛的交易计划来提高排放交易的效率和成本效益。

1988 年，加利福尼亚州资助零排放燃料电池和混合技术作为小汽车、巴士和其他车辆的动力。提供超过 1 亿美元的州和地方资金，帮助把柴油拖船、建筑设备和重型卡车转换为低排放量和清洁燃料型运输工具。资助研究空气污染对健康的影响，尤其是对儿童、运动员以及呼吸系统疾病患者。

5. 不同时期采取不同的防控措施　20 世纪 40～50 年代初，规范露天垃圾燃烧、禁止后院焚烧、减少工厂烟雾排放和削减炼油厂二氧化硫的排放等。50 年代以后通过削减炼油厂和加油操作过程中的油气挥发减少碳氢化合物的排放；建立机动车尾气排放标准；柴油货车及公共汽车采用丙烷代替柴油；减缓重污染企业的发展；禁止露天焚烧垃圾；发展快速公交系统。60 年代空气质量规章制度的实施显著减少了排放，治理含有碳氢化合物的化工溶剂、垃圾填埋场有毒气体、热电厂氮氧化物、处理动物工厂的排放。特别是机动车，加油站油气回收、催化转化装置、机动车强制排放检测工作取得成就。从 70 年代开始，淘汰含铅汽油的使用。直到 80 年代，重点都放在控制 6 种污染物上：臭氧、悬浮颗粒物、一氧化碳、二氧化氮、二氧化硫和铅。80 年代要求石油化工企业提供清洁汽油。90 年代提出了清洁车辆和燃料的目标。

（三）50 年的治理显示效果

经过 50 多年的治理，洛杉矶地区的空气质量得到了明显改善，除臭氧、短时可吸入颗粒物 PM2.5 和全年可吸入颗粒物的污染指标未能达到联邦空气质量标准外，其他污染物指标均达到联邦标准。据一份 2012 年公布的报告披露，2011 年，加利福尼亚州空气污染达到不健康水平的次数比 10 年前大幅减少。与 2000 年相比，加利福尼亚州全州范围内 2012 年达到"不健康空气"水平的日子减少了约 74%。1980—2011 年，在加利福尼亚州全境内臭氧污染都有所下降；在同一时间框架内，颗粒物质排放也有所减少。

（四）总结治理洛杉矶雾霾历史经验的专著

美国获奖作家、记者奇普·雅各布斯*在《洛杉矶雾霾启示录》**一书中描述了作为

---

　*　奇普·雅各布斯（Chip Jacobs），美国作家、记者，曾为《洛杉矶时报》《洛杉矶每日新闻》《洛杉矶周刊》撰稿。
　**　［美］奇普·雅各布斯、［美］威廉·凯莉著，曹军骥等译，洛杉矶雾霾启示录，上海科学技术出版社，2014 年。

"烟雾之都"的美国洛杉矶市 60 多年来光化学烟雾污染的形成、发展和防治的历史细节。

20 世纪 40 年代美国南加利福尼亚州依赖于汽车的新兴生活方式等污染所形成的烟雾，于 1943 年 7 月开始对洛杉矶居民健康带来巨大危害，持续影响至今，而洛杉矶居民通过近 50 年的努力与抗争，将洛杉矶从烟雾蔽日恢复到蓝天白云。洛杉矶两位记者奇普·雅各布斯和威廉·凯莉通过深入调查，栩栩如生地刻画了事件发生时的众生相，以及该事件对美国污染治理进程的促进与当前全球各国绿色环保的发展产生深远影响。

二、伦敦：治理雾都的历史

（一）《清洁空气法案》：雾都历史的分水岭

1952 年烟雾事件后，民众对发电厂等污染源发起多次抗议，要求伦敦政府立法治理雾霾。1956 年是伦敦作为雾都历史上的分水岭。这一年英国议会经过大规模讨论，最终通过了《清洁空气法案》。该法案规定："在伦敦城内的电厂都必须关闭，只能在大伦敦区重建；要求工业企业建造高大的烟囱，加强疏散大气污染物；还要求大规模改造城市居民的传统炉灶，减少煤炭用量，逐步实现居民生活天然气化；冬季采取集中供暖。"

《清洁空气法案》第一次以立法的形式对家庭和工厂排放的废气进行控制，规定一些城镇为无烟区，在那些区域里只能燃烧无烟煤，有效地降低了烟尘和二氧化硫的排放。为此英国政府出钱帮百姓改造炉灶。同时法案规定一些重工业企业必须搬离城市。

得益于该法案，1952—1960 年，燃气集中供暖开始普及，伦敦的烟雾排放总量下降了 37%，冬季日照时间增加了 70%。即便是后来又发生过几次较为严重的烟雾事件，但危害程度已大大降低。

在对空气进行治理的过程中，《清洁空气法案》还根据实践不断完善，常改常新。

该法案最早只针对"目光所及的烟雾"，很多工厂钻起了空子，通过建造高烟囱，利用高空大风把污染物送到远方。这样一来，当地污染确实减轻了，但却"嫁祸他人"，将污染带到位于英国下风口的北欧，一度引起国际争端。针对种种不足，英国政府基于 1956 年的版本，先后于 1968 年和 1993 年进行过修订并沿用至今。特别是为了治理机动车污染，1993 年英国进一步完善了《清洁空气法案》，增加了关于机动车尾气排放的规定，英国政府要求所有新车都必须加装净化装置以减少氮氧化物的排放。

（二）接连立法应对污染

继《清洁空气法案》之后，1974 年英国政府颁布的《空气污染控制法案》，规定工业燃料的含硫上限，有效地减少了烧煤产生的烟尘和二氧化硫污染。与此同时，英国政府还颁布了与控制大气污染有关的《控制公害法》《公共卫生法》《放射性物质法》和《汽车使用条例》和《工作场所健康和安全法》等多项法令和通告。囊括从空气到土地和水域的保护条款，添加了控制噪声的条款。这些法令的严格执行与实施，对控制伦敦的大气污染和保护城市环境发挥了重要作用。到了 1975 年，伦敦的雾日已由每年几十天减少到了 15 天，1980 年进一步降到 5 天。

1995 年英国通过了《环境法》，要求工业部门、交通管理部门和地方政府共同努力，减少一氧化碳、氮氧化物、二氧化硫等多种常见污染物的排放量。

2001 年 1 月 30 日，伦敦市发布了《空气质量战略草案》。政府将大力扶持公共交通，目标是到 2010 年把市中心的交通流量减少 10％～15％；鼓励居民购买排气量小的汽车，推广使用天然气、电力或燃料电池等低污染汽车；鼓励更多的伦敦市民选择自行车作为代步工具；伦敦市政府采取收取交通拥堵费等措施。

在伦敦，政府用车几乎绝迹，只有首相和内阁主要大臣才配有公务专车，其他的部长级官员及所有市郡长都没有公务专用配车。很多部长和议员们都会住在市区的专属公寓里，每天花上 15min 步行或是搭地铁上班。

（三）致力打造绿色城市

扩建绿地是伦敦治理大气污染的重要手段。在民间环保组织的推动下，大众环保意识不断提高，一场轰轰烈烈的环保运动延续至今。

在打造绿色城市中，采用更加洁净的能源是大势所趋。按照英国政府 2014 年推出的计划，到 2020 年，可再生能源在能源供应中要占 15％的份额，40％的电力来自绿色能源，既包括对依赖煤炭的火电站进行绿色改造，也包括发展风电等绿色能源。

随着产业结构的调整和能源使用的变化，目前伦敦空气最大的污染源是交通污染，行驶在路上的机动车尾气排放成了洁净空气的"杀手"。于是，从 2003 年起，伦敦市政府开始对进入市中心的车辆征收拥堵费，并将该笔收入用来推进公交系统发展。这笔费用屡经调整，到目前已经涨至进城一天要交 10 英镑（约合人民币 95 元），有效地限制了车辆出行。伦敦市政府还公布了更为严厉的《交通 2025》方案，限制私家车进入伦敦，计划在 20 年内，减少私家车流量 9％，每天进入塞车收费区域的车辆数目减少超过 6 万辆，废气排放降低 12％。

在限制轿车排放的同时，英国政府大力推广新能源汽车、公共交通和绿色交通。伦敦计划 2015 年前建立 2.5 万套电动车充电装置。目前电动汽车买主将享受高额返利，免交汽车碳排放税，还可免费停车。

（四）50 多年的治理：伦敦摘掉雾都帽子

伦敦曾以雾都闻名于世。如今的伦敦，见得更多的是蓝天白云，偶尔在冬季或初春的早晨才能看到一层薄薄的白色雾霾。这一切的改变，英国人花了 50 多年时间。伦敦治理雾都，得益于英国人的痛定思痛，1952 年 12 月发生的烟雾事件使英国尝到了发展工业化而忽视环境保护的恶果。于是开始进行产业转型。改变过去单纯依赖制造业，逐步发展服务业和高科技产业。

2013 年 12 月 12 日，英国前首相布莱尔在中国央视财经论坛上发表演讲。对于治理雾霾，布莱尔介绍了伦敦两方面的经验。一是良好的监管政策。首先必须落实非常严厉的监管政策，同时要求加强建筑节能，通过提高能效实现保护环境 25％的目标。二是《清洁空气法》常改常新。针对种种不足，英国政府基于 1956 年的版本，先后于 1968 年和 1993 年进行修订并沿用至今。可以说，正是这部常改常新的《清洁法空气》，让英国摘掉了雾都的帽子（图 8-1）。

图 8-1　伦敦烟雾事件治理前后比较

1. 昔日被烟雾笼罩的伦敦城　2. 现在已成为一座绿色城市的伦敦城

［资料来源：电视片《来自欧洲的报道》　制作者：国际环境影视集团（TVE）］

三、德国：空气清洁与行动计划

40 多年前，穿过德国鲁尔工业区的莱茵河曾泛着恶臭，两岸森林遭受酸雨之害。而今天，包括莱茵河流域在内的德国多数地区已实现了青山绿水，空气清新。在此转变过程中，德国实施的空气清洁与行动计划功不可没。

空气清洁与行动计划减少可吸入颗粒物的方法主要有两种。一是限制释放颗粒物，如车辆限行、限速及工业设备限制运转等，并设立环保区域。德国超过 40 个城市设立了环保区域，只允许符合环保标准的车辆驶入。二是通过技术手段减少排放，如给汽车安装微粒过滤装置。德国于 2007 年立法补贴安装微粒过滤装置的柴油发动机汽车，并对未安装过滤装置的车辆征收附加费。

为减少雾霾天气带来的污染，德国还采取一些长效机制提高空气质量。一是对所有机动车设定排放标准。如对小汽车、轻型或重型卡车、大巴、摩托车等各类车辆都设定排放上限。按照"欧 6"标准，欧盟境内部分公交车和重型卡车尾气中的氮氧化物和颗粒物含量要比此前执行的"欧 5"标准分别低 80％和 66％。二是严格大型锅炉和工业设施排放标准。2008 年，欧盟投票通过《工业排放指令》于 2013 年开始执行。《工业排放指令》对燃煤电厂的氮氧化物、二氧化硫和颗粒物的排放制定更严格的监管标准。根据指令，燃煤电厂的运营商必须出示"可行的最佳技术"证明对环境影响的减少，以此获得继续经营的许可，否则将被关停。三是规定机械设备排放标准。自 2011 年 1 月起，欧洲对部分柴油发动机非道路机械执行新排放标准，为满足限值，柴油发动机必须配备微粒过滤器。

此外，德国还采取了一些软措施，提升人与自然和谐相处的环保意识，德国民众认识到减少排放人人有责，如工厂自觉减少排污，农户借力生态农业，优化饲养种植方法，居民生活多使用可再生能源，如呼吁民众节能减排，使用节能家电、多搭乘公交车以及骑车出行。

自 2005 年 1 月 1 日起，欧盟对可吸入颗粒物（PM10）上限作出严格限制，规定空气中 PM10 年均浓度不得高于 $40\mu g/m^3$，日均浓度超过 $50\mu g/m^3$ 的天数不得超过 35 天。

如今，德国大部分地区的空气已十分洁净，不过也有个别城市或地区可吸入颗粒物浓度超出欧盟标准。一旦某地区超标，当地州政府需与市、区政府合作，根据当地具体情况出台一系列应对措施。欧盟成员国均有义务启动自己的空气清洁与行动计划。

四、芬兰治理雾霾的两个典型

芬兰地处北欧，1/3 的国土位于北极圈内，一直以来以空气清新、湖水清澈而著称。虽然芬兰人口密度低，环境承载能力保持较好，但芬兰与许多工业化进程中的国家一样，也曾经有过空气严重污染的经历。尽管如此，随着全球环保意识的提高，政府受到公众强大压力，于是从制度、立法和技术等层面采取了一系列措施，出现了一些成功治理雾霾的典型。

（一）坦佩雷市：综合治理的典型

坦佩雷市位于首都赫尔辛基以北约 200km，是芬兰第三大城市，也是一座重工业中心。19 世纪 70 年代起，坦佩雷造纸等工业蓬勃发展，河边聚集了大批工厂，成为芬兰重要的工业中心，被誉为欧洲"北方的曼彻斯特"。20 世纪后，随着工业的不断发展，坦佩雷居民主要靠烧柴取暖，工厂则使用重油作为燃料，硫含量和颗粒物浓度都相当高，导致坦佩雷的空气质量很差，环境污染问题日益严重。

坦佩雷治理雾霾的主要措施如下。

1. 实施环境许可证制度 工厂必须达到排放标准才能获准开工。每一家企业所遵守的许可证都是唯一的，是量身订制的。每隔 7～10 年，这个标准还要调高一次。

2. 工厂弃用重油 所有的工厂一律采用天然气作为燃料。民宅不再各家各户分散烧柴，而是纳入集中供暖系统。一些无法纳入集中供暖的偏远农村地区，则改为使用泥炭作为燃料。

3. 能源厂采用热电联产技术，在发电的同时还生产热能 电生产出来后进入国家电网，热能则供给周边居民使用。热电联产大大提高了能源使用效率。

4. 调整城市和交通规划 随着工业化进程步入晚期，重工业企业逐渐将生产基地转移到劳动力成本更低的地区，甚至挪到一些发展中国家，这一点正是老牌工业重镇的环境得以恢复的一个原因。现在一些旧厂房人去楼空，很多烟囱已经不再冒烟了。此外，在城市主要街道的下方、火车站口附近修建大型地下停车场，把车开进地下停车场，加装净化装置，可以尽量保证地面空气清新。

5. 鼓励人们步行上街 经过半个世纪的治理，坦佩雷从重污染"变身"为最宜居的城市。如今坦佩雷的空气质量得到了根本改善，空气中已经检测不到含硫量。空气中悬浮颗粒物的浓度也大为降低。每年 PM10 数值超过 50 的天数只有 10～17d，远低于欧盟规定的 35 天红线。坦佩雷已经从工业城市变为一个工业、商业、旅游业同步发展的城市。在 2010 年的一次城市形象评比中，坦佩雷被芬兰人评为最宜居城市，"愤怒的小鸟"主题公园和犬山乐园均已落户于此。

（二）广泛采用可再生能源的典型

芬兰空气质量的改善，主要得益于工厂不断改进废气排放的过滤技术，以及城市居民逐渐放弃石化能源，越来越多地使用清洁能源和可再生能源。如今，除天然气和核能外，芬兰还广泛采用地热、太阳能、风能等可再生能源，这也是芬兰保障空气质量的一个重要经验。

芬兰于韦斯屈莱地区正是采用可再生能源的典型地区，位于芬兰中南部，周边都是森林和湖泊。这里的居民，很早就有使用生物燃料的传统。早期是烧柴，后来渐渐采用泥炭和沼气。

在于韦斯屈莱郊外的一家农场，农场主老卡尔马里就是利用沼气发电，解决能源问题。卡尔马里的儿子大学专科毕业。父子俩拥有约 40hm² 田地，25 头奶牛，还有一些林地。农场还有另一份产业——沼气能源站。沼气站就设在牛棚外围，占地面积并不大，整套设备包括两个沼气池、一个沼气加气站和一个中控室，中控室内装有一台 40kW 发电机和一个热锅炉。沼气池产生的沼气经过转化，可以用于发电和供热，足够农场使用，节余的电卖给政府电网。最主要的是，沼气经过再处理，输入加气站，可以给汽车加气。他们的加气站现在每天都有 10~20 辆车来加气，也是一笔不小的收入。

沼气池运行 15 年来，从开始只为自己生产电能和热能，现在技术逐渐成熟，已经成立了一个小公司，专门负责设计、建造沼气站以及提供检测沼气能量等配套服务。目前，这个公司在芬兰已经承建了 11 家沼气站，并开始向中国、英国、爱沙尼亚出口技术。

以大众品牌相应规格的汽油动力和沼气动力轿车为例，每行驶 100km，汽油车加油要花 11.2 英镑，沼气车加气只要花 6.9 英镑。不仅节省了开支，还减少了尾气排放。

本文载于《毒理学史研究文集》第 14 集，2015 年，第 19-29 页。

POPs 的控制管理与国际公约

一、历史上 POPs 污染事件

（一）日本米糠油多氯联苯污染事件

1968 年，日本九州爱知县发生因食用含多氯联苯的米糠油致上千人中毒。食用者不仅表现出急性中毒症状，而且其中年轻女性在 7 年后产下的婴儿色素沉着过度、指甲和牙齿变形、长至 7 岁时智力仍发育不全，而且行为异常。

（二）意大利塞维索二噁英污染事件

1976 年 7 月 10 日，意大利伊克摩萨化工公司发生爆炸，泄露出 2kg 的二噁英。泄露导致 700 多居民搬迁，许多孩子面颊上出现水疱，多人中毒。几年后，畸形婴儿增多。

（三）比利时肉类二噁英污染事件

1999 年 5 月，比利时布鲁塞尔，含高浓度二噁英的油脂被加工成畜禽饲料，导致鸡、猪、牛等肉类二噁英含量严重超标，引起相邻国家消费者恐慌，比利时畜牧业损失高达 25 亿欧元。

（四）爱尔兰猪肉二噁英污染事件

2008 年 12 月 6 日，爱尔兰总理办公室宣布，召回 2007 年 9 月 1 日后生产的所有猪肉制品。后经调查认定，一家利用回收原料加工饲料的厂家，致猪肉受到了二噁英的污染。生猪和猪饲料取样中的二噁英含量，达到欧盟二噁英含量安全上限的 80～200 倍。

二、国际社会对 POPs 的关注

（一）有机氯农药与环保意识的觉醒

20 世纪 30—60 年代，为有机氯农药与环保意识的觉醒阶段。自从 1938 年发现了滴滴涕惊人的杀虫效果以来，有机氯农药在粮食生产和病虫害防治方面作出了积极贡献，1962 年《寂静的春天》出版，阐述了有机氯农药对环境的污染，用生态学的原理分析了这些化学杀虫剂对人类赖以生存的生态系统带来的危害。

（二）POPs 危害日益显现

20 世纪 60—90 年代初，为 POPs 危害日益显现阶段，这一时期发生了一些重大的环境污染事件。例如，1968 年在日本发生的米糠油事件，1976 年 7 月在意大利发生的二噁英泄漏事件，1979 年在中国台湾发生的因食用受多氯联苯污染的米糠油而导致上千人中毒的台湾油症事件，在欧洲二噁英引起鸡肉污染事件轩然大波，直接导致比利时内阁集体下台等。

针对越来越多的污染事件，国际社会开始建立信息交换和风险评价的方法，从此，POPs 引起了国际上的广泛关注，国际社会号召全球行动起来减少和消除这些物质向环境中的排放。鉴于 POPs 中很多种类属于农药，1985 年，联合国粮食及农业组织制定了《国际农药销售和使用的行为规则》，开始关注农药生产和使用给环境带来的危害。1987 年，联合国环境规划署制定了《化学品国际贸易信息交换伦敦准则》，规定了国际贸易中对化学品信息披露。1992 年联合国环境发展大会上通过了《21 世纪议》，其第 19 章包括"防止有毒和危险品非法国际贩运的有毒化学品的环境危害无害化管理"，号召成立政府间化学品安全论坛（IFCS），为各国有毒化学品管理及防止环境污染提供了一个政府信息交换平台。作为回应，IFCS 成立了一个 POPs 特别工作组制定相关工作计划，对这 12 种 POPs 的化学性质、来源、毒性、环境分布以及对社会经济的影响来进行研究。

这一时期的重要历史意义在于人们认识到 POPs 具有 4 个重要特性。

1. 能在环境中持久存在 对生物降解、光解、化学分解作用有较高抵抗能力，一旦排放到环境中，它们难于被分解，可在水体、土壤和底泥等环境中存留数年时间。

2. 能蓄积在食物链中 POPs 具有低水溶性、高脂溶性特性，能够从周围媒介物质中生物富集到生物体内，并通过食物链的生物放大作用达到中毒浓度，对人类、动物和水生生物造成危害。

3. 能够经过长距离迁移到达偏远的极地地区 POPs 所具有的半挥发性使得它们能够以蒸气形式存在或吸附在大气颗粒物上，便于在大气环境中作远距离迁移，同时半挥发性又使得它们不会永久停留在大气中，能重新沉降到地球上。

4. 在一定浓度下会对接触该物质的生物造成有害或有毒影响 POPs 大多具有"三致（致癌、致畸、致突变）"效应，对人类和动物的生殖、遗传、免疫、神经和内分泌等系统等具有强烈的危害作用。

（三）缔结控制 POPs 的公约

20 世纪 90 年代中期，为提出 POPs 问题并开始制定公约阶段。1995 年 5 月召开的联合国环境规划署理事会通过了关于邀请国际机构对 POPs 问题进行评估的 18/32 号决议，强调了减少或消除首批 12 种 POPs 的必要性。会议提出了 POPs 的定义：一组具有毒性、持久性、易于在生物体内富集和进行长距离迁移及沉积、对源头附近或远处的环境和人体产生损害的有机化合物。在这次会议之后，POPs 的概念正式得到国际社会的认可。于是，开始政府间谈判并着手制定公约的前期准备工作。1996 年 6 月，IFCS 的 POPs 特别工作组在菲律宾马尼拉召开了专家会议，根据当时掌握的信息和证据表明开展国际行动，从而使得这 12 种 POPs 的环境风险达到最小化是非常有必要的。

1997 年 2 月，联合国环境规划署理事会通过了 19/13C 决议，对 IFCS 的结论和建议表示认可。之后，政府间谈判委员会先后举行多次会议进行谈判。2001 年 5 月 22—23 日，在经过多次谈判达成一致的情形下，在瑞典斯德哥尔摩举行全权代表大会，通过了《关于持久性有机污染物的斯德哥尔摩公约》，92 个国家签署了《关于持久性有机污染物的斯德哥尔摩公约》。

三、控制 POPs 的国际公约历程

（一）全球行动削减淘汰 POPs

在 20 世纪 60 年代和 70 年代期间，持久性有机污染物（POPs）的化学药品引起了国际上的广泛关注，国际社会号召全球都行动起来减少和消除这些物质向环境中排放。

1995 年 3 月，联合国环境规划署理事会通过了关于邀请组织间化学品无害管理方案（IOMC）、政府间化学品安全论坛（IFCS）以及国际化学品安全计划署对 12 种 POPs 进行评估的 18/32 决议。

1996 年 6 月，这个特别工作组又在菲律宾马尼拉召开了专家会议，根据当时掌握的信息和证据表明开展国际行动，从而使得这 12 种 POPs 的环境风险达到最小化是非常有必要的。

1997 年 2 月，联合国环境规划署理事会通过了关于成立政府间谈判委员会（INC）的 19/13C 决议，对 IFCS 的结论和建议表示认可。

（二）政府间谈判委员会

政府间谈判委员会第一次会议（INC-1）于 1998 年 6 月 29 日至 7 月 3 日在加拿大的蒙特利尔举行，要求秘书处为制定在全球范围内具有法律约束力的文件做准备。第二次会议（INC-2）于 1999 年 1 月 25—29 日在肯尼亚内罗毕举行，与会者对秘书处准备的文本草案进行了讨论。第三次会议（INC-3）于 1999 年 9 月 6—11 日在瑞士的日内瓦举行，代表们对修改过的文本草案进行了讨论，并建立了审查委员会对被提议的物质开展风险预测和风险管理评估，作为进一步谈判的基础。第四次会议（INC-4）于 2000 年 3 月 20—25 日在德国波恩举行，主要就技术援助、资金来源和机制等问题起草了相关条款，并在无意产生的 POPs 术语方面取得了一些进展。第五次会议（INC-5）于 2000 年 12 月 4—10 日在南非约翰内斯堡举行，在 12 月 10 日星期六早晨，代表们最后作出了关于形成公约文本的决定。

(三)《关于持久性有机污染物的斯德哥尔摩公约》

全权代表大会于 2001 年 5 月 22—23 日在瑞典斯德哥尔摩举行，通过了《关于持久性有机污染物的斯德哥尔摩公约》（以下简称 POPs 公约）、临时资金安排以及与《控制危险废物越境转移及其处置的巴塞尔公约》相关的问题。在本次大会上，包括我国政府在内的 92 个国家签署了 POPs 公约。

(四)政府间谈判委员会

第六次会议（INC - 6）于 2002 年 6 月 17—21 日在瑞士日内瓦举行，讨论了关于滴滴涕及特定豁免登记，持久性有机污染物审查委员会（POPRC），BAT/BEP 专家组、信息交换所，技术援助，资金来源以及临时资金机制，区域和次区域中心的能力建设以及技术转让，成效评估以及不遵约等议题。第七次会议（INC - 7）于 2003 年 7 月 14—18 日在瑞士日内瓦举行，讨论的议题包括设置公约秘书处，技术援助，全国实施计划，特定豁免，履约报告，滴滴涕，临时资金安排，确定、量化二噁英和呋喃排放源的标准化工具箱，减少或消除来自积蓄和废物的排放措施及成效评价等。

(五)第一次缔约方大会

第一次缔约方大会于 2005 年 5 月 2—6 日在乌拉圭埃斯特角城举行，通过了对是否继续需要使用滴滴涕用于疾病传染媒介的控制进行评估、特定豁免登记审查条目、临时资金机制指导、履约报告进度安排、采用议事规则和财政规则及建立 POPRC 和 BAT/BEP 的专家组。

(六)第二次缔约方大会

第二次缔约方大会于 2006 年 5 月 1—5 日在瑞士日内瓦召开。随着履约工作进入实质性阶段，各方都在寻求各自利益的最大化，因此，在一些重大议题的谈判上发达国家与发展中国家分歧尖锐。经过激烈谈判，大会最终通过了关于滴滴涕、特定豁免、临时资金机制、实施计划、技术援助、协同增效以及成效评估等决议。

截至 2006 年 6 月底，已有 151 个国家或区域组织签署了《关于持久性有机污染物的斯德哥尔摩公约》，其中 126 个已正式批准该公约。

(七)公约内容

减少或消除持久性有机污染物的《关于持久性有机污染物的斯德哥尔摩公约》分前言、正文和附件三部分。

——公约的前言中声明：本公约缔约方，认识到持久性有机污染物具有毒性、难以降解、可产生生物积累，以及往往通过空气、水和迁徙物种作跨越国际边界迁移，并沉积在远离其他排放地点的地区，随后在那里的陆地生态系统和水域生态系统中积累起来。公约特别关注在发展中国家中，人们接触持久性有机污染物而产生的健康问题，尤其是对因此而使妇女以及通过妇女使子孙后代受到的不利影响。由于持久性有机污染物的生物放大作用，这些污染物能够沿食物链传播，在土壤和水中已残存了几十年，它们不仅难以进行生物降解，而且流动性很强，能够通过自然循环散布到世界各地，公约意识到必须在全球内对持久性有机污染物采取行动。

——公约的正文中明确规定：缔约国旨在减少或消除排放的措施、实施计划、信息交流、公众宣传认识和教育、研究开发和检测、汇报、责任和争端解决等，而且为了帮助发展中国家，在该公约中还明确规定了技术援助。

——公约附件中，对具体的 POPs 物质的限制进行了详细规定。

——公约要求立即禁止在批准了该《关于持久性有机污染物的斯德哥尔摩公约》的国家生产和使用农药异狄氏剂和毒杀芬。

——公约将农药滴滴涕的生产和使用限于控制疾病媒介如传播疟疾的蚊子。

——公约未禁止工业化学品多氯联苯的生产，但要求各国在 2025 年之前采取行动逐渐结束含有多氯联苯的设备使用。多氯联苯必须得到处理并在 2028 年之前消除。

——公约还寻求继续尽量减少以及在可能的情况下消除二噁英和呋喃、六氯苯和多氯联苯作为工业生产副产品的排放。

（八）社会评价与历史意义

《关于持久性有机污染物的斯德哥尔摩公约》是在联合国环境规划署（UNEP）主持下，为了推动 POPs 的淘汰和削减、保护人类健康和环境免受 POPs 危害，国际社会于 2001 年 5 月 23 日在瑞典首都共同缔结的专门环境公约。《关于持久性有机污染物的斯德哥尔摩公约》的成功签署，被认为是继《巴塞尔公约》《鹿特丹公约》之后，国际社会在有毒化学品管理控制方面迈出的极为重要的一大步。因此，被誉为环境保护的第一个里程碑。

本文刊登在陕西省环境保护厅、西北大学 POPs 重点实验室编《陕西省农产品 POPs 研究报告》（2005—2015），2015 年，第 197 - 199 页。

附　　录

附录1 社会评论

（一）工作评述

一切为了人民吃饱吃好吃得安全

——记中国农学会副会长、中国畜牧兽医学会和
中国毒理学会副理事长史志诚教授

张宝玉

著名人物档案库里的人才

在陕西省档案馆名人库里，收藏着新中国成立五十余年来各行各业的、各条战线的著名人物档案。这些文字的、图片的、音像光碟的、实物的档案，记录着他们成长的足迹，记载着精英们对陕西政治经济方面作出的贡献，是历史的最好考证。党和政府永远不会忘记他们，将这些在工作中和生活中形成的档案作为国家档案馆馆藏的一部分载入史册，用以存史、资政、育人。

陕西省档案馆名人库里各类载体的档案，曾吸引了陕西省内外的档案界同仁，吸引了上至中央电视台下至地方报纸的十数家媒体，陕西省领导贾治邦、袁纯清、罗振江、桂中岳、李溪溥、李森桂、范明等现任领导、离休领导及国家档案局副局长郭树银等都前来视察指导。在仔细地观看了名人档案微型展览及经过系统分类整理的人物档案全宗后，他们提出了各种各样的问题和建议。记得有人曾问我："陕西省农业厅厅长史志诚的档案你们这里有吗？"我当时回答："有。他仅仅作为厅长的职务是不够名人标准的。史志诚同志是作为中国农学会副会长、中国畜牧兽医学会和中国毒理学会副理事长三个国家级学会副职而建立著名人物档案的。"此殊荣在全国都是罕见的。

我和我的同事在征集、整理档案的过程中，发现史志诚同志不仅是农业和畜牧业经济方面的管理者，还是一位在社会科学和自然科学两个领域都有建树的学者、专家。他1941年出生于陕西榆林，曾就读于陕西榆林农业学校兽医专业和西北农业大学，获农学硕士学位。1958年参加工作，先后在陕西省农林厅、陕西省畜牧厅、陕西省农牧厅、农业广播学校、饲料工业办公室和陕西省农业厅等单位工作、任职，现任陕西省人民代表大会常务委员会委员、农业与农村工作委员会副主任。1997年6月，中国工程院副院长卢良恕院士为史志诚题写的"宏观研究与微观研究相结合，社会科学与自然科学相结合，为祖国繁荣昌盛创造性地工作"就是对他最好的赞誉。

为农业发展尽心尽力

确保粮食安全是农业综合生产能力最重要的标志。1996年，史志诚被任命为陕西省

农业厅厅长，当时面临的形势是粮食连续两年徘徊在 100 亿 kg 上下，全省人均 320kg，低于全国脱贫标准的 350kg。面对粮食生产问题，他集中力量采取以推广地膜小麦和地膜玉米为主要内容的综合创新增产技术和相应措施，经过三年的努力，1998 年全省粮食总产量达 130 亿 kg，人均 360kg，创造了陕西粮食总产量的历史新高。农业部部长刘江来陕西视察时指出，陕西实现粮食自给，丰年有余，就是对全国的贡献。他对 1998 年陕西粮食增长幅度之大非常满意，给予了奖励。史志诚组织的"小麦地膜覆盖栽培技术推广"项目，获得 2003 年农业部丰收计划一等奖；他主持的"实现陕西省粮食产需基本平衡的十条建议"，获得 2004 年陕西省决策咨询委员会优秀建议一等奖。

正确导向农业产业化经营的理论研究，是我国传统农业向现代农业转变的迫切任务之一。20 世纪 90 年代兴起的农业产业化经营是一种经营方式的变革，对农村经济结构的调整、农业经营方式的转变和提高农民收入都起到明显的作用。然而，农业产业化经营的提法不够规范。1997 年 11 月史志诚就农业产业化经营问题向中央人民广播电台记者黄立新解答，他认为，"农业产业化"的提法应当规范为"农业产业化经营"，防止将"产业化"与"现代化"相提并论，更要防止将"产业化"替代"现代化"的倾向。他的研究论文《农业产业化经营若干经济理论分析》送给国务院研究室杨雍哲副主任并发表在农业部《农村经济文稿》1997 年第 8 期上，引起有关部门重视。在 1998 年召开的党的十五届中央委员会江泽民总书记的报告中将"农业产业化"明确规范为"农业产业化经营"。

警惕有毒有害生物入侵是我国加入 WTO 面临的新问题。2001 年在长春召开的中国科学技术协会年会上，史志诚发表了《加强外来有毒有害植物的研究与防治》论文。新华社记者王永康采访史志诚后在《国内动态清样》发表专家建议，文章指出随着我国加入WTO 后农产品进口、人员货物往来增加，来自国外的有毒有害植物入侵的威胁将会大大增加，我国应加强对有害生物风险分析（PRA）的研究，为防止有害植物入侵提供科学依据。温家宝副总理 11 月 19 日批示农业部，农业部部长杜青林又批示中国作物协会在中国农业科学院召开座谈会，听取了史志诚和有关专家的汇报，形成了关于迅速采取措施预防和控制我国外来有害植物的建议，进一步促成中国毒理学会、农业部农业技术推广服务中心和陕西省科学技术协会，于 2002 年 11 月 19 日在西安联合召开了加入 WTO 与防止有毒有害生物入侵研讨会，来自北京和各地的专家、教授参加了会议，就有关立法、执法和加强海关检查等工作提出了具体意见和建议。

史志诚同志为推进生态农业建设做了大量基础性工作。1997 年 6 月根据陕西省省长程安东关于如何发挥渭北粮食生产优势，发展生态农业，再造一个陕西的指示，史志诚同志请示陕西省政府同意，邀请中国工程院副院长卢良恕院士等粮食问题和生态问题专家来陕西省联合考察，提出关于陕北、渭北粮食生产与农业持续发展的报告送姜春云副总理。姜春云副总理于 7 月 6 日作了"对情况分析和今后意见值得重视"的批示，并于 7 月下旬来陕西考察，提出关于陕北地区治理水土流失，建设生态农业的调查报告，江泽民总书记8 月 5 日批示："我写了一点意见，另页。"这就是著名的"再造一个山川秀美的西北地区"的批示。1999 年 5 月史志诚同志再次邀请中国工程院副院长沈国舫院士来陕西考察，提出黄土高原生态环境建设与农业可持续发展的报告，报送国务院。8 月 6 日，朱镕基总理来陕西视察，史志诚厅长作为陪同人员，在延安亲耳聆听了总理作出的"退耕还林还草"的重大决策。自此一个大规模的全国性的退耕还林还草全面展开。陕西省连续八年得到国家大力支持，退耕还林还草取得重大进展，不仅稳定了粮食生产，而且使生态环境有了很大改观。

创立畜产经济新理论

史志诚同志刻苦钻研，勇于实践与创新。1986—1987年，他在陕西省靖边县蹲点时，通过深入调查研究，编写了《陕北畜产经济》一书，之后，根据社会主义市场经济发展的需要在多年实践的基础上又编著了《陕西畜产经济》《畜产经济概论》《畜产市场运行与发展》和《国外畜产经营》等著作，并发表论文50余篇，从实践上升到理论，指导畜牧经济的发展。与此同时，他还与西北农林科技大学徐恩波教授联合，培养出5名畜产经济与贸易硕士研究生，为国家培养了专业人才，为推动我国畜牧业的产业化经营提供了理论依据。

史志诚同志认为，在市场经济条件下，畜牧业的发展面临市场和疫病两大风险。养殖业"赚不赚靠防疫，赚多赚少看管理"。畜禽防疫是国家行为，必须建立国家新的兽医管理体制。史志诚同志和著名兽医专家尹德华、吴兆麟等早在1993年就根据兽医的社会性、法律性和国际性特点向农业部提出了建立兽医局的建议。2002年又在农业部科技委会议上发表加快西部农业发展的十点建议，提出畜禽防疫是国家行为，应当将乡镇畜牧兽医站的兽医诊疗和畜禽防疫分开的建议。目前我国正在推行新的兽医管理体制，农业部成立了兽医局，乡镇畜牧兽医站的兽医诊疗和畜禽防疫分开，兽医诊疗实行执业兽医制度，乡镇畜禽防疫由县政府主管部门的派出机构负责。2005年根据新形势对兽医官的需求，又建议西北农林科技大学加强畜禽防疫教育，成立兽医学院，为国家培养合格的兽医官。西北农林科技大学采纳了此建议，于2006年3月10日校长办公会决定成立动物医学院，恢复学制为5年。

此外，在畜牧兽医技术推广方面获得多项奖励。1993年保持陕西十年无疫，获得国务院防治畜禽疫病指挥部的奖励；他主持的陕西百万只改良羊综合技术研究与推广，获农业部丰收计划二等奖，陕西省政府农业科技推广一等奖。为陕西省畜牧经济发展，在实践和理论上都作出了贡献。

毒理学的学科带头人

毒理学是研究毒物和中毒的科学，是关系到人类未来健康的一门新兴生物科学。史志诚同志1961—1963年在陕西省蓝田县、旬阳县调查牛病和首次发现牛栎树叶中毒开始，就与毒物和中毒这两个名词结下了不解之缘。理论上的争论，农民的损失，他看着心痛，暗下决心要把兽医毒理学作为研究方向，为解开有毒植物与动物之间的关系这个"毒性方程"而奋斗一生。1978年在段得贤教授的指导下，确定了家畜中毒性疾病研究方向。在陕西省畜牧兽医总站从事毒物分析和家畜中毒病防治工作的同时，协助导师继续攻研，这之后的十几年从未中断，利用假日和业余时间，结合社会需求从事植物毒素、生态毒理、毒性灾害以及动物毒物学理论体系等方面的研究，努力开拓动物毒物学研究领域，收到了意想不到的效果。

创立了丹宁生物活化理论，阐明了牛栎树叶中毒发病机理，提出了预防和解毒技术。1978—1981年，史志诚同志系统研究了牛栎树叶中毒机理，提出并证实了高分子栎树叶丹宁经胃肠道生物降解为多种低分子酚类化合物引起中毒的假设，建立了丹宁生物活化理论，首次阐明了栎丹宁的毒理机制，破解了300多年丹宁毒性不解之谜，为防治牛栎树叶中毒提供了理论依据，填补了生化毒理学的一项空白，获农业部技改二等奖。鉴于这项研究在毒物学领域中的贡献和国际影响，被国际毒素学会（IST）吸收为会员，还参加了国际毒素学会在新加坡召开的会议，发表了论文。他制定了我国第一个动物疫病的诊断与防治标准——《牛栎树叶中毒诊断标准与防治原则》在全国病区推广，有效地控制了该病的发生。仅陕西、甘肃、辽宁、河南4个省份的发病地区累计防治176.13万头牛，减少经济损失1.5亿元。

建立了动物毒物学的理论体系。史志诚同志是我国自己培养的第一名获得兽医毒理学硕士学位的研究生。他的导师段德贤教授教导他："进一个学科的门容易，能否成为这门学科的开拓者和建设者，是对一个研究生科学精神的最大考验。"1981年他首先在陕西省畜牧兽医总站创建了我国第一个兽医毒物分析室，承担了农业部全国兽医毒物检验师资培训班的任务。之后创立了动物毒物学理论体系；提出草地生态毒理系统新概念；首次提出"毒性灾害"命题并研究了20世纪全球毒性灾害史；创建了毒物与人类网站；开展了食品安全与立法的研究。不仅如此，还完成了国家部委和陕西省"八五""九五"多项科研与重大科技推广项目。获部委和省级科技奖6项。独立或与他人合作编著了《家畜常见中毒病检验》《兽医毒物学》《植物毒素学》《毒性灾害》《饲料饼粕脱毒原理与工艺》《中国草地重要有毒植物》《动物毒物学》《英汉毒物学词汇》《谨防生活中的有毒物》《生态毒理学概论》等10部约400万字的著作。

开创世界毒物史和毒理科学史研究的新局面。2000年史志诚同志从领导岗位上退下来后，一方面在西北农林科技大学与王建华教授联合培养博士研究生，为学科的发展准备后续人才，另一方面在西北大学创建了毒理学史研究室。在当今国际反恐斗争和公共安全问题凸显的新形势下，毒物史的研究成为研究世界文明史的一个新视点。他从实际出发转向世界毒物科学的历史研究，希望在毒理学史研究领域作一点新的探索。

在我国，世界毒物史与毒理科学史的研究尚属空白，史志诚同志先后发表了《中国古代的毒物学》《毒学探源》《中国草地生态环境与毒草灾害》《日本的毒性灾害》《20世纪毒性灾害及其历史教训》等论文，受到海内外同行专家的赞扬。

组织毒理学社团，为社会主义经济建设服务。1982年史志诚同志应邀在哈尔滨举办的第一届全国兽医毒物检验讲习班讲课，之后又受农业部畜牧局的委托先后在西安和杨凌举办了第二届和第三届全国兽医毒物检验讲习班。与段德贤教授、谢占武研究员共同发起创立了中国动物毒物学研究会，当选为第一任理事长。1995年成立毒理学史专业委员会，任主任委员。2004年又发起成立陕西省毒理学会，任理事长。20多年来，先后召开全国性学术交流会10次，专题研讨会8次，组织参加国际会议4次，参加国内跨学科会议5次，团结毒理学工作者，为社会主义经济建设服务。

无私忘我的奉献

面对长期担任主要领导职务，却又出书又出研究成果的史志诚同志，我感到不可思议。我不明白，那个花白头发下的大脑几十年来是怎样高速运转的，那个略高于 1.70m 的身躯里怎么蕴藏着如此巨大的能量。史志诚同志思维敏捷，头脑清晰，说起专业滔滔不绝，兴致盎然。他说搞行政当领导不是他的本意，无论在人生的高潮还是低谷都从未放松过业务方面的钻研，低潮时写书，高潮时出书，几十年来已形成了规律，从而也做到了行政、业务两不误。作为领导、专家，他曾出访加拿大、美国、墨西哥、泰国、日本、法国、荷兰、丹麦、意大利、匈牙利、以色列、澳大利亚等国进行学习、考察、交流。他还是陕西省第九届、第十届人民代表大会代表。担任着《中国兽医杂志》和《中国毒理学通讯》编委、《动物毒物学》杂志主编等。事迹被编入 1992 年《中国年鉴》、香港《当代名人传》（中国卷）、英国剑桥《世界名人录》等辞书中。见多识广、事业有成的他不居功不骄傲，做事不张扬，为人谦逊，心态平和，心若止水，这是非常难能可贵的。史志诚有钻研精神，刻苦努力。"文化大革命"期间受过冲击看过大门，尽管这样，他从未停止过学习，他把别人用来休闲的时间全用在看书学习上，抓住一切机遇，而且一定要钻进去弄透，其精神可佳。史志诚同志一生追求的并为之奋斗的就是让人民群众吃饱、吃好、吃得安全。即提高粮食产量是为了让群众吃饱；发展畜牧产业提供更多的肉、奶、蛋等动物性食品，是为了让人民群众吃得有营养，吃好；而搞毒理研究是为了预防毒物的危害，让人民群众吃得安全。他说这是关系国计民生的大事。这就是曾任陕西省农业厅厅长的史志诚——人民公仆！没有豪言壮语，没有高谈阔论，只有一丝不苟的、严谨的工作作风，这就是我们的学者!! 没有宣传，没有炒作，只有无私的、忘我的奉献，这就是我们的专家!!!

现年六十有五的史志诚同志说他即将彻底退下来，继续研究世界毒物史，将历史上毒物研究成果、人类认识和处置突发毒性事件的历史经验告诉人们。我看无论站在事业的角度还是勤奋的角度，只要健康状况允许，他都会退而不休的。在此，我将一切美好的心愿凝注于笔端，祝愿史志诚同志身体康健。

本文原载《电影画刊》，2006 年，第 257 卷第 5 期，第 54 - 55 页；陕西省科学技术协会宣传调研部编《陕西科技人物》，2006 年，第 5 - 10 页；《新农村建设》，2008 年，第 3 卷第 2 期，第 30 - 32 页；《农业科技报》，2009 年 1 月 16 日；西北农林科技大学校友会主办《校友通讯》，2010 年，第 12 卷第 2 期，第 45 - 47 页；转载。

【作者介绍】

张宝玉，西安市人。时任陕西省档案馆社会教育编研处副处长，国际美术家联合会理事、中国当代书画艺术名家协会第二秘书处、陕西省省直机关书画协会副秘书长等职务。现为陕西省美术家协会会员、陕西省慈善书画协会研究员。善写作，绘画以虾为主，写意虾浓淡相宜造型自然，动静结合千姿百态，多次参加省以上展览并获多种奖项。

一生为民寻食粮

——记中国农学会副会长、陕西省农业厅厅长史志诚

王剑波　杜志华

有这样一个共产党人，抱定这样一个信条："民以食为天。"四十年如一日，把自己的全部身心致力于人类赖以生存的粮食研究和发展。"捧着心来，不带草去"，便是他四十年辉煌人生向人们展示出的一个共产党人人生价值观的全部内涵。

——摘自采访手记

我想认识他，于是便翻开他的简历。

史志诚，男，1941 年 12 月生于陕北榆林，1958 年毕业于榆林农校，同年 12 月被分配到陕西省农林厅工作。现任陕西省农业厅厅长，并集中国农学会副会长、中国畜牧兽医学会副理事长、中国毒理学会常务理事、西北农林科技大学教授、博士生导师等多种职务于一身。

"四十年来，我从事过农业、畜牧业的技术推广和教育，也从事行政管理工作，我所从事的工作从没有离开过农民、农业和农村"。20 世纪 60 年代初期，他在畜牧厅工作期间，国家处于困难时期，史志诚同志从事"代食品"的研究和生产供应，后来的十多年，他又从事动物性食品的研究工作。参与制定和提出了一些发展生猪的政策性建议，引导和鼓励农民积极养猪，组织基层畜牧兽医工作人员做好动物的防疫和检疫工作，以保护动物性食品的生产安全。

十一届三中全会以后，史志诚同志又致力于探索植物性食品所含毒素的奥秘。他在研究中发现，千百种植物难以被人们利用的主要原因在于这些植物含有多种植物性毒素。同时又发现，千百种植物和哺乳动物之间有一个毒性方程，形成了生物间的对立统一。这种对立与统一，维持了人类和生物界的生态平衡。基于对这一原理的研究与探索，他编写了《植物毒素学》一书，创立了植物毒素学理论，一个国际学术组织将该成果评为优秀著作奖，称该研究成果"填补了该学科领域的空白"。史志诚同志的《植物毒素学》，从微观研究植物毒素入手，为人类更好地利用植物、拓宽植物性食物领域展示了广阔的空间。

进入 20 世纪 80 年代，史志诚同志走上领导岗位，他的研究领域更加宽广。

1986 年，他在靖边县蹲点，在陕西省第一次推广地膜玉米栽培技术获得成功。

1988 年，为配合陕西省委、省政府"科技兴陕"战略举措，他负责的百万只改良羊集团承包项目又获成功。

20 世纪 80 年代末至 90 年代初，为提高农牧业生产水平，他又致力于不同地区生态农业结构模式的研究并在陕西省的一个市和十个乡推广。

1996 年，史志诚同志负责主持陕西省农业厅工作。上任第一年，他便配合省里实施"米袋子"工程。这一年，陕西全省出现春旱，在夏粮增收无望的情况下，狠抓秋粮生产，

他根据陕西省委、省政府的决定，实施"玉米高产开发工程"，当年粮食总产量创历史最高水平，达到 121.5 亿 kg。

他在农村调查时领悟到科技革命对农业增产、农民增收的重要性。于是一方面为农民新编《农事历书》，提高农民的文化科技素质，另一方面提出大力开发以一个工程（种子工程）、两个覆盖（地膜玉米与地膜小麦覆盖技术）和四项计划（科技兴农计划、丰收计划、沃土计划和农机节本增效计划）为主要内容的农业技术推广工程，力争三年提升单产量，提高总产量。

1997 年，遵照江泽民总书记"再造一个山川秀美的西北地区"的号召，史志诚同志带领厅里同志一道围绕解决陕西粮食自给这一目标，提出建立陕北、渭北新粮仓的构想。提出在改善这一地区生态环境基础上，增加对农业水利设施的投入，推广旱作农业技术的建议。在史志诚同志看来，这一构想的实现，不仅是实现陕西粮食自给的需要，开发中西部的需要，同时也是扶贫攻坚的需要。这一地区还有几十个贫困县，史志诚同志这位从陕北窑洞里走出来的汉子，他与农民的心总是贴在一起的啊！

史志诚同志是一位勤于钻研的人。他未曾进过高等院校大门，却大胆地报考研究生，且取得农学硕士学位，这本已属不易，而他后来不仅培养出 5 名硕士研究生，还当上了"博士生导师"，招收了 4 名博士生。他一生致力于人类赖以生存食粮的研究和开发。在他的研究领域内，特别是在植物毒素研究方面，连国际学术界都公认达到国际领先水平，被国际毒素学会（IST）接收为会员。

史志诚同志乐于奉献。上中专时，他便把助学金的一部分交给母亲用于家里开支。因为家里穷，兄弟俩不可能同时上大学，史志诚同志主动放弃机会，这些便是史志诚最原始的奉献。而参加工作后的四十年，尽管自己与爱人的薪金只够维持家人生计，但是史志诚同志从没有中断过对父母亲的孝敬，哪怕是在自己下放劳动时连糊口都有困难的那段艰辛岁月。而更富有新意义的奉献则在于作为一个共产党人，史志诚同志则是将自己的全部身心奉献给了自己的事业，除一天 8 小时工作外，他总是把业余时间尽量用于工作和学习，多数的晚上人们看到他办公室的灯总是亮着，周末、节假日也很少休息。

"捧着一颗心来，不带半根草去"，这便是史志诚同志的价值观，这便是一个共产党人心灵的全部内涵。

本文为《共和国辉煌五十年》电传专稿，1999 年 12 月，于丈八沟。

【作者介绍】
王剑波、杜志华，《人民日报》大地经济编委会记者。

历史不会忘记

——记史志诚和他的"畜产经济理论"

李成砚

引　子

这是一种理论。

这种理论用之于实践，将长期以来畜牧业生产归农口，畜产品经营归商口，畜产加工业归轻工、食品、商业等部门管理的旧体制，代之为牧、工、商的一体化，革除了因条块分割、宏观指导失控所导致的畜牧业生产"少了喊，多了赶"的痼疾，使畜产经济的产、供、销各个环节出现了前所未有的繁荣景象，并且得到了国内外经济学界的充分肯定和高度赞扬。

追寻这种理论所产生的深层次原因和产生这种理论的外部环境和条件，使我们看到了中国经济管理体制在改革中完善的曙光。

构想在阵痛中诞生

长期以来，由于我国畜牧业产、供、销各方面发展实行计划经济体制，部门分割，产销脱节，宏观指导失控，造成畜牧业生产大起大落，农民生产积极性多次受到挫伤。畜产品总量不足，使市场供应处于盲目被动的局面。近年来，农业和畜牧业生产虽然有了较快发展，但由于畜产经济体制的改革严重滞后，尤其是改革初期饲料工业成为"瓶颈"，致使畜产原料与畜产加工能力之间的供需矛盾尤为突出。工业过热，"三厂"（毛纺厂、乳品厂和皮革厂）建设过快，加工能力猛增，畜产原料的供需关系失衡，导致"羊毛大战""乳品大战"等争抢原料的种种大战，企业效益连年下降，甚至出现严重亏损，畜牧生产也随之出现波动。尤其令人担忧的是，20 世纪 50 年代我国牧区大小牲畜近 3 000 万头（只），发展到现在的近 1 亿头（只），每头混合畜占有草地由 115 亩下降为 34 亩，43 亿亩草原中严重退化的占三分之一，其中开垦破坏和沙化共减少 1 亿亩，草场建设步伐缓慢，投资不足，抗灾能力脆弱，再加上一些牧场超载，每遇灾年，草畜矛盾则更为突出。

中国畜牧业的发展速度，不仅仅有个畜牧业自身生产的问题，同时还有一个畜牧业与相关产业的关联与协调发展的问题。在畜产经济领域中，饲草饲料的余缺与畜牧业发展速度之间的矛盾、畜牧生产与畜产流通之间的矛盾、畜牧业商品生产基地与畜产加工业布局之间的不协调、人口增长和食物构成与畜产经济结构之间的不协调、产业政策与畜产结构的调整不配套等，已严重抑制着畜牧业的快速发展。

面对现实问题，一位对陕西畜牧事业发展倾注了三十多年心血的陕北汉子，首先提出了遏制这种局面继续恶性发展的"畜产经济理论"，并在实践中取得了成功。这就是陕西省农业厅副厅长、农学硕士、西北农业大学兼职教授史志诚。

史志诚同志 1958 年参加工作以来，先后从事畜牧兽医技术推广和畜牧业的行政管理工作，对1949年以来陕西畜牧业发展情况可谓了如指掌，面对畜牧业面临的这些难题，他深感焦虑和不安。

1985年2月，史志诚同志随团赴加拿大考察访问。在畜牧业比较发达的魁北克省，他看到了从未见过的繁荣景象：政府运用法律手段调整和管理的畜牧业，在井井有条的状况下运行，农牧产品价格的平稳给农牧业生产者和畜产品加工、销售者以至广大消费者带来了许多便利的条件和实惠，也给政府增加财税起到了很大作用。史志诚同志从中得到了启迪和收获，在异国他乡的春节更是"别有一番滋味在心头"，一种发展中国自己畜牧业的强烈的使命感在他的心中萌发。

回国后，通过调查研究，他和他的同事们更加明晰了我国畜牧业发展中产生这些问题的深层次原因：

——散，草业、畜牧业、饲料工业、畜产加工业和畜产商业等五大畜产业间联系不多，配合不够，导致五大主体产业结构松散，整体效益难以发挥；

——差，大部分畜产品价格放开以后，畜产宏观调控能力差，供需总量难以平衡；

——慢，对部门之间、产业之间的产业关联与产业结构理论的研究处于空白状态，致使畜产管理体制改革缓慢，畜产经济理论研究滞后。

认识明确了，一个大胆的构想——"畜产经济"的概念在他的脑海中产生了。他认为，畜产经济是国民经济的一个重要产业部门和独立的经济行业。畜产经济的依存和发展不仅取决于畜牧业、草业、饲料工业、畜产加工业和畜产商业五大产业的生产水平和经济结构，而且与畜产环境、自然生态、社会经济、科学文化和经济决策等五个基本条件有着十分密切的关系。因此，畜产经济应当在社会主义市场经济体制下研究畜产经济的基本发展条件和发展规律，研究在一定生产关系下畜产经济结构及其运行机制，研究畜产各业协调发展和横向联合，研究农牧结构、畜种结构、畜群结构、畜产品结构的合理调整，研究畜产经济中草畜关系、农牧关系、粮食生产与饲料工业发展的关系，畜产品的产销关系，畜产加工业与畜牧生产的关系以及畜牧业与工商业的关系，研究生态经济系统中畜产业的地位和作用以及研究提高人民饮食结构中动物性食品的比重，保障畜产流通和畜产加工业不断增值的对策和措施。

理论在实践中提高

"畜产经济理论"的问世，对这个几十年处于滞后状态的旧的产业结构无疑是一种重创，它的科学性和可操作性同时赢得了国内许多专家和学者的赞许。为了更加完善这一学说，史志诚同志在完成陕北畜产经济研究的基础上，组织百余名畜产经济工作者把调查范围扩大到关中、陕南地区，开展陕西畜产经济研究，该研究被列入1990年陕西省科技工委和陕西省农牧厅软科学重点课题。

从各地畜牧管理体制改革的情况看，虽然形式多样，发展不平衡，但总的可以看出这种体制具有不可低估的优越性：

——牧工商经营一体化推动了畜产管理体制的改革；

——产销一体化带来产销两旺；

——在国营畜产企业走向市场的同时，政府主管部门的职能将转向宏观经济管理；

——畜牧业的部门管理与畜产经济的行业管理趋于结合的走向；

——畜产品的产供销归口管理（如畜牧食品局），但改革的难点和薄弱环节仍然是培育畜产市场机制的政策措施不配套。

1990年，陕西省委、省政府又批准省农业厅的"三定方案"，明确了畜产经济的管理协调职能。1991年年初，史志诚同志与陕西省科学技术协会原主席上官信联名上书陕西省委、省政府，提出加快陕西省畜产管理体制改革的建议。1991年8月，陕西省批准成立陕西省畜产经济领导小组。新中国成立初期建立起来的畜牧生产流通体制形成的政企不分、条块分割、产销脱节的问题和矛盾开始缓解，全省畜牧产供销出现前所未有的好势头。畜产经济理论在实践应用中取得了明显的社会效益和经济效益。

——促进了区域畜产经济的发展。通过对榆林、延安地区及定边、宝鸡、陇县、西乡等县畜产经济发展战略的论证，促进了陕北养羊业主导产业，陕南肉牛、陇县牛改等主导产业的发展和区域经济、县域经济的发展。

——以畜产经济观点指导的兴陕项目（陕北百万只改良羊集团第一轮承包），得到各产业、各行业、各部门的重视和支持，取得了明显的社会、经济、生态效益，五年计划四年完成，达到预期效果。四年新增改良羊年产值2.8亿元，比改良前新增产值1.76亿元，累计新增产值达7.8亿元，达到全国先进水平。该项目获农业部丰收计划二等奖。

——促进了一些县级政策体制与经济体制改革，为畜产经济的发展提供了新的经验。

——促进了国家畜产统计工作的改革试点工作。国家统计局接受了畜产经济的部分观点，1991年在陕西、内蒙古、河南开展草业、畜牧业、饲料工业与畜产品购销统计的改革试点工作，使国家统计工作在宏观上把握总量，在总体上有了调控枢纽。

——培养了一批研究和探索畜产经济的人才，接受和应用畜产经济观念的人越来越多，畜产行业开始重视草业基础，调整畜牧业结构，完善饲料工业体系，围绕产前、产后开拓市场搞活流通，为中小型畜产加工企业改善经济环境。

——在陕西省科学技术协会、陕西省农学会等单位支持下，1991年初召开了首届全省畜产经济发展战略研讨会，参会的各行各业代表达成共识，对畜产经济理论在实践中推广和应用起到了积极促进作用。

——经受住了市场疲软和通货膨胀的严峻考验，始终保持了持续、稳定、协调发展的势头。1991年全省大牲畜、猪、羊、家禽存栏数与1985年相比分别增长1.1%、6.1%、70%和64%，肉、奶、禽蛋总产量与1985年比分别增长78%、62%和128%，畜牧业总产值达到43.9亿元，占农业总产值的23.7%，比1985年增加8.2个百分点。畜牧业出现存栏稳定，产品大幅度增加，畜产品有效供给增加，市场稳定的好形势。

思维在实践中完善

不断地实践使"畜产经济理论"得到了更进一步验证和完善。为了使这一理论走出他的"象牙塔"，1991年9月至1992年7月，史志诚同志在中央党校学习期间，先后在北京各大图书馆翻阅了大量的国内外有关资料，继续总结我国畜牧经济的成败得失，潜心研究经济理论和产业经济学。

1992年8月，史志诚同志著的《畜产经济概论》由农业出版社出版，引起了有关部门的同行和专家的关注。陕西省委原副书记牟玲生在该书序言中写道，这是一种"新的尝试"，是"作者近三年来结合工作实践在这一领域不断探索的成果，殊堪嘉许"。农业部原畜牧总局局长李易方、农业部畜牧兽医司司长陈耀春等专家也盛赞该书对"领导部门决策提供了比较科学的依据"，为此他们向全国畜产界的理论研究工作者郑重推荐阅读。西北农业大学和农业部农业干部培训班曾把该书作为畜牧大专班教材，供学员学习研究。

一种理论在其成立或被人们认同之后，最终的目还在于实践。史志诚同志和他主持的"畜产经济研究"课题组进而提出了在全省畜牧业、饲料工业、乳品工业、毛纺工业、皮革工业、畜产外贸系统，开展发展战略及其可行性论证分析研究，提出建立畜产经济区域发展战略。

实践证明，这些思路和设想在畜产经济理论指导下，均已取得了较好的社会和经济效益。到1993年，陕西省肉类总产量达65.9万 t，奶类总产量27.4万 t，禽蛋总产量34.7万 t，人均占有分别从1980年的8.2kg、2.15kg 和1.15kg，增加到1993年的19.7kg、8.0kg 和10.0kg。畜牧业产值达53亿元，在农业总产值中比重达到24.33%，草业也有所发展。饲料工业总产量达65万 t，畜产品加工已形成一定的生产规模，畜产商贸愈加活跃。畜产经济的发展，不仅为农业生产提供了优质的肥料、动力和资金，为轻工业提供了原料，为外贸部门提供了出口物资，还为改善人民的饮食结构，提高人民生活水平，保障社会有效供给，稳定社会发展做出了贡献。

本文发表在《西北信息报》第786期，1994年9月7日；《当代陕西》，1994年，第12卷，第47-49页；《中国西部发展报》1996年3月14日转载。

【作者介绍】
李成砚，甘肃人，《西北信息报》记者，《农业科技报》社长兼总编辑。

让毒理研究和应用造福于民
——记陕西省农业厅退休干部史志诚

中共陕西省委老干部工作局

史志诚，教授，博士生导师。1996—2000年担任陕西省农业厅厅长。2001年从陕西省农业厅的领导岗位卸任之后，积极研究和普及防毒、解毒与食品安全知识，宣传毒物管理与禁毒的法律法规，在工厂、农村和城镇社区传为佳话。

防控草原毒草灾害

自1958年我国贵州省报道牛吃栎树叶中毒以来，陕西、河南、四川、湖北、吉林等14个省份的100个县（旗）相继报道，牛中毒死亡数量十分惨重，每年经济损失1亿多元。1962—1963年，在陕西省畜牧兽医总站工作期间，史志诚同志曾经深入蓝田县和旬阳县，调研大批耕牛死亡情况，发现牛采食栎树叶是引起中毒死亡的原因，但由于当时认识不一致而被否定。直到 1967 年西北农学院的专家在平利县调研试验后，才确认史志诚同志当年的诊断是正确的。1978—1982 年，史志诚同志在西北农学院攻读硕士研究生，在段得贤教授的指导下，系统研究了栎属有毒植物的生物学、有毒成分、栎树叶所含水解丹宁的毒性及其发病机理，确定治疗方法和解毒技术，获得农业部技术改进二等奖。

1982—2002 年，史志诚同志和他的研究团队制定了《牛栎树叶中毒诊断标准与防治原则》，并在陕西、甘肃、辽宁、河南等发生牛栎树叶中毒的地区推广，使一度严重发生的牛栎树叶中毒在全国范围内得到基本控制，有的地方已经不再发生，减少经济损失 4 亿多元。《牛栎树叶中毒诊断标准与防治原则》获得陕西省农牧厅"农业技术推广奖"。

2002—2013 年，他承担陕西省教育厅"栎丹宁生态毒理系统形成与消亡规律的研究"课题，应用生态工程法防控牛栎树叶中毒取得新进展，进一步提高了牛栎树叶中毒的防控工作水平。史志诚同志在过去 50 年里坚持研究并取得的成果论文《栎丹宁生物活化毒性机理和防控牛栎树叶中毒》，在 2013 年第九届国际有毒植物研讨会上发表，得到大会学术委员会主席、美国农业部有毒植物研究实验室主任帕特尔的高度评价。

针对我国西北各省份草原，因有毒植物连片生长蔓延，并引起大批动物中毒死亡的情况，史志诚同志撰写了《西部草原毒草灾害造成 100 亿元经济损失》论文。提出了依法加强草地行政管理、将防控毒草灾害纳入国家草原建设总体规划以及推广生态治理毒草灾害技术等三条综合治理措施。史志诚同志的建议引起农业部和科技部的高度重视，于 2012 年将"草原主要毒害草发生规律与防控技术研究"列入"十二五"国家公益性行业科研专项，拨出 1 400 万元的专项资金，由西北大学生态毒理研究所副所长尉亚辉主持，史志诚同志作为项目组的首席顾问，组织西部五个省份的 30 多位专家，共同深入牧区草原开展研究和防控工作。

经过五年的艰苦努力，该项目于 2016 年圆满完成研究目标和各项任务，提出防控西部草原毒草灾害的防治技术措施与管理方式，同时大力推广生态工程法、畜种限制法、促进植被演替法、改变草群结构法、药剂解毒法，将毒草灾害的危害降到最低程度，将牲畜中毒死亡率降到最低程度，将毒草造成的经济损失降到最低程度。

为防止外来有害生物入侵提出建议

2001 年 9 月 11 日，中国科学技术协会在长春举办 2001 年年会，史志诚同志作为中国农学会副会长、农业部科技委员会委员发表了《外来有毒有害植物的危害及其历史教训》的论文，指出，在过去几十年中，有毒有害植物已经通过各种途径侵入我国，造成了极大危害。如紫茎泽兰从东南亚传入我国后，逐步扩散到整个西南地区。在西部，醉马草、毒麦、有毒棘豆等已造成大批家畜死亡。豚草在东北、华北、华东和华中蔓延，引起人过敏性鼻炎和支气管哮喘等疾病。同时，随着我国加入世界贸易组织后，农产品进口以及人员和货物往来的增加，来自国外的有毒有害植物的威胁也大为增加。我国应加强对有害生物风险分析研究，为防止有害植物的侵入提供科学依据。

会后，新华通讯社记者张宁、王永康采访史志诚同志后并以《专家建议加强对有害植物的研究和防治》为题，将论文转发在《国内动态清样》上，2001 年 11 月 19 日，时任国务院副总理温家宝批示给农业部部长杜青林和副部长韩长赋。

2002 年 11 月，中国毒理学会、农业部全国农业技术服务中心、陕西省科学技术协会在西安联合召开了加入 WTO 与防制有害生物入侵研讨会。来自全国的 48 位专家深入讨论了有害生物入侵的严峻形势和紧迫任务，提出了加快立法，强化管理；加强科学研究和宣传教育；动员各方面力量参与防制生物入侵的对策建议，尽力把有害生物阻止于国门之外。

2009 年 3 月 18 日，史志诚收到农业部全国畜牧总站发来的一份传真件，并接到电话，请就阿富汗毒草中毒问题提出咨询建议。传真件是阿富汗驻北京大使馆发给中华人民共和国农业部的信函，其内容是：多年以前，在赫拉特省的 Golran 镇，有一种疾病在牧场中流行。这种疾病是由野生天芥菜引起的，当人们饮用了吃了这种草的奶牛和绵羊的乳制品，就会生病或死亡。截至目前，已有 267 人病危，44 人死亡，与此同时，大量的奶牛和绵羊也相继死亡。希望中国的专家能找出原因并提出控制方法。

2009 年 11 月 30 日，史志诚同志作为中国农学会农业专家咨询团成员和农业部科学技术委员会委员，应农业部畜牧总站的委托，查阅了有关资料，撰写了《关于阿富汗毒草中毒问题的咨询报告》，提出五条防控天芥菜中毒的建议，得到了相关部门的认可和采纳。

探究毒物历史，潜心著书立说

为了颂扬中国禁毒和国际公认的禁毒先驱林则徐，史志诚和张永亮根据中国毒理学会的工作计划，2002—2005 年，先后到虎门林则徐销烟池旧址、鸦片战争博物馆、福州林则徐纪念馆、新疆伊犁林则徐纪念馆、吐鲁番林公井参观。之后，又分别在陕西省华山、蒲城林则徐纪念馆筹备处、西安碑林博物馆、兴平市马嵬驿等地考察。沿着林则徐曾经走过的路，深刻认识林则徐这位在世界禁毒史上功劳卓著的伟人。史志诚同志查阅了有关资料，在调研的基础上编写了《林则徐在陕西》，2008 年由陕西旅游出版社出版，书中附有林则徐在陕西留下的墨迹和有关照片 16 幅，详细介绍了林则徐的生平和三次来陕西的情况。

2005 年 6 月，陕西省档案馆公开了一批禁毒档案，展示百年禁毒路，史志诚同志和陕西省档案馆副馆长甄生枝、陈子平、王展志等同志从中得到启发，拟利用陕甘宁边区禁毒的有关资料，编辑陕甘宁边区禁毒法律、禁毒政策和禁毒工作方面的书籍，成立了由陕西省人民代表大会常务委员会副主任高宜新领导的编委会，由史志诚同志负责主编《陕甘宁边区禁毒史料》，2008 年由陕西人民出版社出版。该书以翔实的资料，记述了中国共产党和陕甘宁边区政府坚持不懈开展禁毒斗争的实践，成为禁毒宣传活动的生动读本。

2012 年，史志诚同志在出版《毒物简史》专著的基础上，又组成了有 60 多位专家参与的团队，依托西北大学生态毒理研究所的 2 000 多册藏书和万余篇相关文献，历经数载编纂了《世界毒物全史》，2016 年 8 月由西北大学出版社出版发行。全书分别阐述了毒物与人类文明史、毒物史话、毒性大案、毒性灾害史、毒理科学史、毒理学分支学科史、毒物利用史、毒物管理史、毒物文化史、毒物史名人传记等重要内容。通过回顾若干历史事件，启示当今世界科学处置突发事件、毒物侦检、防范管理以及人类控制毒物和应对突发公共事件等方面，全书有鲜明的时代特征和实用价值。

英国剑桥大学李约瑟研究所所长古克礼指出，《世界毒物全史》是"中国学者首次在这个领域所做的系统考察""蕴含巨大科学潜力"。美国毒理科学院院士付立杰认为，《世界毒物全史》是毒物史与毒理科学史的当代巨著。中国毒理学会历届理事长叶常青、庄志雄、周平坤均指出，《世界毒物全史》的出版，"是中国毒理学界的一件盛事""是我国毒理学发展史上的重大创举""是一部兼有百科和专著双重属性的力著"。陕西省环境科学学会理事长冉新权指出，该书是一部奉献之作、集成之作、创新之作、传世之作。所涉及的历史时间之长，空间地域之广、学科门类之多，都可跻身于世界史书和中国史书之最的行列；从史记把毒物的微观与毒物的宏观相结合的巧妙程度审视，也是世界志书和中国志书不可多得精品之作。

传播防毒知识造福于民

为了配合陕西省政府宣传食品安全以及反恐、应急工作的需要，史志诚同志还编写了《生活中的有毒物》《突发毒性灾害事件：历史经验与教训》《关注食品安全，保障健康生活》等科普书籍。他还受陕西省、市老科学技术工作者协会的邀请，参与制作科普宣传版面，制作多媒体课件，在西安交通大学全国干部培训中心、西安理工大学、中小学校、机关、农村、工厂，宣讲《食品安全法》和食品安全知识，受到了学校师生、村民和社区消费者的欢迎和好评。

2006 年他在接受陕西省档案馆张宝玉的采访时说："民以食为天，食以安为先。提高粮食产量是为了让人民群众吃得饱；发展畜牧业提供更多的肉、奶、蛋等动物性食品，是为了让人民群众吃得有营养，吃得好；从事毒理学研究是为了让农产品避免污染，让人民吃得安全。这些都是关系国计民生的大事，是我们的天职和梦想，也是我们永远都要努力的目标和方向。"

本文原载中共陕西省委老干部工作局编，《三秦夕阳正红》——陕西省离退休干部正能量事迹丛书（一），2017 年，第 219 - 225 页。

风雨 60 年，挥之不去的农业情结

——记陕西省农业厅原厅长史志诚

孙 鹿

有的人人生经历远比电影更精彩，史志诚给我的感觉就是这样。

我采访原陕西省农业厅厅长史志诚，地点约在西北大学生态毒理研究所，这是他从陕西省农业厅的领导岗位卸任之后，积极研究和普及防毒、解毒与食品安全知识的地方。

从事 60 年农业工作，亲历改革开放 40 年农业取得翻天覆地变化的史志诚，对农业一直有着难以割舍的情怀。

生态毒理研究所在西北大学老校区一座老式教学楼的一楼。落座后，他让我用笔在本子上写一个"饭"字，我不明其中有何玄机，写好了拿给他看，他说"饭"字如果少了

"食"字旁剩下什么？将会发生什么？我望着他那双睿智的眼睛，瞬间明白了中国造字背后的深意。"民以食为天"是千百年来老百姓用生命与健康代价换来的警世之语。史志诚说，历朝历代老百姓最关心的就是"吃饱饭"这件民生大事，只有一日三餐有了保障，人民才能安居乐业，国家才能稳定和强盛。1998 年他任陕西省农业厅厅长时曾经创造了陕西粮食总产量 130.3 亿 kg 的历史新高。

一个决定改变了他的一生

史志诚出生在陕北榆林，自小家境贫寒，父亲靠写字为生。因为缺粮少食，他常常体弱多病。自打他记事起家里就笼罩在一种"忧伤"的氛围中，后来他才知道 1938 年秋至 1939 年冬，日军曾 7 次出动 53 架次飞机入侵轰炸榆林，父母最心爱的第一个孩子，他的大哥，在防空洞中躲避日机轰炸，传染上白喉病，因为没有盘尼西林救治，离世了。陕北人都喜欢把粮食囤在窑洞中，1950 年 6 月的一天，他家居住的土窑洞由于山体滑坡突然崩塌，家里存的粮食全部留在了压塌的窑洞里，他的母亲和弟妹五人有幸逃了出来，为了生存，母亲领着孩子们四处赊欠讨饭，直到父亲回来。吃不饱再加上痛失亲人的哀伤，让史志诚从小就比别的孩子懂事，更懂得粮食的珍贵与重要。

1952 年，为了解决家里最大的吃饭难题，父亲决定让还在上小学五年级的史志诚去上工业职业中学，跟人学制皮革，上午上课，下午劳动，每月可以领到 12 元伙食费，他省吃俭用，留 6 元给自己，给家人留 6 元，每月弟弟妹妹都翘首期盼着他回家去粮店购买食物带回去。学了一年皮革后，工业职业中学改为农业学校，他改学一年农学专业，1954 年又改学一年畜牧专业，1955 年至 1957 年又改学兽医专业。正是这六年扎实的学习，让他学到了真本事，改变了他的一生，使他与农业结下了不解之缘。

一斤粮票 4 毛钱背后的故事

1958—1960 年，中专毕业生分配到农业厅参加工作之前必须首先在农村劳动锻炼一年。1958 年 3—11 月，他被分配到榆林县巴拉素区补浪河公社补浪河第二生产队参加农村劳动锻炼，他和贫下中农同吃同住同劳动。地处毛乌素沙漠的农村，缺水少粮，小米产量极低，没什么主食，只能吃瓜菜，常常饿肚子。为防粮食丢失，风沙地区的农民常常把珍贵的粮食藏在地里，有时会被老鼠偷吃，有时一场风沙刮过来，自己都找不到当初藏粮的地方。同甘苦共患难的日子，使史志诚和住户产生了家人一样的感情，直到现在他还和那家的孩子以兄弟相称，不忘乡情，时有往来。

1959 年，史志诚被分配到陕西省农林厅农林牧工作大队，每逢春耕时节，农林厅派一批干部到地县农村蹲点促生产，他们把这种工作模式称之为"满天星"的工作方法。每个人一辆自行车，一个县蹲一年，三顿饭必须到贫下中农家里吃，每次吃饭给人家一斤粮票，4 毛钱。

那些农户散落在山沟里，他们吃饭一天换一个地方。有时到农户家，人家忘了他今天是来吃饭的，他给人家扫地、喂猪，用实际行动感动别人。

1962 年困难时期，他在乡村经常看到贫困农民饿着肚子拿着米口袋到公社办公室索要救济粮的情景，心里十分难过。当时，不仅是农村达不到温饱水平，就是机关职工也由于少粮、少油、缺菜，时有干部出现浮肿的情况，只能劳逸结合，上午工作，下午休息。1966 年 6 月，他在留坝县闸口石公社下乡调查，大山深处的贫困农户仍然处于饥饱不匀的状态……

史志诚说，这些往事常常呈现在他的脑海，他参加工作那年只有 17 岁，正是男孩子长个子的年纪，可 1958 年饿了一年，再加上后来的三年困难时期，长期的饥饿状态，导致他的个子再也没怎么长过。工作后史志诚先后在兴平、长武、彬县、府谷、城固、略阳、泾阳和靖边等八个县整年蹲点，亲历了农村工作和乡村生活，他深深感受到了农村的落后，农民的苦与穷，深感农业工作者责任重大。他经常提醒自己，作为农业厅的工作人员和领导干部，一定要做好自己的工作，用科学的方法帮助农民增产粮食，发展生产，让他们吃上饱饭，过上富足的日子。

不经历风雨怎能见彩虹

史志诚学的是畜牧兽医专业，给牲口看病是他的"绝活"，哪里死了猪，死了牛、羊，他连夜就走，及时做出诊断，给出怎么处理的建议，最大限度地帮助乡村和农民减少损失。

正在史志诚业务拔尖，工作热情高度饱满之时，历史不可抵挡的洪流一下子吞噬了他。他的人生上演了和电影《活着》一样的剧情。"文化大革命"时他看了三年大门，去农场劳动，到农村参加防疫。他珍藏的一些资料被毁掉，即使这样，在命运处在低谷的八年，他仍然坚持研究自己热爱的毒理学，从来没有放弃过学习，甚至他整理了没有被毁坏的资料，写了一本书《家畜常见中毒检验》，1982 年出版后作为农业部畜牧兽医局举办的全国兽医毒物检验师资培训班教材。

1978 年，他考上了西北农林科技大学研究生，学习动物毒物学，围绕着人的食品安全研究动物的饲料安全。他曾说草原上"风吹草低见牛羊"所描述的诗情画意，在学术研究者眼睛里并没有那么浪漫美好，因为在茫茫草原上没有毒的草数量很少，每逢冬春缺草季节，放牧的牛羊吃光没毒的草，为了生存牛羊就会吃有毒的草，进而大批中毒死亡，这不仅给农牧民造成重大经济损失，而且影响了城市居民的肉食供给。他说研究家畜有毒植物中毒是畜牧兽医工作者的责任。所以在校和后来工作期间他按照农业部要求，先后组织专家调研西部草原和西藏阿里地区毒草防控，出版了《中国草地重要有毒植物》。

有时觉得人吃苦并不都是坏事，因为苦难最终会成为滋养生命的养分，机会永远会给努力、有准备的人。

学成归来后，史志诚历任陕西省畜牧兽医总站副科长、陕西省畜牧局副局长、陕西省饲料工业办公室主任、陕西省农业广播学校校长、陕西省农业厅副厅长、厅长。

1985—1995 年任陕西省农业厅副厅长的十年里，他按照陕西省政府的要求积极招商引资，先后引进泰国正大饲料项目、瑞士布朗饲料项目、联合国粮农组织的粮食援助项目、世界银行农技中心建设的贷款项目、加拿大的奶牛项目、美国肉羊项目和荷兰父母代蛋鸡项目等，加快推进陕西农业现代化，助推乡村振兴。

1996 年任陕西省农业厅厅长后，他按照陕西省委、省政府"米袋子"工程责任制的要求，将发展粮食生产作为农业厅工作的第一要务，接连三年组织陕北、陕南和渭北的农业科技人员大力推广地膜小麦、地膜玉米旱作增产技术，取得显著成效。1998 年陕西粮食总产量从 1995 年的 91.3 亿 kg 增至 1998 年的 130.3 亿 kg，创历史新高，获得农业部丰收奖。

民以食为天，食以安为先

改革开放 40 年来，中国农业突飞猛进，粮食生产和畜牧业生产取得显著成就，人民吃饱吃好之后，最关心的就是食品安全问题。史志诚说："民以食为天，食以安为先。提高粮食产量是为了让人民群众吃饱；发展畜牧业提供更多的肉、奶、蛋等动物性食品，是为了让人民群众吃好；从事毒理学研究是为了让农产品避免污染，让人民吃得安全。人民吃饱、吃好和吃得安全，是关系国计民生的大事，是我们永远都要努力的目标和方向，更是我们农业部门的天职和梦想。"退休后，史志诚在西北大学生态毒理研究所有了一间可以让他继续探究毒物历史，潜心著书立说的办公室。

史志诚说，改革开放以来中国的巨大变化是从乡村开始的，乡村也在这个过程中发生了翻天覆地的变化，是世界绝无仅有的，也是前无古人的，没有哪一个国家像我们这样，8 亿农民在改革开放大潮中完全改变了生产生活方式。

做了 60 年农业工作的他谈了四点农村具有历史意义的重大变化。

一是解放了生产力。广大农村全面推行家庭联产承包责任制，有效地调动了广大农民生产的积极性。随着生产力的解放，农业科技作为第一生产力，发挥了更大的生产潜力。广大农业科技人员深入农村第一线指导农业生产，使农业生产水平迅速提高。以陕西省粮食生产为例，1949 年总产量仅为 31.1 亿 kg，人均 201.35kg。1962 年困难时期总产量为 40 亿 kg，人均 199.7kg。1977 年总产量为 77.65 亿 kg，人均 282.2kg。改革开放之后的第六年，即 1984 年总产量为 102.5 亿 kg，人均 345.15kg。1998 年总产量为 130.3 亿 kg，与 1977 年相比，20 年粮食总产量增加了 50 亿 kg，人均达到 372.2kg，创造了历史新高。

二是国家决定免收"两税"。2001 年，国家决定免收"农业税和农林特产税"并开始试点。据统计，2001—2004 年，全国共减免农业税 234 亿元，免征除烟叶外的农业特产税 68 亿元，核定农业税灾歉减免 160 亿元。其中，中央财政负担了 85 亿元，各级农业税征收机关共落实社会减免 50 亿元，落实种粮大户等其他减免 9 亿元。2005 年全国进一步减轻农民负担 220 亿元。2005 年 12 月 29 日，第十届全国人民代表大会常委会第十九次会议高票通过决定，自 2006 年 1 月 1 日起废止《农业税条例》，取消除烟叶以外的农业特产税，全部免征牧业税。2006 年全面取消农业税后，与农村税费改革前的 1999 年相比，我国农民每年减负总额超过 1 000 亿元，人均减负 120 元左右。广大农民无不兴高采烈，他们说："延续了 2 600 多年的'皇粮国税'免收了。"这是一件历史性的大事，不仅从根本上减轻了农民的负担，而且表明我国实行工业反哺农业、城市支持农村取得了重大突破。同时，也为我国加入 WTO 创造了必备条件。

三是进一步确立了农村社会主义市场经济主体。2007 年 7 月 1 日《中华人民共和国农民专业合作社法》正式实施。至此，农民专业合作社与内资企业、私营企业、外商投资企业、个体工商户一样，成为我国社会主义市场经济五大主体之一。从此农民可以与市民一样，在工商管理部门免费申请成立自己的农民专业合作社，经营自己生产的农产品，并享受免税政策。根据统计，2017 年陕西省农民专业合作社达到 5.5 万家，认定家庭农场突破 1 万家，各级农业产业化经营组织 5 362 个，各类农业社会化组织达到 2.3 万个。有效地推动了城乡统筹和农村现代农业的发展，为未来消除城乡差别，共同富裕创造了条件。

2016 年，陕西省委和省政府将"党支部＋企业＋合作社＋贫困户"推荐为农村产业扶贫的基本模式，予以推广。2017 年中央 1 号文件提出依托农民专业合作社，建设田园综合体，推进乡村振兴。这就意味着农民的家庭经营收入将包括一产、二产和三产，种地是一产，加工是二产，搞乡村旅游是三产，走"无农不稳，无工不富"之路。同时，增加了农民在家门口打工的机会，防止农村"空心化"。史志诚分别于 1998 年 2 月 14 日、2008 年 4 月和 2018 年 4 月到礼泉县白村新型农村社区考察，现在它已经建成城乡发展一体化试点示范社区。促进了"农民向新型社区聚集，产业向现代园区聚集，土地向规模经营聚集"，初步实现了农村农民就地城镇化的目标。

四是集体土地进一步得到法律的保护。我国《宪法》的第十条，明确规定"农村和城市郊区的土地，除由法律规定属于国家所有的以外，属于集体所有；宅基地和自留地、自留山，也属于集体所有""任何组织或者个人不得侵占、买卖或者以其他形式非法转让土地"。十八大以来，农村集体土地的"确权颁证"工作逐步展开，农民再次获得"农村土地承包经营权证"并将永远不变，成为农村农民长治久安的"定心丸"。

听史志诚讲过去苦日子里的辛酸、风雨 60 年来浓浓的农业情结和现在振奋人心的农村改革开放 40 年的巨大变化，颇有收获和感悟。看到办公桌上，他和 60 多位专家花了二十多年时间编纂的 500 万字的《世界毒物全史》（百卷本），不由得心生钦佩与感动。他身上的热情和坚持，他对农业饱含的深情和奉献，他对毒物和食品安全持之不懈的研究，让他的晚年看起来熠熠生辉，别具风采！

本文刊载于《金秋》杂志，2018 年第 10 期，总第 421 期，第 30 - 33 页。

【作者介绍】
孙鹿，笔名鹿儿，中共陕西省委老干部工作局主管的《金秋》杂志社记者。

（二）为史志诚的专著作序

牟玲生副书记为《畜产经济概论》专著作序

畜产经济学是一门独立的新兴学科，是研究畜产经济各部门、各行业的结构关系及其运行机制，研究草业、畜牧业、饲料工业、畜产加工业和畜产商业等各有关产业之间有计划、按比例协调发展的科学理论和客观规律。在我国社会主义有计划的商品经济条件下，畜产经济领域出现的许多新问题需要在理论上予以说明，运用现代科学的研究方法去解决。因而，也就需要广大社会科学和自然科学工作者相结合，花较大的力气去探索、开拓和耕耘。史志诚同志编著的《畜产经济概论》就是这种工作新的尝试，是这方面研究的可喜开端，是作者近三年结合工作实践在这一领域不断探索的成果，殊堪嘉许！

十一届三中全会以来，我国社会主义有计划的商品经济稳步发展。实践证明，畜产业是国民经济的重要组成部分，农村经济的发展离不开农牧结合，以农养牧，以牧促农。我国人口众多，耕地有限，因此，食物结构的改善，畜产加工业的发展，人民生活从温饱向小康水平过渡，更离不开畜牧业提供充足的肉、奶、蛋等动物性食品和畜产加工原料，这是人类生存的需要，社会经济发展的需要。从战略发展的观点看，我们也必须强调在重视粮食生产的同时重视畜产各业的发展，要求各部门之间应当保持互相协调的关系，使农牧之间、草业与畜牧业之间、畜牧业与畜产加工业之间、产销之间，供需之间处于协调发展、总量平衡的状态。《畜产经济概论》正是针对畜产经济的结构问题进行了较为广泛的探讨，对继续深入研究和实践具有一定的指导意义。

畜产经济研究是一个具有重要意义的课题，《畜产经济概论》的出版问世，体现了作者在理论和实践相结合上的开拓创新精神。然而，畜产经济学作为一门完整而系统的新经济学科，还有待人们进一步完善、丰富和发展。我殷切希望本书的作者和其他有志于从事这方面工作的同志，共同努力，将理论运用于实践，在实践中总结提高，为我国社会主义经济建设做出新的贡献。

牟玲生
1990 年 10 月

【作者简介】

牟玲生，陕西扶风人。历任青年团凤翔县委书记，共青团陕西省委副书记，中共宜川县委书记，陕西省委政策研究室副主任、办公厅主任，陕西省委常委、秘书长。1984 年 8 月任中共陕西省委副书记。1992 年 8 月至 1998 年任陕西省人民代表大会常务委员会副主任。

陈耀邦副部长为《陕西畜产经济》专著作序

十一届三中全会以来，我国畜牧业的改革与发展取得显著成效。畜牧业生产保持十多年的稳定增长势头。预计 1992 年我国肉类总产可达 3 300 万 t，奶类总产量 564 万 t，禽蛋总产量 961 万 t，绵羊毛产量 24 万 t。全国人均肉、奶、蛋占有量分别为 28.1kg、4.8kg 和 8.2kg，与 1978 年相比分别增加了 19.6kg、3.9kg 和 6.3kg。畜产品总产量的增加，对改善人民生活，提高营养水平，发展国民经济起到了极其重要的作用。随着畜牧经济体制改革的不断深化，畜产经济各业的结构也发生了重大变化。草业崛起，饲料工业形成新的产业，畜牧业快速发展，畜产品经营出现了国有、集体、个体多种经济成分和多种经营形式并存的局面，畜牧业与第二、第三产业相衔接，出现畜产品产供销一体化的经济实体，畜产经济各业协调发展的新格局正在形成。与此同时，畜牧业商品基地的建设、社会化服务体系的建设、草原建设以及科技教育与技术推广工作也取得了新的进展。畜牧业的发展所取得的伟大成就，都是全国畜牧战线上的广大职工、科技人员和农民群众贯彻党的基本路线和改革开放的方针，坚持调整产业结构，增加向畜产各业的投入，依靠科技进步，发展高产、优质、高效畜牧业的成果。

十四大确定的我国经济体制改革的目标是建设社会主义市场经济体制，这标志着我国改革与发展进入了一个新的历史时期，畜牧业作为国民经济的重要组成部分，也要适应新形势，抓住新机遇，坚持改革开放，调整产业结构，贯彻产业政策，使畜产经济各产业持续、稳定、协调发展，为实现第二步战略目标，全国人民过上小康生活作出应有的贡献。然而，保障畜产经济稳定发展，除了在科技和投入上采取措施外，从宏观上还必须按照市场经济规律办事，采取计划和市场两个手段，搞好总量控制，实现草（饲料）畜之间、产销之间、畜产加工能力与畜产原料供给之间的平衡。必须通过调查研究掌握畜产经济各产业之间的相互关系，制定产业政策，促进产业结构与产品结构合理调整。

为了探索畜产经济发展的路子，陕西省农牧厅从 1989 年开始以系统工程的方法首次把草业、饲料工业、畜牧业、畜产加工业和畜产商业作为一个有机整体进行深入调查研究，以大量的资料为依据，剖析了陕西省畜产经济的发展历史、现状和面临的机遇和难点，勾画出陕西省在发展畜产经济方面的资源优势、产品优势和区域优势，为指导陕西省今后畜产经济的发展提出了具有战略意义的构想，这对于推动全省畜牧产业的发展具有重要意义。为此，我向广大读者推荐史志诚主编的《陕西畜产经济》一书，希望引起广大农牧工作者的重视和研究，为适应社会主义市场经济发展的需要不断积累经验，也希望本书的作者和参加调查研究的同志，继续在实践中完善提高，为我国社会主义现代化农牧业经济的振兴与发展作出新的贡献。

陈耀邦
1993 年 1 月 18 日

【作者简介】

陈耀邦，广东番禺人。1957 年华中农学院植物保护专业毕业，1966 年华中农学院植物病理与农用抗生素研究生毕业，高级农艺师。1972 年 1 月以后先后任农业部经济作物局副处长、农牧渔业部农业局副局长。1984 年 9 月任江苏省无锡市委副书记。1986 年 1 月任农牧渔业部副部长。1988 年 4 月任农业部副部长。1993 年 4 月任国家计划委员会副主任。1997 年 7 月任林业部部长。1998 年 3 月任农业部部长。2002 年 2 月增补为政协第九届全国委员会委员，十届全国政协常委。中共十三大、十四大代表，第十五届中央委员。

李易方局长为《国外畜产经营》专著作序

《国外畜产经营》一书出版问世，这是一个喜讯，也是一个契机。

我国畜牧业现代化建设正处在起步阶段，一二三产业产品结构的调整，经营方式、管理体制和运行机制的转变，以及与之相适应的法律规章制度的改进等，无不需要在理论研究与实践相结合中不断进行深入研究和探索。面向世界，走向未来。借鉴发达国家的先进经验，也包括学习借鉴一部分发展中国家现代畜牧业建设的经验，使我们尽可能不走弯路或少走弯路，这无疑是十分必要的。

社会主义市场经济有其内在的客观规律，也有它的个性，这是不容怀疑的。但是，对于我们许多刚从计划经济条条框框束缚中走出来的人来说，很有必要把市场经济的共性知识学到手，弄清楚其精髓或要害，使自己从诸多思维定式中解放出来。同时，在充分消化吸收的基础上，结合我国的国情加以运用，力争创新——既包括实践方面的创新，也包括理论研究方面的创新，这无疑是不可缺少的过程。

产业化经营的实质是什么？一体化经营的要诀何在？规模经营、集约化经营的真谛又是什么？《国外畜产经营》一书将会有助于您在苦苦探索中寻求比较正确或合理的答案。

世界经济正在向全球化发展，为了顺利地与世界经济接轨，按照统一的国际贸易法则参与市场竞争，迫切需要把畜产品国际市场的一般运行机制，以及批发市场、要素市场的运行与发展状况等系统地介绍给国内畜产界的行政管理、经济研究、科研院所的领导、专家以及畜产企业经理和广大从业人员，以便使大家做起来更加得心应手。本书在这方面颇多详尽介绍，以飨读者。

本书的主要编译人史志诚先生、徐恩波先生，此前曾分别著有《畜产经济概论》一书和《畜产市场运行与发展》一书，他们为《国外畜产经营》的编译出版再次倾注了大量心血，这种精神和成就是难能可贵的。这三本书均系力作，想必同样受到更多读者的欢迎。

李易方

2000 年 9 月

【作者简介】

李易方，曾任农业部畜牧总局局长，中国奶业协会会长，中国林牧渔业经济学会顾问。

陈耀春司长为《中国草地重要有毒植物》专著作序

随着人口的增长，如何寻找新的食物资源和提供充足的动物性食品，是当今世界关注的重大社会经济问题之一。20 世纪 90 年代是我国人民生活水平向小康迈进的重要发展阶段，也是调整食物结构的关键时期。根据我国在 20 世纪末实现小康目标的基本要求，我们必须在保障粮食和饲料稳定增长的同时，高度重视草业建设，发展草食性动物生产，提供更多更好的肉类食品和乳制品，以满足人民生活水平日益提高对动物性食品的需求。与此同时，要积极开发草地资源为人类的物质文明和精神文明做出贡献。

我国牧区草地、农区草地和林区草地是发展草食性动物的重要基础和条件，但是在一些地方由于生态失调、水土流失及环境恶化，有毒植物大量滋生蔓延，致使草地退化，生产力下降。据有关资料统计，我国牧区草地因为毒草蔓延造成畜牧业遭受危害的面积达2 000万 hm²。家畜棘豆中毒、栎树叶中毒和紫茎泽兰的危害已成为草地的"三大灾害"，有毒植物给畜牧业造成的经济损失每年达 1 亿元以上。十一届三中全会以来，我国草地建设步伐加快，草地防虫、灭鼠、除毒草的工作相继展开，一些科研、教学和推广单位的科技工作者开始对我国草地重要有毒植物进行了广泛深入研究，取得了许多科研成果，为草地生产与开发利用作出了贡献。

在这里我向广大读者推荐中国畜牧兽医学会副理事长、动物毒物学分会理事长、中国毒理学会常务理事、毒理学史专业委员会主任、中国草原学会草地保护学组毒草组组长、国际毒素学会（IST）会员史志诚教授等编著的《中国草地重要有毒植物》一书，这本书从生物学、生态学、毒物学、防除技术与利用途径等五个方面阐述了我国草地上危害畜牧业发展的重要有毒植物，内容新颖丰富。不仅介绍了近十多年来国内外草地有毒植物的最新研究进展和科研成果，还叙述了植物有毒成分的提取、分离、鉴定技术和方法，是新中国成立以来一部具有中国特色的有毒植物著作，具有重要的学术价值和应用价值。

我希望这本书的出版能引起更多草地工作者和生物学家、营养学家、毒理学家、生态学家以及有关学科专家的关注，积极组织力量防除毒草，化害为利。也希望对正在从事这方面研究与开发工作的同志有所裨益，为我国草地科学事业的发展，为草地畜牧业再上新台阶，为改善食物结构，提高我国人民的健康水平作出新的贡献。

陈耀春

1996 年 9 月

【作者简介】

陈耀春，曾任农业部畜牧兽医司司长，中国畜牧兽医学会第九届、第十届理事长，中国畜牧业协会会长。2016 年获中国畜牧兽医学会"终身贡献奖"。

段得贤教授为《植物毒素学》专著作序

自古以来，人类在同自然界的斗争中，不断认识自然和改造自然。随着人类社会的进步，生物界天然毒素的研究也不断深入。从远古时代人类应用毒素治癌治病，解除病痛，经历了长期艰苦奋斗的过程。史志诚同志等编著的《植物毒素学》一书，反映了当今世界有毒植物与植物毒素研究的新成果、新技术和新理论，也反映了我国在这个领域的科研成果和应用情况。全书分上篇基本原理和下篇植物毒素，共 26 章，涉及范围之广泛，论述内容之丰富，研究技术之先进，都是新中国成立四十年以来所少见。因此，该书的出版无疑是一件值得庆幸的事。作为一本植物毒素方面的专著，确实填补了我国在毒素研究与利用方面的一个空白。可供生物学、生物化学、毒物学、农学、医学、畜牧兽医学、食品卫生学、环境保护学、植物化学以及生态学等方面科研、教学和生产单位的科技工作者参考。

植物毒素学是一门崭新的学科。它不仅研究植物毒素对人和动物的有害作用，而且还要研究开发利用植物毒素的方法与途径，为人类服务。对这一方面的研究我们还有待进一步深入和加强。特别是我国人口众多，耕地面积较少，粮食短缺的状况在短期内不会有根本的转变，而开发植物资源，向植物界探寻新的营养食品、保健食品和蛋白质食品以及名贵药材，改善人民的食物结构，提高人民的健康水平，都是我国面临的重要任务。但是，由于植物毒素的存在，影响了植物资源的开发与利用。为此，我们必须面向未来，从长计议，自现在起就应当以高度的战略眼光看待植物毒素的基础理论与应用研究，要组织一定的科技力量，增加投入，下大力气，有计划地研究植物毒素的来源、分布、毒性、中毒机理和中毒的诊断与防治技术，同时，也要研究如何解除植物毒素的毒性以及研究如何开发利用植物毒素的途径和方法。

我希望这本专著的出版能引起人们对植物毒素的关注，对当前正在研究的有关问题有所助益，对未来的有毒植物与植物毒素的研究以及对人和动物的植物中毒的研究有所裨益，为人类的健康与安全作出新的更大的贡献。

段得贤

1990 年 1 月 1 日

【作者简介】

段得贤（1912—2006），河北省隆尧县人，教授。1940 年于西北农林高等专科学校兽医专业毕业后留校任教，1948—1957 年先后在兰州西北兽医学院、内蒙古兽医学院任教，1957 年 2 月回到西北农学院，先后兼任西北农学院兽医教研室主任、兽医院院长、畜牧兽医学科评审委员、中国兽医毒物检验协作组组长以及《国外兽医学——畜禽疾病》编委、《畜牧兽医杂志》副主编、《西北农学院学报》编委、中国畜牧兽医学会兽医内科研究会副理事长、西北地区兽医内科学分会理事长、动物毒物学分会名誉理事长、《动物毒物学》杂志主编、国家自然科学基金兽医学科组评审专家。1991 年 12 月被评为国家级有突出贡献的专家。主编全国统编教材《农畜内科学》，与北京农业大学王洪章教授共同编著《家畜中毒学》。

（三）为《陕甘宁边区禁毒史料》专著撰写的书评

价值非凡的禁毒档案　记忆深刻的禁毒历史

——《陕甘宁边区禁毒史料》评介

白学锋　罗　凯

为宣传陕甘宁边区禁毒法律、禁毒政策，总结边区禁毒工作的成就和经验，陕西省人民代表大会常务委员会副主任高宜新任编委会主任、史志诚任主编的《陕甘宁边区禁毒史料》（以下简称《禁毒史料》）一书于 2008 年 1 月由陕西人民出版社出版。作为陕甘宁边区史和中国禁毒史领域资料整理、公布以及研究的新成果,《禁毒史料》在出版后的两年多时间中,引起了社会各界强烈反响和广泛关注。而究其原因,最主要的当属其鲜明的主题、丰富的内容以及突出的学术价值、研究价值和现实意义。

一、主题鲜明,内容丰富

《禁毒史料》始终紧紧围绕"陕甘宁边区禁毒工作"这一核心主题编排资料、展开论述。全书由前言、六章正文和两个附录组成。前言对边区禁毒工作的意义和地位进行了论述,对《禁毒史料》编纂目的、缘起和编纂基本情况进行了说明。六章正文可以说是对陕甘宁边区禁毒工作档案全面而系统的展示。第一章陕甘宁边区禁毒概述包括边区简介和边区政府禁毒工作概述两个部分,并且包含了边区全图、林伯渠画像、《陕甘宁边区查获鸦片暂行办法》等三幅图片;第二章禁毒机构包括13个文件以及陕西省档案馆收藏的22份档案原件,集中反映了边区政府禁毒机构的设置及其演变过程;第三章政策法规主要包括19个布告、条例、命令、通知、通令和缉私办法,集中反映了边区禁毒法规建设情况;第四章禁毒工作包括63个批答、快邮代电、指示信、函电、通告、报告,具体展示了边区禁毒工作开展的基本情况;第五章典型案件包括"郭树华案""冯维贤渎职贪污贩藏烟土案"等18个案件的指令、呈文、公函、调查报告、处理意见等,主要以鲜活的实例阐明边区党和政府在查烟禁毒、严惩毒贩方面的丰功伟绩;第六章报刊文章包括原刊在《新华日报》《群众》等边区时期出版的报纸杂志上的5篇文章,对边区禁烟运动的措施、成绩及意义进行了论证。附录包括两个部分。附录1是周志斌、齐霁、钱自强、赵胜等国内学者对边区禁毒史进行研究的6篇文章;附录2为陕甘宁边区禁毒史料查询目录。因此,从整体上来看,《禁毒史料》主题鲜明,内容丰富,编排科学,图文并茂,结构合理,真实全面地反映了边区记忆深刻的禁毒历史。

二、学术价值和研究价值突出

(一)《禁毒史料》具有较高的学术价值

《禁毒史料》的学术价值首先表现在其很强的史料价值,尤其是许多档案资料价值不菲。众所周知,历史学是一门非常严肃的学科,注重的是训话考据,朴实为学,凡事讲究"拿材料来""用材料说话"。傅斯年强调史料的价值,坚持论从史出。他曾指出:"一分材料出一分货,十分材料出十分货,没有材料便不出货。"而《禁毒史料》之所以谓之为"史料",顾名思义,就是边区禁毒资料的总结和汇编,其目的就是为往后的研究者提供较为系统的研究资料。值得指出的是,《禁毒史料》不单单是简单的、普通的资料罗列和汇编,其中所选编的资料大都是未曾出版的陕西省档案馆馆藏的档案资料。档案资料的价值不言而喻,胡锦涛就曾明确指出:"档案是人类活动的真实记录,是人们认识和把握客观规律的重要依据。借助档案,我们能够更好地了解过去、把握现在、预见未来。"陕西省档案馆是西北地区馆藏历史重要资料最多的历史文库,是研究陕甘宁边区史的重要基地。20世纪80年代来以来,许多有重要价值的有关边区政治史、军事史和经济史的档案资料先后公布,但长期以来,由于诸多因素,陕甘宁边区禁毒档案都"封存"在陕西省档案馆馆内,藏在深闺人未识。而《禁毒史料》的出版则使得许多以前极为鲜见而宝贵的档案资料得以展示，使"死档案"变成了"活档案"，对于拓展研究视野，繁荣学术研究，取得新的历史认识，具有重要的助力。而公布这些价值非凡的档案资料，也将为陕西省档案工作开辟一条新的途径。

《禁毒史料》的学术价值还表现为其能够填补相关领域研究的空白和不足。一是能够丰富我国禁毒史的研究。边区禁毒工作是中国近代以来禁毒工作极为重要的组成部分，理应受到从事中国禁毒史研究者的更多关注。但是，在以往的研究中，由于资料的限制，许多从事这一领域的研究者只能依据散见于《陕甘宁边区政府文件选编》以及《历史档案》1993年第1～2期公布的《陕甘宁边区政府查禁烟毒史料选》等为数不多且缺乏系统性的资料为依据展开论述，这使得几乎所有的著述都非常简略和单薄，只能管中窥豹，无法全面深入揭示陕甘宁边区禁毒史的真面目。《禁毒史料》的出版，必将能够丰富中国禁毒史的研究，使学者可以从多层次、全方位考察和总结禁毒史的成果。二是能够丰富陕甘宁边区史的研究。陕甘宁边区时期是中国共产党发展的重要时期，因此，在中国共产党史和中国近现代史的研究中，边区史的研究历来备受重视。边区政治史、经济史和军事史的研究已取得颇为丰硕的成果，但社会史、卫生史却显得薄弱。陕甘宁边区的禁毒工作是边区社会史、卫生史研究的重要组成部分，《禁毒史料》不仅提供了大量的档案史料，而且还列举了国内对边区禁毒史进行研究的6篇文章，使得人们对边区禁毒工作的研究状况有一个较为全面的认识，对边区禁毒工作研究的成就、不足和趋势有一个系统的把握，这对人们以"禁毒工作"为主线开展陕甘宁边区社会史和卫生史研究不无裨益。

（二）《禁毒史料》具有较高的研究价值

众所周知，陕甘宁边区是党中央到达陕北以后，在刘志丹、谢子长、习仲勋等开创的西北革命根据地的基础上扩大、巩固和发展起来的，是全国革命的中心。毛泽东同志在与李维汉的一次谈话中曾把陕甘宁边区的首府延安比作英国的伦敦，意思是说，伦敦是英国的首都，它的政策影响着英国众多的殖民地。中共也有很多根据地，根据地当然不是殖民地，但也需要一个"首都"作为政策中心，以指导全国的革命实践。显而易见，毛泽东要求陕甘宁边区在执行党的政策中带个头，自觉承担实验、推广、完善政策的任务。"近水楼台先得月"，由于得到了中共中央的直接领导和支持，党的路线方针政策能够迅速贯彻执行，"边区的各项工作几乎都走在了其他解放区的前面，这种优势是其他抗日根据地所无法比拟的。"毫不夸张地说，陕甘宁边区实际上就是新民主主义联合政府的实验场，是新中国的雏形。禁毒工作作为陕甘宁边区社会建设的重要组成部分，历来为陕甘宁边区党和政府所重视。但长期以来，关于边区的禁毒问题，一些不了解真相或别有目的的台湾学者说："禁烟为国民政府重要政策之一，而中共不惜加以破坏。中共强迫人民种烟而抽取重税。"但透过《禁毒史料》我们不难发现，陕甘宁边区的禁毒工作开展得有声有色，并且呈现出诸多特色，如边区禁毒机构的成立、边区禁毒法规的出台、边区禁毒舆论宣传等各项工作中都呈现出了诸多值得称道的地方。因此，依靠《禁毒史料》提供的铁证，对边区开展禁毒工作面临的背景、进程、政策、措施、特点以及禁毒工作所取得的成就和经验进行客观总结和评析，不仅有助于我们全面认识边区的社会建设工作，还有助于我们更深刻、更全面地了解新中国成立前的党的禁毒历史，对新中国成立后党禁毒的路线、方针、政策的继承性也有更清楚的认识。同时，对《禁毒史料》所包含的相关史料进行研究，还能够对"中共强迫人民种烟而抽取重税"的说法给予强烈地反击，有助于我们了解历史的真相，澄清历史认识，客观公正地评价历史。

（三）具有较强的现实意义

禁毒工作是我国近代以来社会生活中一项重要内容。对毒品的重视程度与开展禁毒工作的成绩如何，是衡量一个社会一个政权的进步与倒退，光明与黑暗的重要标志。在中华民族陷入深重灾难的抗日战争年代，为了肃清毒品犯罪，遏制毒品蔓延，粉碎日军的毒化阴谋，保卫边区人民的身心健康，维护边区政府的声誉，争取抗战和解放战争的伟大胜利，陕甘宁边区党和政府高度重视禁毒工作，专门成立了禁毒机构，制定和颁布一系列查禁烟毒的专门性法令法规，为边区的禁毒斗争提供了有力的法律依据，并且发动和依靠广大人民群众，在边区境内开展声势浩大的禁毒运动，给我们留下许多可资借鉴的宝贵经验。这些经验主要包括以下几个方面。

（1）政治廉洁、组织高效，是有效开展禁毒斗争的政治基础和组织保证。

（2）禁毒必须有法可依，有法必依，要加强禁毒立法，完善禁毒法制，是有效开展禁毒斗争的法律保证。

（3）禁毒要走群众路线，广泛教育、发动、依靠人民群众参加，开展禁毒的人民战争，是有效开展禁毒斗争的重要前提和群众基础。

（4）实行全面禁毒，重点打击制毒、贩毒，是有效开展禁毒斗争的重要方针。

（5）禁毒要与清除其他社会疾病配合进行，是有效开展禁毒斗争的综合措施。

由此，《禁毒史料》对当今我们做好禁毒工作的价值不言而喻。值得注意的是，目前我国的禁毒形势依旧十分严峻。以陕西为例，近年来，陕西省的禁毒工作紧紧依靠人民群众，充分动员社会力量精心组织禁毒预防、禁吸戒毒、堵源截流、禁毒严打和禁毒严管等五大战役，取得了显著成效。但禁毒工作的任务还很异常艰巨，而《禁毒史料》一书的出版，必将能够配合禁毒宣传活动，为更加有效地开展禁毒工作作出新的贡献。

原载《党史文苑》，2010 年，第 24 期，第 74 - 75 页。

【作者简介】

白学锋，甘肃人，毕业于陕西师范大学历史系。陇东学院历史系副教授，主要从事中国共产党党史研究。

（四）为《毒物简史》专著撰写的书评

独树一帜的毒理科学发展史研究与探索

——评史志诚教授新作《毒物简史》

姚　远

西北大学教授、中国毒理学会荣誉理事长史志诚教授新作《毒物简史》最近由科学出版社出版，这是他历经近 20 年的积累和研究而完成的一部专著。全书共 12 章 80 节，120 万字 470 幅图表，参考文献 300 篇，彩色印刷，在国内外是一部唯一的现代毒物史研究专著，填补了我国在这个科技史研究领域的空白，且在科学领域独树一帜。

《毒物简史》系统地总结了 3 000 年以来人类同毒物斗争的历史。揭示了毒物和生态毒物与生命的关系，毒性与生存竞争，有毒植物胁迫与农耕兴起，以及中毒病患与毒性灾害发生的规律；分述了上瘾物品的历史；回顾了历史上的中毒奇案、要案、大案、疑案以及恐怖事件；总结了世界重大的大气污染、化学灾害、有毒生物灾害、核事故、瓦斯与煤气灾难、地球化学灾害和药物灾害的发生原因以及处置突发事件的经验教训；介绍了毒理科学的发展历程。反映了解毒防毒的科学成就；人类对毒物的利用；讲述了古代、第一次世界大战、第二次世界大战和局部战争中的毒物战；毒物文化现象；探讨了人类控制毒物的能力以及毒理学与从事相关职业的人物传略。它使毒物史和毒理科学发展史通过文字表达的方式，成为世界文明史的一个重要组成部分。

毒理学作为研究毒物与中毒救治的科学，既是一门古老的学问，又是一门新兴的生物科学。但是，长期以来，对世界毒理科学发展史的研究比较滞后。在国外，自从 1985 年马丁兹和洛斯著的《毒物》一书出版之后，一些有关毒物与毒性事件的专门史陆续出版了。如马徒辛著的《毒药往事——过去的毒物、霉菌、流行与历史》（1989）、乔丹·古德曼著的《烟草的历史》（1993）、马丁·布思著的《鸦片的历史》（1998）、杜祖健著的《化学恐怖主义：东京地铁和松本市恐怖事件》（2000）、吉尔伯特著的《毒理学漫话》（2004）以及《谋杀之元素：毒药史》（2005）等。然而，至今还没有一部全面反映毒物历史的专著。

在我国，具有重要历史意义的是 1993 年中国毒理学会成立后设立了毒理学史专业委员会，使研究工作出现了新机遇。西北大学生态毒理研究所史志诚教授作为毒理学史专业委员会的第一任主任委员，牢牢地把握了当代毒理科学发展史研究的新视点，紧密联系国际国内突发性、群体性中毒事件与毒性灾害的应急处置，以及当代社会经济发展中的难点、热点进行了深入研讨。他先后主持召开了三届全国毒理学史研讨会，四届中国古代毒物学史研讨会，编印了《毒理学史研究文集》第 1～8 集，提出了新的学术思想和新见解。1994 年，他结合国际减灾十年活动，总结了 20 世纪百年突发中毒事件及其历史教训，提出了"毒性灾害"的新命题，出版了《毒性灾害》一书，确定了毒性灾害的研究对象、研究内容和研究方法。世纪之交，他针对"毒饼干""毒大米""毒瓜子""毒豆奶"和"瘦肉精"等食品中毒大案提出"加强食品药品安全立法工作"的建议，获得中国科学技术学会 2003 年学术年会优秀论文奖。"9·11"之后，他提出警惕外来有毒有害生物入侵的建议，时任国务院副总理的温家宝于 2001 年 11 月 19 日批示农业部，进一步促成中国毒理学会、农业部农业技术推广服务中心和陕西省科学技术协会，2002 年 11 月 19 日在西安联合召开了加入 WTO 与防止有毒有害生物入侵研讨会，并就有关立法、执法、加强海关检查等提出了具体意见和建议。2003 年，他邀请美国科罗拉多州立大学杜祖健教授在西北大学演讲"化学恐怖"并进行相关学术交流，受到了西北大学师生的热情欢迎。2008 年，他所撰写的《西部草原毒草灾害造成 100 亿元经济损失》一文，农业部畜牧司根据中共中央政治局领导的批示，开始组织制定防治规划，开展检测防控工作。近年来，又提出"有毒植物胁迫与农耕兴起"的新见解，引起了农史界的关注。与此同时，组织出版了《林则徐在陕西》《陕甘宁边区禁毒史料》等多本书籍。

意大利历史学家克罗齐①曾经指出："一切历史都是当代史，……当生活的发展逐渐需要时，死历史就会复活，过去史就变成现在的。"因此，《毒物简史》出版的当代意义不仅在于它在每个时代的历史作用和价值，而且在于传播人类认识毒物的历史和毒理科学发展的历史；颂扬了毒理学家和从事相关职业专家的卓越贡献；汲取处置突发中毒事件和毒性灾害的历史经验，防止"重复昨天的故事"；科学认识毒物的两重性，防毒和解毒，化毒为利；关注科学发明的安全性与 HPS 教育的引导作用；铭记发展毒理科学的历史使命；促进毒物史与毒理科学史的深入研究；警示人类严肃面对未来毒品滥用、核与核废料和环境污染三大挑战；提升政府应对非传统安全的管理艺术；展望建立一个无毒害未来社会的愿景。

《毒物简史》可供从事毒理研究、食品安全、生态安全、生物安全等专业的研究人员参考学习，并对广大医务工作者及应对毒物突发事件应急处置的工作人员有一定的参考价值。

《毒物简史》的出版标志着我国毒理科学史研究达到了一个高峰，但也是一个新的起点。根据了解，按照规划，史志诚教授将组织一批专家编撰《世界毒物全史》（百卷本），为进一步推动毒理科学发展史的研究，再向新的高峰攀登！

作为中国毒理学会的荣誉理事长，我衷心地希望他在有生之年把下一个精品留下，奉献给世人！

本文原载《西北大学学报》（自然科学版），2012 年，第 42 卷第 4 期，第 703-704 页。

【作者简介】

姚远，教授，博士生导师。现任西北大学学报（自然科学版）编辑部主任、主编。兼任西北大学数学与科学史研究中心及新闻传播学院硕士研究生导师、中国高等学校自然科

---

① 贝奈戴托·克罗齐（Benedetto Croce, 1866—1952）是意大利著名历史学家、哲学家，新黑格尔主义的主要代表之一。著有《历史学的理论与历史》等名著作。克罗齐认为："历史是活的历史，编年史是死的历史；历史是当代史，编年史是过去史；历史主要是思想行动，编年史主要是意志行动。一切历史当它不再被思考，而只是应用抽象词语记录，就变成了编年史，尽管那些词语曾经是具体的和富有表现力的。……当生活的发展逐渐需要时，死历史就会复活，过去史就变成现在的。罗马人和希腊人躺在墓穴中，直到文艺复兴欧洲精神重新成熟时，才把他们唤醒。……因此，现在被我们视为编年史的大部分历史，现在对我们沉默不语的文献，将依次被新生活的光辉照耀，将重新开口说话。"

学学报研究会副理事长、陕西省科学技术史学会副理事长、陕西省青年科技工作者联合会副主席、陕西省科技期刊编辑学会副理事长、陕西省高校学报研究会理科理事长、中国科技期刊编辑学会理事、《科技编辑研究》主编。著有《陕西科技史人物传略》《西北联大史料汇编》《汉代长安词典》《陕西古代科学技术》等。

识毒防毒的百科全书

——评《毒物简史》

杨勇先

进入21世纪以来，随着经济和社会的发展，新的化学品不断涌现，给人类的健康造成重大威胁，人和动物突发性、群体性中毒事件时有发生，各国政府和民众都迫切需要了解识毒防毒的有关专业知识，了解毒物的历史和文化，但长期以来一直没有这样一部专著。不久前，我国著名毒理学家、教授、博士生导师史志诚历经十多年艰苦努力完成的《毒物简史》一书由科学出版社出版了。这部《毒物简史》共12章、120多万字，填补了毒物史研究领域的一项空白，堪称毒物领域的鸿篇巨著。

这部《毒物简史》给读者最深刻的印象是实用性强、覆盖面宽、科学气息浓厚，既有学术性，又有普及性。

一、《毒物简史》是民众识毒防毒的百科全书

这部著作以3 000多年来人类同毒物斗争的历史为纽带，详细分析了各种毒物的危害，回顾了世界历史上的毒物战争、毒性灾害和中毒奇案，论述了毒理科学的发展历程，讲述了解毒防毒、毒物利用、毒物文化和毒物管理的专业知识，使之成为世界文明史的重要组成部分之一。凡是与"毒物"有关的问题，都可以从这本书中找到答案，取得解决问题的第一步帮助。所以说它是人们识毒防毒的百科全书。

二、《毒物简史》的内容适应当前经济、科技全球化的趋势

该书作者历尽千辛万苦，从世界范围收集了大量资料和数据，反映了人类在长期的生产生活实践中，在寻找食物、防治疾病的过程中所积累的鉴别毒物与救治中毒的丰富经验；在探明中毒机理、处置毒物引发的毒性灾害中发展了毒理科学；在创造安全生产和优美生活环境的奋斗历程中谱写了光辉的篇章。可以毫不夸张地说，这部著作适应了当前经济、科技全球化的趋势，是对人类社会进步的重大贡献。特别值得一提的是，《毒物简史》还特别重视总结和反映中国毒理科学研究成果，为构建和谐社会作出了贡献。

三、《毒物简史》对毒物的知识范围进行了延伸

该书从实际需要出发，对毒物的知识范围进行了必要、合理延伸。在毒物文化一章中，对"毒"字的创意以及关于禁毒的纪念日、博物馆、邮票、徽标等都作了详尽地叙

述，既拓宽了读者的知识视野，又具有趣味性。随着中国特色社会主义市场经济体制的建立，科技管理和经济管理日益成为领导干部与科技人员必备的基础知识。为此，本书特设了毒物管理一章。在本章中，作者介绍了世界卫生组织等国际机构，介绍了如何处置中毒事件、如何治理环境污染等成功经验，大大增强了该书的可读性和综合服务性。

四、《毒物简史》的框架设计科学、系统、清晰

要写好一本书，最难的就是框架、章节的设计，而该书成功地解决了框架设计问题。作者把 3 000 年来毒物体系中纷繁复杂的大量信息，用 12 章 79 节进行了归纳理顺，形成了条理清晰、系统、科学的框架。章节设置既顾及全书，又根据实际区分轻重，突出重点，尺度掌握非常得当，篇幅十分紧凑。

该书附录中列有世界范围内的参考文献目录和毒物史与毒理科学发展大事记，这对这部识毒防毒百科全书来说是非常必要的，它既保证了这部著作内容的完整性，又保证了质量和水平。

《毒物简史》一书采用铜版纸彩色印刷，版面编排紧凑、美观，单位篇幅提供的信息量大。封面设计朴实大方，紧扣主题，装帧精美，表现出该书的恢宏气势。

总之，《毒物简史》一书内容全面、系统、资料实用，阐述精确、凝练，是毒物研究和毒物文化领域基本建设的重要工程。它不仅是全世界从事毒理研究、食品安全、生态安全、生物安全、医务人员、反恐应急处置等管理人员和技术人员的重要参考资料，而且各国广大民众读了也会受益匪浅。让我们大家共同努力，识毒防毒，为提高民众的生活质量，为构建和谐社会作出新的贡献。

本文原载《毒理学史研究文集》第十一集，2012 年，第 103 - 104 页。

【作者介绍】

杨勇先，陕西高陵人。1965 年毕业于陕西工业大学。曾任陕西省人民政府研究室综合处处长、陕西省决策咨询委员会发展战略组副组长、享受国务院特殊津贴专家、中国注册高级商务策划师、高级工程师、《陕西年鉴》副主编。著有《奇妙的九》《有趣的平方数》等科普作品。1990 年荣获第四届中国图书奖一等奖。

史论毒物的前世与今生　诠释当代的关联及影响

——读《毒物简史》有感

冉新权

1995 年中国毒理学会设立了毒理学史专业委员会，史志诚教授任专业委员会主任委员；2012 年中国科学出版社出版了史志诚教授的专著《毒物简史》。从毒理学史专业委员会设立到《毒物简史》的出版，经历近 18 个年头，可以说《毒物简史》不只是史志诚教

授的重大成果，也是毒理学史专业委员会取得的重大成果。

《毒物简史》以毒性等级为标准和毒理学现代分支学科评价方法为依据，采用了广义的毒物概念，进行梳理归类，有别于传统的毒物分类概念；《毒物简史》以毒物的毒理研究为核心，系统诠释毒物的关联学科与毒物的全方位正面或负面的影响，拓展了毒物研究的视野和范围；《毒物简史》从毒物功能的多重性出发，全面评价和提示毒物（史）在科技（史）、社会（史）、世界文明发展（史）中的地位和影响，填补了毒物史研究和史学研究的一大空白，是一部开山之作。

《毒物简史》的出版是科技界、社会界、史学界的一件盛事。引用、类比和套用"一言可以兴邦、一言可丧邦"的论断，因毒物丧邦的事例在书中并不少见，罗马帝国的衰亡、帝国主义列强对中国清代进行鸦片输入等事件令人触目惊心；同时因对毒物的理性认识和科学判断与科技开发，以有毒植物胁迫促农耕兴起，以毒物救死扶伤、遏制瘟疫、转危为安的事例在书中屡见屡鲜，兴农、兴牧、兴药、兴业、兴邦的过程，从神农氏到现代社会都在持续着，仍占据人类社会发展的主流地位，彰显毒物（史）在伴随人类社会与自然环境发展中举足轻重的地位和影响。

《毒物简史》是一部大作，具有两个显著的特点。一是时间跨度特大。以上下五千年的农业文明、工业文明和现代文明为主要时段，上溯至远古时代的"神农尝百草，一日而遇七十毒"，6 500万年前恐龙灭绝事件，以及2.5亿年前二叠纪末期海洋生物大灭绝的中毒假说与推测。二是毒物概念特宽泛，并与时俱进，更多地关注当代毒物新问题、毒性灾害与事件，特别是环境污染、重金属污染、持久性有机污染物以及植物药物、生物医药的现代研究与开发，把史学研究与解决现实重大问题的需要紧密结合了起来。

《毒物简史》是一部力作。按照编史的规范，首次梳理、整理了毒物史——毒理科学发展史的重大事件编年表，搜集、引用、参考的文献达上千件之多，科学、合理、创新地设计了《毒物简史》的结构体系，以及专题设置。按照毒物与生命，毒物毒性与分级，毒的类别，毒理学古代描述、近代形成、现代发展、分支学科等，防毒解毒、毒物利用，成瘾之毒、中毒奇案、毒物战争，毒物文化、毒物立法、毒物管理，古代医学、毒理学家、法医毒理学家、工业与职业卫生兽医毒理学家，重大发现与发明家、哲学家、政治家、科学家及相关职业杰出人物，毒物史学的现代意义等层次和专题，全面地、系统地、较详细地表述其史学地位、史学价值和史学贡献。全书120万字，12章，均有根有据、资料翔实，见解独特、可圈可点，极具中外交流的水准和品质。

《毒物简史》也是一部心作，智慧之作。折射出了作者从事毒物和毒理学史学研究数十年的心路历程和杰出贡献。据悉，作者在陕西省农业厅领导岗位上重视农牧业生产取得丰硕成果。2002年，他组建西北大学生态毒理研究所，十分关心我国西部少数民族地区的毒草防控。2008年，新华社发表了他撰写的《西部草地毒草灾害造成经济损失100亿元》的调查报告，立即引起中央政治局领导关注并批示农业部重视治理。2012年西北大学申报的草原主要毒害草发生规律及防控技术研究项目获得科技部、农业部和财政部的批准，农业部公益性行业（农业）科研专项中安排1 400多万元经费，支持西北大学在"十二五"期间揭示毒草灾害的发生规律，提出可行的防控技术。与此同时，他还发表了34篇研究成果和调查报告。摘书中9篇题目，就可倾听到作者的心声，感知其矢志追求。

1985 年，引进牧草品种值得注意的一个问题；

1987 年，生态毒理系统与生态工程的初步应用；

1991 年，草地有毒植物危害的生态控制；

1995 年，开展毒物学史研究之我见；

1997 年，毒字探源；

2001 年，陕西省支持西藏阿里地区开展草原毒草调查与防除工作总结；

2003 年，外来有害灌草入侵的历史教训；

2004 年，中国西部草地有毒植物研究新进展；

2010 年，中国古代"毒"字解。

由此可见，该著作不是一日之功，是作者研究毒物学与毒理学深厚功底的体现，是作者在十多个国家学习考察成果的结晶，是在融汇了历史与现实，经济与政治、文化与社会，学界同仁与个人的贡献的基础上的融会贯通，是心力的大操演、大集结。也正是这样的一部心作、力作和大作，将会长久地带给我们无限多的感悟、启迪与启示。

《毒物简史》全面诠释了毒物学当代的显著特点。一是毒理学学科关联度显著增强；二是毒物品种显著增多；三是毒物波及影响的范围显著扩大，包括大气、地表水、地下水、土壤以及食物原材料与食品品质等；四是环境毒物对人类生产生活质量的制约进一步加剧。因此，毒物学和毒理理学将成为 21 世纪至关重要的学科领域，并将与多种学科相伴相随、相通相长。

《毒物简史》启示我们当前需要从以下几个方向开展工作。一是要倍加重视毒物史和毒理科学的教育、普及与传播，努力形成科学和社会服务的一个广泛体系与格局，充分应对公共卫生领域中的各类社会性事件；二是要加倍重视建立以毒理学研究为核心的多学科、跨学科、跨领域的研究体系和信息平台，在查明机理的基础上，设计预防和解除中毒的有效途径、技术方法和药物筛选；三是要针对新的化学物质的合成与进口、规范新化学品登记、严格毒性与毒理跟踪测定及长期观察；四是要把污染物成分分析和污染物的"三致"（致畸、致突变、致癌）和人体健康评价相结合；五是进一步完善生物物种引进的安全风险评价、预警机制和准入条件；六是进一步加强植物性药物和生物制药的科技开发；七是进一步加强对食品的监测、监督的技术规程、技术标准的研究，确保食品安全。

总之，《毒物简史》告诉我们，要通过研究的、技术的、教育的、标准的，法律的、经济的、行政管理的多种手段，要在拒绝毒品，禁止化学武器、预防污染、深化研究、防止外来物种入侵、开发有效药物和确保食品安全等方面避害兴利，使人类社会和生物多样性系统有一个更加安全、更加和谐的环境，实现人类社会和自然环境可持续发展。

毒物——相伴人间！人类——任重道远！

本文原载《毒理学史研究文集》第十一集，2012 年，第 104 - 105 页。

【作者简介】

冉新权，教授，曾任西北大学化学系主任，陕西省环境保护局副局长、巡视员，陕西省人民代表大会环境与资源保护委员会委员。现任陕西省决策咨询委员会委员、陕西省环境咨询委员会委员、陕西省循环经济研究会副会长、陕西省环境科学学会副会长、陕西省环境工程评估中心顾问。著有《现代无机化学选录》和《关中地区水污染控制和生态保护》等，获陕西省政府科技进步奖 3 项。

科学认识毒物的世界

——读《毒物简史》

陈四长

史志诚先生积数十年之功成就的《毒物简史》，是国内毒物科学史、毒物文化史研究领域一部具有开创性的著作。这部 120 余万字巨作的问世，为我们科学认识纷繁复杂的毒物世界打开了一扇大门。

毒物，这个与我们生活如影随形的物质，我们并不陌生，但通常的认识流于狭窄，而且非此即彼。《毒物简史》给我们一个重要启蒙：毒物与非毒物并无绝对的界限。按照毒理学家帕拉塞萨斯的观点，"所有的物质都是毒物，没有什么物质没有毒性。药物与毒物的区分在于适当的剂量"。任何外源化学物只要剂量足够，均可成为毒物。与剂量同样起决定作用的，还有毒物进入肌体的路径，毒物自身的物理性能、化学性能和生物学特性以及毒性作用产生的时间。毒理学科学地解开了毒物形成之谜，为人类科学地解毒防毒、化毒为利提供了理论基础。

《毒物简史》又给我们一个全新认识：毒物并非全是毒害。在自然界博大循环的生物圈中，毒物是生态系统中不可缺少的一个成员，正是由于毒物的存在，生物与环境保持了平衡。在多数情况下，有毒动物直接或间接带给人类的好处远大于它带给人类的伤害。比如，许多有毒动物都是消灭农业害虫的能手。更重要的是，在自然界激烈的生存竞争中，生物毒素的存在，维系和保护了生物的生存和繁衍。这方面，我们以往了解比较多的是动物利用毒素阻吓敌人、攻击对方的事例，其实，植物利用毒素自我保护的招数和技巧同样令人惊讶，叹为观止！请看《毒物简史》中作者的描述：植物的种子常常特别有毒，因为它们一旦被损坏就会挫败植物的生殖繁衍计划。高粱种子灌浆时最易受到鸟类的侵害，因其种皮含有苦涩味的丹宁，从而使鸟类常常望而却步；菜豆因为富含有毒的异硫氰酸盐，才保住它高蛋白的种子免遭禽兽之口。尤为有趣的是，当草食动物找到避免某一毒素的中毒办法后，植物毒素还会相应升级，产生许多不同的毒素来抵御侵袭。某些植物遭遇"虫侵"，还能通过电信号和激素系统向附近的同伴"报警"。而且，动物之间，动物与植物之间，除了彼此间的生存竞争，还存在着选择性的共生关系。毒物世界这些奥妙无穷的图景，毒物对生物生存竞争的作用，对物种繁衍的贡献，令我们对其刮目相看。我们不得不惊叹大自然的鬼斧神工，对毒物多了一些理解和肯定，对自然生态多了一些感恩和敬畏。

生物毒素与生命体同在。人类研究毒物，研究毒理学，就是为了更充分地认识毒物，研究毒物世界的奥秘，从而破解毒物，化毒为利。从某种意义上说，人类社会生存的历史，就是同各种毒物斗争的历史。从"神农尝百草，一日而遇七十毒"，到将含有生氰植物（如小麦、玉米）驯化为可供享用的食粮；从以火解毒、草药解毒对付蛇虫伤害，到解毒酶、抗蛇毒血清的发现；从以毒攻毒疗伤镇痛、防治疾病，到若干新药、若干抗毒素的成功研制。人类在寻找食物、防治疾病和抗毒解毒的过程中，积累了鉴别毒物、药物、食物的丰富经验，在创造生产安全、生态安全、食品安全的斗争中，谱写了无数精彩的历史篇章。《毒物简史》展示了解毒防毒和毒物利用的大量事实和相关知识，展现了人类与毒物斗争的胜利和坚韧历程。阅读这些篇章，深受教益和激励。

毒理学是一个大的系统。为使读者对毒物、毒理科学、毒物文化、毒物管理有一个系统的认识，《毒物简史》的作者从积累资料到结构篇章，付出了艰辛的劳动。在结构上，作者采取纵横交织、散点透视的结构方法，既对毒物科学史、毒物文化史进行纵向展示，也对毒物、毒性灾害、解毒防毒、毒物利用、毒物管理多侧面地展开论述。全书 12 章 79 节，体例精当，设计合理，重点突出。在内容上，作者对毒物历史、毒理科学、毒理机制、毒物管理的主要内容做了专门全面的讨论，同时对相关的中毒奇案、毒性灾害、毒物战争、人物传略做了重点介绍。全书资料翔实，例证充分，论说严谨，信息量大，特别是具有资料价值和学术价值的图片就多达 476 张，作者的匠心独运由此可见一斑。在表述上，作者将学术性与通俗性、趣味性有机结合，将知识性与故事性以及图片可视性融为一体，做到了学术著作深入浅出、图文并茂，引人入胜。

感谢史志诚先生的精彩之作，使我们在丰富知识的同时感受到阅读的快乐。

本文原载《毒理学史研究文集》第十一集，2012 年，第 106 - 107 页。

【作者简介】

陈四长，陕西三原人，自由撰稿人，中国作家协会会员。曾任《当代青年》杂志副总编，陕西人民出版社青年读物编辑部主任、编审，《西部大开发》杂志主编。著有长篇传记文学《民国奇才于右任》《艰难的转战》，民间传说故事《少儿山水故事》，散文报告文学集《多味人生》《婚恋夜笺》等。

厚重好读的《毒物简史》

《陕西农业》杂志社

2012 年 4 月，科学出版社出版了史志诚的新著《毒物简史》。

也许你猜到了，这位史志诚，就是很多陕西农业人知道的那个史志诚，曾在陕西省农业厅长期担任行政领导工作，最后于陕西省人民代表大会农工委退休。了解他的人知道他爱写，熟悉他的人知道他"攻毒"（1978 年读硕士研究生时的研究方向就是毒物学），但似乎没有人料到他能一直十分专注坚韧，在退休多年之后拿出这么一部内容丰富厚重而又颇具可读性的大书。我们注意到，此书的作者简介似乎是有意回避了作者的"官本位"：史志诚，教授，博士生导师，1941 年生，陕西榆林人，中国毒理学会荣誉理事长，陕西省毒理学会理事长，西北大学生态毒理研究所所长，国际毒素学会（IST）会员，曾任中国农学会第八届副会长、中国畜牧兽医学会第八届和第九届副理事长、中国毒理学会第四届副理事长，是唯一在全国农学、畜牧兽医学和毒理学三个学术组织任副理事长职务的学者，曾发表毒理学论文 80 余篇，编著有《植物毒素学》《动物毒物学》《生态毒理学概论》《毒性灾害》《谨防生活中的有毒物》等。但是，在行政部门、陕西省人民代表大会常务委员会工作的经历，加强了作者在毒物、毒理特别是毒物史研究上更高的视点和更宽的视野。

此书 16 开本，800 多页，120 万字，460 多幅图表，彩色印刷，图文并茂，设计精美。全书体例宏大，信息密集，纵论古今，叙述生动，有事实，有见解，有趣味。评者说，此书首次从毒物史、毒理科学史、毒物管理史和毒物文化史四个方面全面阐述了毒物与人类文明的历史，具有许多独到见解和学术创新之处，是一部填补毒理学、科学史空白，具有重要科学价值的开创性著作，也是一部知识和趣味盎然的科学读物，对毒理学专业工作者和一般读者都是重要的参考书。毒物学、毒理学，尤其是毒物史，都是很狭窄的研究领域，但是，毒物的影响范围却极其广大，这世界无处无毒，每个人时时跟毒有关，悠悠历史里或明或暗弥漫着毒物毒事。因此我看，人人不妨读读这部毒物史，它确实开卷有益。而对于我们农业人，读此书特别有助于更全面深刻地理解农产品质量安全和食品质量安全。

全书共 12 章 80 节。第 1 章揭示毒物、生态毒物与生命的关系，毒性与生存竞争，有毒植物胁迫与农耕兴起，中毒病患与毒性灾害发生的规律；第 2 章叙述重要的植物毒、动物毒、微生物毒、元素毒、化学毒和气体毒；第 3 章分述毒品、酗酒、吸烟、致幻药以及上瘾物品的历史；第 4 章聚焦历史上的中毒奇案、要案、大案、疑案以及恐怖事件；第 5 章总结世界重大的大气污染、化学灾害、有毒生物灾害、核事故、瓦斯与煤气灾难、地球化学灾害和药物灾害的发生原因以及处置突发事件的经验教训；第 6 章介绍毒理科学的发展历程，包括古代、中世纪、近代和现代毒理学的发展及其特点；第 7 章介绍解毒防毒的科学成就，未来测毒解毒防毒的无限商机；第 8 章是人类对毒物的利用；第 9 章讲述古代、第一次世界大战、第二次世界大战和局部战争中的毒物战；第 10 章论述毒物与巫术、毒物与图腾、毒物与博览业、毒物与安全标识等文化现象；第 11 章从国际公约、毒物控制与管理、毒品犯罪与禁毒、戒烟禁烟与控烟、戒酒与禁酒等方面，探讨人类控制毒物的能力；第 12 章是人物传略，介绍研究毒药的古代医药学家和为人类健康作出贡献的哲学家、政治家、毒理学家、发明家及从事相关职业的杰出人物。作者在全书最后还阐述了研究毒物历史的当代意义。书末附有毒物与毒理科学大事记、20 世纪世界重大中毒事件大事记，参考文献有 300 多条。

作者说："数千上万年前，有毒植物的胁迫推进了农耕的兴起，人类培育了许多农作物以避毒，确保生存与发展。今天，在人类进入 21 世纪现代生产生活条件下，人们的健康生活与农产品、食品安全同样密切相关，人类仍然为了农产品与食品的安全在苦苦探索。而毒物是自然界的一部分，唯有了解毒物的属性，才可能评估它的真实风险，才能化险为夷地与毒物和睦共处，这也是最佳的解毒良方。"值得指出的是，人类在长期的生产生活实践中，在寻找食物、防治疾病的过程中，认识了食品、药品和毒物，积累了鉴别毒物与救治中毒的丰富经验，同时也付出了包括生命在内的沉重代价。也正是因为食品、药品和毒物的同源性，人们一直在关注和研究毒物的历史。此书在这方面努力为读者提供了简明清晰的图景和脉络。关于如何鉴别毒物、预防中毒和管理毒物等，读者也都可以在此书中找到答案。

本文原载《陕西农业》，2012年，第7期，第53-54页。

一位合格的社会职责担当者

——读史志诚新作《毒物简史》有感

刘万兴

1985年，我在陕西省委工作期间就结识了史志诚同志。那个时候我们多次配合、共同处理了不少工作上的问题，也从此结为了好友。只要有机会见面，我俩总要闲谈往事，一起切磋工作、交流心得。

就我所知，志诚同志1958年参加工作，早年从事畜牧兽医工作；1978年考入西北农学院，攻读毒理学硕士研究生；1981年毕业后回到陕西省农业厅工作；1983年任陕西省畜牧局副局长；1985年先后任陕西省农业厅副厅长、常务副厅长和厅长。2008年，志诚同志告诉我，他从事50年农业、畜牧兽医和毒理学研究工作，只是为了一个目标，即一切为了人民吃饱、吃好、吃得安全。"民以食为天"，他几十年一直在农业岗位上尽职尽责、全心全意为人民的衣食温饱、健康生活和饮食安全着想，真是难能可贵！所有这些都给我留下了深刻的印象。

2013年春节期间，志诚同志将其由科学出版社出版发行的学术新作《毒物简史》送给我，并请我指正。我捧起这部120万字沉甸甸的巨著，既为之高兴，又感到生疏。实话说，我长期从事党群工作，对毒理学这个专业性极强的学术领域接触有限，知之甚微；但我又不忍拒绝，毕竟我们是交往了几十年的老朋友，是为党的阳光事业共同奋斗的好战友。因此，我慢慢地阅读，遇到读不懂的地方，就向志诚同志或相关领域的教授、学者请教。就这样，我终于读完了这本书。当我掩卷沉思的时候，内心充满了敬佩，脑海里闪现出一个念头："他是一位合格的社会职责担当者。"

独特的视角　可喜的成果

志诚同志自从参加工作以来，一直在陕西省畜牧、农业系统工作，从一名普通工作人员，一步一步地走上领导岗位。作为学有专长的领导干部，他敬业爱岗，严谨精细。结合行政管理的需求和实践，志诚同志以管理者与专业技术人员的双重思维方式和视野，采取自然科学与社会科学相结合的研究方法，管理与科研双管齐下，观察问题，分析问题，交叉钻研，综合梳理。一方面做好行政管理工作，需要他不断扩充和丰富专业技术知识，发现科学研究课题并予以钻研；另一方面，专业技术的实践应用又需要他在管理上推动和加强，科学化地处理和解决实际工作中遇到的各类难题。这样日复一日，年复一年，他既在管理上积累了丰富的经验，摸索出了不少规律性的管理模式，又在专业技术上得到了不少理论创新和学术研究成果，成为唯一在农学、畜牧兽医学和毒理学三个全国学术组织里有较大影响的著名学者，切切实实地尽到了公职人员和学者所共同担负的历史责任。这个显著的特点在他的《毒物简史》一书中，体现得极为突出。

深刻的思考　有益的启示

众所周知，工业文明是人类社会征服自然、改造自然的阶段，历时百年，既带来科学的繁荣、人类的进步，也对自然带来伤害和破坏，在许多方面已经难以修复，在不少地方，人们还在遭受自然的无情惩罚。严峻的客观现实告诉人们：环境保护刻不容缓！

志诚同志在其《毒物简史》中，从科学技术及其行政管理的角度出发，分别讲述了八条理由，强调"研究毒物历史的当代意义"。一方面在于提醒人们了解毒物的历史和毒理科学的发展演变过程，以借鉴前人经验；另一方面，通过立法和制定具体的制度或管理措施，做到避害兴利，从而提升政府管理艺术和应对毒性灾害的能力。这八条理由可以说是作者长期从事行政管理和科学研究的亲身体验和感受，是肺腑之言，充分阐明了加强毒物研究及其宣传普及的紧迫感。

他在《毒物简史》里，较为全面系统地分析了毒物研究的时代意义、作用和价值，在保护、治理环境和生态文明建设等方面，不但有学术研究的理论指导价值，而且有实践操作的应用价值。我们看到，他以对历史和人类负责任的激情，呼唤政府、科技工作者、生产者、消费者、企业家、家庭主妇及社会上的每一个人，充分认识研究毒物和预防毒灾的重要性和必要性，正如作者在该书前言中所说的那样，虽然"毒物无处不在"，但"只要掌握毒理科学，完全可以为人类造福"。

深厚的造诣　丰富的内涵

由于作者拥有农业、林业、畜牧业、兽医学、毒理学等多学科的理论修养，《毒物简史》虽说是一部关于毒物、毒理科学、毒物管理和毒物文化的历史专著，但从其涵盖内容来看，实际上已经超越了这个范围。作者不仅阐述了历史上禁毒、禁酒的成功经验和失败教训，还介绍了当代解毒、防毒、除毒、脱毒、戒毒的先进技术及其成功经验，对进一步完善和制定毒物管理、毒品管理、烟草控制及其相关法律、法规具有极其重要的现实指导意义。它不仅在保护环境和生态文明建设等诸多方面有较强的针对性，还系统而简明地总结了如何认识毒物与救治中毒，如何保障生态安全、生物安全和食品安全，如何处置中毒事件、毒性灾害和突发公共卫生事件，如何治理环境污染、创造安全生产和生活条件等方面的历史和经验。

全书以毒理学史为主线，由 12 章和多节细目建构。该书既有毒物与生命的休戚相关、毒物的不同类别（包括易于成瘾的毒物），又有各个时代的中毒奇案和毒物引发的灾害；既有毒理科学研究的历史演变、解毒防毒和毒物利用（包括毒物战争），又有毒物文明发展和毒物管理的不断进化，还有历代医学、哲学、政治等各个学科领域的专家、学者在不同学术领域进行毒物研究的人物传略以及从事相关职业的杰出人物等；既有自然科学，又有社会科学，涉及的学科领域和门类较多，而且历史考证也较深远；既有可供专家、学者借鉴学习提高和深入探讨的丰富内容，又有适合广大人民群众宣传教育、应用操作和警示的普及内容,适用范围极为广泛。

《毒物简史》工程浩大,征引浩博,是作者适应时代、学术兴趣广泛和工作勤奋努力的结果。他在后记中写道:"在我完成这本《毒物简史》书稿的时候,我首先感谢这个伟大进步的时代,是这个时代给了我机会和力量,使我研究毒物史、毒理科学史、毒物管理史和毒物文化史的愿望有了实现的可能。"作者著书的念头是由他"组织大家举办了一个小型的'毒物与人类'展览"引起的。他说:"之后的十年中,我先后主持召开三届全国毒物学史研讨会、五届中国古代毒物学史研讨会、多次参加国际科学史学术交流,编印《毒理学史研究文集》1~9集。每年都要通过多种形式将我所知道的关于毒物、中毒和毒性灾害方面的各种传说、故事及突发事件告诉所有愿意驻足旁听的人们,从中听取他们的感受和意见,不断丰富研究领域,完善研究方法。"由此,可以清楚地看出作者虚怀若谷和不断钻研的治学精神。

志诚同志已进古稀之年,取得这样的成果,实在难能可贵。我恳切希望广大读者能好好读读这部书,从中增长知识,开阔眼界,同时积极参加到预防毒物引发的灾害斗争中去,造福人类与社会。当然,作为老友、好友,我也恳切希望志诚同志再有新的学术专著面世,继续做最合格的人类社会职责的担当者。

本文原载:《各界导报》文化,2013-04-12,星期五;《陕西日报》,2013-05-05,第三版,秦岭副刊;西北农林科技大学《校友通讯》,2013年6月(总第17期),第48-50页。

【作者简介】

刘万兴,陕西蓝田人,曾任共青团陕西省委常委兼青农部部长、中共陕西省委办公厅副主任、中共陕西省委副秘书长、陕西省人民代表大会常务委员会副秘书长、西安乡镇企业大学校长、陕西省老年科技教育工作者协会副会长兼秘书长、陕西省作家协会会员,著有《干部科技读本》《光荣的后勤战线》《方塘集》和《格致集》等。

一部难得的专业综述巨著

——读《毒物简史》有感

阎汉平

拜读史志诚教授撰写的《毒物简史》(以下简称《简史》)一书受益匪浅,对毒物、毒理科学有了深层次的认识。这真是一部全面反映毒物及毒理科学的好书,凡是涉及毒物的问题都可在这书中了解到,面宽、识广、有趣、易懂、图文并茂是这部书的特点。尤其使人叫绝的是用"史"的概念来写,难度之大可想而知。这部《简史》,史教授用了近20年的时间收集、整理、撰写,为此付出了巨大的艰辛,表现了一位学者对科学始终如一的执着,对学问的认真负责,真是值得敬佩。尤其在当下学术界充满浮躁,追名逐利的现实中,沉下心来踏实作为,实实在在做学问,可谓学界的典范。这是一部多年难得的专业综述巨著，是对毒物学、毒理学科学普及的重大贡献。

《简史》涉及动植物、人类活动、各类学科、社会、历史、人物等内容，表述十分丰富、淋漓尽致，使读者有毒物百科之感。毒物与畜牧生产、兽医行业以及畜牧学科、兽医学科有着同样广泛的涉及（联系）。《简史》中提及的 2001 年 11 月 7 日中国广东河源"瘦肉精"中毒案和 2008 年 3 月中国三鹿毒奶粉中毒案作为要案表述，三鹿奶粉中毒事件被美国《时代》周刊评为 2008 年度十大国际新闻之一，造成极为恶劣的影响，中国奶业受到严重的冲击，使奶企蒙受巨大的经济损失，相关人员受到司法的惩处，好好一个企业破产。教训是惨痛的。它反映出毒物与动物食品安全的关系是多么的重要，它也是昭示毒物问题是一个涉及人类生命安全、动物安全、社会安全的公共问题。我想世上没有比公共安全问题更重要的了。我们在处理这些中毒案件中，进一步认识了毒物，提升解决毒物的能力，加强自身保护的意识，这就促使中外在立法、管理、科研等方面做了卓有成效的工作。中国在 2008 年 10 月 9 日发布《食品质量安全监督管理条例》，就是一个力证。2015年 8 月 18 日中国奶业 D20 企业联盟《北京宣言》向全社会郑重承诺四项，其中第一项是"坚决执行质量至上的基本准则"，这是企业自律的表现，也可以说是对毒物认识的提高，公共安全意识的提升。

当今中国畜牧业今非昔比，尤其这 30 多年的发展，我们的畜产品基本能满足 13 多亿国民的需求，与之相应的兽医事业得到极大的改善，这是改革开放的伟大成就，对人们的健康、社会的发展、政权的稳定有着极其重要的意义。这其中对毒物、毒理科学的认识、理解、研究有着密切的关系。《简史》开篇就说："毒首先取于物质的剂量，剂量决定毒性。"现代的家畜家禽饲养高度密集，饲料完全由人控制。科学的饲料配方，也就是各种饲料原料按适当剂量合理配比，这才是安全饲料，才能保障家畜、家禽的健康生长，保障畜产品的安全、品质，可以说剂量决定饲料的安全。

《简史》作者史志诚教授是中国畜牧兽医学会动物毒物学分会的创始人，也是这一领域的学科带头人。《简史》中介绍的段得贤教授是国内知名兽医毒物学家，是这一学科领域的开拓者。他们也是畜牧兽医学科的杰出人物。《简史》告诉我们："人类文明史也包括人类同毒物斗争的历史。我们无法消除那些有毒物质，但是，人类有能力建立一个无毒害的未来。"这是作者的可敬良知，也是我们广大读者的美好心愿，从这部《简史》了解毒物，认识毒理科学和作者一起分享无毒生活的快乐！

本文原载中国畜牧兽医学会《会讯》，2016 年，第 2 期，第 64 - 65 页。

【作者简介】

阎汉平，研究员，曾任全国畜牧兽医总站副站长，中国畜牧兽医学会常务副理事长。从事农牧业生产、科研工作、行政事业管理、实体经营、技术推广、社团活动等，经历丰富，阅历深厚，是畜牧兽医界一位颇具活力的著名专家。获农业部丰收计划项目一等奖37 个、二等奖 56 个。农业部科技进步二等奖、国家经济委员会科技开发奖、周培源基金奖、北京市政府奖等。

一部系统研究毒物历史和毒物文化的佳作

——读《毒物简史》有感

薛 健

最近空余时间一直在阅读史志诚先生的《毒物简史》，深深地被书中的内容所吸引，也被作者不倦的研究精神所感动。先生是我敬重的前辈，他在繁忙的政务之余，几十年研究毒物史不辍，卸下领导职务后，继续埋头研究和整理，终于使这部长达百万言的皇皇巨著问世。

这几年与先生一起开会，他说自己一辈子只干了两件事：一是致力于增加粮食生产，期盼人们吃饱肚子；二是关注食品安全，让人们吃得放心。他讲的前者是指他任陕西省农业厅厅长多年，肩负着发展全省粮食生产的重任。第二件事就是对毒物史的持续研究，在科学认识毒物的基础上更好地管理和利用毒物，使人们吃得安全，吃得放心。

《毒物简史》的出版在当下有着重要的意义。

近百年来，随着工业化程度的飞速发展，不同形式化学物被大量生产和使用，持久性的毒物大量散播，严重地威胁人类的健康和生态环境安全。今天，在人类进入现代生产生活条件下，人们的健康生活与食品安全越发密切，当突发性、群体性中毒事件屡屡发生时，人们迫切需要了解毒物产生发展的规律和历史，需要了解如何更加科学的管理和利用毒物，《毒物简史》应运而生。

阅读《毒物简史》充满了兴致和趣味。一页页翻过，人类认识毒物、利用毒物、管理毒物的历史一一展现在眼前。

《毒物简史》是一部关于毒物历史的百科全书。人类在长期的生产生活实践中，在寻找食物、防治疾病的过程中认识了毒物和药物，积累了鉴别毒物与中毒的丰富经验；在探明中毒机理、处置毒物引发的中毒和毒性灾害的过程中发展了毒理科学；在创造安全生产和优美生活环境的斗争中，涌现出了众多的历史故事和历史人物。《毒物简史》从毒物史、毒理学史、毒物管理史和毒物文化史等方面进行全面记载和阐述，纵论古今、图文并茂，填补了科技史的空白。

《毒物简史》是一部集科学性与趣味性于一体的科普性读物。全书科学地介绍了毒物和毒理学科，介绍了中毒案件、毒物战争等有趣的故事，介绍了毒物文化、毒物灾害、解毒防毒的知识，阐述了人类对毒物的认识、利用和管理过程。读起来趣味无穷，非常适合对毒理学有兴趣的人阅读，是一部有趣的科普著作。

《毒物简史》是一部倡导人与自然和谐共生理念的创新性著作。毒物是自然界的一部分，是自然界固有的物质。人们首先要了解毒物，了解毒性灾害，唯有了解毒物属性，掌握其规律，才能科学地管理并加以利用，也才是最佳的解毒良方。其次是要认识毒物发生发展的规律，使人与毒物和谐共生，进而利用它为人类服务，而不是违背和破坏其规律，造成危害和灾难性后果。21世纪，现代毒理学将逐步发展成为一门生物科学，被广泛应用于管理、安全、农业、环境保护、医学、法医等多个领域，人类在掌握毒物发展规律的基础上对其加以利用将是大有可为的。正如作者在全书结尾所说的那样，人类文明史也包括人类同毒物斗争的历史。人类充分认识毒物之时，也就是人类化毒为利之日。

毛泽东讲过，人类的历史是一个不断地从必然王国向自由王国发展的历史。人们对毒物的认识、利用和管理也是一个长期的实践过程。在人民群众生活日益提高的今天，人们对食品药品的安全更加重视，也更加看重自身生活的质量，在这种情况下，学术界和各级政府管理部门对毒物的认识，对鉴别毒物、预防中毒的管理，对食品药品和毒物同源性的研究等，都显得比以往任何时候更加迫切和重要。

开卷有益，愿关注食品药品安全、关注毒物史的人们都来读读这本书，《毒物简史》将使你获得有益的知识和启示。

2015 年 7 月 22 日

本文刊载于《毒理学史研究文集》第十四集，2015 年，第 4 - 5 页。

【作者简介】

薛健，副研究员，陕西省发展和改革委员会政策研究室主任，陕西省发展和改革委员会经济研究所所长。

记述毒物历史的百科全书

达能太

毒物无处不在，毒物给人类造成灾难，但人类也离不开毒物，时刻在利用毒物。有关毒物方面的资料零散可见，但系统介绍毒物的书籍还很少见。我和史志诚教授在 15 年前，也就是 1998 年，在西安参加中国畜牧兽医学会第五届动物毒物学与畜禽中毒病防治研讨会时第一次认识的，之后在每年召开动物毒物学会议和毒理学会议时都会相见，史志诚教授成为我的好老师、好朋友。据我所知，史志诚教授是在西北农学院攻读兽医毒物学的硕士研究生，长期从事毒理学研究工作。不仅如此，史志诚教授曾任陕西省农业厅厅长，在我的心目中是一个省级农牧战线上最高的领导，他的工作应该是非常忙碌的，但是他 20 多年来经过坚持不懈的努力，完成了这部 120 多万字，总结了 3 000 多年来有关人类认识毒物、利用毒物、防治毒物的巨著《毒物简史》，在这部巨著中不仅收集了国内大量的毒物方面的资料，还收集了国外大量的毒物方面的资料，是一部记述毒物历史方面的百科全书，也是从事与毒物有关领域专家学者的参考书。

2012 年 12 月 22 日我在西北大学参加"草原主要毒害草发生规律防控技术研究"项目 2012 年度工作总结及 2013 年度工作计划会议期间，志诚同志将其由科学出版社出版发行的学术新作《毒物简史》送给我，并请我指正。我用双手接到这部 120 万字的沉甸甸的巨著，感到非常高兴，又感到亲切。说实话，我从事兽医工作 35 年，其中从事动物中毒病 20 年，理解和掌握毒物学知识甚少，谈不上指教，只有好好学习，汲取其精髓，为动物毒物学事业努力奋斗。

我认为《毒物简史》是一部各级领导作为制定有关毒物及中毒病方面决策、法律、法规、规章的重要依据，是毒物学方面专家学者研究毒物及中毒病的重要参考资料，是基层科技工作者科学防控毒物及中毒病的重要文献，是爱好研究毒物及中毒病人员的百科全书，所以我特别推荐有关方面的人员仔细研读，从中得到有益的启示，丰富我们的知识面，为科学防毒、合理利用毒物，为我国的经济建设和社会发展服务。

2013 年 9 月 30 日

本文刊载于《毒理学史研究文集》第十四集，2015 年，第 6—7 页。

【作者简介】

达能太，蒙古族，内蒙古自治区阿拉善左旗人，高级兽医师，全国劳动模范，曾任阿拉善动物中毒病防治研究所所长。

（五）为《世界毒物全史》（百卷本）专著撰写的书评

一部带你领略毒物世界的百科全书

——《世界毒物全史》（百卷本）读后感

刘　旭

　　毒物和毒理科学史是人类文明发展历史的重要组成部分，也是人类不断认识毒物、不断与之斗争、不断利用它的过程。毒物的历史是记述毒物的专门史，反映人类认识和研究毒物以及伴随科学社会发展出现的种种毒物文化现象。近百年来，随着经济社会和科学技术的发展，人们对毒物的认识更加全面，对毒物的利用和毒性灾害的应对更加自如，对毒物和毒理科学史的研究认识更加统一。

　　史志诚教授在自然科学和社会科学两个领域均成就斐然。他既是自然科学领域的专家学者，长期从事毒理学研究，取得了丰硕的理论及应用成果，又是宏观领域的管理者，曾担任陕西省农业厅厅长等职务，长期从事农业生产管理、农业经济研究等工作，为陕西省乃至全国的"三农"发展作出了重要贡献。有幸得其主编的《世界毒物全史》（百卷本）并拜读，让我领略了毒物世界的历史，丰富了我对毒物及毒理科学的认知。

　　《世界毒物全史》（百卷本）从开始策划到出版历时 25 年，全书共 10 册，每册 10 卷，共 100 卷，500 万余字，2 000 余幅图片，是一部包罗毒物历史万象的巨著。它最显著的特点就是"全"，它是一部全面系统总结毒物历史的丛书，是一部毒物及毒理科学的百科全书。每册集中论述毒物历史中的一个方面，分别为毒物与人类文明史、毒物史话、毒性大案、毒性灾害史、毒理科学史、毒理学分支学科史、毒物利用史、毒物管理史、毒物文化史和毒物史名人传记。全书集科学性、文化性和生活性于一体，将自然科学与社会科学相结合，以厚重的学科知识背景为支撑，以生动的科学普及为立场，以全彩图文的形式全面系统地反映了古今中外人类认识毒物、研究毒物、利用毒物、管控毒物的历史和相关的毒物文化现象，为当代食品安全、生态安全、生物安全以及无毒害社会的建立提供了历史借鉴、文化参照和科学普及。

我作为一个长期研究种质资源的科研工作者，还非常欣喜地看到在这部巨著中也对重要有毒植物、重要有毒动物和有毒细菌及霉菌等进行了比较详细的描述。如重点记述了有毒藻类植物、有毒蕈类植物、有毒蕨类植物和高等植物中约30科160余种的植物；介绍了世界上有毒动物的总体状况，记述了23个科（目）的有毒动物；记述和评价了与人类和动物密切相关的部分有毒细菌与有毒霉菌的研究成果和防控技术，并分述了这些有毒细菌与霉菌的分类地位及生物学特性、毒性效应等。这些内容极大丰富了我们对种质资源毒理研究的有关认识，对进一步拓展种质资源的研究领域有重要推动作用，也会进一步促进种质资源的有效利用。

《世界毒物全史》（百卷本）于2016年被国家新闻出版广电总局评选为国家"十三五"重点图书，同年，由西北大学出版社于2016年出版。这部500余万字的鸿篇是一部具有现实指导意义的力作。在现阶段，非传统安全问题、突发毒性灾害的应急处置、生物安全、生态安全和食品安全等问题凸显，已成为各国政府和广大民众十分关注的热点，这部巨著对政府出台相应的法律法规、强化管理、合理利用、积极防御等方面具有很好的指导作用。通过学习此书，还可以让人们了解世界毒物的历史，可以让研究者更好的研究毒物的毒理特性，更好地为人类健康、生态安全、生物安全、食品安全作出积极贡献。

本文刊载于《毒理学史研究文集》第十六集，2017年，第10-11页。

【作者简介】

刘旭，河北定州人，中国工程院院士，从事种质资源研究的著名专家，曾任中国农业科学院副院长、中国工程院副院长，参与组织、领导了中国农作物种质资源收集保存评价与利用、中国农作物种质资源本底多样性和技术指标体系及应用等项研究，著有《中国作物及其野生近缘植物》系列专著8卷、《中国农作物种质资源技术规范》系列110册，多次获国家、省部级科技进步奖，参与组织了国家农作物基因资源与基因改良重大工程筹建，参与研究并组织实施国家基础性工作及国家自然科技资源共享平台的发展战略。

中国毒理学界的一件盛事

——《世界毒物全史》读后感

叶常青

历史是人类的回顾镜头，是人类对事物发展的起源及其在进化过程中遗留痕迹的记载。历史启发了新的思想、新的发明、新的需要、新的解决问题的方式和方法、新的工具和新的制度。科学史是自然科学与人文科学之间的桥梁，能使公众获得自然科学的整体形象，也能在推进素质教育和通识教育方面起到巨大的作用。

2009年出版的《世界科技发展史》简要条目中，其起始事件是10万年前火的利用和石制的工具。查阅其中始于1850年的孟德尔在植物遗传学上的实验止于1995年的人类基因组计划的 54 个事件条目，尚未见列入了毒物事件的内容。始于 1992 年编撰的《中国科学技术史》，至 2016 年已出版 30 卷，其中在分科专史类中也尚无毒物史的内容。

毒理学史的研究包含世界毒物史、毒理科学发展史和毒物文化史等内容，它是毒理学的重要组成部分。毒理学史的研究表明，人类为寻找食物、创造安全生产和宜居生活条件而与毒物的斗争，以及与毒物引起的中毒和灾害的斗争，都是一个永恒的主题。

中国毒理学会自 1993 年成立之始，就重视毒理学史的研究。1994 年，中国毒理学会理事长吴德昌院士和副理事长宋书元研究员听取了史志诚教授关于开展毒理学史研究的设想与建议。1995 年 5 月 4 日经中国科学技术协会批准，10 月 31 日经国家民政部登记注册正式成立了毒理学史专业委员会。截至 2011 年，该专业委员会已举办了 9 次较大的学术交流活动。这些活动提出了应对突发毒性灾害的建议，向国家提出了防止有毒有害生物入侵的建议，提出了建立林则徐纪念馆的建议。与此同时，积极组织同行开展毒理学科史的研究，编辑和出版毒理学史的书刊，面向公众普及宣传毒理学知识。

鉴于研究毒物史和毒理科学史的重要性，中国毒理学会毒理学史专业委员会主任委员史志诚教授著有《毒物简史》，并于 2012 年由科学出版社出版，此书得到了医学、毒理、生物、生态、史学各界同仁的好评。史志诚教授是西北大学生态毒理研究所所长，是中国毒理学会第四届副理事长（2005—2008）和荣誉理事长（2008 年至今），第 1～3 届毒理学史专业委员会主任委员（1995—2004）。他于 2013 年获中国毒理学会的学会贡献奖。这次，史教授又组成了有 60 多位专家参与的团队，依托西北大学生态毒理研究所的藏书和万余篇相关文献，编撰了这部《世界毒物全史》（百卷本）。《世界毒物全史》的出版将是中国毒理学界的一件盛事。

承蒙史志诚主编的厚待，借助于他馈赠的光盘，我有幸拜读了该书的全文，深感如同享受了一次知识的大餐。这部巨著有如下几个特点。

编撰团队强势。史志诚教授组织的《世界毒物全史》编委会委员来自医药、环境、畜牧、农林和文博界等专业约 30 个院校和科研单位。承担各册主编的 59 位专家，来自医药领域的占 22 位（37％），来自环境和畜牧领域的各占 11 位（各 19％）。中国毒理学会的专家担任了 16 卷的主编。令人钦佩的是，100 卷中有 55 卷是由史志诚教授独立任主编完成的；29 卷是由他领衔和相关的专家共同完成的。同时，他负责全书的统稿审校工作，足见其潜心研究之精神，艰辛无畏之品格。

时间跨度漫长。该书介绍的毒物史，说明毒物的历史与人类的历史一样久远。毒药的历史可追溯到公元前 4500 年以前。20 世纪初进入工业化时代后，更有大量的有毒化学品问世，人类与毒物的博弈自古以来一直延续至今。令人欣慰的是，该书第十册《毒物学名人传记》的第 92～99 卷介绍的在漫长历史中为追求人类健康和建立无毒生活而做出卓越贡献的 102 位人物中，35 位来自华夏大地。

覆盖领域宽阔。《世界毒物全史》覆盖的领域涉及环境、农林、畜牧、医药、劳保和文博等。它与中国毒理学会下设的多个专业委员会的研究领域相对应；这些专业委员会的核心名称是工业毒理、食品毒理、药物依赖性毒理、饲料毒理、环境与生态毒理、生物毒素毒理、兽医毒理、军事毒理、放射毒理、中毒与救治、药物毒理与安全性评价和毒理学史等。

毒物类别齐全。《世界毒物全史》论述了重要有毒植物、重要有毒动物、有毒细菌和霉菌、有毒矿物和元素、放射性物质、有毒无机化学物、有毒有机化学物、成瘾和致幻毒物、生物战剂和生态毒物等相关历史。它涉及了毒理学领域内上述众多的分支学科。

思考正反两面。《世界毒物全史》在介绍毒物管理的历史事件同时，依据"剂量区分毒物和药物"的论断，还介绍了毒物的利用及其相关产业开发的历史，它有利于提升公众对毒物两重性的科学认知能力，特别是充分利用毒物的"药效性"，发展相应的养殖业和一些研发利用毒素的产业，化毒为利，有效地推动了社会经济发展。

重视文化现象。《世界毒物全史》介绍了伴随毒物学发展而出现的与它有关的文化史，这些文化史涉及人类生活中不可缺少的烟和酒，涉及蛇、蟾蜍、蜘蛛、蝎子、蜈蚣、蜜蜂、蚂蚁、斑蝥、河豚等有毒动物的食用价值。《世界毒物全史》介绍了利用文学艺术、邮票、博物馆、纪念馆等载体而充分展示的文化现象，反映了人类为追求健康生活的强烈愿望。

篇幅容量巨大。《世界毒物全史》分 10 册，每册 10 卷，共 100 卷，全书达 500 余万字，含 2 000 多幅图片；它的篇幅约 5 倍于 2012 年出版的《毒物简史》，可谓是一部巨著。这部具有丰富内涵的展示世界毒物历史的长卷，是我国科技史学界的一座史学丰碑。

现实意义突出。《世界毒物全史》介绍了历史上不同类型的毒性大案，如毒物恐怖案、施用毒物自杀案、毒杀大案、食物中毒案、药物与农药中毒案、毒酒中毒案、贩毒大案、核材料走私案、名人意外事件、历史中毒悬案以及重大毒性灾害。这对有关部门做好食品与药品管理、烟草管理、酒政管理、有毒化学品管理、核材料管理、环境毒物污染管理、毒品管理和有毒生物安全管理，反恐怖以及处置突发性毒性灾害有重大的现实意义，起到"以史为鉴，嘉惠未来，防患于未然"的作用。

古人曾曰"江山代有才人出，各领风骚数百年"。这本全史的出版反映了中国在毒物史研究领域中"有才人出"，这部《世界毒物全史》在国内外的发行定将显示其久久"各领风骚"。我深信，这将是每位进入《世界毒物全史》这个含人类大量智慧的宝库并面对浩瀚知识的巨卷时共同的心情。

2016 年 7 月 1 日

本文刊载于《毒理学史研究文集》第十五集，2016 第 13 - 15 页；叶常青著《一叶扁舟行天下》——叶常青 60 年军旅生涯，2016 年，第 123 - 125 页；《新出版日报》2017 - 03 - 07。

【作者介绍】

叶常青，上海市人，研究员，从事放射毒理与防护研究的著名专家，曾任军事医学科学院研究室主任、研究所学术委员会主任，硕士生与博士生导师，中国毒理学会理事长，曾获军队科技进步奖一等奖、国家科技进步奖二等奖，荣获三等功两次，曾任卫生部放射卫生标准专业委员会委员、副主任委员和顾问，著有《放射性肿瘤的判断——科学基础和损害赔偿》《核试验环境辐射与人类健康》和《核生化突发事件心理效应及其应对》等。

一部兼有百科和专著双重属性的力著

——评《世界毒物史》（百卷本）

周平坤

由史志诚教授主编、60多位我国毒理学和相关领域专家学者参与编写的《世界毒物史》（百卷本）的出版发行，是我国毒理学创新发展史上的一件大事。《世界毒物史》的编写，是站在人类文明发展史和社会历史的角度剖析自然科学问题，以清晰的脉络生动地呈现了由古至今的"生存实践"毒理到科学毒理学的发展历程和重大历史事件，实现了自然科学与社会科学有机的结合，是一部史诗般的力著，兼有百科和专著双重属性。该巨著不仅在中国，而且将在国际毒理学领域产生广泛而深刻的影响。

综观全书，其最突出的特色是全、史、实。"全"，就是全面系统。专著共10册100卷，分别阐述了毒物与人类文明史、毒物史话、毒性大案、毒性灾害史、毒理科学史、毒理学分支学科史、毒物利用史、毒物管理史、毒物文化史、毒物史名人传记等重要内容，呈现了一个具有丰富知识内涵、全面高度概括且生动妙趣的世界毒物与毒理学科学发展史力著。"史"，就是鲜活再现了古、今、中、外有重大影响的毒物与毒理学发展的历史事件和人物。该书系统介绍了由古至今人类与毒物、有毒害物质交锋交错的重大历史事件和人物，又明晰了近现代毒理学主要的分支学科史，从创新性、学术性、系统性和实用性等方面挖掘出世界毒理学学科研究的最新理论成果，还阐述了毒理科学发展历程、毒理学社团组织以及毒理学家的使命，总结梳理了毒物文化和参与人类与毒物斗争的杰出人物的介绍，进一步丰富了毒理学史的理论体系。"实"，就是实用性强。编者均来自毒理学不同领域的一线知名专家教授或专业管理人员，具有丰富的理论知识和实践经验。全书内容通俗易懂，可供从事毒理研究、食品安全、生态安全、生物安全等专业的研究人员和管理人员参考借鉴，也适合普通读者阅读。特别是通过回顾若干历史事件，启示当今世界在处置突发事件、毒物侦检、防范管理以及人类控制毒物和应对突发公共事件能力方面，做到以史为鉴、防患于未然，赋予了本著作鲜明的时代特征和实际价值。

《世界毒物史》是毒理学的重要组成部分，是了解毒理学发展的重要理论读物，对制定和完善毒理学相关法律、法规具有重要借鉴意义。当前，涉及国家安全和社会稳定的重大问题，如防范化学和核恐怖袭击以及应急救援方面、重大有毒有害物品污染事故和战争遗弃的化学武器处置，以及重大群体性中毒事件的救治处理等，都需要通过对毒理学史的了解，从中汲取经验教训。本著作将为突发中毒事件的应急处置、履行国际公约、禁毒、控烟等工作提供有益的经验，为确保国家安全、生物安全、生态安全、食品安全、职业安全，提高国民科学文化素质，发挥不可或缺的重要作用。

《世界毒物史》（百卷本）近500万字的巨著出版是中国现代毒理学发展中的一个重大成果，我谨向史志诚主编及编著者们致以崇高的敬意！诚望毒理学领域的同仁继续秉承科学精神，发扬优良作风，勇于开拓创新，为全面推动我国毒理学事业创新发展作出新的更大的成果，为维护国家社会经济健康发展、促进人民健康作出更大贡献。

2016 年 10 月

本文刊载于《毒理学史研究文集》第十五集，2016 年，第 15 - 17 页。

【作者介绍】

周平坤，湖南衡山人，研究员，医学博士。1994—1995 年，英国曼彻斯特 Paterson 癌症研究所放射生物与实验肿瘤研究室访问学者；1998—2000 年，法国巴黎居里研究所基因毒理与染色质重构实验室客座研究员。现任军事医学科学院放射与辐射医学研究所研究员，博士生导师，南华大学环境医学与放射卫生研究所所长，研究所学术委员会主任，国家"973"项目首席科学家，国家杰出青年基金获得者，中国毒理学会第六届、第七届理事长，获军队科学技术进步奖二等奖 3 项、国家发明专利 5 项。

毒物史与毒理科学史的当代巨著

——评史志诚教授主编的《世界毒物全史》（百卷本）

付立杰

客观世界运动发展的过程，可分为自然史和人类社会史两方面。对于"历史"的含义有不同的诠释，广义的可以指过去发生的一切事件，不一定同人类社会发生联系。而狭义的历史则必须以文字记录为基础，即文字出现之后的历史才算历史。与人类社会相关的历史，又可称为人类史或社会史，而脱离人类社会的过去事件称为自然史。而对研究历史的价值和意义，学界认识一致，认为研究历史不仅仅只是对过去事件的总结和映射，不断发现真实的过去，还在于用材料说话，成为现实中可以讨论和借鉴的问题。即"史者何？记述人类社会赓续活动之体相，校其总成绩，求得其因果关系，以为现代一般人活动之资鉴也"（梁启超语），"历史一词在使用中有两种完全不同的含义：第一，指构成人类往事的事件和行动；第二，指对此种往事的记述及其研究模式。前者是实际发生的事情，后者是对发生的事件进行的研究和描述"（《大英百科全书》）。也正如英国哲学家、历史学家大卫·休谟（1711—1776 年）在《论历史研究》中所说的那样："历史不仅是知识中很有价值的一部分，而且还打开了通向其他许多部分的门径，并为许多科学领域提供了材料。"历史这种启迪未来的功能是其天然具有的特质，也是我们研究历史的动力和意义。

历史上，"毒物"特指自然界存在的天然物质，如乌头、蛇毒、砷和铅等。而"毒理学"作为一门研究外源性物质对生物体（人类及生态环境）有害影响的综合性学科，其研究对象外源性物质泛指自然界存在的和人工合成的各种具有生物活性的物质，这一学科属性决定了毒理学具有漫长而丰富的历史。远在没有文字记载的原始社会，人们以狩猎、采集和捕捞等主要生产方式谋生时，就已因误食中毒而对自然界存在的天然毒物有所了解，并开始利用毒物在同自然作斗争的同时，也被用来狩猎、战争冲突和宫廷谋杀。而近代自然科学的迅猛发展和大量有机合成化学物的不断问世与应用，其毒性及安全问题日益被关注，社会对毒理学发展的迫切需求也随之增加和得以不断强化。从远古时代人类对天然毒物的认识和应用，到近代以来对各类外源合成化学物的深入研究，构成了人类对毒物和毒理学认识和发展的漫长历史和浩瀚文化。研究毒物史和毒理学的发展史，实际上即是自然史也是人类社会史的研究。发掘和研究这部历史长卷，将为人类与自然更加和谐地可持续发展，提供重要的启示。而在世界范围内，尽管出版过几本毒理学的史学著作，如苏联戈里科夫著《毒药：昨天和今天》（1968）、德国马丁兹和洛斯著《毒物》（1985）、吉尔伯特著《毒理学漫话》（2004）等，但迄今为止，尚未见一部全面系统地记述毒物和毒理学历史、研究和发掘历史事件对当今启示的学术著作。

史志诚教授是中国毒理学会的荣誉理事长，学会毒理学史专业委员会的创建主任委员。中国毒理学会毒理学史专业委员会自 1995 年创建以来，把握当代毒理科学发展史研究的新视点，紧密联系国际国内突发性、群体性中毒事件与毒性灾害的应急处置，先后召开过加入 WTO 与防止有毒有害生物入侵研讨会、四次全国性毒理学史研讨会和四届中国古代毒物学史研讨会、林则徐在陕西与禁毒研讨会和陕甘宁边区禁毒史研讨会等学术交流活动，提出了一些新的学术思想和新见解。史志诚教授以其深厚的功底和广博的学识，2002—2014 年，先后主持编印《毒理学史研究文集》第 1～14 集，并组织编写出版了《陕甘宁边区禁毒史料》（陕西人民出版社，2008）、《林则徐在陕西》（陕西旅游出版社，2008）和《毒物简史》（史志诚著，科学出版社，2012）。尤其需要指出的是，由科学出版社出版《毒物简史》，系统地总结了 3 000 年以来人类同毒物斗争的历史，毒理学的学科发展史，揭示了毒物与人类健康及生态环境，乃至人类社会发展的关系，是他历经 20 多年的积累和研究而完成，是目前国内外唯一一部现代毒物史研究专著，填补了我国在这个科技史研究领域的空白。

在多年潜心专注研究的基础上，为了促进毒物史与毒理科学史的研究与发展，史志诚教授又邀请了 60 多位专家，组织成立了《世界毒物全史》编纂委员会，充分地利用西北大学生态毒理研究所收藏的 2 000 多册毒理学书刊和万余份毒理学历史文献，以及专家们积存的相关资料，历时数年，撰写了这部《世界毒物全史》（百卷本）。全书分成 10 册，每册 10 卷，共计 500 余万字，并且有 2 000 多幅珍贵图片。每册一个主题，论述毒物历史中的一个方面，各册之间和各卷之间相互关联，构成了一个具有丰富内涵的展示天然与人工合成毒物、人类对毒物认识不断演变以及毒理学学科发展的历史长卷。例如，该书第 1～2 册侧重于毒物、毒物史，揭示世界上现存的天然毒物和主要人工合成化学物；第 3～4 册则描述历史上由于天然毒物和人工合成化学物引发的毒性灾害和案例；第 5～7 册则对毒理科学史，包括近代和现代毒理科学的不断拓展的发展历程，以及 21 世纪毒理学新兴学科的创立及其贡献进行详尽介绍；第 8 册则介绍了国际和我国对各类化学物的管理体系，进而探讨人类预防控制毒物危害和风险，以及政府管理机构应对突发公共卫生事件的能力建设；第 9 册毒物文化史，介绍与毒物相关的文学艺术作品、科普名篇以及博物馆、纪念馆；第 10 册毒物史名人传记，介绍自古以来参与人类与毒物作斗争的哲学家、政治家、历史学家、社会科学家、物理化学家、生物科学家、医药学家、毒理学家、发明家以及从事相关职业的杰出人物的生平，彰显他们曾经为人类健康和环境生态安全的历史性贡献。全书构思和框架设计合理，资料丰富翔实，内容系统全面，亮点和创新之处颇多，工程浩瀚，可谓当代巨著。

《世界毒物全史》（百卷本）出版的意义，不仅仅在于其系统全面和详尽地介绍了世界毒物史和毒理科学史，以及它们在所处历史时期的作用、价值以及人们当时的认知，传播人类认识毒物的历史和毒理科学发展的历史，而且在于对其中一些重大历史事件的分析讨论、理性科学地思考如何借鉴其中的经验与教训，以及它们对当今乃至今后人类社会发展的启示，防止"重复昨天的故事"。我本人有幸先睹为快，十分期待该套全书的出版问世，相信它不仅会成为专业人员的大型工具书和参考书，也能让广大非专业读者观毒物世界，品千年史迹，知毒物功过，了解毒理学及其发展，为共创一个人类更健康、环境更安全、人类与环境生态更加和谐的新世界作出更大的贡献。

2016 年 7 月 21 日

本文刊载于《毒理学史研究文集》第十五集，2016 年，第 17 - 18 页。

【作者介绍】

付立杰，博士，美国毒理科学院院士（Fellow ATS），现任中国毒理学会副理事长兼秘书长，亚洲毒理学会（ASIATOX）侯任会长，国际毒理学联合会（IUTOX）资格互认委员会和继续教育委员会顾问，国际实验动物评估认可协会特聘专家，世界卫生组织（WHO）化学物安全评价与 GLP 专家，《国际毒理学》杂志（International Journal of Toxicology）的编委，北京大学公共卫生学院和南京医科大学兼职教授。2011 年入选美国毒理科学院（Fellow，Academy of Toxicological Science）院士，2014 获美国杰出华人毒理学家奖。著有《现代毒理学及其应用》《畸胎学》和《现代毒理学简明教程》等中英文著作。

世界科学百花园的璀璨奇葩

——《世界毒物全史》读后感

杨勇先

历史的长河，川流不息。从人类在地球上生存繁衍开始，毒物就伴随着人们的生存和生活，影响和损害着人们的健康。人们在长期实践中也逐渐将某些毒物加以利用，有的制成药品，用于某些疾病的治疗。

进入 21 世纪以来，随着经济和社会的发展，新的化学合成品不断涌现，给人类的健康造成重大威胁，人和动物突发性、群体性中毒事件时有发生。特别是毒品不断被加工提纯，新的毒品又源源不断被研究生产出来，已经被列为和战争一样对人类有着巨大危害的恶魔，它吞噬了千百万人们的生命。各国政府和民众都迫切需要了解识毒、防毒的有关专业知识，了解毒物的理论、历史和文化。但长期以来，毒物领域一直没有这样一部比较全面、完整、系统的专著。

2012 年，我国著名毒理学家、中国毒理学会荣誉理事长、博士生导师史志诚教授著的《毒物简史》在科学出版社出版之后，随即领衔主编、主笔，组成了 60 多位专家的团队，历经数年的艰苦努力，终于完成了这部《世界毒物全史》，并由国家出版基金资助，被列入国家"十三五"重点图书，由西北大学出版社出版。这部《世界毒物全史》共分10册、100卷、500多万字，填补了这个领域的世界空白，堪称世界毒物领域的鸿篇巨著，是对人类知识宝库的重大贡献。

这部《世界毒物全史》给人们最深刻的印象是覆盖面宽、纵览古今、横论中外、科学气息浓厚，既有理论性，又有实践性，既有学术性，又有普及性，具有以下几个显著特点。

一、《世界毒物全史》是人类对毒物认识的深化和升华

千百年来人们对毒物的认识是逐步发展的，并将其上升到一定的理论层面。《世界毒物全史》以三四千年来人类同毒物斗争的历史为纽带，详细分析了各种毒物的危害，回顾了世界历史上的毒物战争、毒性灾害和中毒奇案，论述了毒理科学的发展历程，将毒理学上升到更高的理论高度，成为一门新的、跨自然科学和社会科学的重要学科。所以说，《世界毒物全史》是人类对毒物认识的深化和升华。这部著作详细讲述了解毒防毒、毒物利用、毒物文化和毒物管理的专业知识，使之成为世界文明史和世界科学宝库的重要组成部分之一。

二、《世界毒物全史》是对毒物管理理论与实践的集成和提升

这部书的作者历尽千辛万苦，从世界范围收集了大量资料和数据，反映了人类在长期的生产生活实践中，在寻找食物、防治疾病的过程中积累的鉴别毒物与救治中毒的丰富经验；在探明中毒机理、处置毒物引发的毒性灾害中发展了毒理科学；在创造安全生产和优美生活环境的奋斗历程中谱写了光辉的篇章。

随着经济、社会的发展，社会管理和经济管理日益成为各级政府的管理人员和科技人员的必备基础知识。为此，《世界毒物全史》第8册专门讲毒物管理史。在本册中，作者介绍了世界卫生组织等国际机构，介绍了许多国际公约，介绍了如何处置中毒事件、如何治理环境污染等成功经验、如何进行有关毒物的管理，大大增强了该书的可读性和综合服务性。可以毫不夸张地说，这部著作适应了当前世界经济、科技全球化的趋势，是对毒物管理理论与实践的集成和提升，是对人类社会进步的重大贡献。特别值得一提的是，《世界毒物全史》还特别重视总结和反映中国毒理科学研究成果，为进行毒物管理，为构建和谐社会作出了贡献。

三、《世界毒物全史》是世界科学百花园的璀璨奇葩，是普及毒物知识的百科全书

这部著作从人们识毒、防毒的实际需要出发，内容翔实，具有权威性，而且词条收录完备、检索方便，勾勒出毒理学各个分支学科发展和研究的全过程，融学术性、文献性、前沿性于一体，为毒理学科知识的普及与推广提供了完备的基本条件。这部著作详细介绍了有毒的植物、动物、矿物、气体、液体、化学物等，门类之多、品种之全令大多数读者闻所未闻、大开眼界、叹为观止。同时，这部著作对毒物的知识范围进行了必要合理延

伸。在《毒物文化史》一册中，对"毒"字的创意以及关于禁毒的纪念日、博物馆、邮票、徽标等都作了详尽地叙述，既拓宽了读者的知识视野，又具有趣味性。所以说这部书是普及毒物知识和识毒防毒的百科全书。凡是与"毒物"有关的问题，都可以从这本书中找到答案，取得解决问题的第一步帮助。

四、《世界毒物全史》是对人类安全的警示和启迪

人类安全是全世界人们关注的焦点。国家不论强弱，人类无论贫富，都会受到安全的威胁。目前，对人类安全造成威胁的因素来自各个方面，其中，毒物、毒品就是重要的方面，它对全人类安全的威胁程度正在提升。在古今中外历史上，利用毒物进行谋杀或夺取政权的案例更是触目惊心。这部书中所记载的世界历史上毒性大案、毒性灾害等都给了人们以警示，它关系到人们的职业健康与安全、粮食安全、食品安全、环境安全、个人安全和社会安全。所以说这部书是对人类安全的警示和启迪。

五、《世界毒物全史》的卷、册、篇、章设计具有创新性

要编好、写好一部巨著，最难的就是基本框架结构，即卷、册、篇、章的设计，而《世界毒物全史》成功地解决了框架设计问题。作者把 3 000 年来毒物体系中纷繁复杂的大量信息，用 10 册、100 卷进行了归纳总结，形成了条理清晰、系统、科学的框架。章节设置既顾及全书，又根据实际区分轻重，突出重点，尺度掌握非常得当，篇幅十分紧凑。这部书第 10 册的附录中还列有世界范围内的参考文献目录和全套书的总目录，对这部识毒防毒百科全书来说是非常必要的，它保证了这部著作内容的完整性，也保证了它的质量和水平。所以说，《世界毒物全史》的卷册、篇章设计非常科学，具有创新性。

这部《世界毒物全史》插有 2 000 多幅图片，图文并茂。采用铜版纸彩印，版面编排紧凑、美观，单位篇幅提供的信息量大。封面设计朴实大方，紧扣主题，装帧精美，表现出该书的恢宏气势。

总之，《世界毒物全史》一书内容全面、系统、资料翔实，阐述精确、凝练，是毒物研究和毒物文化领域基本建设的重要工程。它不但是全世界从事毒理研究、食品安全、生态安全、生物安全、医务人员、反恐应急处置等管理人员和技术人员重要的工具书和参考资料，而且使阅读该书的广大民众受益匪浅。让我们大家共同努力，识毒防毒，为提高民众的生活质量，为构建和谐社会作出新的贡献。

本文刊载于《毒理学史研究文集》第十五集，2016 年，第 19 - 20 页。

【作者介绍】

杨勇先，陕西高陵人，1965 年毕业于陕西工业大学，曾任陕西省人民政府研究室综合处处长、陕西省决策咨询委员会发展战略组副组长、享受国务院特殊津贴专家、中国注册高级商务策划师、高级工程师、《陕西年鉴》副主编，著有《奇妙的九》《有趣的平方数》等科普作品，1990 年荣获第四届中国图书奖一等奖。

集成创新　传世精品

——略论《世界毒物全史》的特点与启示

冉新权

史志诚教授主编的《世界毒物全史》是一部奉献之作、集成之作、创新之作、传世之作。所涉及的历史时间之长，空间地域之广、学科门类之多，该书都可跻身于世界史书和中国史书之最的行列；把毒物的微观与毒物的宏观相结合的巧妙程度审视，该书也是世界志书和中国志书不可多得的精品之作。

实际上，毒物是无处不在、无时不有的。毒物是长久以来伴随着人类生存、生活和发展的一类具有重要功能和作用的物质（包括负效应和正效应）。《世界毒物全史》正就是一部关于对毒物的认识史、解析史、诠释史、防范史和应用史。

按广义毒物与狭义毒物、化学合成毒物与天然毒物（动植物、矿物和微生物毒物）、工业污染物与传统毒物的分类，按毒物毒性级别的划分标准，现代工业生产排放的各类污染物，也包括放射性污染物在内，都可列入广义的、合成的工业污染物毒物范畴，而我国的中草药大体都可划入狭义的、天然的与传统的毒物范畴，这也与民间常说的"是药三分毒"基本上是吻合的。

2015年我国科学家屠呦呦研究员获世界生理学和医学诺贝尔奖。她和她的团队几十年坚持中药学的现代开发与研究，把从青蒿中提取出的青蒿素作为临床治疗疟疾的新药，使世界2亿人受益，为世界34亿人造福，彰显并进一步证明了中国的中医药学是一个伟大的宝库。屠呦呦研究员获诺贝尔奖极大地鼓舞了全国人民和全球华人，也把中医药宝库的开发与研究推向了一个新的阶段。

与之相类似的，是2016年史志诚教授主编的《世界毒物全史》由西北大学出版社正式出版发行，也着实令人振奋、可庆可贺。史志诚教授20年的心血填补了毒物专门史集成研究的一大空白，《世界毒物全史》的出版同样是我国乃至世界出版界了不起的一件盛事，必将推动世界毒物开发研究走向新的辉煌。我之所以把2016年史志诚教授主编的《世界毒物全史》的出版与2015年屠呦呦研究员获诺贝尔生理学和医学奖相提并论，恰是我认为这两者之间有着诸多的相似性和内在上的联系，即在理想追求、奉献精神、奋斗经历、学术坚守和"退而不休"等方面都有着诸多的共同点，从各自所从事的研究领域来看，也有着密切的、本质的、普世价值的内在联系。

我认为《世界毒物全史》有六个鲜明的特点。

一是"两条主线"的特点。门类种类繁多的毒物既是与人类生存和发展永远相伴的一类重要物质，同时，又是维系生态平衡、物种平衡，维护生物多样性的一类重要功能类物质。人与自然的关系，有人类中心主义和非人类中心主义两类；人与毒物的关系，也有以人类为中心的主线和以非人类为中心的主线之分。一般的史书都是以人为主线或以物为主线展开的，《世界毒物全史》同时贯穿着"两条主线""两个中心"，即从毒物对人类生存和发展的影响和毒物对生态系统和生物多样性维系的角度观察、取材、编撰，并充分挖掘世界各地的特色的和中华民族地域特色的"多种毒物资源"，既全面系统挖掘了毒物的功能和影响，又充分体现了《世界毒物全史》与一般史书不同的独特之处。

二是多维向度的特点。今天，我们提出"互联网＋"，是强调在现代信息技术条件下的新关联、新带动、新创造、新动能、新业态等的辐射度与关联度。仔细阅读《世界毒物全史》，也能真正体会到"毒物＋"广泛的关联关系。可以认为，本书把"毒物＋"挖掘、展现得活灵活现、淋漓尽致、别开生面、引人入胜。可以说，《世界毒物全史》多维向度的特点，海涵了毒物毒性毒理、分析鉴定、提纯合成等技术层面的，以及人类环境、生态环境、经济社会发展等人与自然及社会层面的所有事项，深刻地、多维度地反映了毒物类物质对微观世界和宏观世界、对人类历史及不同的历史阶段、对自然生态系统（动植物、微生物）、对人类环境和人类健康产生深刻的，甚或是无声无息的影响。

三是时空至大至极的特点。门类种类繁多的毒物始终是与人、自然、生态、环境相伴随。对毒物的源解析，认识、再认识，分析、再分析，研究、再研究，开发、再开发，预防控制，毒性降解，无毒化途径的选择，以及医学应用、食品应用和综合应用等都必然涉及和延续更长更大的时空范围。仔细阅读《世界毒物全史》，可以具体地体察到全书所包含、所反映的时空坐标的至大至极，也可以体会到人类认识毒物的艰辛历程及其所付出的巨大代价与牺牲。人类历经几千年的时光，才从世界各地几千种植物中最终选择筛选出小麦、水稻、玉米、马铃薯等作为人类可食用的、安全的、无毒无害的粮食作物，就是一个与毒物奋斗的、漫长的求索过程，马铃薯的无毒化就是人类求生存、求发展的最伟大、最成功的开发之举。

四是问题导向的特点。1972年联合国《人类环境宣言》的签署，可以认为是世界各国首次共同对影响人类球境的现代毒物——工业生产排放污染物发出的宣战。人们都希望喝上干净的水，呼吸上清洁的空气，吃上放心的食物，在良好的生态环境中生产生活。而影响这一切的，都源于工业生产超标，排放的重金属污染物、持久性有机污染物、SO_2、NO_x、CO、$PM10$、$PM2.5$、O_3等污染物，以及由此引发的生态环境恶化，继而引发各种微生物病毒的快速变异等。这些现代毒物、非传统毒物和广义毒物问题，已成为当今人类生存和发展面临的一个最突出的问题和最大挑战。《世界毒物全史》没有回避和轻视这些问题，对这些都有入微入细的诠释，既有高层次的毒理机理分析，又不乏法律、警示、科普的内容，同时也包括了史志诚教授主持的课题成果和调查报告。

五是史料尽详尽细并兼具志书的特点。主编《世界毒物全史》史料尽详尽细是前提、是基础，也宛如"大海捞针"，难度极大。但史志诚教授及其团队态度严谨，坚持不懈，行为自如，把持有度，而且做到了大开大合，条分缕析，观点清晰，尽全尽系（统）。该书还兼具志书的特点，以毒物为主体，篇志记传图表录要素基本俱全，横分门类，纵述历史，贵在专业。我尚未进行细致统计，粗略统计和估算百卷十册五百万字的出版量，至少需要数千万字的史料，数万篇以上文献的支撑，尚不论几易其稿了。这是多么大的工作量啊！多么大的科技文化工程啊！这是一个令精力充沛的中青年人都会感到望而却步的事啊！但却成了一个从农业厅一把手领导岗位退下来的一位老同志的最爱与追求，实在令人钦佩。史志诚教授执着的专业精神、事业精神，哪里是一般人所说的"发挥余热"就像地下 3 000～4 000m 的干热岩层中深层中清洁能源一样取之不竭，无私奉献。

六是充满唯物辩证哲学思想的特点。可以认为，毒物是自然辩证法则的产物，也是环境的产物与生产活动的产物。《世界毒物全史》展现了毒物门类种类的多样性、毒物分布区域的多样性、毒物毒性毒理机理的多样性和毒物功能的多样性等，同时又深刻地反映着唯物辩证法、矛盾论、实践论、量变到质变以及我国古代的"天人合一"阴阳五行等哲学思想在毒物开发研究中的意义。可以认为，毒物是动植物体生存、繁衍和保护自身生命的一种秘密武器，是可通过食物链传导的，是具有一定杀伤力和破坏力的一种特殊功能的物质，也是影响人类生存繁衍的一种"天敌"，但又是治疗人类疾病，保障人类健康的不可缺少的生命必需品。因之，毒物的去毒化、无毒化或"以毒攻毒"无不体现出毒物的辩证法与毒物的生命力。人类医学在 20 世纪最伟大的两大发明发现是抗生素和激素的发现、合成与应用，但进入 21 世纪，我国水污染防治"十条"把水环境中的激素和抗生素的控制提上了重要议事日程，这就是毒物的辩证法，毒物的多重性和复杂性。

《世界毒物全史》的启示会是多方面的，而且会是因人因专业因兴趣爱好而异的。但可以肯定，无论何人都一定能从"开卷"中激发出诸多"有益"的思考与联想。我自己从《世界毒物全史》中获得的启示也是多样的，当下感到重要的有以下几点。

伴随着工业化的发展，毒物的种类和多样性在快速增加，生物多样性也在迅速减少，人类环境受到巨大的威胁，环境的恶化也加快了微生物病毒的变异，20 世纪毒物毒性灾害呈高发态势，据史志诚教授撰文整理的世界毒性灾害达 46 例，破坏力巨大。为遏制和扭转这种态势，第一必须从绿色化学化工技术创新和清洁生产层面，加快产业结构调整，加快产业技术进步，从源头上大幅减少工业污染物类毒物的影响和危害；第二要建立健全环境与健康监测、调查和风险评估制度，鼓励和组织开展环境质量、环境毒物对公众健康影响的研究，采取措施预防和控制与环境污染有关的疾病；第三要从食品安全的角度，加强加快大气、水、土壤污染治理，重点针对重金属污染物、持久性有机污染物、环境激素类化学品污染物、居住区大气中有毒有害物质污染物以及 PM2.5、PM10、SO_2、NO_x、O_3 等污染物，需要组织跨学科的技术攻关，集成创新，从环境与健康的结合上设立重大课题，寻求重大突破；第四加快生态文明建设，坚持"创新、协调、绿色、公平、开放"的发展理念，发扬天人合一、道法自然的观念，需要进一步探索实践解决全球工业化所伴生的工业污染和生态破坏问题正确的道路和理念，同时，要加强中国中医药宝库的开发，为 SARS 病毒、禽流感病毒、埃博拉病毒、寨卡病毒和艾滋病病毒等病毒的防治和消除，为世界作出更大的贡献。

最后，从绿色化学化工技术开发和环境保护的角度，我郑重推荐大家阅读《世界毒物全史》，从中享受开卷有益的乐趣，努力提高绿色化学化工技术创新和保护环境的自觉性、有效性、针对性。

本文刊载于《毒理学史研究文集》第十五集，2016 年，第 21 - 23 页。

【作者介绍】

冉新权，教授，曾任西北大学化学系主任，陕西省环境保护局副局长、巡视员，陕西省人民代表大会环境与资源保护委员会委员，现任陕西省决策咨询委员会委员、陕西省环境咨询委员会委员、陕西省循环经济研究会副会长、陕西省环境科学学会副会长、陕西省环境工程评估中心顾问，著有《现代无机化学选录》和《关中地区水污染控制和生态保护》等，获陕西省政府科技进步奖 3 项。

横亘于自然与人文两域的《世界毒物全史》

姚　远

一

当史志诚先生将 500 余万字的《世界毒物全史》（百卷本）（西北大学出版社，2016）派人送到我办公室时，我着实有些吃惊，因为，这距他 120 万字的《毒物简史》（科学出版社，2012）不到 5 年时间。我掂了掂这套巨著的分量，足有 12.2kg，对这位老朋友的敬重油然升腾于心头，而这套横亘于自然与人文两域的《世界毒物全史》的"分量"又何止千斤万斤！

那是十五六年前的一大早，我在办公室迎来一位刚刚从陕西省农业厅厅长退职后当选为陕西省人民代表大会常务委员会委员的史志诚先生。那时，他给我的印象是哪里像年过花甲之人，谈起对毒理学史的研究，俨然一个充满理想与抱负的小伙子。对科学史的共同爱好使我们很快成为忘年之交，他也将我郑重地列为他的《世界毒物全史》编纂委员会的顾问之一。我在职责范围内，尽量地支持他发表了一系列研究成果，并在 2012 年 8 月出版的《西北大学学报》（自然科学版）第 4 期，应约发表了我写的《独树一帜的毒理科学发展史研究与探索——评史志诚教授新作〈毒物简史〉》。我在文章的结语中祝愿他的《世界毒物全史》（百卷本）早日出版，"进一步推动毒理科学发展史再向新的高峰攀登"，并希望他"作为中国毒理学会荣誉理事长，在有生之年把精品留下，而绝不留下遗憾"。没想到，就是这样不经意间的一句祝愿，却成为他的又一个大目标。他后来数次告诉我："你的这句话一直激励我向此目标奔去。"古语有"大道至简"之说，然而史先生的著述历程却是由"简"至"全"。他从 1992 年到 2012 年积 20 年之功编著了《毒物简史》，而从 2012 年 4 月到 2016 年 8 月主编的《世界毒物全史》却不到 5 年时间。如今，他已是满头银发 76 岁的老人，但仍然能从他的谈吐中看到老骥伏枥的抱负和用之不竭的心力。我们谈论最多的还是毒物史的研究，究竟属于自然科学，还是属于人文社会科学？

二

史志诚先生著的《毒物简史》和主编的《世界毒物全史》（百卷本），既是自然科学的一部分，也是人文社会科学的一部分。

从自然科学角度看，毒物和毒理科学是人类认识自然、改造自然，不断利用毒物的过程，是生命科学大类的一个分支，又与农业科学技术的农业基础学科、农业化学、农业生物学，生物科学的植物生理学、植物病理学、植物生物化学、环境生物学，医药卫生学的药学、药理学、人体生物物理学、病理学、毒物的分析与鉴定、法医化学、畜牧兽医科学的动物生理生化学、牧草栽培学、饲料卫生学、兽医临床诊断学，以及毒理科学中研究有毒植物、有毒动物、有毒微生物、有毒矿物等诸多分支学科相关。他编纂的 500 万字的《世界毒物全史》（百卷本）是在中国毒理学会指导下，由他先后组织西北大学、西北农林科技大学、陕西师范大学、陕西中医药大学、第四军医大学、陕西省动物研究所、天津市农业科学院、陕西省环境保护厅、陕西省地方病防治研究所、陕西省畜牧技术推广总站、中国疾病预防控制中心、中国人民解放军医学科学院等单位的 59 位专家完成的一部科学技术成果。正如中国工程院常务副院长刘旭院士所说："作为一个长期研究种质资源的科研工作者，非常欣喜地看到在这部巨著中也对重要有毒植物、重要有毒动物和有毒细菌及霉菌等做了比较详细地描述。如重点记述了有毒藻类植物、有毒蕈类植物、有毒蕨类植物和高等植物中约 30 科 160 余种植物；介绍了世界上有毒动物的总体状况，记述了 23 个科（目）有毒动物；记述和评价了与人类和动物密切相关的部分有毒细菌与有毒霉菌的研究成果和防控技术，并分述了这些有毒细菌与霉菌的分类地位及生物学特性、毒性效应等。这些内容极大丰富了我们对种质资源毒理研究的有关认识，对进一步拓展种质资源的研究领域有重要推动作用，也会进一步促进种质资源的有效利用。"

从人文社会科学角度看，毒物的历史是反映人类认识和研究毒物以及伴随社会发展出现的种种毒物文化现象，是人类文明发展历史的重要组成部分之一。它对制定和完善毒物管理的相关法律、法规具有重要借鉴意义。当前，在涉及国家安全和社会稳定的重大问题上，如在防范化学和核恐怖袭击以及应急救援方面、重大有毒有害物品污染事故和战争遗弃的化学武器处置，以及重大群体性中毒事件的救治处理等，都需要通过对毒理学史的了解，从中汲取经验教训。《世界毒物全史》（百卷本）将为突发中毒事件的应急处置、履行国际公约、禁毒、控烟等工作提供有益的经验，为确保国家安全、生物安全、生态安全、食品安全和职业安全，提高国民科学文化素质，发挥不可或缺的重要作用。该著作系统介绍了由古至今人类与毒物、有毒害物质交锋交错的重大历史事件和人物，又明晰了近现代毒理学主要的分支学科史，从创新性、学术性、系统性和实用性等方面挖掘出世界毒理学学科研究的最新理论成果，还阐述了毒理科学发展历程、毒理学社团组织以及毒理学家的使命，总结梳理了毒物文化和参与人类与毒物斗争的杰出人物的介绍，大大丰富了毒理科学史的人文内涵。

因此，我们说，《世界毒物全史》横亘于自然与人文两域，既是人类与大自然斗争的历史记载，又是反映人类文明进步、社会发展、国家安全稳定的一个史学成果。在自然科学领域，它涉及了一个重大科学命题，开拓、发展了一个新的科学分支；在人文社会科学领域，它赋予"毒"字深刻的文化内涵，扫除了"毒"在人类意识中的恐惧、神秘和盲动，还其科学、理性、人文的真实性质，触动了人类文明的一个枢纽，填补了"毒物文化"研究的空白，并由此切入，拉开了古今中外毒物文化的历史帷幕。

<h2 style="text-align:center">三</h2>

徜徉于自然与人文两域的史志诚先生，其实有着丰富的人生经历与阅历。2008 年，他曾送给我一本由他主编的《林则徐在陕西》（陕西旅游出版社，2008），从那时，我知道这位老先生已有了深深的人文情结。为了写这本书，他曾沿着林则徐走过的路，从福州到陕西，从陕西到新疆，还到了以死谏保举林则徐的王鼎的家乡蒲城等地。实际上，他的毒

物史研究已走出了实验室，走出了他的"农业圈"，走向了自然与人文交融、小地方与大世界交融的新境地，研究方法也有渐变和突变。他曾以新时代秦地"后稷"的身份走遍三秦大地，长期从事农牧业生产管理、农业产业经济研究、农业教育、农业科研和技术推广以及农业决策咨询等工作；他亦为国际毒素学会（IST）会员、获得第九届国际有毒植物大会终身成就奖，出访加拿大、美国、德国、法国、日本等 10 余国家，扩大了他的视野。这种农业管理经历和钻研兴趣，养成了他既可从宏观的视野看待毒物，又可从微观的视野深入钻研一个问题，既可用微观的方法去研究和解决宏观的问题，又可用宏观的方法去解决微观的问题。史志诚先生以其文理融通的素养横亘于自然与人文两域。

其中，我们可能看不到他主编的《世界毒物全史》能够解决什么重大的自然科学问题或重大的社会科学问题。但是，这也许并非其初心，难能可贵的是这部百卷本巨著站在自然与人文的交汇处，提出了一个重大的自然科学问题和社会科学问题——如何利用毒物的双面性保护人类和造福人类？如何通过掌控"毒物"这个杠杆去解决非传统安全问题、突发毒性灾害的应急处理、生物安全、生态安全和食品安全等重大社会问题？

我们从书中关于毒物与人类文明史、毒物史话、毒性大案、毒性灾害史、毒理科学史、毒理学分支学科史、毒物利用史、毒物管理史、毒物文化史、毒物史名人传记等重要内容的论述，深切地感受到了提出这一重大问题的自然意义和人文意义。也许人们会以为，洋洋数百万字的著作可能已经解决了"毒物文化"的全部问题，这恰恰是该著作又一重要价值所在——那就是预留了相当广泛的研究空间，也指出了相当有希望的新分支，等待着拓荒者去进一步扩大研究范围，并提出新的问题。提出一个问题比解决问题来得更重要，因为解决一个问题也许只是一个科学研究中的技巧问题，而提出一个新的问题却需要创造性的想象力，爱因斯坦认为这"标志着科学真正的进步"。团结众多专家组成一个创作团队、完成一部百卷本的《世界毒物全史》，提出一个事关人类安全的重大问题，给我们带来无尽的思考……，这正是史志诚先生穷经皓首、孜孜以求的初心。

要解决生态安全等重大社会问题，必须从研究世界毒物史入手。诚如习近平主席所说："世界的今天是从世界的昨天发展而来的。今天世界遇到的很多事情可以在历史上找到影子，历史上发生的很多事情也可以作为今天的镜鉴。重视历史、研究历史、借鉴历史，可以给人类带来很多了解昨天、把握今天、开创明天的智慧。"不了解人类研究和利用毒物的历史和文化，就很难全面把握当代食品安全、生物安全和生态安全发展战略，我们需要从历史中汲取智慧，需要博采各国文明之长，以史为鉴，造福人类。

2017 年 8 月 10 日

于西北大学桃园格致斋

本文刊载于《毒理学史研究文集》第十六集，2017 年，第 13 - 15 页。

【作者简介】

姚远，教授，博士生导师。现任《西北大学学报》（自然科学版）编辑部主任、主编。兼任西北大学数学与科学史研究中心及新闻传播学院硕士研究生导师、中国高等学校自然科学学报研究会副理事长、陕西省科学技术史学会副理事长、陕西省青年科技工作者联合会副主席、陕西省科技期刊编辑学会副理事长、陕西省高校学报研究会理科理事长、中国科技期刊编辑学会理事、《科技编辑研究》主编。著有《陕西科技史人物传略》《西北联大史料汇编》《汉代长安词典》和《陕西古代科学技术》等。

展示世界毒物的历史长卷

曲安京　赵继伟

史志诚教授从事农业、畜牧兽医和农产品质量安全与毒理学工作 50 多年。2000 年，史志诚教授从陕西省农业厅厅长的岗位卸任之后，即在西北大学筹建毒物史与毒理学史研究团队。虽然我们的学术背景是数理科学史，与史教授的专长相去甚远，但因学科的关联，从那时起便与史教授多有往来。

在史志诚教授的坚韧不拔的辛勤经营下，西北大学的毒理科学史学科，筚路蓝缕，艰苦备尝，从无到有，终成气候，用一系列丰硕的研究成果，在国内同行中慢慢积累起来了很高的学术声誉。

2002 年，史教授创建了西北大学生态毒理研究所。之后，连续编辑《毒理学史研究文集》14 期，举办了全国毒物学史和毒理学史会议 7 次，先后编著出版了《毒性灾害》《生态毒理学概论》《林则徐在陕西》《陕甘宁边区禁毒史料》和《毒物简史》等著作，以史教授为核心，形成了一支风格独特的毒物史与毒理科学史的研究团队。这部 500 万字的《世界毒物全史》（百卷本），就是史教授带领他的团队完成的又一部鸿篇巨制。

20 世纪 60—70 年代，中国从吉林延吉到贵州毕节的近百个县都发生了牛采食栎树嫩叶而中毒的事件，对畜牧业造成了严重损失。1978—1982 年，正在读研究生的史教授研究并阐明了牛采食栎树嫩叶中毒的机理，获得了农业部科技进步二等奖，此后他更进一步建立了牛栎树叶中毒的诊断标准和防治原则，在中国牛栎树叶中毒区域推广，有效地控制了牛栎树叶中毒的发生。1991 年，史志诚教授在新加坡参加第十届国际毒素大会，报告了他早年的研究成果，指出栎树叶中的致毒成分是栎丹宁，而不是传统所认为的丹宁酸，受到学界的高度关注。这项突破性研究，得益于他从栎丹宁 300 年的研究历史进程中汲取的经验和教训。从此，他就与毒理科学史的研究结下了不解之缘。

由于工作的需要，史志诚教授多次赴欧美和国内主要夏季草原牧场考察。在此期间，他拓展了学术视野，从仅关心毒物的机理与防治到关注毒物的管理和利用，从仅关心动植物毒理学到关注生态毒理学。他一方面将毒理学引向了生态系统，另一方面又使毒物史与毒理科学史的研究步伐迈入了社会学和法学领域。

2012 年，史志诚教授在科学出版社出版了 120 万字的《毒物简史》，这是中国第一部现代毒物史。虽然这本书的出版得到各界的广泛关注与好评，但是在涉及毒物与经济学、社会学、生态学以及法学方面，他并不满意其研究的深度。他和他的团队认为编著一部全面论述世界毒物史、毒性灾害史、毒理科学史、毒物利用史、毒物管理史和毒物文化史，不仅十分必要，而且具有重要的现实意义和历史意义。

史教授联合国内毒理学、历史学、医学、生物学和生态学等领域的 60 多位专家，在国家出版基金的支持下，耗时四年多编写了这部 500 万字、10 册 100 卷、2 000 多幅图片的《世界毒物全史》。

这部《世界毒物全史》（百卷本），图文并茂、篇幅均匀、内容翔实、深入浅出，体现了编著者多年来的专注思考和深厚累积。10 部分册中，每册集中论述毒物历史的一个方面，虽然各有重点，但又相互关联，构成一个具有丰富内涵的展示世界毒物的历史长卷。

第一册，毒物与人类文明史，显示毒物的历史与人类文明史一样久远、丰富多彩，人类与毒物的博弈从来没有停止过。在现代社会里，社会经济发展和文化进步都离不开毒理科学的参与，然而毒理科学还没有成为一种真正的大众文化。因此，毒理科学的传播将会成为人类文化价值的重要源泉，传播毒物的历史和毒理科学的发展史正是传播科学，传承文明。

第二册，毒物史话，揭示世界重要有毒植物、有毒动物、有毒微生物、有毒矿物元素、有毒化学品和有毒气体的发现与毒性研究的历史。在过去数百年间，毒物不断扩增，几乎进入到人类活动的所有领域。随着毒物学的发展，越来越多的毒物为人类所认知，转而造福人类。只有了解毒物的科学属性，我们才可能评估出它的真实风险，才能化险为夷地与毒物同处一个世界。只有了解毒物，才是最佳的解毒良方。

第三册，毒性大案，记述历史上重大的毒物恐怖案、施用毒物自杀案、毒杀案、食物中毒案、药物与农药中毒案、毒酒中毒案、贩毒大案、核材料走私案、名人意外中毒事件以及历史中毒悬案，反映了毒性案件的常态性、复杂性以及毒物侦检的功绩与法学的胜利。毒性案件既反映出天然有毒物质对人类的意外伤害，又反映出许多社会问题、道德问题和违法犯罪问题。各国政府职能部门、应急处置机构和警方在处置毒性大案的过程中，进一步完善了法律法规，形成了组织机构，培养了专业人才。同时，毒性大案也促进了毒物检验、法医毒理学的诞生与发展。

第四册，毒物灾害史，回顾了历史上重大毒性灾害及其突发性、危害性和世界性特点，特别是记述了地球化学灾害，大气污染、水污染、有毒气体、化学泄露引发的灾害，有毒生物灾害、核事件与核事故和药物灾害的发生原因，以及处置毒性灾害的历史经验教训，启示当今世界如何科学处置突发毒性灾害。灾难孕育历史的进步。铭记毒性灾难，直面未来，凝聚正能量，重修社会共济和健康生活方式之门，这才是对死难者生命的最高尊重。21 世纪将是突发毒性事件频发的时期，毒性灾害也将随着经济社会发展而演变，因此需要更深入地研究世界突发毒性灾害的历史及其经验教训。

第五册，毒理科学史，介绍古代、中世纪、近代和现代毒理科学的发展历程，毒理学的重大发现，解毒防毒的科学成就，当代信息化与中毒咨询业，以及世界毒理学社团组织的发展与作用。作为研究毒物与中毒的毒理科学，毒理科学的形成和发展一直受不同历史时期出现的毒物与中毒的推动。毒理科学史是横跨于自然科学与社会科学之间展示毒理科学发展历程的专门史。它既研究毒理科学发展的内在规律，又探讨毒理科学与整个社会中各种因素的相互联系与相互制约的辩证关系，揭示毒理科学发展的社会历史条件，预见毒理科学的发展方向。现代毒理学将超越经典毒理学的范畴，逐步发展成为自然科学领域的一门生物科学和社会科学领域中的一门安全科学。

第六册，毒理学分支学科史，反映当代毒理学不断拓展与应用的态势。20 世纪 70 年代以前，毒理学向医学和生物应用学科扩展；而20世纪70年代之后，毒理学的扩展趋势走向大自然和社会管理的层面。特别是21世纪毒理学新兴学科的创立及其贡献。毒物及其危害的存在产生了毒理学，当科学家研究毒物引发生物体中毒机制和防治中毒危害的时期，毒理学属于医学和自然科学的范畴。然而，当生态毒理学、管理毒理学出现之后，毒理学走向自然界和整个社会，参与经济管理和立法，并与相关学科交叉，不断产生新的学科，这个时期，毒理学又从属于生物科学。

第七册，毒物利用史，展现人类利用毒物、化毒为利和造福人类的历史。毒物具有两重性。食物、药物与毒物的同源性意味着三者之间没有严格界限，在一定条件下可以相互转化。毒物的科学利用标志着世界历史上化毒为利、变废为宝、造福人类的事业发展到了一个新阶段。

第八册，毒物管理史，介绍了相关的国际公约、毒物的控制与管理、毒物的管理与禁毒、戒烟禁烟与控烟、戒酒与禁酒的历史，阐述世界各国依靠法律法规管理毒物、控制毒物和治理污染的实际效果，进而探讨人类控制毒物和应对突发公共卫生事件的能力，以史为鉴，嘉惠未来，防患于未然。数百万种化学品及其制品在改变人类生活、促进经济社会发展的同时，也成为危害人体健康和影响生态环境的重要因素。联合国以及国际组织缔结了多部国际公约，各国也建立相关法律法规，以预防有毒物质的危害，保障人类的健康和保护人类赖以生存的生态环境。21世纪，如何进一步完善和健全管理毒物的国际公约和应对频繁出现的各种突发中毒事件和恐怖毒性事件成为政府和专家迫切面临的新课题。

第九册，毒物文化史，反映了毒物构筑的文化，涉及文学与艺术、世界毒物崇拜与图腾文化、蛇文化、蜜蜂文化、吸烟文化和酒文化的历史，邮票上的毒物学，与毒物有关的博物馆、纪念馆、节日和纪念日，以及毒物的另类文化现象。可以说毒物的历史，也就是毒物文化的历史。毒物文化的产生和发展，同社会经济的发展和世界文化的发展有着极为密切的联系。与人类相关的许多有毒动物、有毒植物、有毒矿物和那些人工合成的致命毒物，都有各自的文化内涵与文化渗透。因此，在浩瀚的文学作品中也常常提到毒物。

第十册，毒物史名人传记，介绍自古以来参与人类与毒物作斗争的哲学家、政治家、历史学家、社会科学家、物理化学家、生物科学家、医药学家、毒理学家、发明家以及从事相关职业的杰出人物的生平，彰显他们为人类的健康追求建立无毒生活所作出的卓越贡献。哲学家和思想家阐明了毒物的客观存在性并引导人们迈向科学之路；许多国家领导人在禁毒和控毒方面进行了艰苦的斗争；科学家的科学精神和艺术家的文艺作品，提高了广大民众的科学素质和鉴别能力。

历史上关于毒物与中毒的著作，都代表了那个时代的发展特征、科技水平和社会需求，都为那个时代的生产生活作出了贡献。研究世界毒物的历史不仅仅在于它在每个时代的意义、作用和价值，而且在于传播人类认识毒物的历史和毒理科学发展的历史；颂扬毒理学家和从事相关职业专家的卓越贡献；汲取处置突发中毒事件的毒性灾害的历史经验；科学认识毒物的两重性，防毒解毒化毒为利；关注科学发明的安全性与HPS教育的引导作用；铭记发展毒理科学的历史使命；促进毒物史与毒理科学史的深入研究；警示人类严肃面对未来核扩散、环境污染和突发毒性灾害"三大挑战"；提升政府应对非传统安全的管理艺术与公信力；展望建立一个无毒害未来社会的愿景。这些正是研究毒物的历史在我们今天这个时代的意义。

从科学史的角度来看，史志诚教授和他的团队编著的《世界毒物全史》，为中国的毒物史和毒理科学史研究搭建起一个良好的平台，以此凝练了一个学术方向，构建了一支学术队伍。希望将来有更多的年轻人加入这个行业中，按照国际学术规范对具体问题展开深入钻研，争取早日实现中国毒物史和毒理科学史研究走向国际化。

2016 年 10 月 5 日

本文刊载于《毒理学史研究文集》第十五集，2016 年，第 24 - 26 页。

【作者介绍】

曲安京，山东牟平人，教授，博士生导师，现任西北大学数学系主任，西北大学数学与科学史研究中心主任、国际数学史学会执委会委员、中国数学史学会理事长，曾经在剑桥大学、哈佛大学、京都产业大学做博士后研究。2010 年当选国际科学史研究院通讯院士，教育部长江学者。著有《中国数理天文学》《中国历法与数学》和《〈周髀算经〉新议》等。

从文化大视野描述毒物历史的创新之作

——《世界毒物全史》（百卷本）读后感

赵素芬

1991—1992 年，我为中央党校培训班讲授"中共党史"课程期间，陕西省农业厅副厅长史志诚作为第五支部的学员，是一位喜欢提问题的学员之一。有一次他提到中国共产党在不同历史阶段有关戒毒与禁毒政策的一些问题。后来，我与第五支部辅导员交流中得知，史志诚是西北农学院攻读毒理学的硕士研究生。即使到中央党校学习期间，对研究毒物与毒理科学的历史的痴迷程度，仍然有增无减；他经常在党校图书资料室查阅有关毒物方面的历史资料，利用周末时间，与来自农业部、公安部、外交部的学员交流，了解国内外食品安全与禁毒态势以及国际公约方面的知识。于是，我受到他的启示也搜集了有关资料，交给学生高建军进一步调研，由建军主笔，公开发表了有关禁毒问题的一些见解。为此，我们师生二人有机会参与了史志诚回陕后一些有关课题的研究，故对他的科研艰难历程略知一二。

2000 年，史志诚从陕西省农业厅厅长岗位卸任，于 2001 年当选为陕西省人民代表大会常务委员会委员兼农业与农村工作委员会副主任，从事农业立法研究。之后，他作为中国毒理学会毒理学史专业委员会主任委员在西北大学创建了生态毒理研究所，在为研究生开设生态毒理学课程的同时，组织科技团队，开展毒物与毒理科学史研究。他从农耕文化切入，研究有毒植物的胁迫与农耕的兴起；从"毒"字的文化创意切入，研究其字意学和语音学；从鸦片战争题材切入，研究禁毒先驱林则徐三次赴陕西的前前后后；主持召开多次中国古代和世界毒理学史研讨会，编辑《毒理学史研究文集》14 集；先后编著出版

《林则徐在陕西》（三秦出版社，2008）、《陕甘宁边区禁毒史料》（陕西人民出版社，2008）、《毒物简史》（科学出版社，2012）。2016 年 8 月，他主编的《世界毒物全史》（百卷本）在西北大学出版社出版。2017 年 4 月，当这部巨著送到我面前之时，我作为该部著作的学术顾问之一，无不感到惊讶与震撼！从 1992 年到 2016 年，整整 25 年时间，其艰辛程度可想而知，其意义深远为世人瞩目。

一、填补了毒物文化研究的一个空白

《世界毒物全史》（百卷本）共 10 册，500 万字，以世界范围内人类对各种毒物的认知、发现、研究、利用、管理和防控等相关历史为线索，分别记述了毒物与人类文明史、发现各种毒物的历史、重大毒性案件、毒性灾害史、毒理科学史、毒理学分支学科史、毒物利用史、毒物管理史、毒物文化史和毒物史名人传记。虽然 10 册各有重点，但又相互关联，构成了一幅具有丰富内涵的展示世界毒物的历史长卷。与此同时，从创新性、学术性、系统性和实用性等方面挖掘世界毒理科学研究的最新理论成果，全面而系统地反映了毒物的历史。不仅如此，书中还较为详细地介绍了许多描述毒物的文学艺术作品、影视作品，以及烟文化、酒文化和古今中外社会经济发展中形成的丰富多彩的毒物文化现象，并将毒物的人文历史，即毒物文化史展示在人们面前，为当代食品安全、生态安全、生物安全以及无毒害社会的建立，提供深刻的历史借鉴、深度的文化参照和深广的科普知识。在这之前，我从未看到如此全面系统地记述毒物和毒理科学史的学术著作。由此可见，《世界毒物全史》（百卷本）的出版，填补了毒物文化研究的一个空白。

二、崭新的境界与高端水平

毒物与毒理科学史是科学史研究的一个重要领域，它描述的是毒物和以研究毒物毒理科学从产生到发展的史实，是科学史学中一门具有特殊性质的一个分支学科。

然而，毒物与毒理科学史的研究在历史学与科学史领域中发展较晚。正如美国著名的科学史学家萨顿（G. Sonton，1884—1956）所指出的，历史学发展中最早的领域是政治史、军事史，以后才是经济史，最后才是文化史。在文化的历史研究中，宗教史是最早出现的，然后是艺术史，创新最晚的则是对科学历史的研究。这是因为历史学家首先注意到的是人与人之间的关系，而科学史则是研究人与自然的关系，研究人类认识自然、适应自然、利用自然和改造自然的历史。

毒物文化的产生和发展，同社会经济的发展和世界文化的发展有着极为密切的联系。与人类相关的许多有毒动物、有毒植物、有毒矿物和那些人工合成的致命毒物，都有各自的文化内涵与文化渗透。中国历史上著名的毒药鹤顶红、孔雀胆、砒霜和鸩酒，西方历史上著名的毒药箭毒、颠茄和毒芹汁，这些毒药一直都是令人生畏的东西，它们可在不经意间夺去人的性命。人类生存在有毒物的环境中，有毒药的世界是一个真实的世界。在浩瀚的文学作品中也常常提到某种神奇的毒物，以及下毒和中毒的故事。古往今来，毒药和用毒的故事一直伴随着人世间的各种恩怨情仇，有多少仁人志士因为一杯毒酒而长眠。没有了毒药，人类的历史，文化和艺术将要重写，许多故事将会减少一半。

值得欣慰的是，西北大学出版社于 2016 年 8 月出版了史志诚主编的专著——《世界毒物全史》（百卷本），从文化现象的大视野研究和描述毒物与毒理科学的历史，无论从广度和深度上都将毒物与毒理科学的历史研究提到了一个崭新的境界和较高的水平。

三、特具重要的时代意义

1997 年，我在俄罗斯科学院经济政治研究所作高级访问学者时，在一次讨论中国农民收入与变迁的研讨会上，越南和德国学者将话题转到了中国政府对云南、贵州以及广西边界吸毒农民采取了哪些禁毒措施？我引用了中国学者有关禁毒史的研究成果，从林则徐说起，又说到延安时期中国共产党禁毒政策，以及中华人民共和国成立之后的禁毒成果。会后，主持会议的俄罗斯科学院经济政治研究所所长玛丽娅，坚持请我吃饭，她看我很纳闷的样子，就很直率地告诉我："现在我们俄罗斯国家的吸毒问题很严重，你刚才的发言对我启发很大，所以我请你吃饭。"当然，我不会让她请，因为，当时她和她的同事们已经三个月没拿到工资了，这是后话。提到这些，主要是想说毒物与毒理科学史的研究成果具有重要的时代意义。

2016 年《世界毒物全史》（百卷本）出版之后，国内外学者给予了高度评价。英国李约瑟研究所所长古克礼评论说："《世界毒物全史》是中国学者首次在这一领域所做的系统考察，……蕴含巨大的科学潜力。"中国工程院常务副院长刘旭院士指出，《世界毒物全史》是"一部带你领略毒物世界的百科全书"。中国毒理学会历届理事长叶常青、庄志雄和周平坤认为，编纂《世界毒物全史》是"中国毒理学界的一件盛事"，是"我国毒理学发展史上的重大创举"，是"一部兼有百科和专著双重属性的力作"。美国毒理科学院院士付立杰指出，《世界毒物全史》是"毒物史与毒理科学史的当代巨著"。我对上述评论表示认同并予以点赞。我认为，在充分肯定该部专著的学术意义和科学价值的同时，进一步理解编纂毒物与毒理科学史的当代意义和如何面对现实积极传播毒物文化知识，显得更为重要。

毒物与毒理科学的历史和人类的历史一样久远，毒物的历史是世界文明史的一部分。研究和传播毒物与毒理科学史的当代性不仅在于它在每个时代的意义、作用和价值，还在于毒物与毒理科学史在我们今天这个时代的意义。

习近平主席指出："世界的今天是从世界的昨天发展而来的。今天世界遇到的很多事情可以在历史上找到影子，历史上发生的很多事情也可以作为今天的镜鉴。重视历史、研究历史、借鉴历史，可以给人类带来很多了解昨天、把握今天、开创明天的智慧，所以说，历史是人类最好的老师。"历史经验告诉人们，要全面把握当代食品安全、生态安全、生物安全和国家安全的发展战略，解决那些与毒物相关的食品安全、生态安全、生物安全和国家安全等重大社会问题，必须从研究世界毒物与毒理科学史入手，并善于从历史经验中汲取智慧，博采各国文明之长，以史为鉴，做到深谋远虑。为此，研究毒物与毒理科学史的当代意义在于传播人类认识毒物的历史和毒理科学发展史，颂扬毒理学家及从事相关职业专家的卓越贡献，汲取处置突发中毒事件和毒性灾害的历史经验，关注科技发明给人类带来的负面影响并通过立法与管理避害兴利，铭记发展毒理科学的历史使命，建立一个无毒害未来社会的愿景。

四、助推毒物文化博物馆的创建

世界上有许多专门以毒物、禁毒、毒性灾害以及有毒生物为主题的毒物文化博物馆和纪念馆。这些博物馆和纪念馆不仅成为传播认知毒物的历史、毒理科学史、毒物管理史和毒物文化史的重要载体，而且以其独特的创意、新颖的主题成为科学与艺术、科学与人文完美融合的典范，受到来自世界各国游客的欢迎，既普及了防毒解毒与保障健康生活的相关知识，又推动了当地旅游产业的发展。然而，在我国类似的博物馆和纪念馆为数很少。

今天，在文化自信的大背景下，《世界毒物全史》（百卷本）为创建毒物文化博物馆提供了学科支撑。如果创建一个毒物文化博物馆，不仅有利于展示毒物与毒理科学的研究成果，提高国民的科学文化素质，而且有利于毒物文化的传播和文化产业的发展，进而为博物馆事业增填毒物文化新品牌，显示独特的文化特色，为我国旅游业的发展增加新的活力。特别是每年的"世界环境日""世界禁毒日""世界无烟日"等，都是宣传毒物与人类文明的日子。每逢这些节日，博物馆都可根据当年的情况组织内容丰富的专题科普展览，面向社会宣传，以提高全民的防毒意识，为确保食品安全、生态安全、生物安全和国家安全，发挥不可或缺的重要作用。

五、推动毒物文化史的研究

毒物与毒理科学的历史是世界文明史的一部分。自古以来，有关毒物与中毒的传说以及自有文字记载以来关于毒物与中毒的著作，都代表了那个时代的特征、科技水平和社会需求，都为那个时代的生产生活作出了贡献。当前，就我国的社会现状来说，食品安全、水源污染、雾霾严重、药物滥用、吸毒犯罪等问题日趋严重，但社会民众、企业组织和有关政府机构等却很少意识到这些问题的严峻性，一个很重要的原因在于他们对这些问题缺乏深刻的认识，没有意识到这些问题将会危及人们的生命，危及我国经济的未来发展，甚至危及全人类的生死存亡。为此，有志从事此项研究的自然科学与社会科学工作者，可以借鉴《世界毒物全史》的研究经验，进一步在现代与传统之间、东方文化与西方文化之间找出一些理念相似、相互渗透、交叉互补的事例，以引起世人对毒物文化的关注和研究。今天，我们需要坚持科技自信、文化自信，从世界历史中汲取智慧，博采各国文明之长，以史为鉴，造福人类。

2018 年 1 月 23 日

本文刊载于《毒理学史研究文集》第十六集，2017 年，第 16 - 18 页。

【作者简介】

赵素芬，河北雄县人，中共中央党校党史教研部教授，现担任中央党校校级课题《中国现代化和谐城市崛起之路探索》《李卓然传记》等课题组组长。

附录 2　史志诚的著作与科技成果

（一）史志诚著作与资料编辑一览表

著作名称	著作者	字数（万字）	出版社	时间
1. 农学与畜产经济				
小球藻生产	陕西省畜牧厅代食品办公室编（史志诚主编）	2	中共陕西省委代食品办公室	1962
种草三字经	何济民、史志诚、杨旭、李存钧等编	0.98	陕西科学技术出版社	1984
农家致富手册	史志诚参编	73.6	陕西科学技术出版社	1985
陕北畜产经济	史志诚主编	25	三秦出版社	1987
陕北畜产资源开发与利用	史志诚主编	42	科学技术文献出版社	1991
畜产经济概论	史志诚编著	23	农业出版社	1992
陕西畜产经济	史志诚主编	63	三秦出版社	1994
畜产市场运行与发展	徐恩波、史志诚、王雅鹏编	25	陕西人民出版社	1994
国外畜产经营	史志诚主编	29	中国农业出版社	2001
陕西省畜禽疫病志（1949—1991）	陕西省农业厅编著（史志诚主编）	46.9	陕西科学技术出版社	1995
陕西农业五十年	陕西省农业厅、陕西省人民政府研究室编（史志诚主编）	50	陕西人民出版社	2000
2. 毒物学与毒理科学史				
大家畜中毒病防治	陕西省畜牧兽医总站（史志诚主编）	4	陕西人民出版社	1977
家畜常见中毒病的检验	谢占武、史志诚、洪子鹏编	21	农业出版社	1982
兽医毒物学	王建元、史志诚等译	43	陕西科学技术出版社	1984
植物毒素学	史志诚等编著	26	天则出版社	1990
英汉毒物学词汇	史志诚、王建华、丁伯良编	20	西北大学出版社	1995
英汉毒理学词典	江泉观主编（史志诚参编）	30	化学工业出版社	1995
毒性灾害	史志诚主编	18	陕西科学技术出版社	1996
饲用饼粕脱毒原理与工艺	史志诚、牟永义编著	31	中国计量出版社	1996
中国草地重要有毒植物	史志诚等编著	63	中国农业出版社	1997
实用生物毒素学	陈宁庆主编（史志诚参编）	110	中国科学技术出版社	2001
动物毒物学	史志诚主编	168	中国农业出版社	2001

（续）

著作名称	著作者	字数（万字）	出版社	时间
谨防生活中的有毒物	史志诚、张冰隅	13	上海教育出版社	2002
生态毒理学概论	史志诚等编著	28	高等教育出版社	2005
林则徐在陕西	史志诚、张永亮编	18	旅游出版社	2007
陕甘宁边区禁毒史料	史志诚主编	38	陕西人民出版社	2007
毒物简史	史志诚著	120	科学出版社	2012
世界毒物全史	史志诚主编	500	西北大学出版社	2016
中国草地重要有毒植物（修订版）	史志诚、尉亚辉主编	75	中国农业出版社	2016
栎属植物毒理学	史志诚、尉亚辉、李引乾编著	28	中国农业科技出版社	2017
突发毒性事件应急处置：历史经验与教训	史志诚著	20	北京大学出版社	2017

（二）史志诚科技成果（建议）获奖一览表

年份	颁奖部门	获奖名称	等级	名次	成果证书号
1. 科技成果奖					
1978	陕西省革命委员会农业局	牛青杠树叶中毒早期诊断	科学技术研究阶段成果三等奖	第一人	—
1984	陕西省农牧厅	牛青杠树叶中毒早期诊断	1978 年农牧业科研成果	第一人	780093
1982	陕西省农牧厅	牛栎树叶中毒发病机理研究	农牧业科研成果	第一人	820036
1983	农牧渔业部	牛栎树叶中毒发病机理研究	1982 年技术改进二等奖	第一人	（83）899
1989	陕西省农牧厅	牛栎树叶中毒综合防治技术研究	农牧业科研成果一等奖	第一人	891-31
1990	农业部	陕西省瘦肉型猪综合配套技术推广	农牧渔业丰收奖一等奖	第八人	904579
1991	国家科学技术委员会	牛栎树叶中毒发病机理研究	国家科技成果完成者证书	第一人	012519 831392
1991	陕西省农牧厅	陕西消灭牲畜 5 号病综合防治技术推广	农牧业科技进步一等奖	第三人	90029

（续）

年份	颁奖部门	获奖名称	等　级	名次	成果证书号
1991	陕西省人民政府	陕西消灭牲畜5号病综合防治技术推广	科技进步二等奖	第三人	90-110
1991	国家星火奖评审委员会	陕西消灭牲畜5号病综合防治技术推广	星火奖四等奖	第三人	91-4-041-3
1992	农业部	陕西新增百万只改良羊综合技术推广	农牧渔业丰收奖二等奖	第一人	924216
1993	陕西省农业厅	生态农业建设试验示范	农牧业科技进步一等奖	第一人	971059
1995	陕西省人民政府	陕西消灭牛肺疫综合防治技术	农业技术成果推广二等奖	第一人	95020401
1995	陕西省人民政府	陕北发展改良羊专项技术集团承包	农业技术成果推广一等奖	第一人	94010201
1998	陕西省人民政府	陕北羊子综合开发技术承包	农业技术成果推广二等奖	第一人	97020801
1998	陕西省人民政府	生态农业建设试验示范	农业技术成果推广三等奖	第一人	97032001
1999	世界华人重大学术成果评审委员会	中国草地的生态环境与毒草灾害	世界华人重大学术成果	荣誉证书	232462
2003	农业部	小麦地膜覆盖栽培技术推广	农牧渔业丰收奖一等奖	第一人	2003-157-01
2007	杨凌农业高新技术产业示范区	中国疯草——冰川棘豆生态毒理及毒物生物降解技术研究	科学技术奖一等奖	第四人	07-1-10-R4
2008	陕西省人民政府	中国疯草——冰川棘豆生态毒理及毒物生物降解技术研究	科学技术奖二等奖	第四人	07-2-34-R7
2008	陕西省环境保护厅	陕西省环境与健康影响状况与对策建议	科学技术二等奖	第一人	陕环发〔2009〕23号
2009	陕西省环境保护厅	陕西省主要农产品与土壤残留状态调查研究	科学技术二等奖	第一人	陕环发〔2010〕31号
2010	陕西省环境保护厅	陕西省主要农产品与土壤POPs残留状况调查研究	科学技术二等奖	第一人	陕环发〔2010〕31号

2. 工作荣誉奖

年份	颁奖部门	表彰名称	奖励形式
1991	农业部	全国农业环境保护荣誉证书	荣誉证书奖（环）字第81号
1993	全国防治牲畜五号病总指挥部农业部	"防五"先进领导工作者荣誉证书	奖证

（续）

年份	颁奖部门	表彰名称	奖励形式
2009	陕西省环境咨询委员会 陕西省环境科学技术委员会	2009 年度先进工作者	陕环两委（2010）第 1 号
2009	中国畜牧兽医学会	新中国 60 年畜牧兽医科技贡献（杰出人物）	荣誉证书
2010	陕西省老科学技术教育工作者协会	陕西省老科协科技报告团优秀工作者	荣誉证书
2013	第九届有毒植物国际研讨会学术委员会	终身成就奖	奖牌
2013	中国毒理学会	学会贡献奖	荣誉证书
2016	中国畜牧兽医学会	终身贡献奖	奖杯荣誉证书
2018	陕西省老科学技术教育工作者协会	突出贡献者奖	奖杯荣誉证书

3. 咨询建议奖

年份	颁奖部门	获奖名称	等级	名次
2004	陕西省决策咨询委员会	实现陕西省粮食产需基本平衡的十条建议	优秀建议一等奖	第一人
2006	陕西省决策咨询委员会	以工促农、以城带乡的十点建议	优秀建议一等奖	第一人
2009	陕西省决策咨询委员会	指导陕西省农民专业合作社积极健康地向前发展	优秀建议一等奖	第一人
2010	陕西省决策咨询委员会	提高陕西省苹果产业市场竞争能力的几点建议	优秀建议一等奖	第一人

4. 优秀图书奖

年份	著作名称	颁奖部门	等级	证书号
1992	植物毒素学	国际文止戈哲数象研究咨询评鉴委员会	优秀著作奖	—
1998	中国草地重要有毒植物	中国农业出版社	优秀图书一等奖	—
2012	毒物简史	中国毒理学会毒理学史专业委员会	优秀著作一等奖	HST2012 - 01
2017	世界毒物全史	陕西省全民阅读活动组委会办公室	陕西省 2016 年十种最佳图书	2017 - 04
2017	世界毒物全史	中国毒理学会	毒理学优秀著作奖	2017 - 10 DLZZ001
2018	世界毒物全史	陕西省科学技术厅	优秀科普作品奖	陕科办发（2018）108 号
2018	世界毒物全史	中国出版传媒商报	"40 年中国最具影响力的 400 本科学科普书"之一	《中国出版传媒商报》2018 - 12 - 18

附录3 史志诚公开出版的重要著作简介

陕西农业五十年
史志诚　主编
陕西人民出版社
2000 年

内容简介

《陕西农业五十年》专著回顾了陕西省 50 年（1949—1999）来农业发展的历程，共分为三个部分。第一部分记述了陕西省农村经济改革与各业的发展。包括：（1）发展历程、主要成就、经验与启示、矛盾与问题和对策、发展展望；（2）农村经济组织形式的变迁，记述土地改革、互助组、合作化、人民公社、联产承包和农业合作经济组织、农民专业协会组织的变迁；（3）农村金融事业；（4）农业生产资料和农产品流通体制改革；（5）粮食流通体制改革；（6）农业产业化经营与发展；（7）基础设施建设和物质装备水平，记述农田水利建设、农业机械化、饲料工业、农业综合开发、农业基地建设、化肥、农药与农地膜、农村集贸市场建设、村镇建设、利用外资和财政支农；（8）农业科技教育事业，记述农业科学研究、技术推广、农业技术推广体系建设、农业教育；（9）农业法制建设。第二部分为地（市）农业发展综述。第三部分为统计资料。书后附有 1949—1998 年陕西省农业与农村经济发展大事记。

畜产经济概论
史志诚　编著
农业出版社
1992 年

内容简介

《畜产经济概论》一书是我国第一部以畜产业为研究对象的经济专著。该书的出版是一项富有创造性、开拓性的工作，标志着我国畜产经济学的建立，为畜产经济的深入研究开创了一个良好的开端。该书阐述了畜产经济的基本概念、研究对象、研究内容和研究方法；分述了畜产经济结构和草业、畜牧业、饲料工业、畜产加工业和畜产商业之间的相互关系；分析了畜产经济中存在的草畜矛盾，畜牧生产与人民动物性食品消费之间的供需矛盾，同时对畜产区域经济开发、建立产供销一体化、畜产市场以及畜产经济的宏观调控等问题进行了初步探讨。

陕西畜产经济

史志诚　主编

三秦出版社

1994 年

内容简介

《陕西畜产经济》是按照陕西省科学技术委员会批准的陕西省畜产经济软科学课题研究的要求，于 1989 年 7 月至 1991 年 8 月进行调查审定之后的长篇调查报告。该书共分十五章，分别论述了畜产业与畜产经济原理和陕西省畜产经济的基本结构、描述了陕西畜产经济各产业发展简史、陕西畜产经济环境与社会环境、草业、畜牧业、饲料工业、畜产加工业、畜产商业、畜产经济结构、畜产经济的计划管理与市场调节、畜产价格、畜产科技与教育、畜产经济分析、畜产区域经济开发、陕西畜产经济发展战略研究。

国外畜产经营

史志诚　主编

中国农业出版社

1997 年

内容简介

《国外畜产经营》分为三篇。第一篇介绍国外畜产经营形式，包括农户家庭经营、合作社经营、产供销一体化经营、股份合作经营和跨国公司经营；第二篇介绍国外畜产经营方式，包括畜牧产业的专业经营、规模经营、集约经营、生态畜牧业经营和革新式经营；第三篇介绍畜产国际市场运行概况，包括畜产国际市场的供需动态、畜产市场价格与价格政策、畜产品批发市场的组织运行（以东京中央批发市场和肉类市场为例）、畜产要素市场的运行与发展、畜产市场的中介组织与促销活动、动物及动物产品的卫生质量、产品质量和服务质量、畜牧产业的环境保护、政府调控政策与管理。

植物毒素学
史志诚　等编著
天则出版社
1990 年

内容简介

《植物毒素学》反映了当今世界有毒植物与植物毒素研究的新成果、新技术和新理论，也反映了我国在这个领域的科研成果和应用情况。全书分上中下三篇。上篇基本原理共 5 章，分别介绍植物毒素与植物毒素学的研究简史、有毒植物的危害与植物毒素的产生、动物的有毒植物中毒、有毒植物与植物毒素的研究方法、有毒植物的管理与动物中毒的预防。中篇植物毒素共 21 章，分别介绍生物碱、氰甙、皂苷、芥子油甙、草酸及草酸盐、丹宁、棉酚、萱草根素、蛋白酶抑制物、有毒蛋白质及肽类、山黧豆毒素、香豆素与双香豆、血细胞凝集素、变应原、光致敏因子、雌激素、致癌的植物毒素、藻类毒素、硝酸盐与亚硝酸盐、植物中的无机毒物和其他植物毒素。下篇介绍植物毒素分析与检定。

该书的出版填补了我国在毒素研究与利用方向的一个空白。可供生物学、生物化学、毒物学、农学、医学、畜牧兽医学、食品卫生学、环境保护学、植物化学及生态学等专业方向的科研、教学和生产单位的科技工作者参考。该书获得 1993 年国际哲数像评鉴委员会优秀著作奖。

英汉毒物学词汇
史志诚　王建华　丁伯良　编
西北大学出版社
1995 年

内容简介

《英汉毒物学词汇》收集毒物学词汇和词组约一万余条。主要包括重要毒物名称及环境毒物学、系统毒理学、遗传毒理学、生态毒理学、药物代谢毒理学等现代新兴学科中的新词组，书后附有国际毒素学会发表的拉英和英拉毒物名称对照及拉汉中国有毒植物名称等。

中国草地重要有毒植物

史志诚 等 编著

中国农业出版社

1997 年

内容简介

《中国草地重要有毒植物》专著是农业部"八五"根据畜牧业重点科研项目的成果之一。全书分为三篇。第一篇总论，共 4 章，分别介绍中国草地重要有毒植物研究简况、中国草地重要有毒植物及其危害、中国草地重要有毒植物的防除和有毒植物的开发与利用。第二篇各论，共 13 章，分别介绍棘豆属、黄芪属、栎属、萱草属、紫茎泽兰、狼毒、杜鹃花属、芨芨草属、夹竹桃属、蜡梅属、蕨属以及其他有毒植物的生物学、生态学、毒理学和防除与利用。第三篇分析与检验，共 7 章，分别介绍一般技术与方法、植物中天然产生的无机有毒成分、生物碱、有毒甙类、多酚类化合物、有毒蛋白质以及其他植物毒素的提取、分离、定性定量测定与鉴定方法。书后附有毒植物名录、有毒植物与植物有毒成分索引。

中国草地重要有毒植物

（修订版）

史志诚 尉亚辉 主编

中国农业出版社

2017 年

内容简介

《中国草地重要有毒植物》（修订版）是在 1997 年第一版出版的基础上，由 23 章增加为 25 章。第一篇中增加了牧区草地有毒棘豆中毒、有毒黄芪中毒、醉马芨芨草中毒以及狼毒、鹅绒藤属（牛心朴子）的最新研究成果；在毒害草防控方面突出了依法防控和生态防控的内容。第二篇分析与检验，增加了内生菌的检验和现代生物技术；书后所附的彩图，新增加了毒害草的彩色照片和现代遥感卫星拍照的重要毒害草的分布照片。修订版与第一版比较，具有三个特点：第一，定位明确，内容更有针对性；第二，具有中国草地的生态独特性和防控毒害草的技术创新性；第三，具有实用性和可操作性。

动物毒物学
史志诚　主编
中国农业出版社
2001 年

内容简介

《动物毒物学》是兽医科学的一个分支学科，是关于经济动物的毒理学科和保障畜牧业健康发展和动物产品安全的一门技术学科。该书分三篇共 25 章。第一篇总论（5 章），分别为概述、毒物生态学、动物毒物学研究方法、安全评价与毒物管理、动物毒物学的基础学科及其相关学科。第二篇各论（10 章），分别为金属与非金属毒物、有毒植物、饲料与营养性饲料添加剂中的有毒物质、真菌毒素、细菌毒素、兽药与药物添加剂、动物毒素、有毒气体、辐射物质与军用毒剂、农药、化肥、杀鼠药及其他。第三篇毒物检验与毒理试验（10 章），分别为毒物检验程序与检验技术、植物有毒成分检验与鉴定、饲料中有毒有害物质检验、真菌与真菌毒素检验、农药检验、杀鼠剂检验、金属毒物及环境污染物检验、药物与其他毒物检验、一般毒性试验、特殊毒性试验。书后附有关毒物的名录、使用限制与允许残留量以及彩色图谱。

谨防生活中的有毒物
史志诚　主编
张冰隅　编撰
上海教育出版社
2002 年

内容简介

《谨防生活中的有毒物》是一部有关食品安全的科普书，作者从饮食、生活用品、家用电器、药物、动植物、环境等方面，列举了大量例子，对生活中毒物中毒现象进行了解析以及如何防患等；图文结合，是一本帮你"健康养身、健康长寿"的佳书。书中的内容包括谨防食物中毒、上馆子弊多利少、早点中的害人之物、警惕葡萄球菌、饭后昏沉是怎么回事、吃肉要吃放心肉、何必拼死吃河豚、少吃熏烤食物等内容。

生态毒理学概论
史志诚　等编著
高等教育出版社
2005 年

内容简介

《生态毒理学概论》是为生态学研究生编写的教学用书，其特点是将风险评估、风险管理、化学品管理以及毒物控制引入生态毒理学，突出生态毒理学原理、方法和管理的内容，以提高生态毒理学的实际应用水平。全书共十章。分别为概论、生态毒物在生态系统中的循环与转化、毒物与生态系统的相互影响、生态毒理学研究方法、生物监测与生物指示、生态毒性灾害、生态风险评估、危险化学品安全评价、生态毒理学与化学物质的管理、国际互联网上生态毒理学信息资源。书后附有英（拉）汉生态毒理学名词对照和汉英（拉）生态毒理学名词对照。

林则徐在陕西
史志诚　张永亮　吴保恒　编
陕西旅游出版社
2008 年

内容简介

《林则徐在陕西》专著共六部分，分别记述林则徐生平（包括林则徐首次来陕、二次过陕、三次抚陕、蒲城纪行和在陕家事）、林则徐在陕西期间的奏折（82 件）、林则徐在陕西的书信（98 件）、林则徐在陕西所作文录（9 件）、林则徐在陕西所作诗词（19 首）和林则徐在陕西所作日记。

陕甘宁边区禁毒史料
史志诚　主编
陕西人民出版社
2008 年

内容简介

《陕甘宁边区禁毒史料》真实记述了中国共产党在陕甘宁边区时期严厉禁毒的立场、禁毒立法与规章、惩治毒品犯罪的实际情况。全书共八章，分别记述了陕甘宁边区禁毒概况、禁毒机构、政策法规、禁毒工作、典型案例和报刊言论。书后附有陕甘宁边区禁毒史研究的 8 篇论文和陕西省档案馆有关查询陕甘宁边区禁毒史料的档案目录。

毒物简史
史志诚著
科学出版社
2012 年

内容简介

《毒物简史》是一部科学读物，可供毒理学专业工作者和广大民众参考。全书 120 万字，460 多幅图表，830 页，共 12 章 80 节。

第 1 章揭示毒物、生态毒物与生命的关系，毒性与生存竞争，有毒植物胁迫与农耕兴起，中毒病患与毒性灾害发生的规律；第 2 章叙述重要的植物毒、动物毒、微生物毒、元素毒、化学毒和气体毒；第 3 章分述毒品、酗酒、吸烟、致幻药以及上瘾物品的历史；第 4 章聚焦历史上的中毒奇案、要案、大案、疑案以及恐怖事件；第 5 章总结世界重大的大气污染、化学灾害、有毒生物灾害、核事故、瓦斯与煤气灾难、地球化学灾害和药物灾害的发生原因以及处置突发事件的经验教训；第 6 章介绍毒理科学的发展历程，包括古代、中世纪、近代和现代毒理学的发展及其特点；第 7 章介绍解毒防毒的科学成就，未来测毒解毒防毒的无限商机；第 8 章介绍人类对毒物的利用；第 9 章讲述古代、第一次世界大战、第二次世界大战和局部战争中的毒物战；第 10 章论述毒物与巫术、毒物与图腾、毒物与博览业、毒物与安全标识等文化现象；第 11 章从国际公约、毒物控制与管理、毒品犯罪与禁毒、戒烟禁烟与控烟、戒酒与禁酒等方面，探讨人类控制毒物的能力；第 12 章是人物传略，介绍研究毒药的古代医药学家和为人类健康作出贡献的哲学家、政治家、毒理学家、发明家及从事相关职业的杰出人物。作者在全书最后还阐述了研究毒物历史的当代意义。书末附有毒物与毒理科学大事记、20 世纪世界重大中毒事件大事记及 300 多篇参考文献。

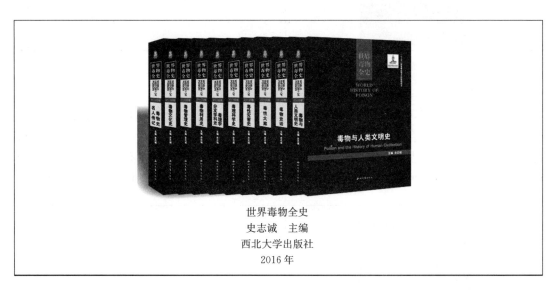

世界毒物全史

史志诚　主编

西北大学出版社

2016 年

内容简介

《世界毒物全史》（百卷本）是国家"十三五"重点规划图书、国家出版基金项目。全书共 10 册，每册 10 卷，共 100 卷，500 余万字，3 661 张图片。每册集中论述毒物历史中的一个方面，既各有重点，又相互关联，构成一个具有丰富内涵的展示世界毒物的历史长卷。第一册毒物与人类文明史，显示毒物的历史与人类文明史一样久远，一样丰富多彩，人类与毒物的博弈从来没有停止过；第二册毒物史话，揭示世界重要有毒植物、有毒动物、有毒微生物、有毒矿物元素、有毒化学品和有毒气体的发现与毒性研究的历史；第三册毒性大案，记述历史上重大的毒物恐怖案、施用毒物自杀案、毒杀案、食物中毒案、药物与农药中毒案、毒酒中毒案、贩毒大案、核材料走私案、名人意外中毒事件以及历史中毒悬案，反映了毒性案件的常态性、复杂性以及毒物侦检的功绩与法学的胜利；第四册毒性灾害史，回顾了历史上重大毒性灾害及其突发性、危害性和世界性特点，特别是记述了地球化学灾害，大气污染、水污染、有毒气体、化学泄漏引发的灾害，有毒生物灾害、核事件与核事故和药物灾害的发生原因以及处置毒性灾害的历史经验教训，启示当今世界如何科学处置突发毒性灾害；第五册毒理科学史，介绍古代、中世纪、近代和现代毒理科学的发展历程，毒理学的重大发现和解毒防毒的科学成就，当代信息化与中毒咨询业以及世界毒理学社团组织的发展与作用；第六册毒理学分支学科史，反映当代毒理学不断拓展与应用的态势，特别是 21 世纪毒理学新兴学科的创立及其贡献；第七册毒物利用史，展现人类利用毒物、化毒为利和造福人类的历史；第八册毒物管理史，介绍了相关的国际公约、毒物的控制与管理、毒品的管理与禁毒、戒烟禁烟与控烟、戒酒与禁酒的历史，阐述世界各国依靠法律法规管理毒物、控制毒物和治理污染的实际效果，进而探讨人类控制毒物和应对突发公共卫生事件的能力；第九册毒物文化史，反映了毒物构筑的文化，涉及文学与艺术、世界毒物崇拜与图腾文化、蛇文化、蜜蜂文化、吸烟文化和酒文化的历史，邮票上的毒物学，与毒物有关的博物馆、纪念馆、节日和纪念日以及毒物的另类文化现象；第十册毒物史名人传记，介绍自古以来参与人类与毒物作斗争的哲学家、政治家、历史学家、社会科学家、物理化学家、生物科学家、医药学家、毒理学家、发明家以及从事相关职业的杰出人物的生平，彰显他们为人类健康和追求建立无毒生活作出的卓越贡献。

英国剑桥大学李约瑟研究所所长古克礼认为，《世界毒物全史》是中国学者从事的一项有世界意义的事情，其中蕴涵巨大的科学潜力。美国毒理科学院院士付立杰认为，《世界毒物全史》是一部毒物史与毒理科学史的当代巨著。中国工程院常务副院长刘旭院士认为，《世界毒物全史》是一部带你领略毒物世界的百科全书。

栎属植物毒理学

史志诚　尉亚辉　李引乾　编著

中国农业科学技术出版社

2017 年

内容简介

《栎属植物毒理学》系统阐述了山毛榉科栎属植物的生物学特性、有毒种及其分布与生境特点，栎属植物的有毒成分，栎属植物中毒造成的经济损失，栎属植物毒理学研究简史，栎属植物中毒的发病规律，栎丹宁的中毒机理，"栎丹宁生物活化假设"的提出及其证实与再证实，"水解丹宁生物活化理论"的实践应用，栎丹宁的比较毒理学，栎丹宁中毒的促排技术，牛、羊、鹿、马等动物的栎属植物中毒及其防控技术，栎属植物的利用与脱毒技术，栎丹宁和植物丹宁的应用与安全评价。书内附有栎属重要有毒植物、栎属植物毒理学研究和国际国内学术交流的 50 多幅彩色图片。

应急管理丛书
突发毒性事件应急处置：历史经验与教训
史志诚　著
北京大学出版社
2017 年

内容简介

《突发毒性事件应急处置：历史经验与教训》共 10 章。从近 100 年来灾难性事件中挑选出具有典型性的 40 多起重大中毒事件与毒性灾害，内容涵盖了大气污染引发的中毒事件、有毒化学品泄漏与水污染事件、有毒生物引发的中毒事件、核事故与核事件、重大食物中毒事件、药物中毒事件、邪教组织施毒事件和恐怖事件。梳理与论述了每起事件发生的地点、时间、经过、灾情，深入分析了事件背后的原因，总结了事件处置的经验与教训。可作为应急管理干部的培训教材，亦可供政府应急、反恐、公安、消防、交通、环境、卫生医疗等领域的工作人员阅读参考。

附录 4　史志诚论文总题录

第一部分　"三农"问题与现代农业

1. 史志诚. 突出重点，狠抓落实，努力实现陕西省农业经济的新突破 [J]. 陕西农业研究，1996，2：2-5.

2. 史志诚. 关于"吨粮田"建设中的几个问题 [J]. 陕西农业研究，1996，3：3-4.

3. 史志诚. 加大陕北玉米高产开发力度　提高陕北的粮食生产综合能力 [J]. 陕西农技推广，1997，2：3.

4. 史志诚. 实现陕西粮食总量平衡的主要途径 [C]. 在农业部召开的"中国粮食及农业：前景与政策"国际研讨会上的发言.

5. 史志诚. 粮食增产技术的重大突破——玉米、小麦地膜覆盖栽培技术推广工作十年回顾 [J]. 陕西农技推广，1997，4：3-5.

6. 史志诚. 黄土高原粮食增产潜力与前景 [G]//陕西省农业厅课题组，陕西黄土高原粮食安全与生态农业研究文集，2000：24-30.

7. 史志诚. 面向21世纪，发展有陕西特色的农业 [C]. 在"十五"之后陕西跨世纪发展研讨会上的发言，1997.

8. 史志诚. "三农"对应关系的若干函数表达 [C]. 在陕西省委党校地厅级干部培训班上的讲稿，1999-11-04.

9. 史志诚. 谈谈"三农"问题 [R]. 在长安大学为研究生作的报告，2001-08-28.

10. 史志诚. 对"三农"问题的再学习再认识 [C]. 在陕西省人大农业和农村工作委员会座谈会的发言，2003-05-25.

11. 史志诚. 关于"三农"的几个问题 [R]. 在陕西省直属工委党校处级干部培训班上的报告，1999.

12. 史志诚. 迎接西部大开发，加快陕西农业发展 [G]//陕西省农业厅，陕西省农学会. 西部大开发与陕西农业发展研究会论文集，2000：4-6.

13. 史志诚，党双忍，樊民周. 甘肃省依靠科技发展农业的做法与借鉴 [G]//陕西省农业厅课题组，陕西黄土高原粮食安全与生态农业研究文集，2000：59-61.

14. 史志诚. 加快西部农业发展的十点建议 [J]. 农业科技管理，2001 (3)：14-16.

15. 史志诚，曹钢，孙志明，等. 把劳务输出作为陕西省一大产业来抓 [N]. 陕西日报，2003-11-26.

16. 史志诚，惠应南，刘华珍，等. 建立陕西省"以工促农、以城带乡"长效机制的十点建议 [J]. 决策咨询年刊，2006：56-58.

17. 史志诚，郑双城，罗久序，等. 陕西省急需建立猪肉产需平衡的预警机制 [J]. 决策咨询年刊，2008：87-90.

18. 史志诚. 新农村建设需要把握四个结合 [Z]. 为榆林市决策咨询委员会撰写的一篇建议，2009-09-18.

19. 史志诚. 促进现代农业产业发展方式转变的八点建议 [Z]. 为咸阳市决策咨询委员会撰写的一篇建议，2010年10月.

20. 史志诚. "三农"问题与新型城镇化的未来 [J]. 铜川经济社会研究，2013年（总101期）（3）：10-12；榆林市决策咨询委员会《信息交流》，2013年（总113期）（8）：2-7.

21. 史志诚. 新常态与陕西省农村经济发展的新机遇 [J]. 陕西省城市经济文化研究会会刊，2015-04-16.

22. 史志诚. 创新强农是陕西省"十三五"农业发展的关键 [J]. "2015年陕西省城市经济文化研究会

年"会刊，2015-12-20.

23. 新时代乡村振兴战略与农业地产经济刍议［C］.//陕西省社科界第十二届（2018）学术年汇分场"新时代·乡村振兴·追赶超越"理论研讨会暨2018年陕西省经济学学会年会上发言。刊载于陕西省经济学学会会议文集，2018：25-32.

24. 改革开放四十年"三农"巨变及其重要启示［Z］. 在陕西省城市经济文化研究会"纪念改革开放40周年研讨会暨2018年陕西省城市经济文化研究会年会上的发言，2018-12-15.

第二部分　粮食与食品安全

1. 史志诚. 关于"吨粮田"建设中的几个问题［J］. 陕西农业研究，1996，3：3-4.

2. 史志诚. 饲料的安全评价及其对策［J］. 畜牧兽医杂志，1986（1）：49-53.

3. 史志诚. 加大陕北玉米高产开发力度　提高陕北的粮食生产综合能力［J］. 陕西农技推广，1997，2：3.

4. 史志诚. 粮食增产技术的重大突破——玉米、小麦地膜覆盖栽培技术推广工作十年回顾［J］. 陕西农技推广，1997，4：3-5.

5. 史志诚. 推广农业创新技术的初步实践——从地膜小麦的推广想到建立农业科技创新体系［G］//中国党政企干部优秀论文选，1998：103-106；陕西政报，1999（14）：28-30.

6. 史志诚. 陕西省玉米小麦地膜覆盖栽培技术的应用与推广［J］. 西北农业大学学报，1998，26（6）：75-79；面向21世纪的科技进步与社会经济发展（上册），1999-10-18.

7. 史志诚. 大力推广地膜小麦　力争陕西省粮食再上新台阶——关于合阳县推广地膜小麦的调查报告［G］//陕西黄土高原粮食安全与生态农业研究文集，2000：86-89.

8. 史志诚，强文祥，胡小平. 发展地膜小麦需要解决的几个问题［G］//陕西黄土高原粮食安全与生态农业研究文集，2000：83-85.

9. 史志诚. 建设陕北渭北"新粮仓"刍议［G］//陕西省农业厅课题组. 陕西黄土高原粮食安全与生态农业研究文集，2000：18-23.

10. 史志诚. 黄土高原粮食增产潜力与前景［G］//陕西黄土高原粮食安全与生态农业研究文集，2000：24-30.

11. 史志诚等. 关于实现陕西省"粮食产需基本平衡"的十条建议［J］. 决策咨询年刊，2004：83-85.

12. 史志诚，李强庆，惠立峰. 食品安全：冷静的思考［C］//陕西省科学技术协会. 陕西省食品安全学术研讨会论文集，2011：51-57.

13. 史志诚等. 开发建设"陕北旱地粮仓"已刻不容缓［C］//中国工程院. 我国干旱半干旱地区农业现状与发展前景论坛论文集，2012.

14. 史志诚，山仑，李佩成，等. 在陕北建立300万亩旱地玉米高产基地［J］. 决策咨询年刊，2012：147-149.

15. 史志诚，王旭，惠立峰. 关于实现陕西省粮食产销平衡的再思考［G］//陕西省经济学学会. 农业产业经济研究文集：第二集，2014：16-20.

16. 史志诚. 城乡饮食文化的安全与风险［G］//陕西省经济学学会. 农业产业经济研究文集：第二集，2014：1-2.

17. 史志诚. 饲料安全与动物性食品安全密切相关［G］//毒理学史研究文集：第16集，2017：35-40.

第三部分　生态环境与特色农业

1. 史志诚，周振立，王堪甲，等. 陕西省区域农业环境问题及其对策［J］. 农业环境保护，1987，6（3）：1-3；农业环境科学学报，1987：25.

2. 史志诚，姚撑民. 建设生态农业工程　促进农村经济发展［M］//陕西省生态学会. 大西北生态环境论丛．北京：科学技术文献出版社．1991；农业环境保护科研成果及论文汇编（1986—1992），1992：53‐59.

3. 史志诚，赵怀仁．生态农业工程建设初步实践［J］．生态农业研究，1998，6（3）：76‐80.

4. 史志诚．陕西旱作农业沿革与发展思路［G］//陕西黄土高原粮食安全与生态农业研究文集，2000：68‐70.

5. 史志诚，赵怀仁．黄土高原生态农业建设结构模式和配套措施及其综合效益［G］//陕西黄土高原粮食安全与生态农业研究文集，2000：90‐93.

6. 史志诚，党双忍，樊民周，等．陕北黄土高原丘陵沟壑生态农业发展探讨［G］//陕西省农业厅课题组．陕西黄土高原粮食安全与生态农业研究文集，2000：103‐107.

7. 史志诚．小苹果、大产业［G］//陕西省农业厅课题组．陕西黄土高原粮食安全与生态农业研究文集，2000：144‐148.

8. 史志诚．面向21世纪发展有陕西特色的农业［M］//陕西省人民政府办公厅陕西政报社．五十春秋．西安：陕西人民出版社，2000：500‐502.

9. 史志诚．积极推进林草植被建设　实现农林草业均衡发展［J］．草原与草坪，2001，93（2）：3‐5.

10. 史志诚等．关于把关中地区建成大型的畜牧产品基地的建议［J］．决策咨询年刊，2004：86‐89.

11. 史志诚．紫阳富硒茶应成为中国缺硒地区的健康饮品［R］．在第六届中国紫阳富硒茶文化节的学术报告，2007‐04‐21.

12. 史志诚．陕西省环境与健康行动计划（2008—2015）（建议稿）［Z］．2008‐02‐15.

13. 史志诚，强文祥，薛引蛾，等．提高陕西省苹果产业市场竞争能力的几点建议［J］．决策咨询年刊，2010：128‐131.

14. 史志诚，强文祥，李佩成，等．确保陕西省大中城市的蔬菜供应和价格稳定［J］．决策咨询年刊，2011：81‐84.

15. 史志诚．陕西省现代农业特色产业步入"一带一路"的倡议选择［Z］．在陕西经济发展改革论坛暨落实"四个全面"，建设"三个陕西"理论研讨会上的发言，2015‐10‐24.

16. 史志诚．振兴陕西茶产业　融入陆上丝茶之路［G］//陕西省城市经济文化研究会．大关中发展论坛：第十集，2016：74‐78.

第四部分　畜产经济与农业产业化经营

畜产经济研究

1. 史志诚．陕甘宁边区时期的陕北畜产经济［J］．陕西农业史料：第六集．1988：20‐27；古今农业，1993（4）：21‐27.

2. 史志诚．畜产经济与畜产一体化经营——在农业部西北干部培训班上的报告［R］．1990.

3. 史志诚，郭永俊，常焕章．组织集团承包推动羊子改良［J］．畜牧兽医杂志，1990，3：30‐32.

4. 史志诚，尤生利，党双忍．产销一体带来产销两旺——陕西省宝鸡县生猪产销一体化试验调查［J］．1991.

5. 史志诚．畜产业、畜产经济与畜产经济学［J］．陕西农村建设，1991（9）：12‐15.

6. 史志诚．90年代我国畜产经济改革的主要任务与主攻方向［J］．当代经济科学，1992，63（5）：77‐80.

7. 史志诚，张智山．日本畜产业概况［J］．世界农业，1993，6：22.

8. 史志诚，杨旭，高宗耀，等．发展饲料工业要重视原料有效供给［J］．中国饲料，1993‐09‐28.

9. 史志诚．我国畜产经济改革的主要任务与主攻方向［N］．农民日报，1993‐09‐05.

10. 史志诚．中国畜牧经济理论的研究进展［J］．农牧旬刊，1997（1199）：71‐78.

11. 史志诚．正确解决草畜矛盾的一项重大措施——关于陕北渭北人工种草秸秆利用舍饲养着的调查报告［R］．1999‐07‐19.

12. 史志诚, 呼天明. 草畜一体化发展与产业化经营 [Z]. 在榆林羊产业会议上的发言, 2004.

13. 史志诚, 张志恒. 2003 年国内外羊肉市场评述 [Z]. 在榆林羊产业会议上的发言, 2004.

农业产业化经营

1. 史志诚. 农业产业化经营若干经济理论分析 [J]. 中国农学通报, 1997, 5 (13): 7 - 8; 《农村经济文稿》1997, 8: 8 - 11.

2. 史志诚. "企社加盟" 应引领扶贫开发 [J]. 西部大开发, 2012, 6: 90 - 91.

3. 史志诚. 企社加盟是推进农业产业化经营的有效途径 [J]. 决策咨询通讯, 2012, 9: 13 - 15.

4. 史志诚. 企社加盟: 农业经营新途径 [J]. 西部大开发, 2013, 4: 60 - 63.

5. 史志诚. 再论现代农业与农业产业化经营——陕西省现代农业特色产业步入"一带一路"的战略选择 [Z]. 陕西省经济学会年会, 2015 - 08 - 23.

6. 史志诚. 以"企社加盟"模式引领农业"三产融合" [N]. 陕西农村报第 3 版, 2017 - 06 - 03.

第五部分 草原毒草灾害防控

1. 史志诚. 引进牧草品种值得注意的一个问题 [J]. 中国草原, 1985 (2): 70 - 72.

2. 史志诚. 草地有毒植物危害的生态控制 [M]//陕西省生态学会. 大西北生态环境论丛. 北京: 科学技术文献出版社, 1991: 27 - 30.

3. 史志诚, 杨旭. 草地毒草危害及防除研究概况 [J]. 草业科学, 1994 (6): 120.

4. 史志诚. 开展草地生态环境及毒草灾害研究刻不容缓 [N]. 西北信息报, 1996 - 07 - 10.

5. SHI Z C, DING B L. The Ecological Control of Effects of poisonous plants on the Grassland of China [J]. 1996.

6. 史志诚. 中国草地的生态环境与毒草灾害 [J]. 动物毒物学, 1996, 2 (11): 3 - 7; 中国毒理学通讯, 1997, 1 (3): 11 - 13.

7. 史志诚. 中国草地的生态环境与毒草灾害 [J]. 中国药理学与毒理学杂志, 1997, 11 (2).

8. 史志诚. 加强西部地区有毒有害灌草风险分析的研究, 发表题目为专家建议加强对有害植物的研究和防治 (新华通讯社记者张宁, 王永康, 2001 - 11 - 18).

9. 史志诚, 樊民周. 外来有毒有害灌草入侵的历史教训 [J]. 西北大学学报, 2003 (33): 14 - 16.

10. SHI Z C, WANG Y Z. Advances in the Study of poisonous Plants in the western Grassland of China [J]. Toxocology, 2003, 191 (1): 27.

11. 史志诚, 王亚洲. 中国西部草地重要有毒植物研究的新进展 [J]. 动物毒物学, 2004, 19 (1): 3 - 6.

12. 史志诚. 切实加强预防与控制有害生物入侵的建议 [C]. 沈阳会议, 2006.

13. 史志诚. 西部草原毒草灾害造成 100 亿元经济损失, 新华社记者刘书云将其摘登在 2008 年 5 月 29 日的新华社《国内动态清样》, 题目《我国西部草原毒草危害严重》.

14. 史志诚. 中国毒草灾害防控研究及其展望 [G]//毒理学史研究文集: 第 16 集, 2017: 41 - 45.

第六部分 动物毒物学与毒理科学

动物毒物学

1. 史志诚. 家畜敌百虫中毒 [J]. 陕西科学普及, 1962.

2. 陕西省畜牧兽医总站 (史志诚执笔). 几种家畜中毒快速检验方法的实践应用 [J]. 陕西农业科技, 1973, 12: 19 - 22.

3. 史志诚. 用混有土霉素的饲料喂马类家畜引起中毒 [J]. 陕西农业科技, 1973, 10: 30 - 31.

4. 陕西省畜牧兽医总站 (史志诚执笔). 几种家畜中毒快速检验方法的实践应用 [J]. 陕西农业科技, 1973, 12: 19 - 22.

5. 陕西省畜牧兽医总站（史志诚执笔）. 猪瘟兔化弱毒疫苗预防注射中不良反应的预防与急救 ［J］. 陕西农业科技，1975，6：18.

6. 陕西省畜牧兽医总站（史志诚执笔）. 猪中毒病的若干防治问题 ［J］. 农业科技参考，1976（11）：2－9.

7. Reagor J C，Ray A C 著，史志诚译. 家畜植物中毒的检定 ［J］. 陕西农业科学，1980，4：45－48.

8. 史志诚译. 毒物分析样品的选择与保存，摘自《Journal America Veterinary Medicine Association》1965，12（147）：1408－1410，《畜牧与兽医》，1980，3：46.

9. Dixon P M 著，史志诚译. 牛橡子中毒 ［J］.《国外兽医学——畜禽疾病》1980，1：41－43.

10. 段得贤，史志诚. 家畜中毒性疾病研究的现状及前景 ［J］. 畜牧与兽医，1985，6：266－269.

11. 史志诚. 加拿大魁北克省的毒物学研究近况 ［J］. 动物毒物学，1987，1（1）：49.

12. 史志诚. 毒物学的一门新学科——动物毒物学 ［J］. 动物毒物学，1991，6（1）：55－59.

13. 史志诚. 现代兽医学的一门新学科——动物毒物学 ［J］. 中国畜牧兽医学会"九大"学术论文集. 1991，10：125－130.

14. 史志诚. 发展中的动物毒物学 ［J］. 动物毒物学，1993，8（2）：2.

15. 史志诚. 中国动物毒物学研究趋势与展望 ［J］. 动物毒物学，1994，9（2）：1－11.

16. 史志诚. 新经济时代的动物毒物学 ［J］. 动物毒物学，2001，16（2）：8－10.

17. 陕西省农业厅（史志诚执笔）. 陕西省支援西藏阿里地区开展草原毒草调查与防除工作总结 ［J］. 动物毒物学，2001，16（2）：12－15.

18. 毛晓峰，史志诚，王亚洲. 我国藜芦属植物研究进展 ［J］. 动物毒物学，2003，18（1－2）：18－20.

19. 陈进军，王建华，史志诚. 狗舌草提取物对 L1 210 细胞的体外作用研究 ［J］. 动物毒物学，2005，20（1－2）：38－45.

20. 陈进军，王建华，史志诚. 狗舌草提取物的长期和特殊毒性评价 ［J］. 毒理学杂志，2005，19（3）：251－252.

21. 史志诚. 牛心朴有毒成分与药理研究进展 ［J］. 动物毒物学，2005，20（1－2）：3－5.

22. 史志诚，白东英，李引乾，等. 动物乌头中毒与防治 ［J］. 动物毒物学，2005，20（1－2）：88－89.

23. 马保华，史志诚，艾小云，等. 醋酸铅对小鼠受精能力及受精卵发育毒性研究 ［J］. 西北大学学报，2006，36（1）：93－96.

牛栎树叶中毒的研究

1. 史志诚，康武山，洪子鹏. 几种栎属植物单宁含量的测定 ［J］. 陕西科技消息，1979，2：18－19.

2. 史志诚，康武山，洪子鹏，等. 小橡子树嫩叶对耕牛的毒性研究 ［J］. 西北农学院学报，1980，2：73－82.

3. 于兆英，杨金祥，史志诚，等. 中国栎属有毒植物的分类、分布及其对动物的危害 ［J］. 西北植物研究，1981，1（2）：38－45.

4. 陈凡，史志诚. 动物样品中酚类化合物测定的气液色谱法 ［J］. 西北农学院学报，1981，3，61－66.

5. 史志诚，岳继成，徐金业，等. 硫代硫酸钠在牛栎树叶中毒治疗上的初步应用 ［G］//陕西省牛栎树叶中毒科研与防治资料汇编，1983：35－37.

6. 史志诚，杨宝琦，岳继成，等. 硫代硫酸钠治疗牛栎树叶中毒的疗效观察 ［G］//陕西省牛栎树叶中毒科研与防治资料汇编，1983：38－41.

7. 史志诚. 牛栎树叶中毒的发病机理研究 Ⅰ 病牛尿液中酚性物质的鉴定与气相色谱分析 ［J］. 畜牧兽医杂志，1983，2：14－17.

8. 史志诚. 牛栎树叶中毒的发病机理研究 Ⅱ 栎叶、栎叶丹宁在瘤胃液中发酵产生低分子酚类化合的实验 ［J］. 畜牧兽医杂志，1983，3：1－6.

9. 申才，史志诚，赵文亮，等. 腹膜透析对牛栎树中毒急性肾功能衰竭治疗研究 [J]. 兽医科技杂志，1984，10：24 - 27.

10. 史志诚. 家畜栎属植物中毒的研究现状与问题 [J]. 国外畜牧科技，1984，1：20 - 23.

11. 陕西省畜牧兽医总站（史志诚执笔）. 牛栎树叶中毒的早期诊断标准与防治原则（试行稿）[J]. 陕西科技消息（农业），1984，1：8.

12. 史志诚，田光明，岳继成，等. 牛青杠树叶中毒早期诊断的研究 [J]. 动物毒物学，1987，2（2）：15 - 22.

13. 杨宝琦，牛德俊，段得贤，史志诚. 牛栎树叶中毒病的辩证分型与中药治疗研究报告 [J]. 动物毒物学，1987，2（2）：23 - 26.

14. 史志诚，岳继成，田光明，等. 舍饲与放物相结合预防牛栎树叶中毒的效果观察 [J]. 动物毒物学，1987，2（2）：30 - 31.

15. 洪子鹏，史志诚，王金生，等. 高锰酸钾预防牛栎叶丹宁中毒机制的研究 [J]. 动物毒物学，1987，2（2）：36 - 41.

16. SHI Z C. Identification of the phenolic substances in bovire urire association with oak leaf poisoning [J]. Research in Vetery Science，1988，45：152 - 155.

17. 史志诚. 牛栎树叶中毒的发病机理研究 [J]. 畜牧兽医学报，1988，5：192 - 196.

18. 段得贤，史志诚. 两例栎树叶中毒病牛的临床诊断与治疗 [M]//崔中林. 兽医诊疗经验与处方. 西安：天则出版社，1989：498 - 502.

19. 史志诚. 牛栎树叶中毒 [J]. 中兽医医药杂志，1989，2：62 - 64.

20. 史志诚，牛德俊，杨宝琦. 牛栎树叶中毒诊断标准与防治原则 [J]. 动物毒物学，1989，4（1）：15 - 17；中国兽医杂志，1991，17（7）：43 - 44.

21. 史志诚，牛德俊，杨宝琦，等. 牛栎树叶中毒诊断标准与防治原则（陕 DB61/T - 16—91），1991 - 02 - 01.

22. 于兆英，常朝阳，廖文波，史志诚. 世界栎属有毒植物的分类分布及其对动物的危害与防治 [J]. 西北植物学报，1991，11（5）：98 - 106.

23. 常朝阳，廖文波，于兆英，史志诚. 世界栎属有毒植物的分种检索表及分布图 [J]. 动物毒物学，1992（1）：14 - 17.

24. SHI Z C. Research on the pathogenesis of oak leaf poisoning in cattle [M]//JAMES L F. poisonous plants：proceedings of the third international symposium edited. Iowa State Unicersity Press/Ames. 1992.

25. 史志诚. 陕西省牛栎树叶中毒流行病学的调查研究（1957—1987）[J]. 动物毒物学，1997，2（2）：1 - 11.

26. 史志诚. 硫代硫酸钠治疗牛栎树叶中毒的原理分析 [G]//全国牛栎树叶中毒诊断与防治经验交流会论文集，2000：50 - 53.

27. 史志诚. 《牛栎树叶中毒诊断标准与防治原则》（陕西省颁标准）的推广工作总结 [C]//全国牛栎树叶中毒诊断与防治经验交流会论文集，2002.

28. 史志诚. 中国栎树叶中毒研究 50 年 [C]//第九届国际有毒植物大会论文集，2013.

29. SHI Z C. Oak leaf poisoning in cattle aveview of 50 years of research in China，Poisonous Plants：Toxicology，Ecology，Management，and Medicine—Proceedings of the 9th international Sympasium on Poisonous Plants，Edited by Mengli，Terrie Wierenga and Kip Panter. Hohhot，Inner Mongolia，P. R. China，2013：121 - 125.

丹宁生物活化理论研究

1. 史志诚 . 丹宁生物活化理论及其应用Ⅰ"丹宁生物活化假设"及其科学依据（中、英）［J］. 西北农业大学学报，1989，17（1）：28－33.

2. 史志诚，洪子鹏 . 丹宁生物活化理论及其应用Ⅱ"丹宁生物活化假设"的证实（中、英）［J］. 西北农业大学学报，1989，17（2）：28－33.

3. 洪子鹏，高巨星，李海英，郭庆宏，史志诚 . 栎叶丹宁在土壤中生物降解的实验研究［J］. 动物毒物学，1992（2）：8－10.

4. 洪子鹏，高巨星，李海英，史志诚 . 栎林区地表水中酚类化合物的气相色谱分析［J］. 动物毒物学，1992（2）：10－12.

5. 史志诚 . 栎丹宁毒理研究四十年［C］//全国牛栎树叶中毒诊断与防治经验交流会论文集，2002；动物毒物学，2002，2.

6. 周梦杰，李引乾，史志诚，等 . 紫外分光光度法测定血清中连苯三酚方法的建立［J］. 西北农林科技大学学报，2006，34（增刊）：157－160.

7. 周梦杰，史志诚，李引乾，等 . 血清中连苯三酚气相色谱测定方法的建立［J］. 西北农业学报，2007，16（3）：37－40.

毒理科学

1. 史志诚 . 生态毒理系统与生态工程的初步应用［J］. 动物毒物学，1987，1（2）：1－5.

2. 史志诚 . 关山牧场主要有毒植物的初步调查［J］. 中国草原，1981（4）：52－53.

3. 史志诚，姚军虎 . 含丹宁饲料的开发与利用［J］. 中国饲料，1991（增刊）：221－227.

4. 史志诚 . 植物毒素研究与利用的新进展［J］. 动物毒物学，1992，7（2）1－3.

5. SHI Z C，YU X Q，DING L. Effects of Second Metabolic Products from Plants to Animals［G］//第11届国际毒素学会论文集，1994.

6. 史志诚 . 21世纪毒物与中毒咨询业［J］. 动物毒物学，1999，14（2）：6－10；中国毒理学通讯，1999，3（3）：1－3；中国兽医杂志，2000，26（6）：3－5.

7. 史志诚，陈进军，吴振海 . 田峪河流域有毒植物资源初步调查［J］. 动物毒物学，2001，16（1）：3－11.

8. 史志诚 . 我国急需建立国家毒理科学支撑体系［G］//毒理学史研究文集：第16集，2017：51－53；中国毒理学会第八次全国毒理学大会论文集，2017：501－502.

第七部分　毒物科学史研究

1. 史志诚 . 开展毒物学史研究很有必要［N］. 光明日报，1995－04－01，第4版 .

2. 于船，史志诚 . 中国古代毒物学与畜禽中毒病的防治知识［J］. 动物毒物学，1986，1（1）：5－8；西北大学学报，2003，33（增刊）：113－115.

3. 史志诚 . 中国古代毒物学史研究进展［J］. 西北大学学报，2003，33（增刊）：89－95.

4. SHI Z C. The advanced study on toxicological history of ancient China［J］. 中国古代毒物学史研究进展，西北大学 . 毒理学史研究文集：第二集，2003：1－11.

5. 史志诚 . 中国古代毒物学［J］. 科学，2005，57（3）：36－39.

6. 史志诚 . "毒"字探源［J］. 动物毒物学，1997，12（1）：3－5.

7. 史志诚 . 当代世界50起重大毒性灾害探析及对策［N］. 西北信息报，1995－01－23.

8. 史志诚 . 当代世界50起重大毒性灾害初析［J］. 灾害学，1995，10（2）：73－79.

9. 史志诚，中岛环 . 日本的毒性灾害［G］//毒理学史研究文集：第一集，2002：15－17.

10. 史志诚 . 20世纪世界重大毒性灾害及其历史教训［J］. 灾害学，2002，17（1）：76－81.

11. 史志诚. 外来有毒有害灌草入侵的历史教训 [J]. 西北大学学报, 2003 (33) (增刊): 14-16.

12. 史志诚. 切实加强预防与控制有害生物入侵的建议 [G]//全面建设小康社会: 中国科技工作者的历史责任——中国科协 2003 年学术年会论文集 (下), 2003-09-01.

13. 史志诚. 20 世纪世界毒性灾害大事记 [J]. 陕西环境, 2006 (特刊): 128-133.

14. 史志诚. 世界重大毒性灾害典型案例分析 [G]//毒理学史研究室. 毒理学史研究文集: 第六集, 2006: 1-23.

15. 史志诚. 毒性灾害: 非传统安全问题及其应对 [Z]. 第三届中国灾害史学术会议交流材料, 2006-08-16, 杨凌.

16. 史志诚. 恐龙灭绝新假设: 中毒说 [J]. 动物毒物学, 2001, 16 (2): 45-46.

17. 史志诚. 对控烟策略的几点思考 [G]//毒理学史研究文集: 第一集, 2002: 12-14; 中国 21 世纪控烟研讨会论文集, 2001.

18. 史志诚.《论衡·言毒篇》——杰出的毒物学论著 [J]. 动物毒物学: 2003, 18 (1): 5-7.

19. 史志诚. 中国古代"毒"字及其相关词汇考 [G]//毒理学史研究室. 毒理学史研究文集: 第三集, 2004: 1-9.

20. 史志诚.《诗经》中有关毒物与中毒的记载 [G]//毒理学史研究室. 毒理学史研究文集: 第四集, 2005: 9-12.

21. 史志诚, 张永亮. 林则徐任陕西巡抚时的奏折浅析 [G]//毒理学史研究室. 毒理学史研究文集: 第五集, 2005: 14-17.

22. 史志诚, 樊志民. 有毒植物胁迫与农耕兴起 [G]//毒理学史研究室. 毒理学史研究文集: 第七集, 2007: 12-14; 西北大学学报 (自然科学版), 2009, 39 (2): 246-250.

23. 史志诚. 中外戒酒小史 [G]//毒理学史研究室. 毒理学史研究文集: 第七集, 2007: 33-35.

24. 史志诚. 毒箭与箭毒 [G]//毒理学史研究室. 毒理学史研究文集: 第七集, 2007: 10-16.

25. 史志诚. 有毒生物灾害及其防治史 [M]//倪根金. 生物史与农史新探. 万人出版社有限公司, 2005: 51-57; 王子今. 趣味考据. 云南出版集团公司, 云南人民出版社, 2007: 541-545.

26. 史志诚. 治理大气污染灾害的历史经验 [C]//中国毒理学会毒理学史专业委员会. 第二届防治雾霾研讨会论文集, 2015-09-12.

27. 史志诚. 依法治理大气污染的历史经验 [G]//毒理学史研究室. 毒理学史研究文集: 第 14 集, 2015: 19-29.

28. 史志诚. 中国现代毒理学的形成与发展 [J]. 中国毒理学通讯, 2008, 12 (2): 9-16, 科学, 2011, 63 (2): 40-43.

29. 史志诚. 研究毒物与毒理科学史的当代意义 [G]//中国毒理学会第八次全国毒理学大会论文集, 2017: 502-503; 毒理学史研究室. 毒理学史研究文集: 第 16 集, 2017: 46-50.

30. 史志诚. 技术发明的安全性及其认知途径 [J]. 科学, 2017, 69 (5): 46-49.

31. 史志诚. 浅谈"毒物文化"及其传播 [G]//毒理学史研究室. 毒理学史研究文集: 第 16 集, 2017: 53-55.

32. 史志诚. 毒物的两重性与毒物利用的哲学观 [G]//毒理学史研究室. 毒理学史研究文集: 第 17 集, 2018: 10-15.

第八部分　农业与环境立法

1. 史志诚. 食品安全与立法研究, 陕西省科学技术研究发展计划项目, 主持人. 2002.

2. 史志诚. 加强食品药品安全立法工作的建议 [G]//"全面建设小康社会: 中国科技工作者的历史责任"——中国科协 2003 年学术年会论文集 (下), 2003.

3. 陕西省苹果标准化生产管理条例（草案）立法研究课题组（起草人史志诚）陕西省苹果标准化生产基地管理条例，2005.

4. 史志诚，刘普选，刘小平，等. 农民专业合作经济组织立法研究 ［M］//陕西省社会科学界联合会.《润物集》. 西安：陕西人民出版社，2006：272－280.

5. 史志诚. 学习贯彻《农民专业合作法》的几个问题，在陕西省人大常委会举办的第11次"法制讲座"的讲稿，2007－09－27.

6. 史志诚，强文祥，罗久旭，等. 指导陕西省农民专业合作社积极健康地向前发展 ［J］. 决策咨询年刊，2009：162－164.

7. 史志诚. 试论经济学研究对毒物管理与立法的影响 ［G］//毒理学史研究室. 毒理学史研究文集：第11集. 2012：65－71.

8. 史志诚. POPs 的控制管理与国际公约 ［R］//陕西省环境保护厅，西北大学 POPs 重点实验室. 陕西省农产品 POPs 研究报告（2005—2015），2015：197－199.

9. 史志诚. 国际转基因生物安全管理与立法状况 ［C］//陕西省毒理学会"转基因安全与风险研讨会"，2015－10－17.

第九部分　国外考察报告与咨询建议

国外考察报告

1. 史志诚. 加拿大魁北克的畜牧业考察报告 ［R］. 1985.

2. 史志诚. 加拿大魁北克省活畜及畜产品的检疫 ［J］. 中国良种黄牛，1985（3）：6－7.

3. 史志诚. 加拿大魁北克省兽医掠影 ［J］. 中国兽医杂志，1986，1：54－55.

4. 史志诚. 日本农协考察报告 ［R］. 1990.

5. 史志诚. 泰国正大集团考察饲料工业的考察报告 ［R］. 1991.

6. 史志诚，杨黎旭，邵先华，等. 美国的肉羊业 ［J］. 新疆畜牧业，1995，2：25.

7. 史志诚. 访意大利、匈牙利考察报告 ［R］. 1996.

8. 史志诚. 法国、荷兰、丹麦三国农业发展考察报告 ［R］. 1997.

9. 史志诚. 以色列的农田节水灌溉考察报告 ［R］. 1997，10.

10. 史志诚. 赴美国明尼苏达州考察报告 ［R］. 1998.

11. 史志诚. 美国加州的绵羊协会考察报告 ［R］. 1999.

12. 史志诚. 澳大利亚、新西兰果业的考察报告 ［R］. 2002.

咨询建议

1. 史志诚. 关于尽快开展陕西省苹果主产区持久性有机污染物调查与评估 ［J］. 决策咨询年刊，2005：181.

2. 史志诚，毛光启. 关于治理渭河污染的几点建议 ［J］. 决策咨询年刊，2005：182.

3. 史志诚. 加快实施集体林地草场承包到户 ［J］. 决策咨询年刊，2006：222.

4. 史志诚. 关中三市应率先依法开展奶牛政策性保险试点 ［J］. 决策咨询年刊，2006：171.

5. 史志诚. 进一步促进陕西省"农家乐"发展 ［J］. 决策咨询年刊，2007：242－245.

6. 史志诚. 关于建设"陕西省禁毒教育基地"和"林则徐纪念馆"的建议 ［G］//毒理学研究室. 毒理学史研究文集：第5集，2005：40－47.

7. 关于设立兽医学院培养兽医官给西北农林科技大学的建议. 2005.

8. 史志诚. 关于 TCK（矮腥黑穗病）问题的专项咨询报告. 应中国工程院卢良恕院士委托撰写的咨询报告，2002.

9. 史志诚. 关于阿富汗毒草中毒问题的咨询报告 ［R］. 应农业部畜牧司委托撰写的咨询报告，2009.

图书在版编目（CIP）数据

农业思维与实践：史志诚文选／《农业思维与实践：史志诚文选》编委会编．—北京：中国农业出版社，2021.4

ISBN 978-7-109-26725-1

Ⅰ.①农…　Ⅱ.①农…　Ⅲ.①农业科学－文集　Ⅳ.①S-53

中国版本图书馆 CIP 数据核字（2020）第 051029 号

农业思维与实践：史志诚文选
NONGYE SIWEI YU SHIJIAN：SHIZHICHENG WENXUAN

中国农业出版社出版

地址：北京市朝阳区麦子店街 18 号楼

邮编：100125

责任编辑：王庆敏

版式设计：杨　婧　　责任校对：周丽芳

印刷：中农印务有限公司

版次：2021 年 4 月第 1 版

印次：2021 年 4 月北京第 1 次印刷

发行：新华书店北京发行所

开本：787mm×1092mm　1/16

印张：32.75　　插页：14

字数：791 千字

定价：188.00 元